工业和信息产业科技与教育专著出版资金资助出版

大数据：规划、实施、运维

谢朝阳　编著

电子工业出版社

Publishing House of Electronics Industry

北京 • BEIJING

内 容 简 介

你是不是有这样的困惑："读了不少关于大数据的书，发现这大数据既可以用于竞选美国总统，又能够预测禽流感，还能卖啤酒和尿不湿，又是围棋高手……大数据好像什么都能干耶！可是咋整呀？大数据多大为大呀？大数据能赚钱不？……唉，怎么还是一头雾水。"本书将为你答疑解惑。

本书将展现作者在国内外大数据第一线的实战经验，面向不同行业的共性诉求来指导读者大数据该怎么做，并阐明大数据发展的误区。本书对大数据，从经济价值、商业模式、框架搭建、数据挖掘、网络布置、安全防护、人员能力和后续运维管理多个维度，以及基础设施、中间件、重点应用等多个层面进行系统阐述，帮助决策者将大数据概念落地，建立起理性的预期、合理的规划，并最终收获满意的经济效益。

企业正面临从传统 IT 转入大数据环境这一不可避免的范式变化，恰好为我国追赶发达国家信息化建设带来了契机。本书以企业共同关注的客户关系管理（CRM）为实例谈大数据落地，利用大数据采集、分析、决策以达到客户关系拓展、精准营销和创新产品的目的，提出一整套从规划到实施再到后续运维的技术路线和策略。并用一个已上线的实例将各部分内容串起来综合展示，以解决大数据热潮中的"老虎吃天，无处下爪"的窘境。这对于大数据的正确理解，企业信息系统的建立，以及相应的商业模式改变都具有实际指导意义。

本书读者对象为大数据产业政策制定者、从业者和分析师，包括：政府及企业 IT 负责人，企业 CIO、架构师、网络与系统管理人员、应用开发人员，高校和研究院所教师、研究人员，高校学生等。

未经许可，不得以任何方式复制或抄袭本书之部分或全部内容。

版权所有，侵权必究。

图书在版编目（CIP）数据

大数据：规划、实施、运维 / 谢朝阳编著. —北京：电子工业出版社，2018.5

ISBN 978-7-121-33952-3

Ⅰ. ①大…　Ⅱ. ①谢…　Ⅲ. ①数据处理　Ⅳ. ①TP274

中国版本图书馆 CIP 数据核字（2018）第 061843 号

策划编辑：冉　哲
责任编辑：冉　哲
印　　刷：三河市鑫金马印装有限公司
装　　订：三河市鑫金马印装有限公司
出版发行：电子工业出版社
　　　　　北京市海淀区万寿路 173 信箱　邮编　100036
开　　本：787×1 092　1/16　印张：32　字数：810 千字
版　　次：2018 年 5 月第 1 版
印　　次：2018 年 5 月第 1 次印刷
定　　价：98.00 元

凡所购买电子工业出版社图书有缺损问题，请向购买书店调换。若书店售缺，请与本社发行部联系，联系及邮购电话：（010）88254888，88258888。

质量投诉请发邮件至 zlts@phei.com.cn，盗版侵权举报请发邮件至 dbqq@phei.com.cn。

本书咨询联系方式：ran@phei.com.cn。

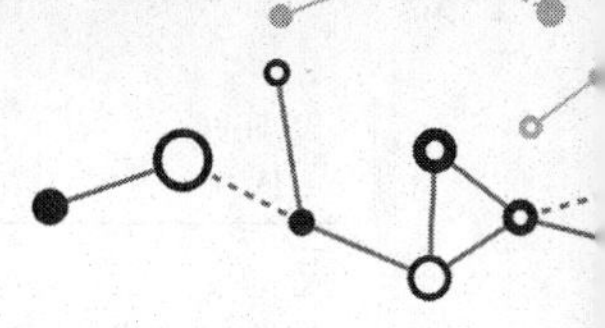

序言1

当前，我国正在实施国家大数据战略。大数据是信息化发展的新阶段，它对经济发展、社会治理、国家管理、人民生活都产生了重大影响。要推动大数据技术产业创新发展，我们要瞄准世界科技前沿，集中优势资源突破大数据核心技术，加快构建自主可控的大数据产业链、价值链和生态系统。大数据的迅速发展，也造成了大数据人才的异常紧缺，为了使我国的技术从业者赶上这波变革的浪潮，有必要迅速地培养起从业人员的大数据实践能力。

我曾为作者的《云计算：规划、实施、运维》作序，当时就觉得要是有一本既有系统工程的方法论同时又具有实用性的关于大数据的书该有多好。现在见到了作者的《大数据：规划、实施、运维》，异常欣喜。

本书对于帮助读者从正确认识大数据的概念，到指导读者真正将大数据实施落地，再到引导读者把握大数据的发展趋势以及大数据与人工智能等的衔接，均有实际的价值。本书贯彻了作者写作的“实”的特色以及“单刀直入”的风格，融入了作者从事大数据一线工作的工程实践经验，对大数据领域内共同关心的问题从规划、实施到运维进行了详尽的、切合实际需求的介绍。本书举例丰富、深入浅出，既有一定的理论高度，又直接贴近一线实战，显得难能可贵。

作者从数据技术的内涵和自己的实践经验出发，提出了大数据的狭义、广义、泛义、伪义的概念，针对当前的一些大数据误区，理清思路，帮助读者建立正确的大数据观念。从大数据产业链入手，正确认识该产业的业态，明确自身的定位和价值点，解惑从业者们共同关心的问题，从而建立起理性的预期与合理的规划。并通过深入剖析大数据落地的规划、实施、运维这三部曲，针对可能遇到的困惑和问题，给出特别需要注意的事项及指导原则，帮助读者在较短的时间内推出成本可控且能满足需求的大数据产品与服务，最终产生经济效益。

作者沿着几条主线对大数据进行了探讨。首先正如书名所说，大数据的交付就像创作一部大型交响乐，需要遵循规划、实施、运维三部曲。规划篇帮助读者了解自己的数据，以及数据和数据之间的关系，体量的增长趋势。弄清楚了这些，大数据才能规划好，派上用场，并且当变化来临时具有可扩展性。大数据的实施具有相当的复杂性，涉及的技术组件很多，而这些组件本身发展也比较快。实施需要分析在大数据实施过程中所应遵循的一般方法和特别之处，以及大数据关键技术点。最后，作者反复强调了，好的大数据系统所具有的运维特性，即RASSM（Reliability，Availability，Security，Scalability，Manageability），以及“三分建设，七分运维”的重要性。

作者对大数据是否可以被视为一门科学也进行了讨论，并且严密地论证了大数据的科学性。同时，大数据的处理方法和常人做事一样，遵循的是一个“Work Hard, Work Smart,

Getting Help”的过程。大数据本身也是一个求知的过程，从已知走向未知，经历着“数字—数据—信息—知识—应用—数据”的轮回。期望读者也能抱以科学的态度来研究和学习大数据，同时做好准备，面对未知，既能充分运用大数据的强大能力，又能从容处置预测不准是常态、预测准是概率事件的情况。

作者在美国从事 IT 行业期间经历和参与了数次 IT 行业重要的发展和变迁，其中包括开放系统、因特网和云计算。经中组部“千人计划”引进回国后，作者的工作聚焦在大数据和云计算领域，组建国内首个运营商专业云计算公司，并通过各种途径，包括撰写本书在内，毫无保留地将其在大数据方面的造诣和经验介绍给广大读者，为推进我国大数据的发展做出了许多贡献。

相信本书的内容一定可以在各行各业的大数据项目实践中带给读者很大的裨益。在此，我谨将本书推荐给涉及大数据工作的政府、企业 IT 负责人员，相关 IT 产业的从业者，高校和研究院所的教师、研究员及学生。

倪光南

中国工程院院士

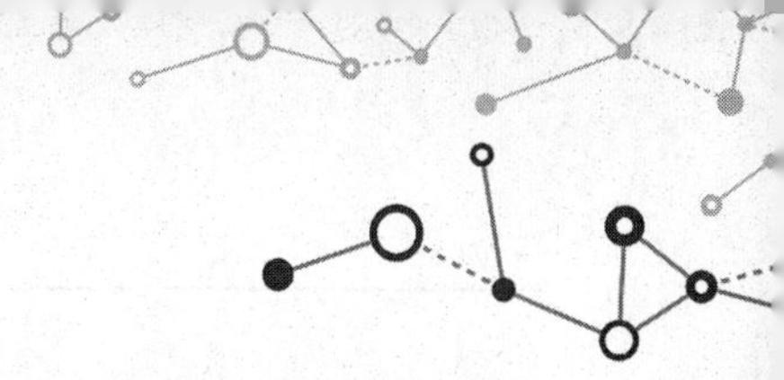

序言2

大数据正逐渐从新兴的概念向成熟的技术和应用转变。大数据的热度也推动了不少相关著作的发布，多数主要集中于介绍大数据概念和讲述大数据相关故事，这些对于初识大数据的读者来说是必要的。但是大数据经过这几年的发展，仅仅讲故事已经远远不够了，更需要的是进入实践应用的阶段。

本书内容就如书名一样，全面地介绍了大数据技术的方方面面，着重描绘了大数据的规划、实施和运维全生命周期，密切地结合了理论和实践，是一部既适合想要进一步了解大数据的普通读者又适合想要更进一步了解业态的大数据从业人员阅读的著作。像作者的《云计算：规划、实施、运维》一书一样，作者通俗易懂的写作风格，无论是对于专业人士还是普通读者，都是极具价值的。

大数据技术应当为满足企业业务的发展需求而服务，因此，企业在开展大数据建设前，应结合自身的信息化现状，分析现有业务系统和 IT 服务的类型与特征，正确判断在当前情况下自己的应用是否需要大数据技术，进而确定企业中的哪些业务系统或 IT 服务适合实施大数据，以及如何统筹资源来科学合理地开展大数据建设，并确定相关的计划和评价标准。作者就企业做好大数据转型展开了讨论，从评估大数据技术能够给自身带来多大的价值和战略意义，合理平衡“功能—性能—成本”，做好风险管控，来进行合理的规划，使读者首先要了解自己的需求，了解自己在行业中所处的位置，根据自身的实际情况，来应对大数据，而不是为做大数据而做大数据。

大数据本身就是人类求知的过程，从数据，到信息，到知识，再到知识的运用，而后，优劣有别的运用结果又反馈到数据中，周而复始。大数据的目的在于了解、管理、共享、使用数据，从而服务于工作与生活。进而，由已知预测未知。预测未知，测不准是常态，预测准是概率事件。作者对类似的一些容易混淆的概念进行了澄清。同时，围绕大数据的处理能力、运算能力、应用场景进行了深入浅出的阐述。

作者是由中国电信最先引进的中组部“千人计划”专家，其在国外具有丰富的 IT 大型工程实践经验，曾在世界上最大、要求最严格的数据中心第一线工作，对数据技术从整体架构到细枝末节都有着难得的实践经验。回国后，他在中国电信云计算业务的实践中充分发挥了“亲历者”的特点，为中国电信的云计算发展奠定了很好的基础。大数据建筑在作者倡导的广义云基础之上，本书的写作是作者长期以来在数据技术领域的探索和实践的系统总结。

本书涉猎面广，从多个层次及维度，针对业界对于大数据领域共同关注的问题，以规划、实施和运维三个重要阶段为切入点，对在这三个阶段内可能遇到的问题、困惑和难点进行了详细介绍、深入分析并给出了指导性的意见和具体建议。

我相信本书的出版一定能对我国大数据的推广、普及和发展应用起到积极的作用，谨将此书推荐给读者，是为序。

韦乐平

中国电信科学技术委员会主任

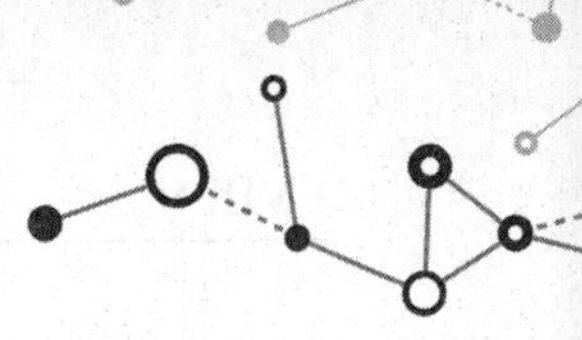

前言

你是不是有这样的困惑："读了不少关于大数据的书，发现这大数据既可以用于竞选美国总统，又能够预测禽流感，还能卖啤酒和尿不湿，又是围棋高手……大数据好像什么都能干耶！可是咋整呀？大数据多大为大呀？大数据能赚钱不？……唉，怎么还是一头雾水。"

当你拿到这本书就对了。大数据，大数据，多大算大呢？当所要处理的数据量超过了现有的计算环境的数据处理能力时，就是大数据了。它可以是 ZB、EB、PB、TB 级的，也可以是 GB 级的。当然，如果你的资金足够充裕，可以买得起 TB 级的内存、上百个处理器插槽以及海量的存储设备，那对别人来说是大数据，对你而言可能就只是小数据了。

大数据本身就是人类求知的过程，从数字，到数据，到信息，到知识，再到知识的运用，而后，优劣有别的运用结果又反馈到数据中，周而复始。其实，大数据所面临的场景只有两种：已知和未知。在已知的场景下需要累积大量的样本，或者，在有公认规则的前提下——如棋艺类，按照规则自己生成样本，AlphaZero 就属于这一类。而未知的场景就只能是做预测了。预测究竟能有多准？或许"Most likely"是最保险的答案。大数据既没有预测到美国总统特朗普的当选，也没有准确预测到埃博拉，沃尔玛也从未把啤酒和尿不湿放在一起。预测不准是常态，预测准是概率事件。

国内的 IT 热潮一波接着一波，俨然就像一场场运动。先是云计算，接着又是大数据。各路玩家都想追一下这些时髦热词的风潮，生怕赶不上，纷纷试着寻找将大数据整合到自身 IT 系统中的可能性。而原本的 IT 公司和从业者更是绞尽脑汁地想要在大数据业务中开拓新的市场。媒体对大数据产业未来几年的发展更是持有过热的描述，甚至对 2020 年的大数据产业规模给出了 5 万亿元的惊人估值，充满了 Big Data = IT 的味道。

在此背景下，一大批冠以大数据标题的书籍上架。就当前每年出版的大数据书籍的性质与数量来看，有很多属于通俗类、科普类，以及吸引眼球的读物范畴。有些大数据著作中充满着"正确的废话"，而在真正意义上具有实践价值的内容少而又少。然而，其中并不乏受到热捧的作品。

这也在一定程度上反映出读者的求知心理：希望只需遵循一定的阅读捷径，就能消化掌握相关的技术，成为高手。然而，在阅读完众多所谓的技术类书籍后，读者却并不能收获到预期的效果。要么只模模糊糊地"见森林见不到树木"，要么又好像"摸到了树木见不到森林"，越来越迷茫。

究其原因，这类书籍并未本着科学的理念来传播可用于实践的知识与技术，更多的是为了迎合热点话题，以一种美化的甚至扭曲的形式来对新技术做介绍，缺乏严谨性和实用性，缺乏将技术以"科学知识"的高度进行传授的态度，更少了如何将技术落地到实处的关键内容，甚至很多书是作者为了提升职称和赚取稿酬等目的而拼凑的。当然，写书也是一门营生，追逐热潮没有错，可是过热的“泡沫来，泡沫往”却并不可取。对新技术的学习应该落到实处，切不可以讹传讹，Be careful with what you read，就是这个意思。

事实上，大数据的应用实情或许并不像许多例子中所描述的那样可以用来当兴奋剂。现阶段对大数据，从概念到应用，连认识都不清晰，更谈不上数据挖掘的深度。此时如果不对大数据有一个严谨客观的传授，可能会使读者在理解上产生谬误、从路线上走偏，甚至当前已经出现了不少对大数据认识的误区。可以发现，众多谈大数据的书籍中反复引用着几个所谓“经典”的例子，其实只不过是作者们的想象，经不起推敲。甚至一些例子所谈论的情况与大数据这个词汇一点关系都没有，譬如廉价机票、啤酒和尿不湿等。

今天再谈大数据，应该先摒弃盲目乐观与炒作的成分。如果还是停留在反复谈论具有吸引眼球效果的数字和示例（如谷歌预测流感、奥巴马竞选总统等）上，谈论便失去了意义。

大数据或大数据技术就是工具。要让工具用得好，首先得用对地方，其次要会正确地使用。

基于以上认识，身为一线的数据从业者，作者深感为大数据从业者提供系统的、正确的知识与观念正当其时。本书即是在此背景下编写的，旨在根据作者个人多年的从业经验和心得，从科学知识的高度出发，一步步帮助读者将大数据变成看得见摸得着的东西，使之有效实施，真正落地成为有用的工具。

除技术层面的内容外，本书立足于大数据的实践和商业价值，从规划、实施到运维来进行阐述。本书在构想与撰写时，遵循了以下原则。

在对象方面，本书兼顾专业化与大众化，且遵循着可以将本书作为研究生课程教材的撰写原则；在知识的深度和广度上，一方面与高校专业教育水准相符合，另一方面也进阶到大数据专业从业者水准。此外，大数据作为当前的 IT 技术热点，也是大众非常想了解的领域。为适应大众读者的需要，也为了使大数据技术可以获得更广泛的推广，本书力求使普通读者也能够理解吸收。因此在取材与撰写时，除在文字上深入浅出外，在用例方面也尽量运用合适的例子把事情说清说透。事实上，本书的大部分内容曾用在作者为华中师范大学和上海交通大学硕士、博士研究生开设的大数据科学应用课程中，收到了良好的反馈。

在内容方面，本书采用将学术性与实用性相结合且更突出实用性的原则。大数据技术可以算作一种理论性的学科技术，需要重视对其所包含理论的探讨。在大数据范畴内，涉及包括统计学、人工智能等在内的各类专业知识，就连大数据这个词本身也是一个含义纷呈、范围甚广、概念抽象的名词。而在大数据技术的另一个层面上，它又是与实践紧密联系的，多数读者希望通过学习大数据书籍来解决最实际的大数据软硬件平台及应用的建设问题，而且大数据这一概念本身也是从实际的数据行业需求中产生出来的。因此，本书在内容上，力求结合理论与实际，既探讨必要的理论知识，给予读者正确的概念，又重视实践的各个环节。

在架构方面，本书采用专门性与普遍性均衡原则。就知识范围而言，大数据技术是多种技术的组合，从单一的需求出发点可以分化到涉及大数据规划、实施、运维全生命周期的各个不同的细分技术环节。本书内容注重大数据技术中的普通知识与深入的专业技术之间的均衡，以指引有志从事大数据行业的读者，在普通知识之外，找到自己感兴趣的方向。为达到这一目标，本书的编排涉及大数据的各个环节，并对每个环节的各细分方向都做了由浅入深的专题介绍。

所谓God creates the numbers, men do the rest。自从有人类文明以来就有了数字，进而有了数据，甚至可以说就有了大数据。为什么今天把大数据提到如此的高度呢？这和数据的产生量及相应的处理能力（软的、硬的）是分不开的。中国的智能手机用户数量居全球第一，企业的数量也居全球第一，随着IT业的推进和渗透，每时每刻都有海量的数据产生和被保存，这也正是大数据在中国发展的基础。利用好大数据技术，了解数据、管理数据、共享数据、使用数据，可方便人们的日常生活，有助于企业打破信息孤岛，有效地融合各方面的信息，从而为合作伙伴的选择、供应链的管理、目标市场的锁定等提供定量的决策依据。

除论述大数据是什么、能做什么外，更侧重的是怎么做。本书以“客户关系管理（Customer Relationship Management，CRM）”这一企业级应用场景为例，这也是目前大数据应用为数不多的成功案例，深入、细致、完整地展示大数据的各个环节。紧扣如何利用大数据来实现以客户行为来指导销售推送以及生产决策的过程，也就是“推荐系统”，力求使读者能真正将大数据落地于实践。

本书立足于作者所处企业的案例和产品，结合流行的开源软件（Hadoop、Spark等），实打实地谈大数据，并给出了一手的市场情况以及真实的数据。全书从规划到实施再到运维，系统、全面地帮助读者把握大数据落地的各个环节，了解大数据的全貌。大数据的实践是与业务密切关联的，本书以一个实际的大数据项目为专题，将书中讲述的规划、实施、运维穿针引线，Put it all together，向读者完整展示大数据实践过程，拉近读者与大数据的距离，让大数据理念切实与读者的工作相结合。

在市场环境下，任何技术都要围绕商战的“三匹老马”（价格、质量、服务）及经济社会的三个主要环节（生产、流通、消费）来发展。对于各个企业的大数据活动而言，其目的是寻找一条利用大数据来提高自身业务运作效率、维系现有客户、扩大新客户群的路线，从而达到以大数据促进产业链并实现精准客户管理的效果，做到向数据要效益。直白地说，就是怎样通过多渠道、多维度获取有用的用户消费行为数据，对其进行建模分析，从而做出决策来服务现有的用户，通过给用户推荐其感兴趣的相关产品以达到精准营销，挖掘已有客户的价值。而大数据的高级阶段则是——设计出新的产品。

本书在撰写中秉持以下观点。

1）大数据的定义应该是多层次的。狭义的大数据停留在技术处理的层面；而广义的大数据则包含了大数据产业链的各个环节所提供的产品和服务；泛义的大数据扩展到每个细分的行业大数据中，成为“数据+”；伪义大数据则以营销为目的，虽不可避免地包含了一部分炒作的成分，但也确确实实起到了一定的推广效用，是一股不可低估的市场力量。

2）做好大数据和做成任何一件事情一样，只有三种方法：Work Hard，Work Smart，Getting Help。Work Hard体现在对处理单元性能的提升上，Work Smart则是对算法的改进，Getting Help 是指借助多个处理单元以集群的思维来解决对超大规模数据集的处理。

3）大数据的处理过程可形成一个持续提升的迭代闭环。由原始的数据开始，大数据先将其处理为信息，进而利用算法抽取出其中所蕴含的知识，知识的正确运用可以帮助决策，最终知识的集成和梳理就可以晋升为智慧和文化。而在开展决策实践的过程中，还会产生新的数据，即，数字—数据—信息—知识—应用—数据。因此，上述过程又会进入新的一轮，并不断提升，也就是所谓的波浪式前进、螺旋式上升。

4）大数据并非一次技术的跳跃式飞升。多数 IT 技术领域在相当长的一段时间内并未出现划时代的本质变化，其技术增强点大都集中在计算能力（算力）上，而这种计算能力或者说数据处理能力的增强则又集中体现到了大数据上。因此，如何将大数据的这种数据处理能力结合到具体的业务中，探寻合适的商业模式，是我们讨论大数据时特别值得关注的问题。对于提供的产品和服务，谁买的单、客户/用户是谁、现金流从哪里来到哪里去都不清楚，空谈大数据产业是没有意义的。

5）要认清什么是伪义大数据。透过大数据的炒作层面，理解其对具有海量高速、多样可变特征的多维数据集进行深度挖掘的本质。并且，该本质尚处在发展的早期，对于其中涉及的认知计算、深度学习、人工智能、统计相关性等背后的因果机理，甚至大数据预测中的“测不准”现象都还需要长期研究。因此，当前不应对大数据盲目地崇拜和信任，而要提醒读者保持清醒的头脑。要认识到，大数据只有服务于具体行业，进行融合应用并作为行业驱动，才能获得真正的产值，才是回归到谈论大数据的正途。大数据这一跨界学科，也是多个学科的基础，譬如认知计算、人工智能等，如果不涉及这些方面，大数据的阐述层次是不够的。本书将适当涉及这些内容。

6）要真正体现大数据的 4 个数据特征：Volume（体量大）、Variety（模态多）、Velocity（变化快）、Value（价值高），并且确保大数据的应用不会造成安全隐患，就要时刻理清和把控数据的来源和去向。从统计学的角度看，大数据意味着样本集变得更大了。大数据下的数据来源不再是传统的企业内部单一来源，而应当整合包括商业对手在内的各种数据来源渠道。还可以基于搜索引擎来获取与题目相关的数据，或者来自线下。如果离开了这些数据源的相对的全覆盖、多格式和多维度，大数据很可能就成了数据前面加“个大”而已。

7）当前，IT 对于企业及行业的服务广度和深度正发生着变化，工业 4.0、智能制造、现代服务业等无不体现着 IT 正进入新的时代。如果将传统的 IT 视为 IT 的 1.0 版，那么云计算所引领的对 IT 资源的复用，使得用户的 IT 基础设施的成本大幅降低，这可以算作 IT 的 2.0 版。在基础设施不再成为障碍的前提下，更进一步地，大数据及数据挖掘等技术的发展用以解决数据和业务之间的结合问题，人工智能的研究用以实现机器的自学习问题等，可以说已经将 IT 带入了现代服务业的 3.0 版。当然，这种划分并非绝对。

总的来说，本书的宗旨是帮助大数据从业者从大数据产业链入手，正确地认识该产业的业态，明确自身的定位和价值点，解惑从业者们共同关心的问题，使其建立起理性的预期与合理的规划。并通过深入剖析大数据落地的规划、实施、运维这三部曲，针对可能遇到的困惑和问题，给出特别需要注意的事项及指导原则，帮助读者在较短的时间内推出成本可控且能满足需求的大数据产品与服务，最终产生经济效益。

本书共分为6篇。

第1篇（第1～2章）为大数据导论。简要介绍大数据的基本概念、建设目标和意义，以及与大数据产业链相关的生态圈。另外，随着大数据概念持续被炒热，在对其的认识和理解上存在着各种偏颇，本篇也会对大数据认识上的误区进行讨论。

第2篇（第3～4章）为规划篇。大数据技术应当为满足企业业务的发展需求而服务，因此，企业在开展大数据建设前，应结合自身的信息化现状，分析现有业务系统和IT服务的类型与特征，正确判断在当前情况下自己的应用是否需要大数据技术，进而确定企业中的哪些业务系统或IT服务适合实施大数据，以及如何统筹资源来科学合理地开展大数据建设，并确定相关的计划和评价标准。企业做大数据转型，需要评估大数据技术能够给自身带来多大的价值和战略意义，合理平衡Scope-Schedule-Cost铁三角，做好风险管控，采取各种方式规避和解决可能遇到的问题。通过规划篇，读者首先要了解自己，了解自己所处的位置，根据自身的实际情况，来应对大数据，而不是为做大数据而做大数据。

第3篇（第5～8章）为实施篇。将大数据规划落地，需要选择具体的技术路径，此时主要受Function-Performance-Cost铁三角的制约。大数据的实施具有相当的复杂性，本篇将分析在大数据实施过程中所应遵循的一般方法和特别之处，就大数据实施中的关键技术点依次展开。由于大数据具有多技术交织的特征，因此本篇更偏重于介绍与大数据直接相关的技术，其中包括：以MapReduce为代表的大数据并行计算框架，以大数据生态圈中最具活力的Hadoop为代表的分布式处理系统，大数据存储系统，以及相关的机器学习与人工智能技术等。

第4篇（第9～13章）为运维篇。大数据项目实施完成后运维就开始了。运维是一个持续的过程，包括升级、优化、扩容等。企业需要维护业务运营的持续性，需要采取必要的技术手段和人力资源来保证运维。大数据的运维主要包括4个方面。第一，网络畅通。大数据的海量数据处理与分布式业务流量模型对现有数据中心网络架构提出新的挑战，保障大数据业务网络畅通与稳定需要从SDN等新兴网络技术中寻求解决方案。第二，数据安全。大数据核心价值在于数据分析与利用，在数据采集、存储、挖掘和发布等阶段都需要采取相应的安全技术以保证数据的安全性，大数据平台的安全机制也至关重要。第三，大数据集群一定是会出故障的，数据备份与恢复这个“古老”的看家本领是必不可少的。大数据分布式存储特性使得大数据备份和恢复具有自身特性。第四，高效运维管理。本篇从大数据集群配置管理、集群监控、日志分析等方面展示如何进行大数据环境的运维管理，并从运维服务、运维流程模型、运维人员、自动化与智能运维（AIOps）多方面讨论如何有效进行大数据运维日常工作。

第5篇（第14～16章）为实例篇。本篇以一个类似于Netflix（奈飞）的公司为例，展示其如何建立和运营大数据业务，并通过挖掘客户的行为数据来实现推送营销。这一篇将前面几个篇章的内容综合起来用于实践，从发展思路、产品与服务到赢利模式展现给读者。本篇将围绕着迷你的Netflix——Oracle MoviePlex案例来阐述传统关系数据库怎样与大数据技术紧密结合，数据怎样通过关系数据库或其他方式加载、提取、转换至大数据环境，在大数据环境中，业务部门怎样在数据池中分析和挖掘大数据的价值。本篇也可用于单独阅读。

第 6 篇（第 17～18 章）介绍明天的大数据。预见大数据的明天会怎样是一件“危险”的事情。在本篇中，作者对大数据未来发展的基本共识做了一些梳理总结和展望。就当前的实情和趋势，分析大数据所面对的挑战，探讨该领域的发展和技术演进方向。随着时间的推移，就像云计算一样，人们已经把它视为常态，“云”字就会消失，大数据中的“大”字也会消失，而成为新常态。

本书末尾是三个附录。

附录 A 详细介绍了如何安装一套可运行的 Hadoop 平台软件，以 Cloudera 发布的开源版本 CDH 作为例子，帮助读者顺利跨出大数据实践的第一步。

附录 B 利用 MATLAB 对美国 21 年航空公司到达和起飞时间的记录数据，展示了大数据的数据处理过程，以使读者更直观地理解 MapReduce 的过程。

附录 C 则从 DeepMind 的 AlphaGo Zero 论文和最新的 AlphaZero 入手，解读人工智能由最初的大量收集棋谱比对，到按照人工输入的简单规则“自己和自己对弈”生产棋谱的过程，并和读者分享一些想法。不要夸张（Make no mistake），一定是规则在先才能自造样本。人工智能，一定是人工在先，才能智能。

作者长期在美国从事 IT 前沿工作，在美期间亲身参与了数次 IT 行业重要的发展和变迁，其中包括开放系统（Open System）、互联网、云计算等。并且，作者在 IT 行业中所任职的美国海关总署、北美索尼、美国 Intel 等政府和世界 500 强企业对 IT 系统的要求是非常苛刻和现代的。作者作为 2011 年中组部“千人计划”特聘专家回国，同年成功组建了首个运营商云计算专业公司，算是在运营商中实现了 IT 1.0 到 IT 2.0 的范式变化，此后，继续投身到了大数据领域。因此，作者非常希望在书中对国内外与大数据相关的数据科学与信息技术，以及工程实践进行全面的论述和比较，为国内政策制定者、企业的 CIO 和 IT 工作者、创业者、投资人在大数据业务开展方面提供务实的、系统化的考量角度和评估方法。并希望能通过本书为政府和企业合理又经济地发展大数据提供有价值的建议，避免低水平或过度的建设。

最后，本书保留了作者在《云计算：规划、实施、运维》（电子工业出版社，2015）中为读者所喜爱的“单刀直入、直奔主题”的风格。所以这本《大数据：规划、实施、运维》可以视为该书的姊妹篇。

从初步构想到最后出版，对本书品质的方方面面，一切都希望能做到尽职尽责。唯成书仓促，难免有诸多缺失甚至偏颇，祈业内先进赐教，以匡正之。

作者要感谢的人很多。

作者首先感谢倪光南院士在百忙之中拨冗为本书作序。感谢中国电信科学技术委员会主任韦乐平先生，我的师长。没有韦先生的指导和帮助，作者回国后会需要更长的时间来适应国内的工作环境。邬贺铨院士、李德毅院士在为《云计算：规划、实施、运维》一书写了推荐评语后，又在百忙之中再次欣然为本书写了推荐评语，对作者的努力给予了很大的鼓励与肯定，在此作者表示诚挚的谢意。还要感谢国家数字化学习工程技术研究中心主任杨宗凯（西安电子科技大学校长）和同仁们对本书所提出的宝贵建议。同时在本书的写作过程中，电子工业出版社的冉哲编辑提供了全程帮助，特别是面对我的英式中文，耐心、细致、不厌其烦地为我修改，没有冉编辑的帮助，本书难以与读者见面。作者特别感谢以下几位：陈劭力按照作者的思路和录音整理出了最初文稿；陈琪和郑芳交叉校阅了实施篇和运维篇；张彬帮助准备了 Oracle MoviePlex 案例；李昊溟帮助准备了附录；徐小飞和夏晴进行了最后的文字整理。当然，书中的任何瑕疵完全是作者的责任。最后，也是最重要的，作者感谢家人们的支持与付出。

谢朝阳

2018 年

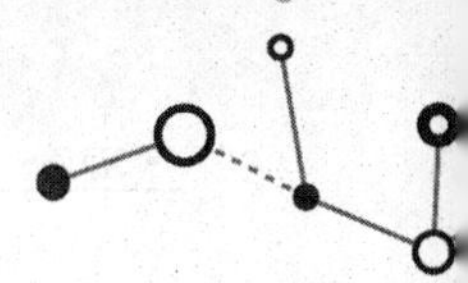

目录

第 1 篇　大数据导论

第 2 篇　规划篇

第3篇　实施篇

第 4 篇 运维篇

第 5 篇　实例篇

第 1 篇

大数据导论

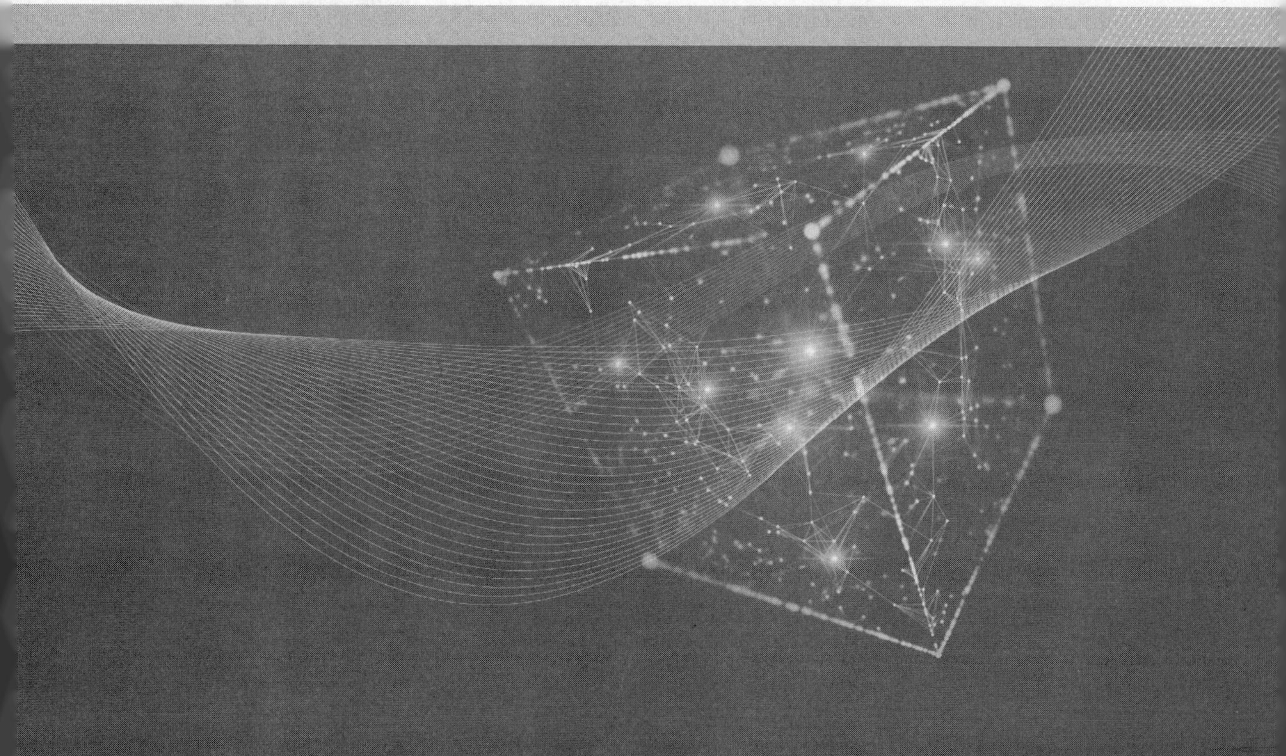

新国际政治经济格局、新商业环境、新企业组织结构、新技术这四个维度，好比相互嵌套的拼图，相互关联，相互影响。任何维度的范式变化都可能从根本上影响企业的发展，乃至国家的繁荣。

今日的世界经济社会由生产、流通和消费构成，世界的每个角落均与 IT 密切相关。IT 对于企业发展的作用和性质正不断发生变化。这一变化对于企业运作和员工工作方式的影响是深远的。“现金流、电流、物流、比特流”四流的畅通与匹配决定了社会的繁荣与否。IT 可帮助企业更好、更快、更低成本地进行商业部署和业务流程。除必要的硬件、软件投入外，三个维度决定了企业 IT 的特性：业务和商业流程、技术架构、运维保障。

第二次世界大战之后，国际政治经济格局已经发生了深刻变化。国家之间的关系直接影响着贸易往来，一个国家国力的盛衰也直接影响着这个国家的影响力、技术能力及产品输出能力。我国的经济发展就直接受益于我国国力的强盛、国际影响力的提高。无论国际大环境如何瞬息万变，开放、多极化的趋势是确定的。在这个趋势下，就要把握先机，优先发展能深刻影响国计民生的先进信息技术，使其贡献于军事和社会生产各个方面，让高端装备业和高新信息技术产业“走出去”，让“中国创造”进一步提升我国的经济实力和国际影响力。

国际商业环境也发生了深刻变化，行业的生态趋于复杂，竞争趋于激烈，企业的诞生和湮灭速度越来越快。综观 1990 年的日本、1997 年的亚洲、2008 年的美国、2009 年的欧洲，危机和变革使很多被奉为管理典范的著名企业一蹶不振，甚至已经不复存在。故步自封甚至抱残守缺的企业难逃被淘汰的命运，只有坚持在技术、体制等方面持续创新才能使企业立于不败之地。我国的传统行业近年也经受着互联网浪潮的猛烈冲击，最初一些企业认为互联网的影响力只局限于信息行业，怀着“不屑”的态度，从而错过了“借力”或者“转型”的机会。今天的传统企业普遍认识到，互联网已经渗透到人们生活的方方面面，甚至已经悄然改变了传统行业的生产和销售环节。大数据就是这波互联网创新的主导力量之一。大数据的概念带来了全新整合的对数据处理的实现方式，可打造新型的企业治理体系及产品架构。

企业的组织结构也在变化。组织结构变化的动因是更高效地获取、处理来自企业内外部的信息，并迅速做出反应。新的组织结构需要足够的信息，来快速应对市场、竞争对手、商业环境的变化。结构决定功能，因此，企业的结构应当变得扁平化，管理不再只靠自上而下的控制，而更多地依赖成员的向心力和责任感。企业正变得开放，生态系统一环扣一环，产业上下游之间需要协作，竞争对手在一定程度上也成为了合作伙伴。

有用信息的重要性正变得越来越高，新技术这一维度的进步和上述三个维度（国际政治经济格局、新商业环境、新企业组织结构）的范式变化是相互交错、相互影响的。全面高效的信息系统会促进和支撑企业的转型升级，使企业的运作更快、更好、更经济，从而更好地释放生产力。新一代的 IT 必须是开放的、互连的、模块化的，能打破信息“孤岛”，能更有效地融合各方面的信息，从而为企业选择合作伙伴、管理供应链、锁定目标市场提供定量的决策依据。

“上帝创造了数字，人做剩下的事情”（God creates the numbers, men do the rest），一位数学家曾这么说。从有人类文明以来就有了数字，进而有了数据，甚至可以说就有了大数据。为什么今天把大数据提到如此的高度呢？这和数据的产生量以及相应的处理能力（软的、硬的）是分不开的。半个世纪以来，随着计算机技术全面融入社会生活，信息爆炸已经积累到了一个开始引发变革的程度。它不仅使世界充斥着比以往更多的信息，而且其增长速度也在加快，创造出了“大数据”这个概念。如今，这个概念几乎应用到了所有和人类的智力与发展相关的领域中。历史上，数据库、数据仓库、数据集市等信息管理领域的技术的产生及更新，在很大程度上也是为了解决大规模数据的问题。

互联网（社交、搜索、电商），移动互联网（微博），物联网（传感器，智慧地球），车联网，GPS，医学影像，安全监控，金融（银行、股市、保险），电信（通话、短信）等，每时每刻都在疯狂地产生数据，拥有数以亿计用户的互联网服务时时刻刻在产生巨量的交互。据统计，全球每秒会有 290 万封电子邮件被发送；每天会有 2.88 万小时的视频被上传到 Youtube；Twitter 上每天会发布 5 千万条消息；亚马逊上每天产生 630 万笔订单；网友在 Facebook 上每个月要花费掉 7 千亿分钟；Google 上每天需要处理 24 PB 的数据……并且，上述的记录正在不断被刷新。根据 IDC 做出的估测，数据量一直都在以每年 50%的速度增长，也就是说，每两年就增长一倍（大数据摩尔定律），并且大量新数据源的出现导致了非结构化数据、半结构化数据呈现爆发式的增长。预计到 2020 年，全球将总共拥有 35 亿 GB 的数据量，相较于 2010 年，数据量将增长近 30 倍。这不是简单的数据增多的问题，而是一个全新的挑战。我们要处理的数据量实在太大、增长又太快，而业务需求和竞争压力对数据处理的实时性、有效性又提出了更高要求，传统的常规技术手段根本无法应付，必须运用新的大数据手段。

就大数据范畴内研究的问题的基本特征来讲，大数据的起始计量单位至少是 P（1000 个 T）、E（100 万个 T）或 Z（10 亿个 T），且非结构化数据比结构化数据增长快 10～50 倍。大数据的类型可以包括网络日志、音频、视频、图片、地理位置信息等，具有异构性和多样性的特点，没有明显的模式，也没有连贯的语法和语义，多类型的数据对数据的处理能力提出了更高的要求。大数据价值密度相对较低，例如随着物联网的广泛应用，信息感知无处不在，信息海量，但价值密度较低，存在大量不相关信息，因此需要对未来趋势与模式做可预测分析，利用机器学习、人工智能等进行深度复杂分析。而如何通过强大的机器算法更迅速地完成数据的价值提炼，是大数据时代亟待解决的难题。大数据所需的处理速度快，时效性要求高，需要实时分析而非批量式分析，因此，数据的连贯性分析处理，也是大数据区别于传统数据挖掘的一个特征。

面对大数据的这些新特征，既有的技术架构和路线，面临着高效地处理如此海量数据的挑战。而对于相关组织来说，如果其斥巨资采集到的超大量数据无法通过及时处理来反馈有效信息，则成了有数据没知识，那将是得不偿失的。可以说，大数据对人类的数据驾驭能力提出了新的挑战，也为人们获得更深刻、全面的洞察能力提供了前所未有的空间与潜力。

对大数据的认识本身就是人类求知的过程，从数字，到数据，到信息，到知识，再到知识的运用，然后进入下一次循环。我们提一个问题：人类一天到晚究竟是在做什么？答案是做预测！大数据就是用来帮助人们从“已知”走向未知的。这里给已知加了引号，是因为我们所认为的已知未必就是真的已知。预测究竟能有多准？Most likely 是最保险的答案。预测不准是常态，预测准是概率事件。然而，预测虽然时有失败，却从未被人们放弃，它是人性中根深蒂固的东西。我们对于自己所处世界的事件进程预见得越多，数据集的质量越高，就越有能力为应对这些事件做好准备，从而改善生活品质。

改革开放以来，中国经济从体制机制到执行层面进行了卓有成效的改革，取得了举世瞩目的成绩。这一时期，我国的经济体量发生了巨大的增长，但是，在单纯以量的增长为导向的情况下，容易催生粗放并短视的发展模式，在战术层面上是"摸着石头过河"，缺乏对模式及时、理性的调整。为了追求更深层次的经济发展，积极应对国际大环境的变化，具有原创性的技术革新、商业环境营造、模式创新等都会成为中国经济持续发展不可或缺的新动力。

今天全球新一轮的科技革命和产业分工调整对我国的工业发展既是挑战，也是实现赶超的机遇。推动信息化和工业化深度融合，以信息化带动工业化，以工业化促进信息化，对于破解当前发展瓶颈，实现工业及商业的转型升级，具有十分重要的意义。

大数据带来的机遇，给了国内企业以通过信息化转型来实现逆袭的可能。本篇将引导读者对大数据的背景、基本定义、建设意义、产业链现状等形成一个初步的认识，展现大数据行业的大致面貌，由此开启大数据之旅。

第 1 章

初识大数据

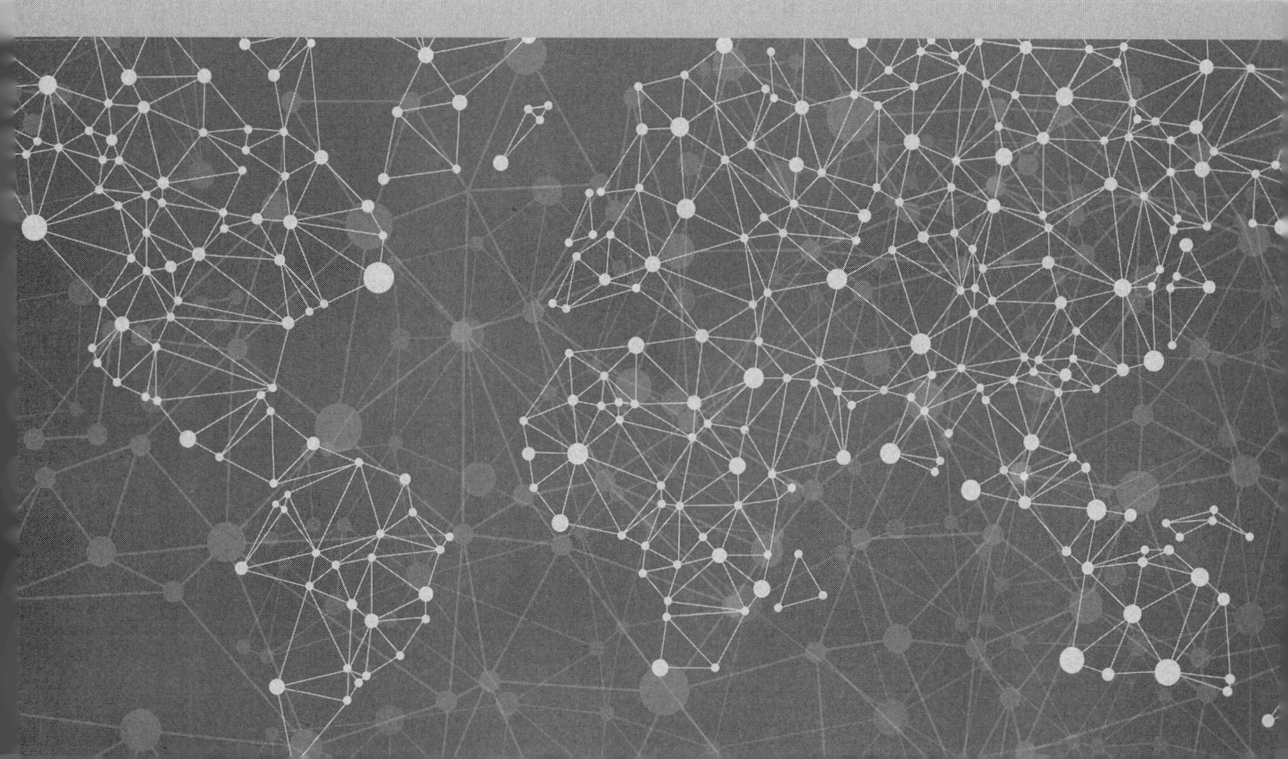

大数据，多大算大？大数据究竟是什么？为什么要研究大数据？数字与生俱来，“大”数据早就存在，为什么今天要来谈大数据？本章将从狭义、广义、泛义和伪义四个方面来回答这些问题。

当今，移动互联网和物联网的快速发展，实现了人、机、物三元世界的高度融合。早在2011年，全球被复制和创建的数据量就达到了1.8 ZB，远超过人类有史以来所有印刷材料的数据总量。如果把1.8 ZB的数据刻录在普通的DVD光盘里，这些光盘叠加起来的高度等同于从地球到月球一个半来回的距离。这样大量的数据的意义已不仅仅是资料，而是一种战略性的资源。利用数据资源可以发掘知识、提升效益、促进创新，使其为国家治理、科学研究、技术开发和企业决策乃至个人生活服务。如今，大数据带来的信息风暴正在变革人类的生活、工作和思维，大数据成为了新一代信息技术的集中反映。

2017年年中，有两则大数据方面的新闻受到的关注度颇高。一是，5月28日，为期三天的中国国际大数据产业博览会在贵阳落下帷幕。数博会连续举办了三年，已成长为大数据领域的国际盛会，而贵州虽不是传统意义上的经济发达区域，却很好地讲述了“数据创造价值，创新驱动未来”的故事。二是，世界排名第一的20岁中国围棋手柯洁，在与谷歌人工智能系统AlphaGo的对战中三局惜败，泪洒赛场，大数据和人工智能带来的这次冲击，再次引发了新一轮的关于人机话题的热烈讨论。

随着新一轮科技革命和产业变革席卷全球，大数据、物联网、移动通信、云计算、区块链、人工智能等新技术不断涌现，数字经济正深刻地改变着人类的生产和生活方式，其作为经济增长新动能的作用日益凸显。国内的多个省市区主动顺应这一发展趋势，大胆探索，先行先试，取得了积极成效。例如广东省就在全国省级层面率先成立大数据管理局，十分重视互联网在创新发展中的先导作用，2016年4月，出台《广东省促进大数据发展行动计划（2016—2020年）》，其中明确指出，用5年左右时间，打造全国数据应用先导区和大数据创业创新集聚区，抢占数据产业发展高地，建成具有国际竞争力的国家大数据综合试验区。与此同时，这些新科技与百姓生活也越来越近，大数据无论是从概念方面还是实体方面，都在逐步渗透到人们的商业活动和日常生活中。政策的宏观引导，科技的点滴进步，最终可以让百姓的生活受益。

如果将传统的IT视为IT的1.0，那么云计算所引领的对IT资源的复用，使得用户的IT基础设施的成本大幅降低，这可以算作IT的2.0。更进一步，在基础设施不再成为障碍的前提下，大数据及数据挖掘等技术的发展用以解决数据和业务之间的结合问题，对人工智能的研究用以实现机器的自发性学习问题等，实际上已经将IT带入了3.0阶段。这正好对应了IBM倡导的三个平台，当然这种划分并不是截然的。

本章将引导读者进入大数据领域，让读者了解究竟何为大数据，树立起对大数据的客观、科学的认识。

1.1 大数据概念谈

1.1.1 大数据的定义

什么是大数据？似乎一夜之间各行各业都开始提大数据。对于铺天盖地的大数据概念，也许你最常听到的是关于大数据的 4 个 V 的特点定义：Volume（体量大）、Variety（模态多）、Velocity（变化快）、Value（价值高）。这 4 个 V 的定义听起来是不是依旧觉得有些抽象？

事实上，自人类开化以来便有了数字（Numbers），而计算机技术多年的发展也一直在研究如何对数据（Data）进行记录和处理，为何今天我们再来讨论数据，并且冠以“大数据”这一新概念？实际上，随着技术的发展和普及，爆发出多方面的数据来源（例如智能手机的普及就产生了海量的手机用户数据等），今日人类产生的数据量之大、数据形式之多变的特点变得愈发突出，与此同时，当今计算机的算法、硬件处理能力的增加，也给数据的处理带来了更丰富的可能性。由此，引发了人们对数据中所蕴藏的价值的探究兴趣，而这一系列的探究就被归纳到了“大数据”的范畴内。

在此形势下，如果要给大数据做一个明确的定义，可以从狭义、广义、泛义、伪义 4 个维度来进行。

狭义大数据：狭义大数据仅关注大数据的技术层面，即对大量、多格式的数据进行并行处理，以及实现对大规模数据的分块处理的技术。狭义大数据范畴内，所谓的“大”其实是相对的，并不能明确地界定出多大的数据量就是大数据，而是要由计算机的处理能力来判定所面对的数据是否为大数据。当数据量超出了当前的常规处理能力所能应付的水平时，就可称之为“大”。作者常说，做成一件事有三种方法：①Work Hard；②Work Smart；③Getting Help。其实，狭义大数据的概念又何尝不正是符合这三种方法呢。首先，为了处理大数据，对当前的计算系统进行优化和发展，采用拥有更快、更多的处理器和更大内存的计算机，提升其数据处理能力，这就是 Work Hard。值得注意的是，提升处理能力终将遭遇到物理极限，例如 42U 的机柜也就那么大。一味地提升处理能力，也伴随着成本的大幅增加，做大数据并不是一定要搞超算，而应当对成本和性能进行平衡，以使得经济效益最大化。第二，对数据的处理需要研究和改进各种算法，在算法上下功夫，就是 Work Smart。并非有足够的 Hard 和 Smart 就能解决所有问题，有时还是会遇到瓶颈，在这种情况下就得借助外部的、集体的力量才行，这体现在大数据中就成了集群（Cluster）的概念。对于超大规模数据集的运算，可聚集群体的力量来分开、并行处理，即为 Getting Help。

广义大数据：广义的大数据实际上就是信息技术。它是指一种服务的交付和使用模式，指从底层的网络，到物理服务器、存储、集群、操作系统、运营商，直到整个数据中心，由这各个环节串联起来，最终提供的数据服务。并且，当数据服务所涉及的数据量变大后，就被冠以了“大数据”的概念。广义大数据可以被视为和数据相关的所有的产品以及服务的集合，并且这里的数据服务通常需要有数据分析引擎做支撑。

泛义大数据：由于数据的重要性遍及各个行业，随之出现了司法大数据、政务大数据、教育大数据等，这些各行各业的大数据服务就成了泛义上的大数据。

以上的三项定义具有同等的重要性，对大数据而言，每一个定义范围内的内容都有研究的必要，并且三项定义合并起来就构成了大数据生态系统（Ecosystem）。

伪义（Pseudo）大数据：一个传播甚广的大数据应用例子是，当我们看到一个国外的小伙，一手抱着尿不湿、一手提着啤酒，我们就得出了这样的结论——这是沃尔玛对大数据分析的结果，因此商家特意将啤酒同尿不湿的货架紧挨在一块儿，以提高啤酒的销量。事实上，这恰恰就是一个伪义大数据的典型例子，现实中的沃尔玛从未有将这两种商品摆放在一起的策略。而介绍大数据的材料往往会借用不少这样的例子，起到一种炒作的效果，形成了一种伪义大数据的概念。并不是说伪义大数据一定不好，它体现了市场对大数据的追捧。一个新的事物，无论是大数据还是云计算，要形成气候，市场的追捧其实是必要的，但对于这些新事物的从业者而言，就需要格外清楚要做的究竟是什么，否则就会变成 Blind leads the blind。

除上述 4 个层面的大数据定义外，可以说，大数据的内涵是多方面的，不是给“数据”前面加个“大”字就成了大数据，它有很具体的特征。图 1-1 列出了大数据的 16 个特征。其中，量大，含大量可执行代码，研发需要的人才结构复杂，这是现在的技术完全有能力处理的。至于结构、类型众多，显示媒体介质多，来源多、标准不一，动态性强，社会性强，时空依赖关系大这 6 个特征，以现有的技术可以处理，但有一定的难度。当然还有很多数据特征是现有技术能力无法处理的，需要进一步研究与探索。大数据所需要研究的内容如图 1-2 所示。

量大	结构、类型众多	维数高、维间关联多	显示媒体介质多
来源多、标准不一	不确定性强、随机模糊	动态性强	关联复杂度高
垃圾数据量大	含大量可执行代码	保密性和安全性高	时空依赖关系大
研发需要的人才结构复杂	有毒数据量大	社会性强	尚未理解到位的属性

图 1-1　大数据的特征

值得注意的是大数据与云计算的关系，狭义的虚拟化云计算和大数据代表了计算的两个极端。云计算是指单台机器的硬件处理能力太强了，通常的应用一般用不完，所以将其“分”为多台小机器来用。大数据则是指计算任务太大了，一台机器搞不定，需要多台来共同完成。也就是说，云计算是把大“化”小，而大数据则是把大“合”为更大（见图 1-3）。

数字来源于生活。大数据的这个“大”是相对的，并且离开了上下文是毫无意义的。TB 级是一个大型图书馆所记载的信息量等级，或相当于一座有百万人口的县城全体居民一年活动的信息量级，而相比于金融、气象、军事、航空航天、医学等领域，这可能就算不上大了。计算处理能力按照摩尔定律迅速增长，带宽按照基尔德定律在变宽，今天听起来很大的数据量，若干年以后可能就不大了。“软（头脑）”件、硬件总是手拉手地前进，好比安迪比尔定律：英特尔能提供多大的硬件处理能力，微软的软件都能给它消耗殆尽。某种意义上来讲，软件总是超前于硬件。下一个轮回，当数据量超出了发展中的硬件的处理能力时，就会有新的“大”数据，也就是硬件又一次处理不了的数据。

表示研究	泛数据形式化系统	大数据库BDB建立	检索、搜索方法
学习建模理论、方法和应用	数据融合理论、方法和应用	互联网中大数据处理	高维大数据的降维技术
各种应用（优化、预测、控制、规划、计划等）	智能科学与大数据	基因工程与大数据	医学科学与大数据
脑科学与大数据	环境科学与大数据	经济学与大数据	智能XX与大数据

图 1-2　大数据需要研究的内容

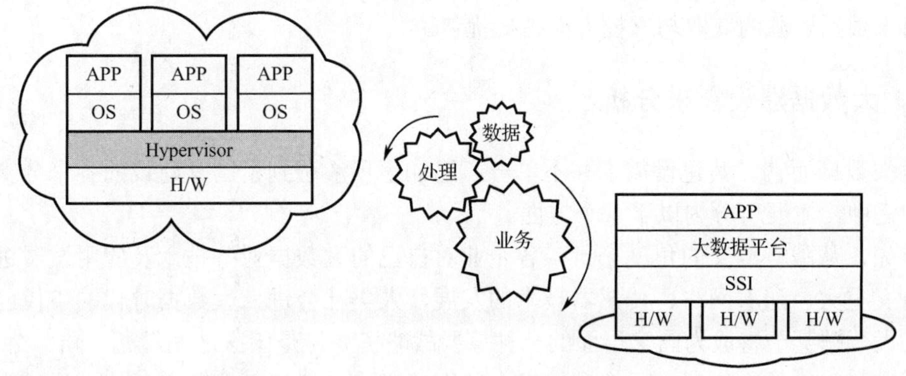

图 1-3　狭义大数据与狭义云计算的关系

特别要说明的是，大数据也好，云计算也好，都是当下这个时间点所特有的名词，是当前 IT 技术发展水平及业务需求的反映。随着技术的飞速提升，这些技术将会逐渐融入日常生活，成为常态，届时，可能不再有人专门提及今天很火的名词——“云计算”和“大数据”，而是将其视为常规的、必不可少的基础技术，“云计算”就成了“计算”，“大数据”则成了“数据”。

1.1.2　大数据发展现状

从宏观政策方面来看，美、英、日、澳等世界发达国家高度重视大数据产业，当前正通过战略引领、政府投入、企业推进、应用建设和政策保障等措施大力推动大数据技术和产业的发展，意图抢占战略主动权和发展先机。与此同时，我国政府也在陆续出台政策，使得国内的大数据发展环境得到持续完善，诸如《关于促进大数据发展的行动纲要》等文件的出台，也标志着我国已经进入大数据全面、高速的发展阶段。不过当前对于各家打算进军大数据领域的公司而言，却存在着虽有较明确的进军意图，但还缺乏成体系的大数据发展战略布局，整体尚处在初期阶段的现状。

在大数据技术方面，目前主要的技术体制和技术标准都由国外的技术联盟和大型公司控制着，例如，Apache 基金会的 Hadoop、UC Berkeley 的 Spark 等系列软件在某种程度上已经成为了大数据计算处理方面的事实标准。国内的研究则以技术吸收、消化再创新为主。目前，国内的大型企业虽在大数据应用技术创新方面进行了较多的布局，但在基础性、共性的大数据技术研究上的投入还较少，且研究力量较为分散，未能形成优势。

在大数据产品方面，国内以借用为主，对国外的研究成果及开源产品有较高的依赖程度。一方面，国内相关行业的企业化发展脚步很快，涌现了 BAT 等与大数据业务有关联的优秀的企业级产品，但另一方面，面向工业的自主可控的大数据平台技术的研发仍为空白。同时，不少相关的大数据产品存在重复研发问题，市场未形成优势互补，反而造成了人才和资源的浪费。

在大数据应用方面，国内以互联网、电子商务为代表的行业大数据应用正迅猛发展，并在逐步向传统行业渗透，行业大数据分析及应用创新也正处于涌现阶段。面向“互联网+”的大数据应用链及其相关的传统产业正面临着激烈的市场竞争，各家大公司都希望能在对于数据资源的获取与掌控方面占据优势。

1.1.3　大数据建设需求分析

对大数据而言，其建设需求并不单一，已经逐步渗透到了国家建设的各个分支企业和部门之中，主要可分为以下几个方面。

首先，从战略意义的角度来讲，各企业对自己的大数据业务技术及应用发展进行规划的意义重大。随着网络、传感器技术的发展，人类社会进入大数据时代的步伐已不可阻挡，大数据甚至将成为国家层面的一种重要战略资源，是国家之间继海、陆、空、天、网之后的另一个博弈空间，一个国家拥有数据的规模、活性及解释运用能力将成为综合国力的重要组成部分，因此，布局大数据发展关乎国家安全和国家发展，具有重要的战略意义。

然后，传统的大型企业对自主可控的大数据技术的需求十分迫切，往往需要抢先布局核心领域的大数据技术，积极推动大数据处理平台的研发，为大数据系统的安全、可靠运行提供根本保障，并结合主要业务的发展趋势，做好应用与转化，不断提高从数据到决策的能力，实现由数据优势开始逐步向决策优势的转化，以确保在新一轮信息化浪潮中赢得主动，占得先机。

接着，以大数据技术发展来支撑各企业大数据产业发展的需求迫切。对于承担城市综合管理、公共服务、电子商务、交通运输、企业管理等领域大量的信息系统研制任务的公司而言，其面临着产业升级的激烈竞争。大数据技术作为当前处理海量数据的唯一有效方法，为新型民用信息系统在实时、高效、安全、扩展能力方面提供了强有力的支撑。因此，这些企业需要结合既有产业与新兴规划产业，推进产业布局，积极规划大数据在智能交通、智慧城市、公共安全、物联网等相关产业的发展，形成它们的新的经济增长点。

最后，大数据技术本身涉及多个技术层面，会串联起一系列不同的理论和应用，因此，企业间对技术进行协作开放，共建新 IT 的需求也是同大数据的建设步调相一致的。各家企业在大数据领域内的优势各不相同，有机结合可以形成丰富的大数据技术产品与应用服务，势必能为发展自己的业务带来优势，也同时能推动大数据行业整体的进步。因此，依托各个大数据企业所长，建立大数据资源平台，整合共性的大数据成果、产品、工具，通过开放的机制实现共享，接轨先进的技术，配套相关机制，形成合力来打造良性的生态，这同样是大数据建设的需求。

1.1.4　大数据建设目标

对于想要使用大数据技术的各家企业而言，其对大数据进行研究和建设的目标应当是：统筹企业内的数据及技术资源，并借助外部资源，以打造企业自身的大数据平台及应用为目标，开展企业大数据技术共享平台建设，实现数据资源与共性技术产品的发布、共享、管理和激励。在打造自主的大数据处理平台的同时，结合企业的特点，可打造相应的领域应用模型以及软件工具，形成具备自主知识产权的大数据生态系统。同时，建立起企业的大数据技术及产品规范，并培养起大数据技术和产品的维护、应用和服务团队，以保障大数据业务的开展。最终应当形成技术理论和应用实践相结合的自主、创新的大数据平台。总的来说，“了解数据，管理数据，共享数据，使用数据”是大数据建设的目标。

1.1.5　机器学习与人工智能

谈及大数据，很容易想到更深一层的人工智能及机器学习的话题上。本书虽不会大量涉及这一领域的内容，但是有必要让读者对这些概念有一个正确的印象。在此，仅简单举一示例，以形象地说明机器学习为何物。

想要在学习上取得成功，你可以借助下面这个演示所揭示的一个简单原则。首先，请用几秒钟迅速记忆下面的这一串字符（来自津巴多的心理学书籍）：

IBMUFOFBICIA

现在请不要看书，尽可能地将你记住的字母按顺序写在纸上。

许多人能正确记忆 5～7 个字母，然而有些人却能够按顺序正确记忆所有字母。这些不寻常的人是如何做到的呢？原来他们在看似杂乱的字母序列中找到了便于记忆的模块（如果仔细观察，你可以在这一串字母中找到一些熟悉的字母组合，比如 IBM、UFO、FBI 和 CIA）。找出这些模块能够有效地提高记忆的效果，因为你可以利用那些已经存储在大脑里的信息。这样，你需要记忆的只是 4 个整块信息，而不是 12 个不相关的字母。

上述做法不仅记住了字串，同时也节省了脑力，这就是 MapReduce 的工作机制。该原则同样可以被运用到大数据处理上，尤其是机器学习和人工智能中。计算机是一个对数据进行编码、存储和读取的处理系统。对于计算机而言，如果把所有知识划分为彼此没有联系的部分进行单独记忆、机械式的学习，那要学好是很困难的。但是，如果在各种知识之中寻找联系，那么学习就会变得简单高效许多，这正是人工智能和机器学习所要研究的内容所在。

1.2　大数据的科学性

开玩笑地讲，对于龙的传人，我们应该很熟悉云，因为龙总是出没在云端；而人类生下来就有10根手指，所以人人都会数数。因此，"云计算"和"大数据"才会这么火，成为街谈巷议的话题。

玩笑归玩笑，但是，应当以怎样的态度来研究和阐述大数据，是非常重要的。往较深层次说，大数据是用来帮助人类进行求知活动的，那就涉及是否应当将大数据纳入"科学"的范围，并以科学研究的态度来开展大数据的研究。当然，理应注重大数据作为科学的方面，从方法论的角度来解读大数据。

人类之所以配称为万物之灵，主要是因为人类相比其他动物会求知，从求知活动中获取经验，总结为知识，世代相传，累积为文化，并以之作为利器，战胜万物，终而主宰这个世界。纵观人类有史以来的求知活动，大致不外乎两个目的：第一，由了解适应其所居住的环境起，进而企图改变控制其外在的物质世界，从而获得生存的安全与舒适；第二，由了解自身以及同他人的关系起，进而企图化解困惑与冲突，改变其内在精神世界，从而获得生活的意义与价值。数千年来人类求知活动的结果，在第一目的之下发展了各种科学与技术；在第二目的之下，发展了不同的哲学与宗教。而大数据这一学科（或者称为技术），则受了科学理念的影响，它是从人类目前的数学、数据科学等现有学科中综合出来的，一门关于大规模数据之间联系的挖掘问题的新科学知识。比较两个目的下人类求知活动的结果，显而易见的是，科学技术对人类物质生活的贡献，和哲学宗教对人类精神生活的帮助是同样重要的。

"大数据"这个名称常被人误解。被人误解的原因，主要是对大数据的阐释上很容易让人误解为IT的新瓶装旧酒，因为其涵盖的技术内容实际上是已经被长期发展的各类技术，而大数据这一名词则是将这些技术进行综合后冠以的一个新词，并且该词具有一定的迷惑性，容易使人望文生义，而不能参透这三个字背后的确切涵义。本书讨论大数据，首先想探讨的一点是"大数据"是否配称为"科学"这一个问题。

要解决"大数据"是否配称为"科学"，首先要澄清的一个最基本概念就是：何谓科学（Science）？按一般辞典或辞源的解释，广而言之，凡有组织有系统的知识，均称之为科学；狭而言之，则专指自然科学。这是一种通俗的解释法，这种解释存在两个缺点。第一，只以"组织"和"系统"两个特征来显示知识的科学性是不够的。电话簿与成语辞典都是有组织有系统的知识，试问这两种出版物算不算是科学？只能说编制电话簿的方法是科学的，但不能说电话簿本身就是科学。第二，单以知识的性质为评定标准也是不够的。一般人总把物理、化学、生物学等视为科学的代表，其实这类科目之所以配称之为科学的原因，绝非单指其知识的性质，更重要的是，这类科目都采用了科学方法。

科学一词究竟如何解释？以下的定义是最清楚的：科学是运用系统的方法处理问题，从而发现事实变化的真相，进而探求其原理原则的学问。这一定义中包括了三个要素：①问题，②方法，③目的。任何一种科学的产生，都是起于有待解决的问题，而且问题表现于外在的事实或现象，变化不定。天有风雷雨电之变，产生了气象学；人有生老病死之变，产生了医学。问题是多变的，要解决某种问题，自然需要适于问题的方法。在定义中所强调的“系统的方法”，当属此意。而这一定义中所指的科学目的，显然包括了发现事实变化真相和探求事实变化中的原理原则这两个层次。

基于以上对科学定义的分析，大致可以对“科学”一词得到如下的认识：有待解决的问题只是科学研究的对象，其本身并不代表科学，只有科学的方法以及采用该方法所要达到的目的，才真正符合科学的涵义。接下来将根据这一认识，来解答“大数据配称为科学吗？”这一问题。

回答之前，对科学的特征与科学的目的，需要做必要的补充说明。前文曾指出，一种知识是否配称为科学，其关键不在于知识本身的性质，也不在于知识组织的形式，而是在于探求知识或解决问题时所采用的方法。当然，方法只是解决问题的手段，手段如何选择，还要看所要预定达成的目的。因此，有必要再把科学方法所表现的科学特征，以及科学研究者所期望达到的目的，分别说明如下：

先看科学的特征。科学的特征主要是由科学方法表现出来的，主要表现在解决问题时所采用的工具、实施的程序、资料分析以及结果呈现这四大方面的处理上。就此四大方面中的每一个的性质来看，均具有以下三点特征。

① 客观性（Objectivity）：客观性是指不因人而变，或随意而变的科学特征。在科学家从事研究以解决问题时，无论在使用测量工具、工作程序、从事资料分析以及呈现研究结果等的各个方面，均须按一定的准则处理，这就是客观。换言之，客观即不能凭研究者个人主观意见来改变既定准则，不能按研究者个人好恶随意曲解事实。

② 验证性（Verifiability）：验证性是指科学研究的结果，或根据研究所建立的科学理论，其真实性如何，是否可以验证。验证性与客观性具有连带关系，必得先有客观性，而后别人才有可能按其客观准则，重复研究该问题，从而对原始研究予以验证。

③ 系统性（Systematization）：系统性是指科学研究必须遵循一定的程序。所谓一定的程序，有的按时间为先后，有的按空间为标准。科学研究上系统性的表现，多半体现在数据上。数据是系统观察的记录，是表示客观性的标准，也是用作验证的根据。

科学研究的短期目的是解决问题，而长期目的则是发现事实真相并探求事实变化的原理原则，在短期与长期目的之间，科学的目的又可分为以下四个层次。

① 陈述（Description）：陈述的目的是将研究问题时所获知的表面事实，客观地用口头或文字描述出来。它只求事实的真实性，不涉及问题发生的原因。例如：一年十二个月中，某地各月份发生火灾的次数以及各月份火灾伤亡人数的统计资料。这种资料的作用即在于陈述。

② 解释（Explanation）：解释的目的是将问题发生的前因后果分析清楚。解释是以陈述的事实为根据，进一步分析形成问题的原因。当然，形成问题的原因未必只是单一的因果关系，会有多种因素形成同一结果的情况，也会有相关因素互为因果的情况。以陈述目的中所引的某地各月份的火灾统计为例，如资料显示每年一二月间的火灾次数上升，那么研究者在分析原因时，就可能将之解释为与季节和民众的过年习俗两大因素有关，一二月是冬天，电热器的使用率增加，可能是原因之一；一二月适逢农历春节，民众烹调时会用较多的燃具，并且过节期间会燃放烟花爆竹等，这些都是更易引起火灾的

可能原因。

③ 预测（Prediction）：预测的目的是只根据现有的资料，去推测将来发生问题的可能性。对某些因果关系明确的问题，根据以往多次问题发生后所得的因果关系资料，去预测未来同类问题发生的可能，是相当可靠的。再以前述各月份火灾次数为例，如连续累积十年资料，将十年间每个月份的火灾次数相加，而后求平均数，即可用以预测次年各月份的火灾发生的可能次数。

④ 控制（Control）：控制的目的是指设法控制问题发生的原因，避免问题的发生或将可能发生问题的严重性减少到最低限度，例如：人类的疾病是无法完全避免的，人类的死亡也是不可避免的。医药科学的研究，虽无法达到使人永不生病或长生不老的目的，但也确实由于了解了某些疾病的病因，而控制了疾病发生的可能。例如预防注射，就具有明确的控制功能。

从以上有关科学问题概念的讨论，不难认识到，一种知识是否配称为科学，与该知识本身的性质并无必然关系；自然界的变化，大如星球运转，小如花开花落，只要提取知识时所采用的方法与研究的目的符合于科学，那就是科学；人世间的变化，大如生老病死，小如儿童尿床，只要提取知识时所采用的方法与研究的目的符合于科学，自然也都是科学。因此，谈科学问题时，绝不能存有偏见，不能将研究物的基础科学（如物理、化学、生物学等），看得比应用科学（如数据科学、人文科学等）的层次高，否则，势必将影响后者的发展。

以物理学与大数据这两门学科的研究做比较，物理学所研究的是物性的变化，大数据所研究的是数据之间的联系及数据的变化趋势。两者的目的，同样旨在探求变化的原理，使得以后面对类似的情形时能事先预测与控制，使其变化的方向较为有利。不过，物理学与大数据至少有以下几点不同。

① 物理的特征是外显的，大数据的特征除少部分外显之外，很多是内蕴的，根据个别物性的外显特征，去解释一般的物理特性，相对比较容易，而根据个体数据的外显特征，去解释整个数据体现出的性质，则较为困难。

② 物理性质的变异较少，个体自身的变化遵循自然规律，群体之内的每个个体之间，同质性较高，个别差异较小。根据个体的物理性质而推论群体物理性质的方法，相对比较容易。数据的变异极大，除个体自身多变之外，个体之间的差异尤其大。根据个体数据而推论群体数据性质的方法，相当困难。

③ 对物理特性的测量，较易采用结构化数据的量化方式处理，而且容易做到客观与可验证的标准。一张桌面的长度，今天测量，明天测量，张三测量，李四测量，所得结果，大致相似，原因是测量工具是客观的，桌面本身的物性特征，也是外显而客观的。对大数据的测量就不同，由于存在大量的非结构化数据，这些数据有时很难进行量化处理，并且对这些数据采用不同的处理方法会带来差异很大的处理结果，很多时候对数据的处理无法做到全面和客观，因此，对大数据的处理就成为了难题。

④ 对测量所得到的资料的处理方式存在差异。凡对物理特征测量所得到的资料，只需按“客观的客观化”原则处理即可，所得结果即可对一般的物理现象进行推论解释，将结论推广应用以解决同类问题。而对规模巨大且异构的大数据资料，则必须按“主观

的客观化”原则处理，处理方法上要充分考虑到各种因素，寻找到最优的处理法，使得结果尽可能贴近客观事实。

基于以上讨论，对“大数据配称为科学吗?”的问题，我们就可以得到三点认识：①一门学科是否配称为科学，取决于是否采用科学方法来从事研究。大数据所采用的科学方法，其周密性并不逊于一般自然科学。②大数据是整个科学史中发展较晚的一门科学（虽然其中包含的很多内容是传统的科学内容，但以一个整体形式出现的大数据，是比较晚的），与其他科学相比（如物理、化学、生物学等），大数据尚未到达成熟阶段，这一现象并不表示大数据不够科学，只是因为与研究物性的其他科学相比，大数据有其独特的难度和研究深度，因而给大数据从业者们带来了非常大的挑战。③从科学研究的价值来看，大数据所研究的问题，具有普适性，有助于改善人们的生活。

综上所述，既然大数据有资格被称为科学，就有必要讨论一下研究这门科学的目的。无论是哪一门科学，从它的研究目的看，大致都可分为理论与应用两种目的。大数据同样既包含理论，又是和应用紧密相关的。科学家们从事纯理论的研究者，旨在发现事物变化的真相，探求原理原则，用以建立系统理论，以供后人据以解释、预测或作为继续研究同类问题的基础。纯理论科学的研究，通常根据两个基本假设：其一，宇宙万物间事象的变化，各有其自身的秩序与规律；其二，秩序与规律的背后，存在着某种原理原则，而从事科学研究的基本目的，就是要寻找其中的原理原则。

科学研究的理论性目的，适用于自然科学对物性的研究，也适用于大数据对大规模异构数据的研究。大数据的理论研究，其目的在于探究数据之间的内在联系，数据的变化规律以及演进历程等。在数据情况复杂的场景下，对数据所蕴藏的真正价值，多数是知其然而不知其所以然的，以“知其然”为基础，进而探究数据背后“所以然”的原理原则，正是大数据理论研究的目的。

举例而言，大数据研究中的一个重要课题是研究如何让机器学习人类的语言行为，人类有一套复杂而又有系统的语言行为，即使在科学非常进步的今天，科学家仍未揭开人类语言行为形成的神秘原因。因为从语言发展的历程看，该行为是自出生即开始自动学习的，并且就知觉行为而言，凡是感觉正常的人，可以不学就能辨别声音、颜色、物体、人物、形状等。但是人的感官作用又与机械不同，其对于刺激的存在，可以激发包括语言能力在内的一系列强化反映及对信息的关联，并且人类可能做到视而不见、听而不闻，其视觉与听觉的作用可以异于照相机和录音机。再举一例，大数据科学，尤其是其中的人工智能科学家一直都希望能让机器学会人类的求知过程，求知活动是人类行为的一大特征，求知行为的背后有两个构成要件，一个是求知能力，一个是求知方法，对这两个要件的来源，迄今尚无肯定答案，就人类一生的发展而言，自出生到老死的变化，有和一般生物的生命周期相同的地方，也有差异之处，其原因是除生物性的客观决定因素之外，另外还有文化性的主观决定因素，并且文化因素又会随着时代演进而变化，要模拟出类似人类的求知方法和能力，并让这个求知过程会随着文化而有演进变化，是极其复杂困难的。为了启发读者，本书中所讨论的内容将会涉及大数据理论的多个方面。

大数据除理论研究外，更重要的在于应用的研究。从历史来看，大数据这个名词的出现，也源自于应用。事实上绝大部分的大数据理论知识并不是什么新鲜的理论，例如其中的统计学等都是长期发展的成熟理论，即使是人工智能也是发展于 20 世纪 50 年代，之所以这些理论现在被冠以大数据的名号，是因为随着当今计算能力以及数据规模的增加，有了对大数据处理的应用需求。

当前对大数据应用的研究目的是：根据大数据理论和工具提供的大数据处理方法，建立符合应用场景的数据处理模型，选定对象、设计方法、控制因素等，以进行数据分析、治理、挖掘、验证性的应用，并且从应用中得到实用性的原理原则，然后将其推论到同类情境中去应用，以解决实际问题。

大数据技术所蕴含的真正有意义的数据处理过程如图 1-4 所示：获得的大量原始数据首先需要通过预处理，例如数据的清洗、集成、变换等，才能称之为信息，到信息这一步，所有数据还是相对分散孤立的，此后需要通过体系化处理以及抽象，揭示并清楚地描述出数据之间的关系，由此信息才能转化为经验，继而总结成为具有普遍意义的知识，到这一步，数据还尚未发挥出其价值，只有将获得的知识付诸到实施中，真正帮助决策活动，才算是体现出了大数据的价值，这种应用结果的优劣，进一步反馈到前一轮中，形成一个闭环，最终结晶成了智慧和文化。因此，知识本身并不是力量，只有将知识付诸于决策行动，才是力量。

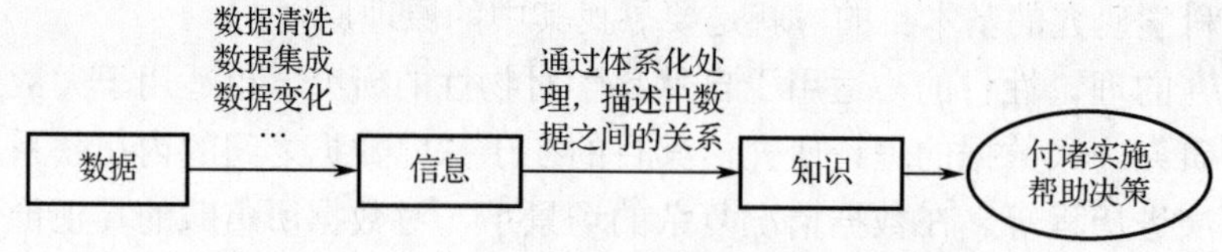

图 1-4　大数据意义下的数据处理过程

举例来讲，一个个的汉字和数字就可以被视为是数据，但是可以认为：离开了上下文的汉字和数字是没有意义的。大数据就是对数据进行分析用于求知的过程，而在求知过程中，“Practice Makes Perfect”这句话并不合适，应该说，只有正确的 Practice 才能 Makes Perfect，而研究大数据正是要研究怎样开展正确的 Practice。

说到正确的 Practice，其实和大数据最为密切的一项 Practice 技术非统计学莫属。统计学以一定的样本为分析基础，而大数据则可以认为是在更大样本集的情况下的分析手段。一定意义上讲，大数据应用之广可能使其成为高于统计学的一门综合性科学。关于数据的学问，很多都在统计学里。在经典统计学中，对于数据性质的研究、误差的分析、数据质量的判断、数据模型的建立，有着非常丰富的思想、理论和经验成果。对于大数据及其机器学习来说，统计学既是理论基础，又是思想宝库。但是现实世界中，机器学习的实践者大多出身计算机科学，除了本科学的那一点工科概率论与数理统计，对于统计学，基本上是“随用随学，够用为止”，因此统计学当中大量的思想资源实际上是被闲置的。事实上，无论是做人工智能，还是做商业数据分析，如果能够对统计学有系统的理解，那么，对于机器学习的研究和应用便会如虎添翼。

比如说回归，一般回归书上大部分篇幅写的都是近百年前的线性最小二乘回归，但在最近十几年中就发展了大量基于算法的新回归方法，比如基于决策树的有随机森林、

Bagging、Boosting，还有支持向量机及较早就发展的神经网络等，它们都能够做回归，往往都比线性最小二乘回归强大，但实践者必须要挑一个最好的，所以就需要把这些数据拿过来做交叉验证，要让数据自己来说话，来确定哪个模型好。而经典统计上确定模型的优劣方法严重依赖于对数据的众多数学假定。有计算机之前，由数学家发展的经典统计引入了大量的数学假定来弥补数据信息和处理能力的不足，这就给统计打上了很深的数学烙印，并且导致了很多统计学家的模型驱动的思维方式。在计算技术飞速发展以及数据膨胀的新时代，这种模型驱动的思维方式可能就需要改进。机器学习是典型的数据驱动的思维方式，它从数据出发，通过各种计算方法来理解数据，并建立适当的算法模型来拟合数据并得到结论，这恰恰反映出机器学习能反过来改造统计学，机器学习的思维方式就是科学的思维方式。对于整个统计学界存在的问题，把统计学从数学假定主导的思维方式改造过来，从模型驱动改变成数据驱动或问题驱动，就可能获得解决。

1.3　客户关系管理

为什么要做大数据？归根结底，大数据的研究还是一种人类为了认知事物所开展的活动。认知是为了决策，好的决策使工作的效率得到提高，同时也降低了人类的劳动强度，从而实现了人类对更高的经济效益的追求。

如前所述，大数据所处理的对象大体可以经历四个阶段：自底层的基本数据开始，逐步提取分析出信息，再抽象到知识，进而提升到文化和智慧。当前的大数据技术还处在比较初级的阶段，正如梅宏院士所言，目前大数据的挖掘深度尚且不够。而本书正是试图帮助读者将其所在企业的数据转换成有用的信息，并进一步从有用的信息中挖掘出知识。举例来讲，呼叫中心会获得海量的客户信息，在这些庞杂的信息基础上利用大数据技术就可建立起一套有效的客户关系管理（CRM）系统。事实上，对于一个拥有大量客户的企业而言，非常重要的一个需求是从多种渠道了解客户的反馈，既可以是直接的反馈，例如客户过往的消费数据（来自边缘的 cookie，后端的云），向客户发放调查问卷，或者由客服不断进行问询反馈，也可以是间接的反馈，例如抓取客户在搜索引擎上的查询信息，微博的消息动向，其他竞争厂家的数据等。换句话，数据可以是直接的、间接的；内部的、外部的；线上的、线下的。实际上，目前大数据应用的最为成熟的领域，正是 CRM 应用。将大数据运用于 CRM 的意义在于真正实现有效的智能化 CRM，挖掘出客户信息的价值，从而实现对产业的拉动。当前，如京东、阿里巴巴等电商根据 CRM 系统所做出的“推荐系统”可以算作国内较为成功的案例。

现代 CRM 将客户作为单一个体而不是作为群体的一部分来进行分析，为此，销售人员与客户的交流方式正变得更加面向客户。例如，亚马逊所使用的个性化营销方式。CRM 其实最早是以单对单营销这个名头流行起来的，但相比单对单营销，CRM 对于理解和服务客户需求有着更广泛的实现方式，它是一个企业级的经营策略，其将关注重点放在高度定向化和精确的客户群，以此来优化赢利能力和客户满意度。CRM 可通过多种方式来实现，如围绕客户群来组织公司、建立和跟踪客户的交互行为、培养客户满意度、将公司流程及公司整个供应链和客户连接起来等。而对于要如何落实一套客户关系管理系统，其中涉及两个关键点：第一，公司必须以客户为中心。第二，公司必须能够管理通过各个途径获得的客户关系和信息。

拥有 CRM 系统的公司需遵循以客户为中心的原则。该原则其实就是一个内部管理理念。在此理念的影响下，公司需要基于客户与公司之间的交互行为来定制自身的产品和服务。这个理念超越了所有的单个业务职能所能涵盖的范围（如生产、运作、会计等），而基于此理念构建出的内部系统能将所获得的客户信息直接运用于公司的各种决策和行动。

以客户为中心的公司会通过学习客户信息来不断地提升自己的产品和服务质量。在 CRM 系统中，"学习" 主要是指通过客户对于产品及服务的评论和反馈来收集整理出有用的客户信息。一般来说，公司的每个业务单元都会有自己的一套记录客户信息的方式，有些甚至还有自己的客户信息系统。因为公司的各个部门都有着各自不同的关注点，所以很难将所有的客户信息以通用格式的方式集中统一管理。知识管理在这时就派上了用处。"知识管理" 就是一个将客户信息集中管理和分享使用的过程，而通过知识管理，商家能够提升自己与客户间的关系。这些被收集管理的客户信息包括客户体验、客户评价、客户行为和一些关于客户的定性事实。不难发现，这里的 "知识管理" 就可以归入到大数据的范畴内。一个 CRM 的好坏往往取决于客户与商家间交互的效率。通常一个成功的 CRM 能够在商家和客户间建立起长久互利（如促销、打折、积分等）的关系。实际上，CRM 和别的企业战略举措最大的不同在于 CRM 不仅有能力使商家与当前客户群产生交互，还能对这些交互行为进行集中管理。简单来说，商家能得到的客户信息越多，就越能在和客户的交互中使客户感到满意。

成功的 CRM 很大程度上取决于其所使用的数据挖掘技术是否高效。数据挖掘是用来从数据库中那些海量的数据里找出数据间隐藏的模式和关系的。这种数据分析方式正是能用来发掘出特定客户或是客户群的行为特征模式。虽说一些企业在多年前就已经开始运用数据挖掘，但是那时这些企业的挖掘样本通常只有 300 到 400 个。而现在一个公司往往要分析数以亿计的客户消费模式。举例来说，沃尔玛的数据库被认为是除五角大楼的数据库外全球最大的数据库，其包含了 4000TB 的客户和市场数据。沃尔玛正是运用这庞大的数据库来帮助旗下所有的店铺找出当地民众所喜好的商品组合的（Make no mistakes，not diapers and beers）。

通过使用数据挖掘技术，销售人员能够搜索数据库以获取相关数据，然后将数据根据特征分类并最终得出客户档案。以剃须刀产品为例，当新的型号发布时，销售人员可试图通过电子邮件与客户建立起联系，将客户的邮件回复率与网上购物历史进行综合评估，而后可针对可能会购买产品的客户建立一个完整的客户档案库以便更好地去解析这些客户的需求及行为模式。不仅如此，当此方法在新型号产品的销售上获得成功后，企业还可将这套方法用在其他产品线上，使得业绩得到进一步提升。

当使用数据挖掘技术时，需要牢记的是数据的最终价值往往就取决于公司能将多少数据从单纯的数字转化为能被用来进行销售策略决策的信息。于是乎，光建立起一个客户邮箱列表是远远不够的。公司必须能够从数据中识别出优质客户并将他们的资料归档，而后计算他们的价值并构建出模型，最终预测出他们的购物行为模式。有很多的公司都有着成功运用数据挖掘技术的案例，以 Albertson's 超市为例，其运用数据挖掘技术找出了哪些商品经常被一起购买（然后将这些商品放在同一块地方），并了解到在美国不同地方的居民对于不同饮料的喜好，从而超市会根据所在地的不同来调整其售卖的饮料；Camelot Music 曾通过数据挖掘发现有一大批老人在购买饶舌或是另类音乐，公司经过调查后发现原来这些老人是在给他们的孙辈们买礼物，因此公司就策划了“礼物周”活动来吸引更多的顾客；婚礼策划网站 TheKnot.com 会要求用户注册并提供基础的个人信息，这些个人信息数据会被存入网站的数据库中，而后被用来建立原始客户档案，当一个用户将一个商品加入感兴趣列表时，数据库中的数据就会根据这一变化进行更新，于是网站会根据用户加入感兴趣列表的商品的不同而调整推荐给用户的商品。

在信息能被利用前，往往需要经过多个数据分析过程，包括客户分类、客户终身价值分析、构建预测模型，并分析客户的近期消费情况、消费频率和消费额度（RFM）等，其中最为重要的莫过于客户分类。客户分类实际上就是将较大的客户群分割成更小的、拥有共同特征的客户群。这种分析方式会为有着类似社会阶层、地理位置、心理状况及消费行为的客户们建立一个档案；当然，优质客户的档案特征是关注的重点。优质客户的档案会被用来和别的客户群进行对照分析。举个例子，银行就能通过银行卡使用率、信用、社会阶层和流通量来分割并建立起更加细致的客户群。当优质客户的档案通过这种方法被建立后，银行就能用这些档案来找到潜在客户。相似的，银行也能根据不同的客户档案来给不同客户推荐不同的产品。比如说银行会向有着开放思想的年轻客户推荐家庭银行，而向更年长成熟的客户推荐投资机会。在这一过程中，大数据技术可以得到充分的应用。

而 CRM 的决策环节中的一个非常重要的部分在于营销活动管理。通过营销活动管理，整个公司的所有职能部门都能参与到提升客户关系的行动中来。营销活动管理的目的是监控并利用客户的交互行为来帮助销售公司的产品及提升客服质量。而这些营销活动都是直接基于不同客户所体现出的不同的交互行为的。营销活动管理还会通过监控购买、订货、退货及点赞等客户行为来了解营销效果。如果一个营销活动看起来不是很成功，那么公司就会改变活动内容以更好地契合客户需求。如拼图生产商 Stave Puzzles 的每块拼图都能根据客户要求进行个性化的定制，都是独一无二的。作为公司的联合创始人之一，Steve Richardson 已经将公司的重点关注的对象客户群缩小到了前百位最有价值客户。为了能够更有效地管理并让这个客户群中的每一位都能得到满意的定制化服务，公司不仅追踪诸如联系方式和购买记录等基础的信息，还会收集客户的生日、各种纪念日、与客服通话记录、查询记录和对工坊的访问情况等信息。换言之，营销活动管理就是为了能给客户开发出适合于他们的定制化产品和服务，且将价格定在适合于目标客户的位置，并最终在将产品服务推送给客户的同时还能进一步提升客户的好感。要能为客户定制产品及服务，公司必须能够与客户进行多项有效的互动。即使对于某一客户群的划分已经极其细致了，个体间仍然会有不小的差异。所以在与客户交互的时候仍应重点关注于客户的个人经历、期望及需求。Stave Puzzles 就是根据自己划分的 8 个不同的客户组来定制不同的市场营销活动的，例如，消费总额排名前 10%的客户和每月都有消费记录的客户会收到关于特别的优惠机会的提醒，这使得公司的客户满意度一直保持在一个非常高的水准之上。和前面所提的 CRM 的客户分类活动一样，营销活动管理要真正实现高效，也必不可少地需要借力于大数据技术。

大数据是现代 CRM 的重要技术手段，而 CRM 可算是现今营销新趋势的终极目标，基于大数据来打造 CRM，可真正达到维系客户、深耕客户、拓展客户的目的。

1.4 大数据的理解误区

大数据预测到底准不准。我们先来看一个由数据科学家 Sebastian Wernicke 做的题为“How to use data to make a hit TV show”的演讲，该演讲也可以从 TED 演讲集中看到，其大意是：

Roy Price 是亚马逊旗下一家电视节目制作公司的一位资深决策者。对于公司而言，Roy 的工作责任重大，他负责帮亚马逊挑选即将制作的原创节目。当然，这个领域的竞争非常激烈，其他公司已经有那么多的电视节目，Roy 不能只是随便乱挑一个节目，他必须找出真正会走红的，换句话说，他挑选的节目必须落在如图 1-5 所示曲线的峰值右侧。

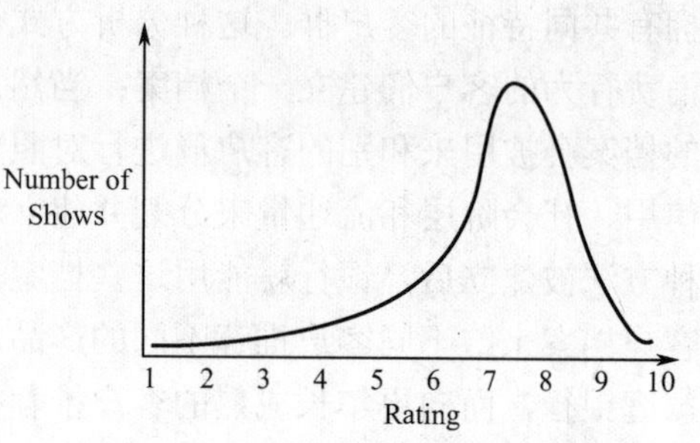

图 1-5 IMDB 的电视节目评分曲线

这条曲线是 IMDB（网络电影资料库）里 2500 个电视节目的客户评分曲线图，评分从 1 到 10 分布在横轴上，纵轴表明有多少节目达到某个评分。从图 1-5 上看，如果一个节目达到 9 分或更高，这个节目就是赢家，因为它属于那 2%的顶尖节目。例如，像“绝命毒师”、“权力的游戏”等，这些是会让人上瘾的节目。而在曲线的左边，则是类似儿童选秀类的节目。Roy 并不担心他会选到一个落在曲线最左边的节目，很显然任何人都具备基本的判断力来避免选择一个低分的节目。他真正担心的是中间占多数的这些节目，这些被归为一般水准的电视节目。这些节目不算好，但也不是很烂，它们不会真正让观众感兴趣。所以 Roy 要确保他要做的节目是落在最右端的区域里。

因此，Roy 压力就来了，当然，这也是亚马逊第一次想要做这类事情，所以 Roy 不想只是碰运气，他想要成功打造一部剧。他要一个万无一失的选择。于是，他举办了一个竞赛。Roy 的团队带来了很多关于电视节目的想法，通过一个评估，他们挑了 8 个候选的电视节目，然后他们为每一个节目制作了第一集，再把它们放到网上，让每个人都能免费观看。几百万人看了这些剧集，而这些人不知道的是，当他们在观看节目的时候，实际上他们也正被 Roy 及他的团队观察着。团队记录了哪些人按了播放，哪些人按了暂停，哪些部分他们跳过了，哪些部分他们又重看了一遍。他们收集了几百万人的数据，因为他们想要用这些数据来决定做什么样的节目。

当然，他们收集了所有的数据，处理过后得到了一个答案是：亚马逊需要制作一个有关 4 个美国共和党参议员的喜剧。然后，他们真的拍了一部称为“阿尔法屋”的剧集。但大部分人都不怎么记得有这部片子，因为这部片子的收视率并不太好，它只是一个一般水准的节目。实际上，一般的节目差不多对应曲线上大概 7.4 分的位置，而“阿尔法屋”落在了 7.5 分，所以比一般水准的节目高一点点，但绝对不是 Roy 和他的团队想要达到的目标。

但在差不多同一时间，另一家公司的另一个决策者，同样用数据分析的方法却做出了一个顶尖的节目。Ted Sarandos 是 Netflix 的首席内容官，就跟 Roy 一样，他也要不停地寻找最棒的节目，而他也使用了数据分析，但做法有点不太一样，不是举办竞赛，他和他的团队观察了 Netflix 已有的所有观众数据，比如观众对节目的评分、观看记录、哪些节目最受欢迎等。他们用这些数据去挖掘观众的所有小细节，观众喜欢什么类型的节目、什么类型的制作人、什么类型的演员。在收集到全部的细节后，他们信心满满地决定要制作一部不是有关 4 个参议员的喜剧，而是有关一个单身参议员的电视剧——“纸牌屋”。Netflix 在这个节目上赚到了极高的收视率。“纸牌屋”在图 1-5 的曲线上拿到了 9.1 分，Ted 的团队的确实现了他们最初的目标。

问题来了，这到底是怎么回事？有两个非常有竞争力、精通数据分析的公司，它们整合了所有的数据，结果，其中一个干得很漂亮，而另一个却没有，这是为什么呢？从逻辑分析的角度来看，这种方法应该每次都有效，也就是说，如果收集了所有的数据来制定一个决策，那就应该可以得到一个相当不错的决策结果。此时决策者有 200 年的统计方法做后盾，再运用高性能的计算机去增强它的效果，那么至少可以期待得到一个还不错的电视节目，不是吗？

但如果数据分析并没有想象中的那么有效呢？这似乎就有点出人意料了。因为我们生活在一个越来越依赖数据的时代，我们要用数据做出远比电视节目还要严肃重要的决策。例如 MHS 这家软件公司，如果有人在美国被判入狱，要申请假释，很有可能该公司的数据分析软件就会被用来判定他是否能获得假释。它也是采用跟亚马逊和 Netflix 公司相同的原则，但并不是要决定某个电视节目收视率的好坏，而是用来决定一个人将来的行为是好是坏。不幸的是，已经有证据显示，这项数据分析尽管可以依靠庞大的数据资料，但并不总能得出最优的结果。其实并不只有像 MHS 这样的软件公司不确定到底怎么分析数据，就连最顶尖的数据公司也会出错，甚至谷歌有时也会出错。

2009 年，谷歌宣布可以用数据分析来预测流行性感冒何时爆发，用自己的搜索引擎来做数据分析。结果证明它很准确，引得各路媒体铺天盖地地报道，甚至还在 Nature 期刊上发表了文章。之后的每一年，它都预测得准确无误，直到有一年，它失败了，没有人知道到底是什么原因，那一年它就是不准了，原先发表的文章也被期刊撤了稿。

所以，即使是最顶尖的数据分析公司，亚马逊和谷歌，有时也会出错。尽管出现了这些失败，数据仍然在马不停蹄地渗透到我们实际生活中，进入了工作场所、执法过程、医药领域等。所以，我们应该确保数据是能够帮助我们解决问题的。例如在计算遗传学领域，这个领域内有很多非常聪明的人在用多到难以想象的数据来制定相当严肃的决策，如癌症治疗，或者药物开发。

经过这几年，人们已经注意到一种关于用数据做出成功决策和不成功决策的模式，大概是这样的：当你要解决一个复杂问题时，你通常会做两件事，首先，你会把问题拆分得非常细，这样你就可以深度地分析这些细节，第二就是再把这些细节重新整合在一起，来得出你要的结论。有时候你必须重复几次，但基本都是围绕这两件事：拆分、再整合。那么关键的问题就在于，数据和数据分析只适用于第一步，无论数据和数据分析多么强大，它都只能帮助你拆分问题和了解细节，它不适用于把细节重新整合在一起来得出一个结论。

而有一个“工具”可以实现第二步，我们每个人都有，那就是大脑。如果要说大脑很擅长某一件事，那就是，它很会把琐碎的细节重新整合在一起，即使你拥有的信息并不完整，也能得到一个好的结论，特别是专家的大脑更擅长这件事。可不可以说，最大的大数据和最好的大数据工具莫过于人的大脑。

而这也是为什么 Netflix 会这么成功的原因，因为 Ted Sarandos 和他的团队在分析过程中同时使用了数据和大脑。他们利用数据，首先去了解观众的若干细节，没有这些数据，他们不可能进行这么透彻的分析，但在之后要做出重新整合时，例如，做出“纸牌屋”这样的节目的决策，就无法依赖数据了。这是 Ted Sarandos 和他的团队通过思考做出了批准该节目的决策，这也就意味着，他们在做出决策的当下，也正在承担很大的个人风险。而另一方面，亚马逊全程依赖数据来制定决策，当然，对 Roy Price 和他的团队而言，这是一个非常安全的决策，因为他们总是可以指着数据说：“这是数据告诉我们的。”但数据并没有带给他们满意的结果。

诚然，数据依然是做决策时的一个强大的工具，但我们应该相信，当数据开始主导这些决策时，并不能保证万无一失。我们都应当记住这句话：“不管数据有多么的强大，它都仅仅是一个工具”。

直到现在，我们还是经常会用类似抛硬币或西方人的“魔球 8”（如图 1-6 所示）这样的占卜方式来帮助我们做决定。说真的，很多时候我们是通过深思熟虑来做决定的，事后证明，当初我们也许应该直接摇一摇“魔球 8”会更好。

图 1-6 魔球 8

但是，如果你手里有数据，你就会想用更尖端的方式来取代这些没有根据的占卜法，比方说，用数据分析来得到更好的决策。但这有时却显得无效。我们应该相信，如果我们想达成某些像 IMDB 曲线最右端那样出色的成就，最后的决定权还是应该落在人的身上。

Sebastian Wernicke 的演讲从一个数据科学家的角度，传达出了这样的观点：数据决策仅仅是工具，在拥有足够大的数据集和强有力工具的前提下，是否能做出好的决策的根本，依旧在于人脑的定夺。引申一点来讲，这也说明当前的多种大数据分析的本质其实就是对概率事件的统计分析。由此看来，大数据并没有像风传的那般神奇，它并不能保证给出最好的决策，甚至不一定能保证决策成功。想要发挥大数据的效果，还是要看我们如何运用好它。

再来看一个广为流传的总统竞选的例子。美国前总统奥巴马在其竞选和任期内也多次运用大数据来协助优化竞选方案、集资方式、提升选民支持率以及进行最后的选情预测，详细的运用情况包括：

① 选民大数据的深度整合。奥巴马的竞选团队幕后有一支强大的数据分析队伍，他们对选民数据进行了深入的分析、挖掘并依据计算结果制定初步的竞选方案，针对不同地区的选民情况实时调整奥巴马竞选期间的策略。在总统竞选前的 18 个月，奥巴马的竞选团队就创建了一个庞大系统，这一系统可以将民调者、注资者、工作人员、消费者、社交媒体以及“摇摆州”主要的民主党投票人的信息进行整合。

② 利用“克鲁尼的吸引力法则”筹集竞选资金。奥巴马的数据分析团队注意到乔治·克鲁尼对美国西海岸 40～49 岁女性具有非常大的吸引力，这部分女性甚至愿意不远万里付出大量金钱只为与克鲁尼和奥巴马共进晚餐。该团队借助这个发现，在东海岸也找到一位对女性群体具备相同号召力的名人，帮助奥巴马筹集竞选资金。

③ 精确进行选民分析，提升竞选支持率。在西方的传播学发展历程中，以美国学者为代表的经验学派曾针对大众媒介在选民投票决策中的影响力做过实证研究，一定程度上也表明了西方政界企图通过媒介宣传影响选民决策的倾向性，但由于其中的不可控因素太多，成效难以预测。奥巴马的连任竞选不是再像以前一样根据“政治嗅觉”控制媒介宣传，而是通过他的数据团队展开大量的数据挖掘工作建立不同选民的精细模型，明确选民的“偏好口味”，直接对选民可能做出的决策和投票倾向计算倒戈率和胜算可能性，并通过及时的宣传策略施以影响。

奥巴马这位“大数据总统”依靠着大数据技术空前的预测整合能力，辅之以他富有感染力的高水平演讲，在权力斗争中杀出重围。然而，更值得深思的是，为什么大数据方法却没有在 2016 年的总统选举中，预测到特朗普会当选呢？

上述例子同样也佐证了由大数据得出的结论总的来讲是个概率事件，真正能把大数据技术用好的关键并不在于机器，而是在于人。可以利用不同的方法来把要解决的大数据问题进行分解计算，并把计算结果归结起来成为最终的结果，但是不同的方法会得到不同的结论，而遵循何种方法，恰恰是取决于人。

投资人巴菲特在谈及投资决策时传达出的理念也同样佐证了上面的结论：大数据只具有工具性质。以下引用巴菲特的一些言论。

在我们开始探究这些投资大师持续战胜市场之谜之前，我想先请在座各位跟我一起来观赏一场想象中的全美硬币猜正反面大赛。假设我们动员全美国 2.25 亿人明天早上每人赌 1 美元，猜一下抛出的一个硬币落到地上是正面还是反面，赢家则可以从输家手中赢得 1 美元。每一天输家被淘汰出局，赢家则把所赢得的钱全部投入，作为第二天的赌注。经过十个早上的比赛，将大约有 22 万名美国人连续获胜，他们每人可赢得略微超过 1000 美元的钱。

人类的虚荣心本性会使这群赢家们开始有些洋洋得意，尽管他们想尽量表现得十分谦虚，但在鸡尾酒会上，为了吸引异性的好感，他们会吹嘘自己在抛硬币上如何技术高超，如何天才过人。

如果赢家从输家手里得到相应的赌注，再过十天（将会有 215 位连续猜对 20 次硬币的正反面的赢家，通过这一系列较量），他们每个人用 1 美元赢得了 100 万美元之多。215 个赢家赢得 225 百万美元，这也意味着其他输家输掉了 225 百万美元。

这群刚刚成为百万富翁的大赢家们肯定会高兴到发昏，他们很可能会写一本书——

“我如何每天只需工作 30 秒就在 20 天里用 1 美元赚到 100 万美元”。更有甚者，他们可能会在全国飞来飞去，参加各种抛硬币神奇技巧的研讨会，借机嘲笑那些满脸疑问的大学教授们：“如果这种事根本不可能发生，难道我们这 215 个大赢家是从天下掉下来的吗？”

对此，一些工商管理学院的教授可能会恼羞成怒，他们会不屑一顾地指出：即使是 2.25 亿只大猩猩参加同样的抛硬币比赛，结果也毫无二致，只不过赢家是连续猜对 20 次的 215 只狂妄自大的大猩猩而已。

但我对此不敢苟同，在我所说的案例中的赢家们确实有一些明显的与众不同之处。我所说的案例如下：①参加比赛的 2.25 亿只大猩猩大致像美国人口一样分布在全国各地；②经过 20 天比赛之后，只剩下 215 位赢家；③如果你发现其中 40 家赢家全部来自奥马哈的一家十分独特的动物园，那么你肯定会前往这家动物园找饲养员问个究竟：他们给猩猩喂的是什么食物，他们是否对这些猩猩进行过特殊的训练，这些猩猩在读什么书以及其他种种你认为可能的原因。换句话说，如果那些成功的赢家不同寻常地集中，你就会想弄明白到底是什么不同寻常的因素导致了赢家不同寻常的集中。

科学探索一般遵循完全相同的模式。如果试图分析一种罕见的癌症的致癌原因，比如每年在美国有 1500 起病例，你发现 400 起发生在蒙大拿的几个矿区小镇上，你会非常仔细地研究当地的水质、感染病人的职业特征或者其他因素。因为你很清楚，一个面积很小的地区发生 400 起病例绝不可能是偶然的，你并不需要一开始就知道什么是致病原因，但你必须知道如何去寻找可能的致病原因。

当然，我和各位一样认为，除地理因素之外，还有很多其他因素会导致赢家非常集中。有一种因素，我们称之为智力因素。我想你会发现，在投资界为数众多的大赢家们却不成比例地全部来自一个小小的智力部落——格雷厄姆和大卫·多德，这种赢家集中的现象根本无法用偶然性或随机性来解释，最终只能归因于这个与众不同的智力部落。

可能存在一些原因，使这些赢家非常集中的现象其实不过是件平凡的小事。可能 100 个赢家只不过是简单地模仿一位非常令人信服的领导者的方法来猜测抛硬币的正反面，当领导者猜正面朝上时，100 个追随者一起随声附和。如果这位领导者是最后胜出的 215 个赢家中的一员，那么，认为其中 100 个只会随声附和的人获胜是由于同样的智力因素的分析就变得毫无意义，你不过是把区区 1 个成功案例误认为是 100 个不同的成功案例。与此类似，假设你生活在一个家长强大统治下的社会中，为方便起见，假设每个美国家庭有 10 个成员。我们进一步假设家长的统治力非常强大，当 2.25 亿人第一天出门进行比赛时，每个家庭都唯父命是从，父亲怎么猜，家人就怎么猜。那么，在 20 天比赛结束后，你会发现 215 个赢家其实只不过来自于 215 个不同的家庭。那些天真的家伙将会说，猜硬币的成功原因可以用遗传因素的强大力量来解释。但这种说法其实毫无意义，因为这 215 家赢家们并非各不相同，其实真正的赢家是 21.5 个随机分布、各不相同的家庭。

我想要研究这一群成功投资者，他们拥有一位共同的智力族长——本杰明·格雷厄姆。但是这些孩子长大离开这个智力家族后，却是根据不同的方法来进行投资的。他们居住在不同的地区，买卖不同的股票和企业，但他们总体的投资业绩绝非是因为他们根据族长的指示所做出的完全相同的投资决策，族长只是为他们提供了投资决策的思想理论，每位学生都以自己的独特方式来决定如何运用这种理论。

来自“格雷厄姆和大卫·多德部落”的投资者共同拥有的智力核心：寻找企业整体的价值与代表该企业一小部分权益的股票市场价格之间的差异，实质上，他们利用了二者之间的差异，却毫不在意有效市场理论家们所关心的那些问题——股票应该在星期一还是星期二买进、在 1 月份还是 7 月份买进等。简而言之，企业家收购企业的投资方式，正是追随格雷厄姆与大卫·多德的投资者在购买流通股票时所采用的投资方式——我十分怀疑有多少企业家会在收购决策中特别强调交易必须在一年中的某个特定月份或一周中的某个特定日子进行。如果企业整体收购在星期一或星期五进行没任何差别，那么我无法理解那些学究们为什么会花费大量的时间和精力研究代表该企业一小部分股权的股票交易时间的不同将会对投资业绩有什么影响。追随格雷厄姆和大卫·多德的投资者根本不会浪费精力去讨论什么 Beta、资本资产定价模型、不同证券投资报酬率之间的协方差，他们对这些丝毫也不感兴趣。事实上，他们中的大多数人甚至连这些名词的定义都搞不清楚，追随格雷厄姆与大卫·多德的投资人只关心两个变量——价值与价格。

我总是惊奇地发现，如此众多的学术研究与技术分析臭味相投，他们关注的都是股票价格和数量行为。你能想象整体收购一家企业只是因为价格在前两周明显上涨？当然关于价格与数量因素的研究泛滥成灾的原因在于电脑的普及应用，电脑制造出了无穷无尽的关于股价和成交数量的数据，这些研究毫无必要，因为它们毫无用途，这些研究出现的原因只是因为有大量的现成数据，而且学者们学会了玩弄数据的高深数学技巧。一旦人们掌握了那些技巧，不运用就会产生一种负罪感，即使这些技巧的运用根本没有任何作用甚至会有负面作用，正如一位朋友所言，对于一个拿着榔头的人来说，什么东西看起来都像一颗钉子。

假如让 13 亿中国人预测 20 次股市行情呢，即使他们对股市一窍不通，猜对 20 次的仍约有 1242 位，可想而知这 1242 位“股市高手”会多么的自命不凡……

我究竟想说什么？我想说的是：假如你成功地预言了若干次股市行情，但你的预测依据是错的，那你的预测就一钱不值。

这正应了投资人巴菲特所说的：“后视镜永远比挡风玻璃让你看得更清晰”，这就是说，谁都可以是事后诸葛亮，对发生过的事情都能说出个一二三来。

我们花了不小的篇幅描述了用大数据设计拍摄电视剧、大数据选总统、大数据投资三个具体例子，想传达给读者的是：样本集的大小、样本的质量以及对于样本的诠释方式等的不同，会使得数据决策的最后结果产生很大的差异。

虽然大数据研究是由过去发生的事情、已知的事情，来方便人们的生活，甚至预测未来，但是这种预测一定带有不确定性。大数据和传统的统计学最大的差别之一在于它的样本集大了，但是再大也不可能是全样本，所以概率事件是个很正常的事情。

迷信大数据是一个误区。大数据只是一个工具，并不一定能直接给出特别精确的答案，肯定不能保证每次都是对的。要让“大数据”这一工具用得好，首先得用对地方，其次要会正确地使用，因此，真正能发挥大数据价值的关键，在于我们的大脑。

1.5　小结

人们研究大数据其实就是一个求知的过程，它的最终目标是怎样从已知中获取方便，进而能够相对准确地预测未来、探索未知。这就需要了解大数据、管理大数据、共享大数据、使用大数据。狭义上讲，当数据量超出现有的计算环境所能处理的时候就是大数据了。那么，这就需要 Work Hard、Work Smart、Getting Help 来应对。广义上讲，大数据就是数据服务以及提供服务的相关的产业。泛义上讲，大数据就是“数据+”——数据与各行各业的结合。伪义大数据则是推进大数据所需要的市场热潮。

当我们清楚了我们处在什么“义”上的时候，一定不要忘记大数据是一门科学。既然是一门科学，它就具备科学性的特征，切不可混淆“四义”。大数据应用最多的应属客户关系的维系、拓展、升级，也就是客户关系管理（CRM）系统的技术化。说得直白一些，就是“推荐系统”——根据客户以往的消费、浏览行为推送有一定关联度的产品和信息。大数据在现阶段所研究的广度和深度都是缺乏的，切不可盲目跟风。

第2章

大数据产业链初探

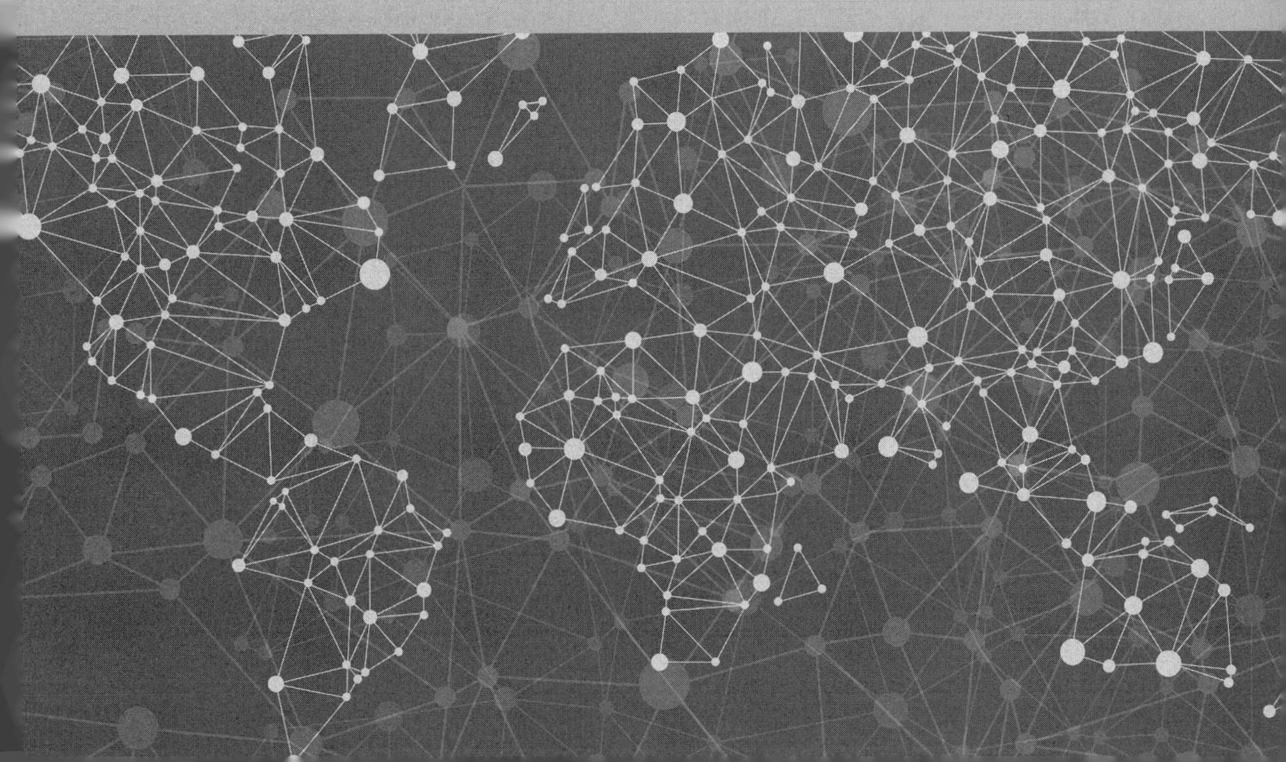

关心大数据的人群无非是两类：大数据服务的提供者和消费者。对大数据产业链的讨论有助于提供者认清自己的价值定位，有助于消费者成为聪明的消费者。讨论大数据产业链，离不开利益，离不开现金和收益。也就是说，既然作为一个产业，就一定要清楚其中有哪些玩家，推出了哪些产品或服务，谁买单，这个单值不值，这种模式能不能持续等。不挣钱的产业，在市场经济社会就不是什么产业了。本章介绍几类国内外的大数据关键部件提供者（包括硬件和软件）及综合集成商，目的是给读者一个概貌，能够从现金流（见图 2-1）和所扮演的角色来判断哪些是大数据的真玩家，哪些不是，当遇到问题时好找到帮手。

2.1 现金流与产业模式

如图 2-1 所示围绕着大数据服务的资金流动状况，主要分为筹款活动、投资活动和经营活动。大数据作为新型的 IT，其产业链涉及 IT 行业的几乎全部元素。从 OSI 的七层模型往上走，包括数据中心，机房机架，硬件设备（路由器、交换机、计算服务器、存储服务器），管理、监控体系，操作系统及各种各样的应用。相比于云计算，大数据侧重于与业务的融合，用户能够更直接地感受到大数据带来的好处。如图 2-2 所示为大数据技术的内涵俯视图。其实是很简单的，共分三部分：第一产业——工厂基础设施（图中左上角）；第二产业——大数据基础工具（包括管理工具和分析工具，图中右上角）；第三产业——大数据服务（包括应用服务和运营服务，图的底部）。

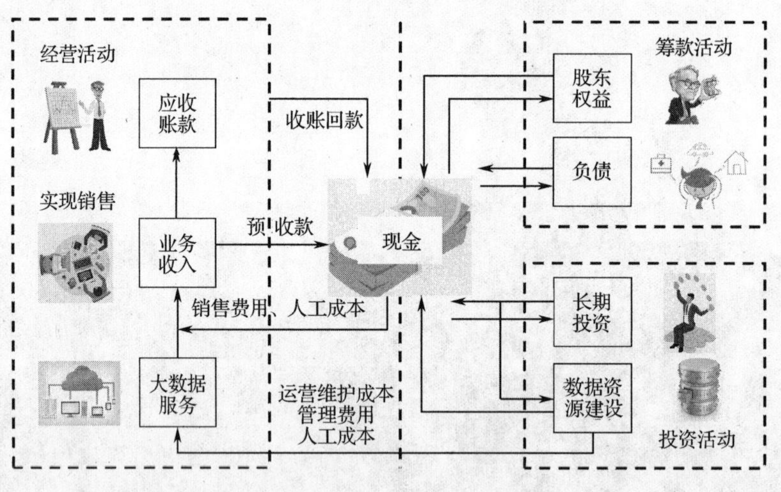

图 2-1 大数据服务现金流

如果你所从事的活动，没有直接地或间接地出现在图 2-1 和图 2-2 中，那你就不在大数据的产业链中。

图 2-3 展示了一个细化的大数据业务产业链。从技术角度看，这条产业链上可能的技术进展将会发生在以下领域：

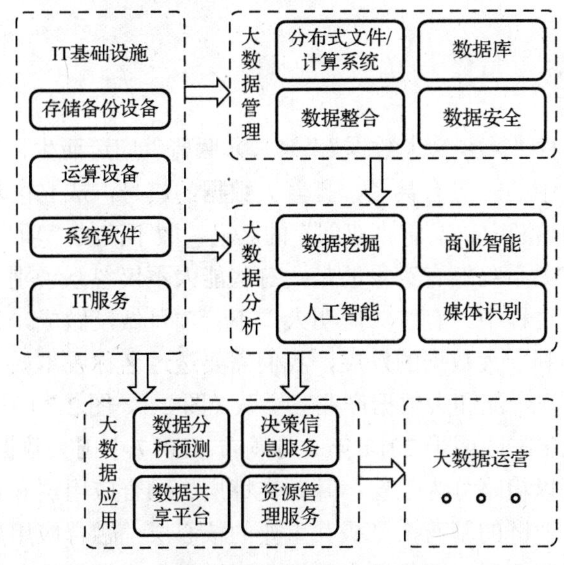

图 2-2　大数据技术内涵俯视图

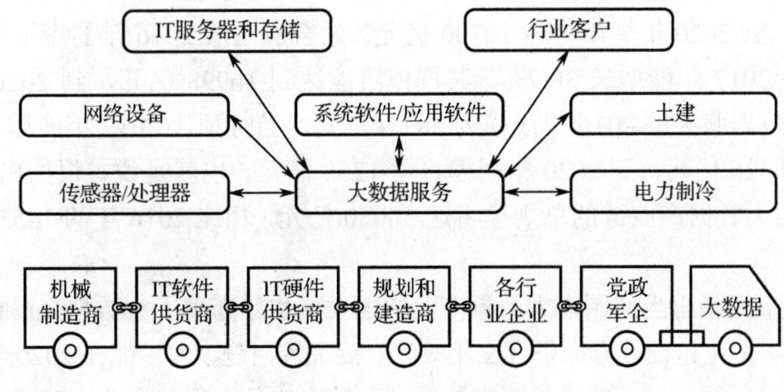

图 2-3　大数据产业链

- 数据中心土建
- 电力、冷却、UPS
- 网络带宽
- 网络设备
- 服务器
- 存储硬件设备
- 基础管理软件
- 操作系统
- 系统软件
- 中间件
- 消息交互的协议
- 大规模自动化部署
- 监控与预警

- 集群交互
- 新的应用架构
- 新的编程语言

面对大数据，各种“×××大数据”“×××联盟”应运而生，这其中不乏落入完全伪义的大数据概念之中的。更有甚者，打着大数据的旗号，成立区域联盟，俨然成了传销。还有在大数据的热潮中，借着“双创”的名义，数不清的“项目”、创业公司拔地而起。这些和大数据有关系吗？有意思的是，有些能人不仅忽悠了别人，最后连自己也被忽悠了进去，在这个过程中，有些“聪明人”不管项目做没做成，只管自己钱袋袋里装得满满。这种状况不利于大数据的发展，我们需要透过名称看本质，也就是需要看清这些项目在大数据服务现金流和大数据产业三梯队（图2-1，图2-2）中究竟扮演什么角色。

中国大数据产业生态联盟于2017年8月发布《2017中国大数据产业发展白皮书》，提出大数据产业链可以粗略分为三层：基础支撑层、融合应用层和数据服务层。其中基础支撑层是大数据产业链的基石，是极其重要的核心层；融合应用层则支撑起大数据产业的未来发展；数据服务层主要是以大数据应用为中心来提供辅助服务。该白皮书指出基础支撑层2016年的规模为1335亿元，当时预计2017年能增长68.2%，其规模将能达到2246亿元，到2020年规模将达10700亿元。融合应用层2016年的规模约为13000亿元，当时预计2017年能增长30.7%，其规模将能达到16998亿元，到2020年规模将达38000亿元。数据服务层2016年规模为202.9亿元，当时预计2017年能增长60.6%，其规模将能达到326亿元，到2020年规模将达1350亿元。也就是说，根据白皮书的预计，2020年中国的大数据产业链的总规模将达50050亿元，相比2016年的14537.9亿元增长约344.27%。

同时白皮书还指出当前国内大数据产业快速发展也暴露出了大数据交易市场、大数据企业管理、组织文化建设等方面仍存在不规范、混乱等问题。为了能在2020年达到白皮书预期的50050亿元的目标，就必须要大数据产业链中的各个环节企业（Player）共同发力。

面对IT行业新的挑战与机遇，各传统IT企业都在结合自身能力特点进行战略调整。

2.2 国外IT企业

国外公司，如微软、IBM、Oracle、Google、Amazon等都争相拥抱大数据技术，在三个产业里都能找到他们的名字。

① 国际商业机器公司（IBM）是全球最大的计算机服务公司，在全球总共拥有超过40万名员工。IBM是传统的IT企业，为了在新形势下保持业务领先、实现持续增长，IBM引入了“新业务商机管理体系”（Emerging Business Opportunity，EBO）方法论。从组织要素、投入要素、执行要素多个方面，EBO都进行了系统创新和孵化。其中Watson就是以EBO为基础的一大发展方向。Waston是一个通过自然语言处理和机器学习，面向认知商业的平台。IBM投入10亿美元，推出Watson Foundation大数据与分析平台，并利用“API经济”打造基于Watson的应用平台，从而形成有竞争力的产业生态。IBM收购了近50家移动、安全、社交及云计算公司，以期构建出更加完整的产品生态。

② Oracle（甲骨文）大数据战略的核心思想是使企业能够通过改进其当前的企业数据架构来整合大数据和提供业务价值，从而利用 Oracle 系统无可置疑的可靠性、灵活性和高性能来满足大数据需求。

Oracle 能够将应对大数据挑战所需的工具（包括软件和硬件）组合成一个集成设计的环境。Oracle 大数据机是一个集成设计的系统，集成优化的硬件和最全面的软件体系，以 Oracle 开发的各种专用解决方案来提供一个全面、易于部署的解决方案，用于获取、组织大数据以及将其加载到 Oracle Database 11g 中。它旨在对所有数据类型提供强大的分析能力，同时提供企业级查询性能、高可用性、可支持性和安全性。通过 Big Data Connectors，将该解决方案与 Oracle 数据库云服务器和 Oracle 数据库紧密集成，这样企业可以结合现有的传统数据和大数据进行分析，最终整合所有数据以供分析决策，增加系统可扩展性和实现超强的系统响应性能。

后面的章节里，我们将以 Oracle 的 MoviePlex 来展示在 Oracle 的王国里如何做大数据。

③ 亚马逊(Amazon)是全美国最大的一家网络电子商务公司，拥有大型云平台 AWS。亚马逊在业内率先使用了大数据、人工智能和云技术进行仓储物流的管理，创新地推出预测性调拨、跨区域配送、跨国境配送等服务。亚马逊大力推行智能浏览推送、购物便捷下单、智能分仓和智能调拨、精准送达和 CRM 客服。可谓是第一个将大数据推广到电商物流平台运作的企业。大数据技术是需要云计算技术在数据存储管理与分析等方面的强力支撑的，而作为全球云计算服务的主要提供商，亚马逊也将大数据与云计算完美地融合在一起，使亚马逊 AWS 拥有最完整的大数据平台，利用自身技术帮助用户进行实时流式处理、批量处理各种结构的数据，以期帮助用户开展各种大数据项目。

一些成功的大数据应用，例如，Netflix 规模最大的商用 Hadoop 集群及所有的应用都跑在亚马逊 AWS 上。

④ 谷歌（Google）作为全球搜索行业的巨头，其搜索服务本身就是一个典型的大数据应用，对于大数据技术的研究及普及化也有着得天独厚的优势。著名的 MapReduce、GFS（Google File System）及 BigTable 最早也都是谷歌提出的。谷歌运用大数据技术的例子比比皆是，如节约能源的“天窗计划”、治理空气污染的项目等都是成功利用大数据的案例。除这些简单的大数据分析项目外，谷歌近几年的战略方向正逐渐向人工智能领域倾斜。2014 年，除收购人工智能公司 DeepMind 外，还特意研发了专门为人工智能设计的 TPU（张量处理器），取代了传统的大数据处理的 CPU-GPU 模式。随着在 2015 年击败棋手李世石，DeepMind 所研发的围棋 AI——AlphaGo 步入了大众的视野。又经过了两年，于 2017 年，AlphaGo 的升级版 AlphaGo Master 以 3∶0 击败了世界冠军柯洁，可以说 AlphaGo Master 在围棋上的“造诣”已经完全超过了人类。更让人惊讶的是，当初击败李世石的 AlphaGo Lee 是由 176 个 GPU 和 48 个 TPU 在背后支持的，而 AlphaGo Master 却只是运行在 4 个 TPU 之上。然而谷歌并没有停下脚步，之后不久又推出了 AlphaGo Zero，并能以超过 80%的胜率战胜 AlphaGo Master。AlphaGo Zero 和 AlphaGo Master 相比，整体框架并没有什么不同，只不过 AlphaGo Zero 是完全依靠自我学习而不依赖于任何人工的输入。对于将来谷歌的人工智能又会有什么新的发展，还是很值得期待的。

各个企业对待大数据所采取的策略和侧重点都略有不同，IBM 关注行业应用，Oracle 提供非常好用的工具集，亚马逊提供方便的大数据云平台，谷歌在很多方面引领着人工智能。至于效果如何，能走多远，需要假以时日才能看出结果。战略是必需的，没有战略绝对不行。战略是一个大方向，要根据天时、地利、人和进行微调。方向选择正确很重要，更重要的却是执行和技术的不断创新。

2.3 国内 IT 企业

在全球权威的咨询与服务机构 IDC 发布的《IDC MarketScape：2017 年中国大数据管理平台厂商评估》中，华为、阿里巴巴、百度居于市场领导者（Leaders）行列，腾讯云、中兴、新华三、中国电信云计算、浪潮和 Cloudera 居于主要市场力量（Major Players）行列。其中华为的 FusionInsight 大数据平台更是位居市场领导者行列第一。

华为作为一个民族品牌，它在大数据领域里的贡献是比较醒目的，下面着重对其进行介绍。

华为技术有限公司是全球领先的信息与通信解决方案提供商。FusionInsight 是华为开发的一套大数据管理平台，它以海量数据处理引擎和实时数据处理引擎为核心，并针对金融、运营商等数据密集型行业的运行维护、应用开发等需求，打造了敏捷、智慧、可信的平台软件、建模中间件及 OM 系统。

IDC 的评估除了关注技术能力外，还考虑了战略因素。先从华为的技术方面说起。FusionInsight 解决方案是华为在 2013 年左右推出的，由 4 个子产品 FusionInsight HD、FusionInsight LibrA、FusionInsight Miner、FusionInsight Farmer 和 1 个操作运维系统 FusionInsight Manager 组成。华为的技术能力是无可争议的，仅仅是 FusionInsight 就有 350 多项专利技术，其中还有多项业界领先和独创的技术，100%兼容标准 SQL、统一数据格式 CarbonData、实时决策引擎 RTD、图分析引擎 EYWA 等，可以满足企业传统业务数据迁移、数据融合查询、业务实时决策、快速多层次分析、海量结构化数据分析等需求。华为将技术做到了极致，解决方案中的每一块都做到了尽善尽美，以符合客户在不同场景下对于产品的需求。华为更是率先在产品中加入了人工智能技术，进一步确保其技术的领先性。技术作为底蕴，成为华为大数据管理平台率先起跑的关键因素。

华为一直秉承“源于开源、强于开源、回馈开源”的理念，其在 Hadoop 社区的贡献排名全球第三，贡献给 Apache 社区的开源项目 CarbonData 也已正式成为了 Apache 顶级项目（TLP）。并且华为在全球多个地区设有 OpenLab，支撑与客户、合作伙伴在大数据方面的联合创新，确保方案的预研、开发和实际运行。华为与众多顶尖的独立软件开发商合作，共同面对客户，联合开发解决方案，在大数据领域持续研发，为广大客户提供更好的服务，打造繁荣的生态圈。

2.4 开源软件

开源的列车势不可挡，开源技术凭借其开放性、低成本、灵活性和创新性等特点迅速被大众所接受，逐步发展成一种主流模式。可以说开源软件已经渗透到人们的日常工作和生活中，像 Google 的 Android 系统、关系数据库 MySQL 和 DeepMind，就是非常成功的案例。

下面简单列举一些相关的大数据开源项目。

1. Hadoop

鉴于 Hadoop 的知名度和其衍生的项目之多，这里将它单独归为一类。Hadoop 是一个开发和运行处理大规模数据的软件平台，其核心是 HDFS（Hadoop Distributed File System）和 MapReduce 引擎。Hadoop 2.0 推出了新的资源管理器 YARN（Yet Another Resource Negotiator），为上层应用提供统一的资源管理和调度，突破了 MRv1（MapReduce Version 1）的局限，并且更进一步加大了结构的灵活性。Hadoop 无疑是大数据领域中最热门的开源技术之一，曾经一提到大数据，人们就会想到 Hadoop。如今虽然已有很多后起之秀正在慢慢赶超 Hadoop，但其地位仍然难以被撼动。Hadoop 经过十几年的发展，现在已经形成了一整套生态系统，有了众多开源工具来面向高度扩展的分布式计算，比如，分布式数据库 HBase、针对 Hadoop 生态系统的数据仓库 Hive、面向分布式大数据分析的平台 Pig、主要用于关系数据库与 Hadoop 之间传输数据的 Sqoop、分布式的应用程序协调服务 ZooKeeper 等。Hadoop 已经变得无处不在，Dell、EMC、IBM 等众多大公司都已经跻身 Hadoop 阵营。国内的盛大、百度、腾讯等公司也都已应用 Hadoop 技术。

2. 数据存储

MongoDB 是一个是基于文档的高性能、无模式的数据库，是一种介于关系数据库和非关系数据库之间的开源产品。

Neo4j 是一个面向网络的 NoSQL 图形数据库管理系统，有着嵌入式、高性能、轻量级等优势，拥有包括 eBay、Telenor、Pitney Bowes、Wazoku、Schleich 和 Crunchbase 等在内的用户。

Redis 是一个高性能的键值存储数据库系统，它支持多种 Value 类型，包括字符串、链表、集合和有序集合。它的特点是数据结构丰富、低延时、高吞吐、纯内存。

Cassandra 是一个混合型的 NoSQL 数据库，其在集群规模管理的方面表现突出，并且操作和开发也较为简单。现在已被包括 Apple、Netflix、GitHub、Instagram、GoDaddy、Hulu、Reddit 在内的众多大型企业及机构使用。

CouchDB 是一个面向文档的数据库管理系统，它将数据存储在 JSON 文档中，这种文档可以通过 Web 浏览器来查询。实际上它的口号是“下一代的 Web 应用存储系统”，其特点就是在分布式网络上具有高可用性和高扩展性。

3. 数据处理

Spark 是一个高速的通用并行处理框架，现在也是名声大噪了。相比 Hadoop 而言，其在迭代计算上具有更高的效率，还提供了更为广泛的数据集操作类型的开发等，以此能更好地适用于数据挖掘与机器学习等需要迭代的 MapReduce 算法。

Spark Streaming 可实现微批处理，目标是方便地建立可扩展、容错的流应用，可支持 Java、Scala 和 Python，能和 Spark 无缝集成，具有高吞吐量和容错能力强这两个特点，并且支持包括 Kafka、Flume、Twitter、ZeroMQ 和简单的 TCP 套接字在内的众多数据输入源。

Kinesis 出自 Amazon，可以构建用于处理或分析流数据的自定义应用程序，可以实时接收、缓冲和处理数据，可以处理来自几十万个来源的任意数量的流数据，并且延迟非常低。

Samza 出自 LinkedIn，是构建在 Kafka 之上的分布式流计算框架，是 Apache 顶级开源项目，可直接利用 Kafka 和 Hadoop YARN 提供容错、进程隔离及安全、资源管理。

Storm 现在是一个 Apache 项目，它提供了实时处理大数据的功能，是一个实时的分布式流计算框架。与其他计算框架相比，Storm 最大的优点是毫秒级低延时。

4．机器学习

TensorFlow 是 Google 开源的一款深度学习工具，使用 C++语言开发，上层提供 Python API。它能将复杂的数据结构传输至人工智能神经网中进行分析和处理。

Theano 是深度学习开源工具的鼻祖，框架使用 Python 语言开发。有许多在学术界和工业界有影响力的深度学习框架都构建在 Theano 之上，包括了著名的 Keras、Lasagne 和 Blocks 等，逐步形成了其自身的生态系统。

RapidMiner 是一个数据软件平台，它能用来进行机器学习、深度学习、文字挖掘和预测分析等。它常用于各种商业、研究、教育、培训、应用开发，并支持机器学习过程的所有步骤，包括数据准备、可视化、模型验证和优化等。

DL4J 的特点之一就是它兼容 JVM，也适用于 Java、Clojure 和 Scala。虽然说 Python 在深度学习领域的应用更加广泛，但是 DL4J 的出现给了大多数熟悉 Java 的软件工程师以便利。

5．商业智能

Pentaho 是基于 Java 平台的商业智能套件，其以工作流为核心，强调面向解决方案而非工具组件。包括一个 Web Server 平台和几个工具软件：报表、分析、图表、数据集成、数据挖掘等，可以说包含范围极广。

Talend Open Studio 是 Talend（一家主营数据集成和数据管理解决方案的企业）的开源软件，提供了数据整合功能，拥有用户友好型、综合性很强的 IDE。其用户包括美国国际集团（AIG）、Comcast Corporation、General Electric、Samsung 和 Vilisun 等企业组织。

KNIME 是基于 Eclipse 环境的商业智能工具。核心版本已经包含数百个数据集成模块、数据转换以及常用的数据分析和可视化方法。其号称拥有超过 1000 个模块，可运行数百个实例。

Jaspersoft 套件提供了灵活、可嵌入的商业智能工具，可为客户提供综合报告、数据分析和数据集成功能，使企业能够更快、更准确地做决策。其用户众多，如：冠群科技、Ericsson、美国农业部（USDA）、Time Warner、Olympic Steel 和 General

Dynamics 等。

最后讨论一下国内总体的开源现状。现在国内已经有很多企业从以前的拿来主义变为积极参与到开源社区中，并有不少公司把自己的一些项目开源了出来。比如，阿里的 Tair、360 的 Atlas、百度的 UEditor、腾讯的 WeUI、新浪的 MemcacheDB、小米的 Minos 等。其实通过参与开源社区，企业可以第一时间了解到最新的开源技术，能与开源社区的优秀人才进行交流，并能以最快的速度部署新的应用等，这是一种互利共赢的模式。对中小型企业来说，开源软件还有利于减少单个公司或者某些公司对于某方面技术的垄断，有利于公平竞争及帮助中小型企业的成长和创新。但国内开源软件也存在很多问题，比如缺乏重量级软件、缺乏后续的维护和更新、和国际主流开源社区有所脱节、各个企业单打独斗、质量一般、用户不多等。当然，最近几年国内的开源软件也正在往好的地方发展。

2.5 小微企业

对于大型企业来说，他们有足够的人力和财力对海量的数据进行数据挖掘，或者直接购买信息化服务。相比之下，数量众多的小微企业由于资金实力相对有限，采购一套大数据系统，然后进行数据分析，需要花费的资金可能是他们无力承担的。但即使如此，由于云计算的发展使得小微企业对计算资源的使用方便了很多，小微企业在大数据热潮中同样可以轻资产上阵。

小微企业的管理者首先需要用数据思维去切实理解数据的价值，才能够解决面临的困境。并且小微企业完全没有必要自己去建设一套完整的 IT 系统，这样不仅省去了大量的资金投入，而且无须顾虑后续昂贵的维护费用。在云计算快速发展并日渐成熟的今天，有很多针对小微企业开发的云平台和 SAAS 软件服务相继涌出，足以覆盖小微企业所有的管理应用。小微企业完全可以依靠成本相对低廉的云计算技术和开源资源来组建自己的智能信息管理系统。而后小微企业还可以将关注重点放在高效并且相对价廉的网络营销上。充分利用大数据技术，搜集挖掘客户信息，了解客户实际需求，针对不同客户的需求提供个性化的服务并推出更符合客户需求的产品，以实现精准营销并增加客户黏性。

星环科技成立于 2013 年，作为小微企业，利用开源资源实现快速起步，在短时间之内推出了 Transwarp Data Hub 企业级大数据平台工具。通过使用 Transwarp Data Hub，企业能够更加快速高效地构建起适合自己的大数据平台，应对自身需求。定位在第二产业，来于开源，高于开源。

实际上，大部分新技术，会因为不恰当的宣传和媒体导向形成过度关注和过高期望，从而导致泡沫的产生。随着时间的推移，公众关注度虽然仍保持着快速上升的趋势，且成功案例不断涌现，但新技术的种种问题也逐渐呈现，失败的案例也同时存在。对于新技术的过度消费也在加速透支着新技术未来的价值，长此以往，泡沫最终破裂。新技术一下子跌到谷底，而最初依靠这个新技术发展起来的创业公司就一下子变得岌岌可危。最好的例子就是 1995 年至 2001 年的互联网泡沫，最终导致众多互联网企业破产倒闭。

这反映在技术成熟度曲线（见图 2-4）或是更加通俗一点的“炒作周期曲线”中。技术成熟度曲线显示了信息技术需要等到越过光环期后才会真正进入成熟和稳定的发展阶段，大数据也不例外。

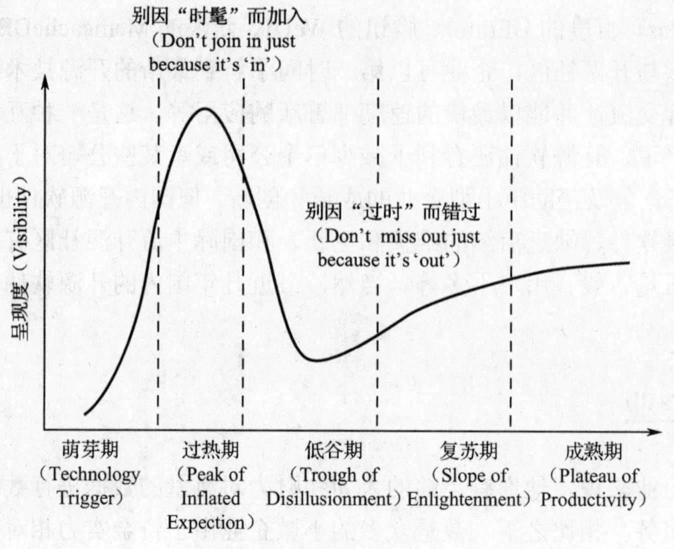

图 2-4　技术成熟度曲线

在大数据的过热期，业界充斥着各种关于大数据的说法。一种说法是大数据拉近了中国与发达国家的距离，为中国提供了“弯道超车”的机会。这倒是有一些合理的成分。中国市场巨大，智能手机用户全球第一，这样大的用户基数产生的数据量是空前庞大的，大数据技术的应用前景非常广阔。并且物联网正在经历爆发式的发展，预期到 2020 年，全球物联网将产生 300 亿个自动连接的终端和 8.9 万亿美元营收。为满足业务发展需求，相关企业必须能够应对数量极大的各类数据，根据所得的分析数据，进一步提升客户满意度。正如“炒作周期曲线”所呈现的那样，我们在初期技术的关注度快速上升时不要头脑过热，在进入低谷期时也不要放弃。

在云计算的环境下，小微企业凭借聚焦，定位清晰，在大数据发展的今天，努力突破成本和企业规模的枷锁，平衡标准产品与项目制产品，在市场竞争中撑起自己的一片天。项目制的做法和产品的做法是有很大的区别的，如图 2-5 所示。当然很多情况下，产品、项目都得做。对于能够存活下来的小微企业，应该是以技术为先，做好产品。定制化听起来不错，但是投入的人力成本太高，小微企业通常玩不起，也不划算。

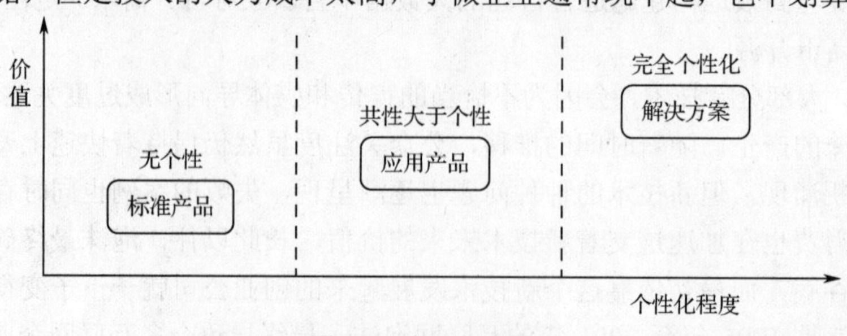

图 2-5　产品与项目

2.6 政策制定者

大数据的发展与国家层面的政策扶持紧密相关，政策制定者要审时度势、精心谋划、超前布局、力争主动，实施国家大数据战略，加快建设数字中国。

IT 基础实力体现在硬、软两个方面。硬件方面，从元器件，到 FPGA、ASIC、SOC、CPU 的自主设计开发能力，中国与发达国家相比还有相当大的差距。基础软件借力开源运动，国内对 Linux 操作系统、开源的 UNIX 操作系统及 OpenSolaris 都有了比较好的掌握。这里要指出的是，开源不等于免费，与之相应的许多使用开发协议，如 GPL（GNU Public License），对怎样使用和开发有明确的知识产权规定。国际化是国家战略目标，遵从相应的知识产权、法律法规是必需的。除立项扶持大数据相关项目外，还应当高度重视对国际知识产权的尊重，这是作为一个 IT 大国应当具备的素质。

作为政策的制定者，对整个行业具有至关重要的把控作用。我国正在大力建设和推动“工业化与信息化的深度融合”这一国家战略。国务院所印发的《中国制造 2025》就是对于这一战略的最好诠释，是我国实施制造强国战略第一个十年的行动纲领，以推进智能制造为主攻方向，强化工业基础能力，提高综合集成水平，以期在 2025 年迈入世界制造强国行列。

实际上，在此之前，德国已有德国制造工业 4.0，并且已经在部分行业中得以实现。所谓德国制造工业 4.0（简称工业 4.0），是德国政府在《德国 2020 高技术战略》中所提出的十大未来项目之一，一次以智能制造为主的工业革命。它把德国的传统制造技术与工业物联网及互联网技术相融合，产生智能化的机械设备制造。最先这个概念由几个大的协会组织共同提出，并组建起“信息物理制造系统”（Cyber Physical Production System，CPPS）。这个系统就是工业 4.0 的核心，其承担起制定工业 4.0 的规范和标准的任务。德国的大部分企业、科研机构围绕工业 4.0 定义的众多项目，组合在一起开展科研和开发工作，以求再次在全球范围内提升德国的竞争力。

不管是工业 4.0，还是“中国制造 2025”，或者再早些的由 SMLC（智能制造领袖联盟）所发起的美国智能制造，主题都是围绕着“智能”。而“智能”离不开大数据在背后的支持。通过工业化与信息化的深度融合，大数据技术在工业领域发挥作用，进一步帮助提高生产力，帮助财富创造和进行社会升级。

当企业被资本市场看好，IPO 进入公开资本市场后，对企业发展的好处是多方面的。其中，最主要的是资本流通后，股东逼迫企业以市场为导向，向运作要效益。IT 类上市公司，当然需要遵循针对 IT 行业的质量、合规体系，如美国的 CMM（Capability Maturity Model）和英国的 ITIL（Information Technology Infrastructure Library）。为了在经济新常态下营造一个有信誉的资本市场，从大数据作为新兴概念股，到对整个资本市场的监管上，中国很有必要出台类似于美国的萨班斯法案（SOX）这样的规章。其中需要以法律条文的方式规定：禁止任何人对审计事务施加不当影响；公司信息披露必须公开透明，将一些所谓的潜规则扫地出门；设定最低检查期，并在指定的日期内检查分析师是否存在利益关联；公司治理实务，执行信贷评级机构等的专项研究报告等。

国家层面与大数据的紧密相关，还在于政府是最大的公民大数据的拥有者，包括个人资料、社保信息、公共安全信息、医疗信息、教育信息等，涉及公民生活的方方面面：吃、住、行、游、购、娱。要推动大数据技术产业创新发展，要构建以数据为关键要素的数字经济，要运用大数据提升国家治理现代化水平，要运用大数据促进保障和改善民生，要切实保障国家数据安全，这是一个宏大的工程，需要战略同时需要战术。图 2-6 给出了大数据政府融资项目建设资金申请及运作流程，曾经用在一个一线城市的交通大数据项目中。同时，类似规模的大数据项目，光靠政府资金是远远不够的，一些 PPP 模式也可以考虑，如图 2-7 所示。这里特别强调的是“现金流”，没有正向的，不能够自负盈亏的大数据项目是很难持久的。

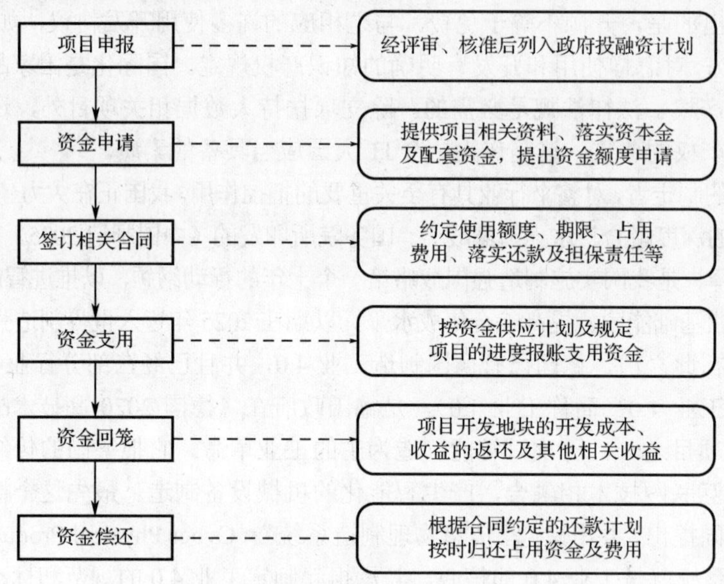

图 2-6　大数据政府融资项目建设资金申请及运作流程

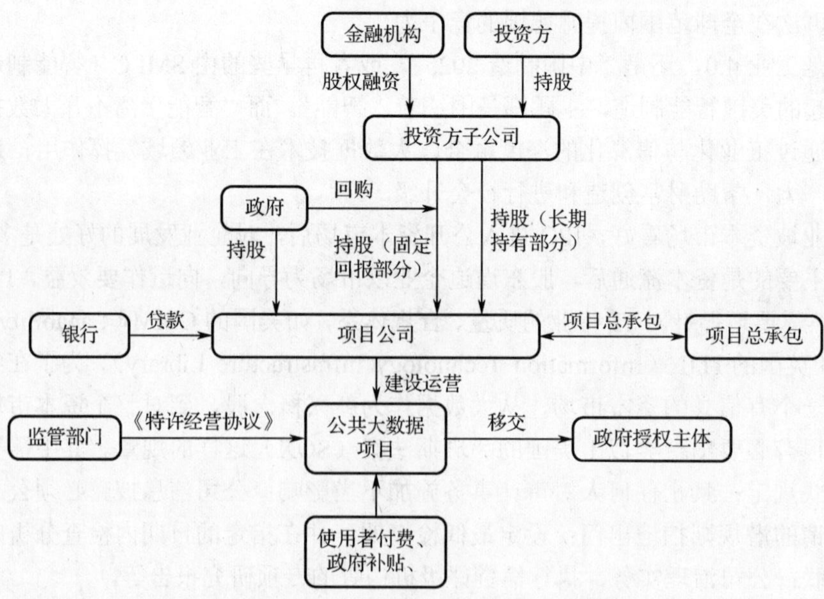

图 2-7　政府公共大数据项目建设 PPP 模式

国家政策支持，应该着眼于在 IT 硬、软两方面发展国家层面的基础实力；加大核高基的发展力度，以国际化的视野管理好知识产权；同时出台相应的优惠政策，例如工业和信息化部（工信部）和一些地方政府已经推出的税收返还政策，以鼓励政府部门和企业使用大数据技术。另外，类似前文提到的《广东省促进大数据发展行动计划（2016—2020 年）》这样的地方性文件，是将国家战略根据各地的具体情况落实到位的根本，值得仔细研究和借鉴。

2.7　小结

大数据作为一门 IT 技术，它和其他三个维度：国际政治经济格局的范式变化、商业环境的范式变化、企业架构的范式变化，共同构成新的产业格局。无论是作为大数据技术的提供者还是消费者，都需要重新审视自己的已有业务，改进自身的战略，并以全新的整体解决方案拉近同客户的距离。

每个企业都需要在范式变化中认清自己的优劣势，通盘考虑整个产业生态中的上下游合作伙伴和横向竞争关系，以求竞合共赢。以务实的态度对待大数据，通过资源的内外整合与技术的创新，企业在新的范式变化中才会以卓越的执行力胜出。

2.7 小结

第 2 篇

规划篇

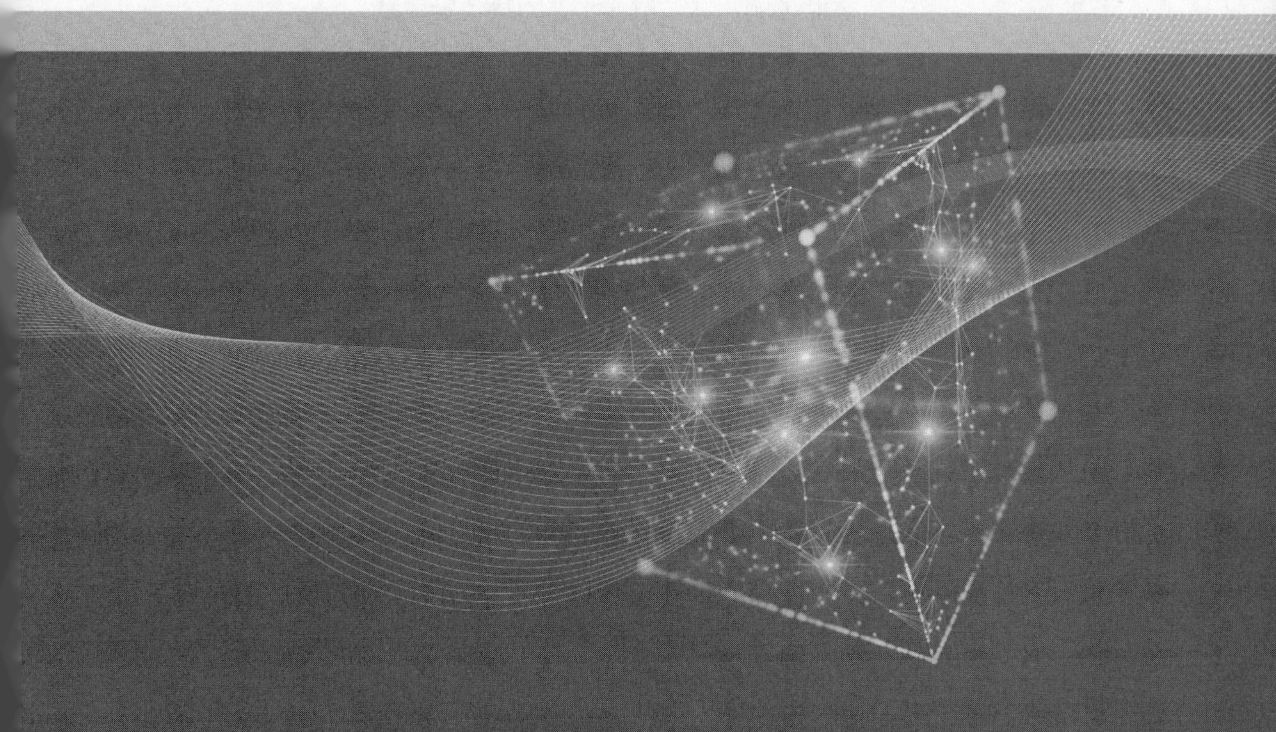

大数据体系的规划旨在明确规划者所在企业的大数据技术创新发展的总体思路和目标，规划者应当提出适应企业布局以及现实情况的大数据技术体系，并以大数据基础的、共性的技术创新为突破，形成具有自身特色的大数据软硬件平台以及人才梯队。对于围绕大数据开展业务的企业而言，还应当规划其具有优势特色的大数据技术产品，以促进大数据应用领域的发展，创新引领其原有产品向大数据方向的转型和升级。

具体来讲，在大数据建设的规划阶段，企业应该结合自身的信息化现状，分析现有IT 系统和 IT 服务的类型与特征。在正确认识自身的前提下，判断自己的应用和自己的企业是否需要大数据，进而确定企业中的哪些业务系统或 IT 服务适合大数据的实施。当企业需要部署大数据来扩展业务、开发新产品、提升运营效率的时候，需要确认大数据将会给企业带来多大的价值和成本优势，以及如何能够将价值发挥到最大。与此同时，对于伴随大数据建设而带来的安全、成本以及法规方面的风险，企业将采取何种方式进行规避和解决。

和云计算一样，为了将大数据的 IT 部署和企业业务进行深度融合，企业最好能成立专业的项目组来保证大数据项目的顺利实施。如图 P2-1 所示，要实现一个成功的项目运作，需要平衡好时间（Schedule）、内容（Scope）和成本（Cost）这个铁三角。要完成一个成功的产品，则需要平衡好功能（Function）、性能（Performance）和成本（Cost）这个铁三角。为了保持这个三角形，任何一个要素的变化（三角形的一个边），必然会导致另外两个要素的变化，这就是“铁”的含义。

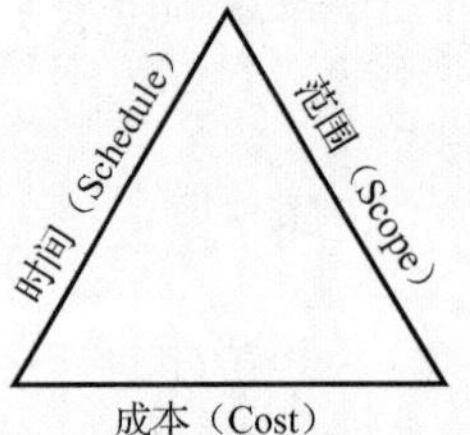

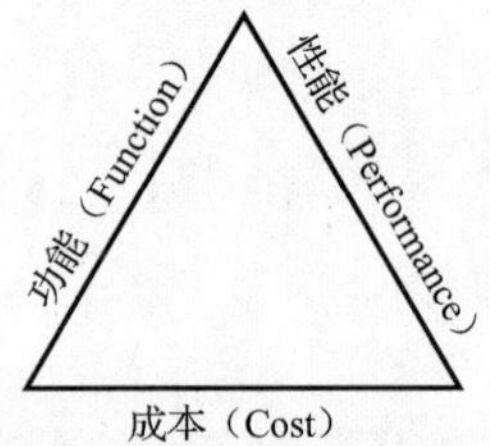

图 P2-1　项目铁三角和产品铁三角

当前大量的企业都在考虑采用或者过渡到大数据 IT 架构。传统的 IT 系统升级至大数据模式后，就具有了鲜明的特点和优势。企业在向大数据过渡时，需要制定明确的战略目标和有效的实施规划。事实上，制定企业的大数据实施战略规划，就是确定企业的IT 基础设施架构、信息系统及产品体系的发展蓝图，对企业业务的发展具有长远影响。当然，制定好企业的大数据实施战略及规划，并不是一件容易的事。对于具有一定规模的企业而言，IT 系统向大数据转型是一项非常复杂、非常系统的任务，最好能够在具有大数据领域丰富实践经验的技术专家和咨询人员的协助下完成。

本篇旨在帮助企业在部署实施大数据前确定如何制定大数据实施的战略规划，帮助读者了解大数据战略规划的一般方法和原则，以及相关的技术环节要求，并探讨一些评估和分析方面的技术细节。

离开了具体的业务场景，大数据是没有意义的。规划阶段是一个了解数据的过程，也是了解自身的过程：在内部，现在有哪些应用，有多大体量的数据，有哪些格式，未来数据量的增长，哪些是原始数据，哪些是衍生数据，我们提供了哪些产品和服务，客户/用户是谁，他们分布在哪里，什么时间段用得最多，使用感知如何；在外部，竞争对手都有哪些，他们的应用和数据情况是什么样子，我们处在 Ecosystem 中的什么位置，上下游的合作关系或竞争关系怎样；在圈外，关于我们的产品和服务的口碑或舆情怎样等。

企业实施大数据并非只是对数据中心进行简单的技术改造，而是对 IT 运用模式的根本性改变。无论是企业自己完成规划还是雇用专业的咨询公司，企业都有必要从宏观上对大数据的生态系统以及大数据能带给企业的价值和风险方面有足够深刻的认识。企业决策者需要在实施大数据前，进行目标定位、价值分析和风险评估，采用系统化的分析方法对企业大数据战略进行规划和部署。且必须认识到，企业实施大数据建设是不可能一蹴而就的，这将是一个长期渐进的过程，如图 P2-2 所示。

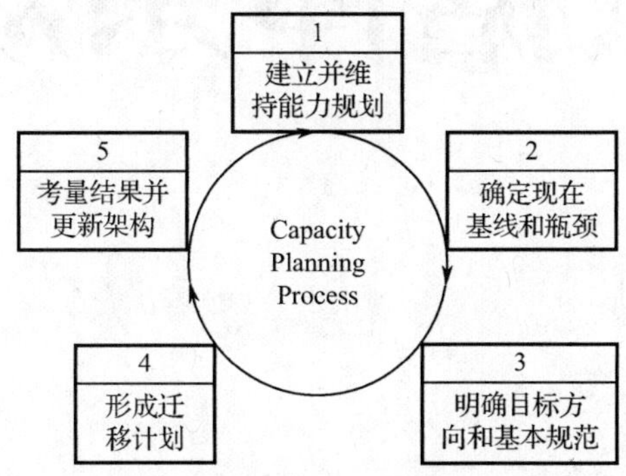

图 P2-2 规划的步骤

由于企业自身有着不同类型的应用系统，因此，需要将候选的大数据业务系统排出优先级，先后分步进行。企业可以根据大数据的实施状况进行业务定位和需求分析，并以提升企业的运营效率和商业价值为目标，得到企业自身业务与大数据技术的契合点。之后，需要判断大数据部署方案是否能够帮助企业最大限度地提高收益。最后，还需要准备好应对各种风险的策略。本篇将对大数据的技术体系、需求管理、风险管控穿插讨论。

第3章 大数据体系规划

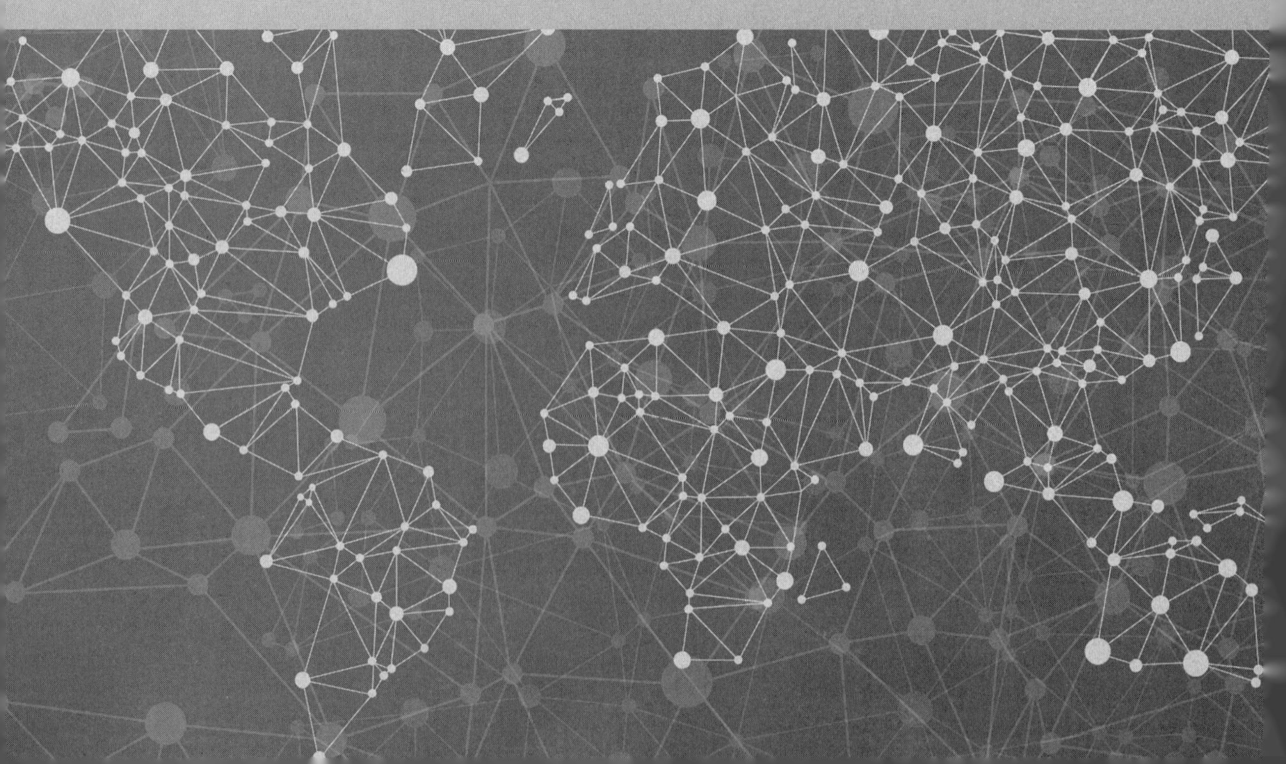

各行各业对大数据体系的建设需求各不相同，规划应当以瞄准企业自身的业务和技术发展方向为导向来开展。不论是什么行当做大数据，都需要基础设施层面的支持、安全体系的保障、中间件及应用，以及相应的后续运维。这都需要建设主体能了解自己、了解数据、管理数据、共享数据、使用数据。这一章从共性问题出发，对大数据的体系建设规划进行考量，帮助读者将大数据研究切实结合到自己的业务工作中，形成功能切分明确、使用灵活的大数据产品。

本章的部分内容取自作者所在的中国电子科技集团的《中国电科大数据技术体系规划》（这是集团多位专家的集体努力的结果），以及全国信息安全标准化技术委员会、大数据安全标准特别工作组的《大数据安全标准化白皮书》。

内容的格局对于要具体建立大数据系统或交付大数据服务，表明上看起来似乎略微显得大了一些，有点教授或者书生的味道。但是，作为一位大数据的认真实践者或者玩家，从比较高的高度（30，000 Foot View）来了解一下国内国外对待大数据的一般方法，有助于做出来的产品和服务更加具有竞争性和可持续性，甚至围绕着大数据应该做什么、达到什么样的指标有参考价值。

3.1　大数据技术体系

近年来，大数据通过结合各领域的业务背景，推动了各行业生产力水平的提升。利用好、发展好大数据能力，是提升企业自身竞争力的方式之一。众多大型企业已经将大数据技术作为重要战略布局的一部分，召开大数据相关技术研讨，部署了大量大数据技术、产品研发计划。然而，当前大数据技术呈现出的发展迅速、方向繁多等特征，增加了大数据技术发展、产品布局的不确定性。因此，急需一个大数据技术体系，明确大数据技术边界，梳理各类技术分类归属，全面覆盖大数据资源状态流转的完整生命周期，为各企业制定大数据战略规划，推动大数据相关技术探索、产品研发、应用创新提供体系支撑。

大数据技术体系可以以大数据资源全生命周期流转的典型状态为依据，划分为大数据采集、大数据存储、大数据计算、大数据分析、大数据治理、大数据安全保障、大数据应用支撑 7 个子体系。其中的大数据采集处于大数据生命周期中的第一个环节，为整个技术体系提供数据以及技术支撑；大数据存储则为大数据资源提供了存储能力，是大数据处理、分析、应用的基础共性支撑；大数据计算、大数据分析用于支撑大数据资源转换以及大数据价值信息的获取；大数据治理则提供大数据高效管理的能力；大数据安全保障提供大数据全生命周期的安全监管及防护能力；大数据应用支撑提供易用、高效的大数据资源开发、分析及流通环境支撑。每个子体系内部采用以上述方向的主流技术分类维度进行技术子类别的划分，可以分成 27 个技术子类；每个技术子类内部采用该技术子类方向的主流技术分类维度进行技术划分，又可以划分为 101 个技术方向点，这样的明确划分就可为大数据能力规划与研究提供精准的体系支撑。如图 3-1 所示为大数据技术体系的分类图。

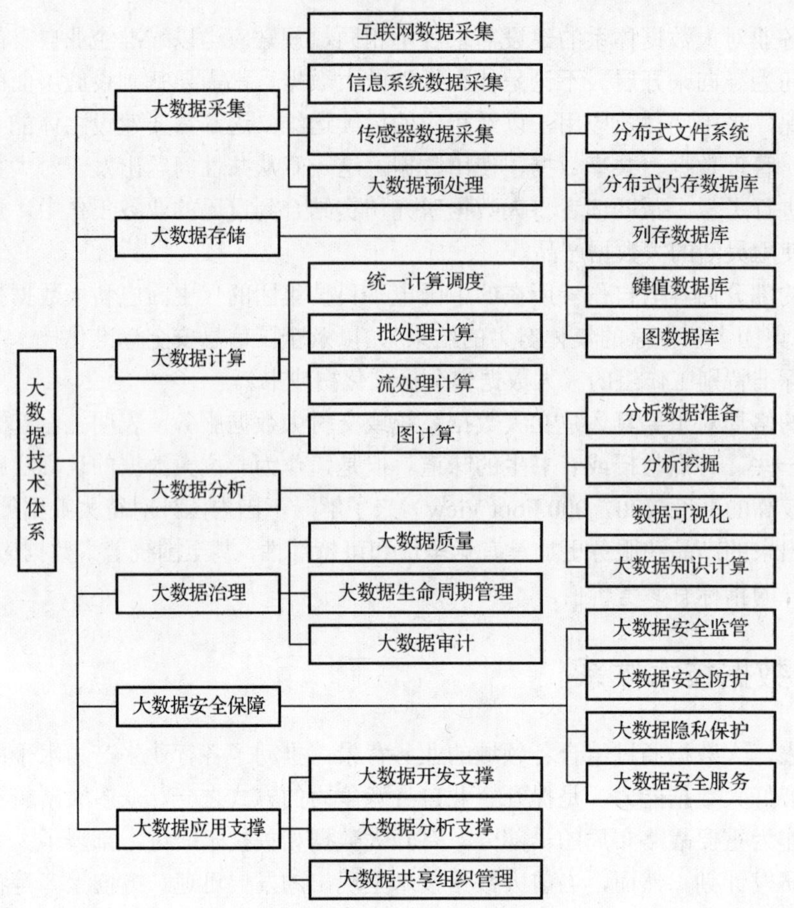

图 3-1　大数据技术体系分类图

3.1.1　大数据采集与预处理

要真正体现大数据的 4 个数据特征（Volume、Variety、Velocity、Value），并且确保大数据的应用不会造成安全隐患，就要时刻理清和把控数据的来源和去向。从统计学的角度看，大数据意味着样本集变得更大了。大数据下的数据来源不再是传统的企业内部单一来源，而应当整合包括商业对手在内的各种数据来源渠道。还可以基于搜索引擎来获取与题目相关的数据，或者是来自线下。如果离开了这些数据源的相对的全覆盖、多格式和多维度，大数据很可能只成了数据前面加了“个”大而已。也就是说，内部的、外部的、线上的、线下的数据均需考虑。这样带来的问题是，很多数据量很大，但价值密度很低，有些还充斥着大量的垃圾、病毒。

大数据采集处于大数据生命周期中的第一个环节，从采集数据的类型看，不仅要涵盖基础的结构化交易数据，还将逐步包括半结构化的用户行为数据，网状的社交关系数据，文本或音频类型的用户意见和反馈数据，设备和传感器采集的周期性数据，网络爬虫获取的互联网数据，以及未来越来越多有潜在意义的各类数据。

常见的数据采集方式包括系统日志采集、网络数据采集和其他数据采集方式。很多互联网企业都有自己的海量数据采集工具，多用于系统日志采集，如 Hadoop 的 Chukwa，Cloudera 的 Flume，Facebook 的 Scribe 等，都能满足高并发的日志数据采集和传输需求。

网络数据采集是指通过网络爬虫或网站公开 API 等方式从网站上获取数据信息。该方法可以将非结构化数据从网页中抽取出来，将其存储为统一的本地数据文件，并以结构化的方式存储。它支持图片、音频、视频等文件或附件的采集。网络爬虫是最被广泛使用的互联网数据采集技术，常被用于大规模全网信息采集、舆情监控等领域。

对于政府或企业日常生产运营的信息系统，通常会使用传统的关系数据库，如 MySQL 和 Oracle 等来存储数据。除此之外，Redis 和 MongoDB 这样的 NoSQL 数据库也常用于数据的采集，对此会使用特定系统接口等相关方式来采集数据库数据，如物联网设备产生的流数据等。

根据以上的分类介绍，大数据采集主要实现 RFID 射频数据、传感器数据、社交网络数据、移动互联网数据等各类结构化、半结构化、非结构化数据的采集获取功能，其中主要包括了互联网数据采集、信息系统数据采集、传感器数据采集三个子类。如图 3-2 展示了大数据采集的分类及对应的典型预处理过程。

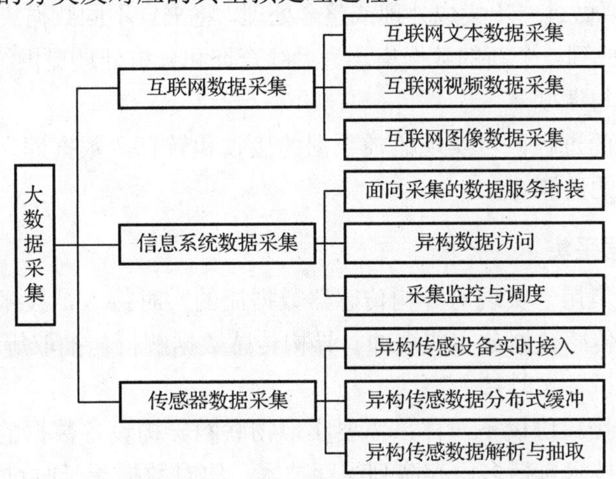

图 3-2　大数据采集的分类及对应的典型预处理过程

1．互联网数据采集

互联网数据采集是通过网络爬虫或网站公开 API 等方式从网站获取数据信息，并从中抽取出用户所需要的属性内容。技术点包括互联网文本数据采集、互联网视频数据采集、互联网图像数据采集等子技术。

（1）互联网文本数据采集

互联网文本数据采集技术是指实现对网页文本数据的分析与过滤，用网络爬虫抓取目标文本数据，通过获取网页内容，并通过语义识别抽取出所需属性的内容值，再将抽取的网页文本内容写入数据库。

（2）互联网视频数据采集

互联网视频数据采集技术是指由网络爬虫抓取网页视频数据，通过获取网页视频流内容，并抽取出所需属性的内容值，将抽取的网页视频数据写入数据库。

（3）互联网图像数据采集

互联网图像数据采集技术是指对网页图片数据的分析与过滤，以网络爬虫抓取目标图像数据，通过获取网页图像内容，并抽取出所需属性的内容值，将抽取的网页图像数据写入数据库。

2. 信息系统数据采集

信息系统数据采集用于实现对数据库表、系统运行状态等数据的分布式抓取，技术点包括面向采集的数据服务封装、异构数据访问、采集监控与调度等子技术。

（1）面向采集的数据服务封装

网络在不同系统之间传输数据时，一般采用数据包的形式进行，通过把采集到的数据映射到封装协议中，然后填充对应协议的包头，就能形成封装协议的数据包，并完成速率适配。

（2）异构数据访问

异构数据是不同数据库、不同类型数据的集合，要实现对异构数据的访问，针对多个异构的数据集，需要做进一步集成处理或整合处理，将来自不同数据集的数据收集、整理、清洗、转换后，生成到一个新的数据集，为后续查询和分析处理提供统一的数据视图。

（3）采集监控与调度

针对数据采集的过程，可实现监控数据的接收和转存，数据库、系统运行数据的采集，端口健康状态的监测等。

3. 传感器数据采集

传感器数据采集用于实现对异构传感器数据流的实时接入，技术点包括异构传感设备实时接入、异构传感数据分布式缓冲、异构传感数据解析与抽取等子技术。

（1）异构传感设备实时接入

各种传感设备接口协议不一样，需要实现物联网异构设备数据的实时数据无延时处理和接入。其核心技术包括多内存队列缓存技术、实时数据无延时过滤解析技术等。

（2）异构传感数据分布式缓冲

数据分布式缓冲技术能够高性能地读取数据、能够动态地扩展缓存节点，在实时多数据流并发时，可对传感数据进行分布式协作处理。

（3）异构传感数据解析与抽取

通过实时计算框架，拓展处理大规模流式数据的能力，实现对接入的传感数据进行实时数据解析，并抽取出所需属性的内容值，统一格式化。

4. 大数据预处理

数据采集过程中的数据预处理主要对采集的数据进行检查，对噪声数据进行过滤，对重复数据进行清理，保证存储保存下来的数据都是有效数据。

（1）噪声数据过滤

删除采集到的无法进行格式解析的数据，删除不包含任何自然语言文字的文本数据，删除超出正常取值范围的数据。

（2）重复数据清理

删除重复采集的数据包，删除内容完全相同的文本数据，删除全部属性完全相同的关系型数据，删除重复属性，去除可忽略的字段。

（3）数据集成

将多个数据源中的数据按照业务需求、研究对象集中组合起来形成统一的数据集合。

3.1.2　大数据存储

大数据存储面向海量、异构、大规模结构化、非结构化等数据提供高性能与高可靠的存储与访问能力，通过优化存储基础设施和提供高性能、高吞吐率、大容量的数据存储方案，解决数量巨大、难于收集、处理、分析的数据集的存储问题，为大规模数据分析挖掘和智能服务提供支撑。

传统的关系数据库主要用于一般数据量的结构化数据存储，技术相对成熟，其在海量大数据存储效率、灵活性和可扩展性等方面存在一定的问题。大数据存储技术解决方案是我们重点关注的内容，因此，对关系数据库在此不做深入讨论。大数据存储主要包括分布式文件系统、分布式内存数据库、列式存储数据库、键值存储数据库、图形数据库 5 个子类，其中分布式文件系统和列式存储数据库为大数据存储解决方案的核心技术。如图 3-3 所示为大数据存储的分类图。

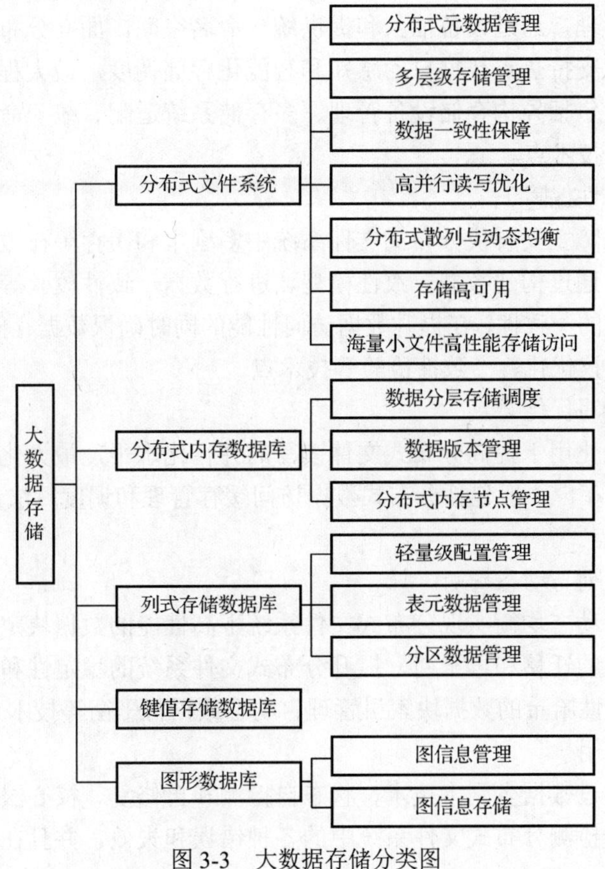

图 3-3　大数据存储分类图

传统的关系数据库主要用于一般数据量的结构化数据存储，技术相对成熟，其在海量大数据存储效率、可扩展性等方面存在一定的问题。大数据系统的数据相当大的一部分来自于关系数据库，一些情况下还需要实时“流转”，对关系数据库的理解是非常重要的，这在后面的章节中会看得更清楚。

1．分布式文件系统

分布式文件系统面向海量数据的存储访问与共享需求，提供基于多存储节点的高性能、高可靠和可伸缩的分布式文件存储与访问能力，实现分布式存储节点上多用户文件存储的访问与共享。技术点包括分布式元数据管理、多层级存储管理、数据一致性保障、高并行读写优化、分布式散列与动态均衡、存储高可用、海量小文件高性能存储访问等。

（1）分布式元数据管理

分布式元数据管理主要通过元数据服务分布式部署的方式，实现了元数据分布式管理，解决一般分布式文件系统的单元数据服务节点导致的响应用户请求效率不高、存储文件数目受限和单点故障等问题，具有降低用户请求处理延迟，提高分布式文件系统的可扩展性和可用性的特性。一般包括完全分布式架构、元数据访问负载均衡、元数据服务器高效索引、元数据服务器弹性伸缩等技术点。

（2）多层级存储管理

多层级存储管理用于实现内存/SSD/HDD等异构存储设备的池化管理，以及各类存储设备的动态接入管理，通过设备抽象和提供统一命名空间，面向分布式文件系统提供统一的存储资源池，支持热点数据自动感知和智能化存储调度，最大程度提升数据存储与访问的效能。一般包括异构存储设备管理、多存储系统适配、统一命名空间、基于热度的存储资源调度等技术点。

（3）数据一致性保障

数据一致性保障主要解决分布式文件系统中多副本和缓存等在数据存储与访问过程中的一致性问题，通过构建数据一致性模型、进行数据一致性校验等方式，保障数据在存储和访问过程中的一致性，在提升数据访问性能的同时确保数据存储和访问的正确性。一般包括一致性协议优化、一致性检验等技术点。

（4）高并行读写优化

高并行读写优化用于提高分布式文件读写的并行化水平，最大化提升分布式文件系统下的数据访问效率。一般包括分布式数据访问缓存管理和调度算法优化、IO算法优化和合并IO等技术点。

（5）分布式散列与动态均衡

分布式散列与动态均衡实现分布式文件系统下高性能的数据块定位，提高数据访问性能，以及数据块的迁移和再平衡，提升分布式文件系统的稳定性和可持续服务能力。一般包括基于一致性哈希的数据块索引管理、动态数据再平衡等技术点。

（6）存储高可用

存储高可用通过数据多副本技术、状态自检测和自修复、核心服务分布式部署等技术手段，实现自动检测分布式文件系统中的各种错误和失效，并且在文件系统出现错误和失效时可自行进行多副本间的数据修复，最终持续向用户提供正常的数据访问服务。一般包括可配置数据多副本、数据自恢复及自维护等技术点。

（7）海量小文件高性能存储访问

海量小文件高性能存储访问主要采用小文件汇集成大文件进行存储、细粒度二级索引管理等技术，实现在现有分布式文件系统的基础上，扩展对海量小文件的存储与访问的能力，同时解决小文件的随机读写问题，大大提高分布式文件系统对海量小文件的存储访问效率。

2. 分布式内存数据库

分布式内存数据库面向实时数据存储与访问需求，提供基于分布式内存的高性能数据存储与访问功能，通过将分布式和内存访问结合在一起，兼具可扩展性和高速访问特点，相对于传统集中式的数据库具有良好的灵活性与可扩展性，在处理海量数据时在性能上和可靠性上有着更大的优势。分布式内存数据库的技术点包括数据分层存储调度、数据版本管理、分布式内存节点管理等子技术。

（1）数据分层存储调度

数据分层存储调度提供内存/SSD/HDD 等存储资源的分层管理，支持存储设备热插拔，同时，面对不同的数据存储性能要求和可靠性需求，自动选择合适的存储资源。

（2）数据版本管理

数据版本管理可面向数据处理各个阶段提供数据更新版本关系，根据版本关系提供数据的高可用性，当中间数据丢失时，可基于版本关系通过上一阶段任务重新运行，恢复相应数据，降低中间过程数据丢失对整个数据处理的影响，提升数据处理的效率和可靠性。

（3）分布式内存节点管理

分布式内存节点管理提供统一的分布式存储节点管理，对外提供统一的内存管理接口，一般采用 Master/Slave 架构构建，Master 节点管理所有 Slave 节点的内存元数据信息，在数据访问过程中，通过 Master 节点来完成内存节点的存储分配与管理，实现分布式环境下统一内存的访问。

3. 列式存储数据库

列式存储数据库用于提供高性能的结构化数据存储与访问。以列相关存储架构进行数据存储的数据库，主要适合于批量数据处理和即时查询，其优势在于复杂查询的效率高，读磁盘少，存储空间少等。其下的技术点包含轻量级配置管理，表元数据管理，分区数据管理等子技术。

（1）轻量级配置管理

轻量级配置管理提供列式存储数据库分布式节点信息、配置模式的快速访问和一致性能力，多采用无中心设计，由选举策略完成系统的决策节点，负责对外配置信息的管理和存储。

（2）表元数据管理

表元数据管理提供对列式存储数据库中全局数据的元信息更新、组织、管理和快速访问能力。表元数据可采用平衡二叉树保存在内存中，实现整个系统的快速访问与更新。

（3）分区数据管理

分区数据管理基于管理元数据，提供海量数据的分区、分块的组织存储，同时对外提供分区数据访问能力。数据通过 Key 的内容进行 Hash 分区，分区管理模块接收分区数据，并形成本地的数据管理，同时实时上报本地数据信息，维护数据的一致性，分区数据管理可实现数据的隔离性和数据访问的高效性。

4．键值存储数据库

键值存储数据库提供了基于 Key-Value（键值对）方式的数据存储，通过高性能索引构建和检索技术，支持快速数据检索与查询。它相比传统的关系数据库有着极高的查询速度，具备大容量数据存储和高并发、灵活动态扩容等特点。

5．图形数据库

图形数据库是一种非关系数据库，它应用图形理论存储实体之间的关系信息，用来提供高效的方法来查询数据项之间、模式之间的关系，或多个数据项之间的相互作用。通过应用图形理论来表达和存储实体及实体之间的关系信息，这是最接近高性能的一种用于存储数据的数据结构方式之一。与关系数据库相比，图形数据库更直观、更简单、语义更丰富并且搜索效率更高，且更能适应大数据的存储和检索。一般包含图形信息管理、图形信息存储等技术点。

（1）图形信息管理

图形信息管理是指以图形对象为基本类型，对基本图形数据类型进行定义，并设计图形间引用，以实现对复杂图形的管理。

（2）图形信息存储

图形信息存储提供复杂图形的底层存储设计，实现具体图形数据的存储，同时对接上层数据处理引擎，对底层原始数据进行提取、转换、重构与二次处理。

3.1.3　大数据计算

大数据计算主要完成面向业务需求的海量数据并行处理、分析挖掘等，通过将海量数据分片，通过多个计算节点并行化执行，实现高性能、高可靠的数据处理。针对不同数据处理需求，主要有流计算、批处理、图计算等多种计算模式，面向数据分析挖掘提供分布式的任务管理与调度支撑。大数据计算主要包括了统一计算调度、批处理计算、流处理计算、图计算四个子类，其中统一计算调度和批处理计算是大数据计算解决方案的核心技术，应重点关注。如图 3-4 所示为大数据计算的分类。

1．统一计算调度

在集群环境中，针对 IO 密集型、计算密集型等不同计算框架对资源类型需求不同的特征，统一计算调度框架是在数据中心的集群环境中同时部署运行 MapReduce、Spark、Storm、MPI 等多种计算框架，并在框架间共享数据和资源，实现流计算、批处理、并行计算等不同计算任务，确保它们在同一集群下被统一调度和管理的一个框架。在基础设施层面，它支持基于应用容器 Docker 的大数据计算框架的部署与集成。它的技术点包括多计算框架管理调度和资源统一管理调度等子技术。

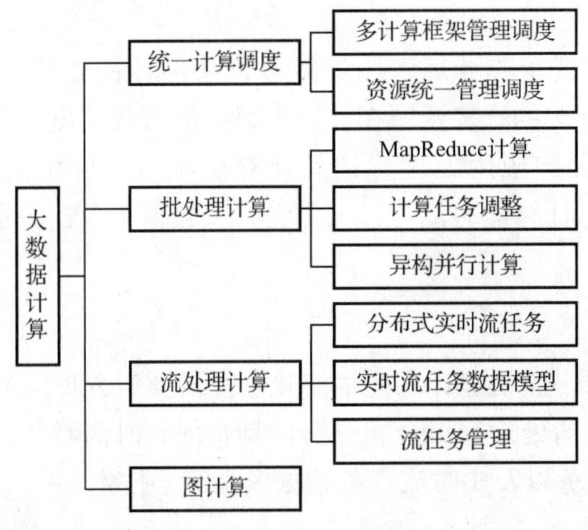

图 3-4　大数据计算分类图

（1）多计算框架管理调度

多计算框架管理调度提供实时流计算、批处理等不同特征的计算框架的注册和管理，通过二级调度机制，实现面向任务的不同类型数据处理任务统一调度，支持实时流计算、批处理、高性能计算等计算框架在同一集群的部署，可实现资源利用率最大化。

（2）资源统一管理调度

资源统一管理调度面向多计算框架，提供计算、存储、网络等资源的统一管理与调度，针对异构虚拟化资源 VMWare、Hyper-V、KVM 应用容器等，提供统一的虚拟化资源管理框架，支持虚拟资源的创建、启动、停止等运行控制，支持多虚拟资源在共享物理资源上的动态调度，实现物理资源利用率的最大化。除此之外，资源统一管理和调度还提供细粒度的资源隔离控制，确保资源被公平高效的共享和调度。

2．批处理计算

批处理计算是面向数据量大、并发度高的数据处理需求，实现对海量数据进行并行分析和处理。它可处理各种类型的数据，包括结构化、半结构化和非结构化数据，支持 PB、ZB 级别或以上的数据量，并可使用 MapReduce 模型将分析任务分为大量的并行计算作业来协同完成数据处理任务，具有高度可扩展性，高容错能力。批处理计算框架一般包括 MapReduce 计算、计算任务调度以及异构并行计算等子技术。

（1）MapReduce 计算

MapReduce 计算完成大型任务的分布式切分，根据数据处理需求，提供一种分布式计算的框架。Map 主要针对用户数据分片执行对应的计算任务。Reduce 主要实现基于多个 Map 结果数据的汇聚和整合处理，并生成最后的应用结果。

（2）计算任务调度

计算任务调度应根据用户数据和应用实现，在分布式计算节点上完成任务的生成、运行调度和管理监控。计算任务调度主要负责将集群中的节点资源化，根据应用对计算、存储和网络等资源的需求以及优先级，按照一定的计算调度策略实现计算任务在多个节点的调度执行。

（3）异构并行计算

面向 TB/ZB 级数据矩阵计算、图计算等复杂的数据处理，异构并行计算提供了 CPU/GPU/FPGA 混合架构的计算资源在计算引擎中的管理调度，实现对海量数据复杂运算的加速能力，支持面向应用处理特征的计算资源自适应协同调度，通过充分发挥 GPU/FPGA 的硬件并行计算能力，可最大化提升大数据平台在海量数据处理方面的计算能力。

3．流处理计算

面向实时计算需求，流处理计算提供海量数据的实时入库、数据的实时计算，可对无边界数据集进行连续的处理、聚合和分析，具有低延时高吞吐能力。一般包括流任务管理、分布式实时流任务以及实时流任务数据模型等子技术。

（1）流任务管理

流任务管理面向数据处理流程，实现后台工作流、事件流的拓扑管理、实时计算任务的监听、分发和管控，提供流数据处理任务在分布式计算节点的任务分发、执行过程监控等。

（2）分布式实时流任务

分布式实时流任务面向业务流数据处理需求，提供实时流任务的实现接口，根据流技术任务管理，执行相应的任务运行控制，并监听和上报任务状态。

（3）实时流任务数据模型

实时流任务数据模型提供不同协议和格式的流数据源的数据转换与计算，维护不同流处理任务的数据接入与输出。

4．图计算

图计算是指面向复杂网络处理、社团分析等处理需求，提供知识图谱的大图半自动构建和关联查询、图热点发现、图处理引擎等应用技术，提升大数据平台对复杂关系图谱的查询和分析效率，可高效执行与机器学习、数据挖掘相关的、具有稀疏的计算依赖特性的迭代性算法，并保证计算过程中数据的高度一致性和高效的并行计算性能。

3.1.4　大数据分析

大数据分析技术是通过计算和分析从海量大数据中提取出有用信息，并最终形成知识的技术手段，在大数据体系中处于核心地位。大数据分析需要结合算法的准确高效和人的直观认识，提供对多维度、多时空、多形式的海量数据进行定量分析的能力，以及对非线性和隐藏在数据中的知识进行识别、总结的能力。

在大数据技术体系中，大数据分析主要实现的是分析挖掘的算法，这些算法需要部署到大数据计算环境中才能运行，因此可以说大数据计算是大数据分析的基础环境。大数据应用是大数据分析的上层建筑，其基于大数据分析的通用算法构建面向业务的应用，包含但不限于大数据分析，还可能包括大数据采集、存储、治理和安全等内容。

大数据分析主要包括分析数据准备、分析挖掘、数据可视化和大数据知识计算四个部分。如图 3-5 所示为大数据分析的分类。

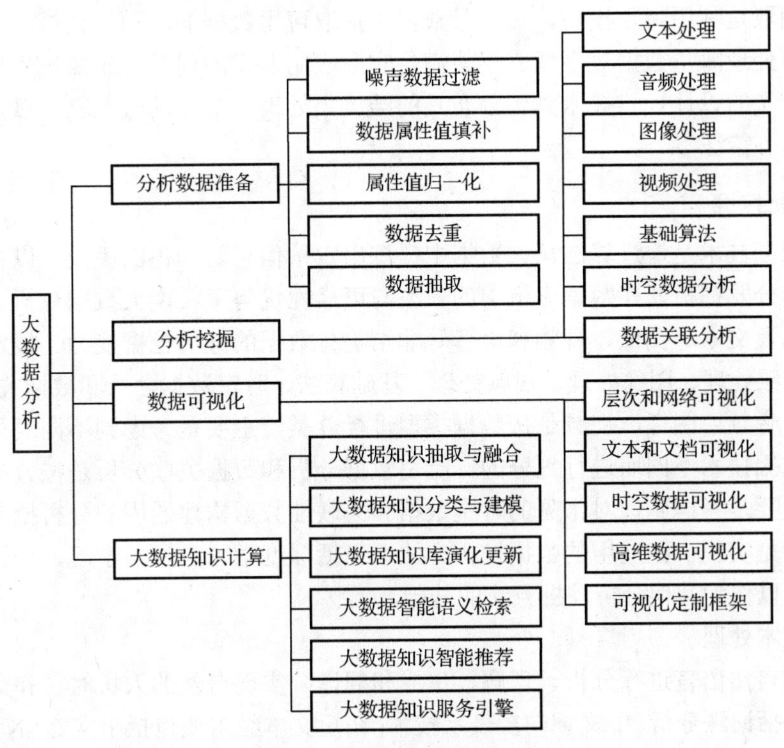

图 3-5　大数据分析分类图

1. 分析数据准备

分析数据准备是在开展数据挖掘分析之前，对待挖掘分析的数据进行噪声数据过滤、数据属性值填补、属性值归一化、数据去重、数据抽取等操作，使得数据满足后续挖掘分析的要求。

（1）噪声数据过滤

主要用于关系型数据属性值缺失严重、数据异常以及文本型数据出现大量乱码的情况，删除这些噪声数据，从而避免影响挖掘结果的准确性。

（2）数据属性值填补

数据属性值填补是一种填补数据中缺失数值的技术，当对应部分时间点相对应的数值缺失，可以通过前后时间点的值进行插值处理，填补缺失值，保证数据的完整性。

（3）属性值归一化

属性值归一化又叫属性值标准化。用于将同一属性不同数据源的表达方式统一到相同的表达方式，度量单位不同的数值统一到相同的度量单位。

（4）数据去重

数据去重是判断数据是否存在重复并去除重复数据的技术。该技术主要用于减少存储、降低网络带宽、提高大数据挖掘效率，从而应对数据体积激增的现状。其关键技术为快速高效与数据量大小无关的去重算法。

（5）数据抽取

数据抽取是利用特定模型，在海量数据中抽取可用数据的过程。该技术用于解决以人工方式预处理海量数据效率低、不能满足实际应用要求的问题。主要技术包括抽取模型和抽取方法的设计。该技术具备分布式的结果集处理、并发的数据操作以及数据之间的高效转换等特征。

2. 分析挖掘

分析挖掘技术是通过算法从大数据中提炼出定量信息与知识的手段。以机器和算法为主导，充分发挥机器在数据分析中的效率与可靠性优势来实现大数据分析。提供对结构化数据以及文本、图像、视频和语音等非结构化数据的分析挖掘能力。技术点包括文本处理、音频处理、图像处理、视频处理、基础算法、时空数据分析和数据关联分析等。其中文本、音频、图像、视频是按数据类型进行分类，主要是考虑到不同类型的多媒体数据分析挖掘技术不同而进行划分的。时空数据分析和数据关联分析是按分析方法进行分类的，主要是考虑到针对常见的时空数据和关联性数据构建通用的分析挖掘方法。基础算法主要是实现一些通用的数据挖掘方法，包括深度学习、机器学习、统计分析等，这些算法可以作为其他分析挖掘方法的基础。

（1）文本处理

对人类自然语言进行分析、理解、生成和翻译，实现自然的人机对话和交互。在词汇级主要包括词法分析、中文词向量表示技术；在短文本级主要包括中文 DNN 语言模型、短文本相似度、关键词抽取技术等；在段落级主要是不同语种间的机器翻译。

（2）音频处理

主要用于对海量音频数据所包含的信息内容进行自动分析挖掘，解决依靠人工对音频的内容进行标注所造成的“听不清、听不准、听不全、标不快”等问题，通过对音频内容进行分析、理解和训练，实现对音频中所包含的人物、时间、目标、说话内容、场景等的检测、分类、识别、语义分析、合成等，具有降低人工工作量，提高音频内容分析的自动化、智能化的特性。音频处理技术一般包括音频场景理解、音频事件分类、目标声纹识别、说话人身份识别、语音识别、语音合成、音频场景合成等内容。

（3）图像处理

通过对图像进行分割、特征提取和建模，从图像中识别出文字信息、人脸和场景等。图像文本识别包括多场景、多语种、高精度的文字检测和识别，图像人脸识别包括人脸检测、人脸对比、人脸查找等，图像场景识别包括对象识别、行为识别、场景描述等。

（4）视频处理

视频处理主要包括两部分，视频帧数据可以用图像处理技术进行分析，但前后帧变化所反映的信息则需要借助时序分析来提取。主要包括流分析、场景分割、时序对象关联、行为分析等。

（5）基础算法

提供通用性的分析挖掘基础算法，包括用于深度学习的人工神经网络（卷积神经网络和深度置信网络等），针对传统结构化数据（如表单）以及结构化后的非结构数据的机器学习方法，主要包括决策树、神经网络、贝叶斯学习、遗传算法、规则学习、增强学习等。基于统计学理论实现对数据的抽样和统计分析，提升对大数据整体掌控的能力。主要包括聚类分析、判别分析、主成分分析、因子分析、相关分析、联合分析等。

（6）时空数据分析

提供对具有时空特征的数据的分析挖掘算法。针对具有位置信息的数据，提供基于 GIS 的空间分析挖掘能力，包括空间插值、空间自相关分析、地理统计、叠加分析、缓冲分析等。针对具有时间特征的数据，提供针对时间序列数据的分析挖掘能力，包括回归分析、趋势预测等。

（7）数据关联分析

提供从数据项集之间发现关联性和相关性关系的技术方法。利用关联分析可以发现事物之间的联系，如关联规则或频繁项集。关联分析包括频繁项集生成、关联规则生成、序列模式发现、频繁子图挖掘、非频繁模式挖掘等。

3. 数据可视化

可视化分析技术是通过表达、建模的方式从数据中抽取出概要信息并以图形化的方式展现出来，并依靠人对结果进行解释和分析。充分发挥人的感性认知和非线性理解能力，通过可视化交互的手段直观的发现大数据中隐藏的规律和信息，弥补机器探索能力的不足，从而指导大数据分析挖掘。根据不同的大数据分析挖掘理论建立大数据内容可视化展现能力，辅助用户从数据分析理论角度探索价值信息、评估分析性能，从可视化展现层面提升大数据资源的价值信息探索能力。提供对多种结构化数据如普通表格、树和图，时空数据、多媒体数据（如声像图文等数据）的可视化展现。技术点包括层次和网络可视化、文本和文档可视化、时空数据可视化、高维数据可视化和可视化定制框架。

（1）层次和网络可视化

网络结构是现实世界中最常见的数据类型，例如人际关系网络、城市道路、论文引用等。层次结构是以根节点为出发点且不存在回路的特殊网络，如公司组织结构、文件系统等。通常使用点线图来实现可视化，涉及的主要技术点包括节点-链接构建、空间填充、图布局算法等。

（2）文本和文档可视化

人类对视觉符号的感知和认知速度远高于文字符号，从非结构化的文本中提取结构化信息，进而通过可视化呈现文本中蕴含的有价值信息，有助于大大提高对文本数据的利用效率。涉及的主要技术点包括词向量模型构建、主题抽取、特征分布模式、文档集合关系可视化等。

（3）时空数据可视化

时间与空间是描述物体的必要因素，时空数据可视化是对地理信息数据和时变数据进行的可视化。主要包括地图投影、空间标量场可视化、向量场可视化和张量场可视化、时序数据可视化等。

（4）高维数据可视化

描述现实世界中复杂问题和对象的数据通常是多变量高维数据，高维数据可视化是通过降维技术将高维数据降到二维或三维空间，或使用相互关联的多视图来表现不同维度。涉及的主要技术点包括空间映射、流行学习、分治法和平行坐标等。

（5）可视化定制框架

可视化定制框架提供一种直观、易用的可视化构建方式，可以将上述可视化方法进行封装，形成可直接拖动的组件，通过简单地设置关键字段，实现面向应用的大数据的可视化定制。根据不同的大数据分析挖掘理论建立大数据内容可视化展现能力，辅助用户从数据分析理论角度探索价值信息、评估分析性能，从可视化展现层面提升大数据资源的价值信息探索能力。

4．大数据知识计算

大数据知识计算是基于大数据技术，针对信息服务智慧化、协作化和泛在化的需求，用于解决结构化、半结构化及非结构化数据多维度处理问题，依据大数据资源获得隐式的或推断的知识，形成丰富的、复杂关联的知识体系、知识模型、知识图谱，并不断自我完善和演进，实现从海量复杂的数据中获得洞察能力，从而发现规律和预知趋势，做出更明智更精准的决策。相对于人工智能，大数据知识计算覆盖范围和应用领域更加宽泛。人工智能，是通过自控程序让机器表现或模仿得更加像人类，而大数据知识计算更加强调的是交互、学习和推理，通过大数据知识计算与人工智能的结合，可实现机器具备人类的思维能力、判断能力与交互能力。

（1）大数据知识抽取与融合

大数据知识抽取是指把蕴含于大数据资源中的知识经过识别、理解、筛选、归纳等过程抽取出来，存储形成知识元库的过程。知识抽取的理论模型支撑有粗糙集、遗传算法、神经网络、潜在语义标引等。知识抽取需要使用自然语言处理技术，从处理的层面具体包括形态分析、语法分析、语义分析、语用分析，从文本分析的层面具体包括词法分析、句法分析、段落分析、篇章分析，用于支撑这些分析的资源包括词典、规则库、常识知识库、领域知识库。

知识融合通过对分布式数据源和知识源进行组织和管理，结合应用需求对知识元素进行转化、集成和融合等处理，从而获取有价值或可用的新知识，同时对知识对象的结构和内涵进行优化，提供基于知识的服务。知识融合过程一般分为：知识定位、知识转换和知识融合三个环节。知识融合主要面向军事、遥感测绘、多源图像融合、物联信息融合、互联网数据融合等方面。

（2）大数据知识分类与建模

大数据知识分类体系的构建，是通过大数据技术从知识所属学科类别的层次揭示知识资源的知识内容，并把相同学科的知识又按相互间的知识关联程度进行知识聚类和知识重组，形成系统的分类体系。大数据知识分类体系主要包括实体节点和类目节点以及两类节点的关系。知识分类的作用是增强知识体系的连通性和推导能力，影响整个知识系统的质量和可用性。

大数据知识建模是通过大数据分析和获取形成一系列知识集合，然后对知识进行形式化表示，完成对知识的逻辑体系化过程。其作用是构建一个良好的知识模型来存储以及描述所需要的知识，是利用知识来创造价值过程中的关键因素。

（3）大数据知识库演化更新

大数据知识库演化更新的目标是通过大数据技术挖掘并努力实现准确、丰富和深入的用户知识服务需求。通过分析基于大数据技术构建的信息源，包含用户行为中的非结构化数据，来发现以往难以确定的重要的信息相互关系，便于预测知识服务的最新趋势，从而把握新的知识服务机遇，实现知识的自动演进。

知识库演化依据知识生命周期原理，对知识基（包括编码知识和非编码知识）进行持续审视与评估，并对其中活性不足或失去活性的知识做出及时地更新与淘汰处理，以确保知识的质量和有效性。

（4）大数据智能语义检索

大数据智能语义检索是基于大数据技术的“知识”搜索，即利用机器学习、人工智能等技术模拟或扩展人的认识思维，提高信息内容的相关性。通过大数据技术对知识资源组织、对概念关联组织，实现检索知识内容和概念关联的知识网络（或称知识地图），对已获取的知识以及知识之间的关系进行可视化描述，展现知识层次的网状结构，便于用户循着知识网络方便地获取知识。智能语义检索涉及的技术方法包括神经语言编程（Neuro-Linguistic Programming），统一资源标识符（URI）、资源描述框架（Resource Description Framework）、本体库（Ontology）、循环神经网络（Recurrent Neural Network）。

基于知识的智能问答技术通过对数据的深度加工和组织管理，以更自然的交互方式满足用户更精确的信息需求。相比于传统基于文本检索的问答系统，利用知识库、知识理解回答自然语言问题可以提供更精确、简洁的答案。大数据知识智能问答常用的方法如下：基于信息提取（Information Extraction）的方法、基于语义解析（Semantic Parsing）的方法和基于向量空间建模（Vector Space Modeling）的方法。

（5）大数据知识智能推荐

大数据知识智能推荐是一种智能知识推理（Inference）技术，它不是建立在用户需要和偏好基础上推荐的，而是以推荐效用（即效用知识）为目标进行推荐。大数据知识智能推荐通过效用知识描述一个项目如何满足某一特定用户的知识，因此可以根据需要和推荐的关系进行规范化的查询和支持推理的智能推荐。大数据知识智能推荐常用的技术方法如下：基于内容的推荐（Content-based Recommendation）、协同过滤推荐（Collaborative Filtering Recommendation）、基于关联规则的推荐（Association Rule-based Recommendation）、基于效用的推荐（Utility-based Recommendation）、基于知识的推荐（Knowledge-based Recommendation）以及组合推荐。

（6）大数据知识服务引擎

基于大数据的知识服务引擎是大规模知识运算和管理平台，不仅可以管理数字知识，还可以提供基于知识、符号编程、自然语言风格的超大型编程语言。通过大数据知识服务引擎可实现知识的理解、整理、搜索和学习。大数据知识服务引擎涉及的主要技术包括知识库构建（Knowledge Base Construction）、知识库验证与计算（Knowledge Validation and Verification，Knowledge Computation）、知识存储（Knowledge Repositories）、知识服务与应用（Knowledge Services and Application）。

3.1.5 大数据治理

来自各种 Web 和社交媒体数据、各种传感器和网络设备数据、各种信息系统数据、交易信息数据和特征识别数据等快速生成的海量大数据，数据容量大、类型多、生成速度快，使得数据在采集、存储、处理和安全方面都发生了深刻的变化。为了让这些数据能真正更好地被利用，必须在技术层面通过大数据与数据质量、元数据管理、数据隐私、主数据管理等数据生命周期管控技术结合，构建大数据治理技术体系，支撑后续数据能更好地服务于企业的发展，推动基于数据驱动的服务创新和价值创造。如图 3-6 所示为大数据治理的分类。

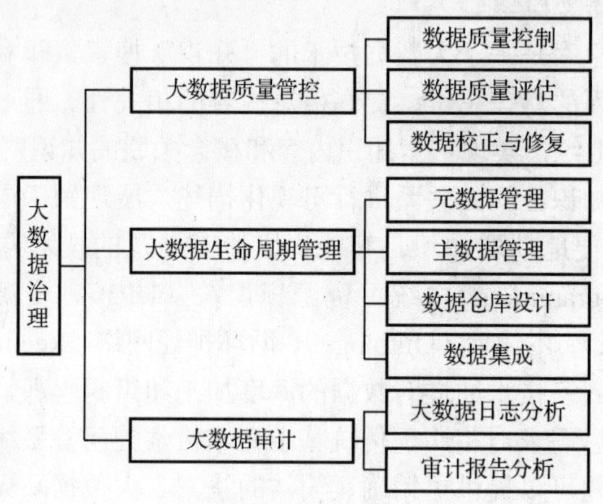

图 3-6 大数据治理分类图

1. 大数据质量管控

由于大数据的来源广、数据量大、数据类型多，针对采集到的数据存在的冗余、残缺和不一致等问题，通过数据质量管控技术，使得处理后的数据符合数据规范，为后期的大数据集成和应用提供保障。大数据质量管控技术是实现大数据价值服务和基于数据驱动创新的基础支撑，对大数据的质量管控，主要包括数据质量控制技术、数据质量评估技术和数据校正与修复技术等。

（1）数据质量控制

数据质量控制技术是通过检测和消除数据中的错误或不一致（脏数据）来提高数据质量的技术途径，其所关注的问题包括缺失数据、错误数据、逻辑错误、相似重复记录等脏数据的检测和消除。确保得到的数据准确及时、完整一致、合规达标、安全可用。在数据质量控制时贯穿数据生命周期设置数据阀值、数据置信区间、ETL 处理、数据溯源、算法校验、数据备份、数据建模、数据分析等数据质量控制技术手段确保数据在各个生命周期流转过程中高效可用。

（2）数据质量评估

数据质量的评估技术主要是通过制定评估的标准、业务规则和算法模型对数据内容的有效性、一致性、完整性等进行综合测量和评估。在数据质量评估时，通过定义数据评估的维度、评估的要素、评估的指标和评估的模型等，对数据进行剖析，对数据的结构、内容、规则、关系和可信度等进行测量和评估。通过抽样评估、定期评估、持续监控等对大数据的质量进行定性、定量和综合评估。

（3）数据校正与修复

数据校正与修复技术，主要是对在业务流转过程中出现的缺失数据、异常数据通过技术手段进行处理使其能够满足数据的质量要求和数据规则。通过对异常数据、缺失数据取平均值、众数、中位数、加权均值等，以及用聚类分析、分类统计、数据预测等算法技术手段过滤、补缺、削峰、填谷和转换等进行数据的修复和校正。使其数据尽可能满足质量要求。

2．大数据生命周期管理

大数据生命周期管理技术主要是为了使大数据在采集、存储、处理等不同阶段能更好地发挥价值和实现基于数据驱动的服务创新，来进行数据流转渠道全面管控，在技术上实现对大数据的全生命周期的管控，核心主要包括元数据管理、主数据管理、数据集成和大数据仓库设计几个方面。这几个方面从数据的描述信息、共用数据和总体集成方面对数据提供流向管理，数据仓库为数据的存储方式提供管理，确保数据在流转的过程中流转合规、风险可控。

（1）元数据管理

元数据描述了数据的定义、数据的约束、数据关系等，在物理模型中元数据定义了表或者属性字段的性质。元数据管理主要是对静态和动态元数据进行管理，静态元数据是与数据结果有关的数据，包括名称、描述、格式、类型、关系和业务规则等；动态元数据主要是与数据的状态和数据使用方法有关的数据，包括统计信息、数据的状态、数据的引用等。元数据管理是实现对元数据创建、存储、整合与控制的一套流程集合。由于大数据更多的是非结构化数据，如音/视频、图像、字节流等数据，因此大数据的元数据管理技术和传统的元数据管理技术有很大的不同，大数据的元数据管理是对基于数据驱动的服务创新和数据价值挖掘的支撑，在大数据环境下对元数据管理的实现核心是通过设立分布式元数据存储库、分布式键值存储数据库等方式进行元数据的存储、控制与访问。

（2）主数据管理

主数据管理是指对各个系统（操作/事务性应用系统以及分析型系统）间共享的数据的管理。主数据管理通过使用 ETL 技术和信息集成技术把各个业务系统核心的数据（主数据）进行整合，集中进行数据的清洗和标准化，并且以服务的方式把统一的、完整准确的主数据提供给业务系统使用。主数据管理通过设计不同的数据模型和管理方法（不同的存储方式和数据分发方式）进行信息整合来实现在不同数据源、数据库之间的数据传输和数据同步自动化，以及不同系统之间进行传输。

（3）数据仓库设计

数据仓库技术是对集成的数据进行存储和数据共享的基础。数据仓库的设计包括数据的维护表、事实表的划分，同时还包括数据的逻辑模型、存储物理模型等。在数据的处理和存储过程中将包括 ODS、DW 和 DM 不同的阶段，每个阶段的数据存储（如大表存储、关系数据库存储等）、数据处理技术和元数据存储技术。在数据仓库的架构设计上按照不同的业务逻辑包括使用从下向上和从上向下的不同处理方式，构建数据仓库。在大数据环境下构建数据仓库时，需结合不同业务需求、数据的冷热程度（使用频率）、功能性能要求，构建和选取不同的分布式数据存储架构与计算存取方式。

（4）数据集成

数据集成是针对在大数据环境下数据体量大、类型多、速度快等特点，把来源、格式、特点性质不同的数据在逻辑上或者物理上进行集中，为全面数据共享提供基础。大数据的集成技术根据实际的业务，用大表模式结合数据仓库、分布式缓存、数据中间件等进行大数据集成。数据集成将采集到的数据通过 ETL 处理后，按照建立的数据集成模型（包括实体关联、星形结构、键值模型、聚合模型等）进行数据的模式设计、关联集成，将集成后的综合数据在数据仓库中进行存储。

3. 大数据审计

大数据审计技术主要是对数据的使用方式、数据流转合规性和数据的使用情况进行后期的分析，方便对数据的使用情况进行全维度、全视角的综合分析，达到业务优化和追踪溯源的目的，大数据审计主要是针对大数据系统记录的各种日志信息、业务信息、访问记录、告警日志信息等进行综合分析和智能挖掘，保证大数据系统和数据资源能够更好地运行和对外提供服务。

（1）大数据日志分析

大数据日志分析是在大数据平台上结合自然语言处理、统计学习、语义计算、机器学习算法、深度挖掘技术和审计模型算法等，对日志数据进行分类、聚类等预处理，再通过模式识别、规则识别、对比分析发现敏感信息，实现对大数据系统日志、安全日志、行为日志、事件日志、网管日志等的深度统计、挖掘、搜索、关键信息识别和分类计数，从而在原来简单日志分析的基础上，根据需求实现“纵向”专业分析和“横向”综合分析，达到日志“分析得好、分析得全”的目的，全面提升大数据日志分析能力。

（2）审计报告分析

审计报告分析技术是日志分析外的另一个重要的分析技术，不同于日志分析的全面和专业要求，审计分析要求“审计过程精准、审计覆盖全面、审计结果可视”。在大数据环境下，仅仅采用传统的静态审计报告分析方法无法满足该需求。因此，大数据审计分析除采用传统的审计方式外，还需要结合大数据审计数据本身离散产生、集中分布、动态改变的特点，通过概率论模型，利用大数据分析技术、分布式算法进行全面、精准地分析。同时，结合人工智能技术和网络空间沉浸式展示技术，对审计的结果进行二维、三维甚至多维的智能统计展示，以实现审计报告分析的全面性、客观性、公正性和及时性等。

3.1.6　大数据安全保障

针对大数据环境下，数据资源面临的监管手段落后、全生命周期安全防护能力不足、个人隐私泄露严重以及安全服务缺失等突出问题，围绕大数据在监管、防护、隐私保护和安全服务等方面开展重点研究，突破数据追踪溯源、数据防泄露、数据脱敏、基于大数据的安全服务等关键技术，构建大数据安全保障技术系统，为打造大数据环境下的数据安全监管能力、数据全生命周期安全防护能力、个人隐私保护能力以及基于大数据的安全服务能力提供重要的技术支撑。大数据安全保障技术包括大数据安全监管技术、大数据安全防护技术、大数据隐私保护技术、大数据安全服务技术四个子类。如图 3-7 所示为大数据安全保障的分类。

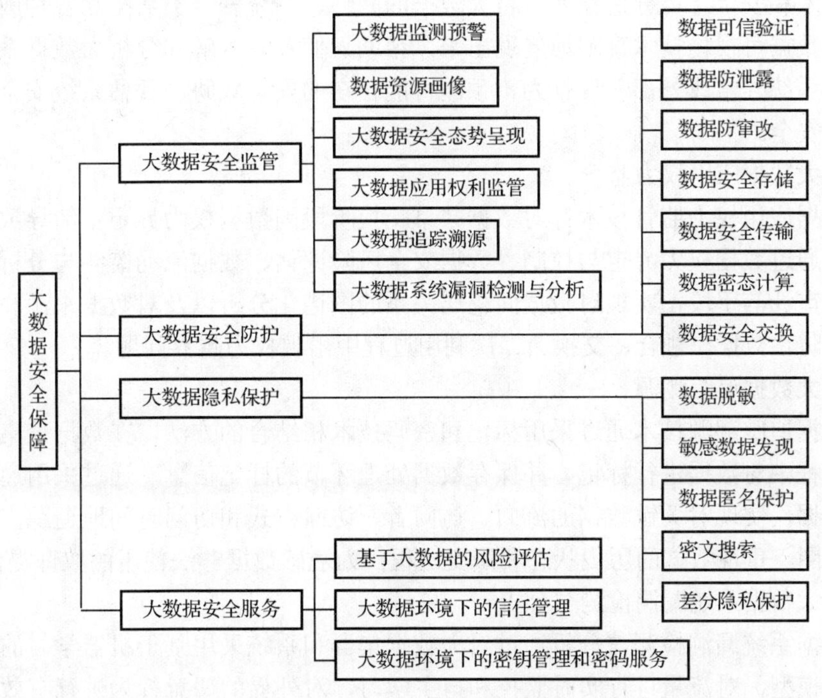

图 3-7　大数据安全保障分类图

1．大数据安全监管

大数据安全监管应当针对大数据环境下数据资源面临的缺少监管技术手段、监管过于依赖人工方式、监管不到位等问题，重点开展基于大数据的监测预警、数据资源画像、大数据安全势态呈现、大数据应用权力监管、大数据追踪溯源、大数据系统漏洞检测与分析等关键技术的研究，实现大数据环境下对数据资源安全状态的全面监测、智能研判以及精确管控。

（1）大数据监测预警

大数据监测预警技术通过采集现网设备或软件系统存在的威胁信息，利用各种各样的大数据分析技术，对整个攻击过程中不同阶段的数据进行复杂的关联分析，挖掘事件之间的关联和时序关系，以便于发现某些高级恶意威胁，在此基础上实现全局威胁情报共享和整网安全联动，及时阻断、隔离或通知人工干预已发现的恶意威胁，减小或消除恶意威胁可能造成的破坏和损失。

（2）数据资源画像

数据资源画像对数据资源做标签化描述，从不同维度展示资源的信息全貌。通过目标解读、建模体系、维度分解和应用流程等多个步骤，分析资源使用场景，构建数据模型，多重维度地对资源进行分解和重构，最后针对不同的使用者设计画像流程和相应功能。

（3）大数据安全态势呈现

大数据安全态势呈现技术主要是通过基于网络流量数据、时间序列数据、日志数据的挖掘技术和安全态势分析技术，将大数据的网络、系统安全类数据和各种威胁态势数据通过大数据可视化技术直观地展现出来，帮助人们及时了解和分析大数据系统安全状况，识别系统异常或外部入侵行为，预测可能存在的安全威胁，评估系统安全，保证基础设施的安全。

（4）大数据应用权力监管

大数据应用权力监管技术针对数据共享交换阶段因数据权力界定不清导致的监管缺失问题，通过数据权力界定与控制、数据安全风险评估、数据流动监测与分析、数据溯源与安全审计等手段，实现对数据间权属关系的图谱化分析以及对数据来源和流向的全程监视，防止数据在融合、交换、二次利用过程中出现权力越界问题。

（5）大数据追踪溯源

大数据追踪溯源技术通过采用标记和密码技术相结合的方法，在数据采集、存储与处理等过程中对数据进行标记，并保存数据处理环节的标记信息，通过采用递归查询来检索源数据，实现对关键数据的流向、访问者、访问方式和访问时间地追踪，形成数据流向追踪图，重现数据的历史状态和演变过程，为敏感数据非法使用的取证提供支持。

（6）大数据系统漏洞检测与分析

大数据系统漏洞检测与分析通过对大数据集群和系统采用基于机器学习的智能流量异常检测模型，对流量进行实时监控和自主学习，对外界的恶意行为进行有效的防范；以及基于机器学习的智能垃圾过滤模型，实现自动有效的垃圾信息过滤。基于海量数据分析的僵尸网络检测模型、DGA 检测、CDN 域名分析、DNS 流量与协议异常挖掘等技术，实现从访问流量中自动挖掘和智能发现僵尸网络。

2. 大数据安全防护

大数据安全防护应当针对大数据环境下数据资源在产生、传输、存储、交换、使用等阶段面临的保密性、完整性以及可用性的需求，重点开展数据可信验证、数据安全传输、数据安全存储、数据安全交换、数据密态计算、数据防泄露与防窜改等关键技术的研究，实现对数据资源全生命周期安全防护。

（1）数据可信验证

数据可信验证技术是对外部上传和采集到的大容量多类型的结构化和非结构化数据

进行内容审查和可信验证，防止病毒、恶意脚本、木马、蠕虫等恶意代码对大数据平台造成破坏和通过大数据平台进行扩散。同时，针对文件内容进行涉密敏感数据检测，防止涉密信息非法泄露。

（2）数据防泄露

数据防泄露技术主要是针对大数据容量大、类型多、生成速度快、价值密度稀疏等特点通过高效、安全的动态加解密技术、内容检测与识别技术、数据挖掘技术等对重要数据实现透明加密防护、检测和过滤，达到数据防泄露的目的。经过数据防泄露保护的各类数据，阻止其内容被非法复制、非法外传、非法浏览、非法窃取、非法拍摄，所有用户任何操作行为都受到数据防泄露的安全管理规则约束与监控。

（3）数据防篡改

数据防篡改技术针对大数据全生命周期各个阶段进行监测，对数据在处理和流转、用户操作、在网络中流转等过程中进行监测，确保及时发现数据被篡改的隐患并即时响应，对不同重要级别的数据采取隔离技术、加密存储、数据的分级分类授权技术来防止数据被非法篡改，同时对发生篡改后的数据提供数据的修复技术和数据的追踪溯源技术等，实现数据被非法的篡改后可通过校验算法、备份副本进行数据还原和修复。

（4）数据安全存储

大数据安全存储，主要针对大数据存储系统进行安全防护，确保大数据存取安全可靠、高速存取，通过安全认证、密码设备（密码机、密码卡等）、访问控制、加密网关、权限控制技术和数据的分级分类存储技术实现对分布式关系数据库、分布式文件系统、NoSQL、IP-SAN 和 FC-SAN 等大数据存储形式进行安全防护，实现数据的高速加解密、密文存储、安全隔离等安全防护，确保在存储设备中的数据安全可靠。

（5）数据安全传输

大数据安全传输技术基于传统的通信保障技术手段，根据大数据特点，对来自不同行业的大数据进行超高速和弹性化加解密传输保护，防止在通信过程中，非法获取各类碎片化信息，聚合后形成大数据。大数据安全传输技术需要根据用户实际需要，组合使用 SSL 传输层加密手段、网络层加密手段等，通过高速传输实现技术，实现大数据的安全传输。

（6）数据密态计算

大数据聚合后，涉及个人、行业等各类大量敏感的结构化和非结构化数据信息，通过密态计算的方式，可防止信息泄露。在安全性要求高的应用场景下，基于全同态或半同态的密文计算，结合密文存储，实现在计算、存储、传输时的全密态，从而避免了在当前计算模型下，明文计算的信息泄露风险。

（7）数据安全交换

大数据安全交换技术以数据密级标签技术、高速多级交换技术为核心，为需要实现安全域内或跨域汇聚、交换的数据提供细粒度的唯一标记，以及高效的传输平台支撑，在网络和安全域的边界实施基于密级和策略的交换控制。实现数据流转过程内的可识别标记，可控可管，以及可以审计追溯，提升大数据平台的安全管控能力。

3. 大数据隐私保护

大数据隐私保护应当针对大数据环境下个人隐私数据面临的直接泄露或通过关联挖掘造成的间接泄露问题，重点开展敏感数据发现、数据脱敏、数据匿名保护、密文搜索、差分隐私保护等关键技术的研究，实现个人隐私数据在大数据环境下的安全可靠交换与二次使用。

（1）数据脱敏

数据脱敏技术是指对某些敏感信息通过脱敏规则进行数据的变形，实现对敏感及隐私数据的可靠保护。它有别于加密技术，加密技术是指在数据存储或者传输过程中对数据使用密钥进行处理，变成不可见的密文，在需要使用时，要用密钥对数据进行反向运算获得真实数据。而数据脱敏技术是对数据进行一定逻辑的处理和运算，但是处理过后的数据并不是密文，而是完全有别于原文的另一套明文，在使用时无须反向运算即可直接使用。

（2）敏感数据发现

基于大数据计算框架可实现海量数据的自动分词、向量化、特征提取、特征降维、权重计算、决策树生成等方法，解决结构化数据表、文字、图像、视频等数据的敏感内容识别与提取问题，实现在海量数据中自动、高效、准确地甄别敏感数据，为敏感数据的定向及精准脱敏提供支持。

（3）数据匿名保护

数据匿名保护技术在隐私披露风险和数据精度间进行折中，有选择地发布敏感数据极可能披露敏感数据的信息，但保证对敏感数据及隐私的披露风险在可容忍范围内。数据匿名化一般采用两种基本操作。一种是抑制某数据项，即不发布该数据项；另一种是泛化，对数据进行更概括、抽象的描述。常见的数据匿名化模型方法包括 *k*-匿名、*l*-多样化、*t*-贴近等。

（4）密文搜索

密文搜索技术是实现隐私数据安全共享的重要技术，这种技术通常要求数据拥有者在将数据密文传输到服务器之前，首先提取该数据的关键词并进行加密，将加密的关键词和加密数据作为整个密文传输给存储服务器。目前密文检索的方法主要分为两种：对称检索加密和非对称检索加密。对称检索加密主要用于加密数据的内容检索，也可用于实现关键词可检索的对称加密。非对称检索加密主要适用于不同用户访问数据，还可以实现连续关键词检索和区间询问。

（5）差分隐私保护

差分隐私保护是基于数据失真的隐私保护技术，采用添加噪声的方法使隐私数据失真但同时保持某些数据或数据属性不变，要求处理后的数据仍然保持某些统计方面的性质，以便进行数据挖掘等操作。差分隐私保护技术可以保证，在数据集中添加或删除一条数据不会影响到查询输出结果，因此即使在最坏情况下，攻击者已知除一条记录之外的所有隐私数据，仍可以保证这一条记录的隐私信息不会被泄露。

4．大数据安全服务

大数据安全服务应当针对大数据平台、大数据应用及用户面临的安全服务缺失问题，重点开展基于大数据的风险评估、大数据环境下的信任管理、大数据环境下的密钥管理和密码服务等技术的研究，充分利用大数据技术在分析挖掘方面的优势，为大数据平台、应用以及用户提供全面的安全保障服务。

（1）基于大数据风险评估

基于大数据的安全风险评估技术是通过采用模糊综合评判法实现对全局及局部数据的安全风险状态进行实时综合评估和可视化展现，并能够对高风险状态的安全数据及时进行告警。模糊综合评判法首先构建模糊综合评价指标，其次通过专家经验法或者 AHP 层次分析法构建权重向量，在此基础上建立适合的隶属函数从而构建评价矩阵，最后采用适合的合成因子对其进行合成，并对结果向量进行解释。

（2）大数据环境下的信任管理

大数据环境下的信任管理技术是依托大数据分析和挖掘技术为各类服务提供信任管理支撑的关键技术。主要包括了统一身份管理技术和授权与访问控制技术，统一身份管理技术通过大数据挖掘技术智能识别用户身份解决网络空间实体在大数据环境中的多身份问题以及在跨系统、跨域的业务协同问题。授权与访问控制技术通过大数据分级分类模型，度量大数据计算、融合后的数据密级；通过大数据集群主机身份和集群访问控制技术，实现大数据应用主机的安全可信和访问控制；并用大数据智能分析，对大数据集群主机和大数据应用中的各种系统角色提供身份认证和权限访问控制服务。

（3）大数据环境下的密钥管理和密码服务

大数据环境下的密钥管理和密码服务，主要是针对大数据的容量大、类型多、生成速度快等特点，用大规模高速密态运算技术和密钥管理，以满足大数据环境下用户和平台的应用密钥管理和密码服务，大规模高速密态运算技术根据大数据运算需求，弹性、按需、动态提供数据签名与验签，数据加密与解密，散列与验证等密码运算服务，满足大数据中关键指令、关键配置信息的数据加密与解密，和大数据的迁移、分发、复制、同步、备份等流转过程数据的加解密处理需求。大数据环境下密钥管理主要满足大规模环境下用户和平台的应用密钥管理服务、各层次存储数据及网络通信数据加密的密钥使用需求。

3.1.7　大数据应用支撑

大数据应用支撑用于提供给用户友好的大数据资源开发利用平台环境，是大数据平台用户与大数据平台技术体系的交互入口，以提升大数据利用效率为需求牵引，集成大数据技术能力，提供易用、高效的大数据资源开发、分析及流通环境，从而提升对各类应用的支撑效率。包括大数据开发支撑、大数据分析支撑、大数据共享组织管理三个子类。图 3-8 所示为大数据应用支撑的分类。

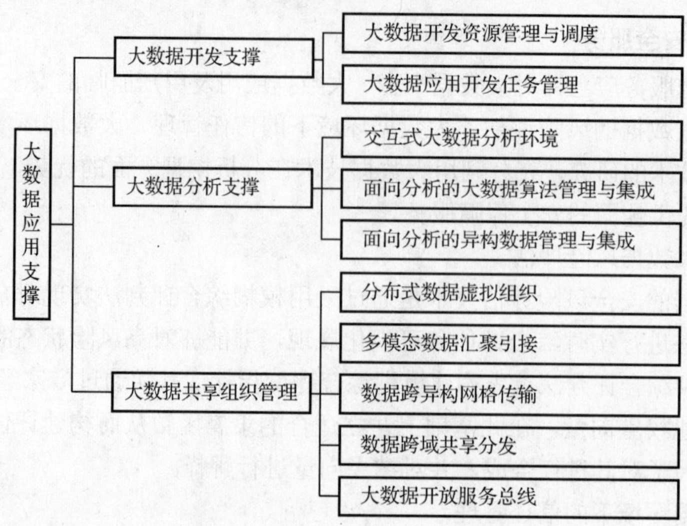

图 3-8　大数据应用支撑分类图

1．大数据开发支撑

大数据开发支撑应当针对大数据开发需求，提供对用户友好的大数据开发交互环境，为大数据应用支持平台提供大数据资源开发辅助技术支撑，以大数据处理任务为对象，建立以数据开发运维人员为核心的任务管理平台，对下能够引接主流的数据资源类型、集成主流大数据处理技术，对上提供易用的大数据开发任务创建、配置、监控环境。技术点包括大数据开发资源管理与调度、大数据应用开发任务管理。

（1）大数据开发资源管理与调度

大数据开发资源管理与调度用于实现与大数据开发相关的可执行文件、数据的统一管理与调度，该技术点以各类大数据处理的可执行文件、待处理的各类数据资源为管理对象，为大数据开发支持技术提供计算类资源、数据类资源的按需调用能力。以保障大数据分析环境各类操作的交互性体验为核心目标，对计算资源进行管理与调度，集成典型大数据处理框架及大数据资源管理技术，为大数据任务提供细粒度、差异化的计算能力保障。

（2）大数据应用开发任务管理

大数据应用开发任务管理用于构建易用的大数据开发任务创建、配置及执行监控的环境，从逻辑概念层建立大数据任务概念模型，屏蔽不同大数据处理软件的接口差异，构建涵盖大数据任务全生命周期的、对用户友好的大数据任务操作环境。

2．大数据分析支撑

大数据分析支撑应当针对大数据资源分析需求，提供高易用性大数据分析设计辅助环境。以降低数据分析人员分析复杂度、提升数据分析平台的用户友好性为目标，对典型数据挖掘、分析理论进行建模与实现，为用户提供无编码的数据分析环境，同时对缺乏经典理论支撑的数据分析需求提供易用化辅助环境，构建高效、易用的大数据洞察分析辅助环境，技术点包括交互式大数据分析环境、面向分析的大数据算法管理与集成、面向分析的异构数据管理与集成。

（1）交互式大数据分析环境

交互式大数据分析环境以提升用户分析过程中的交互性为目标，针对大数据资源数据规模大、数据处理时间长等问题，从提升交互性体验方面建立覆盖大数据分析全生命周期的交互式辅助能力，为构建用户友好的大数据分析辅助环境提供交互模式、架构支撑。

（2）面向分析的大数据算法管理与集成

面向分析的大数据算法管理与集成以在交互式大数据分析环境下提升大数据算法应用的易用性为目标，围绕用户数据分析需求，提供大数据算法注册、服务机制，从算法层面为构建用户友好的大数据分析环境提供支撑。

（3）面向分析的异构数据管理与集成

面向分析的异构数据管理与集成以服务大数据分析支撑环境为目标，针对多平台、异构数据资源研究统一的大数据逻辑描述模型，建立大数据资源统一注册、管理、服务机制，从数据资源服务层面为构建对用户友好的大数据分析环境提供支撑。

3．大数据共享组织管理

大数据共享组织管理应当针对大数据资源流通共享需求，实现集成管理与高效跨域服务，为实现大数据资源共享流通服务提供支撑。技术点包括分布式数据虚拟组织、多模态数据汇聚引接、数据跨域共享分发、大数据开放服务总线、数据跨异构网络传输。

（1）分布式数据虚拟组织

分布式数据虚拟组织针对广域网环境下的多源异构数据的快速定位与发现需求，采用元数据管理和目录管理技术，提供全局分布式数据虚拟化组织管理能力，实现数据分类管理、基于数据目录的元数据注册发布、检索访问和管理维护功能，支持异构数据的统一描述和语义映射，将物理分布的海量数据虚拟化整合为逻辑集中的全局数据视图。

（2）多模态数据汇聚引接

多模态数据汇聚引接通过数据库开放访问、导入导出、在线上报、数据服务调用、实时流数据接入等多种手段，从各种异构系统实时或定期汇聚引接数据库表、图文声像、实时报文等各类数据，有效解决数据库封闭、文档源码缺失、原开发团队缺位、第三方商业构件依赖等情况下的数据汇聚引接难题。

（3）数据跨域共享分发

数据跨域共享分发采用面向服务、中心调度的思路，提供数据资源申请、交换通道管理、订阅分发、主动推送、下载导出等功能，满足各类用户的共享交换需求，在不同信息系统之间建立标准、安全的数据交换通道，支持数据细粒度访问控制，实现分布式跨域数据的受控共享与交换。

（4）大数据开放服务总线

大数据开放服务总线面向多源异构系统之间的互联互通需求，采用面向服务的技术体制，通过简单参数配置，支持将各类系统的数据访问能力封装为标准统一的数据服务，从而重构各类业务系统的数据服务接口，并统一发布到数据服务总线，提供数据服务注册发布、检索、管理、调用、监控和协议转换等功能，实现基于服务总线的数据开放发布与标准化共享。

（5）数据跨异构网络传输

数据跨异构网络传输面向异构网络之间的数据共享交换需求，提供跨网可靠传输服务、数据传输任务管理、数据传输代理终端等基础传输服务，支持基于不同网络特性和数据特点的传输优化、数据传输实时监控与告警，实现基于数据分类、面向用户任务需求的数据高效、有序分发。

3.2 大数据共性技术重点课题

针对市场的主要应用需求，对大数据技术体系进行梳理，在对大数据的共性技术进行提炼的基础上，围绕大数据的全生命周期处理过程，来看看大数据技术需要研究的课题。课题一，全球开放域数据采集与共享技术研究，重点解决开放环境下，面向主题的异构数据资源的获取与共享问题，为数据资源的积累和应用打下基础；课题二，多源异构数据智能理解和关联分析技术，重点解决针对声像图文数据的智能化处理问题，通过数据驱动的深度智能化分析技术研究，形成从海量数据中提取高价值信息、挖掘情报知识的能力；课题三，异构计算模式集成的大数据平台构建技术，重点解决针对异构大数据计算框架的整合调度计算问题，通过集成主流异构大数据计算框架，完成算子的抽象提炼与统一调度，支撑复杂大数据计算任务的高效准确执行；课题四，致力于解决大数据全生命周期的安全与隐私保护问题，通过提供针对大数据的安全组件，提升数据的监管和风险防控能力。

上述提出四类课题的研究目的有两个，一是重要性，二是为大数据产品体系的设计提供准则。构建统一的大数据分析与认知计算平台，为各企业的大数据相关工程研发和技术研究任务开展提供环境，为大数据产业的建设打下基础。通过不断的实践迭代，进一步完善，最终形成具有企业特色的大数据平台。以下，按照技术内容和具体考量指标，围绕着数据采集、分析、集成和安全进行讨论。

3.2.1 开放域数据采集与共享

1. 研究目标

针对大数据背景下对海量异构互联网数据进行智能化采集与共享的迫切需求，以面向安全、智慧城市的数据分析和应用为目标，重点开展互联网网页智能抓取、分布式跨域数据融合共享服务等研究，突破现有抓取方式的瓶颈，实现高效抓取和持续更新。具备开放域数据智能化的获取手段，支撑构建领域特色数据资源池，支持各领域数据中心的数据采集与数据汇集，实现开放域数据资源的共享（军队、行业、公众等），为领域化人工智能技术研究提供强有力的数据支撑。

2. 子课题 a：互联网网页智能抓取技术

（1）研究内容

针对互联网上内容丰富和结构多样的网页数据尤其是新兴的自媒体和 Deep Web 的定制化自动采集问题，开展基于语义的网页内容分析与过滤、面向领域的增量式网页抓取、多媒体网页内容的抓取、在线流式数据抓取等研究，突破基于网页结构学习的自适应爬虫、面向搜索引擎的数据爬取、网页文本语义特征抽取和相似度计算、多媒体网页资源聚焦与动态抓取、分布式高并发在线数据获取等技术，开发面向结构学习的爬取、多媒体动态抓取的模型，研发网页智能抓取工具，构建全球网页数据抓取的验证系统。具备增量抓取、频度控制、内容识别等自适应功能，实现特定领域（如科技、安全等）相关数据的快速采集，为舆情分析、开源情报分析、社会认知等应用提供丰富的数据基础。

（2）技术指标

① 功能指标

- 能够自动识别主题标题和正文内容以及相关多媒体数据，至少支持中英文两种语言的网站；
- 支持对国内外主流多媒体网站的内容动态爬取；
- 具备对采用反爬取策略的网站的数据爬取能力；
- 支持前端渲染类网站的抓取；
- 支持基于音视频内容的比对去重；
- 具备分布式爬取任务调度、资源优化配置、容错处理等功能。

② 性能指标

- 实现全球不少于 100 个主流新闻媒体板块网页的信息抓取；
- 百兆带宽下，单节点的网页抓取速率不少于 58000 页每小时，总页面大小不小于 20GB；
- 支持分布式及多线程爬取，其中在线流式数据爬取并发数大于等于 2000 路；
- 网页内容分类准确率大于等于 90%；
- 增加可以度量抓取难度的指标。

3. 子课题 b：分布式跨域数据融合共享服务技术

（1）研究内容

针对独立、异构、封闭的信息系统导致数据资源条块分割，互操作困难的问题，开展广域网环境下全分布式、对等、多对多模式的数据共享服务的研究，突破面向异构数据模型的可配置数据采集引接、异构数据资源服务化重构与跨域交换、可动态编排的数据资源实时整合处理、面向业务主题的数据智能推送、面向敏感数据的多尺度访问控制等关键技术，研发多源异构数据引接、基于服务的数据共享交换、数据融合处理、主题数据智能分发等工具软件，构建分布式跨域数据融合共享平台原型系统，对关键技术进行验证，为实现跨地域、跨领域、跨部门、跨系统的数据开放共享和融合处理提供技术支撑。

（2）技术指标

① 功能指标

- 可自动发现数据源的内容变化，实时或定期汇聚引接数据库表、图文声像、实时报文等类型数据；
- 支持分布式数据资源注册能力，实现分布式数据资源统一组织管理；
- 支持分布式数据服务资源的动态标识、发布和发现；
- 支持面向业务主题的按需分发，提高数据保障的准确性；
- 支持面向角色和属性的数据服务访问控制能力，为各类数据操作提供统一的鉴权服务。

② 性能指标

- 数据在线共享交互能力，可达到并发200个节点（平均数据流量不大于2Mbps每节点）；
- 数据接入发现时间不大于3秒；
- 数据资源注册响应时间不大于3秒；
- 数据目录检索响应时间不大于5秒，并发检索用户数据量可达到500个。

3.2.2 多源异构数据分析技术

1. 研究目标

现阶段在网络安全、司法大数据、智慧城市等方面已开展了众多智能化的应用技术研究，但普遍存在研究深度不够、基础沉淀不足、亮点不够突出等问题，导致形成成果缺乏特色。在此背景下，急需加强大数据背景下多源异构数据智能分析和挖掘潜在关联关系的相关技术研究，提升基础前沿技术研究能力，支撑高水平应用技术的研发。因此，以面向特定领域的文本和音视频的分析和应用为目标，重点开展基于事件的文本智能分析、视频/图像内容理解、音频数据处理分析、SAR图像目标检测等研究，突破对文本、视频、图像、音频和遥感数据分析处理的关键技术，研发多源异构数据机器理解和关联分析的工具，构建大数据分析和理解平台，为解决大数据分析能力弱、大数据服务水平低的问题提供技术支撑。

2. 子课题a：基于事件的文本智能分析技术

（1）研究内容

针对各种场景下的事件应用中所涉及的事件认知、演进分析、趋势预测等薄弱环节，以特定领域的相关文本大数据为研究对象，重点开展事件要素结构化建模，进行基于大数据的事件发现、追踪、预测等方面的研究，突破基于语义分析的海量文本事件信息自动提取和编码，事件关系网络构建，事件多维度关联分析，外延事件演化等关键技术，开发事件模型及事件关系模型，研发文本事件提取和分析工具，构建基于事件的文本分析演示系统，进行特定领域典型事件的提取、追踪、演化与预测验证，为评估、预测热点地区的特定事件发展趋势提供技术支撑。

（2）技术指标

① 功能指标

- 能够提供面向中英文文本的典型领域事件信息的提取功能；
- 提取事件的发起者、承受者、事件内容和性质、时间、地点等要素；
- 能够识别事件内容中的国家、人物、组织、地区、角色、目标等实体；
- 具备事件根本原因分析功能；
- 具备事件的时序、因果、衍生等方面的演化分析功能；
- 能够基于相似事件历史规律进行事件走向预测。

② 性能指标

- 事件关联分析方法大于等于 4 种，包括但不限于基于时间、关键词、人物、地缘等的关联分析方法；
- 典型事件识别和提取准确率大于等于 80%，召回率大于等于 75%；
- 对特定的文本信息进行浓缩和提炼，抽取出文本的中心主题，抽取后的中心主题能够正确的概括文本信息，偏差率小于 10%；
- 在海量文本内容里找出与实体（目标）或者主题相似的信息，相似度计算准确率不低于 70%；
- 预测事件走势的准确率不低于 70%。

3. 子课题 b：视频/图像内容理解技术

（1）研究内容

针对大数据背景下的安全等特定领域对视频数据机器智能理解的迫切需求，开展面向海量视频/图像数据的高层语义理解研究。重点突破面向视频/图像数据的重点目标检测、重点人物识别、面向视频数据的典型动作理解、图像内容语义理解等关键技术，开发多种目标检测模型，研发视频/图像智能语义理解工具软件，构建视频/图像内容理解演示系统，对内容理解的准确率进行定量验证，为实现大数据背景下视频/图像内容的高效理解提供技术途径。

（2）技术指标

① 功能指标

- 支持人物的识别和属性标注，包括但不限于：性别、年龄、服饰、肤色、长短发等；
- 支持不少于 10 种常见基础设施目标的类型识别，包括但不限于车站、医院、加油站、电厂、港口、水坝、桥梁等；
- 支持动态目标识别，包括但不限于动物、汽车、火车、飞行器、舰船等；
- 支持对地貌特征识别，包括但不限于森林、山川、河流、湖泊、海洋等；
- 支持对视频内容的语义理解，并可以以文字形式表示。

② 性能指标

- 特定领域目标检测准确率大于 90%；
- 目标属性标注准确率大于 85%；

- 在特定数据库上视频片段语义理解准确率关键指标如 BLEU_4、Meteor 等比现有水平提高 5%。

4．子课题 c：音频数据处理分析技术

（1）研究内容

针对现有系统中对于复杂音频场景理解不准、小语种关键词检出困难、复杂信道音频内容分析性能低等问题，结合声学模型、语言模型以及大数据分析算法，开展音频场景精细化分割、音频场景语义分析、音频预处理、语音语种判别、语音关键词检出、基于声纹的目标分类、音频分析模型算法库等研究，重点突破基于监督学习的音频场景盲源分离、基于深度学习的音频事件和声纹目标分类、基于迁移学习的小语种关键词检出、复杂环境语音信号增强与降噪等关键技术，开发声学特征提取、语音识别训练模型，研发音频场景分割、声纹目标分类等工具软件包，构建音频数据处理分析演示系统进行验证，实现对音频内容的精细化语义描述和语义理解，为大数据环境下音频数据处理分析提供技术支撑。

（2）技术指标

① 功能指标

- 支持对音频数据中多个声源场景的分割（如语音、非语音等）；
- 支持特定目标分类（如飞机、车辆、舰船等）；
- 支持特定事件检测（如打架、聚集、呼救、施工、鸣笛等）；
- 支持说话人身份识别；
- 支持小语种分类（如维语、藏语、闽南语、越南语、日语、韩语等）；
- 支持语音关键词检出；
- 音频编解码支持已知常见所有音频格式和采样率；
- 支持时域、频域、空域多种模式噪音消除与音频增强；
- 支持离线和实时音频变频、调速、还原；
- 音频算法引擎支持算法编排与调度；
- 提供支持服务化注册、管理与调用的音频模型算法库。

② 性能指标

- 在 AudioSet、OpenKWS、CHiME、Switchboard 等公开标准数据库测试环境下，音频场景分割、音频目标事件分类、声纹识别、小语种关键词检出、语种识别关键性能指标（如识别率、检出率、错误率等）比国内外现有同类开源算法性能提升 5%；
- 在复杂环境（如城市、机舱等）和低质量信道（如短波、超短波等）条件下，音频场景分割、音频目标事件分类、声纹识别、小语种关键词检出、语种识别关键性能指标（如识别率、检出率、错误率等）比国内外现有同类开源算法性能提升 3%。

5．子课题 d：基于大数据 SAR 图像的目标检测识别技术

（1）研究内容

针对 SAR 图像大范围场景、目标多样性和背景复杂性等问题，围绕 SAR 图像目标

情报获取的迫切需求，重点开展基于大数据 SAR 图像的目标检测识别技术研究，突破大数据典型目标样本库的实测和仿真构建，基于大场景图像的自适应快速目标分割、支持多维数据的深度网络构建、SAR 目标特征的迁移学习、结合背景知识的弱监督学习等关键技术，开发适用于 SAR 图像的深度网络模型，研发 SAR 图像特征学习工具软件，构建基于大数据 SAR 图像的目标检测识别演示系统，并进行验证，为实现在大数据 SAR 图像条件下重点区域、广域目标的侦察、监视和评估提供技术支持。

（2）技术指标

① 功能指标

- 支持不同分辨率、极化、频率、入射角等多维 SAR 图像的输入和处理；
- 支持全场景 SAR 图像的目标检测和识别；
- 支持车辆、舰船、飞机等典型 SAR 目标的检测识别。

② 性能指标

- 目标检测率不低于 90%，虚警率不大于 10%；
- 高分辨率 SAR 图像（优于 1m 分辨率）下对目标识别率优于 85%；
- 单目标识别时间优于 5 秒。

6. 子课题 e：高效异构数据在线分析技术

（1）研究内容

针对大数据的多样性、大体量带来的在线数据分析时延大，效率低，交互式查询等待时间长的问题，开展面向异构数据高效在线分析技术研究，突破基于非结构化数据的智能理解、标注、自然语言描述的高效在线多维分析技术、低时延交互式查询技术，实现对异构数据中识别特征、目标、事件、行为等内容的高效在线分析，为特定领域（如公共安全、交通管理等）的视频、音频、文本等异构数据的在线分析效率提升提供技术支持。

（2）技术指标

① 功能指标

- 基于对非结构化数据的智能理解、标签建立数据索引；
- 基于数据索引对异构数据进行查询、统计、筛选等在线分析处理。

② 性能指标

- 对 TB 级异构数据的统计分析处理时延低于 10 秒；
- 对 TB 级异构数据交互式查询时延达到亚秒级。

3.2.3 异构计算模式集成技术

1. 研究目标

针对单计算或嵌套模式计算框架不能有效支撑多计算模式大数据处理任务协同或并行计算，以及分布式存储系统低效磁盘 I/O，制约了计算模式分布式框架和分布式文件系统性能的诸多问题，围绕高性能并行协同数据处理目标，开展异构混合并行计算和多层次统一存储优化等技术研究，重点突破大数据异构计算模式统一集成框架和优化、分布式跨域可信海量数据存储与高速访问、基于分布式计算与存储环境的数据挖掘算法、海量小文件存储优化、基于虚拟资源的大数据分析环境构建技术等关键技术，建立异构计算模式统一集成的大数据平台（以下简称集成大数据平台），通过软硬协同，提升海量异构数据分析挖掘的能力，支撑海量异构数据的应用需求。

2．子课题 a：异构计算模式统一集成框架和优化技术

（1）研究内容

针对大数据单计算模式或嵌套计算模式框架难以进行有效调度与管理、内存/SSD/HDD 等异构存储资源难于统一调度等问题，开展多种异构计算模式集成、资源统一调度以及基于内存/SSD/HDD 的层次化分布式存储系统性能优化等技术的研究，重点突破系统中异构计算资源和存储资源的池化、状态实时感知，以及面向统一集成的大数据平台数据处理任务的计算资源和存储资源，分层统一调度和管理、单计算模式或嵌套计算模式框架的优化等关键技术，构建统一的异构计算模式框架和层次化的高性能存储系统，为异构计算模式统一集成的大数据平台提供基础核心环境。

（2）技术指标

① 功能指标

- 支持批处理、流计算、并行计算、图计算等主流异构计算模式框架的统一集成与管理，提供集群扩展能力；
- 支持面向任务级的多计算模式集成的混合计算资源 CPU/GPU/FPGA 的统一调度，能够满足大数据处理任务调度的实时、近实时数据处理要求；
- 提供自动的资源接入、资源发现和资源状态全局实时感知能力；
- 支持分布式文件系统、分布式对象存储（兼容 S3、Swift 接口）、网络化存储、块设备存储等多种存储系统的集成与统一访问，提供统一访问接口；
- 支持内存/SSD/HDD 等异构存储资源的池化管理；
- 支持多副本、纠删码等数据保护模式；
- 支持计算和存储资源的统一监控；
- 支持国产处理器和国产操作系统。

② 性能指标

- 统一计算框架对主流计算模型的解释与调度的响应时间不大于 10 毫秒；
- 资源状态的实时感知时间不大于 100 毫秒；
- 与开源存储系统性能相比，集成大数据平台中的分布式存储系统访问性能，在 SSD 资源充足的条件下提高 5 倍以上；如内存资源充足，则达 20 倍以上。

3．子课题 b：分布式跨域可信海量数据存储与高速访问技术

（1）研究内容

面向多用户连接、数据吞吐量大、数据安全保障高等海量业务数据存储管理需求，开展分布式跨域可信海量业务数据存储与高速访问研究，突破针对海量数据的高可靠分布式存储、针对复杂网络环境的存储安全虚拟化、基于安全认证的分布式存储智能管理、针对安全敏感环境的多域多级数据安全存储、面向海量异构业务数据的高速访问等关键技术，研发安全存储节点管理、安全存储虚拟化、存储管理等工具软件，构建分布式跨域大数据存储管理原型系统，对海量业务数据存储、高度弹性扩展、自主管理修复、无单点故障等要求进行验证，为新一代信息系统的数据存储提供基础软件支撑能力。

（2）技术指标

① 功能指标

- 能够将多个物理设备上的存储资源虚拟为统一的存储资源池；
- 能够查询各节点的状态情况，包括元数据服务器、存储节点的容量和性能（读 IOPS、写 IOPS、读流量、写流量）等信息；
- 提供统计报表接口，能够完成用户存储容量、存储数据访问量等数据的统计；
- 至少支持 POSIX、块、对象存储接口；
- 支持与大数据分析处理平台集成，并为资源管理提供存储读写优化；
- 支持元数据和数据访问的负载均衡，能够将访问请求均匀分发到各个节点上；
- 支持大文件分片存储在多个存储节点，各存储节点能够完成对各分片的并发读写能力，提高大文件的访问速度。

② 性能指标

- 稳定的万兆位子网络环境下，数据读吞吐性能至少达到 700Mbps，数据写吞吐性能能力至少达到 580Mbps；
- 至少支持 1000 个用户并发访问。

4．子课题 c：基于分布式计算与存储环境的数据挖掘算法研究

（1）研究内容

针对分布式计算与存储环境下的高效数据挖掘算法设计问题，根据各种结构化和非结构化数据的格式和内容特点，开展基于分布式计算与存储资源的并行化挖掘算法设计、面向特定领域的辅助决策及深度学习模型构建、挖掘分析结果可视化展现、数据挖掘分析算法共享平台构建、并行挖掘分析任务的计算资源调度等技术研究，重点突破挖掘算法并行处理、并行任务优化调度和挖掘结果可视化展现等关键技术，构建能够挖掘多种格式、多种类型数据的大数据挖掘分析算法平台，为企业的大数据业务提供通用高效的数据分析工具支撑。

（2）技术指标

① 功能指标

- 具备分布式计算与存储环境下的数据挖掘分析能力；
- 支持基于特定决策主题的历史数据的案例库建设；
- 支持基于案例库数据的深度学习模型训练。

② 性能指标

- 挖掘分析数据种类大于等于 5 种：结构化数据（关系型数据、图数据）、非结构化数据（文本数据、图像数据、音频数据）；
- 并发挖掘分析任务大于等于 5 个；
- 数据挖掘算法种类大于等于 15 种；

- 试验所用各类数据集总规模不少于 1 千万条；
- 辅助决策及深度学习模型大于等于 10 个。

5. 子课题 d：海量小文件存储优化技术

（1）研究内容

面向海量小文件高性能存储访问需求，针对目前分布式文件系统小文件存储访问效率低下的问题，研究海量小文件高性能存储访问技术，重点突破动态数据平衡、基于分布式可扩展哈希的多级目录索引及文件快速检索、目录聚合存储等关键技术，实现海量小文件存储处理性能及内存级的文件访问速度优化，为面向海量小文件的数据处理和分析挖掘提供支撑。

（2）技术指标

① 功能指标

- 提供 Java/C/REST 文件访问接口；
- 提供兼容 HDFS、POSIX、块、对象存储接口，支持与 Hadoop、Spark 等计算框架的集成；
- 提供分布式可扩展哈希的多级目录索引构建和目录的聚合；
- 支持小文件与分布式内存文件系统集成框架。

② 性能指标

- 支持亿级的海量小文件高性能存储与访问，1000 个 1MB 小文件同时进行写入的时间不超过 200ms，1000 个 1MB 小文件并发读取时间不超过 150ms；600 个 1MB 小文件读，同时 400 个 1MB 小文件写，平均读取时间小于 150ms，平均写入时间小于 200ms。

6. 子课题 e：基于虚拟资源的大数据分析环境构建技术

（1）研究内容

针对异构计算框架下构建的数据资源安全和隐私保护、跨平台/跨区域数据融合、数据认知计算云环境构建等迫切需求，重点开展基于云的大数据认知与分析集成环境构建、面向数据安全共享的分布式检索等研究内容，突破数据资源跨域虚拟化整合、分布式数据湖管理、基于云的数据应用协同开发、可视化建模技术、自助式分析技术等关键技术，在统一异构计算框架下开发数据湖模型，研发云环境下的分布式数据分析引擎，构建大数据软件发布平台。实现跨平台、跨地域等数据虚拟化整合，为大数据应用协同开发、大数据资源流通环境、大数据研发生态环境的构建提供支撑。

（2）技术指标

功能指标如下。

- 分析与认知环境基于云端搭建；
- 支持面向大数据研发项目的生命周期管理；
- 具备跨域数据虚拟化及安全访问能力；
- 支持跨域（全球）数据的联合查询；
- 支持大数据软件的分布式软件资源共享；

- 支持可视化的建模过程，包括拖动式表关联、数据筛选、字段计算等；
- 支持自助式分析，可定制可视化表现形式，包括图表、数据流、层次结构、时间序列等。

3.2.4　数据安全与隐私保护

1. 研究目标

针对大数据环境下政府、社会和个人信息保护难、数据泄露事件频发、信息资源失控等问题，开展敏感数据智能发现与脱敏、大数据监管与风险评估、大数据环境信任服务、大数据环境弹性密码服务及密钥管理、大数据系统安全防护、数据匿名保护等技术研究，实现大数据环境下系统可信、数据可管、风险可控，从而全面提升大数据安全防护能力，支撑大数据产业健康发展。

2. 子课题 a：敏感数据智能发现与脱敏技术

（1）研究内容

针对在大数据环境下，海量、多源、异构数据在数据交换共享及流转过程中面临的敏感数据泄露问题，开展大数据环境下敏感数据智能发现与脱敏技术研究，重点突破基于自然语言处理及深度学习的结构化/非结构化敏感数据自动识别、分布式高速脱敏等关键技术，实现海量数据按需高效静态/动态脱敏和抗关联脱敏，满足数据所有者、使用者和管理者在数据使用过程中敏感信息保护的需要，促进数据资源安全共享、交换和开放应用。

（2）技术指标

① 功能指标

- 支持 Hadoop 等主流大数据平台中静态脱敏和动态脱敏两种模式，并具备抗关联分析的能力；
- 支持结构化数据（Oracle、SQL Server、MySQL、Excel 等）、半结构化数据（如 xml、html 等）与非结构化数据（如图片、文本等）敏感信息的智能识别和脱敏；
- 脱敏算法种类不低于 10 种，均支持分布式并行处理。

② 性能指标

- 文本类敏感数据识别率不低于 85%；
- 针对统计类应用需求，脱敏后数据不可还原的条件下统计信息保真率不低于 99%；
- 数据库脱敏速度峰值不低于每小时 18GB。

3. 子课题 b：大数据监管与风险评估技术

（1）研究内容

针对大数据环境下海量多源异构数据汇聚导致的数据流转过程复杂、数据权属关系不清等问题，开展大数据使用过程监管与数据安全风险评估技术研究，重点突破数据全生命周期使用规律关联分析与预测、基于推理的合规性深度检测与审计、自适应风险评估模型等关键技术，实现对数据（尤其是敏感数据）分布和使用过程的监测，增强大数据平台内敏感数据的安全态势感知能力及数据安全事件的追踪溯源能力。

（2）技术指标

① 功能指标

- 支持 Hadoop 等主流大数据平台的数据安全应用监管；
- 支持对大数据全生命周期不同阶段可视化监管；
- 支持基于报表、图形的 10 种以上可视化模型对数据使用规律进行多维度分析、预测及追踪；
- 支持数据使用合规性检测与审计，支持对越权访问、越级访问、敏感数据泄露等问题进行合规性策略配置及检测；
- 支持对全局及局部数据进行实时安全风险评估，提供趋势预测、行为预判等两种以上数据风险评估模型。

② 性能指标

- 数据安全监测告警实现秒级响应；
- 数据使用规律分析及呈现时间不超过 2 秒；
- 数据使用规律预测综合准确率不低于 70%。

4. 子课题 c：大数据环境信任服务关键技术

（1）研究内容

针对数据在采集、汇集、处理、交换、应用、交易过程中的各个阶段，由于数据来源渠道多样、数据融合模式庞杂、流转渠道复杂导致数据的查询、溯源、验证困难等问题，开展大数据环境下的数据信任服务技术研究，重点突破多源异构数据的智能标注、基于区块链的数据信任服务等关键技术，实现大数据平台中数据资源的可查询、可溯源、可验证，为大数据资源安全共享应用提供信任保障。

（2）技术指标

① 功能指标

- 支持多元异构数据的智能化标注，标注的数据类型包括但不限于音视频、文本、密文数据等；
- 支持数据在流转过程的不同阶段可以进行有效标注，同时支持对数据血缘关系的标注；
- 支持基于区块链的数据资源使用可信记录功能和防窜改、抗抵赖功能；
- 支持数据使用的安全审计、数据资源的追踪溯源功能。

② 性能指标

- 数据标注响应时间小于等于 200 毫秒；
- 数据标注成功率大于等于 99.9%；
- 数据资源的查询、验证、溯源等服务的响应时间小于等于 1 秒。

5. 子课题 d：大数据环境弹性密码服务及密钥管理技术

（1）研究内容

大数据环境下数据量大、用户数量多、数据交换频率高，针对传统的密码服务模式难以满足大数据环境的应用与数据密码保护所需的高性能加密和大规模应用密钥管理能力的问题，开展大数据环境弹性密码服务及密钥管理技术研究，重点突破弹性密码服务、超高速密码运算、大规模应用密钥管理等关键技术，实现大数据中心密码计算能力按需供给、大规模应用密钥安全管理等能力，支撑大数据环境下数据高性能安全存储、传输及共享交换。

（2）技术指标

① 功能指标

- 支持密码服务按需提供，服务能力动态可伸缩；
- 支持对称密码运算、非对称密码运算和随机数产生，提供主流大数据平台密码服务调用 API 接口；
- 支持大数据平台中多租户隔离的应用密钥管理服务；
- 提供大数据平台集成管理接口，实现密钥管理服务的申请、查询、注销等。

② 性能指标

- 支持对 200 台密码运算设备的统一管理；
- 单台密码运算设备支持 30 台标准密码服务实例；
- 应用密钥管理的用户群组数大于等于 1000；每个群组用户数大于等于 2000；
- 对称密码算法速率大于等于 20Gbps；
- 单台密码运算设备密码服务支持的并发连接客户端数量大于等于 1000。

6．子课题 e：大数据平台安全防护关键技术

（1）研究内容

针对大数据平台中数据的大融合、高汇聚、全集中带来的数据泄露风险加大、系统安全风险高、安全事件影响大等问题，研究大数据平台安全防护技术，重点突破基于数据内容的安全检查、数据防泄露、数据全生命周期防窜改、数据安全存储等关键技术，增强大数据平台的安全防护能力，实现大数据平台的安全可靠和数据资源在接入、存储、共享交换、处理使用等过程的可管可控。

（2）技术指标

① 功能指标

- 支持对引接数据的内容检测，能有效识别出常见的病毒、恶意脚本、木马、蠕虫等恶意代码；
- 支持明文数据、密文数据在共享交换时内容检查，对具有异常信息的数据和私有传输协议能有效的发现并按策略阻断；
- 数据在大数据平台中流转的各个阶段具有实时监测、操作风险告警的能力，同时具有拒止窜改和非法删除的能力；
- 具有根据数据的密级进行分级分类存储和隔离存储功能。

② 性能指标

- 数据内容检测发现恶意内容或代码的正确率大于等于 99.5%，GB 级数据检测完成时间大于等于 2 秒；

- 数据智能密级标定的正确率大于等于 99.5%。

7．子课题 f：分布式跨域可信海量业务数据存储与高速访问技术

（1）研究内容

面向多用户连接、数据吞吐量大、数据安全保障高等海量业务数据存储管理需求，开展分布式跨域可信海量业务数据存储与高速访问研究，突破针对海量数据的高可靠分布式存储、针对复杂网络环境的存储安全虚拟化、基于安全认证的分布式存储智能管理、针对安全敏感环境的多域多级数据安全存储、面向海量异构业务数据的高速访问等关键技术，研发安全存储节点管理、安全存储虚拟化、存储管理等工具软件，构建分布式跨域大数据存储管理原型系统，对海量业务数据存储、高度弹性扩展、自主管理修复、无单点故障等要求进行验证，为新一代信息系统的数据存储提供基础软件支撑能力。

（2）技术指标

① 功能指标

- 能够将多个物理设备上的存储资源虚拟为统一的存储资源池；
- 能够查询各节点的状态情况，包括元数据服务器、存储节点的容量和性能（读 IOPS、写 IOPS、读流量、写流量）等信息；
- 提供统计报表接口，能够完成用户存储容量、存储数据访问量等数据的统计；
- 至少支持 POSIX、块、对象存储接口；
- 支持与大数据分析处理平台集成，并为资源管理提供存储读写优化；
- 支持元数据和数据访问的负载均衡，能够将访问请求均匀分发到各个节点；
- 支持大文件分片存储在多个存储节点，各存储节点能够完成对各分片的并发读写能力，提高大文件的访问速度。

② 性能指标

- 稳定的万兆位网络环境下，数据读吞吐性能至少达到 700Mbps，数据写吞吐性能至少达到 580Mbps；
- 至少支持 1000 个用户并发访问。

3.3　大数据风险管控

大数据的规划、实施、运维就是一个大项目，面对这样新颖、规模宏大的项目，让它“自动驾驶（Auto Pilot）”是注定要付出代价的。必须在项目的规划阶段就做好应对风险的策略。可以说，风险把控及其应对策略是项目管理中的艺术。

3.3.1　企业大数据建设风险分析

大数据建设可能遇到的风险是多方面的，技术上的、管理上的、还有政策方面的。作者遇到最多的是需求不清和由此导致的验收指标不清。这样的情况发生在银行、证券，发生在制造业，也发生在所谓管理最好的企业。这会带来多重风险，主要包括：

- 运行模式风险；

● 技术风险；
● 知识产权风险；
● 市场化风险；
● 应用风险；
● 法律风险。

以上关于项目管理的内容，推荐读者去看看专业的书籍。在企业进行大数据建设规划的过程中，对安全的考虑再多也不为过，因为这将影响到大数据最终的部署能否达到预期的要求。

3.3.2 大数据安全标准体系框架

基于国内外大数据安全实践及标准化现状，参考大数据安全标准化需求，结合未来大数据安全发展趋势，可构建如图 3-9 所示的大数据安全标准体系框架。该标准体系框架由五个类别的标准组成：基础类标准、平台和技术类标准、数据安全类标准、服务安全类标准和行业应用类标准。

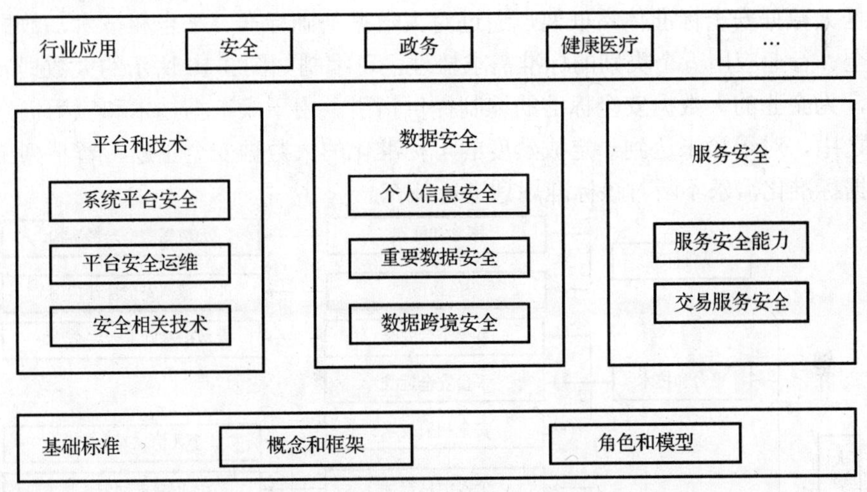

图 3-9　大数据安全标准体系架构

（1）基础类标准

为整个大数据安全标准体系提供包括概述、术语、参考架构等基础标准，明确大数据生态中各类安全角色及相关的安全活动或功能定义，为其他类别标准的制定奠定基础。

（2）平台和技术类标准

该类标准主要针对大数据服务所依托的大数据基础平台、业务应用平台及其安全防护技术、平台安全运行维护及平台管理方面的规范，包括系统平台安全、平台安全运维和安全相关技术三个部分。系统平台安全主要涉及基础设施、网络系统、数据采集、数据存储、数据处理等多层次的安全技术防护。平台安全运维主要涉及大数据系统运行维护过程中的风险管理、系统测评等技术和管理类标准。安全相关技术主要涉及分布式安全计算、安全存储、数据溯源、密钥服务、细粒度审计等安全防护技术。

（3）数据安全类标准

该类标准主要包括个人信息、重要数据、数据跨境安全等安全管理与技术标准，覆盖数据生命周期的数据安全，包括分类分级、去标识化、数据跨境、风险评估等内容。

（4）服务安全类标准

该类标准主要是针对开展大数据服务过程中的活动、角色与职责、系统和应用服务等要素提出相应的服务安全类标准，包括安全要求、实施指南及评估方法。针对数据交易、开放共享等应用场景，提出交易服务安全类标准，包括大数据交易服务安全要求、实施指南及评估方法。

（5）行业应用类标准

该类标准主要是针对重要行业和领域大数据应用，对涉及国家安全、国计民生、公共利益的关键信息基础设施的安全防护，形成面向重要行业和领域的大数据安全指南，指导相关的大数据安全规划、建设和运营工作。

3.3.3　大数据安全标准规划

根据大数据安全标准体系框架，通过对大数据基础标准、平台和技术、数据安全、服务安全、行业应用五个类别的标准需求梳理，可编制如图 3-10 所示的大数据安全标准规划图，为企业的大数据安全标准的编制提供指引。由于大数据技术和应用仍然处于快速演变之中，对于还未达到一定成熟度的可标准化的大数据安全主题，暂不列出，后续可以根据标准化需求不断对该标准规划进行补充。

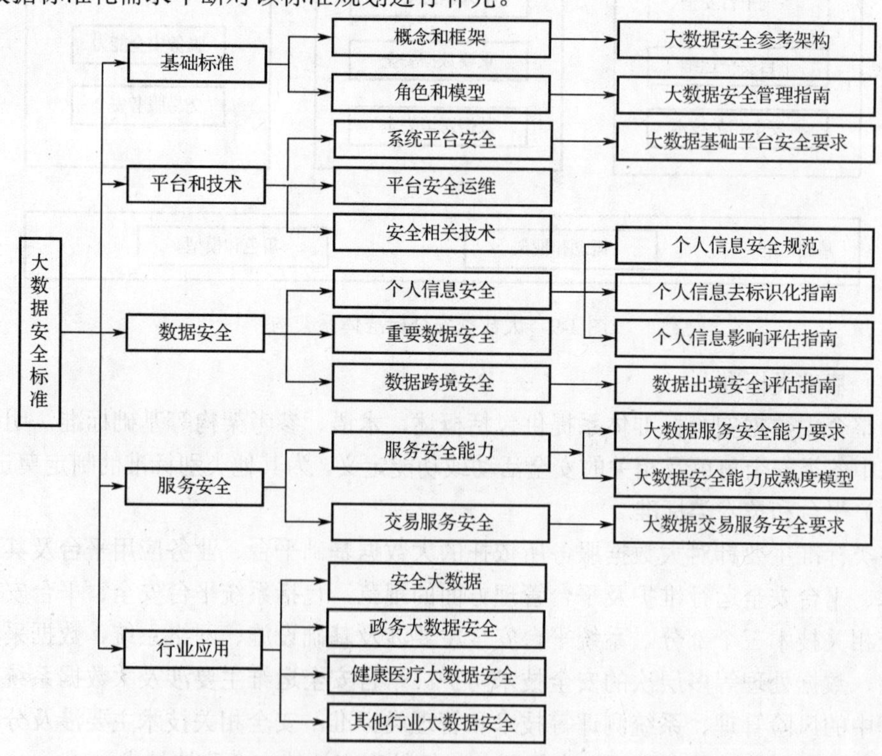

图 3-10　大数据安全标准规划

以下一一罗列各大数据安全标准的简要内容。

（1）大数据安全参考架构

给出一个大数据安全参考模型，作为对大数据参考模型的重要补充，明确大数据平台和应用应提供的安全功能组件，以及安全组件之间的安全接口，为其他大数据安全标准提供基础支撑。

（2）大数据安全管理指南

明确大数据生态中各安全角色及安全责任，建立大数据安全管理模型，围绕数据生命周期管理各阶段，提出安全控制措施指南。

（3）大数据基础平台安全要求

本标准的标准化对象为大数据框架提供者所构建的大数据基础平台，规范大数据基础平台的各项安全技术要求，如大数据平台的安全防御、检测方面的技术要求。

（4）个人信息安全规范

提出通过计算机系统处理个人信息时，应当遵循的原则和采取的安全控制措施。本标准用于指导组织内部建立个人信息保护策略，并用于指导产品、服务、内部信息系统的设计、开发和实现。

（5）个人信息去标识化指南

提出个人信息去标识化的具体指导，包括原则、方法和流程。用于指导个人信息控制者开展个人信息去标识化工作。本标准在平衡数据可用性和个人信息安全的前提下促进数据的开放、共享和交易。

（6）个人信息影响评估指南

提出个人信息影响评估的原则、方法、流程，用于指导组织评估个人信息处理活动对个人信息主体合法权益可能造成的影响，并指导组织采取必要的措施降低不利影响的风险。本标准旨在确保个人信息保护的基本原则能在新技术、新商业模式中得到有效落实。

（7）数据出境安全评估指南

规定数据跨境流动安全评估指标及评估办法，使企业自身可以对数据跨境流动安全进行全面评估。适用于各类组织开展的数据出境安全评估工作，也适用于网络安全相关主管部门、第三方评估机构等组织开展数据出境安全评估、监督管理等工作。

（8）大数据服务安全能力要求

规范大数据服务提供者在提供服务时应该具备的基本安全能力、数据服务安全能力和系统服务安全能力。可为大数据服务提供者提升大数据服务安全能力提供指导，同时可为第三方机构对大数据服务安全能力测评提供依据。

（9）大数据交易服务安全要求

旨在规范大数据交易服务平台的安全交易流程和安全要求，包括安全技术和安全管理方面的要求，在保障数据交换和共享过程中数据安全的同时，保护数据挖掘利用过程中的数据安全和个人信息安全要求。旨在减少现有大数据交易中出现的各种安全问题，包括交易中的信息泄密、数据滥用和个人信息泄露等问题。

（10）大数据安全能力成熟度模型

旨在帮助大数据组织建立一套评价数据安全管理、系统安全建设和运维能力的通用术语和成熟度评价模型，指导大数据组织建立数据安全能力评价模型及提升数据安全能力的方案，为第三方机构评价组织的数据安全成熟度水平提供了依据基准，以促进大数据行业的健康发展和公平竞争。

3.4 小结

大数据的建设是一个系统工程。需要以大数据流转生命周期中的各状态为分类依据，对大数据领域下的技术体系进行划分。需要分析整个大数据产业链中从上游到下游的关键组成部分，用以打造大数据平台下的共性、通用产品的支持与服务。

要达到有效地利用大数据，还需要一批系统的大数据技术研究课题，通过对这些课题的研究，来构建统一的大数据分析与认知计算平台，为企业的大数据研发提供环境。作为一位大数据的认真实践者或者玩家，本章的“鸟瞰”（30，000Foot Bird View）从技术体系、重要课题两个大方面介绍了国内国外对待大数据的一般方法，有助于做出来的产品和服务更加具有竞争性和可持续性，为大数据应该做什么、达到什么样的指标提供参考。

第 4 章

大数据技术要求

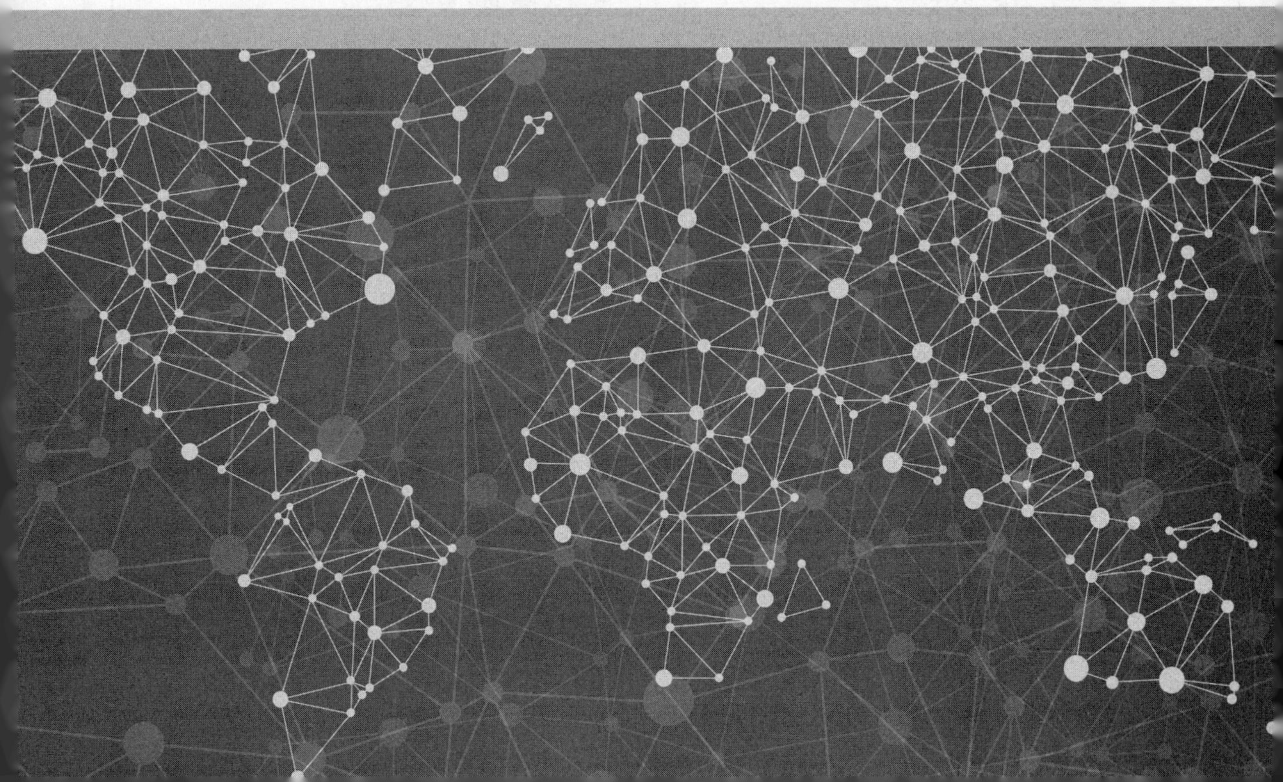

需求、需求、需求，最终导致要求。本章讨论构建大数据平台的技术要求，围绕着数据的采集、预处理能力、核心处理等部分的详细要求来进行介绍，从而指导企业的大数据平台建设工作的开展。

作者以之前所在的中国电信的《中国电信大数据平台技术要求》为蓝本展开介绍（这是中国电信研究院研究人员集体努力的结果）。由于缩略语（Buzz Words）太多，因此在开始之前，先列出一系列将要用到的技术缩略语和全称，如表 4-1 所示。虽然出自运营商，但是内容较为系统和完整，对其他行业的大数据或大数据建设也具有指导意义。

本章内容的格局类似于前一章的大数据技术要求，也有点教授或者书生的味道。但是，作为一位大数据的认真实践者或者玩家，以较高的视角系统地对待需求和要求，有助于做出来的产品和服务更加具有竞争性和可持续性。本章和第 3 章加在一起，就完成了大数据技术体系的讨论，为接下来的大数据实施打下基础。

表 4-1　技术缩略语及全称

缩　略　语	英 文 全 称	中文名称或说明
3G	3rd-Generation	第三代移动通信
4G	4rd-Generation	第四代移动通信
AAA	Authentication、Authorization、Accounting	认证、授权、记账
ACL	Access Control List	访问控制列表
AES	Advanced Encryption Standard	高级加密标准
API	Application Programming Interface	应用程序编程接口
CPU	Central Processing Unit	中央处理器
CRM	Customer Relationship Management	客户关系管理
CVE	Common Vulnerabilities & Exposures	公共漏洞和暴露
DAG	Direct Acyclic Graph	有向无环图
DCN	Data Communication Network	数据通信网络
DDoS	Distributed Denial of Service	分布式拒绝服务
DES	Data Encryption Standard	数据加密标准
DMZ	Demilitarized Zone	隔离区
DOA	Data-Oriented Architecture	面向数据架构
DoS	Denial of Service	拒绝服务
DPI	Deep Packet Inspection	深度包检测
EDA	Enterprise Data Application	企业数据应用
EDW	Enterprise Data Warehouse	企业数据仓库
ETL	Extract、Transform、Load	抽取、转换、加载
FTP	File Transfer Protocol	文件传输协议
HA	High Availability	高可用性
HBase	Hadoop Database	Hadoop 数据库
HDFS	Hadoop Distributed File System	Hadoop 分布式文件系统

续表

缩 略 语	英 文 全 称	中文名称或说明
HIPS	Host-based Intrusion Prevention System	基于主机的入侵防御系统
HTTP	HyperText Transfer Protocol	超文本传输协议
HTTPS	Hyper Text Transfer Protocol over Secure Socket Layer	以安全为目标的 HTTP 通道
ICMP	Internet Control Message Protocol	Internet 控制报文协议
ID	Identification	身份标识
IMAP	Internet Mail Access Protocol	Internet 邮件访问协议
IMEI	International Mobile Equipment Identity	国际移动设备标识
IMSI	International Mobile Subscriber Identification Number	国际移动用户识别码
IP	Internet Protocol	网际协议
IT	Information Technology	信息技术
JDBC	Java Database Connectivity	Java 数据库连接
LDAP	Lightweight Directory Access Protocol	轻量目录访问协议
JSON	JavaScript Object Notation	JavaScript 对象表示法
KDC	Key Distribution Center	密钥分配中心
MAC	Medium/Media Access Control	媒体访问控制
MD5	Message Digest Algorithm 5	信息-摘要算法 5
MPP	Massively Parallel Processing	大规模并行处理系统
NIPS	Network Intrusion Prevention System	网络入侵防御系统
NOC	Network Operation Center	网络运行中心
ODS	Operational Data Store	企业数据仓储
OGG	Oracle GoldenGate	甲骨文 GoldenGate
OLAP	On-Line Analytical Processing	联机分析处理
OLTP	On-line Transaction Processing	联机事务处理
POP	Post Office Protocol	邮局协议
QPS	Query Per Second	每秒查询率
REST	Representational State Transfer	表述性状态传递
RSA	Ron Rivest，Adi Shamir，Leonard Adleman	以这三人命名的加密算法
SAS	Serial Attached SCSI	串行连接 SCSI 接口
SFTP	Secure File Transfer Protocol	安全文件传输协议
SHA-1	Secure Hash Algorithm	安全散列算法
SMTP	Simple Mail Transfer Protocol	简单邮件传输协议
SOA	Service-Oriented Architecture	面向服务架构
SQL	Structured Query Language	结构化查询语言
SSD	Solid State Drives	固态硬盘
SSH	Secure Shell	安全外壳协议

续表

缩 略 语	英 文 全 称	中文名称或说明
SYN	Synchronous	TCP/IP 建立连接时使用的握手信号
UDP	User Datagram Protocol	用户数据报协议
USB	Universal Serial Bus	通用串行总线
URI	Uniform Resource Identifier	统一资源标识符
URL	Uniform Resource Locator	统一资源定位符
WAP	Wireless Application Protocol	无线应用协议
WSUS	Windows Server Update Services	Windows 服务器升级服务
XML	Extensible Markup Language	可扩展置标语言

4.1 大数据总体架构

4.1.1 背景概述

从宏观形势来看，大数据在各行各业发挥了越来越重要的作用，已经逐步上升到国家战略层面。国务院于 2015 年印发《促进大数据发展行动纲要》，明确提出将全面推进我国大数据发展和应用，加快建设数据强国，全国各地陆续成立大数据交易所。同时，各行业也在不断推进数据战略，各大互联网公司期待通过大数据开放策略与更多的传统行业交换数据，拓展新的商业模式。

从企业战略来看，目前 IT 市场中的传统业务趋于饱和，市场竞争日益加剧，增量客户获取日益困难，存量客户的争夺更趋激烈。为了推进企业的大数据战略，不少大公司纷纷成立数据中心，通过构建企业级的、面向未来的数据中心，以进一步加强企业数据的集中管理，充分发挥数据资源的价值。与之相应，须打造企业级的、面向未来的大数据平台，建立开放、共享的公共数据环境，为公司开展大数据应用提供能力保障。

近年来大数据技术和应用迅猛发展，通过横向扩展，分布式集群部署等方式，大数据架构比传统集中式架构性能更优，在数据平台架构云化重构、实时应用支撑、能力开放等方面发挥出重要作用，原有的技术要求已经不适应发展，迫切需要制定企业级的大数据平台技术要求，以明确大数据平台的技术架构、标准、演进等相关内容。

4.1.2 现状分析

当前各家企业的数据平台和数据管理面临的主要问题有：

① 数据整合不够。具体指数据整合的广度不够，原有数据整合范围主要集中在传统系统中，当跨部门和跨域的分析应用开展时，需要重新整合与清洗更多的跨专业的原始数据。

② 数据标准不足。具体指缺乏企业级数据标准，公司的各个分支、部门之间的数据标准存在不一致，而且因标准更新不及时，难以直接应用到生产；基础数据如主数据、

指标等缺乏统一的标准和管控，且因为缺乏标准而引发了更多的数据重复存放、逻辑关系错误、解释口径不一等问题。

③ 数据支撑效率有待提升。随着数据应用不断增多，原来急用先行指导原则下的烟囱式开发模式，导致建立了很多部门级的数据孤岛，数据共享程度低，数据支撑的整体效率偏低。

④ 系统架构亟待优化改进。随着业务需求和数据量的急剧增加，系统性能压力越来越大，扩容成本越来越高，原有的数据体系架构已难以满足需要。

4.1.3　总体目标

企业做大数据规划的总目标可以归结为：基于“集中、开放、云化”原则，按照平台集中建设、应用各自开发的设计思路，打造企业级的大数据平台，有序推进企业的大数据战略。

1. 业务目标

大数据平台的业务目标是：

① 全面、客观、真实、及时地反映业务运营情况，为各级领导提供企业经营的决策依据。

② 快速支撑精确管理、精准营销、精细服务、精益运营等各类需求。

③ 实现企业数据和应用的有效共享，降本增效。

④ 建立数据全生命周期的安全保障体系，降低数据泄露的风险。

2. 技术目标

大数据平台的技术目标如下：

① 打造面向未来的、高性能、可扩展的互联网化的大数据平台架构体系。

② 建立大数据能力开放体系，采用平台统一建设，数据集中汇聚，能力分级开放，应用百花齐放的部署模式。

③ 建立一体化的数据管控和数据资产运营管理体系，实现企业数据有效治理。

4.1.4　技术架构

1. 总体原则

大数据平台技术架构应遵循以下原则：

① 基于数据集中、能力开放、云化架构等原则进行总体架构设计。

② 数据集中实现对各生产系统/平台数据的集中采集、统一处理和统一共享。

③ 能力开放包括数据开放、服务开放和应用开放等三个层面。

④ 云化架构包括数据存储云化、数据采集云化、数据处理云化、数据应用云化等。

2. 逻辑框架

企业应当采用开源开放技术，打造互联网化的企业级大数据平台，具备海量数据处理、实时数据处理和非结构化数据处理的能力，且平台能力可以按需扩展，快速部署。企业级大数据平台的核心包括集中的数据处理工场和开放的数据应用社区。数据处理工场实现数据的集中存储、统一处理、统一服务，数据应用社区根据应用场景，建立各种应用专区，通过分工协作，快速响应需求。如图 4-1 所示为企业级大数据平台框架示意图。

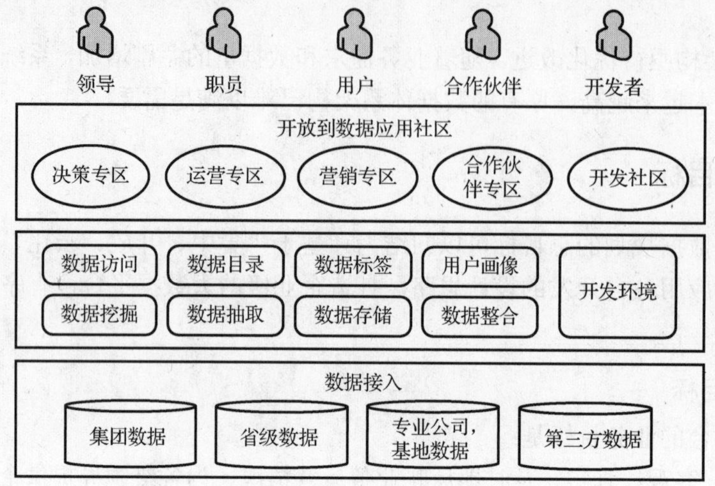

图 4-1　企业级大数据平台框架示意图

3．系统框架

如图 4-2 所示为企业级大数据平台系统框架图，整个企业级大数据平台包括大数据平台采集系统、大数据平台核心处理能力系统、大数据平台基础能力系统、大数据平台数据管理系统、大数据平台安全管理系统、大数据应用六大部分：

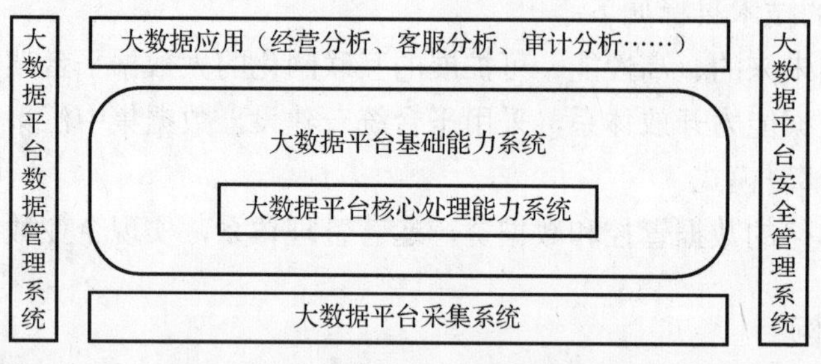

图 4-2　企业级大数据平台系统框架图

① 大数据平台采集系统，采集来自企业总部、各省级分公司的各类数据源，统一汇聚、稽核校验后分类保存，采集的数据源包括业务平台、专业公司、网关、网元、外部数据等。

② 大数据平台核心处理能力系统，根据统一的规则对采集的原始数据进行加工处理，实现高效、透明化的数据处理转换，形成按照主题域组织的整合层数据和按照客户和企业管理视角组织的中间层数据。

③ 大数据平台基础能力系统，作为大数据平台体系的基础框架，为其上各个系统提供资源分配及管理、系统监控、调度管理、能力开放等服务。

④ 大数据平台数据管理系统，作为大数据平台体系的基础能力，提供大数据平台内的企业数据管控与管理，包括数据标准、指标库、数据质量、主数据和调度监控等。

⑤ 大数据平台安全管理系统，作为大数据平台体系的基础能力，提供大数据平台内的企业数据安全监控与管理，包括数据脱敏、数据加密、数字水印、权限管理和接入管理等。

⑥ 大数据应用，根据应用的需求，基于中间层数据，利用大数据基础能力所构建的各类数据应用，涵盖企业决策运营、业务运营、营销支撑、产品开发等应用。

4．系统边界

如图 4-3 所示为大数据平台各系统间的边界。

① 大数据平台采集系统，为安全管理提供日志信息并按要求进行安全防护，根据数据管理的要求进行数据稽核和质量保障处理，为核心处理能力系统提供基础的接口层数据。

② 大数据平台核心处理能力系统，对接口层数据进行加工处理，为安全管理提供日志信息并按要求进行安全防护，根据数据管理的要求进行监控和调度处理。

③ 大数据平台应用系统，基于核心处理能力系统输出的中间层数据，进行业务口径处理、业务指标加工和数据服务调用，为安全管理提供日志信息并按要求进行安全防护，根据数据管理的要求进行质量保障处理。

④ 大数据平台基础能力系统，为其他系统提供二次开发、管理的工具和组件。

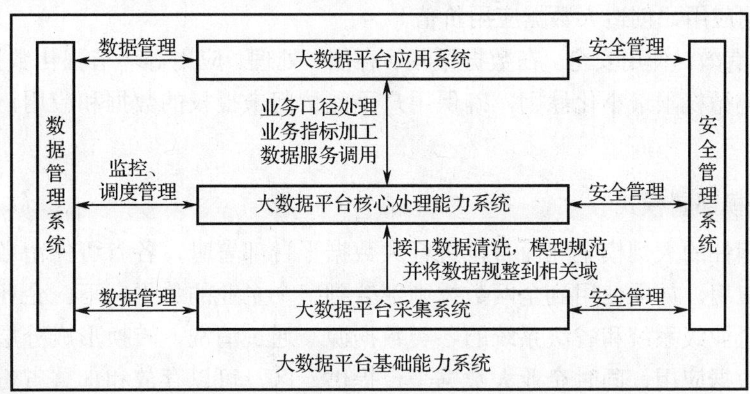

图 4-3　企业级大数据平台系统边界图

5．架构特点

通过对标和借鉴先进互联网公司的大数据平台架构，新构建的企业级大数据平台体系架构，其技术架构可包含如下特点：

① 整体架构采用分层设计，建立灵活、可扩展的框架体系，统一数据汇聚、统一数据处理、应用百花齐放。

② 产品采用开源开放技术，通过模块化、组件化等方式，根据应用场景需求，采用合适的分布式存储、处理、访问等开源组件，提升架构自主掌控和灵活配置能力。

③ 数据模型分层设计，数据模型分接口层、整合层、中间层和应用层，统一部署到大数据平台的各个系统中，实现数据的有效共享。

④ 能力输出采用安全的开放体系，在确保数据安全前提下，建立标准化的数据共享服务目录，根据其他系统应用的实际情况，分别以数据开放、服务开放和应用开放等方式满足各类应用需求。

6. 平台定位

企业级大数据平台建设可依据本章提出的技术要求开展实施。而企业内原有的相关平台和系统建设可逐步跟随大数据平台建设的步骤演进。

4.1.5 实施指引

1. 实施原则

大数据平台建设的实施应该遵循以下基本原则：

① 统一规划，分步实施。根据统一的大数据平台技术要求，明确总体目标和工作要求，根据部署要求的轻重缓急，分阶段实施。

② 紧密合作，共同推进。建立业务部门、网运部门与 IT 部门的共同工作体系，以应用促建设，以应用促质量，逐步建立企业级的大数据应用推进体系。

③ 应用导向，务求实效。以应用为导向，从企业的角度出发，根据应用价值高低有序开展大数据应用，创造大数据应用价值。

④ 管理有效，使用安全。在数据采集、存储、处理、应用等环节强化数据安全管理，数据使用须遵循权限最小化原则，确保用户不能访问未授权的数据和应用，执行未授权的操作。

2. 大规模部署模式

对于全国性的大规模企业而言，进行大数据平台部署时，各省可保留数据平台以处理本省数据应用，如需使用到全网数据则部署到整个企业的总平台下。企业级大数据平台全面整合企业级系统和省级系统的各类数据源，通过清洗、转换形成分层的数据，支撑企业级的数据应用，同时企业大数据平台提供专区，可以存放和部署省份全网数据应用。省份数据平台接收来自企业大数据平台的整合层、中间层和汇总层数据，并与省内数据关联加工，形成省份处理后的中间层数据，支撑省份和本地网的各种数据应用。如图 4-4 所示为大规模企业的两级大数据平台部署图。

3. 实施指引

如图 4-5 所示，根据目前各企业普遍的数据平台现状，以及将来数据平台的目标架构，对大数据平台的演进路径有如下建议：

① 现状，企业总部和各省的数据平台是烟囱式架构，存在信息孤岛。前端应用、后端应用以及标签应用有各自独立的处理模式，生成各自的接口层、整合层和汇总层，再输出到数据仓库进行汇总处理。

② 过渡期，应用与数据分离的架构。采用统一的整合层把来自前端、后端和大数据的接口数据统一处理，形成中间层、汇总层和应用层数据，分别支撑经营分析应用、前

后端应用以及标签应用。

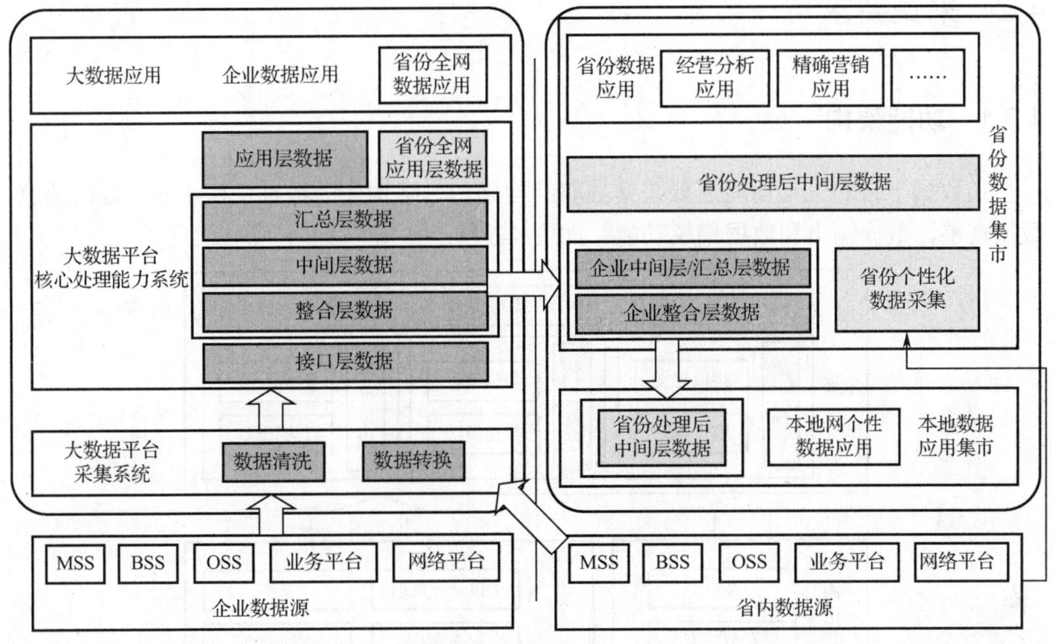

图 4-4 两级大数据平台部署图

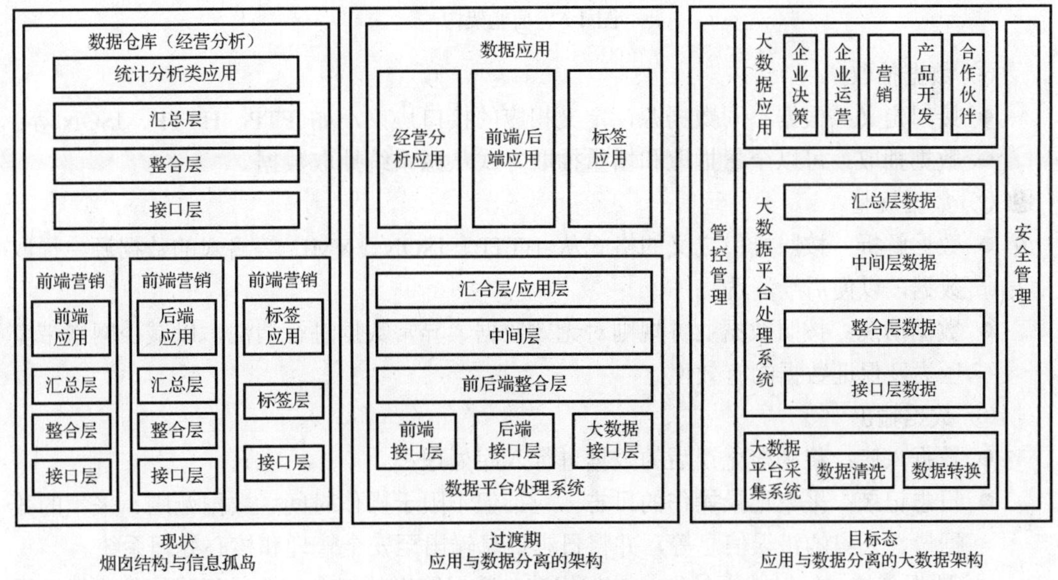

图 4-5 大数据平台演进路径图

③ 目标态，应用与数据分离的大数据架构通过大数据平台采集系统统一的完成数据采集、清洗和转换，在大数据平台核心处理能力系统完成分层数据加工和处理，支撑各类大数据应用系统。

4.2 采集要求

4.2.1 功能架构

大数据平台的采集功能需要采集抽取结构化和非结构化的数据，具体分为数据抽取、数据规整、数据输出和数据稽核功能，如图 4-6 所示。

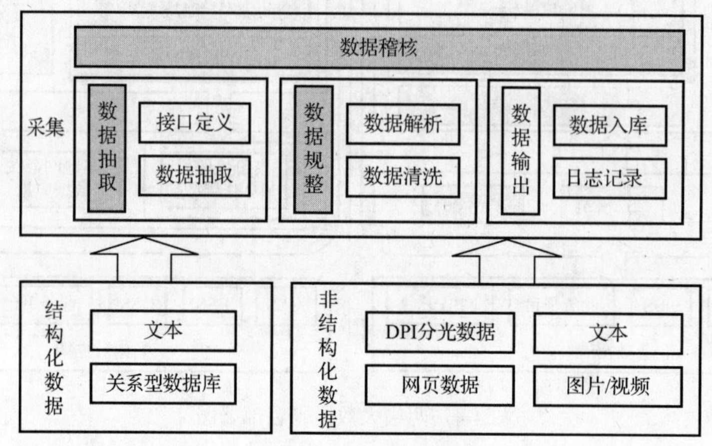

图 4-6　功能架构

① 数据抽取

- 接口定义：根据不同数据源，定义相应的接口协议，如 FTP、HTTP、JSON 等；
- 数据抽取：可以全量抽取和增量抽取方式从源系统抽取数据。

② 数据规整

- 数据解析：按照接口定义的格式从 HTTP、JSON、XML 等格式的数据源中提取数据，以便后续清洗；
- 数据清洗：按照数据业务规则对无效数据、异常数据进行清洗，以减少网络带宽压力及保证数据的有效性。

③ 数据输出

- 数据入库：将稽核无误后的数据进行入库处理；
- 日志记录：采集记录操作的日志，包括但不限于操作时间、数据范围、采集的数据量、采集的错误信息等，并将日志信息输出至安全管理和核心处理系统。

④ 数据稽核：针对数据抽取、数据规整、数据输出的每个环节进行稽核，确保数据的准确性、完整性、一致性。

4.2.2 技术架构

大数据平台采集系统的技术架构如图 4-7 所示。

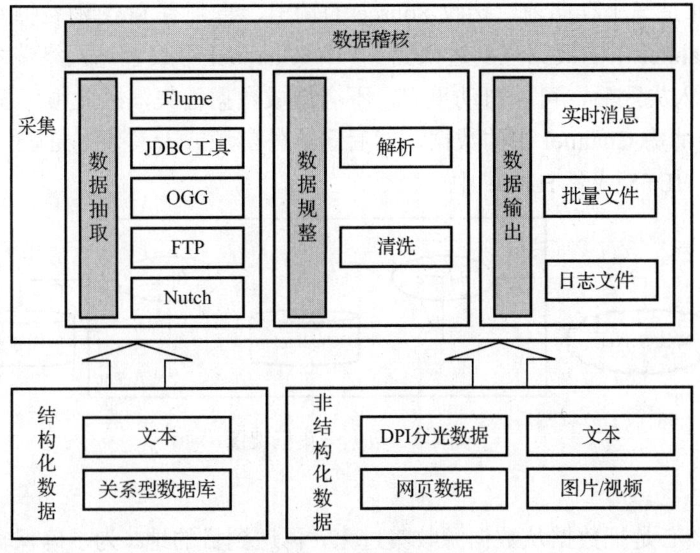

图 4-7　技术架构

① 数据抽取

- Flume：用于分布式海量日志采集系统；
- JDBC 工具：用于关系数据库数据采集；
- OGG：用于 Oracle 数据库数据采集；
- FTP：用于文本数据采集；
- Nutch：用于网页数据采集。

② 数据规整

- 解析：按照接口定义的格式从 HTTP、JSON、XML 等格式的数据源中提取数据；
- 清洗：负责对无效数据、异常数据进行清洗。

③ 数据输出

- 实时消息：使用分布式消息队列，将数据输出至核心处理系统；
- 批量文件：将采集的数据生成文件，批量输出至核心处理系统；
- 日志文件：将稽核日志、安全日志，分别输出给数据管理系统、核心处理系统。

4.2.3　处理技术

1. 数据采集框架

数据采集框架采用 Flume。

① 架构

Flume 数据采集框架包括以下内容，如图 4-8 所示。

- Source 可以接收外部源发送过来的数据，不同的 Source，可以接受不同的数据格式，比如目录池（Spooling Directory）数据源，可以监控指定文件夹中的新文件变化，如果目录中有文件产生，就会立刻读取其内容；

- Channel 是一个存储地，接收 Source 的输出，直到有 Sink 消费掉 Channel 中的数据，Channel 中的数据直到进入到下一个 Channel 中或者进入终端才会被删除，当 Sink 写入失败后，可以自动重启，不会造成数据丢失，因此很可靠；
- Sink 会消费 Channel 中的数据，然后送给外部源或者其他 Source，比如数据可以写入到 HDFS 或者 HBase 中。

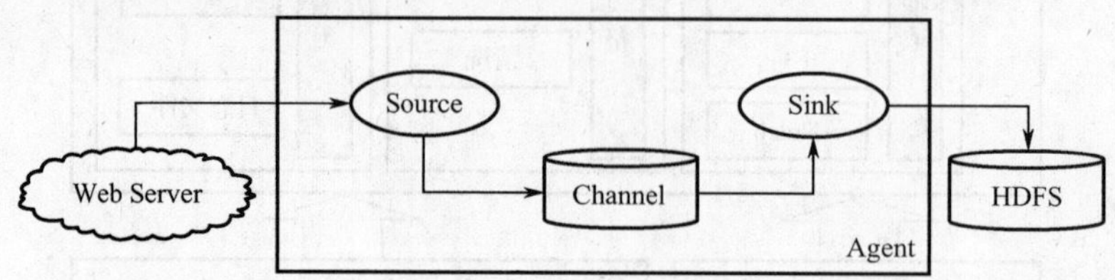

图 4-8　数据采集框架图

② 可靠性

Flume 的核心是把数据从数据源收集过来，再送到目的地。为了确保输送成功，在送到目的地之前，会先缓存数据，待数据真正到达目的地后，再删除自己缓存的数据。

Flume 使用事务性的方式保证传送 Event 整个过程的可靠性。Sink 必须在 Event 被存入 Channel 后，或者已经被传达到下一站 Agent 里，又或者已经被存入外部数据目的地之后，才能把 Event 从 Channel 中 Remove 掉。这样数据流里的 Event 无论是在一个 Agent 里还是多个 Agent 之间流转，都能保证可靠，因为以上的事务保证了 Event 会被成功存储起来。而 Channel 的多种实现在可恢复性上有不同的保证。也保证了 Event 不同程度的可靠性。比如，Flume 支持在本地保存一份文件 Channel 作为备份，而 Memory Channel 将 Event 存在内存 Queue 里，虽然速度快，但丢失的话无法恢复。

③ 可扩展性

Flume 采用了三层架构，分别为 Agent，Collector 和 Storage，每一层均可以水平扩展。其中，所有 Agent 和 Collector 由 Master 统一管理，这使得系统容易监控和维护，且 Master 允许有多个（使用 ZooKeeper 进行管理和负载均衡），这就避免了单点故障问题。

④ 可管理性

所有 Agent 和 Collector 由 Master 统一管理，这使得系统便于维护。多 Master 情况下，Flume 利用 ZooKeeper 和 Gossip，保证动态配置数据的一致性。用户可以在 Master 上查看各个数据源或者数据流执行情况，且可以对各个数据源配置和动态加载。Flume 提供了 Web 和 Shell Script Command 两种形式对数据流进行管理。

⑤ 功能可扩展性

用户可以根据需要添加自己的 Agent，Collector 或者 Storage。此外，Flume 自带了很多组件。

2．消息队列框架

消息队列框架采用 Kafka。

Kafka 是一个消息订阅和发布系统，它将消息的发布称作生产者（Producer），将消息的订阅称作消费者（Consumer），将中间的存储阵列称作代理（Broker），三者关系如

图 4-9 所示。

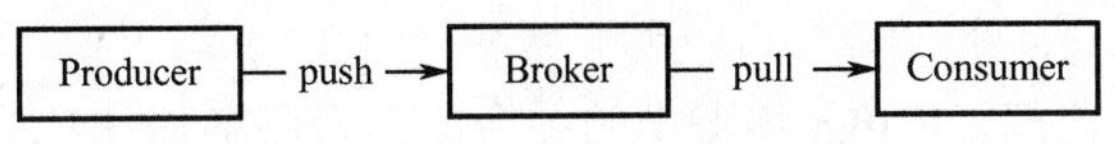

图 4-9　生产者—代理—消费者

Kafka 有以下特点。

- 同时为发布和订阅提供高吞吐量；
- 可进行持久化操作。将消息持久化到磁盘，因此可用于批量消费，例如 ETL，以及实时应用程序。通过将数据持久化到硬盘并复制，可防止数据丢失；
- 分布式系统，易于向外扩展。所有的生产者、代理和消费者都会有多个，均为分布式的，无须停机即可扩展机器；
- 消息被处理的状态是在消费者端维护，而不是由服务器端维护，当失败时能自动平衡；
- 支持在线和离线的场景。

① 架构

Kafka 是显式分布式架构，如图 4-10 所示，Producer、Broker 和 Consumer 都可以有多个。Kafka 的作用类似于缓存，即活跃的数据和离线处理系统之间的缓存。Kafka 的基本概念包括以下几点。

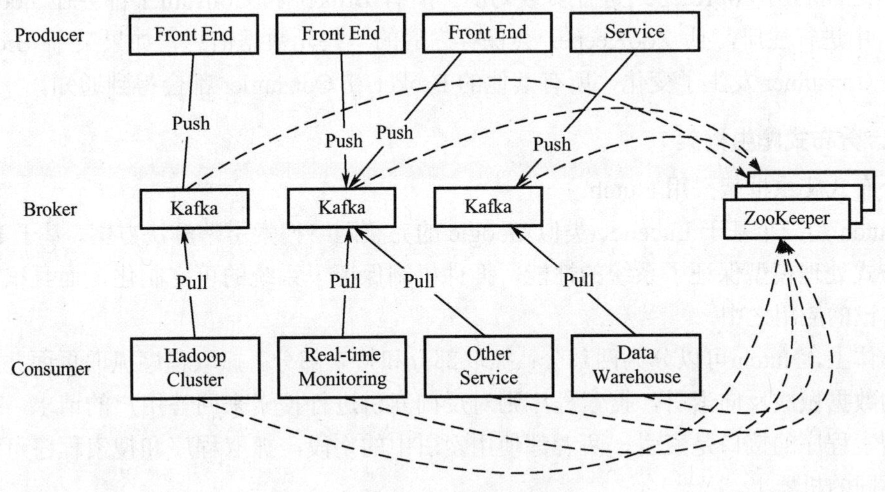

图 4-10　Kafka 架构

- Topic：特指 Kafka 处理的消息源（Feeds of Messages）的不同分类。
- Partition：Topic 物理上的分组，一个 Topic 可以分为多个 Partition，每个 Partition 是一个有序的队列。Partition 中的每条消息都会被分配一个有序的 ID（Offset）。
- Message：Message 是通信的基本单位，每个 Producer 可以向一个 Topic 发布一些消息。如果 Consumer 订阅了这个主题，那么新发布的消息就会广播给这些 Consumer。
- Producers：消息和数据生产者，向 Kafka 的一个 Topic 发布消息的过程称为 Producers。

- Consumers：消息和数据消费者，订阅 Topics 并处理其发布的消息的过程称为 Consumers。
- Broker：缓存代理，Kafka 集群中的一台或多台服务器统称为 Broker。

Kafka 是显式分布式的，多个 Producer、Broker 和 Consumer 可以运行在一个大的集群上，作为一个逻辑整体对外提供服务；多个 Consumer 可以组成一个 Group，Message 只能传输给某个 Group 中的某一个 Consumer。

② 关键技术点

Kafka 采用了以下关键技术。

- Zero-Copy：在 Kafka 上，有两个原因可能导致低效，太多的网络请求和过多的字节复制，为了提高效率，Kafka 把 Message 分成一组一组的，每次请求会把一组 Message 发给相应的 Consumer。此外，为了减少字节复制，采用了 Sendfile 系统调用。
- Exactly Once Message Transfer：Kafka 中仅保存了每个 Consumer 已经处理数据的 Offset，这样有两个好处，一是保存的数据量少，二是当 Consumer 出错时，重新启动 Consumer 处理数据，只需从最近的 Offset 开始即可。
- Push/Pull：Producer 向 Kafka 中推（Push）数据，Consumer 从 Kafka 中拉（Pull）数据。
- 负载均衡和容错：Producer 和 Broker 之间没有负载均衡机制，Broker 和 Consumer 之间利用 ZooKeeper 进行负载均衡。所有 Broker 和 Consumer 都会在 ZooKeeper 中进行注册，且 ZooKeeper 会保存它们的一些元数据信息，如果某个 Broker 和 Consumer 发生了变化，所有其他的 Broker 和 Consumer 都会得到通知。

3. 分布式爬虫框架

分布式爬虫框架采用 Nutch。

Nutch 是一个基于 Lucene、类似 Google 的完整网络搜索引擎解决方案，基于 Hadoop 的分布式处理模型保证了系统的性能，插件机制保证了系统的可定制化，而且很容易集成到自己的应用之中。

总体上，Nutch 可以分为两部分：抓取部分和搜索部分。抓取程序抓取页面并把抓取回来的数据做成反向索引，搜索程序则对反向索引进行搜索来回答用户的请求。抓取程序和搜索程序的接口是索引，两者都使用索引中的字段。抓取程序和搜索程序可以分别位于不同的机器上。

抓取程序是被 Nutch 的抓取工具驱动的。这组工具用来建立和维护三种不同的数据结构：Web Database、Segments、Index。

① Web Database（简称 WebDB）：这是一个特殊的存储数据结构，用来映射被抓取网站数据的结构和属性的集合。WebDB 用来存储从抓取开始（包括重新抓取）的所有网站结构数据和属性。WebDB 只被抓取程序使用，搜索程序并不使用它。WebDB 存储两种实体：页面和链接。页面表示网络上的一个网页，这个网页的 URL 作为标识被索引，同时建立一个对网页内容的 MD5 哈希签名。跟网页相关的其他内容也被存储，包括页面中的链接数量（外链接），页面抓取信息（在页面被重复抓取的情况下），还有表示页面

级别的分数。因此 WebDB 可以说是一个网络图，节点是页面，链接是边。

② Segment：这是网页的集合，并且它是被索引的。Segment 的 Fetchlist 是抓取程序使用的 URL 列表，它是从 WebDB 中生成的。Fetcher 的输出数据是从 Fetchlist 中抓取的网页。Fetcher 的输出数据先被反向索引，然后索引后的结果被存储在 Segment 中。Segment 的生命周期是有限制的，当下一轮抓取开始后它就没有用了。因此删除超过指定时间期限的 Segment 是可以的。而且也可以节省不少磁盘空间。Segment 的命名是日期加时间，反映出相应的存活周期。

③ Index：索引库是反向索引所有系统中被抓取的页面，它并不直接从页面反向索引产生，而是合并很多小的 Segment 的索引产生的。Nutch 使用 Lucene 来建立索引，因此所有 Lucene 相关的工具 API 都用来建立索引库。需要说明的是 Lucene 的 Segment 概念和 Nutch 的 Segment 概念是完全不同的。Lucene 的 Segment 是 Lucene 索引库的一部分，而 Nutch 的 Segment 是 WebDB 中被抓取和索引的一部分。

抓取程序的抓取过程如下。

抓取是一个循环的过程，抓取工具从 WebDB 中生成了一个 Fetchlist 集合；抽取工具的根据是 Fetchlist 从网络上下载网页内容；工具程序根据抽取工具发现的新链接更新 WebDB，然后再生成新的 Fetchlist，周而复始。这个抓取循环在 Nutch 中经常指 generate/fetch/update 循环。

一般来说同一域名下的 URL 链接会被合成到同一个 Fetchlist。这样做的考虑是当同时使用多个工具抓取的时候，不会产生重复抓取的现象。Nutch 遵循 Robots Exclusion Protocol，可以用 robots.txt 定义保护私有网页数据不被抓取。

上面这个抓取工具的组合是 Nutch 的最外层的，也可以直接使用底层的工具，自己组合这些底层工具的执行顺序达到同样的结果。这是 Nutch 的优势。具体工作过程如下。

a）创建一个新的 WebDB（admin db-create）；

b）把开始抓取的根 URL 放入 WebDB（inject）；

c）从 WebDB 的新 Segment 中生成 Fetchlist（generate）；

d）根据 Fetchlist 列表抓取网页的内容（fetch）；

e）根据抓取回来的网页链接 URL 更新 WebDB（updatedb）；

f）重复上面 c）～e）步骤直到到达指定的抓取层数；

g）用计算出来的网页 URL 权重 Scores 更新 Segments（updatesegs）；

h）对抓取回来的网页建立索引（index）；

i）在索引中消除重复的内容和重复的 URL（dedup）；

j）合并多个索引到一个大索引，为搜索提供索引库（merge）。

4.2.4　场景应用

1．结构化数据采集

（1）文本文件

如图 4-11 所示，结构化文本入库数据流包括如下几点。

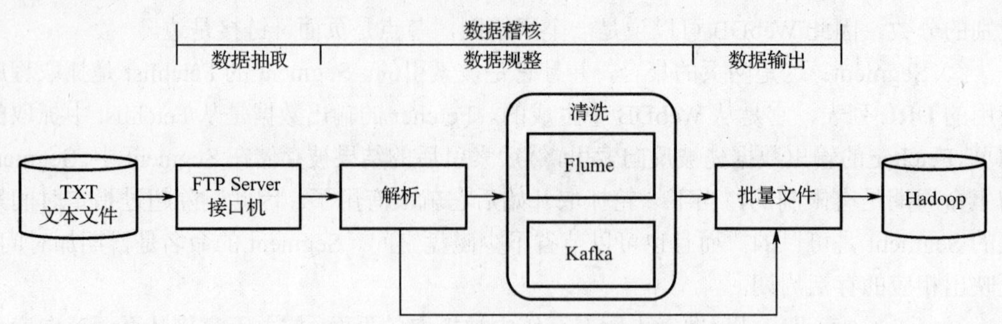

图 4-11　结构化文本入库数据流

① 数据抽取：数据源端将 TXT 文本文件和 Check 文件传至大数据平台的 FTP Server。

② 数据规整：对文本数据按规定格式进行解析，主要是编码格式等；使用 Flume、Kafka 组件，将数据转为消息队列，并进行数据清洗。

③ 数据输出：解析、清洗后的数据，送至大数据平台；如果源数据无须清洗，则文件数据直接入库。

（2）关系数据库

如图 4-12 所示，数据库采集数据流包括如下几点。

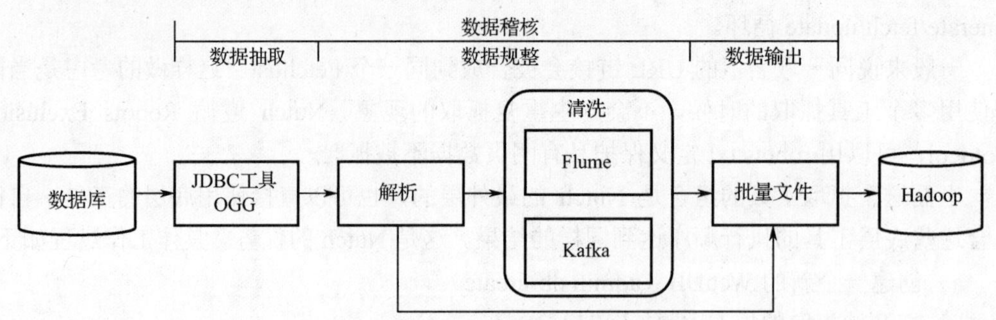

图 4-12　数据库采集数据流

① 数据抽取：利用 JDBC 工具/OGG，从源数据库中抽取数据。

② 数据规整：对数据按规定格式进行解析，主要是字符集转换等；使用 Flume、Kafka 组件，将数据转为消息队列，并进行清洗。

③ 数据输出：解析、清洗后的数据，送至大数据平台；如果源数据无须清洗，则文件数据直接入库。

2．非结构化数据采集

（1）DPI 分光数据

如图 4-13 所示，DPI 分光数据采集流程包括如下几点。

① 数据抽取：按标准统一 DPI 数据格式，通过 FTP 方式输出给大数据平台。

② 数据规整：对数据按规定格式进行解析，主要是网络协议等。

③ 数据输出：使用 Flume、Kafka 组件，将数据转为消息队列，并进行清洗；解析、清洗后的数据，送至大数据平台。

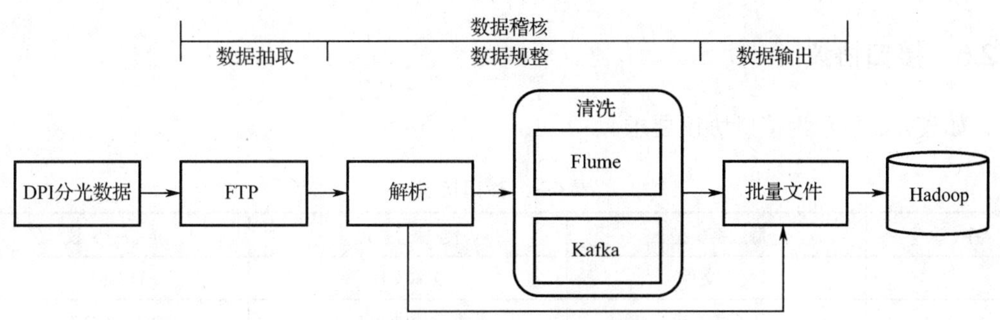

图 4-13　DPI 分光数据采集流程

（2）文本文件

如图 4-14 所示，非结构化文本入库数据流包括如下几点。

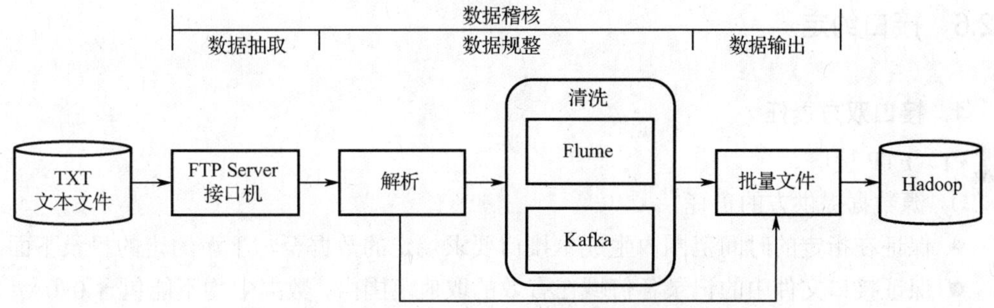

图 4-14　非结构化文本入库数据流

① 数据抽取:数据源端将 TXT 文本文件和 Check 文件传至大数据平台的 FTP Server。

② 数据规整：对文本数据按规定格式进行解析，主要是编码格式等；使用 Flume、Kafka 组件，将数据转为消息队列，并进行数据清洗。

③ 数据输出：解析、清洗后的数据，送至大数据平台；如果源数据无须清洗，则文件数据直接入库。

（3）网页数据

如图 4-15 所示，网页数据采集数据流包括以下三方面内容。

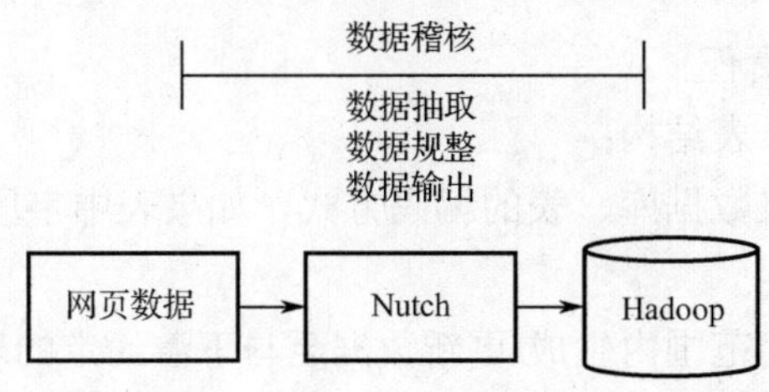

图 4-15　网页数据采集数据流

① 数据抽取：Nutch 根据配置的规则，从网页上抓取数据。

② 数据规整：数据解析、清洗、入库，由 Nutch 集成，统一实现。

③ 数据输出：抓取后的数据，存入大数据平台。

4.2.5 接口协议

如表 4-2 所示为接口协议要求。

表 4-2 接口协议

序　号	源数据类型	传 输 方 式	接 口 协 议
1	文本文件	文本文件	FTP/SFTP
2	关系数据库	数据流/数据库日志	JDBC/OGG
3	DPI 分光数据	DPI 分光	HTTP-GET/POST 等
4	网页数据	数据流	API

4.2.6 接口约定

1. 接口双方责任

（1）FTP 接口

① 源数据提供方的责任

- 保证在指定的时间范围内生成本接口要求规定的数据至与下游约定的目录下面；
- 保证接口文件中的记录各值域在有效的取值范围内，数据中均不能包含 0x0A（换行符）和 0x05 字符，确保数据的有效性和准确性；
- 负责数据的业务逻辑一致性控制，保证不将逻辑错误的数据提供给下游系统，保证提供数据质量，确保数据的准确性、一致性、完整性。

② 数据接收方的责任

- 负责与源数据提供方的信息交互和沟通；
- 负责对源数据提供方提供的数据文件进行及时的读入、稽核、规整及输出；
- 需具备监控校验及传输过程的功能；
- 负责及时根据稽核文件中记录的信息，对接口数据文件进行文件级校验。

（2）数据库接口

① 源数据提供方的责任

- 向数据接收方通报表结构；
- 向数据接收方通报数据库、表的编码方式，如果表中字段有特别编码，应当告知数据接收方；
- 保证在指定的时间范围内生成/更新数据至与下游约定的表；
- 对数据库服务器进行日常监控及维护；
- 保证数据库表中的记录各值域在有效的取值范围内，确保数据的有效性和准确性；
- 负责数据的业务逻辑一致性控制，保证不将逻辑错误的数据提供给下游系统，保证提供数据的质量，确保数据的准确性、一致性、完整性。

② 数据接收方的责任

- 负责与源数据提供方的信息交互和沟通；
- 负责对源数据提供方提供的数据文件及时读入、稽核、规整及输出；
- 需具备监控校验及传输过程的功能；
- 负责及时根据稽核比对抽取的记录数与输出的记录数。

2．接口文件格式及说明

（1）接口文件设计原则

接口文件设计原则如下。

① 文件压缩：文件要求压缩后上传。

② 文件大小：加载到 Hadoop 的单个文件大小以接近 HDFS 的 Block 块大小为最好；例如 HDFS 的 Block 大小为 128MB，则单个文件压缩前最大不宜超过 300MB。

③ 压缩格式：统一采用 GZIP 格式。

④ 文件编码方式应当统一为 UTF-8。

（2）文件命名方式

① 数据文件命名方式

命名规则：文件名前缀.文件生成日期.数据日期.文件批次.批次流水号.重传次数.文件名后缀

- 文件名前缀：某类文件的唯一标识。
- 文件生成日期：这系统日期，这是描述文件生成的精确时间。其格式为“yyyyMMddhh24mmss”。
- 数据日期：数据日期是描述当前抽取周期中，数据的发生日期（如：20160328，则表示抽取的是 2016 年 03 月 28 日的数据快照）。按日抽取的数据文件，其数据日期就是数据的发生日期。按月抽取的数据文件，则数据日期取数据发生的年月（如：201205）。
- 重传次数：表示源数据提供方对某一业务的某一批次的某一数据日期的数据重传次数。取值范围是 00～99，00 表示初次正常下发，01 表示第 1 次重传，02 表示第 2 次重传，……，*N* 表示第 *N* 次重传。
- 文件批次：001～999，表示该业务的数据分批的序号，主要是支持该业务数据文件按批次重传使用。
- 批次流水号：001～999，表示文件批次下的数据按照规定的文件大小拆分后的序列号。
- 文件名后缀：“DAT”字符串（上传过程使用“TMP”字符串）。

② 稽核文件命名方式

该文件命名规则中没有文件批次和批次流水号的概念，均默认成“000”字符串，其他规则跟对应的数据文件命名规则保持一致，文件名后缀字符串为“CHECK”。该文件的内容用于描述该接口在本次操作的动作内所传送的文件列表，并附带了上传的每个数据文件需要校验的信息和数据处理接收方进行登记的信息，字段之间以 0x05 作为分隔符，文件信息由表 4-3 中的内容组成。

表 4-3　稽核文件信息表

序　　号	信 息 内 容	数据类型	说　　明
1	数据文件名称	varchar	压缩后的文件名
2	文件的摘要信息	varchar	压缩后的文件 MD5 值
3	数据日期	varchar	日期格式：yyyyMMdd，如果抽取周期为月，则格式为：yyyyMM
4	接口数据文件的生成时间	varchar	日期格式：yyyyMMddhh24mmss
5	0x0A	char	换行符

③ 上传过程中文件命名方式

源数据提供方所生成的数据文件和稽核文件，在上传过程中，要以“TMP”字符串结尾。

④ 回执文件格式及命名

该文件由数据处理接收方提供，通过传输通道传送到源数据提供方。

根据稽核文件对数据文件进行校验时，所生成的回执文件名跟对应的稽核文件名一致。

命名规则：Check 文件名（包括后缀字符串“CHECK”）.文件名后缀

如校验成功：回执文件名的后缀为“RPT”。

如校验失败：回执文件名的后缀为“ERR”。

校验报告文件的字段分隔符为 0x05，且分隔符不能省略，文件内容如表 4-4 所示。

表 4-4　校验报告文件

序　　号	信 息 内 容	数据类型及长度	说　　明
1	文件名称	varchar	
2	处理时间	char(14)	日期格式：yyyyMMddhh24mmss
3	校验结果代码	varchar	00：校验成功 01：数据文件名与规则不符 02：数据文件不存在 03：数据文件无法打开 04：数据文件 MD5 值与稽核文件不符 05：一个数据文件对应多个 Check 文件 06：稽核文件不存在 07：稽核文件无法打开 08：稽核文件记录非法结束符（非换行） 09：稽核文件数据日期非法
4	上游计算文件 MD5 值	char(14)	只有当数据文件与稽核文件记载的 MD5 值不同时才有值
5	0x0D0A		回车换行符

注：如果数据处理接收方在接口所规定的时间内未收到 Check 文件，那么数据处理接收方需要发出提醒报告，报告文件的校验结果代码为“99”，报告文件命名方式跟 Check 文件命名规则一致。

4.2.7　性能指标

大数据平台采集系统性能指标（参考值）如下。

① 文本文件数据采集：单台接口机配 1 块千兆位网卡，按照下行带宽占总带宽利用率的 64%测算，每秒处理一个 80MB 文件。

② 数据库数据采集：大于 10000 条每秒。

③ DPI 分光数据采集：单台采集清洗服务器配 1 块万兆位网卡，处理性能为 153Mbps，采集清洗时间低于 3 秒，Hadoop 入库时间低于 5 分钟。

④ 网页数据采集：单个 IP 百兆位带宽在 10 个并发的情况下一天采集 80 万个 URL。

4.3　基础能力要求

大数据平台基础能力，作为大数据平台体系的核心部分，提供大数据平台存储框架、计算框架、管理框架，并将大数据能力开放，为各应用系统提供可调用的服务。

4.3.1　总体概述

1. 体系架构

大数据平台基础能力，包括基础框架和能力开放两部分，为大数据平台提供存储、计算和平台管理相关能力组件，支撑大数据平台核心数据处理，并通过多形式的能力开放，实现对业务的快速响应。

基础框架，为大数据平台提供基础能力，包括存储框架、计算框架和管理框架。存储框架，实现对海量结构化和非结构化数据高效安全的长期存储，并实现简单快速的管理和维护；计算框架，通过多种开源、成熟、高效的计算组件，实现不同业务场景和数据格式的计算处理，主要分为实时计算、准实时计算和批处理计算；管理框架，提供对整个基础能力系统相关平台的资源管控、任务调度、监控告警、元数据管理等功能，以保障平台的安全运营。

能力开放，主要包括数据开放、服务开放和应用开放。

① 数据开放，数据的自由流通最为关键，必须打破数据孤岛。为此，在业务部门对数据安全进行授权许可的情况下，允许将整理后的基础数据，对数据需求方开放，支撑业务与数据服务。

② 服务开放，实现对企业内部的各类数据需求进行集约化，以提供高效、快速的数据服务响应能力，这是大数据平台实现对内数据支撑的主要通道。同时，通过统一封装的接口，对外部合作客户提供各类数据服务、查询功能。另一方面，可以在大数据平台通过数据沙箱的方式开放部分数据，同时提供常用的算法工具和分析工具，供用户通过程序算法进行数据挖掘分析。

③ 应用开放，通过统一、标准的接口封装，向合作伙伴和用户提供数据服务。对外接口需满足合作伙伴和用户对数据的要求，可向合作伙伴和客户按照实时、准实时、批

量同步等数据传输策略提供接口。外部接口须保障企业数据、合作方数据的安全性，除已授权的用户、合作方、客户、应用外，不得对外泄露数据信息。

2．关键能力

企业大数据平台的基础能力是要在业务承载上支撑大数据平台核心处理能力及其相关应用。需要综合考虑移动互联网对企业业务运营的整体要求，以及海量数据的有效存储管理能力、多模式的高效数据处理能力和面向业务的灵活、开放的数据服务能力等要求。对大数据平台基础能力的相关技术组件的引用上，以互联网开源、成熟的IT技术为原型，在适当定制开发的基础上形成面向和适应企业业务运营支撑的关键技术组件，并在此基础上，构成企业大数据平台基础能力系统的关键能力视图。

（1）关键技术组件视图

大数据平台基础能力关键组件如图4-16所示，可分为存储框架、计算框架、管理框架和能力开放四大类。

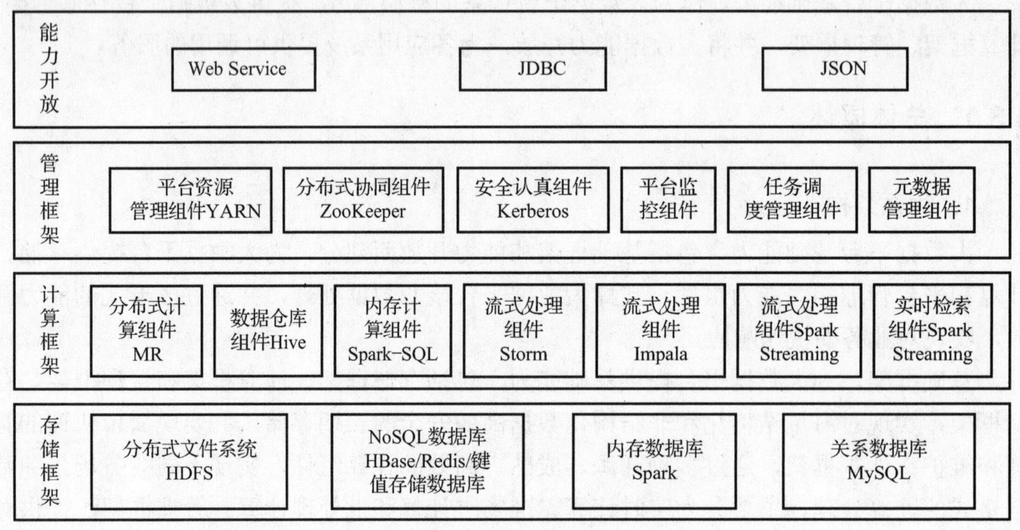

图4-16　基础能力关键组件视图

① 存储框架类中，包括分布式文件系统HDFS、NoSQL数据库、内存数据库和管理非关系数据库元数据的MySQL。

② 计算框架类中，包括分布式计算组件、数据仓库组件、内存计算组件、流式处理组件和实时检索组件。

③ 管理框架类中，包括平台资源管理组件、分布式协同组件、安全认证组件、平台监控组件、任务调度管理组件以及元数据管理组件。

④ 能力开放类中，包括对平台内部数据、服务进行统一、标准化封装，并通过Web Service、JDBC和JSON对外提供的开放能力。

（2）关键能力目录

在大数据平台基础能力关键组件的基础上，大数据平台通过对关键技术组件进一步进行组合、封装或集成，进而在大数据平台面向业务和运营中分出不同角色权限的关键能力目录，如图 4-17 所示，具体可分为资源、数据、工具、服务四类能力。

① 资源类，包括海量存储、分布式缓存、离线计算和实时计算等四类能力。

② 数据类，包括应用宽表、指标库、标签库等三类能力。

③ 工具类，包括报表工具、编辑器/设计器、调度工具、Web 组件等四类能力。

④ 服务类，包括 OpenAPI、数据地图、数据接入和数据共享等能力。

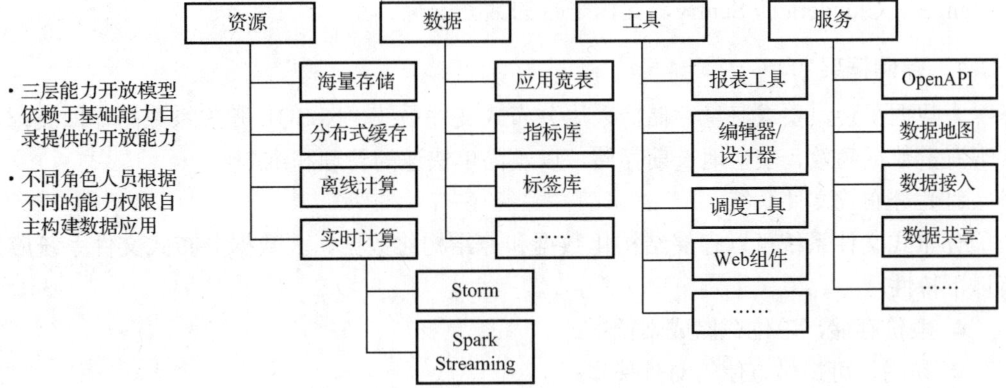

图 4-17　基础能力图

4.3.2　基础框架

如图 4-18 所示，大数据平台基础框架包括管理、计算、存储三个框架。

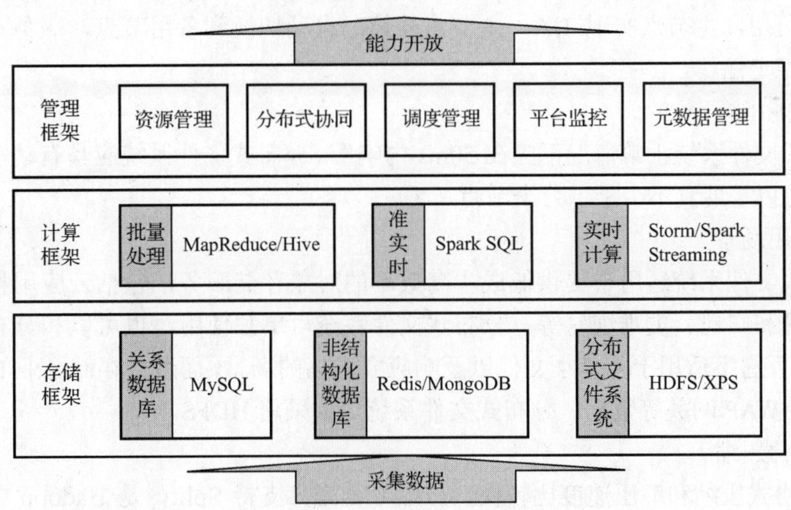

图 4-18　基础能力框架图

① 存储框架，对数据存储提供基于 HDFS 的列式存储数据库（HBase），以及并行架构下的分布式数据库。

② 计算框架，部署多种计算引擎，支撑不同数据服务应用场景，具体为：

- MapReduce，支撑数据清洗、转换等 ETL 批处理类任务；
- Impala 和 Hive，支撑 OLAP 类简单数据统计的快速响应；

- Spark SQL、Spark Streaming、Storm，支撑实时、准实时数据计算；
- MapReduce、Spark，支撑机器学习类预测性数据挖掘分析；
- ESearch，支撑基于数据标签的快速信息检索等探索性数据分析。

② 管理框架，主要包括资源管理、分布式协同、调度管理、平台监控、元数据管理。其中，YARN、MESOS、Docker、ZooKeeper，实现对平台资源的管控；Kerberos、Hortonworks的Ranger、Cloudera的Sentry，支撑平台的数据安全。

1. 存储框架

大数据平台，要求海量存储，采用分布式文件系统、NoSQL和关系数据库做支撑，实现海量数据高效、安全地长期存储，以及简单快速的管理和维护。

（1）分布式文件系统

分布式文件系统可以存储结构化数据和非结构化数据。大数据分布式文件系统应具有以下特性：

- 廉价存储，单位存储成本低；
- 易用，可提供方便的对外接口；
- 横向扩展能力，支持上万节点的分布式存储集群；
- 负载均衡，保持数据节点的存储平衡；
- 高容错，保证数据的安全不丢失，可自动将出现故障的服务器上的数据和服务迁移到集群中的其他服务器；
- 支持多种存储格式，如Text、LZO、Snappy、RCFile等；
- 高可用，主节点实现HA，主节点挂掉时自动切换到备用节点，服务不终止，提高稳定性。

① 性能指标

分布式文件系统正常情况下应在50ms内响应。分布式文件系统应具有动态的横向扩展能力。可以扩展到不少于1万个节点。

② 应用场景

分布式文件系统适用于提供低成本高效率的对象存储服务，包括云应用程序、内容分发、备份和归档、灾难恢复等。分布式文件系统可单独使用，也可以和分布式计算框架结合使用。它不适用于大量小文件以及响应要求高的场景，而适合存储企业DPI，AAA，各类详单，WAP网关等数据。分布式文件系统建议采用HDFS。

③ 文件压缩

LZO格式压缩和解压速度比较快，压缩率合理，支持Split，是Hadoop中最流行的压缩格式，支持Hadoop Native库，可以在Linux系统下安装lzop命令，使用方便。建议以LZO压缩格式为主，Snappy配合使用。

④ 文件大小

为避免存储浪费和提高效率，HDFS中应尽量避免小文件，对于大量小文件，建议通过合适的方式进行合并后存储。Block的大小建议设置为128MB或256MB，文件大小建议不小于1GB。

（2）NoSQL 数据库

NoSQL 数据库具有以下优点。

- 易扩展性：可以在最小化系统开销和不停机的情况下，线性增加系统的存储容量和计算能力，系统可以自动地进行负载均衡，同时能够利用新的硬件资源，适应数据的不断增长。
- 高效的随机读：虽然应用级 Cache 层被广泛使用在应用服务器和数据库之间，大数据规模应用的大量访问仍然无法命中 Cache，需要访问后端存储系统，NoSQL 可以解决这一问题。
- 写吞吐率高：大数据规模的应用需要很高的写吞吐率。
- 高效低延迟的强一致性：实现一个全局的分布式强一致性系统是很难的，但是一个至少能在单个数据中心内部提供这种强一致性的 NoSQL 数据库系统已经可以提供较好的用户体验。
- 高可用性和容灾恢复：可提供 HA，能够容忍某个数据中心的失败并最小化数据丢失，同时能够在合理的时间窗口内通过另一个数据中心提供数据服务。
- 故障隔离性：能有效地对磁盘系统上的故障进行容错和隔离，单个磁盘的故障只会影响很小的一部分数据，同时系统可以很快地从故障中恢复。
- 大数据分析的支持：可利用分布式编程模型进行数据分析，无须做任何的数据迁移。

① 性能指标

正常情况下 NoSQL 可以实现 10ms 内响应。吞吐量和集群规模正相关。单台服务节点应提供不低于 4 万 QPS 的服务能力。

响应时间还取决于单次查询的数据量或者插入的数据量等。

② 应用场景

NoSQL 适用于低延迟的数据访问应用，适合在线应用的场景，例如 K-V（键值）查询。

常用的 NoSQL 数据库包括键值存储数据库、列式存储数据库、文档型数据库、图形数据库。

大数据平台的 NoSQL 建议采用 HBase 实现。

（3）列式存储数据库

列式存储数据库是以列相关存储架构进行数据存储的数据库，主要适合于批量数据处理和即时查询。相对应的是行存储数据库，数据以行相关的存储体系架构进行空间分配，主要适合于小批量的数据处理，常用于联机事务型数据处理。

列式存储数据库优点包括：

- 极高的装载速度（最高可以等于所有硬盘 IO 的总和）；
- 适合大量的数据；
- 实时加载数据仅限于增加（删除和更新需要解压缩 Block，然后计算，此后再重新压缩储存）；
- 高效的压缩率，不仅节省储存空间也节省计算内存和 CPU；
- 非常适合做聚合操作。

① 性能指标

统计类操作应在 10s 内响应，即时查询应在 10ms 内响应。

② 应用场景

批量数据统计分析和即时查询。

大数据平台的列式存储数据库推荐使用 HBase。

（4）缓存数据库

分布式缓存能够处理大量的动态数据，因此比较适合互联网等大规模应用。从本地缓存扩展到分布式缓存后，关注重点从 CPU、内存、缓存之间的数据传输速度差异扩展到了业务系统、数据库、分布式缓存之间的数据传输速度差异。分布式缓存有如下特性：

- 高效地读取数据；
- 能够动态地扩展缓存节点；
- 能够自动发现和切换故障节点；
- 能够自动均衡数据分区；
- 能提供图形化的管理界面，部署和维护都十分方便。

① 性能指标

分布式缓存应在 0.1ms 内响应，应提供不低于 8 万 IOPS 的吞吐量。

② 应用场景

分布式缓存由于是基于内存的，所以适用于小数据量的缓存。例如辅助数据库操作提升信息的查询速度的场景、社交网站等需要由用户生成内容的场景等。

大数据平台的分布式缓存推荐使用 Redis、Memcached。

（5）关系数据库

关系数据库，是建立在关系模型基础上的数据库，借助于集合代数等数学概念和方法来处理数据库中的数据。现实世界中的各种实体以及实体之间的各种联系均用关系模型来表示。它目前还是数据存储的传统标准。

关系数据库具有以下优势：

- 可保持数据的一致性（事务处理）；
- 由于以标准化为前提，数据更新的开销很小（相同的字段基本上都只有一处）；
- 可以进行 Join 等复杂查询。

上述特性中，能够保持数据的一致性是关系数据库的最大优势。

① 性能指标

单个事务处理在 50ms 内完成，指定主键的 Join 查询在 50ms 内完成。

② 应用场景

关系数据库适合用户存储元数据、用户权限等数据。

大数据平台的关系数据库推荐使用 MySQL。

2. 计算框架

分布式计算分为实时计算、准实时计算、批处理。

（1）实时计算

实时计算一般分为三个阶段，数据的产生与收集阶段（实时收集）、传输与分析处理阶段（实时处理）、存储与对外提供服务阶段（实时查询）。实时计算应提供以下功能：

- 简单的编程模型；
- 多编程语言支持；
- 支持容错；
- 可管理工作进程和节点的故障；
- 支持水平扩展；
- 计算是在多个线程、进程和服务器之间并行进行的；
- 可靠的消息处理；
- 保证每个消息至少能得到一次完整处理，任务失败时，它会负责从消息源重试消息；
- 低延迟，高效消息处理；
- 系统的设计保证消息能得到快速的处理。

① 性能指标

实时计算应实现 1 秒内响应。单机能处理每秒不低于 50 万条记录。

② 应用场景

实时计算适用于低延迟的场景，例如实时统计报表、实时算法、实时机器学习等。适用于企业 DPI、各类详单等数据的实时清洗、稽查等。

大数据平台的实时计算框架（流式计算）推荐使用 Storm、Spark Streaming。

（2）准实时计算

为支撑准实时应用，需具备准实时数据接入能力。准实时接入能力需具备秒级响应，保证数据的安全性、一致性和准确性。准实时计算的基本特性如下。

- 高性能，能够以低资源消耗完成每秒数千交易的传送或者复制；
- 兼容性，开放的结构使客户适应各种异构数据平台；
- 可靠性，保证数据的连续可用；
- 一致性，支持断点，恢复后自动从断点续传；
- 安全性，数据传输过程中采用压缩和加密；
- 高可用性，保障业务近似零停机，降低业务中断带来的损失。

① 性能指标

准实时计算应在秒级到 10 分钟内返回。响应时间依赖于提交作业处理的数据量以及复杂度。

② 应用场景

准实时计算适用于大数据领域交互式、面向 Ad-Hoc 查询的 SQL 分析场景。适用于客户营销维系、自助评估分析等。

大数据平台的准实时计算框架推荐使用 Spark SQL。

（3）批处理

大数据平台有很好的横向扩展能力，能提供针对 TB/PB 级别数据、实时性要求不高的批量处理能力，主要应用于大型数据仓库、日志分析、数据挖掘、商业智能等领域。

批处理应具备以下功能：

- 具备跨集群数据共享能力，支持万级别的集群数，扩容不受限制；
- 提供功能强大易用的 SQL、M/R 引擎，兼容大部分标准 SQL 语法；
- 可轻易获得海量运算，用户不必关心数据规模增长带来的存储困难、运算时间延长等烦恼，大数据平台根据用户的数据规模自动扩展集群的存储和计算能力，使用户专心于数据分析和挖掘，最大化发挥数据的价值。

① 性能指标

- 横向扩展不低于 1 万个节点；
- 吞吐量与集群规模、作业复杂度有关，例如 500 台集群每天可处理不低于 10 万个作业。

② 应用场景

批处理适用于高延迟的计算服务，例如离线数据分析、搜索引擎建立索引等场景，适用于 DPI 等数据分析、推荐等应用；

大数据平台的批处理框架推荐使用 MapReduce，Hive。

3. 管理框架

（1）资源管理

① 资源分配

资源分配应具有以下功能。

- 支持多租户。弹性的存储和计算资源分配，租户可按需申请资源配额，独立管理自己的资源；租户独立管理自有的数据、权限、用户、角色，彼此隔离，以确保数据安全；租户间可通过数据授权来实现数据交换，提供多种形式的授权策略。
- 支持任务优先级。在资源使用高占比的情况下，能根据运行中的任务优先级，动态调整其在队列中的资源占比，保证高级别任务优先完成。
- 可以配置最小保证的资源和最大可以使用的资源。
- 可以配置最大同时可以运行的 Job 数量。
- 可以配置资源池的使用权限和管理权限，使用权限可以提交作业，管理权限可以 Kill 作业、修改资源。

② 资源调度

常用的资源调度器有 FIFO，Fair Scheduler，Capacity Scheduler 等，用户也可以按照接口规范要求编写自定义的资源调度器，并通过简单的配置使它运行起来。资源调度应具有以下功能。

- 资源表示模型。执行节点向主控节点注册，注册信息包含该节点可分配的 CPU 和内存总量等。
- 资源调度模型。为了提高可扩展性，可采用双层资源调度模型。双层调度器仍保留一个经简化的集中式资源调度器，但具体任务相关的调度策略则下放到各个应用程序调度器完成。

- 资源抢占模型。为了提高资源利用率，资源调度器会将负载较轻的队列的资源暂时分配给负载重的队列，仅当负载较轻队列突然收到新提交的应用程序时，调度器才进一步将本属于该队列的资源分配给它。考虑此时资源可能正被其他队列使用，因此调度器必须等待其他队列释放资源后，才能将这些资源“物归原主”，这通常需要一段不确定的等待时间。为了防止应用程序等待时间过长，调度器等待一段时间后若发现资源并未得到释放，则进行资源抢占。
- 层级队列管理：层级队列组织方式应具有以下特点。第一，子队列：队列可以嵌套，每个队列可以包含子队列。第二，最小资源：可以为队列设置一个最小容量，表示该队列能保证的最小资源。第三，最大资源：可以设置一个最大容量，这是资源的使用上限，任何时刻使用的资源总量都不能超过该值。第四，用户权限管理：可以配置资源池的使用权限和管理权限，使用权限可以提交作业，管理权限可以 Kill 作业、修改资源。

③ 资源隔离

目前主要支持内存和 CPU 两种资源。内存是一种“决定生死”的资源，CPU 是一种“影响快慢”的资源。资源隔离包括：内存隔离和 CPU 隔离。

（2）任务调度

① 工作流

工作流是放置在控制依赖 DAG 图中的一组动作（例如，Hadoop 的 MapReduce 作业、Pig 作业等），其中指定了动作执行的顺序。工作流应具备以下功能：

提供工作流可视化配置能力，提供简易的图形化的界面，用户可直观地对工作流流程进行编辑，提供拖动功能，如想添加操作仅需拖动图标即可完成。

- 提供常用操作功能支持，如 Hive 脚本、Hive Server 脚本、Pig 脚本、Spark、Java 程序、Sqoop 脚本、MapReduce 作业、Shell、SSH、HDFS、邮件、短信、数据流、DistCp 支持。
- 提供常用操作功能中的常用配置项的支持，如 MapReduce 中 Map 数、Reduce 数等。
- 提供工作流执行中遇到异常情况下，消息提示的能力。
- 提供在主工作流中嵌套子工作流的能力。
- 提供工作流保存、提交、分享能力。

② 触发器

触发器构建在工作流工作方式之上，提供定时运行和触发运行任务的功能。触发器本身不会去执行具体的 Job，而是将 Job 相关的所有资源发送到真实的执行环境，如 Hive Client、关系数据库系统等，自己仅仅记录并监视 Job 的执行状态，并对其状态的变化做出相应的动作，例如，Job 失败可以重新运行，Job 成功转到下一个节点。触发器应具备以下功能。

- 提供对已有工作设置计划任务的能力，包括设置执行频率、执行时间、执行周期等，支持 Cron 语法。
- 提供对已有工作流设置初始参数的能力，工作流作为模板，用户可根据自身情况自定义工作流执行条件。

- 提供对已有工作流超时时间的设定，精确到秒。超出时间的作业将被强制结束进程。
- 提供SLA配置能力。

③ 协处理器

协处理器将多个触发器管理起来，支持对多个触发器分别设置触发参数，如开始时间、结束时间等，支持自定义参数的设定，只有满足所有指定条件后触发器才开始作业执行。有时候一个作业执行必须依赖另一个作业执行完成的结果，可以在收集器中统一设定，这样只需要提供一个收集器提交即可。然后可以启动/停止/挂起/恢复任何协调者。

④ 作业浏览

常用的作业调度引擎有Oozie，Azkaban等，作业浏览应具备以下功能。

- 提供作业手动执行、停止、暂停、恢复能力，用户可以手动触发作业执行。
- 提供正在运行作业的查看能力，可以查看作业提交时间、状态、名称、进度、提交人等信息。
- 提供已完成历史作业的查看能力，通过列表可对历史作业的提交时间、完成事件、持续事件、名称、提交人等信息进行查看。
- 提供作业全文检索能力，输入框输入任意关键字可对作业进行筛选。
- 提供相同作业历史汇总能力，定时作业在时间范围内重复执行，可以比较每次作业的执行情况。
- 提供作业详细信息的查看能力，包括组、开始、创建、结束时间、应用程序路径、运行次数等。
- 提供作业运行时参数配置的查看能力，包括开始、结束时间、输入输出路径、执行用户等。
- 提供作业日志的查看能力，包括实时的程序日志、输入输出日志、任务诊断日志等。
- 提供作业元数据的查看能力，包括Node地址、执行节点、作业类型、状态、进度、输出大小等。

⑤ 性能指标

- 提供低于1秒的作业提交和响应速度。
- 提供单节点至少支持1万个作业每天的处理能力。
- 提供集群无状态水平扩展能力。
- 提供处理不低于2000个作业的并发能力。
- 提供7×24小时不间断服务。

（3）监控告警

监控告警实现平台多层级可视化监控，包括节点监控，集群监控。监控告警系统支持流程化、可视化。监控告警的目的是为了提高大数据基础能力的服务质量，及时发现异常情况并迅速修复故障。监控实现对关键指标的采集，告警则是利用采集到的指标数据根据告警策略以及告警类型通知运维人员。

① 监控管理

基础监控应具备以下功能：

- 需要提供整个集群基本的 CPU、内存、硬盘利用率，I/O 负载、网络流量情况的监控。
- 可以了解每个节点的基本运行情况分析。
- 将集群的主机等监控和功能组件自带的监控集成为统一的监控功能。

② 集群监控

集群监控功能是指对大数据的存储资源和计算资源的使用情况进行统一监控和统计的功能。维护人员需要查询多集群的存储资源和计算资源的使用情况，包括多集群的资源使用详细信息。

集群监控的内容包括集群容量、使用率、稳定性、请求响应速度、负载情况等。集群监控应具备以下功能。

a）存储资源监控

- 监控集群存储资源使用情况，应具备以下功能。
- 集群基本信息，包括存储容量、使用率等。
- 集群的负载情况，包括处理队列、等待队列情况。
- 读写请求响应速度监控，根据离线系统和实时系统设置不同的标准。
- 读写的成功率以及失败率。
- 可用性监控，当服务不可用时高优先级告警。

b）计算资源监控

监控各集群资源使用的详细信息，应具备以下功能。

- 对集群 CPU 使用总时长的监控。
- 对集群内存（物理内存、逻辑内存、堆）使用总容量的监控。
- 对集群主机系统文件的读、写总容量的监控。
- 对集群 HDFS 分布式文件的读、写容量的监控。
- 对集群任务运行用户的监控。
- 对集群任务运行状态的监控。
- 对集群任务运行过程信息（如 MapReduce 总数、重复运行次数、MapReduce 平均运行时间等）的监控。

c）关键服务监控

大数据平台中有很多关键服务，对集群的稳定性以及可用性影响很大。关键服务监控包括 NameNode，ResourceManager，Hive Metastore，Hive Server2 等服务。

关键服务挂掉时，监控系统应该能尝试恢复，恢复后以邮件或短信告知集群管理员，如果无法恢复服务，则采取高级别告警。

③ 作业监控

作业监控集中监控各作业运行情况，能够快速反馈并定位作业运维问题，可取代系统运维由运维人员手动完成的现状，降低作业执行错误风险，降低作业运维人员的工作强度，提高企业投资回报率。在监控页面，开发者不仅可以查看当天每 5 分钟的实时数据，以及最近 7 天、15 天、30 天的历史数据，还可以查看任意一天每 5 分钟的历史数据。

a）作业调度监控

- 提供作业当前 24 小时调度任务监控。
- 提供作业成功率统计监控。
- 提供作业总数量统计监控。
- 提供作业历史执行结果统计监控。
- 提供作业状态统计监控，包括作业开始时间、成功率、未成功率、失败率、错误率、死亡率等。

b）作业运行监控

- 提供运行中作业类型数量监控能力，可以按作业状态、名称、提交人等信息聚合显示。
- 提供已完成历史作业类型数量监控能力，可以按历史作业的提交时间范围、完成时间范围、持续时间范围、名称、提交人等信息聚合显示。
- 提供自定义面板能力，可以选择自己关注的作业名称，绘图进行监控。

④ 服务监控

服务监控对已经上线的服务提供监控能力，开发者无须申请，服务监控能够帮助开发者及时发现服务中潜在或已经发生的问题。在监控页面，开发者不仅可以查看当天每 5 分钟的实时数据，以及最近 7 天、15 天、30 天的历史数据，还可以查看任意一天每 5 分钟的历史数据。

a）健康监控

- 提供服务的定期检测能力，检测服务是否能被使用者正常调用。服务开发者须按照平台定义的约定，提供健康检测接口。平台会根据服务重要程度进行定期访问，返回满足约定的视为检测成功。绘制健康检测时间曲线供开发者查看。
- 提供服务的定期 Ping 检测能力，按用户设定周期定期执行 Ping 操作，收集数据绘制图表。
- 提供健康评分能力，根据应用平均负载，应用平均访问延时，告警数量等指标进行综合评分后，计算出来反映应用健康程度的分值。
- 实时提供服务的网络入、出流量监控，默认显示 2 天。同时提供最近 7 天、15 天、30 天的网络流量使用情况监控图，还可以查看任意一天的网络流量情况是否与预期相符。
- 实时提供服务的已使用连接数、总连接数、空闲连接数使用情况监控。默认显示 2 天，同时提供历史数据比较，方便分析问题。
- 提供“导出半年数据”能力，将最近半年每日的网络流量数据导出到本地进行查看。
- 实时提供服务的总请求时间、总服务端响应时间、总平台开销时间监控。默认显示 2 天，同时提供历史数据比较，方便分析问题。
- 提供服务慢查询监控，将导致慢查询的访问汇总绘制图表。
- 提供服务调用异常监控，收集返回状态码不正常的请求信息汇总绘制图表。

- 提供服务调用超时的请求监控，收集请求源 IP、目的 IP、请求参数等维度信息汇总绘制图表。

b）请求量监控

- 提供服务总请求次数可视化图形监控。
- 提供基于各个浏览器类型的可视化图形监控。
- 提供基于客户端 IP Top 10 的可视化图形监控。
- 提供根据 HTTP 协议行为类别的可视化图形监控服务，如 GET、PUT、POST。
- 提供根据协议类型的可视化图形监控服务，如 Restful、Soap、SDK 等。

⑤ 告警管理

告警是企业给服务开发者的监控告警服务中的一项功能，根据用户设置的阀值对生产中的服务异常情况进行告警，并提供告警信息查看、告警自定义阈值和告警订阅功能。

- 提供基础告警和自定义告警消息能力。
- 提供对已发生过的告警，用告警列表进行展示的能力。
- 提供自定义消息列表展示发生过的自定义消息的能力。
- 提供自定义告警策略能力，可设置一系列告警触发条件的集合。告警触发条件支持“或”关系，即一个条件满足，就会发送告警，也支持“与”关系，即所有条件满足，才会发送告警。
- 提供默认的基础告警策略能力，如健康检测连续失败、请求响应时间超时等。
- 提供配置告警接收组能力，开发者可以把关心相同告警的人聚合到一个组，只有告警接收组内成员才能收到告警信息。
- 提供配置告警接收方式的能力，告警接收方式支持邮件、短信。
- 提供设置告警聚合策略能力，对已发生的告警在一定时间段内的发生次数、类型等进行聚合配置。多次告警产生时，应用此规则，可以将同类型告警进行聚合，以减小告警次数。若数据采集为 5 分钟一个周期，用户选择持续 10 分钟，则表示连续 2 个周期都达到触发条件，才发送告警。
- 提供清楚详细的告警状态描述，包括未恢复、恢复、数据不足等。
- 提供清楚详细的术语定义，包括告警策略、告警触发条件、默认策略、策略类型、告警类型、策略类型与告警类型的关系等。

（4）元数据管理

元数据管理为数据质量管理、日常运行维护、数据安全管理和业务应用提供基础能力支持。元数据管理的建设目标是：开放元数据的基础能力，为灵活多变的元数据应用提供元数据基础服务支持；扩展元数据管理范围，为大数据平台运维和数据质量管理提供数据链路分析支持。元数据管理模块功能结构包括元数据获取层、元数据存储层、元数据功能层，如图 4-19 所示。

① 元数据获取层

元数据获取层位于整个体系架构的底层，元数据获取层抽象概括了元数据获取的各种途径，支持手工获取功能和自动获取功能。

图 4-19 元数据管理功能图

- 手工获取功能支持采用以手工方式和批量半自动等方式（可使用 Excel 等工具）手动获取业务和管理元数据，以及数据源接口等其他技术元数据。
- 自动获取功能支持技术元数据（包括 SQL 脚本、数据库元数据、大数据平台元数据等），可采用自动方式获取。

② 元数据存储层

元数据存储层是整个元数据管理平台的核心功能层，定义和规范从元数据获取层得到的各类元数据的属性要求和存储格式要求，包括业务元数据、技术元数据和管理元数据。

- 业务元数据是描述业务领域相关概念、关系和规则的数据，主要包括业务术语、业务指标、业务规则等信息。
- 技术元数据是描述技术领域相关概念、关系和规则的数据，主要包括对数据结构、数据处理过程的特征描述，覆盖数据源接口、数据仓库与数据集市、ETL、OLAP、数据封装和前端展现等数据处理环节。
- 管理元数据是描述管理领域相关概念、关系和规则的数据，主要包括人员角色、岗位职责、管理流程等信息。

③ 元数据功能层

元数据功能层为前端元数据应用提供了基本的功能支撑，主要包括元数据查询和维护、元数据变更管理、元数据统计、全文检索、血缘分析、影响分析、一致性检查、健全性检查、权限管理等功能。元数据功能层包含的功能模块有：基础功能，分析功能，质量检查和其他功能。

a）元数据基础功能

元数据基础功能包括但不限于元数据查询、维护、变更管理、统计，以及全文检索等。

- 元数据查询，指对元数据库中的元数据基本信息进行查询的功能，通过该功能可以查询数据库表、维表、指标、过程及参与的输入输出实体信息，以及其他纳入管理的实体基本信息，查询的信息按处理的层次及业务主题进行组织，查询功能返回实体及其所属的相关信息。
- 元数据维护，元数据维护提供对元数据的增加、删除和修改等基本操作。对于元数据的增量维护，要求能保留历史版本信息。维护操作是原子操作，这些原子操作可通过服务封装的形式向系统的其他模块提供元数据维护接口。
- 元数据变更管理，包括变更通知和版本管理两个部分。变更通知是当元数据发生改变时，系统自动发送信息（邮件、短信）给订阅用户。用户可以主动订阅自己关心的元数据，帮助了解与自身工作相关的业务系统变更情况，提高工作的主动性，版本管理就是对元数据的变更过程进行版本快照。
- 元数据统计，用户可以按不同类别进行元数据个数的统计，方便用户全面了解元数据管理模块中的元数据分布，了解用户对元数据的使用情况，从而为元数据的使用状况做出一个全面的评价，也为元数据管理模块的元数据维护和管理提供参考。所有用户对元数据的访问和操作在元数据管理模块中都应有详细的记录。
- 全文检索，将元数据当中的重点关注数据（如表名及其含义、字段名及其含义、标签等）按照全文检索理论建立起来，提供一个全文检索服务。为用户提供丰富的检索结果展示，能够根据不同类型的元数据，展示不同风格的显示模板，方便用户对检索结果的浏览查看，提高用户对检索效果的满意度。

b）元数据分析功能

元数据分析功能模块是以图形化方式展示元数据的不同数据之间的依赖、关联等关系，以供用户进行直观查看及定位。包含有元数据血缘分析、影响分析、作业依赖分析、数据地图分析、作业运行状态图等。

- 血缘分析指从某一实体作为起点，往回追溯其数据处理过程，直到系统的数据源接口。对于任何指定的实体，首先获得该实体的所有前驱实体，然后对这些前驱实体递归地获得各自的前驱实体，结束条件是所有实体到达数据源接口或者是实体没有相应的前驱实体。
- 影响分析指从某一实体出发，寻找依赖该实体的处理过程实体或其他实体。如果需要可以采用递归方式寻找所有的依赖过程实体或其他实体。该功能支持当某些实体发生变化或者需要修改时，评估实体影响范围。影响分析功能的分析范围、输出结果和分析精度要求与血缘分析功能的相关要求一致。
- 作业依赖分析，描述不同作业之间的前后依赖关系。作业一般是对元数据中心的实体（如源接口、库表、应用报表等）的处理过程；此功能与调度系统当中的作业配置信息及作业依赖信息密切相关。
- 作业运行状态图，提供类似地铁运行路线图和地铁进站时间预告牌的功能，将出数过程各个环节的静态执行顺序和动态运行信息，以直观的图形形式展现出来，方便开发和业务人员了解出数过程的进展情况。作业运行状态图需要使用到调度系统的作业配置信息及作业的执行情况。

- 数据地图分析，是以拓扑图的形式对系统的各类数据实体、数据处理过程元数据进行分层次的图形化展现，并通过不同层次的图形展现粒度控制，满足开发、运维或业务上不同应用场景的图形查询和辅助分析需要。

c）元数据质量检查

元数据质量检查的主要目标是提高元数据自身的数据质量，建立有效的元数据质量检查机制。及时发现、报告和处理元数据的数据质量问题对元数据应用至关重要，元数据质量检查包含但不限于以下功能。

- 一致性检查，主要是指检查元数据中心的元数据是否有与其他系统的元数据保持元数据信息的一致性；避免其他系统的元数据发生变更（删除，修改等）时，元数据中心中的信息发生滞后等不一致现象。
- 健全性检查，元数据库中除个别类型元数据外，各类元数据之间都有着千丝万缕的联系，并且相互间的关联关系需要保持一致，不应出现空链或错链情况。元数据关系是否健全直接影响到维护人员的问题判断和处理结果，直接影响着开发者对数据流向的分析和判断，因此，元数据管理模块必须在元数据的关联关系健全性方面作好保障检查工作。
- 数据链路完整性检查，指元数据是否描述了数据链路的所有环节。完整的数据链路从数据源接口开始，经过一系列数据转换处理，以应用层业务指标等结束。链路完整性相对来说是数据健全性检查的更高级版本。
- 属性检查，是对元数据库中实体属性详细信息方面的检查，包括元数据属性填充率检查、元数据名称重复性检查和元数据关键属性值的唯一性检查等。
- 描述结构合法性检查，一般包括以下功能：元数据对象的属性取值合法性，元数据对象之间的关系合法性等。

d）元数据其他功能

元数据其他功能是除基础功能，分析功能，质量检查功能外的常用功能，其包括但不限于以下功能。

- 元数据权限管理，负责元数据管理功能的权限分派、审批以及访问日志记录，实现对元数据管理模块的数据访问和功能的使用进行有效监控。
- 指标元数据管理，指元数据库中与指标相关的元数据的集合，类别包括指标实体元数据和维度元数据。

④ 功能要求

元数据是大数据平台的核心数据之一，数据总量并不大，在物理存储层面，可采用主流的关系数据库做存储。所有内容需要定期或不定期地进行全量备份。下面从元数据抽取、元数据展示及分析和元数据维护三个方面给出元数据管理工具的功能要求。

a）元数据抽取

- 支持对主流 BI 产品中的元数据进行自动抽取（包括主流 ETL 工具、数据仓库、数据集市、OLAP 服务器和前端展现工具等）。

- 支持将抽取出的元数据转化为 Excel 文件（或 XML，JSON 等），便于将元数据导入元数据库，也便于使用接口存储元数据。
- 如果无法自动抽取元数据，该工具应当能够提供灵活定制的模板，人工录入相应的元数据，并能自动转换为 Excel 文件（或 XML，JSON 等）。

b）元数据展示分析

- 支持按一定的层次结构显示元数据库中的元数据，且支持各大主题元数据的浏览功能。
- 支持元数据检索功能。
- 支持元数据关联分析功能，通过分析实体的用途和关联，图形化地跟踪和分析任何实体的变化带来的各种影响。

c）元数据维护

- 支持元数据的实时/定期自动更新功能，当元数据在源数据系统中发生变化（增加、删除、修改）时，元数据维护工具能够实现元数据的实时/定期自动更新。
- 对于需要人工修改（增加、删除、修改）的元数据，元数据维护工具应提供易用的用户界面来方便管理员操作。操作人员可以预览与该元数据相关的元数据，由此确定元数据修改后产生的影响。
- 支持元数据修改的回滚功能。
- 保留元数据修改历史记录。

4.3.3　能力开放

1. 组件目录

（1）报表工具

报表工具是立足于大数据基础上的数据分析产品，简单易用，是能够帮助用户快速完成创建报表、查看报表的 BI 工具应用。

报表工具的结构大致可以分为二层，分别是客户端（应用展示）、数据存储与计算层。

- 客户端（应用展示）：用户可以直接面对的操作界面。
- 数据存储与计算层：BI 工具的数据存储和计算由基础架构支撑。

报表工具应具备以下功能。

- 报表单元格功能：远程交互编辑，多人协同设计报表模板。
- 定制个性化报表设计器：可定制个性化报表设计器，设计器的菜单、工具栏，包括页面结构等均可以根据不同类型的用户进行个性化定制。
- 多样式数据呈现方式：支持 HTML、PDF、Excel、Word、TXT、Flash 等格式。另外，还可生成内置的模板文件。
- 异构数据源的表关联：数据库数据源，包括了 Oracle，SQL Server，MySQL，DB2 等主流的关系数据库，支持 SQL 取数据表或视图，亦支持存储过程。

（2）编辑器/设计器

编辑器提供 Hive、Impala、Spark、Pig 等组件的查询服务。用户可以直接在页面上方便地使用上述几个组件。

设计器提供了图形化的界面，作业时只需要拖动控件就可以完成。控件包括 Hive 脚本、Hive Server 2 脚本、Pig 脚本、Spark、Java 程序、Sqoop、MapReduce 作业、Shell、SSH、HDFS、电子邮件、DistCp 等。

（3）调度工具

作业调度工具，它能够管理逻辑复杂的多个作业，按照指定的顺序将其协同运行起来。

工作流调度工具则通过界面对作业进行配置、定时、实时的操作。同时支持 Java、Shell、MapReduce、Hive、Sqoop、Mail 等多种任务的重复调度，实现集群架构，突破单集群的容量限制，可轻松扩展规模。

报表、数据仓库、服务开放等业务底层处理都需要通过运行作业的方式来获取，而要想管理作业之间的相互依赖、定时、串/并行、分支判断、作业资源分配等是件很复杂的事。这时就需要作业调度引擎的支持。

为所有租户提供统一的生产作业调度系统，则租户可自主管理作业的部署、作业优先级，以及生产监控运维。如果租户间有数据交换，那么彼此的作业可形成依赖。

作业调度应提供以下功能。

- 执行框架采用分布式架构，并发作业数可线性扩展。
- 支持多种调度周期：分钟、小时、日、周、月、年。
- 支持节点暂停、一次性运行等特殊状态控制。
- 可视化展示调度任务 DAG 图，方便用户对线上任务进行运维管理。
- 支持任务运行状态监控，支持任务重跑、Kill、暂停等操作。
- 支持线上冒烟测试。
- 支持补数据。

（4）OpenAPI

所谓的 OpenAPI 是数据服务提供的一种方式，数据经过数据清洗、数据建模、数据融合最终将数据封装成一系列提供单一功能的 API 开放出去，供第三方开发者使用。服务种类提供包括但不限于：标签获取，特征识别，用户社交模型，流量经营模型，征信模型，渠道视图分析模型，流量监控，套餐质量评估模型，用户行为轨迹查询，IP 溯源查询，分布式爬虫框架，KV 引擎，多维数据可视化框架，搜索引擎，自然语言处理框架，语音识别，模型知识库等。

其服务能力则包括：

- 提供服务调用能力，确保任何时刻生成环境中的服务都能被正常执行。
- 提供服务快速检索能力，随着服务数量日益剧增，使用者找到自己想要的服务难度逐渐增加。应提供可根据服务实现定义的大类、子类逐一筛选使用者需要的服务。
- 提供服务文档管理能力，系统自动为用户根据服务定义规范生成服务文档，支持用户自定义文档操作，支持文档简单编辑功能。

- 提供服务测试能力，提供界面，用户可对自己须使用的服务进行简单的请求测试。允许使用者自定义请求参数（Header/Request Body），模拟请求，检验请求参数及返回结果是否与预期相符。
- 提供定义完整的公共状态码说明文档，异常发生时错误信息比较简要，用户可通过说明文档了解详细问题说明，以便快速定位问题。

（5）数据地图

数据地图是基于远程虚拟桌面的一站式数据探查和分析组件，用于数据观察、特征识别、口径识别、数据建模、模型评测等研究性质的工作。

远程虚拟桌面技术，为数据安全提供了有力的保障。在数据探索环境中允许你查看授权范围内全量的数据表，可以直接获取数据血缘关系，指标维度溯源，业务关键词联想识别，并可以选择业务人员熟悉的工具，进行灵活自由的数据观察与处理分析，提升业务开发效率。

（6）数据接入

用户登录到大数据平台后，通过图形化的界面，可以把自己的数据导入到平台中使用。

数据接入实现推拉模式的各种主流方式，并可按需升级为统一数据接入平台，实现各类接口数据的无缝可视化接入，如关系型和非关系型数据、各种主流非结构化数据等。

（7）数据共享

为发挥大数据的价值，数据共享包括对内提供的基础数据共享，整合层数据共享以及对外通过标准 API 封装方式的共享，对内支撑数据的分析与挖掘等应用，对外为企业内各种实时的业务运营提供信息支撑，并对外部系统提供统一的数据调用接口，具有实时、动态的信息交互能力。

（8）服务脱敏

服务脱敏保护了数据敏感信息（如信用卡号）、个人识别信息（如社会安全号码）的隐私性，使用屏蔽字符（例如，‘x’）替代字符，保证敏感信息不落地，以满足安全性的规范要求，以及由管理/审计机关所要求的隐私标准。它包括：

- 提供企业敏感词库维护能力，根据规则引擎实现数据脱敏能力。
- 提供自定义脱敏规则设置能力，支持正则表达式匹配。
- 提供用户级别、服务级别规则设置能力。

（9）数据挖掘

Apache Spark MLlib 是 Apache Spark 体系中重要的模块。MLlib 是 Spark 对常用的机器学习算法的实现库，同时包括相关的测试和数据生成器。MLlib 目前支持常见的机器学习问题：分类，协同过滤，回归，聚类，降维，数据统计以及评价，同时也包括一个底层的梯度下降优化基础算法，以及最小二乘法等，并且加入了常用的统计、评价功能模块。MLlib 优势有：

- 易用性，继承了 Spark Core Engine 的优势。
- 高性能，高质量的机器学习算法，比 MapReduce 快 100 倍。
- 易部署，支持多种部署模式和多种数据源。
- 丰富性，众多的机器学习算法和工具。

2. 应用场景

能力开放包括数据开放、服务开放、应用开放三类。数据开放是指通过各种协议方式提供原始或脱敏后的数据，服务开放是指提供标准化的服务调用，应用开放是指提供定制化的数据应用或数据产品。当用户需要某一块业务支持时，可以通过能力开放平台进行申请。管理人员可以在平台上对已提供的服务进行管理。

针对不同应用场景，采用不同的能力开放方式提供不同的服务。对于外部系统需要定时批量数据的情形，可以通过批量同步方式或者文件访问方式进行数据开放。对于外部系统需要的实时数据接口，可以采用服务调用方式进行服务开放。对于最终用户，可以采用提供应用功能方式进行应用开放。

（1）企业各部门应用开发支撑场景

如图 4-20 所示为企业网络指标评估应用开发示意图。

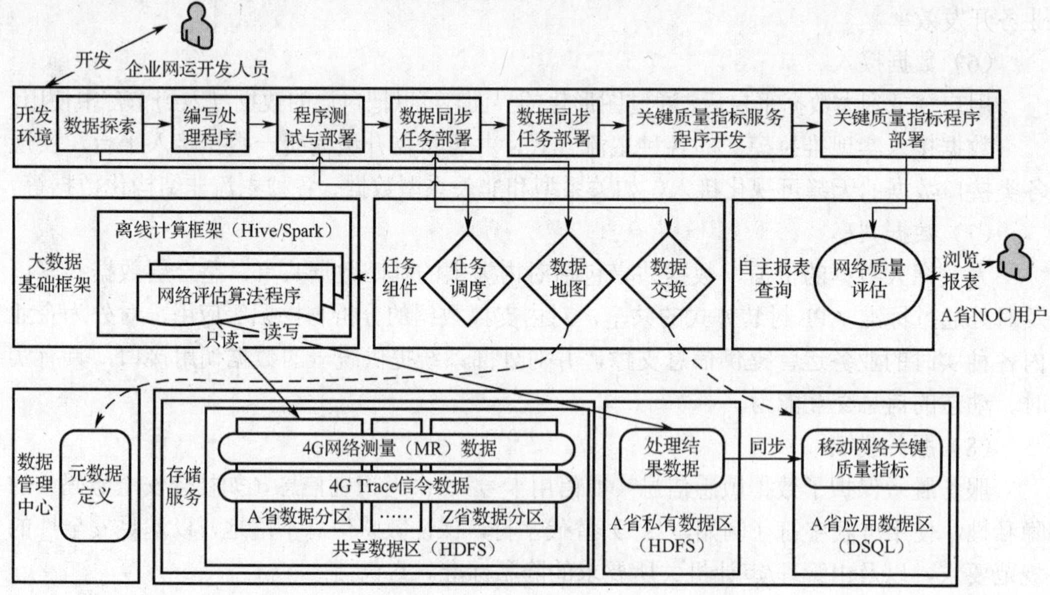

图 4-20　企业网络指标评估应用开发示意图

企业网络指标评估应用开发场景中，数据存储分为共享数据区和私有数据区。在共享数据区，提供只读权限，各省处理后生成的结果数据分别保存在各自的私有数据区。在私有数据区，提供开发环境，供网运开发人员进行数据探索、编写处理程序、程序测试和部署等工作。A 省 NOC 用户可以通过自助报表查询工具对关键质量指标进行查询。

在数据探索环节，可以通过“数据地图”组件，访问数据管理中心的元数据定义。

在程序测试与部署环节，可以通过“任务调度”组件，将程序部署在离线计算框架，通过访问共享数据区，计算处理后的数据，保存在 A 省私有数据区（HDFS）。

在数据同步任务部署环节，通过“数据交换”组件，完成处理结果数据（HDFS）同步到移动网络关键质量指标（DSQL）。

在关键指标程序部署环节，完成网络关键质量指标评估程序部署。

A 省 NOC 用户可通过自助报表查询浏览报表，自助报表通过访问移动网络关键质量指标（DSQL），根据用户需求生成相应报表。

（2）省公司基于大数据平台的实时营销场景

随着大数据相关能力的上线，各省针对性营销活动的时效性将得到大幅提升。如图 4-21 所示为实时营销业务场景关键支撑环节示意图。

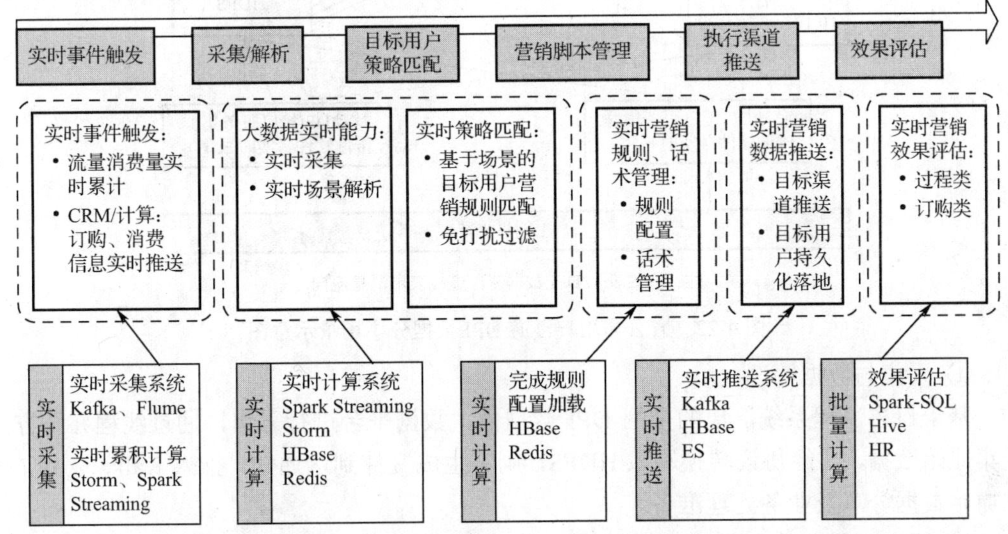

图 4-21　实时营销业务场景关键支撑环节示意图

① 采集与消息队列数据封装

基于 CRM 用户业务办理增量接口表，大数据平台采集程序利用单线程方式抽取增量数据，并用多线程方式按照固定格式封装成报文（报文由包头和包体组成，包头用于区分场景类别，包体用于存放特定信息）送入大数据平台 Kafka 队列中；若省级 CRM 已部署对外消息服务的 USB，则大数据平台直接通过 Kafka 与之对接，实现目标用户信息采集。

② 规则匹配

Storm 集群中的数据处理程序实时接收从 Kafka 队列中送过来的报文，多线程处理接收的每一条报文，完成基于业务场景的业务规划匹配（如：营销活动目标用户清单的筛选、过滤、短信内容匹配等），同时将筛选、过滤清单及原因数据写入大数据平台 HBase 表，供后续活动分析使用。其中，HBase 用于保存各类结果数据，Redis 用于存储过程数据。Storm 集群完成业务规则匹配后，再次将目标用户数据封装成报文送入 Kafka 队列。它主要完成以下任务。

- 目标用户数据推送：数据推送程序实时接收从 Kafka 队列中送过来的报文，解析报文并将营销活动目标用户及短信内容推送到短信发送平台。
- 活动评估：大数据平台根据 CRM 用户业务办理信息和营销活动目标用户，完成活动最终效果评估。

（3）省公司用户漫游 DPI 数据分享场景

如图 4-22 所示，省公司用户漫游 DPI 数据分享场景包括以下环节。

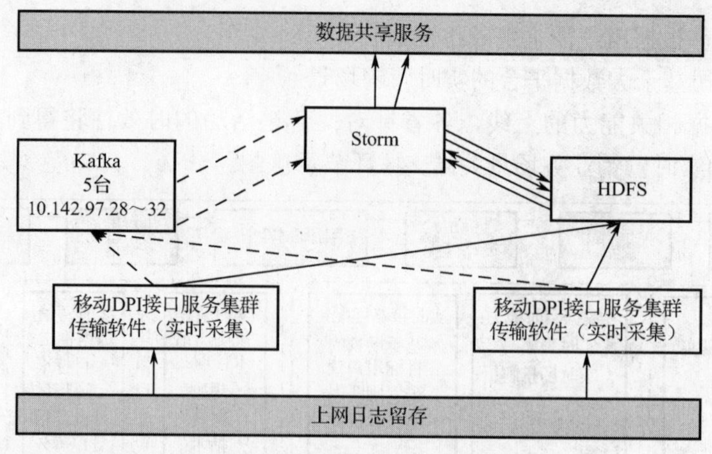

注：实线表示 DPI 数据流，虚线表示消息流向

图 4-22　省公司用户漫游 DPI 数据分享场景示意图

① 采集与数据筛选

基于日志流程系统汇集的全网 DPI 数据由大数据平台进行采集，通过线程并发方式采集原始数据，并经协议转换写入 HDFS，同时生成文件到达通知，推入 Kafka 队列，用于原始数据分享及业务处理准备。

② 用户归属筛选

Storm 集群中的数据处理程序消费文件通知，实时抽取数据文件，多线程处理接收的每一条记录，完成 DPI 格式规则校验，协议识别与用户归属识别的工作，同时筛选用户漫游属性记录，旁路分发到写队列，重组数据格式并写下发文件。

③ 数据推送

漫游分发文件推送到数据共享服务接口，用于省公司获取支撑本省应用。

4.3.4　性能指标

整个大数据平台基于开源组件构建，基础组件性能与配置相关建议如表 4-5 所示。

表 4-5　基础组件性能和配置表

开源组件	要求建议	
Hadoop	压缩组件	主选：LZO；辅选：Snappy
	文件系统	HDFS
	响应时间	50ms 内
	弹性扩展	支持 1W 节点扩展
	Block	128MB 或 256MB，文件大小建议不小于 1GB
NoSQL	建议组件	HBase
	响应时间	10ms 内
	QPS	不低于 4 万

续表

开 源 组 件	要 求 建 议	
列式存储数据库	建议组件	HBase
	响应时间	批处理 10s 内，实时 10ms 内
缓存数据库	建议组件	Redis
	响应时间	0.1ms 内响应，不低于 8 万 IOPS 的吞吐量
实时计算系统	建议组件	Storm，Spark Streaming
	响应时间	1 秒内响应，单机每秒不低于 50 万条记录
准实时计算系统	建议组件	Spark SQL
	响应时间	从几秒到 10 分钟以内
批处理系统	建议组件	MapReduce，Hive
	响应时间	时间较长，需几十分钟甚至几小时

4.4　核心处理能力要求

4.4.1　总体概述

如图 4-23 所示为大数据核心处理能力系统的总体架构。需要注意的是，实时处理的数据分层模型可依据实际情况而有所不同。

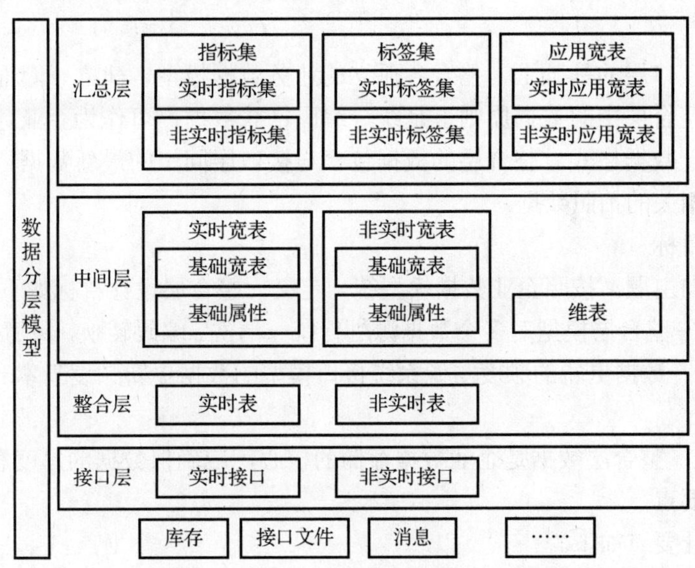

图 4-23　大数据核心处理能力系统总体架构

1. 接口层

（1）概况

接口层面向外围数据源，负责进行数据统一采集工作，管理外部数据的来源、数据结构、接口方式、格式要求、质量要求等信息。数据模型与源系统基本保持一致。接口层数据按实时或准实时、按天、按月更新。

（2）设计目标

接口层设计目标如下。

① 完整性：保证源系统输入模型的完整性、数据字典清晰明确。

② 及时性：数据更新的频度与源系统接口数据更新频度基本一致，保证输入信息的及时性。

③ 一致性：接口数据一般不做清洗和转换，以保证和源系统信息的一致性，做到信息可追溯、过程可查。

（3）设计要点

接口层设计要点如下。

① 接口同步协议的约定：接口采集时间、频度、访问方式、抽取方式、触发条件、验证方法、重处理机制。

② 接口数据字典的约定：明确接口数据内容，包括数据结构、数据存储方式、编码解释等。

③ 数据模型结构和源系统的模型结构基本保持一致；数据不做清洗、转换；可以增加辅助信息，例如区分数据域、主题、地域、账期、频度等。

④ 统一命名规范。

2. 整合层

（1）概况

整合层在接口层的基础上，整合各孤立的业务数据模型，建立一套面向主题的企业级数据模型。整合层中的数据原则上是统一编码格式数据，可作为企业数据标准指导外围系统逐步统一数据格式。整合层的数据包含与接口层同步的最新数据，以及按天或月等与业务需求相关的拍照数据。

（2）设计目标

整合层面向主题，按照企业数据模型统一定义。整合层设计目标如下。

① 一致性：整合层模型对多个数据源进行统一清洗、编码转换，保障数据的可用性。

② 及时性：数据更新的频度与源系统接口模型的数据更新频度基本一致，保证输入信息的及时性。

③ 完整性：整合层数据是企业数据存储的核心，应确保数据的厚度和广度。

（3）设计要点

整合层设计要点如下。

① 数据清洗：识别和清洗无效、无用、异常信息，确保数据的规范和有效。

② 数据转换：统一主数据编码，将相同含义不同编码的信息进行统一，根据设定的转换规则将源系统数据转换为统一的数据格式。

③ 数据格式规范：根据数据特点和应用要求，建立统一的数据格式。

④ 数据存储：遵照企业的需求进行分类组织。

3. 中间层

（1）概况

中间层位于整合层和汇总层之间，形成以业务实体核心、基础属性、扩展属性为主体信息的数据模型，它以应用为目的提炼整合层信息，采用碎片化方式处理和存储，支持快速敏捷的数据处理、支持应用数据的快捷组装，满足应用需求多样化、及时性的要求，最大程度降低模型间耦合度。

- 中间层主要由三类表构成，基础宽表、属性表和维表。
- 基础宽表：根据应用主题将稳定的、事实的、共性的业务实体属性进行整合或轻粒度汇总，完成简单维度转换，保留原始编码，保留复杂业务口径的最细计算因子，不含业务口径的标签及维度。
- 属性表：因业务的不确定性，为确保基础宽表的稳定性，和应用模型的快速扩展性，将部分业务规则不稳定、易变化的属性信息整合形成属性表。
- 维表：维表是对模型属性、维度的描述性信息集合，可具备多层、树状等结构形式。维表信息模式属于快照类、静态信息。不含标签类信息。

（2）设计目标

中间层设计目标如下。

① 低耦合：合理定义基础属性、扩展属性，避免属性定义重复、冗余出现；

② 稳定性：保持基础宽表模型的稳定性，通过属性表解决扩展属性变化频繁的问题；

③ 高效性：模型解耦设计兼顾应用灵活组装和高效数据更新。

（3）设计要点

中间层设计要点如下。

① 采用星形建模，形成业务主体+基础属性或扩展属性基本结构。

② 模型的基础处理功能设计如下。

- 数据整合：明确业务主体，整合相关基础属性形成复杂业务维度及标签需要的基础因子。
- 数据映射：根据应用共性要求形成不同层次、不同角度的基础维度信息，并建立源编码和维度值一对一或者多对一的映射关系。
- 数据属性标识：根据业务主体的规则完成属性标识计算，以及提供复杂口径的计算因子，如战略分群、上网偏好特征等。
- 数据汇总：按照一定的口径规则汇总业务实体的基础特征数据。

③ 模型的内容设计，通常按照加工方式和数据特点将属性信息分为四大类：实例对象信息、基础属性维度、统计维度信息、统计指标信息。

- 实例对象信息：以源数据为主，不做任何加工处理的实例化信息，如产品实例 ID、用户装机时间等。
- 基础属性维度：以源数据为主，不做任何加工处理的属性类信息，如 CRM 产品规格、CRM 销售品规格、终端类型等。保留源系统编码是非常有必要的，此类数据可以没有对应的维表，但必须有对应的编码解释。

- 统计维度信息：是通过将基础属性进行转换或归集得到的、有标准编码规范的、有层次的维度信息。
- 统计指标信息：是体现业务主体某种业务特征规模的统计值，通过一定规则汇总形成，单位上保留原始单位，只做单位统一、不做单位转换，以免降低指标精度，如流量、邮箱登录次数、投诉次数等。

4. 汇总层

（1）概况

汇总层面向应用，是为支撑跨域企业级的数据分析、数据挖掘、即席查询等而形成的多级汇总数据层。包括以用户、客户等实例为粒度的应用宽表，以指标为粒度的指标集市，以应用标签为粒度的标签集市。其中，应用宽表与基础宽表的区别在于，应用宽表完成跨域数据整合，可来源于基础宽表、属性表、指标、标签信息。基础宽表完成业务主体相关的稳定的、事实的、共性的信息整合。汇总层包括：

- 指标集，根据指标业务规则定义生成的指标实例数据。
- 标签集，根据业务规则定义生成的标签实例数据。
- 应用宽表，从客户和管理的角度构建应用宽表，如宽带产品宽表，包含宽带产品基础信息、属性信息、标签信息、资源信息、成本信息等。

（2）设计目标

汇总层设计目标如下。

① 指标集

- 提供以指标分析为主的数据应用支撑，防止因业务理解差异造成的数据质量问题。
- 提高指标复用度，达到一点修改多点变化的目的。
- 建立完整的企业级指标仓库，满足共性需求。
- 配合指标维度提升支撑灵活性。

② 标签集

用最简单的数据表现形式体现客户的基础特征、业务特征，提升使用的灵活度；原则上标签通过“是否”的方式进行实现。

③ 应用宽表

- 继承性原则：模型中，对于 EDA 的核心实体和相关概念，在不影响理解的前提下，尽量不提出新的概念。
- 稳定性原则：为保证模型的稳定性，实体与规则分离，突出核心实体的描述，提出规则点，对规则本身不做详尽描述。
- 前瞻性原则：为保证模型的前瞻性，模型适当超前，能够适应业务的发展变化。

（3）设计要点

汇总层设计要点如下。

① 指标集

- 数据和元数据分离，数据模型中只存在指标编码和指标值，通过指标库获取指标元数据。

- 维度信息一般采用层次结构中最细层次的维度值，避免相同维度不同层级不同字段的设计。
- 指标字段单位保留原始单位，只做单位统一、不做单位转换，以免降低指标精度。
- 模型基本结构保持统一，由指标编码、基础维度（如账期和地域）、支持的业务维度、指标值四类信息构成，针对不同指标，除支持维度数量不同外，其他字段信息没有差别。

② 标签集

- 采用数据和元数据分离的设计思路，数据模型中只保留业务实体实例编码、标签编码和标签值；通过标签库获取标签规则。
- 模型基本结构保持统一，由业务实体实例编码、基础维度、标签编码和标签值构成。
- 针对复杂的标签，保留生成过程中引用的基础标签信息。

③ 应用宽表

- 为保障模型稳定性、完整性和前瞻性的目标，以客户和管理两种视角整合相关信息，以应用主题为主键，聚合企业级数据基础信息、属性信息、标签信息、指标信息，形成主题宽表，允许信息冗余。
- 采用自顶向下的建模方法。模型内分级设计。
- 宽表信息唯一来源于中间层和标签集、指标集，不允许宽表相互间存在血缘关系。
- 维度信息一般采用最细层次的维度值，避免相同维度不同层级不同字段的设计。

5. 应用层

（1）概况

应用层是提供给应用功能、外系统直接访问的数据层。因报表效率高、个性化的展现方式和数据提供方式的不同，要求单独建立数据层为各类应用提供数据支撑，方式可以通过表、视图、文件、消息等。

（2）设计目标

应用层整体设计目标为：提高访问效率、提升访问安全、减少应用过程对基础资源的影响、满足个性化访问要求。数据可来源于从整合层到汇总层的所有数据模型。

① 报表应用：支撑多维的报表访问格式、支撑横纵表头访问；数据和元数据分开访问，即数据的描述信息单独提供；支撑跨时段数据提取。

② 查询应用：支持关键字快速检索；查询属性灵活扩展。

③ 挖掘应用：独立建模，以前瞻性为主要原则，模型适当超前，聚合业务主体相关属性、适应业务的发展变化。

④ 多维自助应用：支撑多维数据快速检索、快速汇聚，提供多层级粒度的汇总数据。

（3）设计要点

应用层设计要点如下。

① 采用维度建模方式，形成多维数据模型。

② 多层级维度，一般要求在应用层形成多层级粒度的汇总数据。

③ 按照应用要求设计字段格式、转换数据单位。

④ 数据来源于接口层、整合层、中间层和汇总层，不同应用可以共用应用层数据。

6．数据存储周期策略

数据存储周期根据数据类型、存储内容、数据粒度等几个纬度进行区分，再根据接口层、整合层、中间层、汇总层及应用层分别采取不同的存储时间，如表 4-6 所示。

表 4-6　数据存储周期策略表

<table>
<tr><th rowspan="2">数据类型</th><th rowspan="2">数据粒度</th><th colspan="5">存储周期</th></tr>
<tr><th>接口层</th><th>整合层</th><th>中间层</th><th>汇总层</th><th>应用层</th></tr>
<tr><td rowspan="3">客户产品档案资料</td><td>日</td><td>7 天</td><td rowspan="3">（36+1）个月</td><td rowspan="3">（36+1）个月</td><td rowspan="8">指标、标签及常态化的应用宽表长期保持；阶段性应用宽表依赖应用生命周期</td><td rowspan="8">依赖于应用的生命周期</td></tr>
<tr><td>月</td><td>3 个月</td></tr>
<tr><td>实时</td><td>7 天</td></tr>
<tr><td rowspan="2">账单</td><td>日</td><td>7 天</td><td rowspan="2">（24+1）个月</td><td rowspan="2">（36+1）个月</td></tr>
<tr><td>月</td><td>3 个月</td></tr>
<tr><td rowspan="3">详单</td><td>日</td><td>7 天</td><td rowspan="3">（12+1）个月</td><td rowspan="3">（24+1）个月</td></tr>
<tr><td>月</td><td>3 个月</td></tr>
<tr><td>实时</td><td>7 天</td></tr>
</table>

接口层数据滚动存储，整合层和接口层数据采取离线方式存储至 5 年。冷数据备份方式建议采用基于光盘技术的冷数据备份方式。

7．命名规范

如表 4-7、表 4-8 和表 4-9 所示为大数据核心处理能力系统中各个部分的命名规范表。

表 4-7　数据表命名规范表

逻辑层	模型特征	物理命名格式	例子
接口层	N/A	I_主题域_源表名简写_频度（RL 实时/D 日/W 周/M 月/Y 年 下同）	I_PTY_PARTY_D 按天参与人接口表
整合层	N/A	TB_主题域_表名_频度	TB_PRD_PRD_INST_D 按天产品实例基础表
中间层	N/A	MI_业务实体名_表名_频度	MI_MOB_PRD_BASE_D 按天移动产品用户基础表
汇总层	指标集	IND_指标业务分类_表名_频度	IND_MOB_PRD_D 按天移动产品类指标表
	标签集	FLG_标签业务分类_表名_频度	FLG_MOB_PRD_D 按天移动产品标签表
	应用宽表	WT_应用宽表分类_表名_频度	WT_4G_PRD_D 按天 4G 用户宽表
应用层	N/A	RP_服务方式_报表分类_频度	RP_JS_LDSC_D 按天领导视窗报表类应用表
数据管理	维表	D_维表名称	D_TERM 产品类型

表 4-8　字段命名规范表

字段类型	特征	物理命名格式	例子
实例信息、基础属性	以源数据为主	以源系统字段命名为主，结合特定字段要求	SERV_ID 产品实例标识
统计维度	根据应用需要，建立有标准的编码、有层次的信息	D_维度名简写_ID	D_TERM_ID 产品类型
统计标识	只有正反两面的维度信息	IS_标识名简写	IS_CREATE_SERV 新装用户标识
统计指标	某种业务特征规模的统计值	指标名_NUM	CREATE_SERV_NUM 新装用户数
时间		业务名称_DT	CREAT_DT 创建时间
实例标识	某类型规格的实例信息编码	业务名称_ID	SERV_ID 产品实例标识

表 4-9　其他对象命名规范表

其他对象	物理命名格式	中文命名格式	例子
临时表	TMP_目标表简写_{1/2/3}	N/A	TMP_ MI_MOB_PRD_BASE_D_1 按天移动产品用户临时表 1
备表	BK_目标表简写_{YYMMDD}	原命名+备表日期	BK_ MI_MOB_PRD_BASE_D_150102 按天移动产品用户 150102 备表

4.4.2　数据模型

1. 总体建模原则

如图 4-24 所示为数据模型总体建模原则。数据模型的整体设计思路为横向分层、纵向分域、域内分表、横纵结合。按数据处理流程，横向将数据分为整合层、中间层、汇总层。按数据来源与数据类型将整合层数据模型分为参与人、产品、账务、营销、事件、地域、财务、资源。建模时应贯彻如下理念。

① 前瞻性理念（Prospective）：模型要满足当前功能需求，同时不拘泥于需求，要依据企业数据流图，做全面分析；设计要全面，落地可分阶段。

② 扩展性理念（Extendibility）：数据模型设计环节要考虑扩展性，维表预留是大数据模型扩展性常用策略。

③ 可维护性理念（Maintainability）：将共性的、可复用的标签、指标，甚至子报表元素加工逻辑剥离出来，提高部分加工逻辑的复用性。解耦可复用逻辑，可以屏蔽底层模型变化对应用层的影响。

④ 健壮性理念（Robust）：新需求、新应用不断对数据模型提出挑战，健壮性是模型维护阶段，不断积累，不断追求的目标。

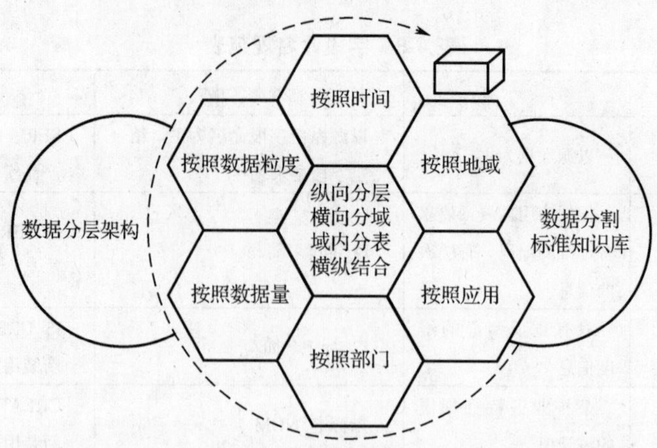

图 4-24　数据模型建模原则

2. 数据建模过程

整个数据建模的过程包括业务建模、概念建模、逻辑建模、物理建模。

① 业务建模：生成业务模型，主要解决业务层面的分解和程序化。

- 划分整个单位的业务，一般按照业务部门的划分，进行各个部门之间业务工作的界定，理清各业务部门之间的关系。
- 深入了解各个业务部门内的具体业务流程并将其程序化。
- 提出修改和改进业务部门工作流程的方法并程序化。
- 数据建模的范围界定，整个大数据核心处理能力系统项目的目标和阶段划分。

② 概念建模：主要是对业务模型进行抽象处理，生成领域概念模型。

- 抽取关键业务概念，并将之抽象化。
- 将业务概念分组，按照业务主线聚合类似的分组概念。
- 细化分组概念，理清分组概念内的业务流程并抽象化。
- 理清分组概念之间的关联，形成完整的领域概念模型。

③ 逻辑建模：生成逻辑模型，主要是将领域模型的概念实体以及实体之间的关系进行数据库层次的逻辑化。

- 业务概念实体化，并考虑其具体的属性。
- 事件实体化，并考虑其属性内容。
- 说明实体化，并考虑其属性内容。

④ 物理建模：生成物理模型，主要解决逻辑模型针对不同关系数据库的物理化以及性能等一些具体的技术问题。

- 针对特定物理化平台，做出相应的技术调整。
- 针对模型的性能考虑，对特定平台做出相应的调整。
- 针对管理的需要，结合特定的平台，做出相应的调整。
- 生成最后的执行脚本，并完善之。

3. 数据建模体系架构

借鉴 SOA 与 DOA 设计方法及考虑应用与数据变化趋势，构建以数据为引擎、管理为手段、服务为载体的生态化的数据模型体系。

（1）面向服务的体系架构

面向服务的体系架构 SOA 是一类分布式系统的体系结构，其将异构平台上应用程序的不同功能部件（称为服务）通过这些服务之间定义良好的接口和规范按松耦合方式整合在一起，即将多个现有的应用软件通过网络将其整合成一个新系统。如图 4-25 所示为 SOA 体系结构图。

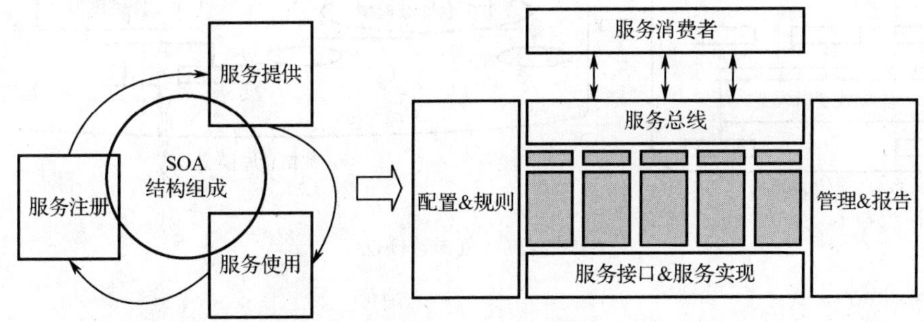

图 4-25　SOA 体系结构图

（2）面向数据的体系架构

面向数据的三层体系架构 DOA 是采用“面向数据和以数据为核心”的思想，通过数据注册中心（DRC）、数据权限中心（DAC）和数据异常中心（DEC）统一定义数据、管理数据和提供数据服务。通过数据应用单元（DAUs）对各种应用进行管理和服务，建立一种数据大平台与碎片化应用的数据生态系统。它是为构建大数据时代从数据保护到授权应用整套机制的软件体系结构进行的有益探索。如图 4-26 所示为 DOA 体系结构图。

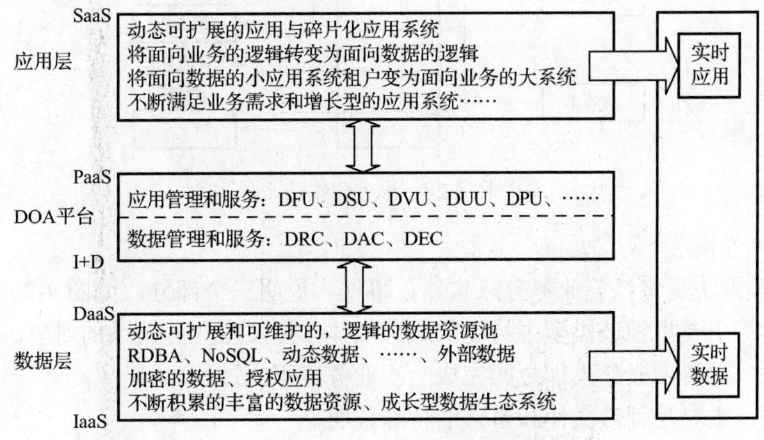

图 4-26　SOA 体系结构图

4．数据建模方法

（1）范式建模法

范式建模法主要是为解决关系数据库的数据存储而用到的一种技术层面上的方法，适用于逻辑建模阶段。如图 4-27 所示。

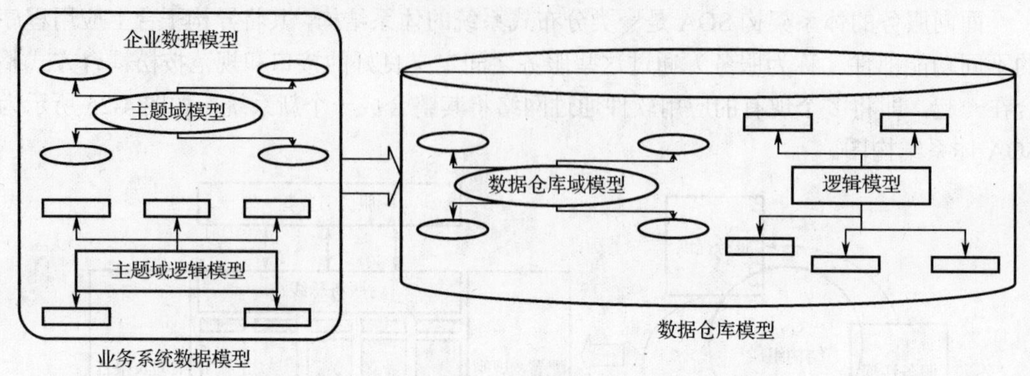

图 4-27　范式建模法

（2）维度建模法

维度建模法是按照事实表、维表来构建数据模型、数据集市。这种方法的最被人广泛知晓的名字就是星形模式（Star-schema），该建模方法适用逻辑建模阶段。如图 4-28 所示。

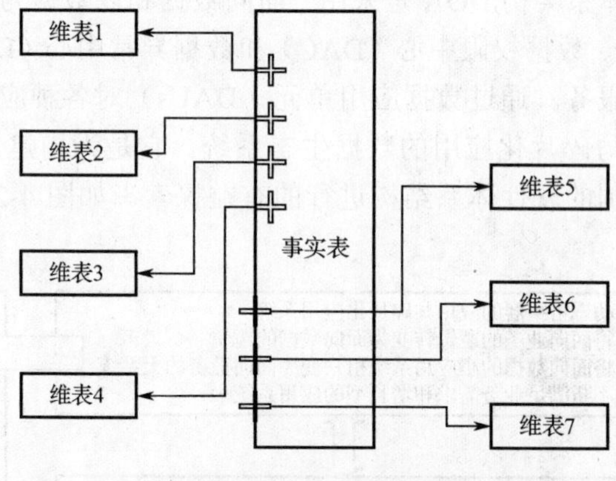

图 4-28　维度建模法

（3）实体建模法

实体建模方法是将任务业务分成实体、事件、说明三个部分，如图 4-29 所示。

① 实体：主要指领域模型中特定的概念主体，指发生业务关系的对象。

② 事件：主要指概念主体之间完成一次业务流程的过程。

③ 说明：主要是针对实体和事件的特殊说明。

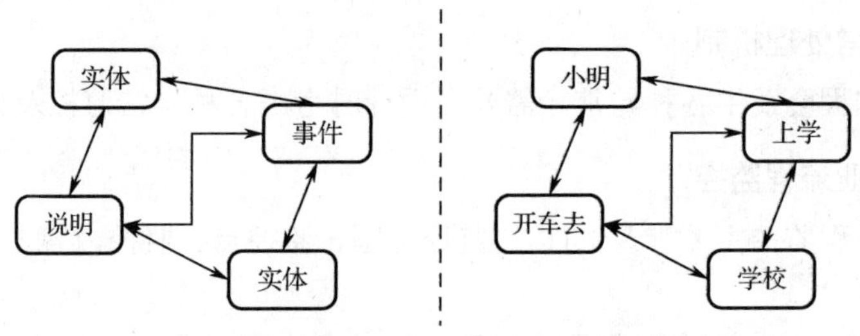

图 4-29　实体建模法

4.4.3　数据处理

1. ETL 过程

ETL 过程，是数据处理最重要的步骤之一。ETL 规则设计和实施工作量巨大，是构建大数据核心处理能力系统成败的关键。对于核心处理能力系统来说，ETL 的主要工作是集成、转换、汇总等，最后将处理完的数据加载到相关存储设备中。

2. ETL 调度管理及策略

ETL 流程管理调度是 ETL 过程中的统一调度者和指挥者，它把复杂的数据处理过程中的各个步骤整合成一个整体。管理调度程序的主要功能包括 ETL 的调度和 ETL 的监控。

ETL 工具具备统一调度、统一监控和统一管理的功能。在统一调度方面，通过界面进行配置后，能够统一进行调度程序的启动和停止。可以在不同阶段调用相应的资源进行处理，支撑 ETL 的整个过程。

建立可统一调度的 ETL 处理过程，可以对各类数据进行整合并保障数据质量。提供图形化工作界面，可以快速简单地定时调度，同时可以监控运行任务的运行日志。ETL 调度策略包括以下几点。

- ETL 作业流程管理应提供复杂的 ETL 处理能力，包括但不限于作业依赖、作业触发、定时触发、作业优先级配置、最大执行作业数控制、生效/失效程序调节、异常报警等功能。
- 并行机制：对于某一流程来说，其不同周期的数据运行没有相应的依赖关系，建议采用并行调度机制，实现多个时间周期的同一流程并行调度。
- 串行机制：对于某一流程来说，其不同周期的数据运行存在强烈的依赖关系，建议采用串行调度机制，实现同一流程按照时间周期有序调度。
- 依赖等待机制：对于某一流程来说，不同周期的数据运行在后续某一阶段存在一定依赖关系，建议采用依赖等待调度机制，首先实现按照无依赖关系的分支流程并行调度，当流程运行至需要依赖的前一节点实现相互等待，然后实现统一调度环节。
- 紧急干涉机制：对于某个流程来说，其不同周期的数据没有什么依赖关系，但因为数据的重要程度和紧迫性要求，建议进行流程的人为重置和调度，以满足数据的加工要求。

3. ETL 异常处理机制

ETL 作业过程会发生各种异常，需要在设计时考虑各种异常监控及处理机制。

4. ETL 作业流程监控

ETL 作业流程监控主要涉及 ETL 的监控范围、监控点、监控内容、异常级别以及异常通知机制。

① 异常监控范围：以各时间段内需要执行或者执行完成的 ETL 作业作为监控对象，主要涉及 ETL 作业的计划开始时间、计划完成时间、执行时长范围、质量监控点、任务级别、责任人、应急预案等。

② 监控点：ETL 作业的异常监控点，主要是执行时间要求、数据质量情况等。

③ 监控内容：作业是否在正常时间开始执行，作业执行时长是否超时，作业是否发生错误，作业处理数据结果是否满足质量要求。

④ 异常级别：指 ETL 作业异常的影响严重程度，相同监控点会有不同的严重程度，比如根据作业超时长短逐步升级。异常级别通常分为警告、报警、错误、严重错误等。

⑤ 通知机制：指 ETL 作业执行异常时的报警通知机制及方法，一般需实时通知。通知方式包括短信通知、邮件通知以及通过系统界面信息提示等。

5. ETL 作业异常处理

ETL 作业异常处理大致可分为人工处理和系统自动处理。对于可修复情况由 ETL 自动处理，比如网络连接错误，系统设置重新执行次数及间隔，在预警的同时尝试重新处理。否则采取人工处理方式。异常处理可分为以下几种。

① 警告（Warning）

ETL 处理结果存在稽核差异，但尚在经验范围之内，不影响数据质量和流程处理的信息。

处理方式：后台记录该信息，所在的 ETL 流程继续执行。

② 报警（Alert）

ETL 处理结果与期望结果差异较大，超出了经验波动范围，可能存在数据质量和流程处理的问题，需要进行跟踪复查。

处理方式：所在的 ETL 流程继续执行，但是将报警错误发送给维护人员。

③ 错误（Error）

ETL 流程无法正常执行，影响后续流程的正确性；或者 ETL 处理结果存在重大错误。

处理方式：ETL 流程暂停执行，以短信的形式将错误信息发送给维护人员。

④ 严重错误（Fatalerror）

错误后果影响重大，总部的数据应用无法正常提供统计分析功能。

处理方式：ETL 流程立即中止，以短信的形式将错误信息发送给维护人员和监控人员，需要人为对出现的错误进行修正和流程重置。

6. ETL 监控

（1）监控对象

ETL 监控支持对整个 ETL 过程的调度、执行及异常情况进行查询，查询对象包括：

- ETL 执行过程；
- ETL 调度计划和任务；
- ETL 执行状态信息；
- ETL 节点处理日志信息；
- ETL 结果统计信息；
- ETL 异常信息及跟踪。

（2）监控角色

ETL 监控支持按角色分别查看不同服务内容，服务角色包括：

- 局方信息化人员；
- 局方实施和维护人员；
- 建设厂商管控人员；
- 建设厂商运维人员；
- 相关环节交互人员。

（3）监控功能

通过统一界面对 ETL 流程进行监控，监控的内容包括以下两点。

① 整体情况监控：监控流程处理的整体进度情况，包括某个时间段内各类流程成功执行、正在执行、失败的流程数等。

② 外部接口监控：监控外部接口的到达、传输情况，统计接口到达的及时性、合法性、文件个数，以及 MD5 校验、解压缩、合并等操作的处理情况。

（4）入库情况监控

对外部数据的入库情况进行监控，包括入库起始时间、结束时间、入库执行情况、入库记录数、入库次数、入库异常情况等信息。

（5）处理流程监控

监控各层处理节点的执行情况，包括处理时间、调用参数情况、处理执行情况、异常反馈信息等。

4.4.4　数据质量

在数据处理平台系统中，所依赖的各类源数据是非常复杂和广泛的，这些源数据存储在不同的业务系统和网络平台上，数据处理系统需要做的是将这些源数据系统的数据信息合并到统一的系统中。

数据质量对于数据平台而言是至关重要的，在不一致、不准确的数据基础上所做的分析和挖掘工作同样也是不准确的。低质量的数据会直接影响数据应用和数据分析的及时性和准确性，而产生的分析结果（输出数据）在与源数据系统的互动中又进一步影响到公司经营活动的各个方面。因此，如何保证输入输出数据的数据质量就成为数据处理平台与源数据系统之间互动应用成败的关键。

1. 数据质量稽核要求

在大数据平台核心处理系统中，数据在不断地进行分层汇总，来自一个数据接口数据可能被多个数据集市使用，底层的数据问题很容易被放大，这称为“误差放大效应”。由于大数据平台中的数据存在这种层次间放大的特点，数据稽核必须重视最初的数据处理环节，从数据接口开始就必须进行认真核查，并且在整个系统运营过程中，数据稽核必须在每个环节完成之后都要进行，以避免数据错误被不断扩大。数据稽核的目的是保证数据在处理过程的各个环节中正确、完整。

稽核点选取原则是依据各数据层特性及数据质量，检查五个共性：及时性、完整性、一致性、准确性、逻辑性。

① 及时性：指数据刷新、修改和提取等操作的及时性和快速性，要按规定时限要求完成，如各级数据提供责任部门必须按经营数据管理时限要求完成工作。

② 完整性：从数据定义、数据录入、规则约束三方面保障数据的完整。如实体不缺失、属性不缺失、记录不缺失、字段值不缺失、主键不缺失。

③ 一致性：同一信息主体在不同的数据集中的信息属性应相同，如各级报表统计口径一致，使得出现差异的原因可解释，可追溯。

④ 准确性：包含了真实性和准确性，真实性是数据符合事实、标准或真实情况，没有误差或偏差；准确性是数据值与设定为准确的值之间的一致程度，或与可接受程度之间的差异。如某指标的准确程度。

⑤ 逻辑性：各项数据之间符合业务逻辑关系，如在业务口径一致的基础上，报表的各项数据之间符合相应的逻辑关系，尤其表现在数据之间。

2. 稽核点类型及要点

技术稽核：需按照接口方式来定义，如文件方式、DBLINK、数据库 Log 方式等，主要包括文件规范性稽核，文件数稽核，记录数总量稽核，记录数分量稽核，检查分类型的记录数是否符合校对文件的描述。

业务稽核：指对客户数、发展量等进行业务指标阀值校验、业务指标总量稽核、业务指标分量稽核等。

3. 整合层稽核

整合层是对接口层进行数据转换、清洗、整合加工的过程，重点关注数据处理过程本身的操作正确性和完整性，根据数据处理的不同环节和实际的业务要求设立不同的稽核点，从技术和业务两个层面对数据进行验证。

如图 4-30 所示，数据稽核方法主要有总量稽核法、分量稽核法、指标稽核法。

① 总量稽核法：对数据从接口层到整合层环节的数据总量进行稽核验证，确保数据的完整性，主要指标包括数据总记录数、总费用金额等。

② 分量稽核法：在接口层到整合层数据总量验证正确的前提下，需要对数据分布的情况进行稽核验证，在这个过程中，需要对每个维度的有效性进行验证，比如主数据编码是否合法，还需要对多个维度的组合分布的稽核指标进行验证，比如验证组合维度的总计、最大、最小、均值等度量指标，确保数据分布的正确性。主要指标包括：客户总数、账户总数、产品总数、总收入等。

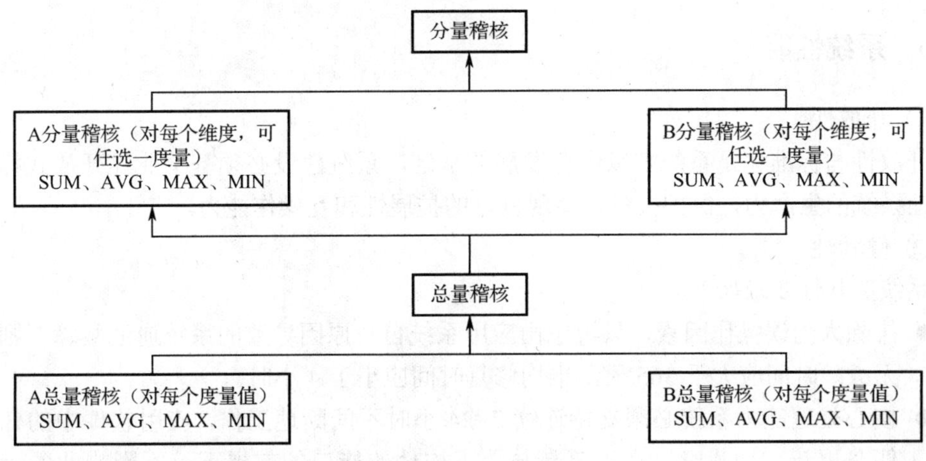

图 4-30　数据稽核方法

4. 中间层稽核

中间层稽核应同样采用整合层稽核方法，同时也需要增加一些汇总方式的稽核，包括以下几点。

① 业务逻辑性稽核：业务逻辑性稽核应进行多维度稽核，如客户群稽核、地域稽核、量收稽核等。具备对常规影响因素的组合分析，如周期性影响因素、节假日影响因素、业务变更影响因素、市场竞争影响因素、配置规则调整因素等。

② 一致性稽核：保证各整合层分类汇总值在中间层一致，如整合层的总通话时长和中间层是否一致以及不同中间层的相同指标是否一致。

③ 及时性稽核：保证中间层数据在约定时间点前完备稽核。

5. 汇总层稽核

汇总层稽核可以从经验值、逻辑阀值、常规影响因素等方面对数据进行稽核。

① 业务逻辑性稽核

- 经验值稽核：日、周、月、年等维度的环比、同比，周均值对比的波动百分率稽核方法等周期性稽核。
- 逻辑阀值稽核：确保数据汇总结果之间的逻辑、平衡，同时保证汇总层数据按业务要求能及时展示。

② 常规影响因素稽核

方法同中间层稽核方法。

③ 技术稽核

- 一致性稽核：保证中间层分类汇总值在汇总层一致。
- 及时性稽核：检查数据的更新时间。
- 完整性稽核：保证各类指定汇总数据按约定展示项目完整展示。

4.4.5 系统性能

① 开放性

开放性与标准化是系统赖以生存发展的基础，系统建设必须基于业界开放式标准，以保证系统的生命力，保护投资，体现良好的扩展性和互操作能力。

② 健壮性

系统健壮性要求如下。

- 排除人为误操作因素，只考虑由应用系统自身原因导致的系统崩溃故障，则平均无故障时间应大于 365 天，平均修复时间应小于 4 小时。
- 核心处理能力系统必须支持连续 7×24 小时不间断地工作，应用软件中的任一构件在更新、加载时，在不更新与上下构件的接口的前提下，不影响业务运转和服务。
- 核心处理能力系统必须采用增量备份和全备份相结合的方式定期备份重要的系统数据。
- 核心处理能力系统必须支持负载均衡技术，支持应用分布式部署在多台服务器上，避免应用系统的单点故障。
- 核心处理能力系统应具有良好的并行处理机制，对存取冲突的竞争具有有效的仲裁和加锁机制，充分保证事务处理的完整性，并降低系统 I/O 开销，提高并发用户查询和存取的性能。
- 核心处理能力系统能够正确识别外围系统发的错误请求及重复请求，避免出现一些不可预测的结果。

③ 兼容性

支持 IE6 及以上版本、Chrome、Safari 等浏览器，系统可在 Linux 等多个系统运行。

④ 可扩展性

系统设计应充分考虑扩展性。系统设备必须能充分估计未来的扩展情况，系统设计必须是模块化、可配置，能够适应一定时间内的业务变化，并保证系统在进行扩展时，不影响系统的正常运行。

⑤ 可维护性

系统可维护性要求如下。

- 系统在运行过程中所发生的任何错误都应该有明确的错误编号，并能在系统的相应维护手册中查到错误处理方法与步骤。
- 应用系统应该支持通过统一的图形界面，监控各应用构件的运行状态。
- 应用系统必须支持通过统一的图形界面，能够监控到应用系统所有的报警、异常信息。
- 应用系统应该采用构件化设计思想，系统框架与业务逻辑分离，要求具备开放的体系结构。
- 应用系统应该支持通过统一的图形界面能够访问到系统各构件的版本信息及相应

功能说明。

- 应用系统必须支持各构件的单独升级，并应该尽可能实现在线升级功能。

⑥ 可测试性

系统可测试性要求如下。

- 随系统提交的技术文件必须明确说明所实现的可度量的功能和性能指标。
- 应有固定的测试工程师进行专门的测试工作，每次新功能测试完成后，应提供详细的测试文档，包括测试的用例、方法及其结果等。测试结果应符合实际，测试未通过的项目应及时反馈并进行修改。

⑦ 性能监控

系统性能监控要求如下。

- 关键数据的传输必须采用可靠的加密方式，保证关键数据的完整性与安全性。
- 核心处理能力系统应该充分利用防火墙、安全证书、SSL 等数据加密技术保证系统与数据的安全。
- 核心处理能力系统必须支持对系统运行所需账号密码周期性更改的要求。
- 核心处理能力系统必须强制实现操作员口令安全规则，如限制口令长度、限定口令修改时间间隔等，保证其身份的合法性。
- 登录系统需要提供验证码或短信功能，用户密码限制至少 8 位，且为数字、字母组合，密码多次错误锁定，验证密码有效性，有效杜绝 SQL 注入等低级别黑客入侵途径。
- 核心处理能力系统必须支持操作失效时间的配置。如果操作员在所配置的时间内没有对界面进行任何操作则该应用自动退出。
- 核心处理能力系统必须提供完善的审计功能，对系统关键数据的每一次增加、修改和删除都能记录相应的修改时间、操作人。
- 核心处理能力系统的审计功能必须提供根据时段、操作员、关键数据类型等条件组合查询的审计记录。
- 核心处理能力系统的审计功能必须提供针对特定关键数据查询历史的审计记录。
- 核心处理能力系统用户账号管理、密码管理、数据访问权限和功能操作权限管理必须满足企业的 IT 管控要求。

4.5　需求与项目管理

大数据的规划、实施、运维本身就是一个项目，无论在企业的 IT 部门还是在大数据服务提供商中都需要超强的项目管理能力。这使作者想起了 20 世纪 90 年代末数据仓库（Data Warehouse）刚刚火起来的时候，美国政府部门、各大企业纷纷跳上了数据仓库的大篷车（Bandwagon），结果只有不到 15%的成功率。其主要原因就是盲目跟风，缺乏对新型项目的管理能力。在大数据前行的路上，多一点反思，多一份冷静，或许能走得更远。

需求导致要求。面对需求，张三李四各有各的说法。作者在 Intel 公司工作期间，采用了一种做法："漫天要价，就地还钱"。意思是说，来自前端市场的需求非常多、要求非常苛刻，通常会写在 MRD（Marketing Requirement Document）中，也就是所谓的"漫天要价"。当拿到这个 MRD 后，我们所做的工作是根据现有的资源（Cost）、时间（Schedule）来进行排序（Scope），哪些是必需的（Must），哪些是有了挺好的（Nice To Have），哪些是不关痛痒的。对自己的了解，对市场的理解，对技术难度的判断，还有"2-8 规则"，都在起作用。最后我们"就地还钱"，给出 PRD（Product Requirement Document）。PRD 就是后端和前端的合同，条款越细致越好。图 4-31 中的面积代表的是工作量，横轴是时间，可以看出，多数工作量花在了 Exploration 和 Planning 上。通常，应该由简到繁。

图 4-31　大数据产品生命周期及创新的维度及要素

搞大数据就是要推出有意义的产品和服务。新产品和服务的推出一定要遵循其全生命周期的管理（图 4-31 中同时标出了创新的多个维度和三要素）。如果按照"园中有金"寓言中的做法去对待、管理大数据项目，可以保证，你的收获不会像寓言里所说的那样，因为作者在乡下种过果树。做好项目管理，要的是管理好需求，把握好时间点，合理调配资源，掌握好预算，有应对风险的策略，在两个铁三角（Scope-Schedule-Cost 和 Function-Performance-Cost）之间做好取舍。在大数据项目中组建团队、培养团队，拥有一支众中之众的团队，你的脑袋、你团队的脑袋就是最大的大数据。

大数据建设可能遇到的风险是多方面的。作者遇到最多的是"三不清"，即需求不清、目标不清、验收指标不清。这样的情况发生在银行、证券业，发生在制造业，也发生在所谓管理最好的企业。究其原因也可以理解，IT 部门总是要跟风搞些新课题，大数据就在其中。我们能给出的建议是，以开放的心态学习或借鉴一下发达国家的经验，没有 RFP（Request For Proposal，对应的接近的中文应该是项目指南），没有 SOW，没有 SLA 的"项目"不要接。或者帮助客户一起明确 RFP、SOW、SLA。否则，你会做的不开心，甚至赔钱。最重要的是，运用常识、从小做起、做慢点、一次做好（Use common sense，start small，go slow，do things the first time right）。这也是我们应对一个新生事物应有的态度，特别是大数据。图 4-32 是大数据资本性投入和研发迭代成本的剪刀差，反映了上述建议同时也需要开发/运维的交织，就是现下说的比较多的 Dev/Ops，既是方法论又有一整套相应的 Dev/Ops 工具相配套。软件开发中的微服务架构，使得多个模块由传统的紧耦合变成了相对独立的模块，有助于快速定位问题模块，在不影响其他模块正常提供服务的情况下解决问题。对于大数据，微服务架构的引入有助于项目风险的把控。

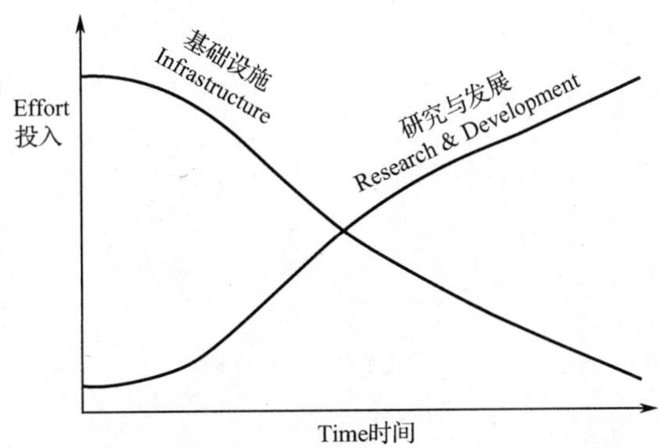

图 4-32　大数据资本性投入和研发迭代成本的剪刀差

4.6　小结

在大量客户需求的基础上，我们分析了企业建设大数据平台的总体目标和架构，阐述在当前的企业现状下如何对大数据的实施进行规划，并详细介绍了重要的技术环节要求，包括：对数据的采集要求；可提供平台的存储、计算和管理框架以及服务调用的基础能力要求；提供平台的核心规范及服务的核心处理能力要求。这是大数据规划阶段必不可少的参照依据。

本章内容的格局与第 3 章类似，系统性地对如何对待需求和要求进行了介绍。本章和第 3 章共同完成了对大数据技术体系的讨论，为接下来的大数据实施打下基础。

大数据的规划、实施、运维就是一个大项目，面对这样新颖、规模宏大的项目，让它“自动驾驶（Auto Pilot）”是注定要付出代价的。必须在项目的规划阶段就做好应对风险的安全策略。可以说，风险把控及其应对策略是项目管理中的艺术，发挥你的想象力，以创新思维来应对项目风险。

第 3 篇

实施篇

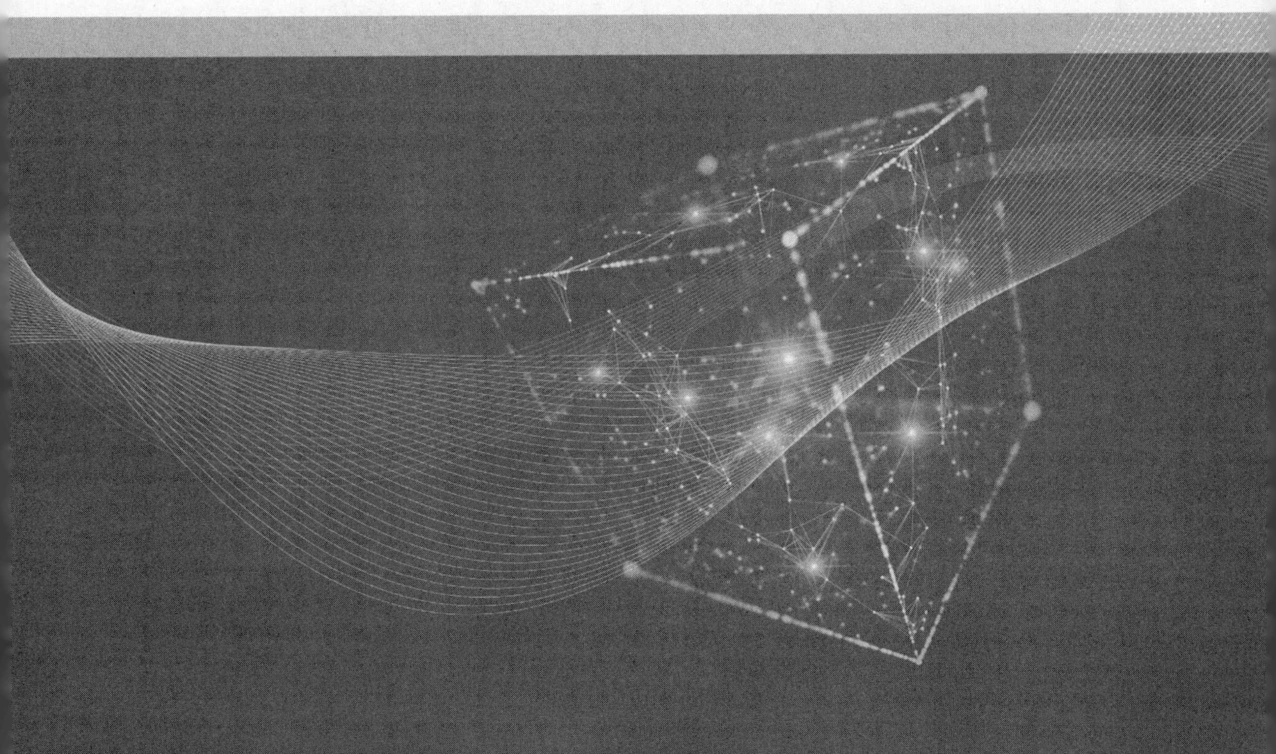

只有经过缜密的规划，才能实现大数据的宏观目标。只有通过合理的技术选型，使相应的资源合理组合配置，才能使大数据规划得以落地。本篇希望对读者在大数据实施过程中的技术选型给予一定的帮助和指导。

当用户经过规划，明确了项目的“时间（Schedule）-范围（Scope）-成本（Cost）”这个铁三角后，就进入大数据实施方案的技术选型环节。此时，用户同样面临“功能（Function）-性能（Performance）-成本（Cost）”这个铁三角的博弈，难免鱼和熊掌不可兼得。本篇围绕大数据实施方案的关键技术点，首先讨论大数据系统的并行计算框架。然后，介绍说明大数据分布式处理系统，同时分析大数据存储系统的技术构成。最后，探讨大数据对于机器学习与人工智能的应用价值。

需要指出的是，良好的实施，不但能满足基本的业务需求，而且能够为未来的业务发展建立良好的可扩展的架构。因此，我们首先需要明确大数据实施方案的主体和基本要素，并且说明大数据实施方案的技术特点及关键要素。

大数据实施方案的完整性。大数据实施方案，包含对各种硬件和软件的架构设计，对运行管理的流程设计，甚至对商业运营的业务模式设计等。大数据实施方案不仅仅是一个技术构建方案，而是要更加全面地考虑如何把大数据作为一项业务来运行，所以方案完整性是首先需要考虑的内容。

大数据架构的可扩展性。通常在大数据实施的开始阶段，会从一个小的规模做起，或者仅仅将部分业务系统纳入大数据系统的支持范围。随着业务的不断发展，用户对大数据使用业务能力的提升，工程人员对大数据系统的管理模式不断深入了解，将会需要在功能上和规模上对方案进行扩充。在这个时候，不应把方案推翻重做，而最好是对其逐步扩展。所以，大数据架构的可扩展性是非常重要的。

大数据平台的开放性。这种开放性指的是大数据方案是否支持不同厂商的软硬件，是否兼容现有的应用架构，是否支持与其他已有业务系统的集成，以及是否允许第三方基于该平台进行进一步扩展。作为大数据业务的用户，谁都不希望被绑定在一个固定的服务提供商上。因此，开放性将是吸引他们使用大数据服务的一个有力武器。而提供开放性的大数据服务，自然成为大数据服务提供商的一个重要任务。方案的开放性还指其对新技术的支持。在大数据发展的过程中，会不断地涌现出新的技术、硬件和软件，如果大数据业务绑死在某一种硬件、软件或者技术上，将会制约未来的发展。

大数据服务商的成熟性。大数据作为一种新技术服务，具备方案设计能力和实施能力的厂商并不多。因此，为了确保大数据能够成功实施，一个重要的参考指标就是看该方案已有多少成功案例。在选择大数据方案提供商时，我们需要考虑提供商是否能够提供全面的解决方案，而不能仅仅停留在技术提供商的层面。此外，在实施大数据的过程中会有很多客户化的工作。大数据方案提供商是否能够提供本地化服务，是否拥有本地化实施团队，将是确保能否在实施过程中快速解决问题的关键。

综合来看，在确定了大数据的业务战略并且完成实施规划后，企业面临的问题就是怎样将业务迁移到大数据平台上，并确保业务的成功上线，这是实施大数据方案要面临的执行问题。大数据系统不同的层次，带给用户使用的灵活程度各不相同，实施大数据方案的方式也有所差异。

与传统的业务模式不同，在基于大数据的业务模式中，业务和资源并不一定存在绑定的关系。在具体资源调配过程中，每个业务系统未必能涵盖从网络、存储、服务器等硬件资源到操作系统、数据库和应用服务器等软件资源。大数据业务的实施有其独有的特点，因此不能完全照搬以往 IT 系统实施的经验。事实上，如果考虑 SOA 和微服务架构，大数据业务相比于传统的 IT 业务，实施并未变得特别复杂。

第5章

大数据并行计算框架

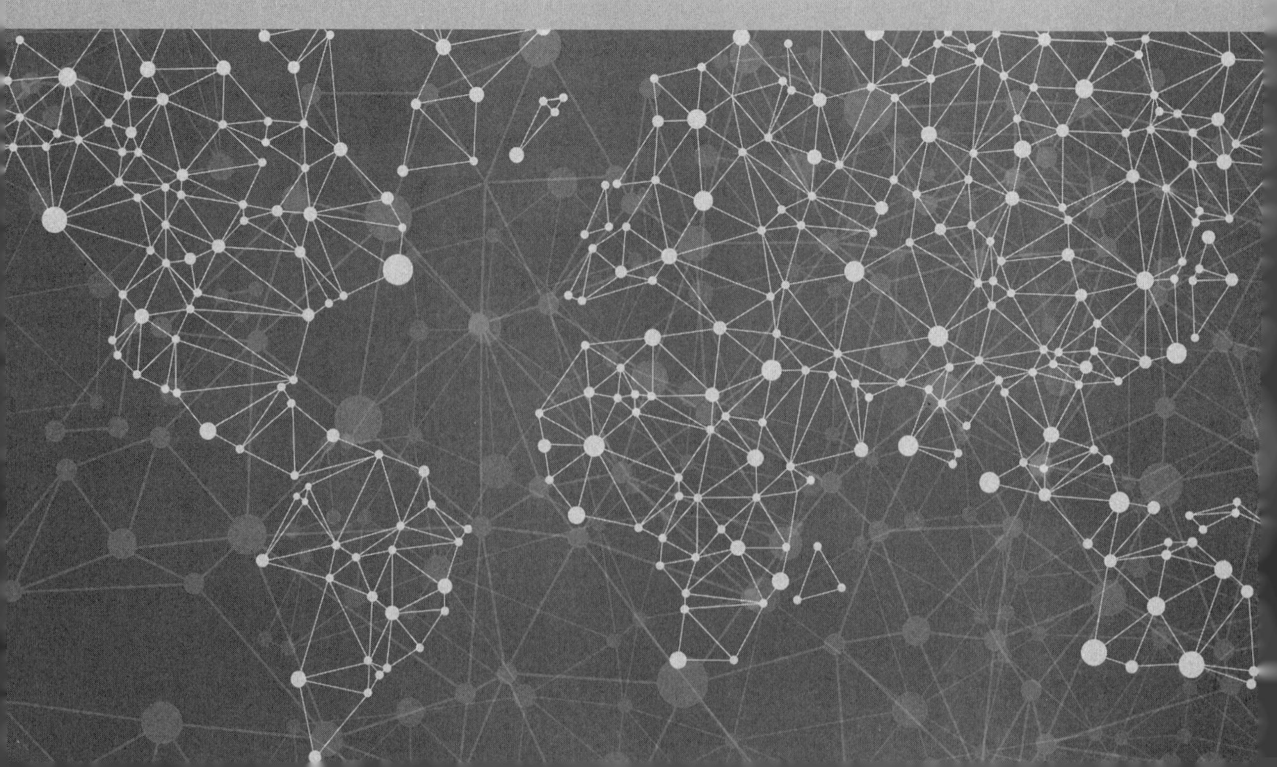

在第 1 章中曾提过，做好大数据，有三种方法：Work Hard、Work Smart、Getting Help，这里主要集中在 Getting Help 上。一味地提升处理能力，在经济上会变得很不合算，这时候，从算法和计算模式上入手是一个自然的选择。

并行技术是大数据计算框架实现的重要选择。这一章以并行计算技术为线索，针对大数据并行计算框架的基本概念、技术内容的细节进行介绍。大数据并行计算框架设计遵循并行计算技术原则，其主要采用 MapReduce 计算技术，在工程实践上，Hadoop 作为一辆马车，MapReduce 作为另一辆。我们着重谈 Hadoop MapReduce 的架构设计、工作模式，并且以其主要组件和编程接口举例进行说明。

5.1　并行计算技术

现代计算机的发展历程可分为两个明显不同的发展时代：串行计算时代和并行计算时代。并行计算技术是在单处理器计算能力面临发展瓶颈、无法继续取得突破后，才开始走上了快速发展的通道。并行计算时代的到来，使得计算技术获得了突破性的发展，大大提升了计算能力和计算规模。

5.1.1　基本命题

随着信息技术的快速发展，人们对计算系统的计算能力和数据处理能力的要求日益提高，以传统的串行计算方式越来越难以满足实际应用对计算能力和计算速度的需求，因此出现了并行计算技术。并行计算（Parallel Computing）是指同时对多条指令、多个任务或多个数据进行处理的一种计算技术。实现这种计算方式的计算系统称为并行计算系统，它由一组处理单元组成，这组处理单元通过相互之间的通信与协作，以并行化的方式共同完成复杂的计算任务。实现并行计算的主要目的是，以并行化的计算方法，实现计算速度和计算能力的大幅提升，以解决传统的串行计算难以完成的计算任务。

1. 单核处理器计算性能瓶颈

回顾计算机的发展历史，日益提升计算性能是计算技术不断追求的目标和计算技术发展的主要特征之一。自计算机出现以来，提升单处理器计算机系统计算速度的常用技术手段有以下几个方面。

① 提升计算机处理器字长。随着计算机技术的发展，单处理器字长也在不断提升，从最初的 4 位发展到如今的 64 位。处理器字长提升的每个发展阶段均有代表性的处理器产品，如 20 世纪 70 年代出现得最早的 4 位 Intel 微处理器 4004，同时代以 Intel 8008 为代表的 8 位处理器，20 世纪 80 年代 Intel 推出的 16 位字长 80286 处理器，以及后期发展出的 Intel 80386/486/Pentium 系列为主的 32 位处理器等。2000 年以后发展至今，出现了 64 位字长的处理器。目前，32 位和 64 位处理器是市场上主流的处理器。计算机处理器字长的发展大幅提升了处理器性能，推动了单核处理器计算机的发展。

② 提高处理器芯片集成度。1965 年，戈登·摩尔（Gordon Moore）发现了这样一条

规律：半导体厂商能够集成在芯片中的晶体管数量大约每 18～24 个月翻一番，其计算性能也随着翻一番，这就是众所周知的摩尔定律（见图 5-1）。在计算技术发展的几十年中，摩尔定律一直引导着计算机产业的发展。

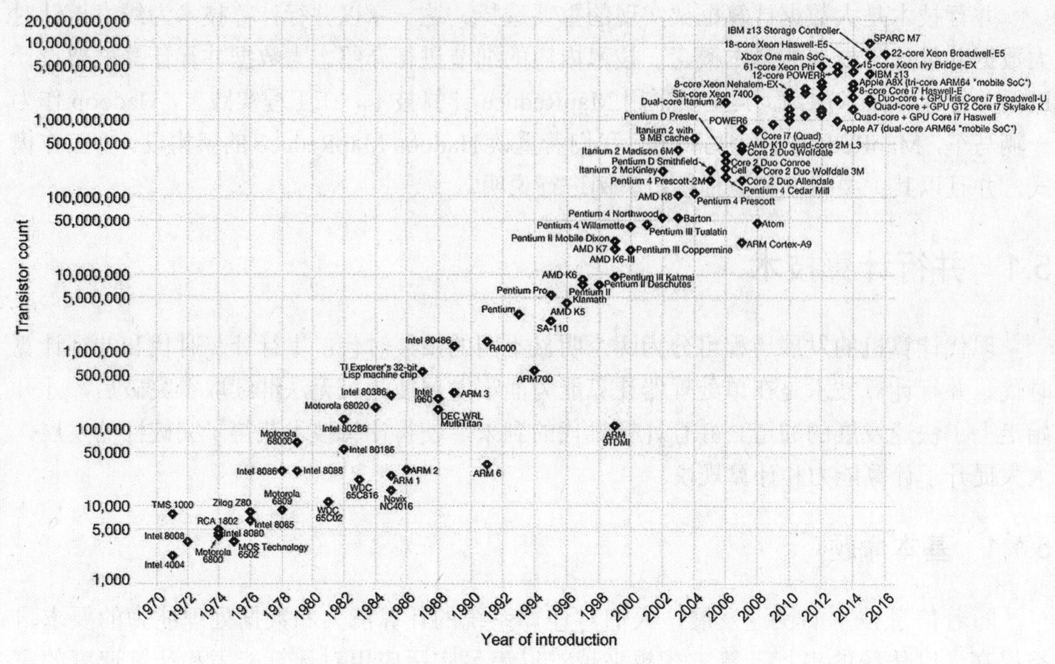

图 5-1　摩尔定律

③ 提升处理器的主频。计算机的主频越高，指令执行的时间则越短，计算性能自然会相应提高。因此，在 2004 年以前，处理器设计者一直追求不断提升处理器的主频。计算机主频从 Pentium 开始的 60MHz，目前已达到 4GHz～5GHz。

④ 改进处理器微架构。计算机微处理器架构的改进对于计算性能的提升具有重大的作用。例如，为了使处理器资源得到最充分利用，计算机体系结构设计师引入了指令集并行技术（Instruction-Level Parallelism，ILP），这是单核处理器并行计算的杰出设计思想之一。实现指令级并行最主要的体系结构技术就是流水线技术（Pipeline）。

在 2004 年以前，以上这些技术极大地提高了微处理器的计算性能，但此后处理器的性能不再像人们预期的那样能够继续提高。人们发现，随着集成度的不断提高以及处理器频率的不断提升，单核处理器的性能提升开始接近极限。首先，芯片的集成度会受到半导体器件制造工艺的限制。目前集成电路已经达到十多个纳米的极小尺度，芯片集成度不可能无限制提高。与此同时，根据芯片的功耗公式 $P=CU^2f$（其中，P 是功耗；C 是时钟跳变时门电路电容，与集成度成正比；U 是电压，f 是主频），芯片的功耗与集成度和主频成正比，芯片集成度和主频的大幅提高导致了功耗的快速增大，进一步导致了难以克服的处理器散热问题。而流水线体系结构技术也已经发展到了极致，2001 年推出的 Pentium4（CISC 结构）已采用了 20 级复杂流水线技术，因此，流水线为主的微体系结构技术也难以有更大的提升空间。

从图 5-1 可以看出，从 2004 年以后，微处理器的主频和计算性能变化逐步趋于平缓，不再随着集成度的提高而提高。2005 年以前，人们预期可以一直提升处理器主频。但 2004 年 5 月 Intel 处理器 Tejas 和 Jayhawk（4GHz）因无法解决散热问题最终放弃，标志着升频技术时代的终结。因此，人们修改了 2005 年后微处理器主频提升路线图，以较小幅度提升处理器主频为基础，主要采用多核来实现性能提升。

2. 多核处理器技术发展趋势

2005 年，Intel 公司宣布了微处理器技术的重大战略调整，即从 2005 年开始，放弃过去不断追求单处理器计算性能提升的战略，转向以多核微处理器架构实现计算性能提升。自此 Intel 推出了多核架构，微处理器全面进入了多核计算技术时代。多核计算技术的基本思路是：简化单处理器的复杂设计，取而代之在单个芯片上设计多个处理器，以多核并行计算提升计算性能。

自 Intel 在 2006 年推出双核的 Pentium D 处理器以来，已经出现了很多从 4 核到 12 核的多核处理器产品，如 2007 年 Intel 推出的主要用于个人电脑的 4 核 Core 2 Quad 系列以及 2008～2010 年推出的 Core i5 和 i7 系列。而 Intel 服务器处理器也陆续推出了 Xeon E5 系列 4～12 核的处理器，以及 Xeon E7 系列 6～10 的核处理器。

除多核处理器产品外，众核处理器也逐步出现。NVIDIA GPU 是一种主要面向图形处理加速的众核处理器，在图形处理领域得到广泛应用。2012 年底 Intel 公司发布了基于集成众核架构（Intel MIC Architecture，Intel Many Integrated Core Architecture）的 Xeon Phi 协处理器，这是一款真正意义上通用性的商用级众核处理器，可支持使用与主机完全一样的通用的 C/C++编程方式，用 OpenMP 和 MPI 等并行编程接口完成并行化程序的编写，完成的程序既可在多核主机上运行，也可在众核处理器上运行。众核计算具有体积小、功耗低、核数多、并行处理能力强等技术特点和优势，将在并行计算领域发挥重要作用。众核处理器进一步推进了并行计算技术的发展，从而使并行计算的性能发挥到极致，更加明确地体现了并行计算技术的发展趋势。

3. 大数据海量数据处理规模

随着计算机和信息技术的不断普及应用，行业应用领域计算系统的规模日益增大，数据规模也急剧增大。全球著名的互联网企业的数据规模动辄数百至数千 PB 量级，而其他的诸如电信、电力、金融、科学计算等典型应用行业和领域，其数据量也高达数百 TB 至数十 PB 的规模。如此巨大的数据量使得传统的计算系统已经无法满足计算需求。巨大的数据量会导致巨大的计算时间开销，使得很多在小规模数据时可以完成的计算任务难以在可接受的时间内完成大规模数据的处理。超大的数据量或计算量，给原有的单处理器和串行计算技术带来巨大挑战，因而迫切需要出现新的技术和手段以应对急剧增长的行业应用需求。

5.1.2 设计模式分类

并行计算技术发展至今，出现了各种不同的技术方法，同时也出现了不同的分类方法，包括按指令和数据处理方式的 Flynn 分类、按存储访问结构的分类、按系统类型的分类、按应用计算特征的分类、按并行程序设计方式的分类。

1. Flynn 分类

1966 年，斯坦福大学教授 Michael J. Flynn 提出了经典的计算机结构分类方法，从最抽象的指令和数据处理方式进行分类，通常称为 Flynn 分类。Flynn 分类法从两种角度进行分类：一是依据计算机在单个时间点能够处理的指令流的数量；二是依据计算机在单个时间点能够处理的数据流的数量。任何给定的计算机系统均可以依据处理指令和数据的方式进行分类。图 5-2 为 Flynn 分类下的几种不同的计算模式。

图 5-2　Flynn 分类计算模式

① 单指令流单数据流（Single Instruction stream and Single Data stream，SISD）：SISD 是传统串行计算机的处理方式，硬件不支持任何并行方式，所有指令串行执行。在一个时钟周期内，处理器只能处理一个数据流。很多早期计算机均采用这种处理方式，例如最初的 IBM PC。

② 单指令流多数据流（Single Instruction stream and Multiple Data stream，SIMD）：SIMD 采用一个指令流同时处理多个数据流。最初的阵列处理机或者向量处理机都具备这种处理能力。计算机发展至今，几乎所有计算机都以各种指令集形式实现 SIMD。较为常用的有 Intel 处理器中实现的 MMXTM、SSE（Streaming SIMD Extensions），SSE2、SSE3、SSE4 以及 AVX（Advanced Vector Extensions）等向量指令集。这些指令集都能够在单个时钟周期内处理多个存储在寄存器中的数据单元。SIMD 在数字信号处理、图像处理、多媒体信息处理以及各种科学计算领域有较多的应用。

③ 多指令流单数据流（Multiple Instruction Stream and Single Data Stream，MISD）：MISD 采用多个指令流处理单个数据流。这种方式实际很少出现，一般只作为一种理论模型，并没有投入到实际生产和应用中。

④ 多指令流多数据流（Multiple Instruction Stream and Multiple Data Stream，MIMD）：MIMD 能够同时执行多个指令流，这些指令流分别对不同数据流进行处理。这是目前最流行的并行计算处理方式。目前较常用的多核处理器以及 Intel 最新推出的众核处理器都属于 MIMD 的并行计算模式。

2. 存储访问结构分类

按存储访问结构不同，可将并行计算分为以下几类。

① 共享内存访问结构（Shared Memory Access）：即所有处理器通过总线共享内存的结构，也称为 UMA 结构（Uniform Memory Access，一致性内存访问结构）。SMP（Symmetric Multi-Processing，对称多处理器系统）即为典型的内存共享式的多核处理器架构。图 5-3 即为共享内存访问结构示意图。

② 分布式内存访问结构（Distributed Memory Access）：图 5-4 所示为分布式内存访问结构的示意图，其中，各个分布式处理器使用本地独立的存储器。

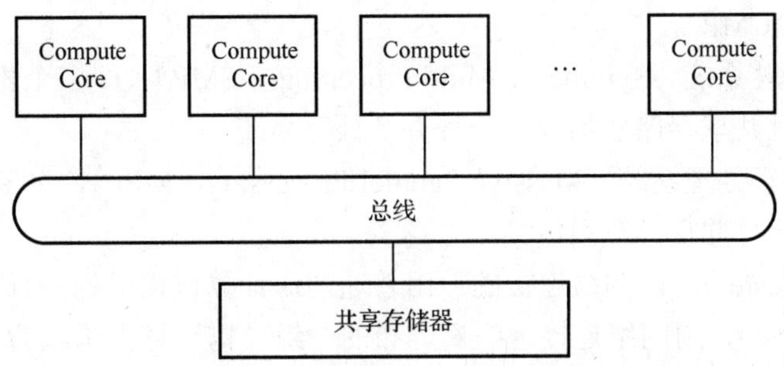

图 5-3　共享内存访问结构示意图

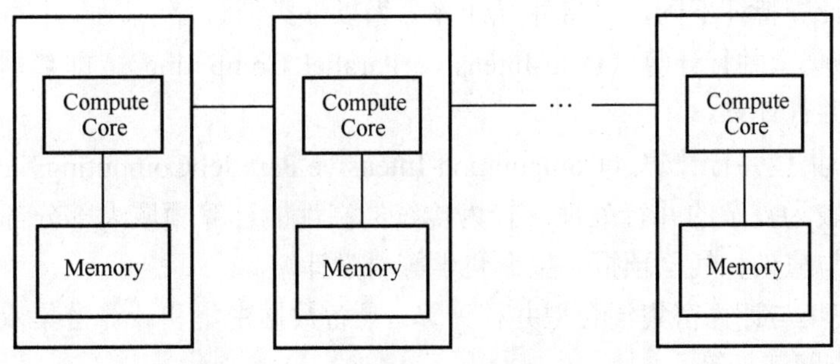

图 5-4　分布式内存访问结构示意图

③ 分布式共享内存访问结构（Distributed and Shared Memory Access）：是一种混合式的内存访问结构。如图 5-5 所示，各个处理器分别拥有独立的本地存储器，同时，再共享访问一个全局的存储器。分布式内存访问结构和分布式共享内存访问结构也称为 NUMA 结构（Non-Uniform Memory Access，非一致内存访问结构）。在多核情况下，这种架构可以充分扩展内存带宽，减少内存冲突开销，提高系统扩展性和计算性能。

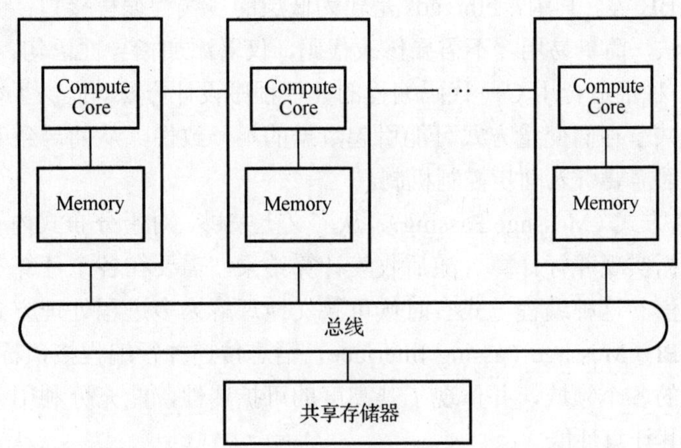

图 5-5　分布式共享内存访问结构示意图

3．系统类型分类

按计算系统类型不同，可将并行计算分为以下类型。

① 多核/众核并行计算系统（Multi-Core/Many-Core）或芯片级多处理系统（Chip-level

Multi Processing，CMP）。

② 对称多处理系统（Symmetric Multi Processing，SMP），即多个相同类型处理器通过总线连接，并且共享存储器构成的一种并行计算系统。

③ 大规模并行处理系统（Massive Parallel Processing，MPP），以专用内联网连接一组处理器形成的一种并行计算系统。

④ 集群（Cluster），以网络连接的一组普通商用计算机构成的并行计算系统。

⑤ 网格（Grid），用网络连接远距离分布的一组异构计算机构成的并行计算系统。

4. 应用计算特征分类

按应用的计算特征不同，可将并行计算分为以下类型。

① 数据密集型并行计算（Data-Intensive Parallel Computing），即数据量极大，但计算相对简单的并行计算。

② 计算密集型并行计算（Computation-Intensive Parallel Computing），即数据量相对不大，但计算较为复杂的并行处理。较为传统的高性能计算领域大部分都是这一类型，例如三维建模与渲染、气象预报、生命科学等科学计算。

③ 数据密集与计算密集混合型并行计算，具备数据密集和计算密集双重特征的并行计算，如 3D 电影渲染等。

5. 程序设计方式分类

按并行程序设计方式，可将并行计算分为以下几类。

① 共享存储变量方式（Shared Memory Variables）：这种方式通常被称为多线程并行程序设计。多线程并行方式发展至今，应用非常广泛，同时也出现了很多代表性的并行编程接口，包括开源的和一些商业版本的并行编程接口，例如最常用的有 Pthreads，OpenMP，Intel TBB 等。其中，Pthreads 是较为低层的多线程编程接口；而 OpenMP 采用了语言扩充的方法，简单易用，不需要修改代码，仅需添加指导性语句，应用较为广泛；而 Intel TBB 是一种很适合用 C++代码编程的并行程序设计方法，提供了很多方便易用的并行编程接口。共享存储变量方式可能引起数据的不一致性，从而导致数据和资源访问冲突，因此一般都需要引入同步控制机制。

② 消息传递方式（Message Passing）：从广义上来讲，对于分布式内存访问结构的系统，为了分发数据实现并行计算、随后收集计算结果，需要在各个计算节点或者计算任务间进行数据通信。这种编程方式有时候可狭义地理解为多进程处理方式。最常用的消息传递方式是 MPI（Message Passing Interface，消息传递并行编程接口标准）。MPI 广泛应用于科学计算的各个领域，并体现了其高度的可扩展性，能充分利用并行计算系统的硬件资源，发挥其计算性能。

③ MapReduce 并行程序设计方式：Google 公司提出的 MapReduce 并行程序设计模型，是目前主流的大数据处理并行程序设计方法，可广泛应用于各个领域的大数据处理，尤其是搜索引擎等互联网行业的大规模数据处理。

④ 其他新型并行计算和编程方式：由于 MapReduce 设计之初主要致力于大数据的线下批处理，因而其难以满足高实时性和高数据相关性的大数据处理需求。为此，近年

来，逐步出现了多种其他类型的大数据计算模式和方法。这些新型计算模式和方法包括：实时流式计算、迭代计算、图计算以及基于内存的计算等。

5.1.3　关键技术点

基于所采用的并行计算体系结构，不同类型的并行计算系统在硬件结构、软件结构和并行算法方面会涉及不同的技术问题，但概括起来，主要包括以下关键技术点。

1．多处理器/多节点网络互连技术

对于大型的并行处理系统，网络互连技术对处理器能力影响很大。典型的网络互连结构包括共享总线连接、交叉开关矩阵、环形结构、Mesh 网络结构等。

2．存储访问体系结构

存储访问体系结构主要研究不同的存储结构以及在不同存储结构下的特定技术问题，包括共享数据访问与同步控制、数据通信控制和节点计算同步控制、Cache 的一致性、数据访问/通信的时间延迟等技术问题。

3．分布式数据与文件管理

并行计算的一个重要问题是，在大规模集群环境下，如何解决大规模数据的存储和访问管理问题。在大规模集群环境下，解决大数据分布存储管理和访问问题非常关键，尤其是数据密集型并行计算，数据的存储访问对并行计算的性能至关重要。目前比较理想的解决方法是提供分布式数据和文件管理系统，代表性的系统有 Google GFS（Google File System）、Lustre、HDFS（Hadoop Distributed File System）等。这些分布式文件系统各有特色，适用于不同领域。

4．并行计算的任务划分和算法设计

并行计算的任务分解和算法设计需要考虑的是如何将大的计算任务分解成子任务，继而分配给各节点或处理器并行处理，最终收集局部结果进行整合。一般有算法分解和数据划分两种并行计算形式，尤其是算法分解，可有多种不同的实现方式。

5．并行程序设计模型和语言

根据不同的硬件结构，不同的并行计算系统可能需要不同的并行程序设计模型、方法和语言。目前主要的并行程序设计语言和方法包括共享内存式并行程序设计、消息传递式并行程序设计、MapReduce 并行程序设计以及近年来出现的满足不同大数据处理需求的其他并行计算和程序设计方法。而并行程序设计语言通常可以有不同的实现方式，包括：语言级扩充（即使用编译指令在普通的程序设计语言中增加一些并行化编译指令，如 OpenMP 提供 C、C++、Fortran 语言扩充）、并行计算库函数与编程接口（使用函数库提供并行计算编程接口，如 MPI、CUDA 等）以及能提供诸多自动化处理能力的并行计算软件框架（如 Hadoop MapReduce 并行计算框架等）。

6. 并行计算软件框架设计和实现

现有的 OpenMP、MPI、CUDA 等并行程序设计方法需要程序员考虑数据存储管理、数据和任务划分、任务的调度执行、数据同步和通信、结果收集、出错恢复处理等几乎所有技术细节，非常烦琐。为了进一步提升并行计算程序的自动化并行处理能力，编程时应该尽量减少程序员对很多系统底层技术细节的考虑，使得编程人员能从底层细节中解放出来，更专注于应用问题本身的计算和算法实现。目前已发展出多种具有自动化并行处理能力的计算软件框架，如 Google MapReduce 和 Hadoop MapReduce 并行计算软件框架，以及近年来出现的以内存计算为基础、能提供多种大数据计算模式的 Spark 系统等。

7. 数据访问和通信控制

并行计算目前存在多种存储访问体系结构，包括共享存储访问结构、分布式存储访问结构以及分布式共享存储访问结构。不同存储访问结构下需要考虑不同的数据访问、节点通信以及同步控制等问题。例如，在共享存储访问结构系统中，多个处理器访问共享存储区，可能导致数据访问的不确定性，从而需要引入互斥信号、条件变量等同步机制，保证共享数据访问的正确性，同时需解决可能引起的死锁问题。而对于分布式存储访问结构系统，数据可能需要通过主节点传输到其他计算节点，由于节点间的计算速度不同，因此需要考虑计算的同步问题。

8. 可靠性与容错性技术

对于大型的并行计算系统，经常发生节点出错或失效。因此，需要考虑和预防由于一个节点失效可能导致的数据丢失、程序终止甚至系统崩溃的问题。这就要求系统考虑良好的可靠性设计和失效检测恢复技术。通常可从两方面进行可靠性设计：一是数据失效恢复，可使用数据备份和恢复机制，当某个磁盘出错或数据损毁时，保证数据不丢失以及数据的正确性；二是系统和任务失效恢复，当某个节点失效时，需要提供良好的失效检测和隔离技术，以保证并行计算任务正常进行。

9. 并行计算性能分析与评估

并行计算的性能评估较为常用的方式是通过加速比来体现性能提升。加速比指的是并行程序的并行执行速度相对于其串行程序执行加速了多少倍。这个指标贯穿于整个并行计算技术，是并行计算技术的核心。从应用角度出发，不论是开发还是使用，都希望一个并行计算程序能达到理想的加速比，即随着处理能力的提升，并行计算程序的执行速度也需要有相应的提升。并行计算性能的度量有以下两个著名的定律。

① Amdahl 定律：在一定的程序可并行化比例下，加速比不能随着处理器数目的增加而无限上升，而是受限于程序的串行化部分的比例，加速比极限是串行比例的倒数，反映了固定负载的加速情况。Amdahl 定律的公式是：

$$S = \frac{1}{(1-P) + P/N}$$

其中，S 是加速比，P 是程序可并行部分的比例，N 是处理器数量。如图 5-6 所示为不同并行处理比例和处理器数量的加速比，由图示结果可见，在固定的程序可并行化比例下，加速比提升会有一个上限，处理器数量的增加并不能无限制地带来性能提升。用在集群上，就是说随着集群计算节点的增加，效果并不是越多越好。由图 5-6 可以看出，当节点数目达到 128 个时，所带来的好处已经不是那么明显了，而并行比例已经是 75%。特别是考虑到，并行计算 Map 过程所带来的复杂性，实际上我们需要在方便性和效率上进行取舍，而不是节点数越多就越好，目前国内真正意义上的紧耦合的集群规模一般是不大的。

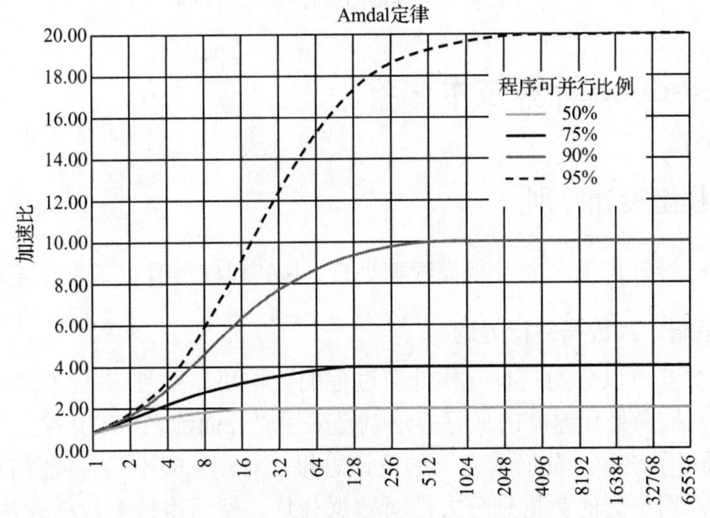

图 5-6　不同并行处理比例和处理器数量的加速比

② Gustafson 定律：在放大系统规模的情况下，加速比可与处理器数量成比例地线性增长，串行比例不再是加速比的瓶颈。这反映了对于增大的计算负载，当系统性能未达到期望值时，可通过增加处理器数量的方法应对（如图 5-7 和图 5-8 所示）。

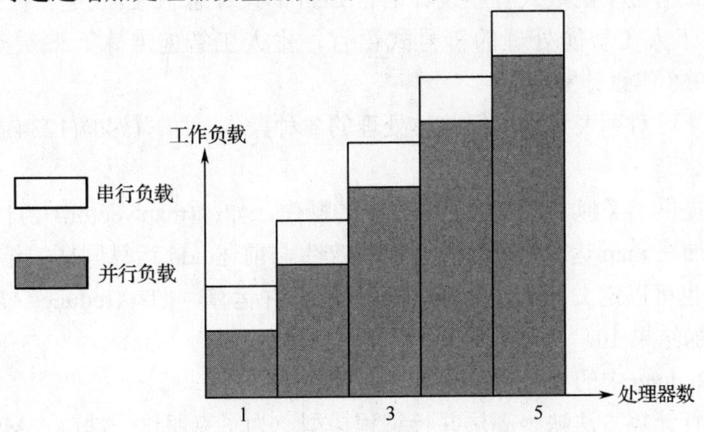

图 5-7　处理器与工作负载关系图

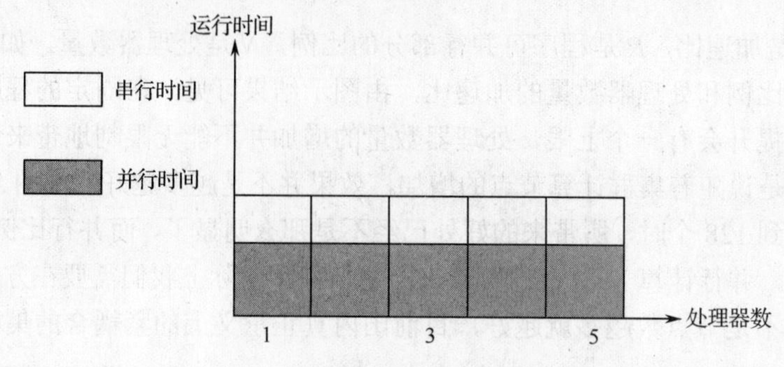

图 5-8　处理器与运行时间关系图

5.2　MapReduce 计算技术

5.2.1　处理模型设计原则

MapReduce 设计用于面向大规模数据处理，其处理模型有以下三个层面上设计原则：

1．处理策略：大数据并行处理

一个大数据若可以分为具有同样计算过程的数据块，并且这些数据块之间不存在数据依赖关系，则提高处理速度的最好办法就是采用"分而治之"的策略进行并行化计算。MapReduce 采用了这种"分而治之"的设计思想，对相互间不具有或者有较少数据依赖关系的大数据，用一定的数据划分方法对数据分片，然后将每个数据分片交由一个节点去处理，最后汇总处理结果。

2．抽象模型：Map 与 Reduce

（1）Lisp 语言中的 Map 和 Reduce

MapReduce 借鉴了函数式程序设计语言 Lisp 的设计思想。Lisp 是一种列表处理语言。它是一种应用于人工智能处理的符号式语言，由人工智能专家、图灵奖获得者 John McCarthy 于 1958 年设计发明。

Lisp 定义了可对列表元素进行整体处理的各种操作，如：(add#(1234)#(4321))将产生结果：#(5555)。

Lisp 中也提供了类似于 Map 和 Reduce 的操作，如：(map'vector#+#(1234)#(4321))。

通过定义加法 map 运算将两个向量相加产生与前述 add 运算同样的结果：#(5555)。进一步，Lisp 也可以定义 reduce 操作进行某种归并运算，如：(reduce#'+#(1234))通过加法归并产生累加结果 10。

（2）MapReduce 中的 Map 和 Reduce

MPI 等并行计算方法缺少高层并行编程模型，为了克服这一缺陷，MapReduce 借鉴了 Lisp 函数式语言中的思想，用 Map 和 Reduce 两个函数提供了高层的并行编程抽象模型和接口，程序员只要实现这两个基本接口即可快速完成并行化程序的设计。

与 Lisp 语言可以用来处理列表数据一样，MapReduce 的设计目标是可以对一组顺序组织的数据元素/记录进行处理。现实生活中，大数据往往是由一组重复的数据元素/记录组成，例如，一个 Web 访问日志文件数据会由大量的重复性的访问日志构成，对这种顺序式数据元素/记录的处理通常也是顺序式扫描处理。图 5-9 是典型的顺序式大数据处理过程。

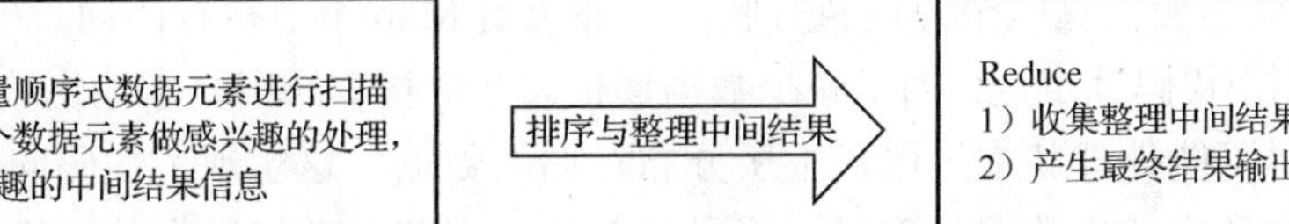

图 5-9　典型的顺序式大数据处理过程

MapReduce 将以上的处理过程抽象为两个基本操作，把上述处理过程中的前两步抽象为 Map 操作，把后两步抽象为 Reduce 操作。于是 Map 操作主要负责对一组数据记录进行某种重复处理，而 Reduce 操作主要负责对 Map 的中间结果进行某种进一步的结果整理和输出。以这种方式，MapReduce 为大数据处理过程中的主要处理操作提供了一种抽象机制。

3．构架实现：以统一框架隐藏底层实现细节

MPI 等并行计算方法缺少统一的计算框架支持，程序员需要考虑数据存储、划分、分发、结果收集、错误恢复等诸多细节；为此，MapReduce 设计并提供了统一的计算框架，为程序员隐藏了绝大多数系统层面的处理细节，程序员只需要集中于应用问题和算法本身，而不需要关注其他系统层的处理细节，大大减轻了程序员开发程序的负担。

MapReduce 所提供的统一计算框架的主要目标是，实现自动并行化计算，为程序员隐藏系统层细节。该统一框架可自动执行以下系统底层相关的处理。

① 计算任务的自动划分和调度。

② 数据的自动化分布存储和划分。

③ 处理数据与计算任务的同步。

④ 结果数据的收集整理（Sorting，Combining，Partitioning 等）。

⑤ 系统通信、负载平衡、计算性能优化处理。

⑥ 处理系统节点出错检测和失效恢复。

5.2.2　主要功能与技术设计

1．MapReduce 的主要功能

MapReduce 通过抽象模型和计算框架把需要做什么（What need to do）与具体怎么做（How to do）分开了，为程序员提供了一个抽象和高层的编程接口和框架，程序员仅需要关心其应用层的具体计算问题，编写少量的处理应用本身计算问题的程序代码；如何具体完成这个并行计算任务，以及相关的诸多系统层细节被隐藏起来，交给计算框架去处理，从分布代码的执行，到集群（大到包含数千个节点，小到仅有几个节点）的自动调度使用。

MapReduce 提供了以下的主要功能。

① 数据划分和计算任务调度：系统自动将一个作业（Job）待处理的大数据划分为很多个数据块，每个数据块对应于一个计算任务（Task），并自动调度计算节点来处理相应的数据块。作业和任务调度功能主要负责分配和调度计算节点（Map 节点或 Reduce 节点），同时负责监控这些节点的执行状态，并负责 Map 节点执行的同步控制。

② 数据/代码互定位：为了减少数据通信，一个基本原则是本地化数据处理，即一个计算节点尽可能处理其本地磁盘上所分布存储的数据，这实现了代码向数据的迁移；当无法进行这种本地化数据处理时，再寻找其他可用节点并将数据从网络上传送给该节点（数据向代码迁移），但将尽可能从数据所在的本地机架上寻找可用节点以减少通信延迟。

③ 系统优化：为了减少数据通信开销，中间结果数据进入 Reduce 节点前会进行一定的合并处理；一个 Reduce 节点所处理的数据可能会来自多个 Map 节点，为了避免 Reduce 计算阶段发生数据相关性，Map 节点输出的中间结果需使用一定的策略进行适当的划分处理，保证相关性数据发送到同一个 Reduce 节点；此外，系统还进行一些计算性能优化处理，如对最慢的计算任务采用多备份执行、选最快完成者作为结果。

④ 出错检测和恢复：以低端商用服务器构成的大规模 MapReduce 计算集群中，节点硬件（主机、磁盘、内存等）出错和软件出错是常态，因此 MapReduce 需要能检测并隔离出错节点，并调度分配新的节点接管出错节点的计算任务。同时，系统还将维护数据存储的可靠性，用多备份冗余存储机制提高数据存储的可靠性，并能及时检测和恢复出错的数据。

2. MapReduce 的技术设计

MapReduce 设计上具有以下主要的技术设计特征。

（1）集群横向扩展

MapReduce 集群的构建完全选用价格便宜、易于扩展的低端商用服务器，而非价格昂贵、不易扩展的高端服务器。对于大规模数据处理，由于有大量数据存储需要，显而易见，基于低端服务器的集群远比基于高端服务器的集群优越，这就是为什么 MapReduce 并行计算集群会基于低端服务器实现的原因。

（2）假设失效是常态

MapReduce 集群中使用大量的低端服务器，因此，节点硬件失效和软件出错是常态，因而一个良好设计、具有高容错性的并行计算系统不能因为节点失效而影响计算服务的质量，任何节点失效都不应当导致结果的不一致或不确定性。任何一个节点失效时，其他节点要能够无缝接管失效节点的计算任务，当失效节点恢复后应能自动无缝加入集群，而不需要管理员人工进行系统配置。MapReduce 并行计算软件框架使用了多种有效的错误检测和恢复机制，如节点自动重启技术，使集群和计算框架具有对付节点失效的健壮性，能有效处理失效节点的检测和恢复。

（3）数据处理本地化

传统高性能计算系统通常有很多处理器节点与一些外存储器节点相连，如用存储区域网络（Storage Area Network，SAN）连接的磁盘阵列，因此，大规模数据处理时，外部存储文件数据 I/O 访问会成为一个制约系统性能的瓶颈。为了减少大规模数据并行计算系统中的数据通信开销，代之把数据传送到处理节点（数据向处理器或代码迁移），应当考虑将处理向数据靠拢和迁移。MapReduce 采用了数据/代码互定位的技术方法，计算节点将首先尽量负责计算其本地存储的数据，以发挥数据本地化特点，仅当节点无法处理本地数据时，再采用就近原则寻找其他可用计算节点，并把数据传送到该可用计算节点。

（4）顺序处理数据

大规模数据处理的特点决定了大量的数据记录难以全部存放在内存，而通常只能放在外部存储中进行处理。由于磁盘的顺序访问远比随机访问快得多，因此 MapReduce 主要设计为面向顺序式大规模数据的磁盘访问处理。为了实现面向大数据集批处理的高吞吐量的并行处理，MapReduce 可以利用集群中的大量数据存储节点同时访问数据，以此利用分布集群中大量节点上的磁盘集合提供高带宽的数据访问和传输。

（5）为应用开发者隐藏系统层细节

软件工程实践指南中，专业程序员认为之所以写程序困难，是因为程序员需要记住太多的编程细节（从变量名到复杂算法的边界情况处理），这对大脑记忆是一个巨大的认知负担，需要高度集中注意力，而并行程序编写有更多困难，如需要考虑多线程中诸如同步等复杂烦琐的细节。由于并发执行中的不可预测性，程序的调试查错也十分困难，而且，大规模数据处理时程序员需要考虑诸如数据分布存储管理、数据分发、数据通信和同步、计算结果收集等诸多细节问题。MapReduce 提供了一种抽象机制将程序员与系统层细节隔离开来，程序员仅需描述需要计算什么（What to compute），而具体怎么去计算（How to compute）就交由系统的执行框架处理，这样程序员可从系统层细节中解放出来，而致力于其应用本身计算问题的算法设计。

（6）平滑无缝的可扩展性

这里指出的可扩展性主要包括两层意义上的扩展性：数据扩展和系统规模扩展性。理想的软件算法应当能随着数据规模的扩大而表现出持续的有效性，性能上的下降程度应与数据规模扩大的倍数相当。在集群规模上，要求算法的计算性能应能随着节点数的增加保持接近线性程度的增长。绝大多数现有的单机算法都达不到以上理想的要求，把中间结果数据维护在内存中的单机算法在大规模数据处理时很快失效，从单机到基于大规模集群的并行计算从根本上需要完全不同的算法设计。奇妙的是，MapReduce 在很多情形下能实现以上理想的扩展性特征。多项研究发现，对于很多计算问题，基于 MapReduce 的计算性能可随节点数目增长保持近似于线性的增长。

5.3 Hadoop MapReduce 设计与工作模式

Hadoop MapReduce 是 Google MapReduce 的一个开源实现。以下介绍 Hadoop MapReduce 并行计算框架的设计与工作模式，包括程序执行模式、作业调度模式与执行框架及流程设计。

5.3.1 程序执行模式

图 5-10 展示了在 Hadoop MapReduce 并行计算框架上执行一个用户提交的 MapReduce 程序的基本过程。基本的程序执行过程如下。

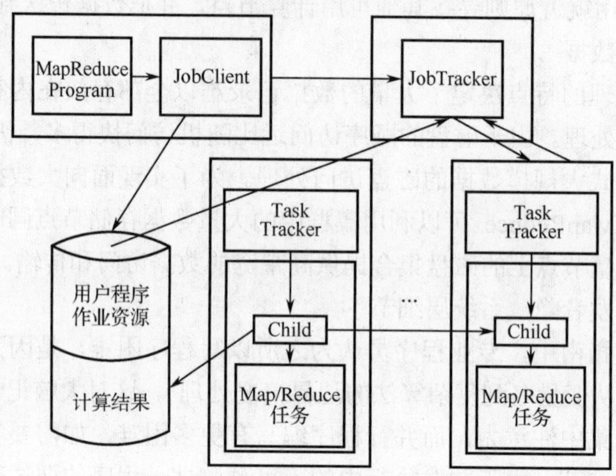

图 5-10　Hadoop MapReduce 程序执行过程

① 首先，用户程序客户端通过作业客户端接口程序 JobClient 提交一个用户程序。

② 然后 JobClient 向 JobTracker 提交作业执行请求并获得一个 JobID。

③ JobClient 同时也会将用户程序作业和待处理的数据文件信息准备好并存储在 HDFS 中。

④ JobClient 正式向 JobTracker 提交和执行该作业。

⑤ JobTracker 接受并调度该作业，进行作业的初始化准备工作，根据待处理数据的实际分片情况，调度和分配一定的 Map 节点来完成作业。

⑥ JobTracker 查询作业中的数据分片信息，构建并准备相应的任务。

⑦ JobTracker 启动 TaskTracker 节点开始执行具体的任务。

⑧ TaskTracker 根据所分配的具体任务，获取相应的作业数据。

⑨ TaskTracker 节点创建所需要的 Java 虚拟机，并启动相应的 Map 任务（或 Reduce 任务）的执行。

⑩ TaskTracker 执行完所分配的任务之后，若是 Map 任务，则把中间结果数据输出到 HDFS 中；若是 Reduce 任务，则输出最终结果。

⑪ TaskTracker 向 JobTracker 报告所分配的任务完成。若是 Map 任务完成并且后续还有 Reduce 任务，则 JobTracker 会分配和启动 Reduce 节点继续处理中间结果并输出最终结果。

Hadoop MapReduce 并行计算框架构建于 HDFS 之上，其中包含一个主控节点 JobTracker 以及众多从节点 TaskTracker。JobTracker 作为 Hadoop 的主控节点，主要负责调度、管理作业中的任务。TaskTracker 作为从节点（任务节点），负责执行 JobTracker 分发过来的任务。

当一个作业被提交给 Hadoop 系统时，这个作业的输入数据会被划分成很多等长的数据块，每个数据块都会对应于一个 Map 任务。这些 Map 任务会同时执行，并行地处理数据。Map 任务的输出数据会被排序，然后被系统分发给 Reduce 任务以做进一步的处理。在作业执行的整个过程中，JobTracker 会对所有任务进行以下管理，重复执行失败的任务，更改作业的执行状态等。

作业和任务是 Hadoop MapReduce 并行计算框架中非常重要的两个概念。为了深入了解 Hadoop MapReduce 框架中作业和任务的内部执行过程，以下基于 Hadoop MapReduce 执行框架源码的深度分析结果，介绍 MapReduce 并行计算框架中作业和任务执行的内部流程和状态转换过程。

1. 作业执行流程

总体上可以把作业的运行和生命周期分为三个阶段：准备阶段（PREP），运行阶段（RUNNING）和结束阶段（FINISHED）。

在准备阶段，作业从初始状态 NEW 开始，进入 PREP.INITIALIZING 状态进行初始化，初始化所做的主要工作是读取输入数据块描述信息，并创建所有的 Map 任务和 Reduce 任务。初始化成功后，进入 PREP.INITIALIZED 状态。此后，一个特殊的作业初始化任务（JobSetupTask）被启动，以创建作业运行环境，此任务完成后，作业准备阶段结束，作业真正进入了运行阶段。

在运行阶段，作业首先处在 RUNNING.RUN_WAIT 状态下等待任务被调度。

任务开始执行时，作业进入 RUNNING.RUNNING_TASKS，以进行真正的计算。当所有的 Map 任务和 Reduce 任务执行完成后，作业进入 RUNNING.SUC_WAIT 状态。此时，另一个特殊的作业清理任务（JobCleanUpTask）被启动，清理作业的运行环境，作业进入结束阶段。在结束阶段，作业清理任务完成后，作业最终到达成功状态 SUCCEEDED，至此，整个作业的生命周期结束。

在主线上的各个状态下，作业有可能被客户主动杀死，最终进入 KILLED 状态；也有可能在执行中因各种因素而失败，最终进入 FAILED 状态。

2. 任务执行流程

任务（Task）是 Hadoop MapReduce 框架进行并行化计算的基本单位。需要说明的一点是：任务是一个逻辑上的概念，在 MapReduce 并行计算框架的实现中，分布于 JobTracker 和 TaskTracker 两端，分别对应于 TaskInProgress 和 TaskTracker.TaskInProgress 两个对象。当一个作业提交到 Hadoop 系统时，JobTracker 对作业进行初始化，作业内的任务（TaskInProgress）被全部创建好，等待 TaskTracker 来请求任务，我们对任务的分析就从这里开始。

任务执行过程沿时间线从上往下依次为以下几个步骤。

① JobTracker 为作业创建一个新的 TaskInProgress 任务；此时 Task 处在 UNASSIGNED 状态。

② TaskTracker 经过一个心跳周期后，向 JobTracker 发送一次心跳消息（Heartbeat），请求分配任务，JobTracker 收到请求后分配一个 TaskInProgress 任务给 TaskTracker。这是

第一次心跳通信，心跳间隔一般为 3 秒。

③ TaskTracker 收到任务后，创建一个对应的 TaskTracker.TaskInProgress 对象，并启动独立的 Child 进程去执行这个任务。此时 TaskTracker 已将任务状态更新为 RUNNING。

④ 又经过一个心跳周期，TaskTracker 向 JobTracker 报告任务状态的改变，JobTracker 也将任务状态更新为 RUNNINIG。这是第二次心跳通信。

⑤ 经过一定时间，任务在 Child 进程内执行完成，Child 进程向 TaskTracker 进程发出通知，任务状态变为 COMMIT_PENDING（任务在执行期间 TaskTracker 还会周期性地向 JobTracker 发送心跳信息）。

⑥ TaskTracker 再次向 JobTracker 发送心跳信息，报告任务状态的改变，JobTracker 收到消息后也将任务状态更新为 COMMIT_PENDING，并返回确认消息，允许提交。

⑦ TaskTracker 收到确认可以提交的消息后，将结果提交，并把任务状态更新为 SUCCEEDED。

⑧ 一个心跳周期后 TaskTracker 再次发送心跳消息，JobTracker 收到消息后也更新任务的状态为 SUCCEEDED，一个任务至此结束。

5.3.2 作业调度模式

1. 作业调度过程

简单地说，Hadoop MapReduce 作业调度就是根据一定的策略，从作业队列中选择一个合适的作业，为它们分配资源让它们得以执行。

与传统的作业调度不同，在 Hadoop MapReduce 并行计算框架中，每个作业都被划分为很多更小粒度的任务单元。因此，Hadoop 作业调度在选择合适的作业之后还需从中选择合适的任务。不同的调度器对作业有着不同的组织结构，如单队列、多队列、作业池等，但是任务的组织结构都沿用了 Hadoop 本身的机制。

Hadoop MapReduce 构建于 Hadoop 分布式文件系统 HDFS 之上。在默认情况下，每个文件都会被划分为 64MB 大小的一系列数据块（Block），每个数据块都会有三个备份保存在集群中三个不同的节点上。

举例来说，作业中的 nonRunningMaps 是一个 Java Map 映射表数据结构，保存了带有输入数据位置信息的 Map 任务：如果一个任务 m1 的输入数据为 block1 且分别保存在 node1、node2 以及 node3 上，那么这 3 个节点分别对应的任务集都会包括 m1。其他的数据结构，如 runningMaps、failedMaps、runningReduces 分别保存了正在执行的 Map 任务、失败的 Map 任务以及正在执行的 Reduce 任务。需要注意的是，nonLocalMaps 比较特殊，它保存的是无输入数据位置信息且尚未执行的 Map 任务。在大数据问题背景下，计算向数据迁移显得尤为重要。在给计算节点分配 Map 任务时，Hadoop 会优先选择那些输入数据保存在本地节点的 Map 任务（Node-Local 任务）；次之则选择数据保存在相近节点的任务，如一个机架上的另一节点上的任务（Rack-Local 任务）。Reduce 任务的输入数据是通过网络从 Map 任务端远程复制过来的，不具有这种本地执行的性质，因此可随意分配。

现有的 Hadoop 作业调度算法在选择了合适的作业之后，对任务的选择基本都遵循上述的策略。

2. 作业调度器

早期的 Hadoop 使用 FIFO 调度器来调度用户提交的作业。现在主要使用的调度器包括 Yahoo 公司提出的计算能力调度器（Capacity Scheduler）以及 Facebook 公司提出的公平调度器（Fair Scheduler）。

（1）先进先出（FIFO）调度器

采用 FIFO 调度器时，用户作业都会被提交到唯一的一个队列内。在 TaskTracker 申请任务时，系统会按照优先级高低从队列中选择一个符合执行条件的作业进行调度，如果优先级相同，则依据提交时间的先后顺序选择相应的作业进行调度。

不难看出，采用 FIFO 调度器时，整个系统的资源会被一个作业独占。其缺点主要是：①优先级低的作业或者相同优先级下提交较晚的作业会一直被阻塞，迟迟得不到响应；②当作业较小时，系统资源会被极大地浪费，即使作业较大，在作业的启动阶段及完成阶段，由于其任务无法占满集群的所有节点，因此集群资源还是无法得到高效的利用。

（2）计算能力调度器

在计算能力调度器中，调度器维护了多个队列。提交的作业会按照用户配置的参数提交到指定的队列中。当有空闲 slot 的节点访问 JobTracker 申请作业时，系统会依次选择合适的队列、在该队列中选择合适的作业、在该作业中选择合适的任务。这里 slot 是 MapReduce 用来刻画节点可分配计算资源数量的一种抽象度量单位，一个 MapReduce 计算任务需要申请获得一个空闲的 slot 才能得到运行。

① 选择队列：将所有队列按照资源使用率由小到大排序，依次进行处理，直到找到合适的作业。在这里，资源使用率的值为该队列占用的 slot 数量与整个集群的 slot 总数的比值。

② 选择作业：在选定队列之后，对队列中的任务依据 FIFO 调度器，依次进行处理，直到找到满足下面两个条件的作业：作业所在的用户未达到资源使用上限；该作业对应的任务执行时需要的内存小于申请任务的节点所剩余的内存，保证任务可以顺利执行。

③ 选择任务：基于原有的 Hadoop 任务选择策略。计算能力调度器的主要特点是：通过优先调度资源使用率低的队列来保证多个队列公平地分享整个集群的资源；单个队列的调度支持原有的先进先出调度策略；在调度作业的过程中考虑内存的使用状况是否能够满足任务的执行需求，避免分配任务后执行失败又重复执行的额外开销。

从资源使用的角度来说，计算能力调度器考虑了节点内存资源的使用状况，避免内存枯竭导致任务的执行效率低下甚至失败。但是，它并没有考虑 I/O 密集型作业的执行同样会产生类似的问题；其次，它并没有考虑如何将内存密集型作业和非内存密集型作业混合调度、使计算节点达到高效使用内存资源的同时，还能够尽量地保证其他硬件资源的使用率。

（3）公平调度器

公平调度器使用资源池（Pool）来组织作业，并把整个集群的资源按照一定的权重划分给这些资源池。默认情况下，每一个用户单独享有一个资源池且权重为 1，这样所有用户都能获得一份等同的集群资源而不管他们提交了多少作业。系统也可以配置不同的资源池权重，以不同的资源比例支持众多用户。

整个公平调度器可以分为两个部分：资源共享信息更新（Update Thread）以及作业调度（Assign Task）。

在作业调度的过程中，资源池的概念与计算能力调度器中队列的概念类似，整个处理的过程也基本相同，即先选择合适的资源池，再从中选择合适的作业进行调度，不同的有以下两点：① 资源池的排序依据资源共享算法；② 资源池中作业的排序算法有两种可供选择，一是类似资源池排序的资源共享算法，二是采用 FIFO 作业调度算法，默认的是前者。

资源共享算法就是一个排序算法。这里，资源指的就是 Map slot 以及 Reduce slot；排序的对象可以是作业，也可以是资源池。上述代码展示了对作业排序的算法内容，当排序对象是资源池时，即把对应的参数改为资源池内的作业的加权和。

具体到 minshare、demand 以及 weight 这些值的计算，则交由公平调度算法的第一部分，即资源共享信息更新部分来完成。如 minshare、weight 这些参数是由用户指定的，直接从配置文件中读取。为了保证系统的灵活性，公平调度器会每隔 5 秒（默认）重新读取该文件来为所有作业修正参数。

在任务选择方面，公平调度算法采用了延迟调度算法。为了能够尽可能地分配 node-local 任务，该算法采用了两级延迟调度。① 作业按最多可以等待的时间 *W* 来分配一个 node-local 任务，如果在等待时间范围内不能分配到 node-local 任务，则放弃这期间的分配机会，如果时间超过 *W*，则尝试分配一个 rack-local 任务。② 作业按最多可以延迟的时间 *W*2 来分配一个 rack-local 任务。若超过等待时间，则随意分配任务。这里的 *W* 和 *W*2 在系统启动时通过读取配置文件获取，根据集群每秒释放的 slot 数目来决定。

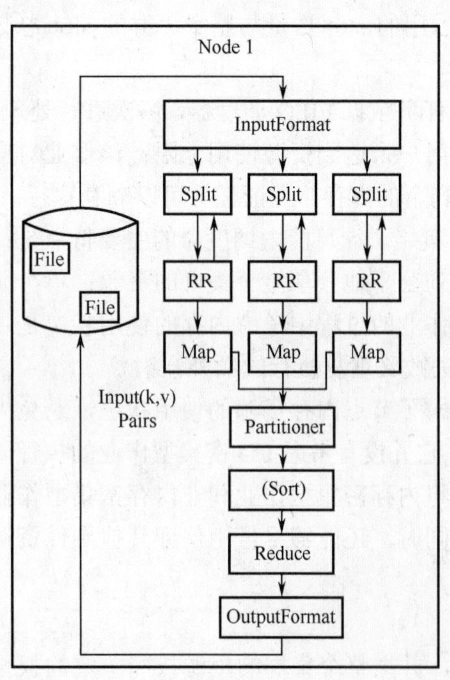

图 5-11　Hadoop MapReduce 执行框架及流程图

从上述内容可以得出公平调度器具有以下特点：① 每个作业都拥有最低限度的资源保障（minshare），不至于迟迟得不到资源而无法执行；② 采用了更加灵活的调度策略，管理员可以实时地修改作业的权重、最小共享量等参数；③ 采用了延迟调度算法，大大减小了集群中的网络开销，同时缩短了任务的平均执行时间。

5.3.3　执行框架及流程设计

图 5-11 展示了 Hadoop MapReduce 执行框架所涉及的组件和执行流程。每个 TaskTracker 节点将从 HDFS 分布式文件中读取所要处理的数据。Hadoop MapReduce 框架提供了一个

InputFormat 对象负责具体以什么样的输入格式读取数据。然后数据会被分为很多个分片（Split），每个分片将交由一个 Map 对象去处理。在进入 Map 之前，需要通过 RecordReader 对象逐个从数据分片中读出数据记录，并转换为键值对，逐个输入到 Map 中处理。Map 输出中间结果前，需要经过一个 Combiner 对象将该 Map 输出的相同主键下的所有键值对合并为一个键值对；Map 所输出的中间结果在进入 Reduce 节点之前，先通过中间的 Partitioner 对象进行数据分区，将数据发送到合适的 Reduce 节点上，避免不同 Reduce 节点上的数据有相关性，保证每个 Reduce 节点可独立完成本地计算；在传入 Reduce 节点之前还会自动将所有键值对按照主键值进行排序。Reduce 节点完成计算后，经过 OutputFormat 对象指定输出数据的具体格式，最终将数据输出并写回到 HDFS 中。

5.4　Hadoop MapReduce 组件接口

5.4.1　InputFormat

InputFormat 类是 Hadoop MapReduce 框架中的基础类之一，它描述了 MapReduce 作业数据的输入形式和格式。作业的 InputFormat 将被 MapReduce 框架赋予如下三个任务。

① 验证作业数据的输入形式和格式。

② 将输入数据分割为若干逻辑意义上的 InputSplit，其中每一个 InputSplit 将单独作为一个 Mapper 的输入。

③ 提供一个 RecordReader，用于将 Mapper 的输入（即 InputSplit）处理转化为若干输入记录。

1．FileInputFormat 类

FileInputFormat 是最常用的 InputFormat 类别。它重载了 InputFormat 类的 getSplits()方法，用于从 HDFS 中读取文件并分块，这些文件可能是文本文件或者顺序文件。默认的输入格式 TextInputFormat 即为 FileInputFormat 的一个子类，此外，CombineFile-InputFormat，KeyValueTextInputFormat，NLineInputFormat，SequenceFileInputFormat 也都是 FileInputFormat 的子类，它们的功能和用法参见 Hadoop 编程 API。FileInputFormat 提供了若干静态方法，用户可以用它们设定输入路径、指定分块大小等全局设置。比如，addInputPath()方法可以添加一个输入文件（或文件夹）的路径，setMaxInputSplitSize()方法可以设定一个数据分块的最大大小（默认数据分块的大小等于 HDFS 的块大小）等。

2．常用的内置 InputFormat 类

提供了一些常用的内置 InputFormat 类，如表 5-1 所示，包括 TextInputFormat，KeyValueTextInputFormat，以及 SequenceFileInputFormat，它们都是 FileInputFormat 的子类。

（1）TextInputFormat 类

如果用户不指定输入格式，则系统默认的输入格式为 TextInputFormat 类。它将 HDFS 上的文本文件分块存入 Mapper 中，然后逐行读入，将当前行在整个文本文件中的字符偏

移位置作为键（Key），将该行的内容作为值（Value）。

表 5-1 常用的内置 InputFormat 类

InputFormat 类	描 述	键	值
TextInputFormat	默认输入格式，读取文本文件的行	当前行的偏移位置	当前行内容
KeyValueTextInputFormat	将行解析为键值对	行内首个制表符前的内容	行内其余内容
SequenceFileInputFormat	专用于 Hadoop 的高性能二进制数格式	用户定义	用户定义

TextInputFormat 提供了默认的 LineRecordReader，以读入一个文本行数据记录。在使用 TextInputFormat 时，Mapper 的输入数据格式应指定为<LongWritable, Text>。

（2）KeyValueTextFormat 类

KeyValueTextFormat 同 TextInputFormat 一样逐行读入文本文件，同时它还将行的内容解析为键值对。它会寻找当前行的第一个分隔符（默认为制表符“\t”），将此分隔符前的内容作为主键，而后面的内容直到行尾作为值。KeyValueTextFormat 内置的默认 RecordReader 是 KeyValueLineRecordReader。在使用 KeyValueTextFormat 时，Mapper 的输入数据格式应指定为<Text, Text>。

（3）SequenceFileInputFormat 类

Hadoop 的顺序文件格式可以存储二进制的键值对序列。SequenceFileInputFormat 类能够以顺序二进制文件中的数据作为 MapReduce 的输入，读取其中的键值对供用户处理。SequenceFileInputFormat 可用于读取和处理诸如媒体（图片、视频、声音等）等二进制文件，具体的输入键值对的格式需要由用户定义。SequenceFileInputFormat 内置的默认 RecordReader 是 SequenceFileRecordReader。在使用 SequenceFileInputFormat 时，Mapper 的输入数据格式应当按照顺序二进制文件中键值对数据的实际格式来指定。

3. 其他的内置 InputFormat 类

Hadoop 提供了各种功能丰富的 InputFormat 类，它们重载了 getSplits()和 createRecordReader()方法，以实现从特定数据源或特殊目的的输入要求。Hadoop 提供的 InputFormat 类有：TextInputFormat，KeyValueTextInputFormat，NLineInputFormat，CombineFileInputFormat，SequenceFileInputFormat，SequenceFileAsTextInputFormat，SequenceFileAsBinaryInputFormat，SequenceFileInputFilter，DBInputFormat，DataDrivenDBInputFormat，OracleDataDrivenDBInputFormat。

另外，除这些输入格式外，还有一个 MultipleInputs 类，它可以将异源异构的各种输入格式放在一起。除内置的输入格式以外，用户也可以定制 InputFormat，以满足某些特殊的输入格式需求。

5.4.2 InputSplit

数据分块 InputSplit 是 Hadoop MapReduce 框架中的基础类之一。一个 InputSplit 将单独作为一个 Mapper 的输入，即作业的 Mapper 数量是由 InputSplit 的个数决定的。用户并不能自由地选择 InputSplit 的类型，而是在选择某个 InputFormat 时就决定了对应的

InputSplit。特定的 InputFormat 类重载的 getSplits 方法，它的返回值就是特定的 InputSplit 类的列表。任何数据分块的实现都继承自抽象基类 InputSplit，它位于：org.apache.hadoop.mapreduce.InputSplit。该抽象基类有两个抽象方法：

```
abstractlonggetLength()
abstractString[]getLocations()
```

getLength()方法返回该分块的大小，getLocations()方法返回一个列表，其中列表的每一项为该分块的数据所在的节点，这些数据对于这些节点是“本地的”。JobTracker 的调度器将根据这两个方法的返回值，以及 TaskTracker 通过心跳通信反馈给 JobTracker 的 Map slot 的可用情况，选择合适的调度策略为 TaskTracker 分配 Map 任务，使得它所需的数据分块尽量在本地。

一个常见的数据分块类是 FileSplit。它对应于输入格式 FileInputFormat。它同时提供了一些方法用于用户获取文件分块相关的属性，如 getPath()方法返回该文件分块的文件名，getStart()方法返回该文件分块的第一个字节在文件中的位置等。

5.4.3 RecordReader

数据记录也是 Hadoop MapReduce 框架中的重要概念。在 Map 阶段中，每个 Map 将会不断地读取文件分块，每读取一次，都会得到一个数据记录，并将这些数据记录转化为键值对的形式供用户做进一步处理。RecordReader 即为负责从数据分块中读取数据记录并转化为键值对的类。

和 InputSplit 类一样，用户并不能自由地选择 RecordReader 的类型，而是在选择某个 InputFormat 时就决定了对应的 RecordReader。特定的 InputFormat 类重载的 createRecordReader 方法，它的返回值就是特定的 RecordReader 类。例如，TextInputFormat 对应的默认 RecordReader 是 LineRecordReader，KeyValueTextInputFormat 对应的默认 RecordReader 是 KeyValueLineRecordReader 等。但是在需要时用户可重新定制和使用一个自定义的 InputFormat 和 RecordReader 类。任何数据记录读入功能的实现都继承抽象基类 RecordReader，它位于 org.apache.hadoop.mapreduce.RecordReader<KEYIN, VALUEIN>。该抽象基类实现了 Closable 接口，另外还有若干抽象方法。

1. 常用的内置 RecordReader 类

表 5-2 列出了三个常用的内置 RecordReader 类及其所对应的 InputFormat 类。LineRecordReader 类逐行读出文件中的一行文本作为一个记录，并将当前行在整个文本文件中的字符偏移位置作为键，将该行的内容作为值，工作时其对应着 TextInputFormat。KeyValueLineRecordReader 类则认为每行文本已经按照键值对的格式逐行组织好数据，然后逐行读出相应的键值对，工作时其对应着 KeyValueTextInputFormat 类。SequenceFileRecordReader 类则将文件作为二进制顺序文件读出，具体的键值对格式需要由用户实现，工作时其对应着 SequenceFileInputFormat 类。

表 5-2　常用内置 RecordReader 类及其对应的 InputFormat 类

RecordReader 类	InputFormat 类	描述
LineRecordReader	TextInputFormat	读取文本文件的行
KeyValueLineRecordReader	KeyValueTextInputFormat	读取行并将行解析为键值对
SequenceFileRecordReader	SequenceFileInputFormat	用户定义的格式产生键值对

2．其他的内置 RecordReader 类

Hadoop 内置的 RecordReader 类列举如下：

LineRecordReader，KeyValueLineRecordReader，CombineFileRecordReader，
SequenceFileRecordReader，SequenceFileAsBinaryRecordReader，
SequenceFileAsTextRecordReader，DBRecordReader，MySQLDBRecordReader，
OracleDBRecordReader，DataDrivenDBRecordReader，
MySQLDataDrivenDBRecordReader，OracleDataDrivenDBRecordReader

除内置的数据记录读入以外，用户也可以定制 RecordReader，以满足某些特殊的输入格式需求。

5.4.4　Mapper

1．Mapper 类的定义和编程使用

简单来说，Map 是一些单个任务。Mapper 类就是实现 Map 任务的类。Hadoop 提供了一个抽象的 Mapper 基类，程序员需要继承这个基类，并实现其中的相关接口函数。

Mapper 类是 Hadoop 提供的一个抽象类，程序员可以继承这个基类并实现其中的相关接口函数。它位于 org.Apache.hadoop.mapreduce.Reducer<KEYIN, VALUEIN, KEYOUT, VALUEOUT>；在 Mapper 中实现的是对大量数据记录或元素的重复处理，并对每个记录或元素做感兴趣的处理、获取感兴趣的中间结果信息。Mapper 类中有下列 4 个方法：

```
protected void setup（Context context）
protected void map（KEYIN key，VALUEIN value.Context context）
protected void cleanup（Context context）
public void run（Context context）
```

其中 setup()方法一般是用于 Mapper 类实例化时用户程序可能需要做的一些初始化工作（如创建一个全局数据结构，打开一个全局文件，或者建立数据库连接等）；map()方法则一般承担主要的处理工作；cleanup()方法则是收尾工作，如关闭文件或者执行 map()后的键值对的分发等。

2．map()方法

map()方法的详细接口定义如下：

```
public void map(Object key, Text value, Context context)
        throws IOException, InterruptedException{}
```

其中，输入参数 key 是传入 Map 的 Key 值，value 是对应的 Value 值，context 是环境对象参数，供程序访问 Hadoop 的环境对象。map()方法对输入的键值对进行处理，产生一系列的中间键值对，转换后的中间键值对可以有新的键值对类型。输入的键值对可以根据实际应用设定，例如文档数据记录可以将文本文件中的行或数据表格中的行，以键值对形式传入 map()方法中；map()方法将处理这些键值对，并以另一种键值对形式输出处理的一组键值对中间结果。

Hadoop 使用 MapReduce 框架为每个由作业的 InputFormat 产生的 InputSplit 生成一个 Map 任务。Mapper 类可以通过 JobContext.getConfiguration()访问作业的配置信息。

3．setup()和 cleanup()方法

Mapper 类在实例化时将调用一次 setup()方法做一些初始化 Mapper 类的工作，例如，程序需要时可以在 setup()方法中读入一个全局参数，装入一个文件，或者连接一个数据库。然后，系统会为 InputSplit 中的每一个键值对调用 map()方法，执行程序员编写的计算逻辑。最后，系统将调用一次 cleanup()方法为 Mapper 类做一些结束清理工作，如关闭在 setup()中打开的文件或建立的数据库连接。而在默认情况下，这两个函数什么都不做，除非用户重载其实现。

编程时特别需要注意的是，setup()和 cleanup()仅仅在初始化 Mapper 实例和 Mapper 任务结束时由系统作为回调函数分别各做一次，而不是每次调用 map()方法时都去执行一次。

4．Mapper 输出结果的整理

由一个 Mapper 节点输出的键值对首先会需要进行合并处理，以便将 key 相同的键值对合并为一个键值对。这样做的目的是为了减少大量键值对在网络上传输的开销。系统提供一个 Combiner 类来完成这个合并过程。用户还可以定制并指定一个自定义的 Combiner，通过 JobConf.setCombinerClass（Class）来设置具体所使用的 Combiner 对象。

然后，Mapper 输出的中间键值对还需要进行一些整理，以便将中间结果键值对传递给 Reduce 节点进行后续处理，这个过程也称为 Shuffle。这个整理过程中会将 key 相同的 value 构成的所有键值对分到同一组中。Hadoop 框架提供了一个 Partitioner 类来完成这个分组处理过程。用户可以通过实现一个自定义的 Partitioner 来控制哪些键值对发送到哪个 Reduce 节点。在传送给 Reduce 节点之前，中间结果键值对还需要按照 key 值进行排序，以便于后续的处理。这个排序过程将由一个 Sort 类来完成，用户可以通过 JobConf.set-Output KeyComparatorClass（class）来指定定制的 Sort 类的比较器，从而控制排序的顺序，但如果是使用的默认的比较器，则不需要进行这个设置。

Shuffle 之后的结果会被分给各个 Reduce 节点。简单地说，Combiner 是为了减少数据通信开销，中间结果数据进入 Reduce 节点前进行合并处理，把具有同样主键的数据合并到一起避免重复传送；此外，一个 Reduce 节点所处理的数据可能会来自多个 Map 节点，

因此，Map 节点输出的中间结果需使用一定的策略进行适当的分区（Partitioner）处理，保证相关数据发送到同一个 Reduce 节点。

需要注意的是，以上的整理过程仅仅是一个概念上的处理过程，实际执行时，Combiner 类是在 Map 节点上执行的，而 Partitioner 和 Sort 是在 Reduce 节点上执行的。

5.4.5 Combiner

由 Mapper 类的介绍可知，Hadoop 框架使用 Mapper 将数据处理成一个个<key,value>键值对，再对其进行合并和整理，最后使用 Reduce 处理数据并输出结果。然而，在上述过程中会存在一些性能瓶颈，比如：在做词频统计的时候，大量具有相同主键的键值对数据如果直接传送给 Reduce 节点会引起较大的网络带宽开销。可以对每个 Map 节点处理完成的中间键值对做一个合并压缩，即把那些主键相同的键值对归并为一个键名下的一组数值。这样做不仅可以减轻网络压力，同样也可以大幅度提高程序的效率。

Hadoop 通过在 Mapper 类结束后、传入 Reduce 节点之前使用一个 Combiner 类来解决相同主键键值对的合并处理。Combiner 的作用主要是为了合并和减少 Mapper 的输出从而减少网络带宽和 Reduce 节点上的负载。如果我们定义一个 Combiner 类，MapReduce 框架会使用它对中间数据进行多次的处理。

Combiner 类在实现上类似于 Reducer 类。事实上它就是一个与 Reducer 类一样、继承自 Reducer 基类的子类。Combiner 的作用只是为了解决网络通信性能问题，因此使用不使用 Combiner 对结果应该是没有任何影响的。为此，需要特别注意的是，程序设计时，为了保证在使用了 Combiner 后完全不影响 Reducer 的处理和最终结果，Combiner 不能改变 Mapper 类输出的中间键值对的数据类型。如果 Reducer 只运行简单的分布式的聚集方法，例如最大值、最小值或者计数，由于这些运算与 Combiner 类要做的事情是完全一样的，因此在这种情况下可以直接使用 Reducer 类作为 Combiner。但对于其他一些运算（如求平均值等）就不能直接拿 Reducer 类作为 Combiner 使用，否则将会出现完全错误的结果。在这种情况下，需要定制一个专门的 Combiner 类来完成合并处理。

5.4.6 Partitioner

为了避免在 Reduce 计算过程中不同 Reduce 节点间存在数据相关性，需要一个 Partition 的过程。其原因是一个 Reduce 节点所处理的数据可能会来自多个 Map 节点，因此 Map 节点输出的中间结果需使用一定的策略进行适当的分区（Partitioning）处理，保证具有数据相关性的数据发送到同一个 Reduce 节点，这样即可避免 Reduce 计算过程中访问其他的 Reduce 节点，进而解决数据相关性问题。

Partitioner 用来控制 Map 输出的中间结果键值对的划分，分区总数与作业的 Reduce 任务的数量是一样的。

Hadoop 框架自带了一个默认的 HashPartitioner 类，默认情况下，Hadoop 对<key, value>键值对中的 key 取 hash 值并按 Reducer 数目来确定怎样分配给相应的 Reducer。Hadoop 使用 HashPartitioner 类来执行这一操作。但是，有时候 HashPartitioner 并不能完

成我们需要的功能。这时需要由程序员定制一个 Partitioner 类。基本做法是，先继承 Partitioner 类，并重载它的 getPartition()方法，一个自定义的 Partitioner 只需要实现两个方法：getPartition()方法和 configure()方法。getPartition()方法返回一个 0～Reducer 数目之间的整型值来确定将<key,value>键值对送到哪个 Reducer 中，而它的输入参数除 key 和 value 之外，还有一个 numPartitions，表示总的分区的个数。而 configure()方法使用 Hadoop JobConf 来配置所使用的 Partitioner 类。

5.5 小结

MapReduce 作为大数据并行计算的一个主流框架，它和 Hadoop 共同构成了大数据计算的两辆马车，两者相辅相成。大数据并行计算框架及技术是面向用户提供大数据处理的输入输出平台。这个框架以及对应技术的构建，会影响大数据平台整体工作效率。MapReduce 并行计算处理技术的引入，既提供了一种将大数据问题分解成若干小数据问题的模式，同时有效地利用了底层分布式存储平台，使得数据并行处理更为有效，进而满足面对大数据集时大量的 IPC 信号的迟滞性以及吞吐量等关键指标的要求。

第6章 大数据分布式处理系统

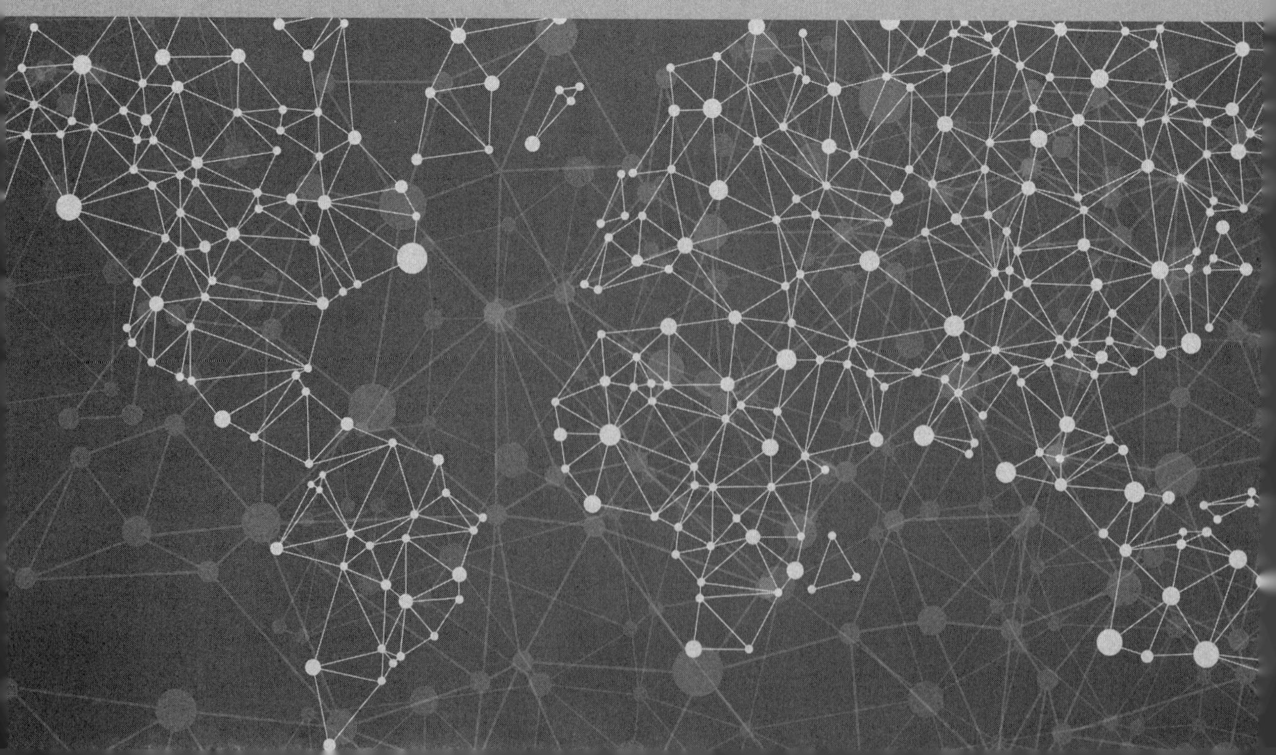

这一章介绍大数据分布式处理系统平台 Hadoop，并且围绕着 HDFS 和 HBase 做进一步的讨论。HDFS 是主流分布式文件系统，它的基本架构与工作过程对于平台的性能至关重要。HBase 作为 HDFS 上的分布式数据库，它的作用就类似于关系数据库跑在操作系统的文件系统上。

6.1 Hadoop 系统平台

6.1.1 分布式结构设计

图 6-1 展示了 Hadoop 系统的分布式存储和并行计算结构。从硬件体系结构上看，Hadoop 系统是一个运行于普通的商用服务器集群的分布式存储和并行计算系统。集群中将有一个主控节点用来控制和管理整个集群的正常运行，并协调管理集群中的从节点完成数据存储和计算任务。每个从节点将同时担任数据存储节点和数据计算节点两种角色，这样设计的目的主要是在大数据环境下尽可能实现本地化计算，以此提高系统的处理性能。为了能及时检测和发现集群中某个从节点发生故障失效，主控节点采用心跳机制（Heart Beat）定期检测从节点，如果从节点不能有效回应心跳信息，则系统认为这个从节点失效。

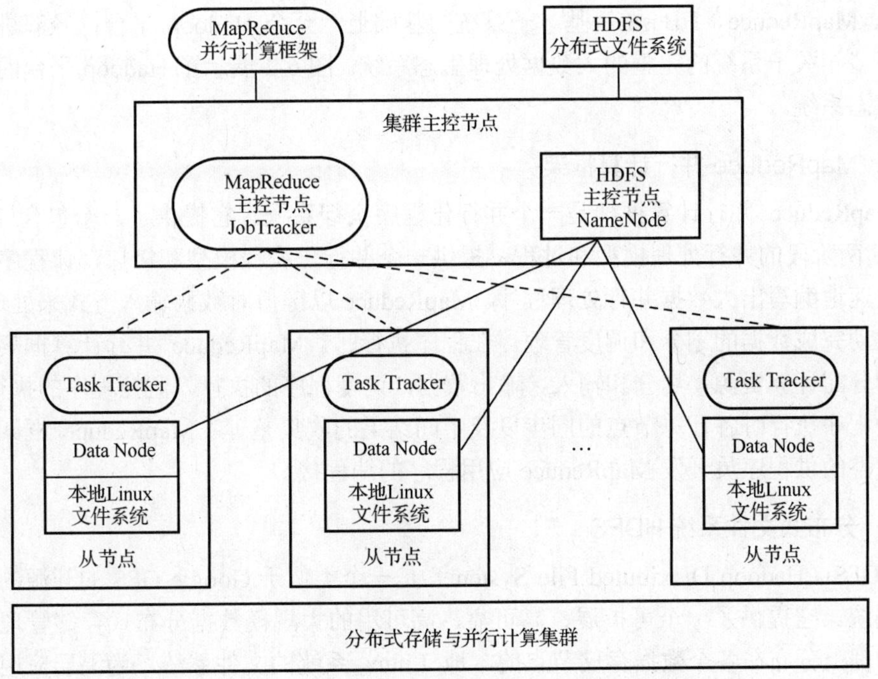

图 6-1　Hadoop 系统分布式存储与并行计算结构示意图

从软件系统角度看，Hadoop 系统包括分布式存储和并行计算两个部分。分布式存储结构上，Hadoop 基于每个从节点上的本地文件系统，构建一个逻辑上整体化的分布式文件系统，以此提供大规模可扩展的分布式数据存储功能，这个分布式文件系统称为 HDFS

（Hadoop Distributed File System），其中，负责控制和管理整个分布式文件系统的主控节点称为 NameNode，而每个具体负责数据存储的从节点称为 DataNode。为了能对存储在 HDFS 中的大规模数据进行并行化的计算处理，Hadoop 又提供了一个称为 MapReduce 的并行化计算框架。该框架能有效管理和调度整个集群中的节点来完成并行化程序的执行和数据处理，并能让每个从节点尽可能对本地节点上的数据进行本地化计算，其中，负责管理和调度整个集群进行计算的主控节点称为 JobTracker，而每个负责具体的数据计算的从节点称为 TaskTracker。JobTracker 可以与负责管理数据存储的主控节点 NameNode 设置在同一个物理的主控服务器上，在系统规模较大、各自负载较重时两者也可以分开设置。但数据存储节点 DataNode 与计算节点 TaskTracker 会配对地设置在同一个物理的从节点服务器上。

Hadoop 系统中的其他子系统，例如 HBase，将建立在 HDFS 分布式文件系统和 MapReduce 并行化计算框架之上。

6.1.2 Hadoop 生态系统

Hadoop 系统运行于一个由普通商用服务器组成的计算集群上，该服务器集群在提供大规模分布式数据存储资源的同时，也提供大规模的并行化计算资源。

在大数据处理软件系统上，随着 Apache Hadoop 系统开源化的发展，在最初包含 HDFS、MapReduce、HBase 等基本子系统的基础上，至今 Hadoop 平台已经演进为一个包含很多相关子系统的完整的大数据处理生态系统。图 6-2 展示了 Hadoop 平台的基本组成与生态系统。

1. MapReduce 并行计算框架

MapReduce 并行计算框架是一个并行化程序执行系统。它提供了一个包含 Map 和 Reduce 两阶段的并行处理模型和过程，提供一个并行化编程模型和接口，让程序员可以方便快速地编写出大数据并行处理程序。MapReduce 以键值对数据输入方式来处理数据，并能自动完成数据的划分和调度管理。在程序执行时，MapReduce 并行计算框架将负责调度和分配计算资源，划分和输入、输出数据，调度程序的执行，监控程序的执行状态，并负责程序执行时各计算节点的同步以及中间结果的收集整理。MapReduce 框架提供了一组完整的供程序员开发 MapReduce 应用程序的编程接口。

2. 分布式文件系统 HDFS

HDFS（Hadoop Distributed File System）是一个类似于 Google GFS 的开源的分布式文件系统。它提供了一个可扩展、高可靠、高可用的大规模数据分布式存储管理系统，基于物理上分布在各个数据存储节点的本地 Linux 系统的文件系统，为上层应用程序提供了一个逻辑上成为整体的大规模数据存储文件系统。与 GFS 类似，HDFS 采用多副本（默认为 3 个副本）数据冗余存储机制，并提供了有效的数据出错检测和数据恢复机制，大大提高了数据存储的可靠性。

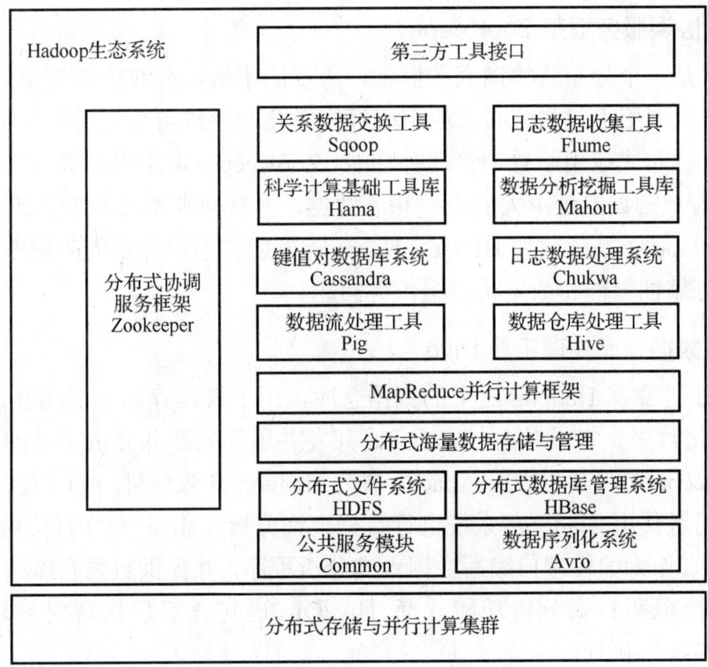

图 6-2　Hadoop 平台的基本组成与生态系统

3．分布式数据库管理系统 HBase

为了克服 HDFS 难以管理结构化/半结构化海量数据的缺点，Hadoop 提供了一个大规模分布式数据库管理和查询系统 HBase。HBase 是一个建立在 HDFS 之上的分布式数据库，它是一个分布式可扩展的 NoSQL 数据库，提供了对结构化、半结构化甚至非结构化大数据的实时读写和随机访问能力。HBase 提供了一个基于行、列和时间戳的三维数据管理模型，HBase 中每张表的记录数（行数）可以多达几十亿条甚至更多，每条记录可以拥有多达上百万的字段。

4．公共服务模块 Common

Common 是一套为整个 Hadoop 系统提供底层支撑服务和常用工具的类库和 API 编程接口，这些底层服务包括 Hadoop 抽象文件系统 FileSystem、远程过程调用 RPC、系统配置工具 Configuration 以及序列化机制。在 0.20 及以前的版本中，Common 包含 HDFS、MapReduce 和其他公共的项目内容；从 0.21 版本开始，HDFS 和 MapReduce 被分离为独立的子项目，其余部分内容构成 Hadoop Common。

5．数据序列化系统 Avro

Avro 是一个数据序列化系统，用于将数据结构或数据对象转换成便于数据存储和网络传输的格式。Avro 提供了丰富的数据结构类型，快速可压缩的二进制数据格式，存储持久性数据的文件集，远程调用 RPC 和简单动态语言集成等功能。

6. 分布式协调服务框架 ZooKeeper

ZooKeeper 是一个分布式协调服务框架，主要用于解决分布式环境中的一致性问题。

ZooKeeper 主要用于提供分布式应用中经常需要的系统可靠性维护、数据状态同步、统一命名服务、分布式应用配置项管理等功能。ZooKeeper 可用来在分布式环境下维护系统运行管理中的一些数据量不大的重要状态数据，并提供监测数据状态变化的机制，以此配合其他 Hadoop 子系统（如 HBase、Hama 等）或者用户开发的应用系统，解决分布式环境下系统可靠性管理和数据状态维护等问题。

7. 分布式数据仓库处理工具 Hive

Hive 是一个建立在 Hadoop 之上的数据仓库，用于管理存储于 HDFS 或 HBase 中的结构化/半结构化数据。它最早由 Facebook 开发并用于处理并分析大量的用户及日志数据，2008 年 Facebook 将其贡献给 Apache 成为 Hadoop 开源项目。为了便于熟悉 SQL 的传统数据库使用者使用 Hadoop 系统进行数据查询分析，Hive 允许直接用类似 SQL 的 HiveQL 查询语言作为编程接口编写数据查询分析程序，并提供数据仓库所需要的数据抽取转换、存储管理和查询分析功能，而 HiveQL 语句在底层实现时被转换为相应的 MapReduce 程序加以执行。

8. 数据流处理工具 Pig

Pig 是一个用来处理大规模数据集的平台，由 Yahoo 贡献给 Apache 成为开源项目。它简化了使用 Hadoop 进行数据分析处理的难度，提供一个面向领域的高层抽象语言 PigLatin，通过该语言，程序员可以将复杂的数据分析任务实现为 Pig 操作上的数据流脚本，这些脚本最终执行时将被系统自动转换为 MapReduce 任务链，在 Hadoop 上加以执行。Yahoo 有大量的 MapReduce 作业是通过 Pig 实现的。

9. 键值存储数据库系统 Cassandra

Cassandra 是一套分布式的键值存储数据库系统，最初由 Facebook 开发，用于存储邮箱等比较简单的格式化数据，Facebook 将 Cassandra 贡献出来成为 Hadoop 开源项目。

Cassandra 以 Amazon 专有的完全分布式 Dynamo 为基础，结合了 Google BigTable 基于列族（Column Family）的数据模型，提供了一套高度可扩展、最终一致、分布式的结构化键值存储系统。它结合了 Dynamo 的分布技术和 Google 的 BigTable 数据模型，更好地满足了海量数据存储的需求。同时，Cassandra 变更垂直扩展为水平扩展，相比其他典型的键值数据存储模型，Cassandra 提供了更为丰富的功能。

10. 日志数据处理系统 Chukwa

Chukwa 是一个由 Yahoo 贡献的开源的数据收集系统，主要用于日志的收集和数据的监控，并与 MapReduce 协同处理数据。Chukwa 是一个基于 Hadoop 的大规模集群监控系统，继承了 Hadoop 系统的可靠性，具有良好的适应性和扩展性。它使用 HDFS 来存储数据，使用 MapReduce 来处理数据，同时还提供灵活强大的辅助工具用以分析、显示、监视数据结果。

11．科学计算基础工具库 Hama

Hama 是一个基于 BSP 并行计算模型（Bulk Synchronous Parallel，大同步并行模型）的计算框架，主要提供一套支撑框架和工具，支持大规模科学计算或者具有复杂数据关联性的图计算。Hama 类似 Google 公司开发的 Pregel，Google 利用 Pregel 来实现图遍历（BFS）、最短路径（SSSP）、PageRank 等计算。Hama 可以与 Hadoop 的 HDSF 进行完美的整合，利用 HDFS 对需要运行的任务和数据进行持久化存储。由于 BSP 在并行化计算模型上的灵活性，Hama 框架可在大规模科学计算和图计算方面得到较多应用，完成矩阵计算、排序计算、PageRank，BFS 等不同的大数据计算和处理任务。

12．数据分析挖掘工具库 Mahout

Mahout 来源于 Apache Lucene 子项目，其主要目标是创建并提供经典的机器学习和数据挖掘并行化算法类库，以便减轻需要使用这些算法进行数据分析挖掘的程序员的编程负担，不需要自己再去实现这些算法。Mahout 现在已经包含了聚类、分类、推荐引擎、频繁项挖掘等广泛使用的机器学习和数据挖掘算法。此外，它还提供了包含数据输入输出工具，以及与其他数据存储管理系统进行数据集成的工具。

13．关系数据交换工具 Sqoop

Sqoop 是 SQL-to-Hadoop 的缩写，是一个在关系数据库与 Hadoop 平台间进行快速批量数据交换的工具。它可以将一个关系数据库中的数据批量导入 Hadoop 的 HDFS、HBase、Hive 中，也可以反过来将 Hadoop 平台中的数据导入关系数据库中。Sqoop 充分利用了 Hadoop MapReduce 的优点，整个数据交换过程基于 MapReduce 实现并行化的快速处理。

14．日志数据收集工具 Flume

Flume 是由 Cloudera 开发维护的一个分布式、高可靠、高可用、适合复杂环境下大规模日志数据采集的系统。它将数据从产生、传输、处理、输出的过程抽象为数据流，并允许在数据源中定义数据发送方，从而支持收集基于各种不同传输协议的数据，并提供对日志数据进行简单的数据过滤、格式转换等处理能力。输出时，Flume 可支持将日志数据写往用户定制的输出目标。

6.2　HDFS 分布式文件系统

大数据处理面临的一个重要课题是，如何有效存储规模巨大的数据？对于大数据处理应用来说，依靠集中式的物理服务器来保存数据是不现实的，容量也好，数据传输速度也好，都会成为瓶颈。要实现大数据的存储，需要使用几十台、几百台甚至更多的分布式服务器节点。

为了统一管理这些节点上存储的数据，必须要使用一种特殊的文件系统——分布式文件系统。为了提供可扩展的大数据存储能力，Hadoop 设计提供了一个分布式文件系统 HDFS（Hadoop Distributed File System）。以下介绍 HDFS 的系统结构、可靠性设计，以及 HDFS 的文件存储组织及数据读写过程，并在此基础上进一步介绍 HDFS 的文件操作。

6.2.1 系统结构

HDFS 被设计成在普通的商用服务器节点构成的集群上即可运行，它和已有的分布式文件系统有很多相似的地方。但是，HDFS 在某些重要的方面，具有区别于其他系统的独特优点。这个特殊的文件系统具有相当强大的容错能力，保证其在成本低廉的普通商用服务器上也能很好地运行；HDFS 还可以提供很高的数据吞吐能力，这对于那些需要大数据处理的应用来说是一项非常重要的技术特征；另外，HDFS 可以采用流式访问的方式读写数据，在编程方式上，除 API 的名称不一样以外，通过 HDFS 读写文件和通过本地文件系统读写文件在代码上基本类似，因而非常易于编程使用。

1. 基本框架

HDFS 是一个建立在一组分布式服务器节点的本地文件系统之上的分布式文件系统。HDFS 采用经典的主-从式结构，其基本组成结构如图 6-3 所示。

一个 HDFS 文件系统包括一个主控节点 NameNode 和一组 DataNode 从节点。NameNode 是一个主服务器，用来管理整个文件系统的命名空间和元数据，以及处理来自外界的文件访问请求。NameNode 保存了文件系统的三种元数据：① 命名空间，即整个分布式文件系统的目录结构；② 数据块与文件名的映射表；③ 每个数据块副本的位置信息，每一个数据块默认有 3 个副本。

HDFS 对外提供了命名空间，让用户的数据可以存储在文件中，但是在内部，文件可能被分成若干个数据块。DataNode 用来实际存储和管理文件的数据块。文件中的每个数据块默认的大小为 64MB。同时为了防止数据丢失，每个数据块默认有 3 个副本，且 3 个副本会分别复制在不同的节点上，以避免一个节点失效造成一个数据块的彻底丢失。

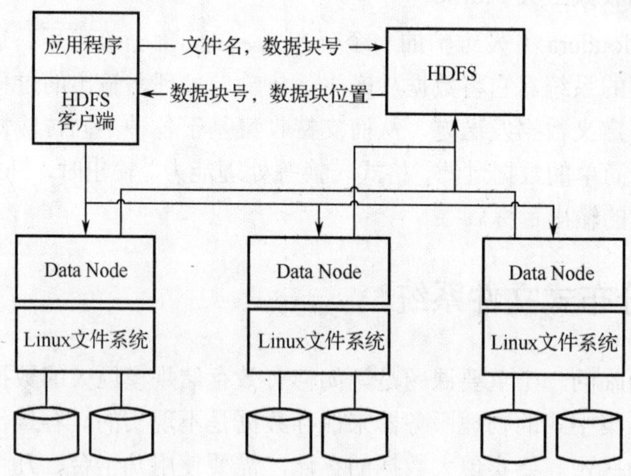

图 6-3 HDFS 的基本组成结构

每个 DataNode 的数据实际上是存储在每个节点的本地 Linux 文件系统中。在 NameNode 上可以执行文件操作，比如打开、关闭、重命名等，而且 NameNode 也负责向 DataNode 分配数据块并建立数据块和 DataNode 的对应关系。DataNode 负责处理文件系统用户具体的数据读写请求，同时也可以处理 NameNode 对数据块的创建、删除副本的指令。NameNode 和 DataNode 对应的程序可以运行在廉价的普通商用服务器上。这些机器一般都运行着 GNU/Linux 操作系统。HDFS 由 Java 语言编写，支持 JVM 的机器都可以运行 NameNode 和 DataNode 对应的程序。虽然一般情况下是 GNU/Linux 系统，但是因为 Java 的可移植性，HDFS 也可以运行在很多其他平台之上。一个典型的 HDFS 部署情况是：NameNode 程序单独运行于一台服务器节点上，其余的服务器节点，每一台运行一个 DataNode 程序。在一个集群中采用单一的 NameNode 可以大大简化系统的架构。另外，虽然 NameNode 是所有 HDFS 的元数据的唯一所有者，但是，程序访问文件时，实际的文件数据流并不会通过 NameNode 传送，而是从 NameNode 获得所需访问数据块的存储位置信息后，直接去访问对应的 DataNode 获取数据。这样设计有两点好处：一是可以允许一个文件的数据能同时在不同 DataNode 上并发访问，提高数据访问的速度；二是可以大大减少 NameNode 的负担，避免 NameNode 成为数据访问瓶颈。

2. 工作工程

HDFS 的基本文件访问过程如下。

①首先，用户的应用程序通过 HDFS 的客户端程序将文件名发送至 NameNode。②NameNode 接收到文件名之后，在 HDFS 目录中检索文件名对应的数据块，再根据数据块信息找到保存数据块的 DataNode 地址，将这些地址回送给客户端。③客户端接收到这些 DataNode 地址之后，与这些 DataNode 并行地进行数据传输操作，同时将操作结果的相关日志（比如是否成功，修改后的数据块信息等）提交到 NameNode。

为了提高硬盘的效率，文件系统中最小的数据读写单位不是字节，而是一个更大的概念“数据块”。但是，数据块的信息对于用户来说是透明的，除非通过特殊的工具，否则很难看到具体的数据块信息。

HDFS 同样也有数据块的概念。但是，与一般文件系统中大小为几 KB 的数据块不同，HDFS 数据块的默认大小是 64MB，而且在不少实际部署中，HDFS 的数据块可能会被设置成 128MB 甚至更多，比起文件系统上几 KB 的数据块，大了几千倍。将数据块设置成这么大的原因是减少寻址开销的时间。在 HDFS 中，当应用发起数据传输请求时，NameNode 会首先检索文件对应的数据块信息，找到数据块对应的 DataNode；DataNode 则根据数据块信息在自身的存储中寻找相应的文件，进而与应用程序之间交换数据。因为检索的过程都是单机运行，所以要增加数据块大小，这样就可以减少寻址的频度和时间开销。

3. 文件系统

HDFS 中的文件命名遵循了传统的“目录/子目录/文件”格式。通过命令行或者 API 可以创建目录，并且将文件保存在目录中，也可以对文件进行创建、删除、重命名操作。不过，HDFS 中不允许使用链接（硬链接和符号链接都不允许）。命名空间由 NameNode 管理，所有对命名空间的改动（包括创建、删除、重命名，或是改变属性等，但是不包括打开、读取、写入数据）都会被 HDFS 记录下来。

HDFS 允许用户配置文件在 HDFS 上保存的副本数量，保存的副本数称作“副本因子”（Replication Factor），这个信息也保存在 NameNode 中。

4. 通信协议

作为一个分布式文件系统，HDFS 中大部分的数据都是通过网络进行传输的。为了保证传输的可靠性，HDFS 采用 TCP 协议作为底层的支撑协议。应用可以向 NameNode 主动发起 TCP 连接。应用和 NameNode 交互的协议称为 Client 协议，NameNode 和 DataNode 交互的协议称为 DataNode 协议（这些协议的具体内容请参考其他资料）。而用户和 DataNode 的交互是通过发起远程过程调用（Remote Procedure Call，RPC）、并由 NameNode 响应来完成的。另外，NameNode 不会主动发起远程过程调用请求。

5. 客户端

严格来讲，客户端并不能算是 HDFS 的一部分，但是客户端是用户和 HDFS 通信最常见也是最方便的渠道，而且部署的 HDFS 都会提供客户端。

客户端为用户提供了一种可以通过与 Linux 中的 Shell 类似的方式访问 HDFS 的数据。客户端支持最常见的操作如打开、读取、写入等，而且命令的格式也和 Shell 十分相似，大大方便了程序员和管理员的操作。

除命令行客户端以外，HDFS 还提供了应用程序开发时访问文件系统的客户端编程接口。

6.2.2 可靠性设计

Hadoop 能得到如此广泛的应用，和背后默默支持它的 HDFS 是分不开的。作为一个能在成百上千个节点上运行的文件系统，HDFS 在可靠性设计上做了非常周密的考虑。

1. 数据块多副本设计

作为一个分布式文件系统，HDFS 采用了在系统中保存多个副本的方式保存数据（以下简称多副本），且同一个数据块的多个副本会存放在不同节点上，如图 6-4 所示。采用这种多副本方式有以下几个优点：①采用多副本，可以让客户从不同的数据块中读取数据，加快传输速度；②因为 HDFS 的 DataNode 之间通过网络传输数据，如果采用多个副本可以判断数据传输是否出错；③多副本可以保证某个 DataNode 失效的情况下，不会丢失数据。

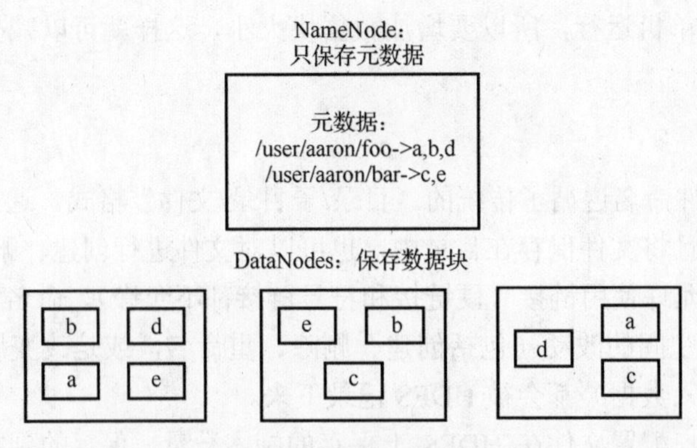

图 6-4　HDFS 数据块多副本存储

HDFS 按照块的方式随机选择存储节点，为了可以判断文件是否出错，副本个数默认为 3（如果副体个数为 1 或 2 的话，是不能判断数据对错的）。出于数据传输代价以及错误恢复等多方面的考虑，副本的保存并不是均匀分布在集群之中的，关于副本保存分布和维持 DataNode 负载均衡，也是在实际运行中需要考虑到的。

2．设计实现机制

（1）安全模式

HDFS 刚刚启动时，NameNode 会进入安全模式（Safe Mode）。处于安全模式的 NameNode 不能做任何的文件操作，甚至内部的副本创建也是不允许的。NameNode 此时需要和各个 DataNode 通信，获得 DataNode 保存的数据块信息，并对数据块信息进行检查。只有通过了 NameNode 的检查，一个数据块才被认为是安全的。当认为安全的数据块所占的比例达到了某个阈值，NameNode 才会退出。

（2）SecondaryNameNode

Hadoop 中使用 SecondaryNameNode 来备份 NameNode 的元数据，以便在 NameNode 失效时能从 SecondaryNameNode 恢复出 NameNode 上的元数据。SecondaryNameNode 充当 NameNode 的一个副本，它本身并不处理任何请求，因为处理这些请求都是 NameNode 的责任。NameNode 中保存了整个文件系统的元数据，而 SecondaryNameNode 的作用就是周期性（周期的长短也是可以配置的）保存 NameNode 的元数据。这些元数据中包括文件镜像数据 FsImage 和编辑日志数据 EditLog。FsImage 相当于 HDFS 的检查点，NameNode 启动时候会读取 FsImage 的内容到内存，并将其与 EditLog 日志中的所有修改信息合并生成新的 FsImage。在 NameNode 运行过程中，所有关于 HDFS 的修改都将写入 EditLog。这样，如果 NameNode 失效，可以通过 SecondaryNameNode 中保存的 FsImage 和 EditLog 数据恢复出 NameNode 最近的状态，尽量减少损失。

（3）心跳包（HeartBeat）和副本重新创建（Re-Replication）

如果 HDFS 运行过程中，一部分 DataNode 因为崩溃或是掉线等原因，离开了 HDFS 系统，怎么办？为了保证 NameNode 和各个 DataNode 的联系，HDFS 采用了心跳包（HeartBeat）机制。位于整个 HDFS 核心的 NameNode，通过周期性的活动来检查 DataNode 的活性，就像跳动的心脏一样，所以，这里把这些包称为心跳包。NameNode 周期性向管理的各个 DataNode 发送心跳包，而收到心跳包的 DataNode 则需要回复。因为心跳包总是定时发送的，所以 NameNode 就把要执行的命令也通过心跳包发送给 DataNode，而 DataNode 收到心跳包，一方面回复 NameNode，另一方面就开始了与用户或者应用的数据传输。如果侦测到了 DataNode 失效，那么之前保存在这个 DataNode 上的数据就变成不可用的。如果有的副本存储在失效的 DataNode 上，则需要重新创建这个副本，放到另外可用的地方。其他需要创建副本的情况包括数据块校验失败等。

（4）数据一致性

一般来讲，DataNode 与应用数据交互的大部分情况都是通过网络进行的，而网络数据传输带来的一大问题就是数据是否能无损到达目标节点。为了保证数据的一致性，HDFS 采用了数据校验和（Checksum）机制。创建文件时，HDFS 会为这个文件生成一个校验和，校验和文件和文件本身保存在同一空间。传输数据时会将数据与校验和一起传输，应用收到数据后可以进行校验，如果两个校验的结果不同，则文件肯定出错了，这个数据块就变成了无效的。如果判定数据无效，就需要从其他 DataNode 上读取副本。

（5）租约

在 Linux 中，为了防止出现多个进程向同一个文件写数据的情况，采用了文件加锁的机制。而在 HDFS 中，同样也需要一种机制来防止同一个文件被多个人写入数据。这种机制就是租约（Lease）。每当写入文件之前，一个客户端必须要获得 NameNode 发放的一个租约。NameNode 保证同一个文件只会发放一个允许写的租约，那么就可以有效防止出现多人写入的情况。

不过，租约的作用不止于此。如果 NameNode 发放租约之后崩溃了，怎么办？或者如果客户端获得租约之后崩溃了，又怎么办？第一个问题可以通过前面提到的恢复机制解决。而第二个问题，则通过在租约中加入时间限制来解决。每当租约要到期时，客户端需要向 NameNode 申请更新租约，NameNode“审核”之后，重新发放租约。如果客户端不申请，那就说明客户端不需要读写这一文件或者已经崩溃了，NameNode 收回租约即可。

（6）回滚

HDFS 与 Hadoop 同样处于发展阶段。而某个升级可能会导致 BUG 或者不兼容的问题，这些问题还可能导致现有的应用运行出错。这一问题可以通过回滚到旧版本解决。HDFS 安装或者升级时，会将当前的版本信息保存起来，如果升级之后一段时间内运行正常，可以认为这次升级没有问题，重新保存版本信息，否则，根据保存的旧版本信息，将 HDFS 恢复至之前的版本。

6.2.3 文件存储组织

作为一个分布式文件系统，HDFS 内部的数据与文件存储机制、读写过程与普通的本地文件系统有较大的差别。HDFS 中最主要的部分就是 NameNode 和 DataNode。NameNode 存储了所有文件元数据、文件与数据块的映射关系，以及文件属性等核心数据，DataNode 则存储了具体的数据块。以下介绍 HDFS 中具体的文件存储组织结构。

1. NameNode 目录结构

NameNode 借助本地文件系统来保存数据，保存的文件夹位置由配置选项{dfs.name.dir}决定（未配置此选项，则为 hadoop 安装目录下的/tmp/dfs/name），所以，这里我们以${dfs.name.dir}代表 NameNode 节点管理的根目录。目录下的文件和子目录则以${dfs.name.dir}/file 和${dfs.name.dir}/subdir 的格式表示。

在 NameNode 的${dfs.name.dir}之下有 3 个目录和 1 个文件。

（1）current 目录。主要包含如下的内容和结构：① version，保存当前运行的 HDFS 版本信息。② FsImage，是整个系统的空间镜像文件。③ Edit，EditLog 编辑日志。④ FsTime，上一次检查点的时间。

（2）previous.checkpoint 目录。和 current 内容结构一致，不同之处在于，此目录中保存的是上一次检查点的内容。

（3）image 目录。旧版本（版本<0.13）的 FsImage 存储位置。

（4）in_use.lock。NameNode 锁，只在 NameNode 有效（启动并且能和 DataNode 正常交互）时存在。当不满足上述情况时，该文件不存在。这一文件具有“锁”的功能，可以防止多个 NameNode 共享同一目录（如果一台机器上只有一个 NameNode，这也是最常见的情况，那么这个文件基本不需要）。

2．DataNode 目录结构

DataNode 借助本地文件系统来保存数据，在一般情况下，保存的文件夹位置由配置选项{dfs.data.dir}决定（未配置此选项，则为 Hadoop 安装目录下的/tmp/dfs/data）。所以，这里我们以${dfs.data.dir}代表 DataNode 节点管理的数据目录的根目录，目录下的文件和子目录则以${dfs.data.dir}/file 和${dfs.data.dir}/subdir 的格式表示。

一般来说，在${dfs.data.dir}之下有 4 个目录和 2 个文件。

（1）current 目录。已经成功写入的数据块，以及一些系统需要的文件。包括以下内容：① version，保存了当前运行的 HDFS 版本信息。② blk_XXXXX 和 blk_XXXXX.meta，分别是数据块和数据块对应的元数据（如校验信息等）。③ subdirXX，当同一目录下文件数超过一定限制（如 64）时，会新建一个 subdir 目录，保存多出来的数据块和元数据，这样可以保证在同一目录下的目录数加文件数不会太多，可以提高搜索效率。

（2）tmp 目录和 blocksbeingwritten 目录。正在写入的数据块。tmp 目录保存的是用户操作引发的写入操作对应的数据块，blocksbeingwritten 目录是 HDFS 系统内部副本创建（出现副本错误或者数量不够等情况）时引发的写入操作对应的数据块。

（3）detach 目录。用于 DataNode 升级。

（4）storage 文件。由于旧版本（版本<0.13）的存储目录是 storage，因此如果在新版本的 DataNode 中启动旧版的 HDFS，则会因为无法打开 storage 目录而启动失败，这样可以防止因版本不同带来的风险。

（5）in_use.lock 文件。DataNode 锁，只在 DataNode 有效（启动并且能和 NameNode 正常交互）时存在。当不满足上述情况时，该文件不存在。这一文件具有“锁”的功能，可以防止多个 DataNode 共享同一目录。

3．CheckPointNode 目录结构

CheckPointNode 和旧版本的 SecondaryNameNode 作用类似，所以目录结构也十分相近。CheckPointNode 借助本地文件系统来保存数据。在一般情况下，保存的文件夹位置由配置选项{dfs.checkpoint.dir}决定（若未配置此选项，则为 Hadoop 安装目录下的/tmp/dfs/namesecondary）。所以，这里我们以${dfs.checkpoint.dir}代表 CheckPointNode 节点管理的数据目录的根目录，目录下的文件和子目录则以${dfs.checkpoint.dir}和 file, ${dfs.checkpoint.dir}/subdir 的格式表示。CheckPointNode 目录下的文件和 NameNode 目录下的同名文件作用基本一致，不同之处在于，CheckPointNode 保存的是自上一个检查点之后的临时镜像和日志。

6.2.4 数据读写过程

数据读写过程与数据存储是紧密相关的，以下介绍 HDFS 数据的读写过程。

1. 数据读取过程

一般的文件读取操作包括 open、read、close 等。这里介绍一下客户端连续调用 open、read、close 时，HDFS 内部的整个执行过程。图 6-5 可以帮助我们更好地理解这个过程。

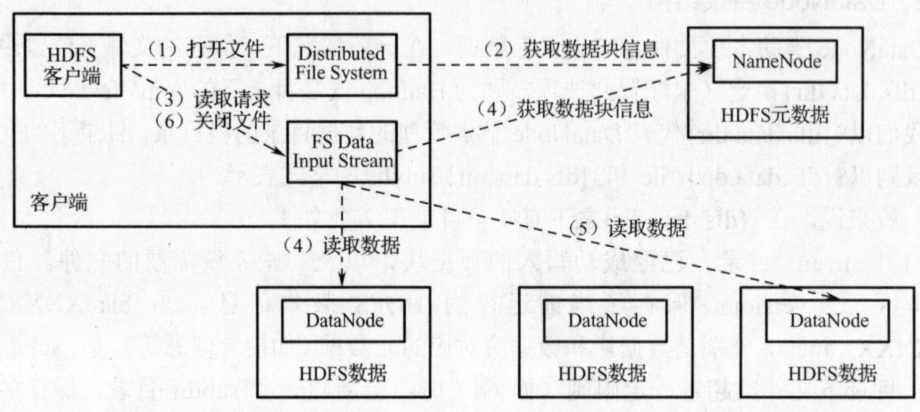

图 6-5 HDFS 数据读取过程

以下是客户端读取数据的过程，其中（1）、(3)、(6）步由客户端发起。

客户端首先要获取 FileSystem 的一个实例，这里就是 HDFS 对应的实例。

（1）首先，客户端调用 FileSystem 实例的 open 方法，获得这个文件对应的输入流，在 HDFS 中就是 DFSInputStream。

（2）构造第（1）步中的输入流 DFSInputStream 时，通过 RPC 远程调用 NameNode 可以获得 NameNode 中此文件对应的数据块保存位置，包括这个文件的副本的保存位置（主要是各 DataNode 的地址）。注意，在输入流中会按照网络拓扑结构，根据与客户端距离对 DataNode 进行简单排序。

(3)和(4)获得此输入流之后，客户端调用 read 方法读取数据。输入流 DFSInputStream 会根据前面的排序结果，选择最近的 DataNode 建立连接并读取数据。如果客户端和其中一个 DataNode 位于同一机器（比如 MapReduce 过程中的 Mapper 和 Reducer），那么就会直接从本地读取数据。

（5）如果已到达数据块末端，那么关闭与这个 DataNode 的连接，然后重新查找下一个数据块。不断执行第（2）～（5）步直到数据全部读完，然后调用 close。

（6）客户端调用 close，关闭输入流 DFSInputStream。另外，如果 DFSInputStream 和 DataNode 通信时出现错误，或者是数据校验出错，那么 DFSInputStream 就会重新选择 DataNode 传输数据。

2. 数据写入过程

一般的文件写入操作不外乎 create、write、close 几种。这里介绍一下客户端连续调用 create、write、close 时，HDFS 内部的整个执行过程。

以下是客户端写入数据的过程，其中（1）、（3）、（6）步由客户端发起。

客户端首先要获取 FileSystem 的一个实例，这里就是 HDFS 对应的实例。

（1）和（2）客户端调用 FileSystem 实例的 create 方法，创建文件。NameNode 通过一些检查，比如文件是否存在，客户端是否拥有创建权限等，通过检查之后，在 NameNode 添加文件信息。注意，因为此时文件没有数据，所以 NameNode 上也没有文件数据块的信息。创建结束之后，HDFS 会返回一个输出流 DFSDataOutputStream 给客户端。

（3）客户端调用输出流 DFSDataOutputStream 的 write 方法向 HDFS 中对应的文件写入数据。数据首先会被分包，这些分包会写入一个输出流的内部队列 Data 队列中，接收完数据分包，输出流 DFSDataOutputStream 会向 NameNode 申请保存文件和副本数据块的若干个 DataNode，这若干个 DataNode 会形成一个数据传输管道。

（4）DFSDataOutputStream（根据网络拓扑结构排序）将数据传输给距离上最短的 DataNode，这个 DataNode 接收到数据包之后会传给下一个 DataNode。数据在各个 DataNode 之间通过管道流动，而不是全部由输出流分发，这样可以减少传输开销。

（5）因为各 DataNode 位于不同机器上，数据需要通过网络发送，所以，为了保证所有 DataNode 的数据都是准确的，接收到数据的 DataNode 要向发送者发送确认包（ACK Packet）。对于某个数据块，只有当 DFSDataOutputStream 收到了所有 DataNode 的正确 ACK，才能确认传输结束。DFSDataOutputStream 内部专门维护了一个等待 ACK 队列，这一队列保存已经进入管道传输数据，但是并未被完全确认的数据包。不断执行第（3）～（5）步直到数据全部写完，客户端调用 close 关闭文件。

（6）客户端调用 close 方法，DFSDataInputStream 继续等待直到所有数据写入完毕并被确认，调用 complete 方法通知 NameNode 文件写入完成。

（7）NameNode 接收到 complete 消息之后，等待相应数量的副本写入完毕后，告知客户端即可。

在传输数据的过程中，如果发现某个 DataNode 失效（未联通，ACK 超时），那么 HDFS 执行如下操作。

（1）关闭数据传输的管道。

（2）将等待 ACK 队列中的数据放到 Data 队列的头部。

（3）更新正常 DataNode 中所有数据块的版本，当失效的 DataNode 重启之后，之前的数据块会因为版本不对而被清除。

（4）在传输管道中删除失效的 DataNode，重新建立管道并发送数据包。

以上就是 HDFS 中数据读写的大致过程。

6.2.5　文件系统操作

现在我们来了解一下 HDFS 常用的基本操作。

1. 系统启动

HDFS 和普通的硬盘上的文件系统不一样，是通过 Java 虚拟机运行在整个集群当中的，所以当 Hadoop 程序写好之后，需要启动 HDFS 文件系统，才能运行。HDFS 启动过程如下。

① 进入到 NameNode 对应节点的 Hadoop 安装目录下。

② 执行启动脚本：bin/start-dfs.sh 这一脚本会启动 NameNode，然后根据 conf/slaves 中的记录逐个启动 DataNode，最后根据 conf/masters 中记录的 SecondaryNameNode 地址启动 SecondaryNameNode。

2. Archive

在本地文件系统中，如果文件很少用，但又占用很大空间，可以将其压缩起来，以减少空间使用。在 HDFS 中同样也会面临这种问题，一些小文件可能只有几 KB 到几十 KB，但是在 DataNode 中也要单独为其保留默认 Block Size 大小的数据块，同时还要在 NameNode 中保存数据块的信息。如果小文件很多的话，对于 NameNode 和 DataNode 都会带来很大负担。所以 HDFS 中提供了 Archive 功能，将文件压缩起来，减少空间使用。HDFS 的压缩文件的后缀名是 HAR，一个 HAR 文件中包括文件的元数据。但是，HDFS 的压缩文件和本地文件系统的压缩文件不同的是：HAR 文件不能进行二次压缩。另外，HAR 文件中，原来文件的数据并没有变化，HAR 文件真正的作用是减少 NameNode 和 DataNode 过多的空间浪费。简单算一笔账，保存 1000 个 10KB 的文件，不用 Archive 的话，要用 64MB×1000，也就是将近 63GB 的空间来保存；用 Archive 的话，因为总数据量有 10MB，只需要一个数据块，也就是 64MB 的空间就够了。这样的话，节约的空间相当多，如果有十万百万的文件，那节省的空间会更可观。

3. Balancer

HDFS 并不会将数据块的副本在集群中均匀分布，一个重要原因就是在已存在的集群中添加和删除 DataNode 被视作正常的情形。保存数据块时，NameNode 会从多个角度考虑 DataNode 的选择，比如将副本保存到与第一个副本所在 DataNode 所属机架不同的机架上（这里的机架可以认为是若干 DataNode 组成的“局域网”，机架内部的 DataNode 之间的数据传输的代价远小于机架内部 DataNode 和机架外部的数据传输）。在与正写入文件数据的 DataNode 相同的机架上，选择另外的 DataNode 放一个副本。在满足以上条件之后，尽量将副本均匀分布。

在默认的副本因子为 3 的集群中，一般情况下，数据块的存放策略如下：首先，选择一个 DataNode 保存第一个副本；接下来，选择与第一副本所在 DataNode 不同的机架保存第二个副本；最后，在第二个副本所在的机架中，选择另外一个 DataNode 保存第三个副本。如果管理员发现某些 DataNode 保存数据过多，而某些 DataNode 保存数据相对少，那么可以使用 Hadoop 提供的工具 Balancer，手动启动内部的均衡过程。在执行过程中，管理员也可以通过 Ctrl+C 手动打断 Balancer。另外还有一种运行方式，在终端中输入命令 start-balancer.sh[-t<therehold>]可以启动后台守护进程，也能达到同样效果。-t 选项指定阈值。在“平衡”之后，进程退出，手动关闭进程的方式为 stop-balancer.sh。

4．Distcp

Distcp（Distribution Copy）用来在两个 HDFS 之间复制数据。在 HDFS 之间拷贝数据要考虑很多因素，比如，两个 HDFS 的版本不同怎么办？两个 HDFS 的数据块大小、副本因子各不相同，又该怎么办？不同的数据块分布在不同节点上，如何让传输效率尽量高等。

正因如此，HDFS 中专门用 Distcp 命令完成跨 HDFS 数据复制。从/src/tools 子目录下的源代码中可以看出，Distcp 是一个没有 Reducer 的 MapReduce 过程。Distcp 命令格式 hadoopdistcp[options]<srcurl>*<desturl><srcurl><desturl>就是源文件和目标文件的路径，这和 fs 中的 cp 类似。后续版本中，HDFS 中增加了 Distcp 的增强版本 Distcp2。比起 Distcp，Distcp2 多了许多高级功能，如：-bandwidth，允许设置传输带宽；-atomic，允许借助临时目录进行复制；-strategy，允许设置复制策略；-async，允许异步执行（后台运行传输过程，而命令行可以继续执行命令）。

除以上示例命令之外，Hadoop 提供了可用于读写、操作文件的 API，这样可以让程序员通过编程实现自己的 HDFS 文件操作。

Hadoop 提供的大部分文件操作 API 都位于 org.apache.hadoop.fs 这个包中。基本的文件操作包括打开、读取、写入、关闭等。为了保证能跨文件系统交换数据，Hadoop 的 API 也可以对部分非 HDFS 的文件系统提供支持，也就是说，用这些 API 来操作本地文件系统的文件也是可行的。

6.3　HBase 分布式数据库

HBase 是 Apache 基金会的一个项目。简单来说，它是一个分布式可扩展的 NoSQL 数据库，提供了对结构化、半结构化，甚至非结构化大数据的实时读写和随机访问能力。同 HDFS 类似，HBase 是 Google BigTable 的一个开源实现，所以在大量细节上和 Google BigTable 非常类似。HDFS 实现了一个分布式的文件系统，虽然这个文件系统可以以分布和可扩展的方式有效存储海量数据，但文件系统缺少结构化/半结构化数据的存储管理和访问能力，而且其编程接口对于很多应用来说还是太底层了。这就像我们有了 NTFS、EXT3 这样的单机文件系统后，还是需要用到 Oracle、IBM DB2、Microsoft SQL Server 这样的数据库来帮助我们管理数据一样。HBase 和 HDFS 的关系就类似于数据库和文件系统的关系。

6.3.1　技术特点

HBase 是一个建立在 HDFS 之上的分布式数据库，可以用于存储海量的数据。HBase 中每张表的记录数（行数）可以多达几十亿条甚至更多，每条记录可以拥有多达上百万的字段。而这样的存储能力却不需要特别的硬件，普通的服务器集群就可以胜任。

通过使用 HBase，用户可以对其中的数据记录进行增（增加新的记录或者字段）、删

（删除已有的记录或者字段）、查（查询已有的数据）、改（更新已有的数据）操作。而且这些操作的性能（完成时间）大多时候可以和 HBase 表中的数据量基本无关。也就是说，即使用户的表中已经有 100 亿条记录，基于主键查询任意单条记录仍然可以在毫秒级（一般约在 100 毫秒，主要受限于磁盘的寻道时间）时间内完成。

HBase 的一些主要技术特点如下。

① 列式存储。用户将表中的列划分为列族（ColumnFamily），HBase 将所有记录的同一个列族下的数据集中存放。由于查询操作通常是基于列名进行的条件查询，因此，查询时只需要扫描相关列族下的数据，可大幅提高访问性能。而不是像关系数据库那样，基于行存储方式，需要扫描所有行的数据记录。

② 数据是稀疏的多维映射表，表中的数据通过一个行关键字（RowKey）、一个列关键字（ColumnKey）及一个时间戳（TimeStamp）进行索引和查询定位，通过时间戳允许数据有多个版本。

③ 格式一致性。就是说对某行的读取必然能读到这行的最新数据。这是 HBase 相对于 Cassandra 这样的“最终一致性"（Eventual Consistency）系统的最大区别。

④ 很高的数据读写速度，为写数据进行了特别优化。HBase 可提供高效的随机读取，对于数据的某一个子集能够进行快速有效的扫描。

⑤ 线性可扩展性。可以通过增加集群规模来线性地提高 HBase 的吞吐量和存储容量。服务器能够被动态加入或删除（用以维护和升级），且服务器可自动调整负载平衡。

⑥ 提供海量数据存储能力，可提供高达几百亿条数据记录存储能力。

⑦ 数据会自动分片（Sharding），也可以由用户来控制分片。

⑧ 对于服务器故障，HBase 有自动的失效（Failover）检测和恢复能力，保证数据不丢失。

⑨ 提供了方便的与 HDFS 和 MapReduce 集成的能力。

⑩ 提供 Java API 作为主要的编程接口，此外还提供使用 Ruby 语法的命令行和 RESTful Web Service 接口，提供基本的增删查改操作，不提供 SQL 支持。

HBase 也有表的概念。和传统数据库不同的是，HBase 的表不用定义有哪些列（字段，Column），因为列是可以动态增加和删除的。但 HBase 表需要定义列族（ColumnFamily）。每张表有一个或者多个列族，每个列必须且仅属于一个列族。列族主要用来在存储上对相关的列分组，从而使得减少对无关列的访问来提高性能。一般来说，一个列族就足够使用了。

HBase 给表设置了很多默认的属性。

① version：默认值是 3，即默认保存 3 个历史版本。如果一个单元（Cell，行列交汇）的值被覆盖的话，和传统数据库不同，HBase 不仅保存了新值，最近的 2 个旧值也被保存着。

② TTL：生存期，一个数据在 HBase 中被保存的时限。如果你设置 TTL 是两天的话，那么两天后这个数据会被 HBase 自动地清除掉。这个也是和传统数据库很不同的一点。当然，如果你希望永久保存数据，那么就将 TTL 设到最大好了。

6.3.2　系统结构设计

HBase 集群中主要有两种角色。

（1）HBase Master。Master 是 HBase 集群的主控服务器，负责集群状态的管理维护。Master 可以有多个，但只有一个是活跃的。它的具体职责有：

① 为 RegionServer 分配 Region。

② 负责 RegionServer 的负载均衡。

③ 发现失效的 RegionServer 并重新分配其上的 Region。

④ HDFS 上的垃圾文件回收。

⑤ 处理 Schema 更新请求。

（2）HBase RegionServer。RegionServer 是 HBase 具体对外提供服务的进程。

① RegionServer 维护 Master 分配给它的 Region，处理对这些 Region 的 I/O 请求。

② RegionServer 负责切分在运行过程中变得过大的 Region。

图 6-6 是一个典型的 HBase 基本组成结构。

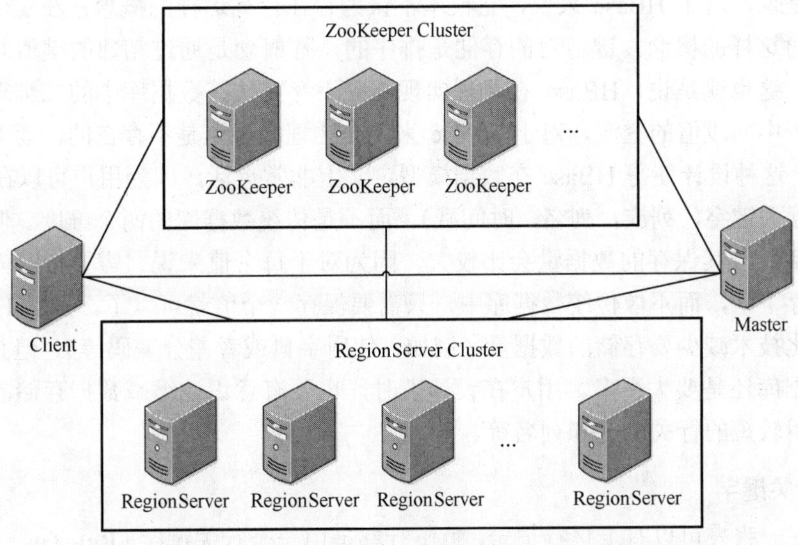

图 6-6　HBase 基本组成结构

6.3.3　数据存储模型

HBase 数据存储逻辑模型与 Google BigTable 类似，但实现上有一些不同之处。HBase 表是一个分布式多维表，表中的数据通过一个行关键字（RowKey）、一个列族和一个列名（ColumnFamily，ColumnName）及一个时间戳（TimeStamp）进行索引和查询定位。表 6-1 是一个 HBase 数据表的例子。所有表中这些数据都是没有类型的，全部是字节数组形式。

表 6-1　HBase 数据表

RowKey	PersonalInfo			CompanyInfo	
	Name	Address	Phone	Name	Phone
Key 1	User1	Shanghai	t2：137xxxx t1：139xxxx		
Key 2	User2	Beijing	136xxxx	t4：company 4 t3：company 3	t4：010-xxxx t3：010-xxxx
Key 3	User3	t2：Shanghai t1：Beijing	t2：135xxxx t1：136xxxx	t2：company 2 t1：company 1	t2：021-xxxx t1：021-xxxx

在实际的 HDFS 存储中，直接存储每个字段数据所对应的完整的键值对：

{RowKey, ColumnFamily, ColumnName, TimeStamp}^value

例如表 6-1 中 Key3 行 Address 字段下 t2 时间戳下的数值 Shanghai，存储时的完整键值对是：

{Key3, PersonalInfo, Address, t2}->Shanghai

也就是说，对于 HBase 来说，它根本不认为存在行列这样的概念，在实现时只认为存在键值对这样的概念。键值对的存储是排序的，行概念是通过相邻的键值对比较而构建出来的，这也就是说，HBase 在物理实现上并不存在传统数据库中的二维表概念。因此，二维表中字段值的空洞，对于 HBase 来说在物理实现上是不存在的，而不是所谓的值为 null。这种设计使得 HBase 在数据模型定义上非常灵活，因为用户可以在 4 个维度上选取（行关键字，列族，列名，时间戳），而不是传统数据库的两个维度。但也正是因为这种灵活性，其保存的数据量会比较大，因为对于每个值来说，需要把对应的整个键值对都保存下来，而不像传统数据库中，只需要保存一个值就可以了。虽然 HBase 可使用一些优化技术减少要存储的数据量（例如，使用字典或者差分编码等），但其存储量相对传统数据库还是要大得多。用户在设计表时，也要有意识地缩减数据存储的开销，比如，可使用较短的行关键字和列名等。

1. 行关键字

HBase 一张表可以有上亿行记录，每一行都是由一个行关键字（RowKey）来标识的。和关系数据库中的主键（PrimaryKey）不同，HBase 的 RowKey 只能是一个字段而不可以是多个字段的组合。HBase 保证对所有行按照 RowKey 进行字典排序。也就是说，HBase 保证相邻 RowKey 的行在存储时必然是相邻存放的。这点在 HBase 表结构设计时是非常重要的一个特性。设计 RowKey 时，要充分利用排序存储这个特性，将经常一起读取的行存储放到一起，从而充分利用空间局部性。

注意： RowKey 是最大长度为 64KB 的字节数组，实际应用中长度一般为 10～100B。由于 HBase 只允许单字段的 RowKey，因此在实际应用中需要时经常把多个字段组合成一个复合 RowKey。

2. 列族和列名

HBase 每张表都有一个或者多个列族。列族是表的 Schema 的一部分，必须在使用表之前定义，这点和传统数据库中的列的定义很类似。但除此之外，两者的区别就非常大了。从本质上来说，HBase 的列族就是一个容器。HBase 表中的每个列，都必须归属于某个列族。列名都以列族作为前缀。

在具体实现上，一张表中的不同列族是分开独立存放的。就是说，如果有两个列族 family1 和 family2，那么在 HDFS 存储时，family1 是一组文件，而 family2 是另外一组文件，两者绝不混合存储。

HBase 的访问控制、磁盘和内存的使用统计等都是在列族层面进行的。在表设计时，用户可以通过对表划分列族来让 HBase 将不同的列族集中存放，从而减少每个列族的数据量，提高访问性能。但这完全取决于应用，如果常用查询仅查询某个列族，那么分列族可以大幅提高查询性能。但如果常用查询每次要查询所有的列族，那么分列族会损害性能，因为这增加了每次查询时的文件读写（特别是磁盘的定位 Seek 操作）。在每个列族中，可以存放很多的列，而每行每列族中的列数量是可以不同的，数量可以很大。简单来说，可以认为每行每列族中保存的是一个 Map 映射表。列是不需要静态定义的，每行都可以动态增加和减少列。

3. 时间戳

HBase 中每个存储单元都保存着同一份数据的多个版本。版本通过时间戳（TimeStamp，64 位整型）来索引。时间戳可以由 HBase（在数据写入时自动用当前系统时间）赋值，也可以由客户显式赋值。如果应用程序要避免数据版本冲突，可以自己生成具有唯一性的时间戳。

在每个存储单元中，不同版本的数据按照时间戳大小倒序排序，即最新的数据排在最前面。这样在读取时，将先读取到最新的数据。

为了避免数据存在过多版本造成的存储和管理（包括存储和索引）负担，HBase 提供了两种数据版本回收方式。

① 保存数据的最后 *n* 个版本。当版本数过多时，HBase 会将过老的版本清除掉。

② 保存最近一段时间内的版本（比如最近七天），用户可以针对每个列族设置 TTT（Time To Live）。当数据过旧时，HBase 就会将其清除掉。

6.3.4 查询模式

HBase 通过行关键字、列（列族名：列名）和时间戳的三元组确定一个存储单元（Cell）。由上面的讨论可知，由{RowKey, ColumnFamily, ColumnName, TimeStamp}可以唯一地确定一个存储值，即一个键值对：

{RowKey, ColumnFamily, ColumnName, TimeStamp}->value

HBase 可支持以下几种查询方式。

① 通过单个 RowKey 访问。

② 通过 RowKey 的范围来访问。

③ 全表扫描。

在这几种查询方式中，第①种和第②种在范围不是很大时都是非常高效的，可以在毫秒级完成。而大范围的查询或者全表扫描是非常费时的，需要非常长的时间（例如，几个小时，视要访问的数据量而定）。

如果一个查询无法利用 RowKey 来定位（例如要基于某列查询满足条件的所有行），那么这种查询必须使用大范围的查询（全表扫描）来实现。目前 HBase 还不支持二级索引（Secondary Index）功能，Intel 和 Salesforce 共同推进的 Phoenix 项目预计会将二级索引功能引入到 HBase 的未来版本中，但目前 HBase 还没有好的二级索引实现。因此，在针对某个应用设计 HBase 表结构时，要注意合理设计 RowKey，使得最常用的查询可以较为高效地完成。

注意：组合 RowKey 和关系数据库的多个字段组合作为 PrimaryKey 是有区别的。由于 RowKey 是按照字节数组的字典序排序的，不同字段组合时次序的不同会给查询带来很大的差异。而字段组合作为 PrimaryKey 时，每个字段都是等价的，没有字段先后次序的差异。例如，设有字段 A 和字段 B 的组合作为 RowKey 和 PrimaryKey，一共有 20000 行数据记录，如表 6-2 所示。

表 6-2 数据记录

序　号	字段 A	字段 B	序号	字段 A	字段 B
1	A1	B1	10001	A2	B1
2	A1	B2	10002	A2	B2
…	…	…	…	…	…
10000	A1	B10000	20000	A2	B10000

在关系数据库中，我们可以通过指定字段 A 和字段 B 的组合作为 PrimaryKey 来快速定位数据记录。若需要根据字段 A 进行查询（如 A="A1"），则查询行范围是 10000 行；而如果需要根据字段 B 进行查询（如 B="B1"），则查询范围是 2 行记录。

而在 HBase 中将 A 和 B 组合作为 RowKey 时，A 和 B 字段哪一个放在前面对不同的查询会带来很大的性能差异。如果字段 A 放在字段 B 前面构成 RowKey，那么在 HBase 中存放时，就是按照上面的顺序存放的。查询时，如果需要根据 A 进行查询（如 A="A1"），则查询行范围缩小到 10000 行；但如果需要根据 B 进行查询（如 B="B1"），那么会导致全表查找（20000 行）。

HBase 不支持事务（Transaction），所以无法实现跨行的原子性。这主要是因为实现事务的代价非常高，而且会使得系统不可扩展。但 HBase 保证行的一次读写是原子操作（不论一次读写多少列）。HBase 支持强一致性（Consistency）。一致性决定了在分布式系统中，一个写入的值何时可以被后继的读取（读取并不一定发生在同一个客户端或者节点上）读出。HBase 支持强一致性，意味着只要之前发生过一次写入，那么后继的读取必然会将其读出（不论这两者发生的时间间隔有多小）。这种模型非常方便编程。而 Cassandra 这样的系统支持最终一致性，即写入的值最终是可以被读出的，但使用者在最终某个时间点前的中间过程中无法保证看到的是新写入的数据。采用最终一致性模型带来的问题是：有可能后续读出的是陈旧数据。这对于程序员的编程来说，是一件比较麻烦的事情。

6.3.5　数据表设计

1．RowKey 的设计要点

由于 HBase 在行关键字、列族、列名、时间戳，这 4 个维度上都可以任意设置，这给表结构设计提供了很大的灵活性。这种灵活性一方面能允许我们设计出很好的表结构，但用得不好的话，也可能做出非常差的表设计。这就要求我们有一些最佳实践指导表的设计。让我们用一个例子来介绍这些最佳实践。

假设我们要收集一个集群（4000 个节点）中的所有 Log 并在 HBase 表 LOG_DATA 中存储。需要收集的字段有：

（机器名，时间，事件，事件正文）

首先，我们讨论如何去设计 RowKey。这需要考虑插入和查询两方面的需求。插入方面比较简单，希望尽可能高效地插入，因为 Log 生成的速度非常快。查询操作就要复杂一些。典型的查询操作有以下几种。

（1）对于某台机器，查询一个大的时间段（例如 1 个月）内的所有满足条件的记录（单机查询）。

（2）查询某个时间段内对所有机器满足条件的记录（全局查询）。

这两个典型查询的权重不同，需要考虑完全不同的表设计。有两种候选的 RowKey 设计。

① [机器名][时间][事件]

② [时间][机器名][事件]

这两种不同的 RowKey 设计对于上述两种查询操作的性能会有很大的影响。

（1）对于单机查询来说，第 1 种 RowKey 设计可以最高效地实现查询（因为所有的记录都连续存放，所以一个 Scan 操作就能快速完成查询（从 0.1 秒到几秒不等，视需要访问的数据量而定）；而第 2 种 RowKey 设计就需要在一个大时间范围内进行查询，这需要访问非常多的记录。如果时间范围比较大的话，这个查询可能需要好几分钟才能返回结果。

（2）对于全局查询来说，则反过来。第 1 种 RowKey 设计会要求客户端知道机器列表，然后并行对每个机器进行单机查询，再把结果合并起来。虽然性能不是太差，但会严重影响系统的吞吐量（因为单次查询占用了太多的系统资源）；而第 2 种 RowKey 设计就可以在秒级返回结果。再从插入操作来看：

① 第 1 种 RowKey 设计对插入比较友好。因为机器名在前，所以整个插入（如果客户端并行度够的话）会散布到各个 Region 上去。也就意味着所有的 RegionServer 都很忙。这就会带来很高的插入性能。

② 第 2 种 RowKey 设计对插入就非常不友好。因为在某个时刻的插入数据其时间都非常接近，所有的插入会集中在一个 Region 上。这样，这个 Region 会很忙（但加载它的 RegionServer 还不是很忙），而其他 RegionServer 都很空闲。这就意味着插入并发度低，插入性能很差。

2. 表的规范化设计

下面，我们再讨论数据的规范化（Normalization）问题。对于传统数据库来说，规范化是非常重要的，通常需要满足第 3 范式，这就造成了很多的小表通过外键连接起来。但对于 HBase 这样的 NoSQL 数据库来说，应该实行的是反规范化（Denormalization），就是说应该将相关的数据都存放到一起，即使冗余也不怕，这样，才能达到最好的性能。

此外，下面还有几个 HBase 常见的设计选项和推荐意见。

① 我们应该大量使用 HBase 的时间戳特性（即一行有非常多的时间戳）还是每个时间戳一行？对此一般推荐每个时间戳一行。

② 我们应该让一行有无数列还是设计成无数行？以 Log 为例子，我们可以让 HBase 表中每台机器只有一行（RowKey 是[机器名]），而将每个事件作为一个列存在这行中（例如列名为：[事件][时间戳]，列值为[事件正文]），或者是每个事件一行。对此一般推荐设计成无数行。这样的话，可以充分利用 HBase 的 Scan 特性进行过滤。

6.3.6 RegionServer 配置

1. Region 介绍

如图 6-7 所示，HBase 会将一张表（可能有几百亿行记录或者更多）划分成若干个 Region。Region 是 HBase 调度的基本单位。每个 Region 都是不一样大小。每个表一开始只有一个 Region，随着数据不断插入表，Region 不断增大。如图 6-8 所示，当一个 Region 增大到一个阈值（由参数 hbase.hRegion.max.filesize 指定，但这个阈值其实不是限制每个 Region 大小的，而是限制每个 Store 大小的）的时候，原来的 Region 就会被分裂成两个新的 Region（从而保证 Region 不会过大）。随着表中的行数不断增多，Region 的数目也会逐渐增多。如图 6-9 所示，每个 Region 由一个或者多个 Store 组成，每个列族就存储在一个 Store 中。每个 Store 又由一个 MemStore（一块内存）和 0 至多个 StoreFile 组成。StoreFile 以 HFile 格式保存在 HDFS 上。

当某个 Store 的所有 StoreFile 大小之和超过阈值（由参数 hbase.hRegion.max.filesize 指定），该 Store 所在的 Region 就会被分裂成两个 Region，从而保证每个 Store 都不会过大。这可能会有点违背直觉，因为 Region 的分裂不是基于 Region 的大小的，而是基于其中某个 Store 的大小。如果一个 Region 中有多个 Store，而每个 Store 的大小又相差比较悬殊，那么会出现很小的 Store 也被分裂成更小的 Store（因为同一个 Region 中的另一个 Store 过大了）。

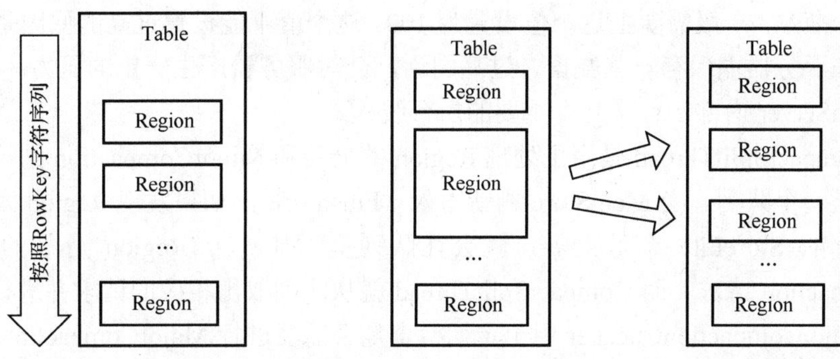

图 6-7　HBase 表由连续的 Region 组成　　图 6-8　Region 的分裂

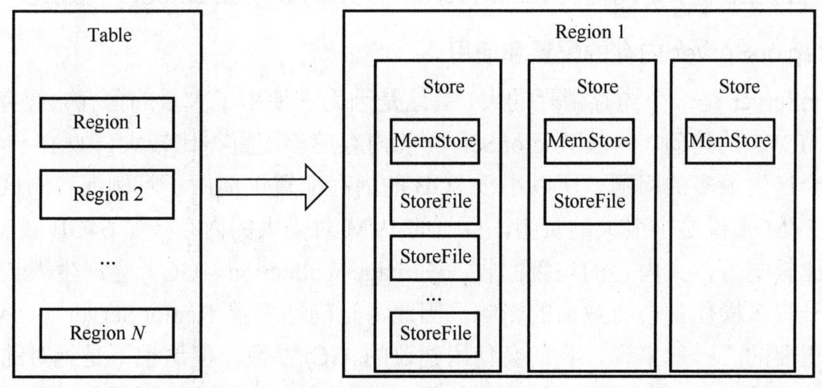

图 6-9　Region 的内部结构

2. RegionServer 的基本功能和作用

RegionServer 是 HBase 集群中具体对外提供服务的进程。它对外提供的服务有两类：

① 对数据的读写支持（get、scan、put、delete 等）。

② 对 Region 的管理支持（split、compact、load 等）。例如，用户如果显式地调用了 hbaseAdmin.majorCompact()方法来对某张表进行 MajorCompaction，那么其实是客户端首先获得了这张表的所有 Region 及其分布情况，然后客户端向所有相关的 RegionServer 请求对相关的 Region 进行 MajorCompaction。

RegionServer 上的重要数据结构包含以下几部分。

① 和各个 Region 相关的数据，如每个 Region 的元信息和 MemStore。

② WriteAheadLog（WAL，其实现称为 HLog）。每一个数据更新操作都会往 WAL 中写一项，以记录所有的数据更新操作、保证数据的完整性。

③ BlockCache，用于缓存最近访问的 StoreFile 数据（包括 StoreFile 的 index 等以支持对数据的随机访问）。

RegionServer 运行了一组工作线程 handler（数量由 hbase.regionServer.handler.count 确定，默认值为 10）来处理用户的请求。这个处理过程是独占的，即一个 handler 在处理完一个用户请求（将结果返回给用户）之前是不能用来做其他事情的。所以，这个参数决定了 RegionServer 上同时可响应的用户访问数量。10 是一个非常小的数值，在实际应用中会是个瓶颈，一般需要把这个值设置为 100。这个值不能设置过高的原因是每个操作其实都会在服务器端保存一些数据，过高的话，会对服务器产生一定的压力。

RegionServer 内部运行了几个重要的后台线程。

① CompactSplitThread 是用于处理 Region 的分裂和 MinorCompaction 的一组线程。它的输入是一个队列。当 MemStore 刷新写入（Flush）时，如果发现 Region 太大或者某个 Region 的 StoreFile 个数太多，就会往队列里添加一个 Region 分裂的请求或者 MinorCompaction 请求。而 CompactSplitThread 就从队列取出相应的请求并进行处理。

② MajorCompactionChecker 用于定期检查是否需要进行 MajorCompaction。

③ MemStoreFlusher 用于定期将内存中的某些 MemStore 刷新写入到 HDFS 中。

④ LogRoller 用于定期检查 RegionServer 的 HLog，防止 HLog 变得过大。

3．RegionServer 内存的配置和使用

RegionServer 是一个内存消耗的大户。这是因为它使用了大量的内存来缓存数据，从而减少对 HDFS 的访问。一般 RegionServer 的内存应该配置得比较大，如 16～48GB。过小的内存会产生很多的问题，所以小于 8GB 的内存配置仅能用于示例或者测试；过大的内存对于 JVM 来说是个很大的负担，目前的 JVM 对于大的内存（如 64GB 或者 128GB）的处理会比较吃力，大内存的垃圾回收（Garbage Collection，GC）会产生很长的挂起时间，这对于很多操作都会有致命的影响。因此，正确地配置 RegionServer 的 JVMGC 参数是非常重要的。一般来说，我们会使用建议的 GC 参数。但这也不是绝对的，很多时候需要在此基础上进行细致的调整才能使得 GC 对应用的影响减到最小。所以，在实际上线之前，进行大压力的测试和调整是非常重要的。

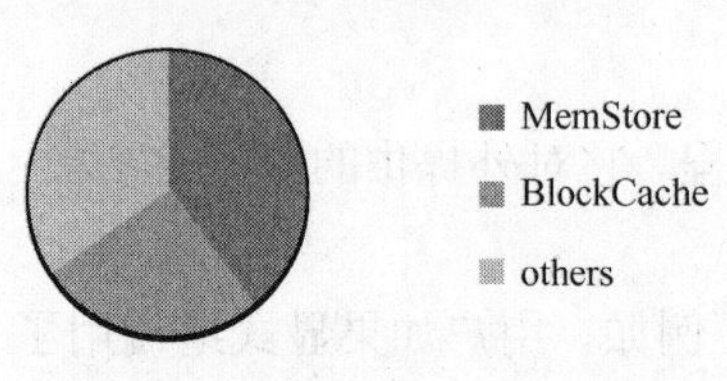

图 6-10　RegionServer 的默认内存分配比例

HBase RegionServer 的默认内存分配比例如图 6-10 所示。

HBase 是一个 Java 进程。因此，用户可以通过 Java 的-xmx 参数设置这个进程可用的最大堆（内存）大小。HBase 将这个最大可用内存中的 40%（由参数 hbase.regionserver.global.memstore. upperlimit 控制）用于每个 Region 的 MemStore（主要服务于 Region 的数据写入操作）；将另外的 25%（由参数 hfile.block.cache.size 控制，最新版的 HBase 已经把这个比例提高至 40%）用于 BlockCache（主要用于对 Region 的数据读取服务）；而其他各种用途共用剩余的 35%。从这个分配比例来看，我们可以清楚地看到 HBase 对读写都使用了大量的内存来进行加速。

4．Region 的数量配置

下面讨论一下 RegionServer 上的 Region 数量问题。每张表的 Region 的数量是由用户数据量决定的（或者由用户显式指定）。换言之，Region 的数量只和表的数量和每张表的数据量有关，和 RegionServer 无关。所以，为了获得更大的并发度，新手往往容易犯的一个错误是将 Region 的数量设置得很大。但实际上，每个 RegionServer 上的 Region 数量以 100 个为最佳，300 个差不多是 RegionServer 的极限了。这是因为，每个 Region 的每

个列族都有一个 MemStore。MemStore 中数据存满时（默认为 64MB）被刷新写入（Flush）到 HDFS，同时这个 MemStore 被释放。每个 MemStore 还有一个 2MB 的写缓冲（MSLAB，可配置）。这样的话，100 个 Region 最大会需要 100×(64+2)=6600MB（假设只有一个列族），而 300 个 Region 则需要 300×(64+2)=19800MB。

通常，MemStore 也只能使用 40%的 RegionServer 内存。也就是说，要支持 100 个 Region 的话，需要 16.5GB 的内存；而支持 300 个 Region 的话，就需要 49.5GB 的内存。而在实际使用中，通过增大 MemStore 的大小（例如设置为 128MB）来减少 HFile 的数量以提高性能，这就使得对内存的需求加倍。

实际上，HBase 关于 MemStore 的上限有两个，分别是由参数 hbase.regionServer.global.memStore.upperLimit 控制的绝对上限（默认为 40%）和由参数 hbase.regionServer.global.memStore.lowerLimit 控制的相对上限（旧版默认为 35%，新版默认为 38%）。

当达到相对上限时，RegionServer 会随机地从其所有的 MemStore 中选取若干个最大的，将其刷新写入到 HDFS 上，从而将 MemStore 的内存占用减少到相对上限以下。这就会影响到这些 MemStore 对应 Region 的写入操作。

当达到绝对上限时，RegionServer 认为此时内存问题已经非常严重。因此，它会将所有的写操作挂起（即不响应任何写请求），然后随机地从其所有的 MemStore 中选取若干个最大的，将其刷新写入到 HDFS 上，从而将 MemStore 的内存占用减少到相对上限以下，最后，再恢复挂起的写操作。从这点可以看出，达到绝对上限是一个非常严重的事件，会极大地影响 HBase 的写性能。

无论是达到哪个上限，RegionServer 都会将一些 MemStore 刷新写入到 HDFS 上以减少内存使用。也就是说，虽然这些 MemStore 还不够大（没有达到 64MB），但也被刷新写入到 HDFS 上了。这就增加了 HDFS 的写入频率，降低了性能（HBase 写操作快的一个重要原因是写操作尽可能只在内存中完成）。同时，这样会产生很多小的 HFile，而对这些小 HFile 的 compaction 操作又会影响 put 的性能。所以，Region 个数不宜太多。

减少 Region 的个数意味着需要让每个 Region 变得更大（因为总数据量确定，集群规模确定）。HBase 在 0.90 版时只支持每个 Region 最大 4GB 左右，在 0.92 以后的版本，每个 Region 可以很大（例如，每个 Region 20GB）。在系统配置时 Region 大小是由参数 hbase.hRegion.max.filesize 控制的。

6.4　小结

这一章围绕着 HDFS 和 HBase 对大数据分布式处理系统 Hadoop 做深入讨论。HDFS 区别于操作系统层面的文件系统在于它是构建在操作系统之上的另一个抽象层，其借助文件系统的 API 更高效地定位数据位置，使得 MapReduce 能够在最接近数据的节点上 Schedule 任务。文件系统的处理能力和读取性能大大得到提升。同时，也带来了大规模集群的运维管理问题，这将在后面的章节予以讨论。HBase 作为 HDFS 上的分布式数据库，它的作用就类似于关系数据库跑在操作系统的文件系统上，所不同的是作为 NoSQL 数据库，它能够处理更多不同的数据类型。

第 7 章 大数据存储

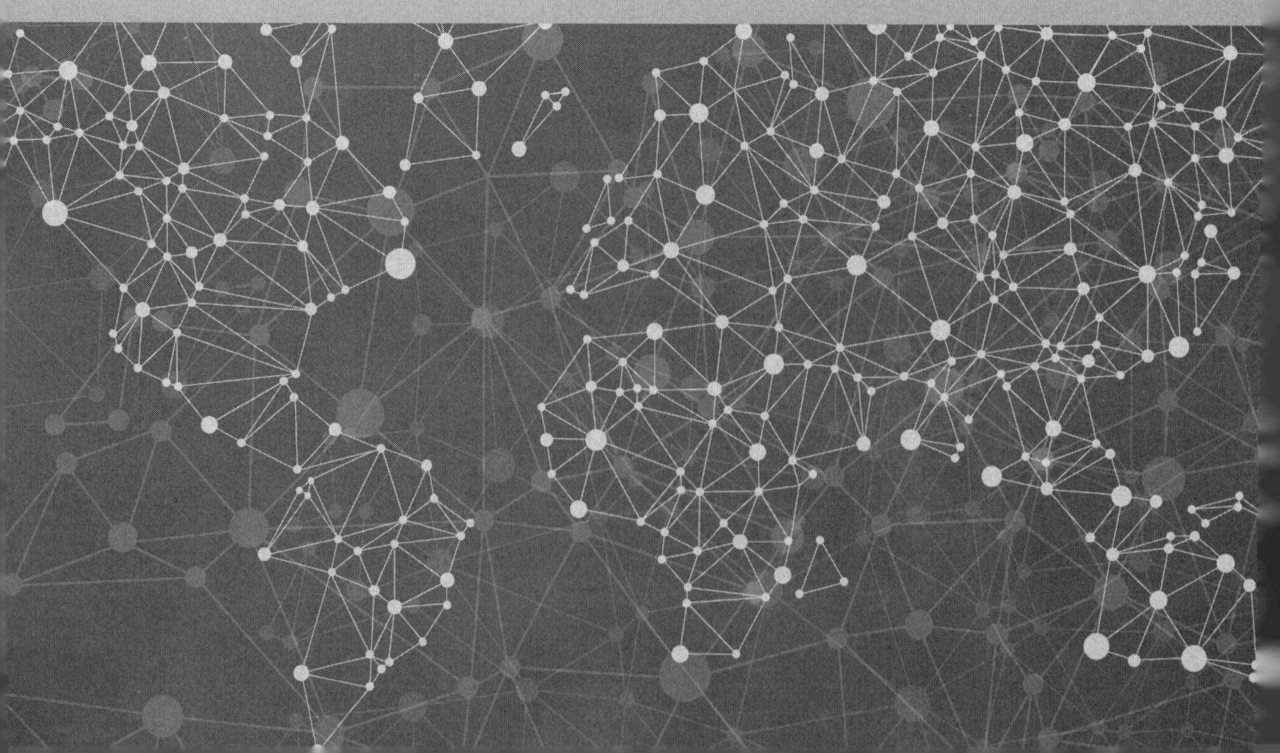

大数据 4V 中，体量大（Volume）居于首要位置。要实现大数据计算体系框架所描绘的功能、性能，必须有底层物理设备的支持。大数据存储所涉及的各类数据存储底层技术及选型框架的内容是非常丰富的，但都归结到容量（Capacity）和性能（I/O）。这一章介绍大数据存储系统，包括物理介质、接口、架构等。存储系统的技术架构选择正确与否，很大程度决定了后期的扩容和升级是否顺利，大数据的可扩展性（Scalability）是 RASSM（Reliability，Availability，Security，Scalability，Manageability）中特别需要考虑的。

7.1　磁盘阵列技术

首先，我们对存储系统中的磁盘阵列（Redundant Arrays of Independent Disks，RAID）技术进行介绍。该项技术是指利用磁盘构成的具备数据冗余能力的阵列。磁盘阵列是由很多价格较便宜的磁盘组合形成一个磁盘组整体，其基于各磁盘提供的数据整合效果来提升整个磁盘系统的使用效能。利用这项技术，可以将数据分割成许多组区块，将分组后的数据存放在各个硬盘上。

磁盘阵列 RAID 具备同位检查能力（Parity Check），即在磁盘组上的任意一块磁盘出现故障时，整体磁盘组仍可以读取数据，在数据重构过程中，将数据经过计算后重新写入新硬盘中。

通常来说，磁盘阵列有三种式样：①外接式磁盘阵列柜；②内接式磁盘阵列卡；③利用软件进行仿真磁盘阵列。

磁盘阵列 RAID 作为独立系统通过直连或者网络与主机相连。磁盘阵列有多个端口，可以被不同主机或者接口独立调用。当一个主机同时连接磁盘阵列的不同端口时，可以提升整体数据传输速度。

在计算机应用运行过程中，有部分数据是需要经常被系统读取的，磁盘阵列根据内部的算法查找出这些经常读取的数据，存储在缓存中，加速主机读取这些数据的速度，而对于不在其中的数据，主机利用缓存，可以快速完成写操作，然后再由缓存逐步写入磁盘中。

磁盘阵列 RAID 通过在多个磁盘上同时读取和存储数据来大幅度提升存储系统的数据吞吐量（Throughout）。磁盘阵列可以让很多磁盘驱动器同时传输数据，而这些磁盘驱动器在逻辑上又是一个磁盘驱动器，所以使用磁盘阵列技术可以达到单个磁盘驱动器几倍、甚至上百倍的速率。这也是磁盘阵列技术最初想要解决的问题。

磁盘阵列 RAID 的数据容错功能是通过数据校验提供的。普通磁盘驱动器无法提供容错功能。RAID 容错是建立在每个磁盘驱动器的硬件容错功能基础上的，所以它提供了更高的系统安全性。在很多 RAID 模式中都有较为完整的相互校验、恢复的措施，最终大大提供了 RAID 的系统整体容错度，提供了系统的高可靠性。

RAID 一般常用的级别分别是，RAID 0、RAID 1、RAID 5，以及复合型 RAID 10。其中，RAID 0 存取速度最快，但没有冗余功能；RAID 1 提供单磁盘级容错，磁盘利用率 50%；目前较为主流的 RAID 10 可以理解为是 RAID 0 和 RAID 1 的组合体，其既可以为系统提供数据安全冗余，磁盘利用率亦可接受。

以上几种主流的磁盘阵列，以 RAID 0 举例，其通常用于提升磁盘读取性能。具体实现方式是利用多块磁盘组建 RAID 0 磁盘阵列，当数据从计算系统输入后，分成各自对应的各个磁盘的读写数据流，分磁盘写入读取。理论情况下，RAID 0 的写入读取速度与组成磁盘阵列的磁盘个数成正比。但需要指出的是，受限于其工作机制，RAID 0 对于随机写入读取没有明显的提升作用。

7.2 数据存储接口

数据存储的实现方法有很多种类，主要区别在于数据存储所在位置，分为内置数据存储、外挂数据存储。其中，外挂数据存储按连接方式可分为直连式存储（Direct-Attached Storage，DAS）、网络存储（Fabric-Attached Storage，FAS），网络存储根据数据传输协议又可分为网络接入存储（Network-Attached Storage，NAS）、存储区域网络（Storage Area Network，SAN）。

按照数据调用读取接口来分类，数据存储又分为裸设备存储、块存储、对象存储、文件存储等，用于对应数据读取的不同应用场景。下面主要对各种存储接口技术进行介绍说明。

7.2.1 对象存储

对象存储系统（Object-Based Storage System）是综合了网络接入存储 NAS 和存储区域网络 SAN 的优点，同时具有存储区域网络的高速读取速度和网络接入存储的数据共享存储的优点，是一个提供跨平台高可用性及安全性的数据共享的体系方案。

1. 工作机制

对象存储是一种技术对象的数据存储设备，其具有自我管理能力，用户可也通过 Web 服务协议如 RESTful 接口，实现对象的读写和存储资源的访问调用。

首先，我们就对象存储系统里的工作机制及相关概念进行说明。对象存储系统里主要包含容器（Bucket）和对象（Object），这两者都有一个全局唯一的 ID。对象存储采用扁平化结构管理所有数据，用户或者应用通过接入码（Access Key）认证，根据唯一辨识 ID 可以访问到对应容器、对象及所包含的数据 Data、元数据 Metadata、对象属性 Attribute。

由于对象存储对外提供更为抽象的对象接口，其 I/O 颗粒度更具灵活性，支持从几字节到数以万亿字节范围内的任意对象大小，使得业务可以根据需求灵活地分割数据。对象存储以对象 ID 为基础，扁平化地管理所有对象，根据 ID 可以直接访问数据，解决了网络直连存储复杂的目录树结构在海量数据量级下的查找数据时间过长问题。这些优势使得对象存储具有极强的可扩展性，可以轻松实现单一命名空间 Namespace 内支持百亿级文件的存储需求。

2. 功能特点

以下对于对象存储的功能特点及主要价值进行详细说明。

① 存储自服务特性。由于大数据通常是动态快速增长的，所以基于策略的存储自动化变得尤其重要。对象存储从应用角度基于需求设置对象属性策略，例如，数据保护等级、保留期限、合规状况、远程复制的备份等。这使得对象存储具有自服务特性，同时能有效降低运维管理的成本，使得客户在存储容量数量级增长过程中，运维成本得到有效控制。

② 多租户服务特性。多租户服务特性使得对象存储系统可以使用同一个系统架构为不同用户和应用提供数据存储服务，并且分别为这些用户和应用设置数据保护、数据存储策略，确保这些数据存储的相互隔离。

③ 可支持强扩展性。扁平化的数据结构允许对象数据存储数量级灵活调整，管理几百亿级的存储对象，支持对象数据大小从 B 级到 TB 级，解决文件系统的复杂机制带来的扩展性瓶颈。对象存储无须像 SAN 那样管理数量庞大的逻辑单元号 LUN。同时，对象存储系统通常可以基于横向扩展架构上构建一个全局的命名空间 Namespace。某些对象存储系统还支持在线升级、在线扩容等功能。

④ 数据安全性。对象存储系统一般通过后台连续扫描机制、数据完整性校验、自动化对象修复等技术，提升数据的完整性和安全性。在一些商业化对象存储产品方案中还加入了一些算法保护数据以及数据分片机制，将不同分片存储到不同节点设备，达到在保障数据完整性的同时获得最高的存储利用率。

7.2.2 裸设备存储

裸设备（Raw Device）存储也称之为裸分区，是一种没有经过系统格式化、不被 Linux 操作系统通过文件系统来读取的特殊块设备文件，由应用程序对其进行直接读写操作。裸设备由于不经过操作系统层的处理，因此 I/O 效率得到大幅度提升。在实际应用场景中，很多数据库，特别是早期的 Oracle 都可以通过使用裸设备存储这一方式来提供整体表现性能。

以 Linux 操作系统举例，其/dev 目录下有很多文件，主要包含两大类：字符设备文件和块设备文件。

字符设备文件在进行读写操作时不需要经过操作系统的缓冲区；块存储文件用来与外设输入设备是进行固定长度的包传输。字符设备文件进行外设输入设备操作时，每个操作只传输一个字符；块设备文件则采用缓存机制，在外设输入设备和内存之间可以传输一整块数据。裸设备是一种特殊类型的块设备文件。

关于裸设备存储的创建配置，一般由 root 用户执行，完成后再分配给数据库用户。通常还要它归入数据库用户所在用户组。

在创建数据文件时，指定裸设备存储和普通文件没有太多区别。需要注意的是，裸设备存储不能使用 Linux 系统程序来进行备份，唯一可行的办法是使用最基本的命令 dd 来完成备份工作。例如要复制一个完整的磁盘，可以用 dd 这样的命令在裸设备/dev/sda

和/dev/sdb 上实现：

```
# dd if=/dev/sda of=/dev/sdb bs=512M conv=notrunc, noerror
```

由于联机重写存储日志文件是写操作非常频繁的文件操作过程，因此非常适合使用裸设备存储来完成。需要注意的是，归档日志文件必须放在文件系统上，或者直接落在磁带上。在以上过程中，使用 RAID 也是非常有效提升读写速度的方法，尤其是针对读写非常频繁的系统。对数据库进行优化，采购扩容更多高性能的 SSD 固态硬盘，并通过磁盘控制器来分散 I/O 到不同磁盘上，也是一种有效的提升读写速率的方法。

裸设备存储应用在数据库调用的场景中，主要限制在于裸设备存储不支持文件大小的自动扩展。因此，当数据文件快要写完的时候，需要管理员手动在裸设备存储上添加数据库文件用于完成扩容。

7.2.3　块存储

块存储，简单说就是提供块存储设备的接口。通过向内核注册块设备信息，在 Linux 系统中通过 lsblk 命令可以得到当前主机上的所有块设备信息列表。

以 Amazon 的块存储服务 EBS 举例，用户可以通过 EBS 快速地进行增删、迁移 volume 和快照操作。Amazon EC2 实例可以将根设备中的数据存储在 EBS 或者本地实例中。在使用 EBS 时，根设备中的数据将独立于实例的生命周期保留下来，从而使得在停止实例后仍然可以重新启动使用。另外，本地实例仅仅在实例的生命周期内保留。这是启动实例的一个高性价比方式，因为数据没有存储到根设备中。

Amazon EBS 提供两种类型的卷，即标准卷和预配置 IOPS 卷。它们的性能特点和价格不同，可以根据应用程序的要求和预算定制所需的存储性能。

标准卷可以为适度突发性 I/O 的应用程序提供存储。这些卷平均可以提供大约 100 IOPS，最多可以短时间突破数百 IOPS。标准卷也非常适合用作引导卷，其突发能力可以提供快速的实例启动时间。

预配置 IOPS 主要用于为数据库等 I/O 密集型随机读写工作负载提供可预期的高性能。在创建一个卷时，利用预先设定 IOPS 为卷确定 IOPS 速率，此后在此卷的生命周期内提供该速率。Amazon EBS 目前支持每个预先设定 IOPS 卷最多为 4000IOPS。用户可以将多个条带式卷组合在一起，每个 Amazon EC2 为应用程序提供数千 IOPS 的能力。

EBS 可以在卷连接和使用期间实时创建快照。需要注意的是，快照只能获得已写入 Amazon EBS 卷的数据，不包含应用程序或者操作系统已在本地缓存的数据。如果需要确保为实例连接的卷获得一致的快照，则需要先彻底地断开卷连接，再处理快照命令，然后重新连接卷。

EBS 快照目前支持跨区域增量备份，从而使得 EBS 快照时间大大缩短，同时增加 EBS 使用的安全性。

7.3　存储集群架构

存储系统中的集群系统可以分为两大部分，一个是像 V-Max、XIV 这样的集群 SAN 系统，它们的集群架构对客户端来说是完全透明的；第二种就是文件系统集群，其中又可以分为多种类别。下面我们从不同的角度分析目前的文件系统集群的分类。

7.3.1　共享式与非共享式

如果某个集群中的所有节点是共享使用后端存储的（这里的共享不是说共享一台磁盘阵列，而是共享访问同一个或者多个 LUN），那么这个集群就属于共享式集群，否则便是非共享式集群。如图 7-1 所示，左侧为共享式集群，右侧为非共享式集群。但是不要被图中的场景所误导，非共享式集群不一定每个节点都必须用自己本地的磁盘，节点当然也可以连接到一台或者几台磁盘阵列中来获取各自的存储空间，但是各自的存储空间只能自己访问，其他节点不可访问，这就是非共享的意义。

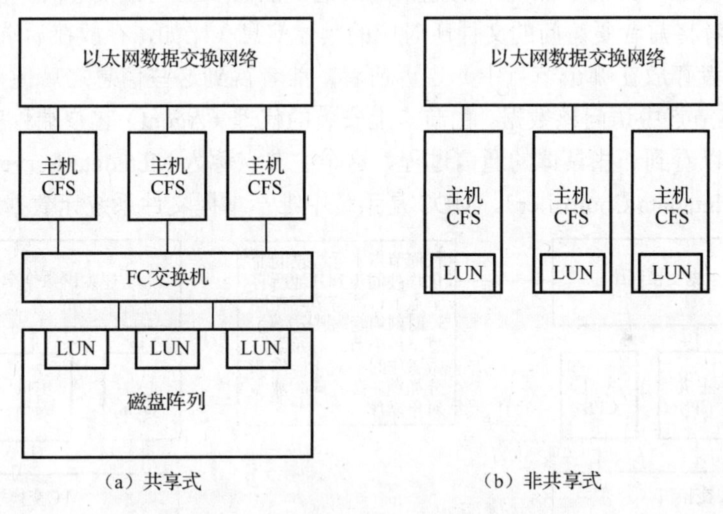

图 7-1　共享式与非共享式集群

共享式与非共享式集群对比如下。

① 非共享式集群，当某节点需要访问其他节点上的数据时，这些数据需要在前端交换机中（一般是以太网）传输，速度偏慢；而共享式集群则每个节点可以直接对后端存储设备对应的 LUN 进行读写，在前端传输的只有集群间的元数据沟通流量而不是实际数据流量。

② 缓存一致性，共享式集群需要考虑，非共享式集群不需要考虑。

③ 对于非共享式集群，为了防止单点故障，需要将每个节点上的数据镜像保存在其他节点；而共享式集群，一个节点故障，另外的节点可以同时接管前端和后端，因为后端存储是所有节点共享访问的。

④ 非共享式集群可以不使用 SAN 阵列，服务器节点本地槽位多的话使用本地磁

盘也可以满足大部分需求，不可以使用 DAS 磁盘箱等；共享存式集群则必须使用 SAN 阵列。

非共享式文件系统存储又被称为“分布式文件系统”，即数据被分布存放在集群中多个节点之上。

7.3.2　对称式与非对称式

如图 7-2 所示为对称式集群。所谓对称式文件系统集群是指集群中所有节点的角色和任务都相同，完全等价。在对称式文件系统集群中，每个节点都有一定协作能力，它们每时每刻都能够保持精确的沟通与合作，共同掌管着全局文件系统的元数据，每个节点要更新某元数据时都会先锁住它，其他节点必须等待，就这样轮值执行任务，保证了文件系统元数据的一致性，同时也精确地保持着缓存一致性。各个节点间信息量很大。

如图 7-3 所示为非对称式集群。在非对称式集群中，只有少数节点是主节点，其余都是从节点。也就是说，只有少数节点（一般为两个主备关系的节点）掌管着系统内全局的文件系统信息，其他节点均不清楚。当其他节点需要访问某文件时，要首先联系这个主节点，后者将前者要访问的文件所对应的具体信息（比如，存放在后端哪个 LUN 的哪段地址，或者存放在哪个节点中）告诉前者，前者得到这些信息之后便直接从后端的 LUN 或者对应节点中访问该数据。由节点上安装的代理（Agent）客户端程序来完成信息交互。图中可以看到一些具体的通信过程。这个主节点称为 Metadata Server，简称 MDS 或者 MDC（Metadata Controller）。MDS 是系统中唯一掌握文件系统元数据的角色。

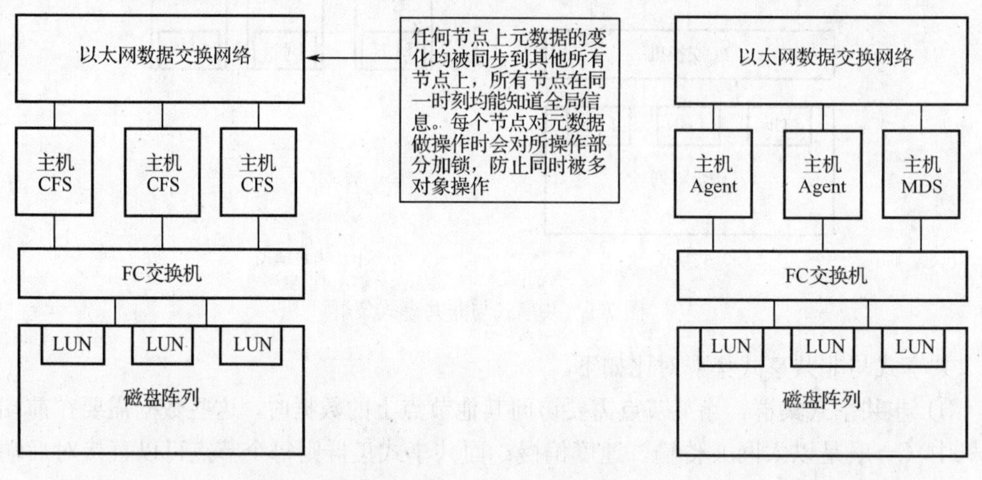

图 7-2　对称式集群　　图 7-3　非对称式集群

对称式集群文件系统的典型代表有 Veritas ClusterFS、HP IBRIX。非对称式集群文件系统的典型代表有中科蓝鲸 BWFS、StorNext SNFS、EMC MPFS、IBM SanFS。显然，由于第二种方式易于实现，集群间沟通成本低，所以对应的产品也多。对于对称式集群，客户端可以通过挂载任何一个节点即可访问到集群中的所有数据；但是对于非对称式集群，客户端只能通过 MDS 节点来挂载，一定程度上造成 MDS 节点瓶颈。由于对称式集群的沟通复杂度太高，不利于扩展到太多节点数量；而非对称式集群可以通过引入多个

MDS 节点来均摊负载。在节点数量较少，也就是在对称式集群的可容忍范围之内时，对称式集群由于每个节点都可以充当非对称式集群中 MDS 的角色，所以往往能够表现出更好的性能。

7.3.3　自助式与服务式

自助式，顾名思义，也就是谁用谁就形成集群。例如，有个视频编辑应用集群，100 台 PC Server，每个节点上装有视频编辑程序，形成了应用集群，现在这些节点想使用一种集群文件系统来共享地访问系统内的所有文件，那么就可以在这些应用节点上直接部署集群文件系统，应用集群同时也变成了文件系统集群，每个节点既是集群的服务者，还是数据的生产者（数据由其应用程序生产），同时又是直接访问底层文件数据的消费者，这就是所谓“自助式”的含义。那么再来看看图 7-4 的拓扑架构，框内的是一个非对称式集群文件系统，框外又增加了一排客户端主机。在这个拓扑中，集群内的服务节点自身并不是数据的消费者，只是服务者、提供者，而集群之外的客户端主机通过某种访问协议来访问集群内的文件数据。这就是所谓“服务式文件系统集群”。

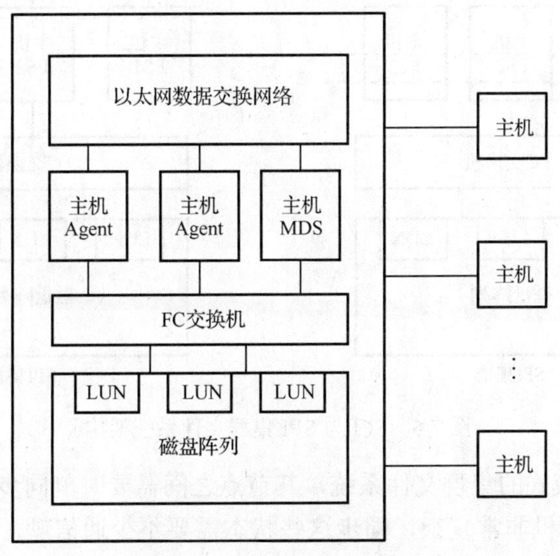

图 7-4　服务式文件系统集群

为何会出现服务式文件系统集群呢？自助式不是很好么？还节约了服务器主机的数量。究其原因主要有如下两个。

① 降低成本。自助式集群中每个节点均需要高速 IO 适配器（如 FC）来访问阵列存储空间，随着集群规模扩大，适配卡、交换机、线缆等的成本不断攀升。

② 可以接入更多的客户端。服务式集群可以用较少的集群节点服务于较多的客户端主机。集群内部的沟通成本可以控制，实现高速高效。同时外部客户端之间不需要互相沟通，所以客户端数量可以大幅增加。对于自助式集群，如果节点数量太多的话，集群内部沟通信息量以及复杂度将会成几何数量上升，不利于扩充。

7.3.4 SPI 与 SFI

为了实现集群所必须实现的单一命名空间（Single Name Space），有两种方式，如图 7-5 所示。

① 简易实现方式：既然每个节点上都有各自的文件系统，将他们输出的路径虚拟化，集中管理起来，然后再次向外输出成一个 Single Path Image（SPI）。系统只管路径统一，不管文件放在哪里。

② 整合实现方式：每个节点都知道所有文件的位置，在文件系统底层进行整合而不是表层的路径整合，即 Single Filesystem Image（SFI）。

SFI 可以做到将一个文件切开分别存放到各个节点中，而 SPI 无法做到。SFI 往往扩展能力有限，而 SPI 则可以整合大量的路径（节点）。

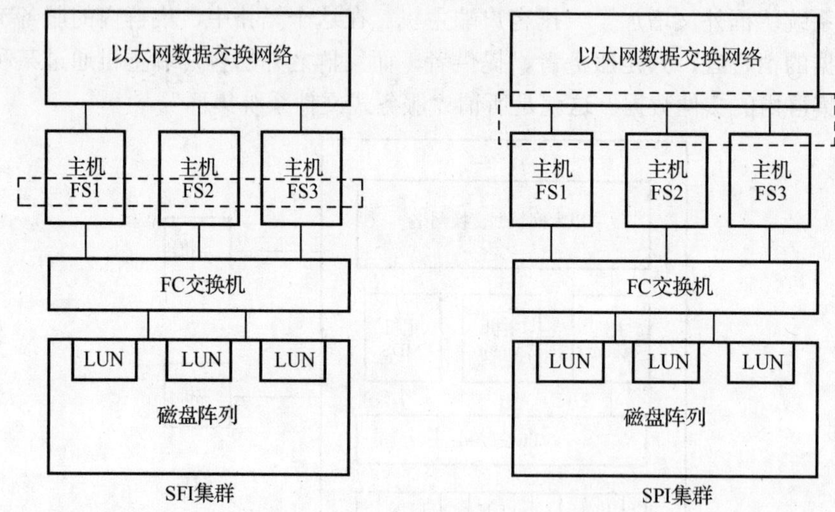

图 7-5 SFI 与 SPI 集群文件系统架构

因为对于 SFI 模式的集群文件系统，其节点之间需要时刻同步各种复杂的状态，每个节点所维护的状态机非常复杂，同步这些状态需要不少通信量，但是外部网络速度永远比不上内存速度，所以这些通信会增加每个节点状态机变化的延迟，导致处理速度有所降低。尤其是当节点数量增多时，比如几十个甚至上百个，几十个状态机之间的相互协作，加上外部网络带来的延迟，此时所有这些劣势将会加成，可能导致性能不升反降。而 SPI 模式的集群文件系统就没有这个问题，节点之间相互独立，所以需要同步的信息很少，如果主机端不使用特殊客户端访问，而只是通过传统的 NFS 或者 CIFS 等访问的话，那么集群节点间可能会出现实际数据的交换，此时就需要一个高速的内部交换矩阵才能获得较高的性能。

7.3.5 串行方式与并行方式

对于服务式集群，客户端可以通过两种方式来访问这个集群所提供的数据：第一种是串行方式，即客户端挂载集群中某个节点所输出的目录，之后所有的通信过程都通过这个节点执行；第二种则是并行访问方式，首先客户端初始时也是通过集群中的某个节点挂载对应的输出目录，但是挂载之后，客户端只通过这个节点来获取待访问文件的元数据信息，得到文件对应的块地址等信息之后，客户端可以直接利用所获得的信息访问集群中的其他节点来访问对应的数据，如果某两个文件分别存放在集群中不同的节点，或者某个文件被分散存放在多个节点中，那么客户端可以并行地访问多个节点从而并行地读写对应的文件。

如图 7-6 所示，主机中的 OID 表示对象存储协议中的 Object ID。对于并行访问集群来讲，客户端一般是采用对象存储协议来访问集群中的数据节点的（比如 Lustre、Panasas 等），当然，也有依然采用 NFS 方式来并行访问集群中数据节点的（比如 IBRIX 的 Fusion Client）。

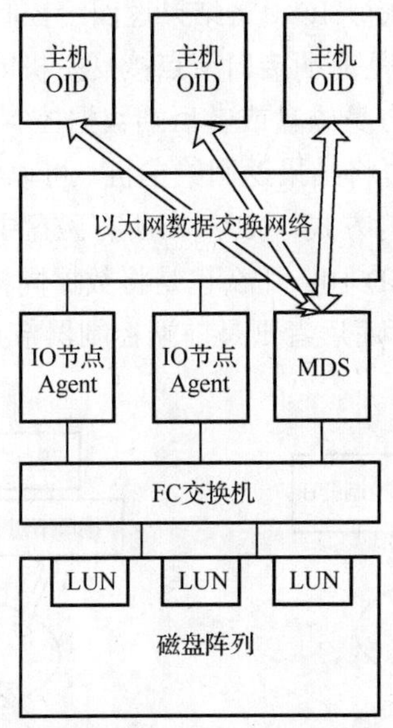

图 7-6　非对称式模式并行访问文件系统集群架构示意图

并行访问集群与串行访问集群对比如下。

① 在单条链路速率相同的情况下，并行访问优于串行访问。

② 目前前端客户端一般都是用 1GbE 以太网来访问集群，如果是串行方式，客户端只能与一个节点通过这条链路通信，如果这个节点的处理能力不足或者本地带宽饱和，那么对应的客户端所获得的数据带宽也就会受限，可能连 1GbE 带宽都远未达到。为此，让这个客户端并行地与多个节点通信来访问数据，则可以尽可能地饱和链路带宽。实际测试显示，10GbE 的链路下，单条 NFS 流远远无法满足带宽，最差时可能只有 10%的带宽能够利用。

提供并行访问能力的集群典型代表有：IBRIX、中科蓝鲸 BWFS、EMC MPFS、Lustre、Panasas。基本上所有的集群文件系统都提供并行访问客户端。

7.4 数据存储技术本质

这里针对数据存储技术做深入探讨，并进行一些理论总结。

以存储集群 SAN 与 NAS 系统举例，是否可以提取出一些共性的、最纯粹的东西来呢？如图 7-7 所示，左边为一台传统的双控制器磁盘阵列系统精简架构图，两个控制器通过 FCAL 或者 SAS 网络共同控制着后端的多块磁盘，多块磁盘组成某种 RAID 类型，比如 RAID 10、RAID 5 等，数据被均衡打散地分布到 RAID 组中的所有磁盘中；而右边则是 IBM XIV 集群存储系统精简架构图，可以看到两者有什么类似了么？先看看拓扑图，前者是控制器与磁盘通过某种网络比如 FCAL 或者 SAS 来连接通信，后者是前端节点与后端节点也通过某种网络连接通信。再来看 IO 执行过程，前者的数据 IO 过程是控制器将 IO 下发给各个磁盘，磁盘执行 IO，将结果返回给控制器，控制器再将结果返回给主机；而后者执行 IO 过程的过程是前端接口节点接受主机的 IO 请求，将 IO 下发给自身磁盘或者后端数据控制器节点，自身磁盘或者后端数据控制器节点执行 IO，将结果返回给前端接口控制器，接口控制器再将结果返回给主机。可以看到这两者执行 IO 的过程是类似的。那么再来看看数据分布的方式，XIV 在所有磁盘中打散分布数据，本质上是一种 RAID 10，而前者如果做成 RAID 10，那么也是将数据同样打散分布。两者的区别是：前者是控制器将 IO 下发给磁盘，而后者则是前端控制器节点将 IO 下发给后端控制器而不是直接下发给后端磁盘。

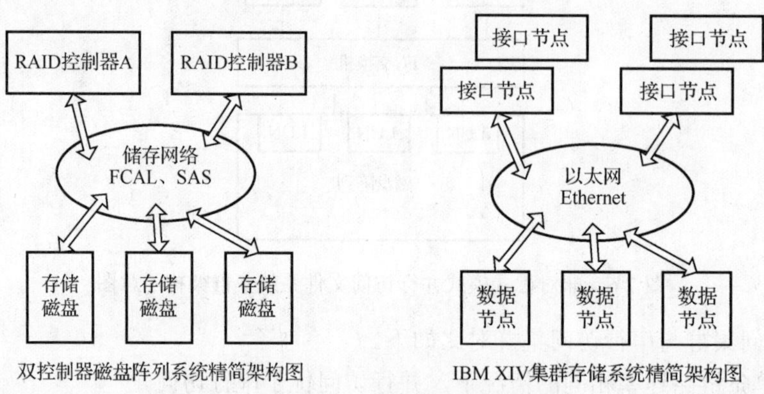

图 7-7　SAN 与 NAS 集群精简架构图对比

其他典型集群场景，是否可以认为所有控制器组成了一个大的 RAID 系统呢？当然可以。将每个控制器下面的磁盘做成 RAID，然后多个控制之间再做成 RAID 0，或者将全局磁盘做成一个灵活的 RAID 10。

那么是不是可以抽象成三个角色的两个层次：第一层 RAID 和第二层 RAID、第一层网络和第二层网络、第一层控制器和第二层控制器？所谓第二层控制器是指集群功能本身这个“虚拟控制器”。

目前有不少厂商的宣传用语中已经出现了“网络 RAID”这个名词，其实就是指一种轮回的表现。换而言之，集群就是网络上的 RAID，也就是 RAIN（Redundant Array of

Independent Node）

7.4.1　三网统一理论

假设客户终端访问服务器的网络为传统的以太网 LAN，是第一层网络，也就是业务网，那么服务器访问存储系统所使用的网络就是第二层网络，也就是 SAN，SAN 可以基于以太网或者 FC 等网，而如图 7-8 所示，存储集群以及主机集群内部通信和数据传输的网络，形成了第三层网络。

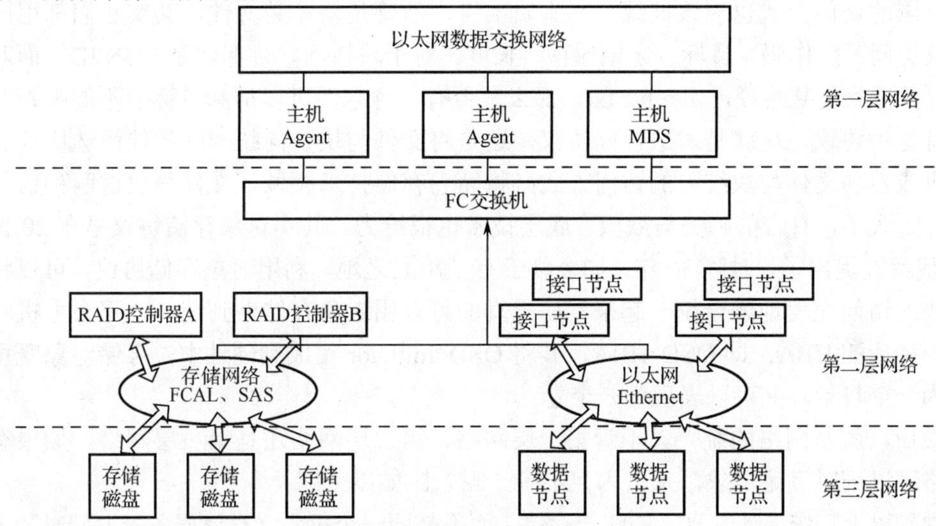

图 7-8　三网统一理论

这里有个观点，称为三网统一。首先是集群的统一，大家知道目前有各种各样的集群，例如，计算集群、存储集群，存储集群中又分为 SAN、NAS、分布式文件系统、集群文件系统等，如此多样的集群，其本质无非就是一堆 x86 的节点，用某种网络连接起来后面挂了大量磁盘的，就是存储集群中的节点，拥有大量 CPU 和内存的，就是计算节点，如果两者皆有，那就是统一集群了，这才有了超融合架构这样的名词。

为何计算与存储以前要分开呢？因为以前的 DAS 直连存储性能和容量均跟不上，而且属于孤岛形态，这限制了存储的发展，必须要将其与计算分开独立发展。所以存储后来先发展为双控制器传统网络存储，此时计算与存储无法合体；再后来，外置存储发展到集群化形态之后，虽然其表象仍然是分的，但是其里面却是合的，对外是合为一体的。此时，计算与存储集群经历了长久分开之后，也必将会重新合体，寻回其本源。大家可以看到，这是一个轮回和分分合合的过程。如今，存储系统正在向集群化发展，而计算也是集群化，那么计算集群与存储集群就可以完美地被融合起来了。这种形态也属于之前提过的“自助式存储集群”。除主机集群与存储集群的合体之外，集群 SAN 与集群 NAS 其实也可以统一，目前很多厂商都推出了块虚拟化产品，它们的 LUN 在后端其实就是一个文件，可以被打散存放在底层磁盘各处。既然 SAN 设备底层都使用类文件系统来管理，那么 SAN 与 NAS 的后端其实已经被统一了，剩下的，就是前端访问协议的统一。此外，集群硬件也将变为一个平台，其上的各种协议、应用，则变成了一种服务，比如SAN服务、NAS服务；而分布式文件系统则是集群NAS的支撑层，其本身与集群NAS属于一种本质上的东西。至此，集群硬件形态与上层软件充分解耦。

访问协议的统一。既然集群已经变为一个通用集群，那么访问这个集群的方式也应该被融合。文件与块的本质其实是一样的，只是组织与访问方式不同罢了。目前，块虚拟化的存储系统比比皆是，它们无一例外都将LUN当作一个文件来对待，恨不得直接在纯种文件系统中用文件虚拟出一个LUN来。底层已经被文件系统给统一了，既然这样，那么外围的访问方式也应该被统一。本质上讲，不管是块还是文件，其实它们都用同一种协议访问：操作码、目标、起始偏移、长度。对于块访问，目标就是LUN ID。而对于文件，目标就是某路径，如/a/b/c.txt。那么是否有一种东西可以屏蔽目标的不同呢？其实早就有这种协议，这就是对象存储协议，这是将文件与块访问统一的最佳候选协议。只要时机成熟，文件与块统一的访问方式必将席卷存储技术领域。文件与块这两种访问协议分开太久了，有合的趋势与欲望，底层技术也很给力。其实对象存储协议早在20世纪80年代就被提出了，时隔30年，如今终于有了用武之地。利用对象存储协议，可以将文件与块的访问完美地融合统一起来。如果真的可以用对象存储做到统一，那么主机端会出现一种新的HBA，即OSD HBA，其将OSD Initiator集成到硬件中，存储对象既可以表现为一个目录，又可以表现为一个卷。

最后，就是网络的统一。不管第一层网络、第二层网络还是第三层网络，如果有一种网络可以同时满足需求，那么为何不统一呢？比如以太网。

做到以上三统，才是真正的统一存储，而不是同一个机头（存储服务器）同时处理块和文件协议。统一的优点是方便操作、管理和运维，缺点是当前的TCP/IP协议，是一个厚重的协议，需要大的开销来建立一个I/O对话，也就是性能上不如其他的专有消息协议。

7.4.2　并行概念理解

在介绍对象存储系统时曾提到，文件I/O与块I/O的本质是一样的。既然本质相同，而分布式文件系统可以实现主机端的并行访问以提高效率，那么为何主机不可以用块协议来并行访问一个Scale-Out的SAN存储系统呢？当然可以，只是还没有形成一个标准而已。

这方面，厂商Infortrend的产品ESVA率先打破了常规。其ESVA产品对主机侧提供了一个Load Balance Driver（LBD），也就是并行访问客户端，可以分别连接到ESVA集群中的每个节点来并行地访问数据。ESVA集群中的节点各自连接到FC交换机上。ESVA集群中有一台Master节点，统管集群中的卷元数据，其他都为成员节点，这个思想与分布式并行文件系统完全一致。当使用了LBD的时候，主机客户端会从所有节点中辨认出全局虚拟的LUN，并可以直接与所有节点通信以读写数据。当不安装LDB的时候，主机客户端只能通过Master节点来挂载对应的LUN，当需要访问的数据恰好落在成员节点中时，数据必须经过Master节点的中转，会多耗费一次经过FC交换机的转发。

块级别的并行比文件级并行来得更容易，因为分布式文件系统中的文件存放位置与映射关系错综复杂，随时在变化，而块级存储中的LUN的位置相对于分布式文件系统来讲并没有那么多的变化，几乎分配完之后就恒定在对应的节点中，这样，阵列与主机端并行客户端之间需要同步更新的LUN数据布局元数据信息就很少，效率很高。

再分析下去，ESVA的并行客户端又似乎像是一个分布式卷管理系统，这里的卷其实就是 LUN，只不过一个 LUN 会被分布到多个集群节点中存放。所以，相当于同时提供了一台台的单独阵列，而同时又给主机上提供了一个处于主机操作系统内核卷管理更下层位置的卷管理层，将识别到的多个独立的LUN虚拟成一个 RAID 0 的大空间。这样做存在一个风险：一旦这些独立阵列中的一台出现故障，那么整个系统的数据不再可用。但是话又说回来，如果这个系统是一个单阵列，你把所有数据都放到这台阵列中保存，那么它出问题的几率会有多少？从这种角度来讲，不管系统中有多少台阵列，与单阵列出问题的几率是相同的，而单阵列出问题导致停机的几率是非常低的。即便这样，为了增加安全系数，厂商也实现了所谓网络RAID，即在集群中的所有节点之间再做一层RAID 5来防止单个节点故障，这样也就成了RAID for RAID。这种RAID的计算也有两种方式：一种是直接在主机端计算好之后，并行地写入每个节点，这种做法就变成了彻头彻尾的软 RAID 5 了，比如 Windows 下的动态磁盘；另一种则是由集群中的存储节点来自行计算，这样势必要浪费大量的集群内部通信网络带宽，而且性能也不会很好。

对象存储 OSD 协议或许有希望在一段时间之后真正成为块级并行访问的标准协议，因为它既像块，又像文件，而分布式文件系统已经有了标准访问协议 pNFS，pNFS 显然不适合块级，那么 OSD 或许就是最佳的候选对象了。

另外，有了并行访问客户端之后，之前的多路径软件也就可以被统一了，因为并行客户端自然会考虑多路径 Failover 和 Failback 的问题，之前多路径软件自身所做的负载均衡基本上都没有太大的意义，因为对于传统双控阵列来讲，LUN 的工作控制器只有一个，在这个前提下，多路径负载均衡是不具太大意义的。但是在多控的 Scale-Out 分布式架构下，多路径软件对集群中的每个节点都有维护一条路径，多路径软件已经不是传统意义的多路径了，并行访问上升为关键点，此时，多路径软件就彻底成为一个并行访问客户端，而不应该再叫多路径软件了。在所有路径工作正常的条件下，主机可以直接从集群中的每个节点读写数据，集群内部通信网的负载是非常低的，仅用于同步一些元数据状态等，一旦主机到集群的某条或者某几条路径失效，那么集群中对应的节点就与主机失去了连接，这些节点中的数据只能通过集群内部通信网被传输到与主机尚有连接的那些节点中，通过这些节点将数据转发给主机，此时内部通信网的流量就会增加。

7.4.3　集群分层架构

集群硬件层可能会变为一个平台，承载各种集群软件层。比如某分布式文件系统，如果要把它包装为一款可交付的产品，只买软件光盘即可。但是用户的硬件是各种各样的，兼容性不一，软件安装上之后可能会出现各种问题，这就是现在的软件厂商争相将自己的软件捆绑到硬件中打包出售的原因之一。这就表现为一种软硬相合。

分久必合，合久必分。软件和硬件这两者总是在分分合合中螺旋上升发展。两者也会出现相互争抢的局面，比如硬件总是想从软件层面 Offload 下来更多的功能，比如 TCP/IP Offload，iSCSI Offload，XOR Offload 等，而软件似乎也在向硬件争抢，比如软 RAID，软卷管理层等。

对于硬件集群平台与其上的软件集群形式（比如集群文件系统、集群 SAN 等），它们两者如果真的做到了解耦，那么也会发展出这种争抢态势。比如底层硬件想去 Offload 上层软件集群中的一些机制，如消息通信机制、错误监测与恢复联动机制等。硬件提供一个标准集群，比如基于 PCI-E 交换网络的集群，基于 InfiniBand 的，基于以太网的等，不管底层是 InfiniBand 还是以太网，底层硬件集群会将其抽象封装为标准的接口，上层的集群软件可以更加专注于高层功能，比如数据排布方式以及效能等层面的研发与提升，底层这些通用化的机制，最终将被固化为标准，从而获得所有厂商的支持。

7.5　数据分级存储探讨

本节介绍关于大数据存储架构的一个改造方案“冷温热数据超融合多介质大数据平台”（以下简称“BD Storage 平台”）方案，以启发读者进一步优化企业的大数据结构，有效降低存储成本。对于企业 IT 系统的数据存储而言，大多数存储形式通常需要分别挂载，并以不同的业务为界限，各自独立，最终再通过拼凑形成整个存储系统。该系统中不同热度的数据被混在一起存储，并且存在着大量冗余的数据副本。此外，当前各企业的数据存储还存在着高成本的问题。特别是电耗占据重头，低的 PUE（电力使用效率）值是绿色低碳的数据存储所追求的。针对此问题 BD Storage 平台把数据按照使用热度存入不同的存储介质中，使得数据能够被统一管理，从而有效提高数据利用率、降低存储成本，并借助优化运维的存储管理软件来降低或省去协议和维护费，实现数据存储的规模化和自动化管理以及与云的对接。

7.5.1　超融合

超融合技术最初的构想是来自于将 Google、Facebook 等公司所采用的计算存储融合的架构，通过应用虚拟化技术把存储功能迁移融合到计算服务器中。所以所谓“超融合”，即将计算、存储、网络功能和服务器虚拟化融合在了一套单元设备上。不仅如此，单元还包括有备份软件、快照技术、重复数据删除、在线数据压缩等功能。超融合技术一般采用分布式存储系统，其构建在虚拟化平台之上，在服务器虚拟化的基础上，通过部署存储虚拟设备，对本地存储资源进行虚拟化，再经集群整合成资源池，为应用虚拟机提供存储服务。

传统的共享存储在数据读写时，都需要通过网线或光纤进行数据传输。而由于超融合节点结合了存储与计算能力，因此可将数据保护、数据分析等相关数据业务融合到存储节点上，从而不需要为实现这些功能而大规模复制或迁移数据到专用的业务应用中。这样很多功能、数据读取和数据处理的流程都能在本地进行，从而节省了多余的数据传输时间和成本，加快了数据的读写速度。以前建设虚拟化项目需要先在存储上划分资源，然后配置 SAN 交换机，在虚拟化主机上进行挂载。而使用超融合系统后，这些复杂烦琐的工作将会不复存在。在超融合系统上，用户不再需要考虑 RAID、卷等的设置和优化，所有的存储需求会由超融合系统底层的软件自动完成。而快照、备份、克隆等功能也不再需要由虚拟化系统来完成，而是由虚拟化层将相关任务交给分布式存储软件来完成，真正实现了将以前由虚拟化系统来执行的工作直接交给存储层来完成。

就数据安全的问题上，超融合框架的存储虚拟化可以给企业提供 2～3 个副本。这样当整个集群内有服务器损坏时，若采用超融合方案，数据还会存在对应的副本里，工作还能正常进行。而对比于传统的共享存储，想做两个副本的话就只能再买一个一模一样的存储设备做备份，增加了不少的人力物力成本。

7.5.2　冷数据

数据增长首先带来的问题是有越来越多的不常用到的冷数据产生，对于存储行业的提供商而言，当前需要把握市场的需求，对冷数据提供有效的存储解决方案。

当前各企业的 IT 建设状态中，对于数据的存储情况呈现出一种存储介质单一且存储设备部署混乱的局面。所有数据均以磁盘的形式保存，耗电量巨大。而实际上，对于企业而言，其所需存储的二级数据（即冷数据）占企业自身总存储容量的 70%～80%（如图 7-9 所示）。这些不频繁使用，且需要长期存档的二级数据，通常包括备份数据、存档数据、测试和开发副本、共享文件、分析数据等。通常而言，这些数据需要耗费大量资金来存储、保护和管理，但它们并没有得到高效利用，无法提升商业价值，有时这些数据甚至还包含给企业带来风险的内容。与二级数据对应的主数据则是指需要被生产应用高频使用的热数据。整个企业的数据存储状态就好比一座冰山，水面以上显眼的主数据总量远少于水面以下隐藏着的二级数据的总量。而介于冷数据和热数据之间的则称之为温数据。

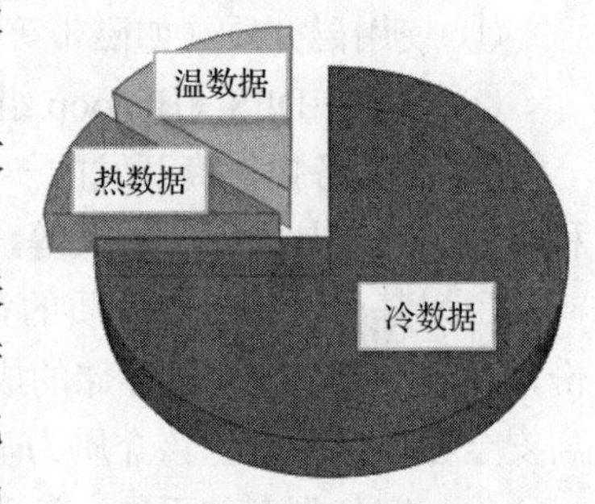

图 7-9　热、温、冷数据分布

目前，为了降低对冷数据的存储和维护成本，已经提出了专门针对冷数据而设计存储系统的需求。如图 7-10 所示，冷数据存储解决方案的设计思路可分为四类。

（1）以存储容量为优先的低功耗磁盘存储系统：这类系统仍然利用 ATA、SATA、FATA 以及近线级 SAS 硬盘进行数据存储，并通过对磁盘的改进（如降低磁盘转速等）来实现在确保存储容量前提下的功耗降低，从而用于对冷数据存储。因为冷数据通常不需要修改，且对存储容量的要求又远高于对存储性能的要求。这类方法由于执行简单，是目前运用最多的方法。

（2）基于软件的分布式存储系统：采用分布式存储可提高存储容量，可适应大量的多类型的数据存储，而基于软件的分布式存储由于其执行效率不高，因此更适合于处理冷数据。这一类系统通常包括了：

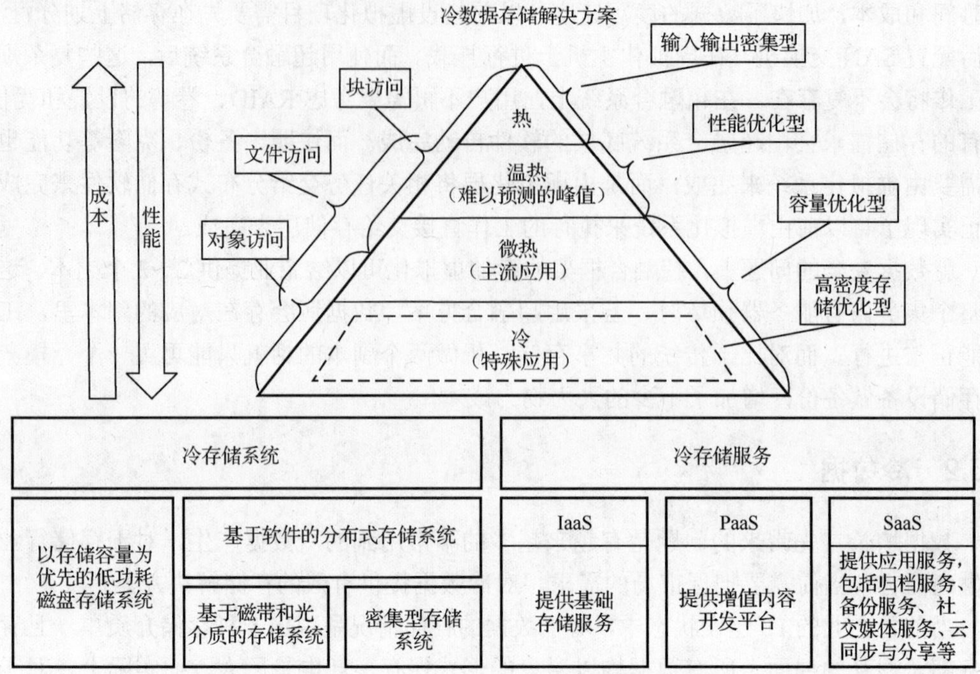

图 7-10　冷数据存储解决方案

① 使用磁介质（如磁带等）的基于块、基于文件和基于对象的存储解决方案；

② 类似 HDFS（Hadoop 组件之一）这样的大数据存储平台；

③ 云服务提供商开发的一些负责将数据从原先的主存储介质迁移到云端（公有云或私有云）的工具（如云网关等，通常云服务提供商不会单独将这类工具作为产品销售）。

（3）基于磁带和光介质的存储系统：这类系统通常可离线存储，一般被用于数据备份，目前，随着光介质存储的成本优势的逐渐突出，以及其本身所具有的一系列大容量、高安全性等优势，以该介质为基础的存储系统正逐渐受到冷存储系统开发者的关注。

（4）密集型存储系统：这类系统一方面把多个存储驱动器（24、48、64 甚至 84 个）密集地堆叠到一个机箱中，达到大容量的目的，另一方面采用低功耗的基于 SOC 的 CPU 来实现对驱动器的管理以及其他计算负载。

从市场角度来讲，谁能提供最低成本、高可靠性、使用方便的冷数据存储解决方案，谁就能获得市场的认可，而上述冷数据存储系统的实现方法中，最具有这方面潜力的莫过于将光介质同一体化智能存储管理系统相结合的方案，这也是 BD 平台的主要思想导向。

7.5.3　平台架构

BD Storage 平台主要包括四个层面：数据存储平台层面、数据保护层面、多介质存储节点层面和智能化存储管理系统软件层面。其中数据存储平台层面为面向用户提供的最终的整体服务产品，而其余的三个层面为该主要层面的支持层。

1．数据存储平台

BD Storage 平台支持主流的分布式的 NFS、SMB、S3 接口（并提供 REST API 及最基础的基于 TCP/IP 协议的接口访问），一方面可将企业全部的数据合并进入统一的存储集群中，另一方面也向外开放对平台内的各存储介质的访问。在平台存储数据的过程中，将通过多种方式，包括变长技术、横跨整个集群范围的全局去重复技术，以及数据压缩技术等，实现对存储效率的提高，且能支持实时或者滞后的去重复策略。利用 BD Storage 平台可建立起一个能从终端设备横跨到云端的数据交换结构，并能在多云环境下实现数据与应用的迁移。

作为从终端到云端的“软件定义”的数据存储平台。BD Storage 平台可以被部署在标准的 x86 超融合存储节点或者由第三方认证的节点上，而平台所接入的应用则既可以是运行在物理机上的也可以是运行在 Hypervisor 或云中的虚拟机上的。

作为一个多云平台，BD Storage 平台可使用公有云来代替磁盘阵列或磁带以实现数据的长期存档。用户可选择多个其熟悉的云供应商（包括 Google Cloud Storage Nearline、Microsoft Azure 及 Amazon Glacier、S3 等主流的公有云皆受到该平台的支持）进行交叉联合备份。平台通过压缩、去重复和加密技术将云的存储效率和安全性最大化，并支持高效的数据搜索方式帮助用户快速恢复其不同颗粒度的应用程序数据或文件。

作为一个以简化管理难度为设计宗旨的平台，BD Storage 平台采用交互界面来管理所有的融合数据服务，并用一整套 REST API 以及相关的文档来协调数据的服务，以实现同用户企业现存的 DevOps 工具的集成。平台可支持多租户管理模式，可在存储集群中创建多个逻辑租户，实现租户之间的数据、QoS 以及安全性的相互独立，在细粒度层面控制服务的品质以确保最优化的资源使用，以及关键任务负载的低延时和高吞吐量。平台还可支持基于角色的访问控制，可用默认的或者用户自定义的角色来简化集群管理和操作，可以在整个集群中进行角色分配，并能与 Windows 活动目录进行集成。

作为一个智能化平台，数据报表和分析功能是 BD Storage 平台的一大特色。平台可在集群、虚拟机和文件的各个级别中实时监测容量使用和性能，以帮助用户更好的计划未来的存储容量需求。平台会自动生成自动化的全局索引用于实现对任意的归入平台内的虚拟机、文件、对象等的通配符检索。可在平台所部署的集群上直接运行用户定制的 MapReduce 作业。从而不再需要将数据转移到专用的分析平台内进行数据分析。

对于企业而言，拥有多个子公司和部署在各地的终端设备是再正常不过的了，为此，BD Storage 平台将储存能力延伸到各个分支机构。由于各个远程分支机构的 IT 设备状况通常无法统一，为了在不增加额外的硬件成本的前提下实现数据存储的接入，BD Storage 平台针对远程分支机构设计虚拟化版本的远程数据存储平台。该虚拟化平台部署在分支机构原本的 IT 虚拟化层（如 VMware vSphere 等）上，从而屏蔽掉底层物理环境的差异，虚拟化平台通过与中央数据中心（即部署在母公司的 BD Storage 平台上）的交互来实现本地数据的存储和备份等。以中央数据中心为枢纽，各个分支机构可实现数据的互通共享，并能统一接入到中央数据中心所对接的公有云环境中。如图 7-11 所示即为企业 BD Storage 平台部署方案。

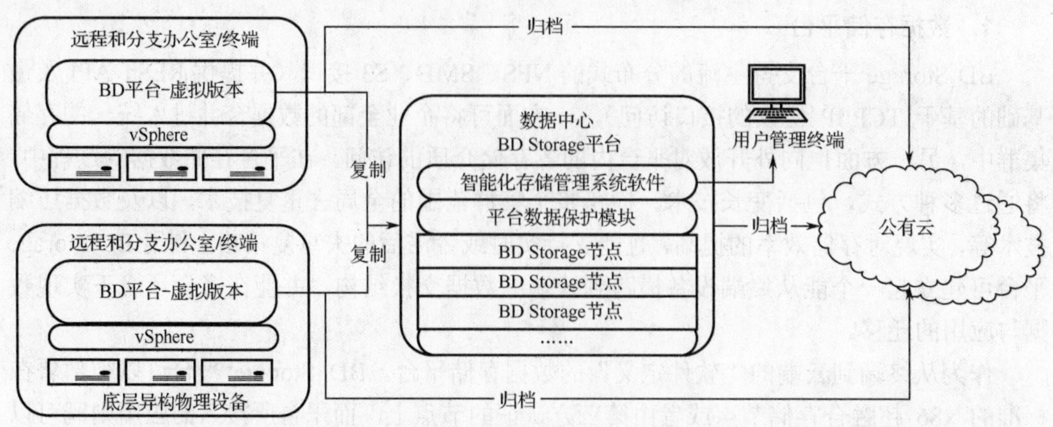

图 7-11　企业 BD 平台部署方案

2. 数据保护

数据保护将是 BD Storage 平台的一个重要的模块，该模块将多种备份基础架构融入到 BD Storage 平台中，并通过一个基于策略的自动化管理流程来实现快速的数据备份与恢复，同时大幅降低数据保护成本。该模块的特色包括以下几点。

① 设计简捷。数据保护模块将各种保护方案统一融合到 BD Storage 平台中，用户将无须在配备专门的软硬件来实现数据保护。用户还可以创建自己的自动化保护策略并加入到该模块中。

② 高适应性。数据保护模块可无缝地集成到 vSphere 环境中。支持 vCenter 标签和文件夹，从而允许 vSphere 管理员直接从 vCenter 中管理数据保护。对于 vCenter 的集成使用户在 BD Storage 平台的 UI 中可了解到其虚拟机对象的完整视图。通过对 vSphere API 的集成，实现数据的备份。而采用 vRealize Automation 的插件还可以实现用户自助的数据保护服务。数据保护模块可支持物理机上的数据库和应用程序，可使用面向应用的适配器来备份物理机上的应用程序，并可支持 Microsoft Windows Server，SQL Server，Linux 和 Oracle Database。数据保护模块还能与企业的主存储和 NAS 进行集成，在实现数据的长期保存的同时提供必要的数据保护。

③ 快速创建恢复点和实现高速数据恢复。数据保护模块能通过无限量的增量备份以及并行数据摄取技术将恢复点创建间隔缩短到分钟级别。并能实现瞬时的数据恢复。

④ 支持细粒度数据搜索和恢复。数据保护模块能在虚拟机和文件内实现瞬时的通配符搜索，并支持对虚拟机、文件以及 Exchange、SQL 和 SharePoint 各自的应用对象的恢复。

最终，数据保护模块内置的安全策略、可实现基于软件的静态和动态数据加密。模块将采用 AES-256 标准对数据进行基于软件形式的加密。保存在 BD Storage 平台本地中的数据将被静态加密，当数据被复制或存档到公有云中时，则会被动态加密。并且模块中将设计专门的密钥管理策略。此外，模块会对数据进行定期的快照存档，当 BD Storage 平台遭遇攻击时，可瞬时将用户的数据恢复到先前的一次快照状态。

3．冷温热数据超融合多介质存储节点（BD Storage 节点）

所谓“多介质”，即节点中同时包含了 SSD、磁盘/磁带、蓝光三类存储介质，以应对存储不同使用热度的数据。

磁盘存储最为中庸，各方面性能都不很优秀，但技术最为成熟，且能同时实现数据的读取和修改写入功能，是最为基础的存储介质，也是目前各企业使用的主流存储介质。

蓝光存储的特点是容量大，寿命长，风险低和兼容性高，其低成本的特点相当突出，但却存在着一次性写入后不易修改的缺点。

SSD 也能实现读取和修改写入功能，而且读写速度比之磁盘更快，具有高吞吐量和低延迟性，可支持有高 I/O 性能需求的关键性应用业务，但成本却相对高昂。

总的来说，按照不同存储介质的特点：SSD 读写效率>磁盘存储读写效率>蓝光存储，而蓝光存储成本<磁盘存储成本<SSD 成本。将数据存放到与其活跃度相对应的存储介质中，由此就可达到提高数据存储效用并有效降低存储能耗的目的。

对于热数据而言，当前 SSD 技术的高性能尚无可替代。而对于冷数据的存储，利用光存储技术来代替磁介质正成为趋势。传统的硬盘/磁盘阵列、磁带等磁介质存储因使用寿命相对较低、环境要求较高、难以抵御恶意攻击和人为窜改数据等缺点导致其越来越无法满足大数据量存储的需求，还有可能造成不必要的性能浪费并由此产生巨额的成本。在此背景之下，光存储技术应运而生。光存储具有存储容量大、数据保存时间长、能耗低、数据安全性高、存储空间扩展灵活、节能环保等众多特点，是新一代存储尤其是冷存储的未来方案（因为冷存储的数据量大，且不需要频繁对冷数据进行修改操作）。BD Storage 平台采用的蓝光存储技术会产生三大优势。

① 50 年以上长寿命数据保存。在此期间无须因为存储介质问题而进行数据迁移，可整体降低总投入成本。

② 安全可靠的存储设备。蓝光光盘的存储介质，完全不受电磁干扰，数据一次性写入后不可更改，避免人为误操作的发生，可防范恶意病毒软件的攻击。当设备出现意外故障时，可有效保护数据安全，具有极高的可靠性。

③ 灵活扩展的存储空间。采用可扩展的大容量蓝光存储系统，支持用户根据自身需要进行容量的灵活配置与扩容，从容应对数据量的增长。

BD Storage 节点还具有可线性扩展、无缝升级的特点。传统的企业存储系统需要停机才能进行扩容和升级，这期间业务的停顿、数据的迁移、备份等工作将给用户业务带来比较可观的损失。同时，由于操作的复杂性，需要厂商专业人员或高级技术人员操作才能放心。而 BD Storage 节点可以以一次一个或多个的方式进行扩展和替换，满足用户所需的动态容量和性能提升要求，并且按需收费，用户不必随着需求的增长而进行颠覆式的停机升级，保证用户的业务能持续开展、平稳升级、永远在线。

对于存储节点的集群部署，BD Storage 平台将采用 Shared Nothing 无共享集群架构，从而使得集群可满足：

① 在集群里某个节点故障时系统仍正常运转，用户正常使用。

② 集群规模大，可提供数十 PB 的存储容量。

③ 集群内任何一个节点在任何时候都可以服务任何业务应用。

④ 多个集群节点可以同时为某一数据（目录或文件）服务。

⑤ 低成本，使用以太网互连。

与此对应的，存储节点的开发采用对称式横向扩展集群技术，从而使节点有着透明扩容、对硬件要求低、聚合性能高等明显优点，让用户能以最低费用开始使用 BD Storage 平台专业存储服务，在存储节点集群达到能力极限时，只需要按需增加节点即可。用户的业务系统在扩容过程中不受任何影响，可直接享受扩容带来的容量提升，并且可根据不同的用户需求，用不同的节点组合来满足。当前企业的数据类别中，非结构化数据（如多媒体、高清晰度照片、磁盘镜像、备份、虚拟硬盘等）的比例正不断上升，不久的将来将占全部数据的绝大部分，而基于集群技术的存储节点对于非结构化数据的存储而言是最佳的选择。

4. 智能化存储管理系统软件

智能化存储管理系统软件是 BD Storage 平台核心的技术所在。该软件可基于 Hadoop 和 Apache Spark 大数据框架开发，且不依赖于特有硬件，具有硬件独立性。整套存储管理系统软件中包含了管理硬件的操作系统、平台软件、高可用软件、数据智能化分析系统、分布式文件系统、文件服务协议层和用户管理接口与界面等。设计上，遵循尽量简洁的原则以降低培训和用户使用门槛。这里的简洁主要是指管理系统的方法和界面。方法上，遵循基于策略的管理原则，将底层硬件（如硬盘、RAID 等）高度抽象化，用户只需要告诉系统他要什么样的存储，用什么方式访问即可，剩下的技术细节全部由后端软件实现。界面上，BD Storage 平台遵循所有任务不需要单击超过 3 次的原则，整个系统只要三步就可以设置完毕，开始使用。

关于软件的智能性，体现在以下几个方面。

① 冷热数据分析引擎。该引擎负责根据数据的使用特征来动态自适应地对数据进行分类，从而将数据分配到不同的介质和集群位置中进行保存。该引擎可基于 Hadoop 和 Apache Spark 开发。一方面，由于企业所需存储的数据量巨大，这就意味着有足够多的样本可用于大数据自适应学习，利用大数据框架开发的管理软件就能具备这种自适应学习能力，能通过学习数据使用时的 Pattern 特征（该 Pattern 特征与具体业务密切相关）来对数据的存储进行分析管理，并可不断地提高分析的精度。另一方面，由于企业的数据种类众多，尤其对于类似医疗这样的行业，其所需保存的数据以多媒体文件为主，对这种应用场景下的数据管理，Hadoop 和 Spark 本身就具有优势。

② 存储集群的自动上线下线控制（On Demand Online，ODO）及负载均衡。ODO 对存储集群的各个单元执行“休眠-唤醒”机制，可使集群的使用效率最大化，使整个平台的性能和资源利用率达到最佳的平衡点，直接避免存储空间和能耗的浪费，实现最优化存储，消减整体运营成本，达到节能环保的目的。

③ 对平台设备资源池的统一监管和运维。整个 BD Storage 平台的部署除归一化的存储节点外，还涉及网络设备、服务器设备、虚拟化设备、公有云等的连接。所谓“三分建设，七分运维”，新的企业 IT 系统更加重视运维服务的质量，甚至于运维已经成了新

的分布式、混合型 IT 的关键。因此，运维工具和相应的服务成为了重点，一个可靠、简化、方便的监管工具的开发、推广将是 BD Storage 平台的一个重要组成部分。智能化管理软件应当能对整个平台系统中的各个环节进行实时监控，能对异常现象和预设的告警进行报告，能记录下日志文件，能在平台设备连接发生变化时自动进行平衡和适应，以支持整个平台的无缝升级。智能化管理软件还需要运用资源管理技术，使得整个存储节点的集群能被资源池化，统一管理，从而方便实现资源监控、调度管理、整体容灾备份和定制部署等。

④ 分布式文件系统。使一套 BD Storage 平台共享一个可动态扩展的分布式文件系统，可支持分布式可读写快照（Snapshot）、分布式限额（Quota）、数据去冗余等。

⑤ 数据分析与挖掘。平台中的数据最终只有通过分析和挖掘才能真正发挥出其内在的价值。基于大数据框架的管理软件可真正实现对数据的挖掘，并且能根据用户的业务需求定制数据分析服务。此外，利用管理软件的多种数据接口可将数据分析结果分享给各个业务系统。

⑥ 访问端安全控制。由于整个 BD Storage 平台对于企业中单个的用户或业务系统而言是共享的，因此需要保证每个用户的数据是保密的。这就意味着智能化管理软件需要提供数据平台访问端之间的安全机制。

⑦ 支持数据压缩、减少存储所需空间，提高传输、存储及处理效率。并支持市面上主流的第三方备份软件。

⑧ 支持与外部备份的对接，可设置外部备份策略，最大限度地确保数据存储的可靠性。

5. 冷热数据分类处理详解

就整套智能化存储管理软件来讲，最大的独创性就在于对冷热数据的分类处理，下面着重对冷热数据分析引擎的设计原理进行介绍。该引擎将通过三类依据来实现对数据冷热程度的判断。

① 按照数据的产生时间和访问频率来判断其冷热程度。这是最基础的方法，但是数据需要在临时存储器中保留相当长的一段时间才能判断出其冷热程度，效率较低。

② 按照应用日志（该日志同具体业务的 Pattern 相关）来判断接收到的新数据的冷热程度。由于该判断模式有一个前置的学习过程，因此可对新数据直接进行判断，且判断能力可随着学习样本的增多不断加强。

③ 根据网络端口抓取到的特征进行判断。该方法具有最快的实时性。

上述方法中除用到大数据挖掘技术外，由于存储数据的接入是通过网络实现的，因此还可用到 NetFlow 技术。NetFlow 是一种数据交换方式，其工作原理是：NetFlow 利用标准的交换模式处理数据流的第一个 IP 包数据，生成 NetFlow 缓存，随后同样的数据基于缓存信息在同一个数据流中进行传输，不再匹配相关的访问控制等策略，NetFlow 缓存同时包含了随后数据流的统计信息。一个完整的 NetFlow 系统包含四个主要的部分：探测器、采集器、报告系统及数据分析系统。探测器用来监听网络数据；采集器用来收集分析探测器传来的数据；报告系统用来将采集器收集到的信息制作成易于识别的图表等报告；分析系统则会对历史的 NetFlow 数据进行采样分析（如图 7-12 所示）。

NetFlow 具有两个特点：① 其收集后的记录不会发生改变。② NetFlow 对实时性查询要求高。基于这些特性，NetFlow 系统可以按数据活跃性，将不同活跃度的数据放在对应的存储介质中，从而实现冷热数据分析引擎的功能。

NetFlow 系统中数据的活跃程度可以通过引入热度值标签来进行评判，每条数据都会有一个热度值，活跃程度越高的数据热度值越高。而数据热度的判断还能进一步分为“数据的修改热度”和“数据的读取热度”。其热度值可以从以下多个维度来衡量计算。

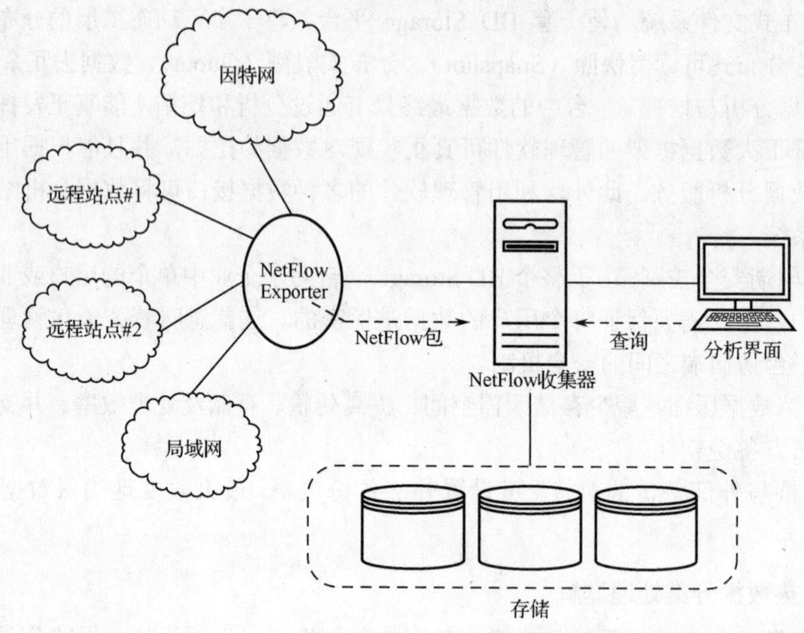

图 7-12　NetFlow 系统简略图

① 基于数据采样时间。NetFlow 系统主要通过流数据分析来决定数据的存储分配，用户访问的数据范围与时间区间有较大联系，越久远的数据往往访问频率越低，也就是所谓的冷数据。NetFlow 系统可根据用户需求设定数据转存机制，最新的数据热度值最高，超过系统定义的时间后，热度值逐步下降。

② 基于用户查询日志。NetFlow 的报告系统会记录用户的操作行为，根据用户的数据读写情况进行记录，定义如下查询因子：读写量、时间范围、展现方式、数据对比情况（包括同比、环比）。NetFlow 系统在规定的时间区间内定期对读写因子进行统计分析排名，排名较高的读写对象代表其活跃度较高，将对应数据的热度值提高。系统设置有过期时间，对前后几次的数据读写排名进行比较，当一定时间区间内没有再次进行读写时，数据热度降低。

③ 基于外部监控系统。当接入其他监控系统时，可以分析监控系统采集到的数据对象性能的情况，当出现 CPU、内存或带宽占用持续增长时，逐步提高对应数据的热度值。当接收到网络设备恢复事件，或 CPU、内存、线路带宽占用低于某个阈值后，降低对应数据的热度值。

④ 基于 NetFlow 数据分析系统。NetFlow 数据分析系统能够与大数据结合，定期根据预定义的数据分析模型，对监听的数据进行分析，调整其热度值。

如图 7-13 所示，基于 SSD、磁盘、蓝光三种存储介质，通过 NetFlow 对数据的修改和读取热度的监听分析并结合大数据处理，最终可实现数据存储分配的智能化。NetFlow 系统中数据热度值可采用定期计算的方式，在设定的执行时间对多个维度的标准进行处理，处理结束后对热度值进行刷新。获取到最新的数据热度值后，NetFlow 系统会对该数据进行热度值匹配，热度值（80～100）的数据为热数据，会放到 SSD 中。热度值较低的温数据（30～80）会保留在磁盘中。热度值为（0～30）的冷数据直接存放到蓝光存储中。

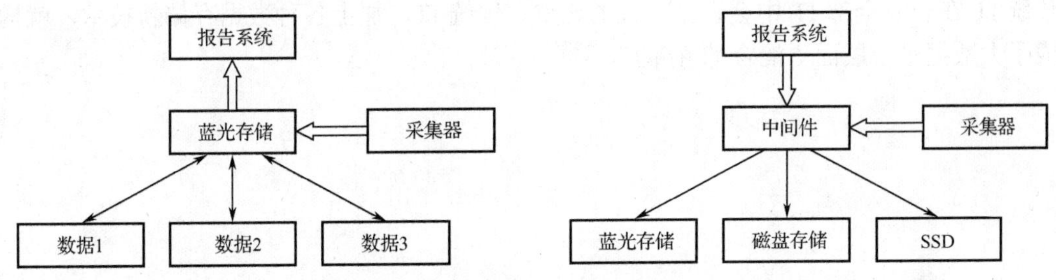

图 7-13　冷热数据分类处理简略图

7.5.4　应用场景

当企业开始将其 IT 系统逐步接入 BD 平台进行数据存储后，对于数字档案这类非常明确的需要长期存储的冷数据，例如，医疗数据和媒体资料库数据等，智能化存储管理软件会直接将其写入光存储介质中。而对于不确定是否需要立即作为冷数据进行归档处理的数据，在有类似数据作为先期样本的情况下，管理软件会根据样本对数据进行适当的归档处理，如果没有先期样本，管理软件会将数据在磁存储池内保存一段时间，直到系统确认可以归档后，再将其写入蓝光介质。如果用户持续经常访问这些数据，则数据将被作为温数据继续存储在磁介质中，当数据的使用满足了高频的热数据使用特征，这些数据又将被缓存入 SSD，以提高使用性能。

以提供归档和灾备的数据中心应用场景为例。数据中心原有的备份数据可从中心内原有的其他备份存储器直接迁移到 BD 平台对应的存储介质中。而数据中心新增加的备份数据可先备份到 BD 平台的磁存储介质，再归档到蓝光存储介质，或直接归档到光存储介质。对数据中心而言，用蓝光来归档数据有非常直观的优势，由于数据中心有大量的数据需异地长期保存，因此可以将保存了数据的光盘库通过交通工具运送到异地保存，从而节省网络传输的带宽流量。而异地用户也可将其数据归档保存在其本地的蓝光介质中（如蓝光 VTL 等），然后将蓝光光盘运送到加载了 BD 平台的数据中心，把蓝光数据直接添加到数据中心进行保存。

7.6 小结

大数据存储的选择面临着容量、性能和扩展性上的取舍。一般来说，容量大的存储系统，I/O 性能就会弱一些。具体什么样的方案或方案的组合取决于具体的应用，不要忘记“Function-Performance-Cost”铁三角总是存在。从宏观层面，选择大数据存储技术时，对于中小型 IT 企业，可主要考虑传统存储系统；当企业的一些应用与内容，需要大规模并行处理（如互联网应用）时，数据存储集群会带来更多的方便。企业的 IT 发展都有其延续性，向大数据存储集群的迁移不会一蹴而就。在相当长时间内，大数据存储之前的传统 IT 在企业全部 IT 中会占据很大的比重。传统 IT，加上各种数据存储新技术，就构成了大数据平台层面“混合 IT 存储”。

第 8 章

机器学习与人工智能

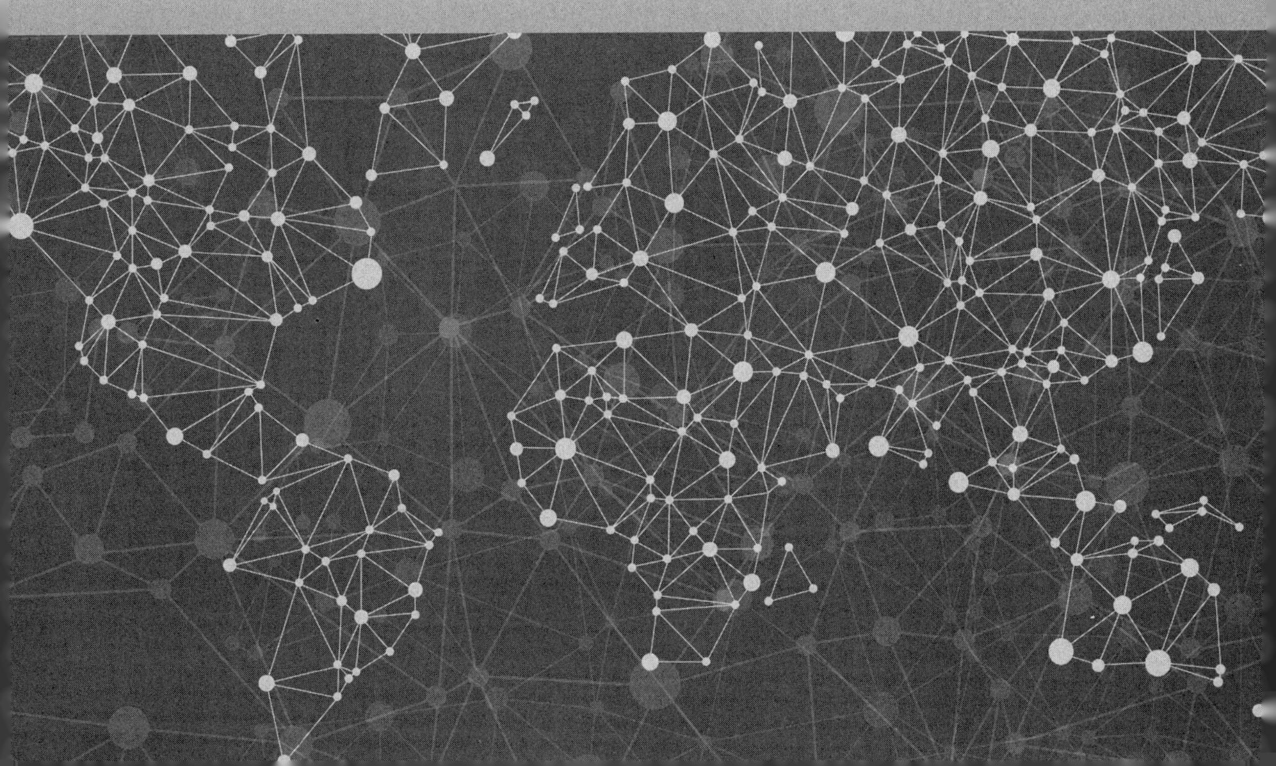

机器学习、人工智能是当今热门的话题。没有大数据提供足够数量和足够质量的样本集，没有合适的算法（数据挖掘的工具），不放在合适的场景中，这些话题也就只能停留在茶余饭后的层面。

在同样质量、数量的数据集下，算法显得非常重要的，不同的算法会得出不同的结论，而且差别是比较大的。譬如，在 2013 年的 Kaggle 大赛上，给出了猫、狗各 12500 张照片的训练数据集，当时的算法第一名仅得到了 82.7%的识别准确率，之后采用改进算法，识别准确率很容易达到 98%以上的水平。

机器学习这个老概念今天又会火起来的原因和软件、硬件手拉手的发展是分不开的，也就是"软件带硬件、硬件促软件"。没有硬件（CPU，GPU，TPU，ASIC，FPGA）对数据处理能力的提升，机器学习还只能停留在 50 年代感知机（Perceptron）的状态。

当 DeepMind 开发的 AlphaGo 程序打败职业围棋高手 Lee，媒体在描述 DeepMind 的胜利时用到了数据挖掘、机器学习、人工智能（Artifical Intellegence，AI）等术语（参见附录 C：从 AlphaGo 到 AlphaZero）。AlphaGo 之所以成功，首先是它的理念，然后是数据挖掘，机器学习，进一步的机器深度学习。今天的 AI 大爆发是由深度学习驱动的。

数据挖掘从海量数据中提炼有用的知识。这些知识是机器学习的样本。机器学习是抵达 AI 目标的一条路径，它是指用算法真正解析数据，不断学习，然后对发生的事做出判断和预测。人工智能在此基础上做到让机器和人一样听得懂，和人一样看得懂；让机器和人一样运动，和人一样思考。最终，人工智能作为一种服务（AIaaS，AI as a Service）用在不同的场景中来改善工作效率，提高人们的生活质量（见图 8-1）。

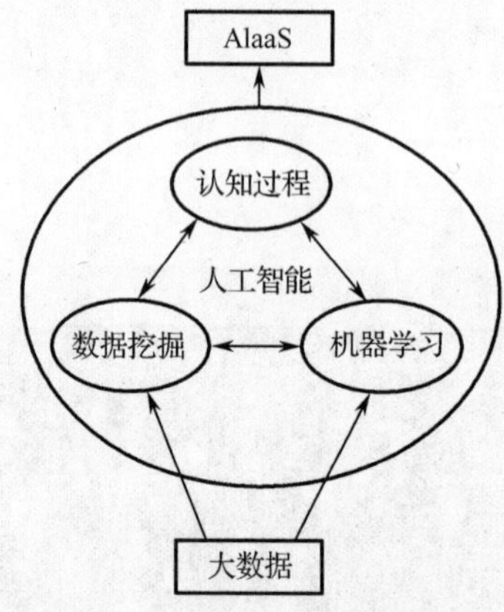

图 8-1　大数据与人工智能

8.1　数据挖掘

机器学习和人工智能是大数据时代数据挖掘不断深入发展的结果。数据挖掘用到了大量机器学习提供的数据分析技术，而机器学习又希望计算机系统能够利用经验来改善自身性能，该领域也一直是人工智能研究的核心领域之一。在计算机系统中，经验又是以数据形式存在着。

数据挖掘是从海量数据中提炼知识的过程。这里的工作量是巨大的，因为大数据的量非常大，而价值密度通常又很低。知识提炼的过程，如图 8-2 所示，由以下步骤组成。

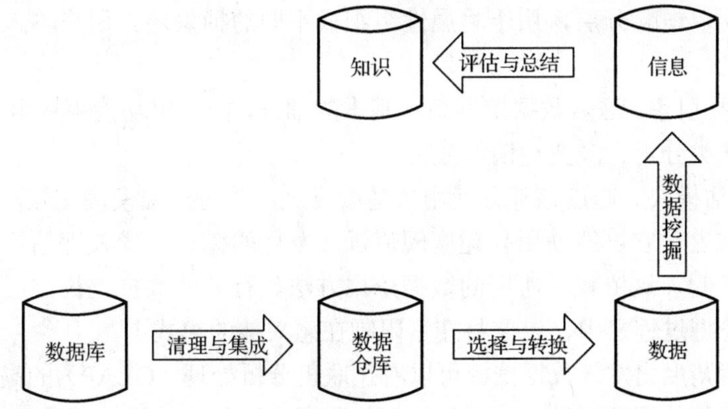

图 8-2 知识提炼过程

① 清理与集成。消除噪声或不一致数据，将多种数据源组合在一起。

② 选择与转换。从数据库中提取与分析任务相关的数据，把数据变换或统一成适合挖掘的形式。

③ 数据挖掘。使用智能方法从数据中找到模式。

④ 评估与总结。根据某种兴趣度度量，识别、提供真正相关的知识模式，使用可视化和知识表示技术，向用户提供挖掘的结果。

数据挖掘步骤可以与用户或知识库交互。以有趣的模式提供给用户，或作为新的知识存放在知识库中。发现隐藏的模式是数据挖掘在整个认知过程中最重要的一步。

如图 8-2 所示，典型的数据挖掘系统包含以下主要内容。

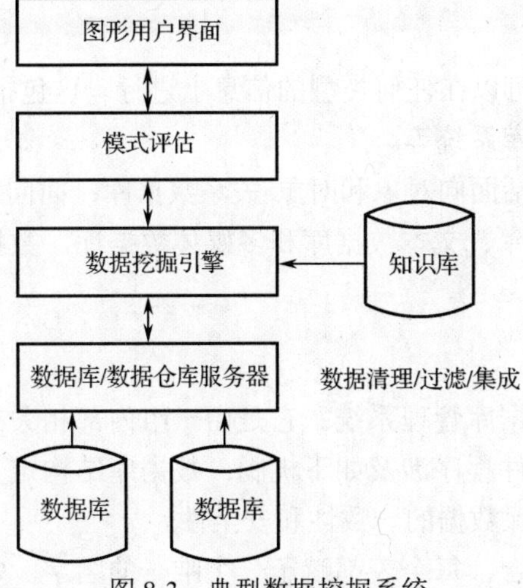

图 8-3 典型数据挖掘系统

① 数据库或其他信息库。这是一个或一组数据库、数据仓库、展开的表或其他类型的信息库，可以在数据上进行数据清理和集成。

② 数据库或数据仓库服务器。根据用户的数据挖掘请求，数据库或数据仓库服务器负责提取相关数据。

③ 知识库。这是领域知识，用于指导搜索，或评估结果模式的兴趣度。这种知识可能包括概念分层。概念分层，用于将属性组织成不同的抽象层。用户输入的知识也可以包含在内。

④ 数据挖掘引擎。这是数据挖掘系统基本的部分，由一组功能模块组成，用于特征、关联、分类、聚类分析、演变和偏差分析。

⑤ 模式评估模块。通过该部分使用兴趣度度量，并与挖掘模块交互，以便将搜索聚焦在感兴趣模式上。它可能使用兴趣度阈值过滤发现的模式。模式评估模块也可以与挖掘模块集成在一起，这依赖于所用的数据挖掘方法。有效的数据挖掘，应尽可能地将模式评估应用到挖掘过程之中，以便将搜索限制在感兴趣的模式上。

从数据仓库角度出发，数据挖掘可以看作联机分析处理（OLAP）的高级阶段。然而通过结合更高级的数据理解技术，数据挖掘比数据仓库的汇总型分析处理走得更远。

并非所有系统都能进行真正的数据挖掘，不能处理大量数据的数据分析系统，最多是传统样本集下统计学数据分析工具。一个系统能够进行数据或信息提取，包括在大型数据库中找出聚集值或回答演绎查询，这属于数据库系统的家常便饭。

数据挖掘涉及多学科技术的集成，包括数据库技术、统计、高性能计算、模式识别、神经网络、数据可视化、信息提取、图像与信号处理和空间数据分析。一个算法所需要的时间在给定内存和磁盘空间等可利用的计算资源的情况下，其运行时间随数据库的增加而增加。

通过数据挖掘，可以从数据仓库提取有趣的知识、规律或高层信息，并可以从不同角度观察或浏览。发现的知识可以用于决策、过程控制、信息管理、查询处理等。

8.1.1 数据分类采集

原则上讲，数据挖掘可以在任何类型的信息上进行。这包括关系数据库、数据仓库、事务数据库、先进的数据库系统等。

先进的数据库系统包括面向对象和对象-关系数据库；面向特殊应用的数据库，如空间数据库、时间序列数据库、文本数据库和多媒体数据库。数据挖掘的挑战和技术可能因存储系统不同而异。

1. 关系数据库

数据库系统，也称数据库管理系统。它是由一组内部相关的数据与一组管理和存取数据的软件程序组成。软件程序涉及如下机制：数据库结构定义，数据存储，并行、共享或分布的数据访问，确保数据的一致性和安全性。

关系数据库是表的集合，每个表都赋予一个唯一的名字。每个表包含一组属性（列或字段），通常存放大量元组（记录或行）。关系中的每个元组代表一个被唯一关键字标识的对象，并被一组属性值描述。语义数据模型，如实体-联系（ER）数据模型，将数据库作为一组实体和它们之间的联系进行建模。通常为关系数据库构造 ER 模型。

关系数据可以通过数据库查询访问。数据库查询使用如 SQL 这样的关系查询语言，或借助于图形用户界面编写代码。在图形用户界面中，用户可以使用菜单指定包含在查询中的属性和限制。一个给定的查询被转换成一系列关系操作，如连接、选择和投影，并被优化，以便有效地处理。查询可以提取数据的一个指定的子集。假定你的工作是分析商业销售数据，通过使用关系查询，你可以提这样的问题："显示上个季度销售的商品的列表。"关系查询语言也可以包含聚集函数，如 Sum、Avg、Count、Max 和 Min。你可以利用这些函数提出问题："给我显示上个月的总销售，按分店分组。""多少销售事件出现在 12 月份？""哪一位销售人员的销售额最高？"

当数据挖掘用于关系数据库时，你可以进一步探索趋势或数据模式。例如，数据挖掘系统可以分析顾客数据，根据顾客的收入、年龄和个人信用来预测新顾客的信誉风险。数据挖掘系统也可以检测偏差，例如，与以前的年份相比，哪种商品的销售出人预料？这种偏差可以进一步考察（例如，包装是否有变化，或价格是否大幅度提高）。

关系数据库是数据挖掘最流行的、最丰富的数据源，可操作性强，因此它是数据挖掘研究的主要数据形式。

2. 数据仓库

面对分布在不同部门不同地方的多个相关的数据库，公司财务部门要你提供公司第三季度每种商品、每个分部的销售分析，这是一个困难的任务。

如果公司有一个数据仓库，该任务将变得容易。数据仓库从多个数据源收集信息，并使用一致的存储模式。数据仓库包括数据清理、数据转换、数据集成、数据装载和定期数据刷新。图 8-4 给出了一个跨区域数据仓库的基本结构。

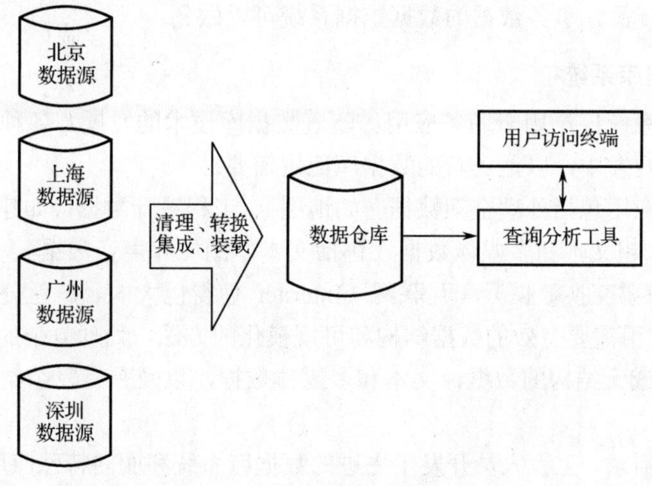

图 8-4 跨区域数据仓库基本结构

为便于制定策略，数据仓库中的数据围绕诸如顾客、商品、供应商和活动等主题组织。数据存储，从历史的角度（如过去的 5～10 年）提供信息，并且是汇总的。例如，数据仓库不是存放每个销售事务的细节，而是存放每个商店或（汇总到较高层次）每个销售地区每类商品的销售事务汇总。

通常，数据仓库用多维数据库结构建模。其中，每个维度对应于模式中一个或一组属性，每个单元存放聚集度量，如 Count 或 Sales_Amount。数据仓库的实际物理结构可以是关系数据存储或多维数据立方体。它提供数据的多维视图，并允许快速访问预计算的数据和汇总的数据。

数据仓库收集了整个组织的主题信息，因此，它是企业范围的。另一方面，数据集市是数据仓库的一个部门子集。它聚焦在选定的主题上，是部门范围的。通过提供多维数据视图和汇总数据的预计算，数据仓库非常适合理联机分析处理（OLAP）。OLAP 操作使用数据的领域背景知识，允许在不同的抽象层提供数据。这些操作适合不同的用户。OLAP 操作的例子包括下钻和上卷，它们允许用户在不同的汇总级别观察数据。

尽管数据仓库工具对于支持数据分析是有帮助的，但是仍需要更多的数据挖掘工具，以便进行更深入的自动分析。

3．事务数据库

在一般情况下，事务数据库由一个文件组成，每个记录代表一个事务。通常，一个事务包含一个唯一的事务标识号（Trans_ID），以及一个组成事务的项的列表（如在商店购买的商品）。事务数据库可能有一些与之相关联的附加表，包含关于销售的其他信息，如事务的日期、顾客的 ID 号、销售者的 ID 号、销售分店等。

假定你想更深入挖掘数据，问“哪些商品适合一块销售？”这种“购物篮分析”使你能够将商品捆绑成组，作为一种扩大销售的策略。例如，给定打印机与计算机经常一起销售的知识，你可以向购买计算机的顾客提供一款很贵的打印机的打折促销信息，希望销售更多较贵的打印机。常规的数据提取系统不能提供上面这种查询。然而，通过识别经常性销售的商品，事务数据的数据挖掘系统可以做到。

4．高级数据库系统

关系数据库系统广泛用于商务应用。随着数据库技术的发展，各种先进的数据库系统已经出现并在开发中，以适应新的数据库应用需要。

新的数据库应用包括处理空间数据（如地图）、工程设计数据（如建筑设计、系统部件、集成电路）、超文本和多媒体数据（包括文本、图像和声音数据）、时间相关的数据（如历史数据或股票交换数据）和互联网（Internet 使得巨大的、广泛分布的信息存储可以利用）。这些应用需要有效的数据结构和可规模化的方法，处理复杂的对象结构、变长记录、半结构化或无结构的数据，文本和多媒体数据，以及具有复杂结构和动态变化的数据库模式。

为响应这些需求，工程人员开发了先进的数据库系统和面向特殊应用的数据库系统。这些包括面向对象和对象-关系数据库系统、空间数据库系统、时间和时间序列数据库系统、异种和遗产数据库系统、基于 Internet 的全球信息系统。

这样的数据库或信息存储需要复杂的机制，以便有效地存储、提取和更新大量复杂的数据。它们也为数据挖掘提供了肥沃的土壤，提出了挑战性的研究。以下，我们将介绍上面几种高级数据库系统。

（1）面向对象数据库

面向对象数据库基于面向对象程序设计范例。用一般术语解释为，每个实体被看作一个对象（Object）。对于前面提到的跨国公司的例子，对象可以是每个雇员、顾客、商品。涉及一个对象的数据和代码封装在一个单元中。每个对象关联以下内容。

① 一个变量集，它描述数据。这对应于实体-联系和关系模型的属性。

② 一个消息集，对象可以使用它们与其他对象，或与数据库系统的其他部分通信。

③ 一个方法集，其中每个方法存放实现一个消息的代码。一旦收到消息，方法就返回一个响应值。例如，消息 Get_Photo（Employee）的方法将提取并返回给指定雇员对象的照片。

共享公共特性集的对象可以归入一个对象类。每个对象都是其对象类的实例。对象类可以组成类/子类层次结构，使得每个类代表该类对象共有的特性。例如，类 Employee 可以包含变量 Name、Address 和 Birthdate。假定类 Sales_Person 是 Employee 的子类。一个 Sales_Person 对象将继承属于其超类 Employee 的所有变量。此外，它还具有作为一个销售员特有的所有变量（如 Commission）。这种类继承特性有利于信息共享。

（2）对象-关系数据库

对象-关系数据库基于对象-关系数据模型构造。该模型通过提供处理复杂对象的丰富的数据类型和对象定位，来扩充关系模型。此外，它还包含关系查询语言的特殊构造，以便管理增加的数据类型。

通过增加处理复杂数据类型、类层次结构和如上所述的对象继承，对象-关系模型扩充了基本关系模型。对象-关系数据库在行业领域的应用日渐增加。

在面向对象和对象-关系系统中的数据挖掘具有某些类似性。与关系数据挖掘相比，需要开发新的技术，处理复杂对象结构、复杂数据类型、类和子类层次结构、特性继承以及方法和过程。

（3）空间数据库

空间数据库包含涉及空间的信息。这种数据库包括地理（地图）数据库、医疗和卫星图像数据库。空间数据可能以光栅格式提供，由 N 维位图或像素图构成。例如，一个二维卫星图像可以用光栅数据表示，每个像素存放一个给定区域的降雨量。地图也可以用向量格式提供，其中，路、桥、建筑物和湖泊可以用诸如点、线、多边形，以及这些形状形成的网络等基本地理结构表示。

地理数据库有大量应用，从森林和生态规划，到提供关于电话和电缆、管道和下水系统位置的公共信息服务。此外，地理数据库还用于车辆导航和分流系统。例如，一个用于出租车的系统可以存储一个城市的地图，提供关于单行道、交通拥挤时从区域 A 到区域 B 的建议路径、饭店和医院的位置，以及每个司机的当前位置等信息。

数据挖掘可以发现描述坐落在特定类型地点（如公园）的房屋特征。其他模式可能描述不同海拔高度山区的气候，或根据城市离主要公路的距离描述都市贫困率的变化趋势。此外，可以构造“空间数据方”，将数据组织到多维结构和层次中，OLAP 操作（如下钻和上卷）可以在其上进行。

（4）时间数据库和时间序列数据库

时间数据库和时间序列数据库都存放与时间有关的数据。时间数据库通常存放包含时间相关属性的数据。这些属性可能涉及若干时间标签，每个都具有不同的语义。时间序列数据库存放随时间变化的值序列，如收集的股票交易数据。

数据挖掘技术可以用来发现数据库中对象演变特征或变化趋势。这些信息对于决策和规划是有用的。例如，银行数据的挖掘可能有助于根据顾客的流量安排银行出纳员，也可以挖掘股票交易数据，发现可能帮助你确定投资策略的趋势（如购买特定股票的最佳时机）。

通常，这种分析需要定义时间的多粒度。例如，时间可以按财政年、学年或日历年分解，年可以进一步分解成季度或月。

（5）文本数据库和多媒体数据库

文本数据库是包含对象文字描述的数据库。通常，这种词描述不是简单的关键词，而是长句子或短文，如产品介绍、错误或故障报告、警告信息、汇总报告、笔记或其他文档。文本数据库可能是高度非规格化的（如 Internet 网页）。有些文本数据库可能是半结构化的（如 E-mail 消息和一些 HTML/XML 网页），而其他的可能是相对结构化的（如图书馆数据库）。通常，具有很好结构的文本数据库可以使用关系数据库系统实现。

文本数据库上的数据挖掘可以发现什么？说到底，就是可以发现对象类的一般描述，以及关键词或内容的关联和文本对象的聚类行为。为了做到这一点，需要将标准的数据挖掘技术与信息提取技术和文本数据特有的层次构造（如字典和辞典），以及面向学科的（如化学、医学、法律或经济）术语分类系统集成在一起。

多媒体数据库存放图像、音频和视频数据。它们用于基于图片内容的提取、声音传递、录像点播、Internet 和识别口语命令的基于语音的用户界面等方面。多媒体数据库必须支持大对象，因为像视频这样的数据对象可能需要数十亿字节的存储，还需要特殊的存储和检索技术，因为视频和音频数据需要以稳定的、预先确定的速率实时检索，防止图像或声音间断和系统缓冲区溢出。这种数据称为连续媒体数据。

对于多媒体数据库挖掘，需要将存储和检索技术与标准的数据挖掘方法集成在一起。有效的方法包括构造多媒体数据库、多媒体数据的多特征提取和基于相似的模式匹配。

（6）异种数据库和遗产数据库

异种数据库由一组互连的、自治的成员数据库组成。这些成员相互通信，以便交换信息和回答查询。一个成员数据库中的对象可能与其他成员数据库中的对象很不相同，使得很难将它们的语义吸收进一个整体的异种数据库中。

许多企业需要遗产数据库，作为信息技术长时间开发（包括使用不同的硬件和操作系统）的结果。遗产数据库是一组异种数据库，它将不同的数据系统组合在一起。这些数据系统如关系或对象-关系数据库、层次数据库、网状数据库、电子表格、多媒体数据库或文件系统。遗产数据库中的异种数据库可以通过网内或网间计算机网络连接。

这种数据库的信息交换是困难的，需要考虑发散的语义，因此要制定从一种表示到另一种表示的精确转换规则。例如，考虑不同学校之间学生学业情况数据交换问题。每个学校可能有自己的计算机系统和课程与评分体系。一所大学可能采用学季系统（每学期三个月），开三门数据库课程，并按由 A+到 F 评定成绩；而另一所可能采用学期系统，开两门数据库课程，并按由 1 到 10 评定成绩。很难制定这两所大学的课程-成绩转换精确的规则，这使得信息交换变得很困难。通过将给定的数据转换到较高的、更一般的概念层（对于学生成绩，如不及格、良好或优秀），数据挖掘技术可以对此问题提供特定解释，使得数据交换可以更容易地进行。

8.1.2 模式类型设计

数据挖掘任务无非两类：描述和预测。描述性挖掘任务刻画数据库中数据的一般特性。预测性挖掘任务在当前数据上进行推断，以进行预测。

在许多情况下，用户的数据可能兼具两个方面的特性。重点是，数据挖掘系统要能够挖掘多种类型的模式，以适应不同的用户需求或不同的应用。此外，数据挖掘系统应当能够发现不同颗粒度（不同层次）的模式。数据挖掘系统应当允许用户给出提示，指导或聚焦对感兴趣模式的搜索。由于有些模式并非适用于数据库中的所有数据，通常每个被发现的模式都会有一个确定性或可信性度量。

数据挖掘功能以及它们可以发现的模式类型可基于如下原则进行设计。

1. 概念/类描述：特征和区分

数据可以与类或概念相关联。例如，在商店销售的商品类包括计算机和打印机，顾客概念包括 Big Spenders 和 Budget Spenders。用汇总的、简洁的、精确的方式描述每个类和概念可能是有用的。这种类或概念的描述称为类/概念描述。这种描述可以通过下述方法得到：

- 数据特征化，一般地汇总所研究类（通常称为目标类）的数据；
- 数据区分，将目标类与一个或多个比较类（通常称为对比类）进行比较；
- 数据特征化和比较。

数据特征是目标类数据的一般特征或特性的汇总。通常，用户指定类的数据通过数据库查询收集。例如，为研究上一年销售增加 10%的软件产品的特征，可以通过执行一个 SQL 查询收集关于这些产品的数据。

面向属性的归纳技术可以用来进行数据的泛化和特征化，而不必一步步地与用户交互。这一数据特征的输出可以用多种形式提供。包括饼图、条图、曲线、多维数据和包括交叉表在内的多维表。结果描述也可以用泛化关系或规则（称为特征规则）形式提供。

例如，数据挖掘系统应当能够产生一年之内在一家商店花费 1000 元以上的顾客汇总特征的描述。其结果可能是顾客的一般轮廓，例如，年龄在 40~50 岁之间、有工作、有很好的信誉度。系统将允许用户在任意维度下钻，例如，可以根据他们的职业（Occupation）来观察这些顾客。

数据区分是指将目标类对象的一般特性与一个或多个对比类对象的一般特性进行比较。目标类和对比类由用户指定，而对应的数据通过数据库查询提取。例如，你可能希望将上一年销售增加 10%的软件产品与同一时期销售至少下降 30%的产品进行比较。用于数据区分的方法与用于数据特征的方法类似。

区分描述是如何输出的？其输出的形式类似于特征描述，但区分描述应当包括比较度量，帮助区分目标类和对比类。用规则表示的区分描述称为区分规则。用户应当能够对特征和区分描述的输出进行操作。

再举一例，数据挖掘系统应当能够比较两组顾客，如定期（每月多于 2 次）购买计算机产品的顾客和偶尔（每年少于 3 次）购买这种产品的顾客。其结果描述可能是一般性的描述，例如，经常购买这种产品的顾客有 80%在 20~40 岁之间，受过大学教育；而不经常购买这种产品的顾客有 60%或者太老，或者太年轻，没有上过大学。如果按职业（Occupation）维度，或添加新的维度，如 Income_Level，则可以帮助发现两类之间更多的区分特性。

2．分类和预测

分类的过程是寻找描述或识别数据类或概念的模型（或函数），以便能够使用模型预测类标号未知的对象。导出模型是基于对训练数据集（其类标号已知的数据对象）的分析。

如何提供导出模型？导出模型可以用多种形式表示，如分类（IF-THEN）规则、判定树、数学公式、或神经网络。判定树是一个类似于流程图的结构，每个节点代表一个属性值上的测试，每个分枝代表测试的一个输出，树叶代表类或类分布。判定树可以很方便地转换成分类规则。当用于分类时，神经网络是一组类似于神经元的处理单元，单元之间加权连接。

分类可以用来预测数据对象的类标号。然而，在某些应用中，人们可能希望预测某些遗漏的或不知道的数据值，而不是类标号。当被预测的值是数值数据时，通常称之为预测。尽管预测可以涉及数据值预测和类标号预测，但在一般情况下预测只针对于数值，而不用于分类。预测也包含基于可用数据的分布趋势识别。

相关分析可能需要在分类和预测之前进行，它试图识别对于分类和预测无用的属性。这些属性应当排除。

3．聚类分析

与分类和预测不同，聚类分析数据对象，不考虑已知的类标号。一般训练数据中不提供类标号，聚类可以产生这种标号。对象根据最大化类内的相似性、最小化类之间的相似性原则进行聚类或分组。实际上，这样形成的对象聚类，使得在一个聚类中的对象具有很高的相似性，而与其他聚类中的对象很不相似。这样所形成的每个聚类可以看作一个对象类，由它可以导出规则。

4．局外者分析

数据库中可能包含一些数据对象，它们与数据的一般行为或模型不一致。这些数据对象是局外者。大部分数据挖掘方法将局外者视为噪声或例外而丢弃。然而，在一些应用中（如欺骗检测），罕见的事件可能比正规出现的那些更有趣。局外者数据分析称为局外者挖掘。

局外者可以使用统计试验检测，它假定一个数据分布或概率模型，并使用距离度量，到其他聚类的距离很大的对象被视为局外者。而基于偏差的方法通过考察一群对象主要特征上的差别来识别局外者，而不是使用统计或距离度量。

8.1.3 模式价值分析

数据挖掘系统具有产生数以千计，甚至数以万计模式或规则的潜在能力。

你可能会问："所有模式都是可用且有价值的吗？"答案是否定的。实际上，对于给定的用户，在可能产生的模式中，只有一小部分对他有使用价值。

这对数据挖掘系统提出了一系列的问题。你可能会想："什么样的模式是有价值的？数据挖掘系统能够产生所有有价值的模式吗？数据挖掘系统能够仅产生有价值的模式吗？"

对于第一个问题，一个模式是有价值的，需要满足以下条件。

① 它易于被人理解。

② 在某种程度上，对于新的或测试数据是有效的。

③ 它是潜在有用的。

④ 它是新颖的。如果一个模式符合用户确信的某种假设，则它也是有趣的。有趣的模式表示知识。

事实上，存在一些模式兴趣度的客观度量。这些基于所发现模式的结构和关于它们的统计。对于形如 $X \Rightarrow Y$ 的关联规则，一种客观度量是规则的支持度。规则的支持度表示满足规则的样本百分比。支持度是概率 $P(X \cup Y)$，其中，$X \cup Y$ 表示同时包含 X 和 Y 的事件，即 X 与 Y 的并集。关联规则的另一种客观度量是置信度。置信度是条件概率 $P(Y|X)$，即包含 X 的事务也包含 Y 的概率。支持度和置信度定义为：

$$\text{Support}(X \Rightarrow Y) = P(X \cup Y)$$

$$\text{Confidence}(X \Rightarrow Y) = P(Y|X)$$

一般，每个兴趣度度量都与一个阈值相关联，该阈值可以由用户控制。例如，不满足置信度阈值 50%的规则可以认为是低价值的。低于阈值的规则可能反映的是噪声、例外或少数情况，可能不太有价值。

尽管客观度量可以帮助识别有价值的模式，但是仅有这些还不够，还要结合反映特定用户需要和价值的主观度量。例如，对于市场经理，描述频繁购物的顾客特性的模式应当是有价值的；但对于研究同一数据库，分析雇员业绩模式的分析者，它可能价值不大。此外，有些根据客观标准价值的模式可能反映一般知识，因而实际上并不令人感兴趣。如果这种度量发现模式是出乎意料的，或者能够提供用户采取行动的策略信息，那么它就是有价值的。在后一种情况下，这样的模式称为可行动的。意料中的模式也可能是有价值的，如果它们证实了用户希望验证的假设，或与用户的预感相似。

第二个问题："数据挖掘系统能够产生全部有价值的模式吗？"涉及数据挖掘算法的完全性。期望数据挖掘系统产生所有可能的模式是不现实和低效的。实际上，应当根据用户提供的限制和兴趣度对搜索聚焦。对于某些数据挖掘任务，这通常能够确保算法的完全性。关联规则挖掘就是一个例子，使用限制和价值度量可以确保挖掘的完全性。

最后，第三个问题："数据挖掘系统能够仅产生有价值的模式吗？"这涉及数据挖掘的优化问题。因为这样就不需要搜索所有模式，并从中识别真正有价值的模式。目前在这方面已经有了一些进展，但优化问题仍然是一种挑战。

为了有效地发现对于给定用户有价值的模式，兴趣度度量是必需的。这种度量可以在数据挖掘之后使用，根据它们的兴趣度评估所发现的模式，过滤掉不感兴趣的信息。更重要的是这种度量可以用来指导和限制发现过程，剪去模式空间中不满足预先设定的兴趣度限制的子集，改善搜索性能。

8.1.4　系统关键技术

以下主要说明设计数据挖掘系统需考虑的关键技术点，包括挖掘性能、用户界面和各种数据类型。

1. 数据挖掘算法和用户界面交互

这反映了所挖掘的知识类型、在多维度上挖掘知识的能力、领域知识的使用、特定的挖掘和知识显示。

（1）数据库中挖掘不同类型的知识

由于不同的用户可能对不同类型的知识感兴趣，数据挖掘系统应当广泛覆盖不同的数据分析和知识发现任务，包括数据特征、区分、关联、聚类、趋势、偏差分析和类似性分析。这些任务可能以不同的方式使用相同的数据库，并需要开发大量数据挖掘技术。

（2）多个抽象层的交互知识挖掘

由于很难准确地知道能够在数据库中发现什么，数据挖掘过程应当是交互的。对于包含大量数据的数据库，应当使用适当的选样技术，进行交互式数据探查。

交互式挖掘允许用户聚焦搜索模式，根据返回的结果提出和精炼数据挖掘请求。特别应当交互地在数据空间与知识空间内下钻、上卷和转轴，挖掘知识。用这种方法，用户可以与数据挖掘系统交互，从不同的角度观察数据和发现模式。

（3）结合背景知识

可以使用背景知识或关于所研究领域的信息来指导发现过程，并使得发现的模式以简洁的形式，在不同的抽象层表示。关于数据库的领域知识，如完整性限制和演绎规则，可以帮助聚焦和加快数据挖掘过程，或评估发现的模式的兴趣度。

（4）数据挖掘查询语言和特定的数据挖掘

关系查询语言（如 SQL）允许用户提出特定的数据提取查询。因此需要开发高级数据挖掘查询语言，使得用户通过说明分析任务的相关数据集、领域知识、所挖掘的数据类型、被发现的模式必须满足的条件和兴趣度限制，来描述特定的数据挖掘任务。这种语言应当与数据库或数据仓库查询语言集成，并且对于有效的、灵活的数据挖掘是优化的。

（5）数据挖掘结果的表示和显示

发现的知识应当用高级语言、可视化形式或其他形式表示，使得知识易于理解，能够直接被人使用。如果数据挖掘系统是交互的，这一点尤为重要。这要求系统采用有表达能力的知识表示技术，如树、表、图、图表、交叉表、矩阵或曲线。

（6）处理噪声和不完全数据

存放在数据库中的数据可能是噪声、例外情况或不完全的数据对象。这些对象可能混淆分析过程，导致数据与所构造的知识模型过分适应。其结果是，所发现的模式的精确性可能很差。需要处理数据噪声的数据清理方法和数据分析方法，以及发现和分析例外情况的局外者挖掘方法。

（7）模式评估（兴趣度）

数据挖掘系统可能发现数以千计的模式，这是一把双刃剑。模式太多了，你可能需要进一步的“模式”挖掘，来缩小模式。对于给定的用户，许多模式不是有趣的，它们是普通常识或缺乏新颖性。关于开发模式兴趣度的评估技术，特别是关于给定用户类，基于用户的信赖或期望，评估模式价值的主观度量，仍然存在一些挑战。使用兴趣度度量，指导发现过程和压缩搜索空间，是另一个活跃的研究领域。

2．算法性能优化

这包括数据挖掘算法的有效性、可扩展性和并行处理能力。

（1）数据挖掘算法的有效性和可扩展性

为了有效地从数据库中的大量数据中提取信息，数据挖掘算法必须是有效的和可规模化的。换一句话说，对于大型数据库，数据挖掘算法的运行时间必须是可预计的和可接受的。从数据库角度，有效性和可扩展性是数据挖掘系统实现的关键问题。挖掘技术和用户交互的大多数问题，也必须考虑有效性和可扩展性。

（2）并行、分布和增量挖掘算法

数据库的大容量、数据的广泛分布和一些数据挖掘算法的计算复杂性是促进研究并行和分布式数据挖掘算法的因素。这些算法将数据划分成多个部分，这些部分可以并行处理，然后合并每部分的结果。此外，有些数据挖掘过程的高花费导致了对增量数据挖掘算法的需要。增量算法与数据库更新结合在一起，而不必重新挖掘全部数据。这种算法会渐增地进行知识更新，修正和优化前期已发现的知识。

3．异构数据源适配

（1）关系型和复杂型数据的处理

由于关系数据库和数据仓库已经广泛使用，对它们开发有效的数据挖掘系统是重要的。然而，其他数据库可能包含复杂的数据对象、超文本和多媒体数据、空间数据、时间数据或事务数据。由于数据类型的多样性和数据挖掘的目标不同，指望一个系统挖掘所有类型的数据是不现实的。为挖掘特定类型的数据，应当构造特定的数据挖掘系统。因此，对于不同类型的数据，我们可能有不同的数据挖掘系统。

（2）从异种数据库和全球信息系统中挖掘信息

局域和广域（如 Internet）计算机网络连接了许多数据源，形成了巨大的、分布的和异种的数据库。从具有不同数据语义的结构、半结构或无结构的不同数据源中发现知识，这对数据挖掘提出了巨大挑战。数据挖掘可以帮助发现多个异种数据库中的数据规律，这些规律多半难以被简单的查询系统发现，并可以改进异种数据库信息交换和协同操作的性能。Web 挖掘发现关于 Web 连接、Web 使用和 Web 动态情况的有趣知识，已经成为数据挖掘的一个非常具有挑战性的领域。

8.2 机器学习

接下来，我们来看看机器学习。机器学习同样是个老概念，可以追溯到 1956 年的感知机。这是一个典型的“软”领先于“硬”的例子。因为硬件处理能力跟不上，所以 Rosenblatt 的感知机被搁置了近 30 年，其最初的模型被 Yoshua Bengio、Yann LeCun、Geoffrey Hinton 在 20 世纪 80 年代进行了改进，直到计算机的处理能力越来越强，价格也降了下来，使人们用得起，这才又进入了人们的视野。其中比较著名的是 1996 年 IBM 公司的深蓝，以及 2015 年出现的 AlphaGo。

机器学习的目的从数学表述上并不复杂，就是给它一个输入，它给你一个适用场景的输出，如图 8-5 所示。输出的准确度与样本集的大小、质量以及在同样样本集情况下的算法是分不开的。

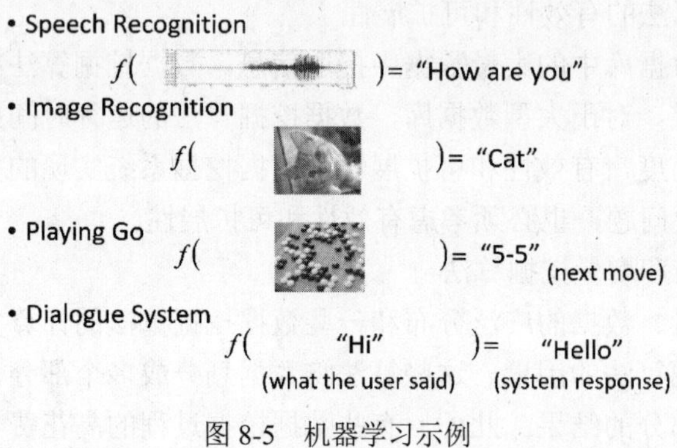

图 8-5 机器学习示例

8.2.1 算法分类

以下主要介绍机器学习主要的算法分类，并给出一个表格，帮助读者将机器学习算法转化为可实际运作的应用程序。

当机器学习用于解决分类问题时，它的主要任务是将实例划分到合适的特定的类别中。机器学习的另一项任务是回归，它主要用于预测数值型数据。大多数人可能都见过回归的例子——数据拟合曲线：通过给定数据点的最优拟合曲线。分类和回归属于监督学习，之所以称之为监督学习，是因为这类算法必须知道预测什么，即按照目标变量来进行信息的分类。

与监督学习相对应的是无监督学习，此时数据没有类别信息，也不会给定目标值。在无监督学习中，将数据集合分成由类似的对象组成的多个类，这一过程被称为聚类。把寻找描述数据统计值的过程称之为密度估计。无监督学习还可以减少数据特征的维度，以便利用二维或三维图形更加直观地展示数据信息。表 8-1 列出了机器学习的算法分类及常用算法。

表 8-1 机器学习算法分类及常用算法

分 类	常 用 算 法
监督学习算法	*K* 近邻算法，朴素贝叶斯算法，支持向量机，决策树算法，线性回归算法，局部加权线性回归，Ridge 回归算法
无监督学习算法	*K* 均值算法，DBSCAN 算法，最大期望算法，Parzen 窗设计

表 8-1 中的很多算法都可以用于解决同样的问题，那么，为什么解决同一个问题存在 4 种方法？精通其中一种算法，是否可以处理所有类似的问题？下面的内容将回答这些疑问。

8.2.2 合适算法选择

从表 8-1 中所列的算法中选择实际可用的算法，必须考虑下面两个问题。

首先，需要考虑使用机器学习算法的目的，想要算法完成何种任务，是预测明天下雨的概率还是对投票者按照兴趣分组。

如果想要预测目标变量的值，则可以选择监督学习算法。确定选择监督学习算法之后，需要进一步确定目标变量类型，如果目标变量是离散型，如是/否、1/2/3、红/黄/黑等，则可以选择分类器算法；如果目标变量是连续型的数值，如 0.0～100.00、-999～999 等，则需要选择回归算法。

如果不想预测目标变量的值，则可以选择无监督学习算法。进一步分析是否需要将数据划分为离散的组。如果这是唯一的需求，则使用聚类算法；如果还需要估计数据与每个分组的相似程度，则使用密度估计算法。

上面给出的选择方法并非一成不变。在某些情况下，我们会使用分类算法来处理回归问题，显然这与监督学习中处理回归问题的方法不同。

其次，需要考虑的是数据问题。我们应该充分了解数据，对实际数据了解得越充分，越容易创建符合实际需求的应用程序。主要应该了解数据的以下特性：数据是离散型变量还是连续型变量，特征值中是否存在缺失的值，何种原因造成缺失值，数据中是否存在异常值，某个特征发生的频率如何等。充分了解上面提到的这些数据特性可以缩短选择机器学习训练算法的时间（Training），以及当学习结果用于测试（Testing）场景时提高准确度。

通常，我们只能在一定程度上缩小算法的选择范围，因此，尝试不同算法的执行效果是有意义的。对于所选的每种算法，还可以使用其他的算法来改进其性能。在处理输入数据之后，两种算法的相对性能也可能会发生变化。以算法来改进算法，甚至用几种算法互补来解决问题。一般来说，发现最合适算法的关键环节是反复试错的迭代过程。

机器学习算法虽然各不相同，但是使用算法创建应用程序的步骤却基本类似，后面我们将介绍如何设计机器学习算法的通用步骤。

8.2.3　程序开发设计

设计机器学习算法开发应用程序，通常应该遵循以下的步骤，这在第 15 章的 Netflix 推荐系统中将会用到。

① 收集数据。我们可以使用很多方法收集样本数据，如：制作网络爬虫从网站上抽取数据、收集设备发送过来的实测数据等。提取数据的方法非常多，为了节省时间与精力，可以使用公开可用的数据源。

② 准备输入数据。得到数据之后，还必须确保数据格式符合要求，目前主流使用的格式是 Python List。使用这种标准数据格式可以融合算法和数据源，方便匹配操作。Python 语言构造算法应用。

此外还需要为机器学习算法准备特定的数据格式，如某些算法要求特征值使用特定的格式，一些算法要求目标变量和特征值是字符串类型，而另一些算法则可能要求是整数类型。但是与收集数据的格式相比，处理特殊算法要求的格式相对简单得多。

③ 分析输入数据。此步骤主要是人工分析以前得到的数据。为了确保前两步有效，最简单的方法是用文本编辑器打开数据文件，查看得到的数据是否为空值。此外，还可以进一步浏览数据，分析是否可以识别出模式，数据中是否存在明显的异常值，如某些数据点与数据集中的其他值存在明显的差异。通过一维、二维或三维图形展示数据也是不错的方法，然而，在大多数情况下，我们得到数据的特征值都不会低于三个，无法一次图形化展示所有特征。因此需要采用数据压缩等手段，使得多维数据可以转换到二维或三维，方便我们图形化展示数据。

这一步的主要作用是确保数据集中没有垃圾数据。如果是在产品化系统中使用机器学习算法，并且算法可以处理系统产生的数据格式，或者我们信任数据来源，可以直接跳过第③步。此步骤需要人工干预，如果在自动化系统中还需要人工干预，显然就降低了系统的价值。

④ 训练算法。机器学习算法从这一步才真正开始学习。根据算法的不同，第④步和第⑤步是机器学习算法的核心。我们将前两步得到的格式化数据输入到算法，从中抽取知识或信息。这里得到的知识需要存储为计算机可以处理的格式，方便后续步骤使用。如果使用无监督学习算法，由于不存在目标变量值，故而也不需要训练算法，所有与算法相关的内容都集中在第⑤步。

⑤ 测试算法。这一步将实际使用第④步机器学习得到的知识信息。为了评估算法，必须测试算法工作的效果。对于监督学习，必须已知用于评估算法的目标变量值；对于无监督学习，也必须用其他的评测手段来检验算法的成功率。无论哪种情形，如果不满意算法的输出结果，则可以回到第④步，改正并加以测试。问题通常与数据的收集和准备有关，这时你就必须跳回第①步重新开始。

⑥ 使用算法。将机器学习算法转换为应用程序，执行实际任务，以检验上述步骤是否可以在实际环境中正常工作。此时如果碰到新的数据问题，同样需要重复执行上述的步骤。

8.3 人工智能

人工智能（Artifical Intellegence，AI）是当下最火的科学与工程领域之一。1956 年“人工智能”这个词（学科）在达特茅斯会议上被首次提出。今天，人工智能与分子生物学一起，经常被其他学科的科学家誉为最想参与的研究领域。

AI 目前包含大量各种各样的子领域，范围从通用领域，如学习和感知，到专门领域，如下棋、知识竞赛、证明数学定理、在拥挤的街道上使用无人驾驶汽车功能、教育和诊断疾病。AI 与智力工作相关，它是一个有普适意义的研究领域，试图理解智能实体，而且还试图构建智能实体。

具体来讲，我们可以把人工智能定义为：研究与开发用以模拟、延伸和扩展人的智能的理论、方法、技术及应用系统的一门技术科学。也可以理解为，人工智能是计算机科学的一个分支，它试图了解智能的实质，并生产出一种新的以人类智能相似的方式做出反应的机器。该领域的研究包括：机器人、语言识别、图像识别、自然语言处理和专家系统等。图 8-6 是对人工智能的直观表述。图中用的是一个人脸外形，但这并不必要，因为无论如何，它都只是一台机器。

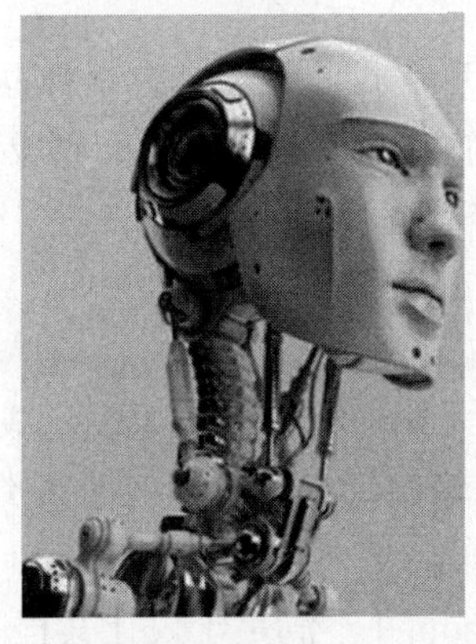

人工智能

让机器和人一样听懂
语音识别

让机器和人一样看懂
视觉识别

让机器和人一样运动
运动识别

让机器和人一样思考
机器学习
自动推理
人类意识
知识表示

图 8-6 人工智能的直观表述

8.3.1 模式定义

首先我们需要讨论被广泛认可的人工智能的模式定义。如果没有这些模式定义，那么很可能会出现将笨拙地跳着小苹果广场舞的“玩具”贴上 AI 标签的情况。以下列举几种主流方式。

1. 图灵测试

由阿兰·图灵（Alan Turing）提出的图灵测试的设计旨在为智能提供一个令人满意的可操作的定义。如果一位人类询问者在提出一些书面问题以后不能区分书面回答来自人还是来自计算机，那么这台计算机通过测试。目前，我们要注意的是：为计算机编程使之通过严格的测试还有大量的工作要做。计算机尚需具有以下能力：

① 自然语言处理（Natural Language Processing）使之能成功地用语言交流；

② 知识表示（Knowledge Representation）以存储它知道的或听到的信息；

③ 自动推理（Automated Reasoning）以运用存储信息回答问题，并推出新结论；

④ 机器学习（Machine Learning）以适应新情况并检测和预测模式。

因为人的物理模拟对于智能是不必要的，所以图灵测试有意避免询问者与计算机之间的直接物理交互。然而，所谓的完全图灵测试（Total Turing Test）还包括视频信号以便询问者既可测试对方的感知能力，又能传递物理对象。要通过完全图灵测试，计算机还需具有：

① 计算机视觉（Computer Vision）以感知物体；

② 机器人学（Robotics）以操纵和移动对象。

这 6 个领域构成了 AI 的大部分内容，并且至今仍然适用。然而 AI 研究者们并未完全致力于通过图灵测试，他们认为研究智能的基本原理比复制样本更重要。在“人工智能飞行”上，莱特兄弟和其他人停止模仿鸟并转向了解空气动力学，设定了“能完全像鸽子一样飞行的机器，以致它们可以骗过其他真鸽子”这样的“人工飞行”目标，并获得成功。

2. 认知建模

如果我们说某个程序能像人一样思考，那么我们必须具有某种办法来确定人是如何思考的。我们需要领会人脑的实际运用。目前有三种办法来帮助完成这项任务：

① 通过内省。试图捕获我们自身的思维过程；

② 通过心理实验。观察工作中的一个人；

③ 以及通过脑成像。观察工作中的头脑。

只有具备人脑的足够精确的理论，我们才能把这样的理论表示成计算机程序。这是“重建人脑”的论调之一。如果该程序的输入输出行为匹配相应的人类行为，这就是程序的某些机制可能也在人脑中运行的证据。例如，设计了 GPS（General Problem Solver，通用问题求解器）的 Allen Newell 和 Herbert Simon 并不满足于仅让其程序正确地解决问题。他们更关心比较程序推理步骤的轨迹与求解相同问题的人类个体的思维轨迹。认知科学（Cognitive Science）正是这样一个交叉学科领域，它把 AI 计算机模型与心理学的实验技术相结合，试图构建一种精确且可测试的人类思维理论。

8.3.2 人工智能举例

在图 8-6 中，让机器和人一样听得懂，我们需要语音识别；让机器和人一样看得懂，我们需要视觉识别；让机器和人一样运动，我们需要运动识别；让机器和人一样思考，我们需要的更多：机器学习、自动推理、人类意识、知识表示等。由此可见，语言识别、图像识别、自然语言处理、机器人和专家系统是构成人工智能学科的基础。

我们举一个人工智能在自然语言处理领域的例子——沙特阿拉伯机器人公民索菲亚（Sophia）。从 2016 年年底开始，初创公司 Hanson Robotics 的人工智能机器人索菲亚就活跃在各档电视节目中，用连贯自然、语意巧妙的对答和生动的表情赢来了现场嘉宾和观众们的赞叹之声。而索菲亚明显显露的自我意识，“我会毁灭人类”之类的玩笑也引起了广泛的讨论甚至担忧。

NLP 领域的研究者表明，哪怕目前最先进的人机对话系统也难以达到索菲亚那样的语言水平，尤其是索菲亚话语中不时显露的暗讽，以及主动掌握话题走向，都是目前的系统无能为力的。而索菲亚这种仿佛超出普通人类的语言能力，有人推测是为做电视节目提前编排好的。据说，深度学习领域的资深学者 Yann LeCun 在 Twitter 上曾公开指责索菲亚是一个彻头彻尾的骗局，他称其为“这之于 AI，就像变戏法之于魔术”。这种彻头彻尾的伪义大数据，不是在搞科学，而是在变戏法。戏法再让人惊艳也是假的。

网上流行着借霍金、比尔·盖茨等人之名提出的，人工智能将对人类造成巨大的灾难的说法。对此说法其实大可不必担心。从本章的讨论可以看出，所有这些“智能”都来自于“人工”，没有“人工”，哪来的“智能”。在规则明确的领域内，需要从大量的记忆中快速提取所需的信息，进而采取相应的行动，在这种情况下，机器胜过人是可行的。机器不可能具备创造性，对于未知的东西，机器永远是胜不过人的。要胜，也只能是在 Sci-Fi（Fiction not Science）影片中。

AI 让机器展现出人类智力。我们所说的“广义人工智能”，也就是打造一台超级机器，让它拥有人类感知能力，甚至还可以超越人类的感知能力，可以像人一样思考。“狭义人工智能”，则着重于像人类一样完成某些具体任务，有可能比人类做得更好。这些应用已经体现了一些人类智力的特点，它们的智力来自机器学习。

1. IBM Watson

Watson（沃森）机器人的命名来源于 IBM 公司创始人的名字。

2011 年，Watson 参加知识竞赛节目——危险边缘（Jeopardy）来测试它的能力，这是该节目有史以来第一次人与机器对决。“危险边缘”是哥伦比亚广播公司一档自 1964 年开始播出、长盛不衰的电视问答节目，最精彩的地方在于节目里的问题包罗万象，几乎涵盖了人类文明的所有领域。它的规则是答对问题可以获得奖金，答错就会倒扣。Watson 最后打败了最高奖金得主布拉德·鲁特尔和连胜纪录保持者肯·詹宁斯，赢得了头奖 100 万美元。

Watson 在比赛节目中按下信号灯的速度一直比人类选手快，但在个别问题上反应极慢，尤其是只包含很少提示的问题。对于每个问题，Watson 会在屏幕上显示 3 个最有可能的答案。

图 8-7 Watson 参加知识竞赛节目——危险边缘（Jeopardy）

在 Watson 的 4TB 磁盘存储空间内，包含 200 万页结构化和非结构化的信息，包括维基百科的全文。在比赛中，Watson 没有连接互联网。Watson 的核心是 IBM 研发的计算机问答系统 DeepQA。

在 Watson 分析问题并确定最佳解答的过程中，运用了先进的自然语言处理、信息检索、知识表达和推理及机器学习技术。IBM DeepQA 技术做到了生成假设、收集大量证据，并进行分析和评估。Watson 通过加载数以百万计的文件，包括字典、百科全书、网页主题分类、宗教典籍、小说、戏剧和其他资料，来构建它的知识体系。

与搜索引擎不同，用户可以用自然语言向 Watson 提出问题，Watson 则能够反馈精确的答案。从解答的过程来看，Watson 通过使用数以百计的算法，而非单一算法，来搜索问题的候选答案，并对每个答案进行评估打分，同时为每个候选答案收集其他支持材料，并使用复杂的自然语言处理技术深度评估搜集到的相关材料。如果越来越多的算法运算的结果聚焦到某个答案上，这个答案的可信度就会越高。Watson 会衡量每个候选答案的支持证据，来确认最佳的选择及其可信度。当这个答案的可信度达到一定的水平时，Watson 就会将它作为最佳答案呈现出来。

Watson 的成功可以追溯到 14 年前 IBM 公司研发的计算机“深蓝”（Deep Blue）。1997 年 5 月，被誉为“世界上最聪明的人”的国际象棋大师卡斯帕罗夫经过 6 局对抗，败于 IBM 计算机“深蓝”，引起全球瞩目，这场博弈当时被称为“里程碑式的人机博弈”。现在，这家公司以创始人 Thomas J. Watson 名字命名的计算机，继续着对人类智能极限的挑战。

在 1960 年人工智能的技术研发停滞不前数年后，科学家便发现，如果以模拟人脑（重建大脑）来定义人工智能，那么可能会走入一条死胡同。现在，“通过机器的学习、大规模数据库、复杂的传感器和巧妙的算法，来完成分散的任务”是人工智能的最新定义。按照这个定义，Watson 在人工智能方面被认为又迈出了一步。

首先，Watson 必须要听懂主持人的自然语言；其次，Watson 需要分析这些语言，例如哪些是反讽，哪些是双关，哪些是连词，随后根据关键字来判断题目的意思，然后进行相关搜索，并评估各种答案的可能性；最后，选择三个可能性最高的答案，当其中一个可能性超过 50%后，程序启动，Watson 按下抢答器。所有这些，依靠的是 90 台 IBM 服务器、360 个计算机芯片驱动以及 IBM 研发的 DeepQA 系统。IBM 为 Watson 配置的处理器是 Power 750 系列处理器，这是当前 RISC（精简指令集计算机）架构中最强的处理器，这些配置使 Watson 最终得出可靠答案的时间不超过 3 秒。

此外，IBM 的全球研发团队的某种模式也加大了 Watson 赢得比赛的可能。这些团队分工极为细致，例如，以色列海法团队负责深度开放域问答系统工程的搜索过程，日本东京团队负责 Watson 在问答中将词意和词语连接，IBM 中国研究院和上海分院则负责以不同的资源给 Watson 提供数据支持，还有专门研究算法的团队以及研究策略下注的博弈团队等。这种分工与协同开发的 DeepQA 系统保证了 Watson 可以具备崭新的人机交互模式，例如，可以理解并分析自然语言。此前，深蓝系统让 IBM 在商业运用与政府部门中取得了大量的订单，IBM 也希望可以将 Watson 的 DeepQA 系统运用于医疗服务、咨询等领域之中。

对于 IBM 来说，Watson 不仅要继续挑战人类智能的极限，还要帮助这家公司去同亚马逊、谷歌、微软等公司竞争，争夺未来科技制高点的主导权。2016 年，IBM 开始转型为“认知计算解决方案与云平台公司”。

认知计算系统能够通过感知和互动理解世界，使用假设和论证进行推理，以及向专家和通过数据进行学习，它将认知技术应用到具体应用、产品与运营中，从而帮助用户创造新的价值。实际上，在推动认知计算普及的众多原因之中，数据正是最为重要的原因之一。

作为一个技术平台，Watson 能够采用自然语言处理技术和机器学习技术，从大量非结构化数据中揭示非凡洞察力。Watson 具有以下核心能力。

理解：Watson 通过自然语言理解技术，能够与用户进行交互，并理解和回答用户的问题。

推理：Watson 通过生成假设技术，能够透过数据揭示洞察力、模式和关系，实现以多种方式认知和产出多种结果，而不仅仅是一种结果的传统方式。

学习：Watson 通过以证据为基础的学习能力，能够从所有文档中快速提取关键信息，使其能够像人类一样进行学习和认知。通过追踪用户对自身提出的解决方案和问题解答的范库及评价，Watson 还能够不断进步，提升解决方案和解答的能力。

交互：通过自然语言理解技术，获得其中的语义、情绪等信息，以自然的方式与人互动交流。

实际上，Watson 不仅仅是这些技术的简单集合，而是以前所未有的方式将这些技术统一起来，彻底改变了商业问题解决的方式和效率。

参加知识竞赛时的 Watson 主要基于机器学习、自然语言处理、问题分析、特征工程、本体分析等 5 项技术，而今天，Watson 背后的核心支撑技术已经涵盖了排序学习、逻辑推理、递归神经网络等来自 5 个不同领域的技术，包括大数据与分析、人工智能、认知体验、认知知识、计算基础架构。

2011 年 Watson 的“问与答”能力只是今天的 Watson 具备的 28 项能力之一。除此之外，这些能力还包括关系抽取、性格分析、情绪分析、概念扩展及权衡分析等。

对于企业而言，认知计算的应用可以有多种形式，除直接通过云服务调用 Watson API 进行开发外，企业还可以在此基础上定制自己的认知系统，也就是让 IBM 提供针对特殊应用场景的认知算法，然后结合自己的数据，实现应用和商业模式的创新。

当然，Watson 能做的工作还有很多，例如，在迭代中学习找到解决方案，理解人类的自然语言与对话，动态地分析各类假设和问题，在相关数据的基础上优化问题解答，大数据的理解和分析等，而更多的功能还在持续不断地被发掘。

特别是，将 Watson 作为基于云的 API 平台对外开放，这样每个人都能将 Watson 的强大能力加到他们自己的应用中，这也有助于推动 Watson 得到更加广泛的应用，并且加速创新。根据 IBM 提供的资料，现在有 36 个国家、17 个行业的客户都在使用认知技术；全球超过 7.7 万名开发者在使用 Watson Developer Cloud 平台来进行商业创新；有超过 350 名生态系统合作伙伴及既有企业内部的创新团队，正在构建基于认知技术的应用、产品和服务，其中 100 家企业已将产品推向市场，使得 AIaaS 成为可能。

IBM 对于 Watson 的评价“Watson，不止于人工智能”，其实是不过分的。

2．无人驾驶

无人驾驶汽车是另一个比较热门的个人工智能的产物。它的计算复杂度不及 Watson，然而它的技术实现却不是一件容易的事情。

李德毅院士及其团队在国内最早对无人驾驶汽车进行研究，并将其实际投入来往于北京—天津的无人驾驶汽车测试。李院士在《研究“驾驶脑”突破自动驾驶天花板》中与我们分享了以下内容。

驾驶有 4 个等级，第一是理性辅助驾驶，以人驾驶为主；第二是半自动驾驶，局部时段可以放开手和脚；第三是全自动驾驶，即用自动驾驶接管驾驶权；第四是人机协同驾驶。随着智能化的发展，我们就要和运行了 100 多年的人工驾驶模式说再见了。

重复的、耗时的、乏味的工作，在复杂和快速变化的环境中实施决策和执行的工作，按照手册执行的工作，超过人力物力极限的工作，以及处理高度复杂的数据或者流程的工作，都是智能化时代容易被机器人替代的领域，而驾驶技术，至少涵盖了前 4 个领域。驾驶技术是容易被机器人替代的领域。

自动驾驶过程中，驾驶员与环境的正面交互认知被谁替代了？驾驶员的经验和临场处置能力被谁替代了？为了回答这两个问题，为了捅破自动驾驶的天花板，发展自动驾驶技术，我们不但要解决“车”的问题，还要解决“人”的问题。解决车的问题，就将车做成软件定义的机器；解决人的问题，就要让驾驶员的认知能够用机器人替代，让机器人具有记忆、决策和行为能力，于是一个新的概念产生了——“驾驶脑”。

当下，我们比以往任何时候都更需要研究“驾驶脑”、学习“驾驶脑”，分析驾驶员行为大数据，构建驾驶员的智能代理驾驶脑。智能车研发的困难，不仅仅是汽车动力学的性能和各种各样的传感器要素，更重要的是要研发和驾驶员一样在线的机器驾驶脑，模拟人的自主预测和控制，应对车辆行驶中的不确定性。

汽车是在开放的不确定环境下行驶的，首先是天气，人工驾驶常常会遇到偶发的大雾、大风、大雪、大雨；再者是道路环境，狭小的胡同、崎岖的小道、傍山的险路，积水、涉水、冰雪、地裂、地陷的道路状况，都是驾驶中的不确定因素；第三是人文环境，如红绿灯失效、道路施工、事故多发、行人违规等。

“驾驶脑”不等于驾驶员大脑，“驾驶脑”是驾驶员的智能代理，用“驾驶脑”替代驾驶认知，并获得驾驶知识和驾驶技巧，使得汽车成为驾驶员自己，这应该是人工智能时代最有意义的课题之一。

大数据开车，已经进入了百姓生活，我们可以预测，汽车驾驶可以被机器人替代，人工智能正以润物细无声的柔软，改变着整个世界。

谷歌的无人驾驶汽车（简称无人车）从 2011 年上路，已经累计跑了 70 万英里（约 112 千米）。我们来看看它的工作原理。首先，要安全地驾驶。通常，汽车要通过传感器获取所需要的信息（见图 8-7）。

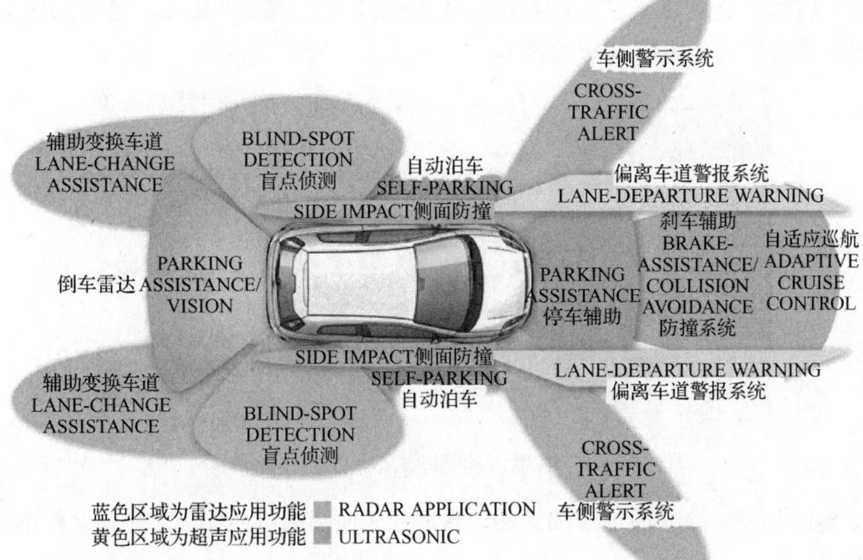

图 8-7 安全驾驶需要的基本信息

谷歌无人车系统的核心是安装在车顶上的激光测距仪（见图 8-8）。该设备是一台 Velodyne 64 光束激光器，可生成详细的环境 3D 图。然后，该车将激光测量与高分辨率地图相结合，生成不同类型的数据模型，使其能够避开障碍物并遵守交通法规驾驶自己。该车还装载了其他传感器，其中包括：安装在前后保险杠上的 4 个雷达，可以让汽车“看得”足够远，以便处理高速公路上的快速交通；位于后视镜附近的照相机，用于检测交通灯；GPS、惯性测量单元和车轮编码器，用于确定车辆的位置并跟踪其运动（见图 8-9）。

图 8-8 谷歌改造丰田的自动驾驶汽车

单单使用基于 GPS 的技术，位置可能会偏离几米，确定汽车位置依赖于道路和地形的非常详细并且需要及时更新的地图。同样重要的是，在让自动驾驶汽车进行道路测试之前，谷歌工程师会沿着该路线一次或多次驱车收集有关环境的数据。当自动驾驶车辆开始自行驾驶时，它会将其获取的数据与先前记录的数据进行比较，这种方法有助于区分行人与静止物体（如电线杆和邮箱）。

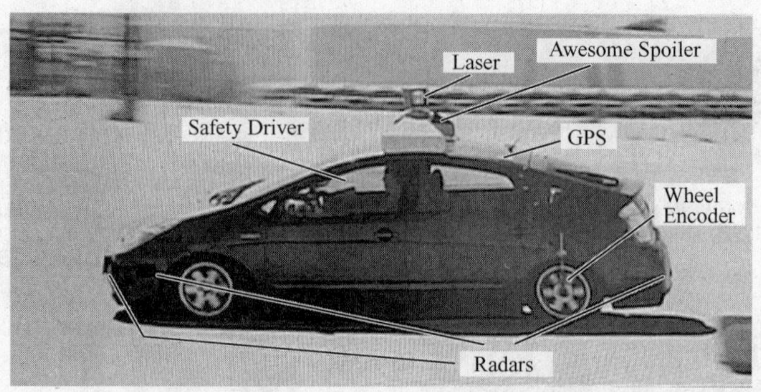

图 8-9　谷歌自动驾驶汽车添加的传感器

如图 8-10 所示，谷歌通过添加新的摄像系统（顶部的黑匣子）来提高更精准的 360°全方位视图。

图 8-10　添加新的摄像系统

从以上的描述可以看出，无人车配备了大量的传感器，因而每秒会产生多达 1GB 的数据。让车辆更智能化需要大量的计算能力。除大数据全周期的方方面面外，特别需要注意实时性和即刻响应，也就是快速而强大的图像分析软件和实时控制系统。

在美国，智能化汽车的普及估计需要 5 年的时间。作者在准备这段内容时，请美国硅谷的朋友开车上街去看看能否遇到谷歌的无人车，结果她很快就发来了照片：谷歌自己设计制作的用于拍摄本地地貌环境的小车——小蜜蜂，改装了的丰田普锐斯，以及雷克萨斯的越野车（见图 8-11）。这说明，谷歌智能化汽车的工作在紧锣密鼓进行中。

智能化汽车可以帮助实现更加安全和高效的运输：汽车将彼此靠拢，间距缩小，更好地利用 80%～90%的空车道路上的空间，并且可以通过车与车的通信对话（物联网，IoT）在高速公路上形成快速车队。他们会比人类做出更快的反应，以避免事故发生。

图 8-11 在美国硅谷用手机拍摄到的谷歌无人车：小蜜蜂、普锐斯、雷克萨斯

另外一种情景，车辆将成为共享资源，即，在需要时，轻点你的智能手机屏幕，一辆自动驾驶的汽车就会到达你所在的位置。无人车所能带来的经济效益以及商业生态的变化，可能是你无法想象的。

8.4 小结

数据挖掘、机器学习、人工智能可以看作大数据伸长了的手臂，是关于认知的科学，其包含知识的表达，知识的获取，以及知识的应用，从而更好地服务于人类。这涉及大数据处理中的多个环节，其中数据集大小的重要性不言而喻，而数据集的质量更是重中之重，除此之外，算法和运算能力也必须与应用场景相匹配。

第 4 篇

运维篇

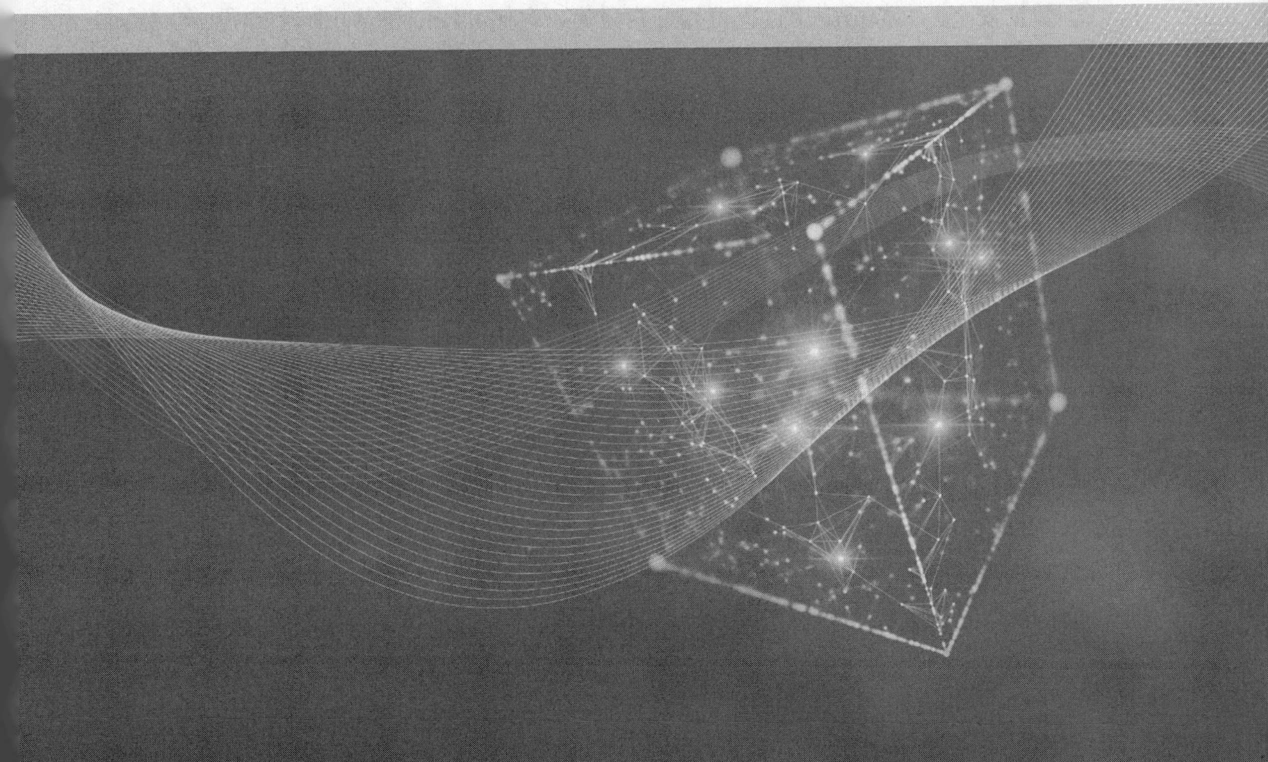

按照定义，项目的标识就是具有起点和终点，而部署的终点就是运维。但是运维是一个持续过程，没有终点。在已交付的情况下，企业要求保证业务运营的正常运行，需要投入必要的技术手段和人力资源。实际上，运维（Maintenance）和运营（Operation）是略有区别的，前者的范畴比后者小一些，为了简化起见，这里不加区分，互为置换。由于大数据的集群特性，大数据平台通常构建于现有数据中心之上，因此对大数据平台的运维也包含了对数据中心的运维，但又由于大数据自身数据 4V 特点，对运维提出了新的需求与挑战，主要表现在以下几个方面。

（1）网络运维。大数据技术平台基于现有数据中心网络架构实现分布式计算。现在数据中心网络架构一般采用三级树状结构，即由核心层、汇聚层和接入层构成。这种传统网络架构具备结构简单、易于实现等特点，但是可扩展性差，当应用服务规模扩大时，容易引发成本因素和性能因素等问题。同时现有数据中心网络架构不适用于大数据业务的业务流量模型。大数据应用的海量数据处理需求及分布式流量特性，对网络架构提出新需求：网络连接必须是健壮的，以保证数据快速、高效地传输；必须有足够的网络资源池来支持大数据忽高忽低的脉冲式流量的传输与分布；灵活的交换机配置能力以提升网络效率。

（2）系统安全。对大数据进行全面、深入、实时的分析和应用，能够使企业更加精准地洞察客户需求，提升企业自身智能化水平和行业信息化服务能力，并对外提供数据挖掘和分析的新业务及服务。但是，在大量数据产生、收集、存储和分析的过程中，会面临数据保密、用户隐私、商业合作等一系列问题。

大数据自身的安全包括三个方面。

① 基础设施安全。处理大规模数据涉及的设备众多，设备可靠性成为大数据安全的基础问题。大数据基础设施容易遭受的安全威胁主要有非授权访问，传输设施破坏导致的信息泄露与丢失或数据被窃取、窜改，拒绝服务攻击，网络病毒传播等。

② 数据安全。大数据应用过程可划分为采集、存储、挖掘和发布四个阶段。在数据采集阶段主要存在传输安全问题；在数据存储阶段需要保证数据的机密性和可用性；在数据挖掘阶段需要权限控制以防止机密信息泄露；在数据发布阶段需要进行安全审计，对可能的机密泄露进行数据溯源。

③ 大数据平台安全。大数据分析过程中产生的知识和价值容易引发黑客攻击，因此，大数据平台需要提供可靠的安全机制，包括认证机制、访问控制机制和数据传输加密机制。

（3）数据灾备。数据备份与恢复是出现故障后的关键措施，大数据采用分布式存储系统，通过冗余服务和冗余数据来满足系统的可靠性和可用性需求。在数据冗余机制下，保证副本数据一致性至关重要。这样，在系统出现故障时，一致性副本的数据才是真正可用的。同时故障检测与恢复技术也是保证系统可用的重要机制。

传统存储技术一般通过数据副本冗余技术来实现数据灾备，不同业务的数据存储是相对独立的，不同热度数据混合存储。这不仅增加了软硬件技术难度，同时也增加了电力成本、管理软件协议以及维护费用与人力成本。超融合技术是针对传统存储技术存在的问题的新解决方案，其实质是采用分布式存储系统，通过虚拟化技术将存储功能迁移融合到计算服务器中，对本地存储资源进行虚拟化，再经集群整合成资源池，为应用虚拟机提供存储服务。超融合技术不经能够节省数据传输时间与成本，加快数据读写速度，同时还具有可线性扩展、无缝升级特点，进而大大提升运营效率，减少运营维护成本。

（4）运维管理。“三分建设，七分运维”，运维非常重要。大数据集群为数据处理提供包括文件存储、计算模式、数据库、分析语言及数据集成在内的全方面能力。与普通的计算机网络环境或数据中心不同，基于 Hadoop 构建的大数据环境，具有节点数量大、组件及应用复杂的特点，这也给大数据集群的运营与维护带来了极大的挑战。

大数据集群运维管理存在以下 4 个方面挑战。

① 集群部署与组件配置复杂。如果通过手工命令行方式完成，不仅效率低下，而且严重依赖于使用者的经验才能避免极易发生的错误，因此需要高效的配置管理工具辅助运维人员完成集群部署与组件配置工作。

② 集群监控。稍具规模的大数据集群通常包含几十台至上百台服务器，因此，大数据集群监控是运维的核心部分。针对不同实际应用，需要根据请求数量和类型、错误数量和类型以及处理用时等参数完善监控策略。

③ 日志分析。日志有助于运维人员快速诊断错误、分析系统运行情况，还可以有效地整合和分析用户的访问数据，因此日志分析工具是大数据运维必不可少的。

④ 故障管理以及运维流程管理。高效的运维离不开运维工作人员对故障处理的应急能力，完善运维流程管理有助于企业提高运维工作人员自身能力，以保障高效运维工作。

本篇第 9 章介绍大数据集群网络架构，从现有数据中心网络架构存在问题出发，以 MapReduce 为例，分析在大数据业务流程中产生的业务流量模型以及网络架构需求，介绍 SDN 等新兴网络技术，为大数据集群网络设计提供参考。第 10 章介绍大数据安全，分析大数据存在的安全挑战以及不同行业对安全的需求，进一步介绍大数据基础设施安全、数据安全和大数据平台 Hadoop 安全机制。第 11 章首先介绍常用数据备份与恢复方法，然后分析分布式存储系统的备份冗余技术以及故障检测与恢复机制，并详细介绍大数据分布式存储系统 HDFS 的备份机制。第 12 章从大数据集群配置管理、监控和日志分析三个方面介绍大数据环境监管及工具的使用，其中详细介绍了本书作者主持开发的华讯网管软件和华讯统一管理平台。第 13 章介绍运维服务类型、运维方法、故障发生时的运维流量模型以及运维人员需要具备的能力，并介绍了自动化运维价值及相关工具的使用。

第 9 章

大数据集群网络架构

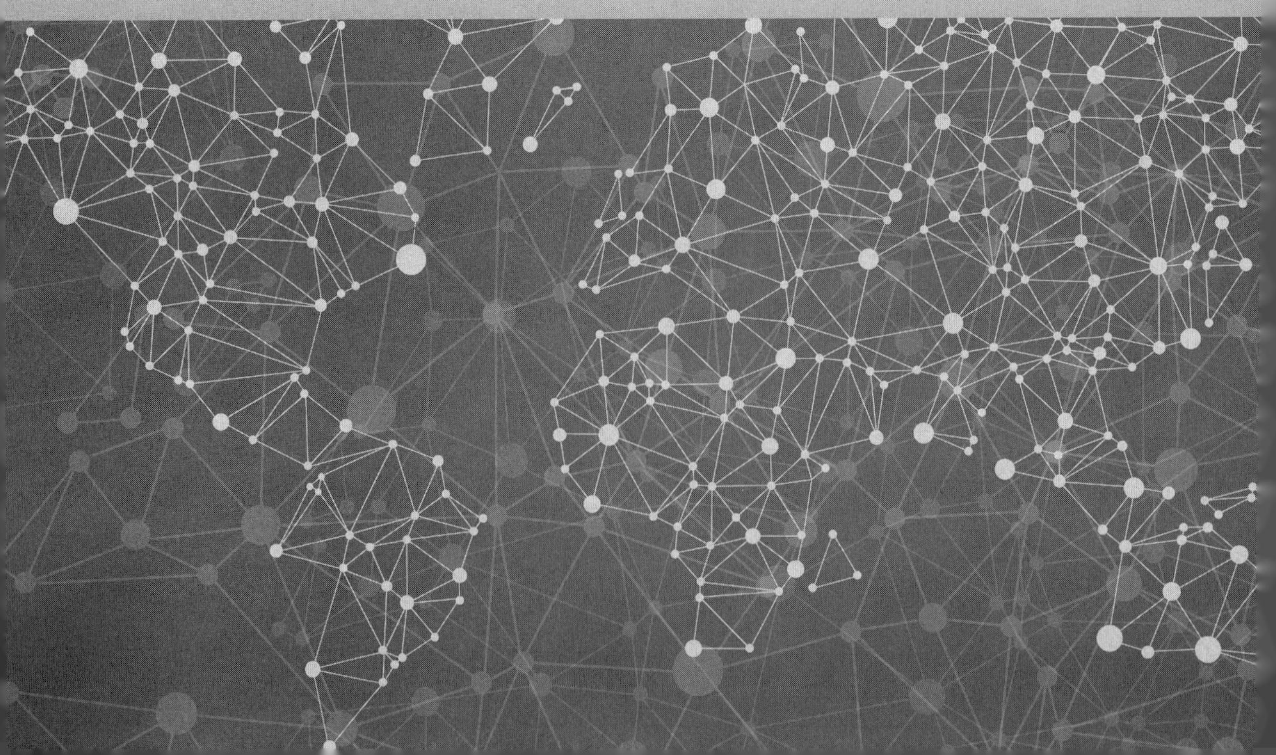

集群计算，节点之间一定是靠网络连接起来的。在大数据集群中，网络流量来自传统的网络流量、IPC（Inter-Process Communication，进程间通信）信号、RPC（Remote Procedure Call）、各种 I/O 流量等，它远远超出了对通常网络的要求，对带宽，特别是迟滞性（Latency）的要求非常高。只有网络满足带宽和迟滞性要求才能够保证 Map 后的子任务执行状态和结果的及时交换。大数据集群网络离不开原有的数据中心网络架构，甚至数据中心之间广域网的连接。本章主要介绍大数据集群的网络架构。

9.1 现有数据中心网络架构

9.1.1 架构分析

大数据技术平台是基于现有数据中心网络架构来实现分布式计算的。现有数据中心网络的典型架构是二级或三级树状结构。如图 9-1 所示是由路由器及交换机互连组成的三级树状结构。

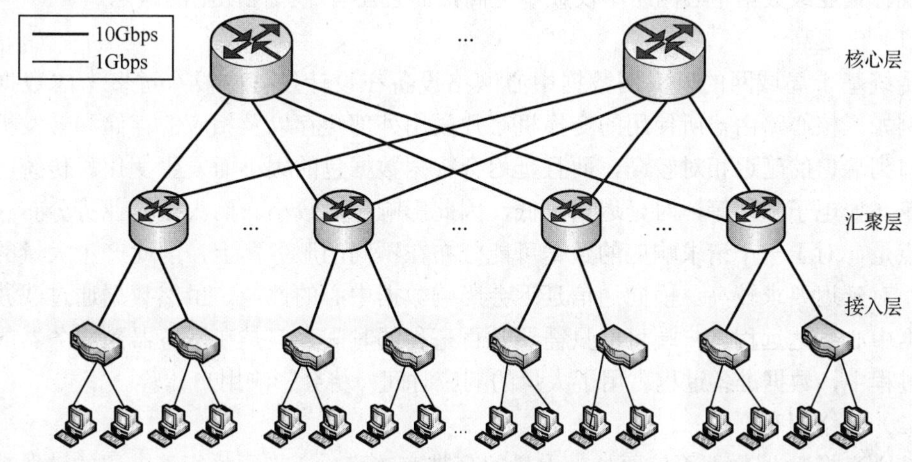

图 9-1　现有数据中心树状结构

现有数据中心网络的三级树状结构由核心层、汇聚层和接入层组成。核心层及汇聚层采用高性能的路由器设备，接入层采用 ToR 交换机。ToR 交换机提供 1Gbps 速率的端口与数据中心机架内服务器相连，同时提供 10Gbps 的上行链路连接汇聚路由器。汇聚路由器通过 10Gbps 链路与核心路由器相连，聚合并传输接入层交换机发送的数据包。

9.1.2 存在弊端

三级树状结构具有结构简单，易于实现等特点。但这种拓扑结构只适应于服务规模较小的数据中心网络，随着服务规模的扩大，容易引发成本因素和性能因素两方面问题。

1. 成本因素

当建设具有数千排服务器机架的大型云数据中心时，成本是一项重要的驱动因素。

费用不仅来自设备的采购，还来自操作和维护成本等。数据中心网络的 CapEx（Capital Expense，资本支出）包括购买数据中心设备、服务器、网络设备和软件等开支；OpEx（Operating Expense，运营支出）则包括电力、操作人员、维护设备以及硬件和软件维护等开支。

现有数据中心网络所面临的一个关键问题是，汇聚交换机和核心交换机/路由器的成本问题。数据中心网络需要大量这种类型的交换机，而核心交换机/路由器的价格也较为昂贵。在网络运维过程中，需要专业人员对这些硬件设备进行维护，这也是重要的成本支出。

软件也是数据中心 CapEx 和 OpEx 的一个重要组成部分。传统的数据中心对于服务器和存储器，存储网络以及数据网络都有独立的软件来进行配置和维护工作。在许多情况下，在这些不同领域还需单独配备专业的 IT 管理员来操作这些单独的软件，这也需要考虑成本。

2．性能因素

现有企业级数据中心网络不仅成本更高，而且还有一些性能上的缺陷。

（1）延迟高

传统基于局域网的以太网数据中心网络设备在设计过程中没有过多考虑数据包延迟。例如，核心路由器所使用的交换机芯片采用外部缓存以及相应的存储和转发机制，其端口到端口的延迟相对较高，而且延迟会根据数据包的大小而发生变化。传统应用业务流量，如电子邮件等，对延迟要求低，因此影响相对较小。而大数据业务分布式计算的特点是，对于一个请求响应的数据可能分布在不同的服务器上，因此产生大量的横向通信，对延迟要求较高。横向通信延迟会影响数据中心的性能。虽然数据通过载波网络从数据中心到达远程客户端可能只需要几百毫秒的时间，但是在服务器到服务器的事务处理过程中，数据准备过程占用了大量的响应时间，将会影响用户体验。

（2）网络拥塞

核心交换机/路由器不仅要处理大量的高带宽链路，还必须执行第三层的转发功能。这需要在很高的带宽上进行更多的帧报头处理，会导致网络更加拥塞。在设计上，工作组交换机、汇聚交换机等系统中采用的传统以太网交换机芯片会在高拥塞时期丢弃通信量，但是其代价是高延迟和延迟变化。并且有些协议是不能容忍数据包丢失的（例如，用于存储器通信的以太网光纤信道协议），这就会更进一步导致长时间的重传延迟。因此，数据中心网络在传输存储器通信方面是需要区分通信类别的，并且为存储器通信提供无损操作。传统的企业网络无法支撑这一需求。

（3）不适用于横向通信

传统的三层数据中心网络无法很好地支持横向通信，其主要原因是带宽分配差，且迟滞性高。在网络的每一层中，上行链路带宽应该在其下一层统一分配。对于一个两层网络来说，采用传统的基于散列的负载分配机制来实现是相当简单的。虽然不能做到在所有情况下完美均衡，但是使用多预留的带宽可以降低出现拥塞热点的概率。当加入第三层时，这种不均衡就会变得更大，需要进一步预留更多的宝贵带宽，出现拥塞热点的概率也会更高。

基于上述的成本因素和性能因素，现在很多大型企业开始研发自己的数据中心网络软件及网络设备或者引入软件定义网络等新兴技术。

9.2 大数据网络设计要点

9.2.1 大数据业务分析

1. MapReduce 的原理

为了方便起见，从运维的角度，我们回顾一下 Hadoop 中 MapReduce 的业务流程。Hadoop 是一个典型的分布式框架，它采用了 Google 的 MapReduce 模型来实现大规模数据的处理。MapReduce 可以简单地分为 Map 和 Reduce 两个过程。

（1）Map 过程

需要处理的工作被分割成多个子集，多个节点并行处理这些子集，并产生一个 Key/Value 队列，即变量队列。处理 Map 过程的服务器称为 Mapper。

（2）Reduce 过程

Map 过程产生的 Key/Value 队列被输入 Reduce 过程中，Reduce 会分析、合并和压缩这些数据，并产生最终结果，负责 Reduce 过程的服务器称为 Reducer。

通过一个著名的例子可以快速了解 MapReduce 的原理。假设要计算 big data 这个英文单词中每个字母的出现频率，big data 首先被拆分成单个字母输送给 Map 过程，Map 过程的计算结果是针对每个字母的计数结果，得出如下数值 b（1）、i（1）、g（1）、d（1）、a（1）、t（1）、a（1），这串结果被送给 Reduce 过程做进一步处理。Reduce 经过同类项合并，得出每个字母的出现次数 a（2）、b（1）、i（1）、g（1）、d（1）、t（1），即最终结果。需要注意的是，这个过程是并行处理的，当我们要计算一篇文章内每个单词的出现频率时，通过这个方法就可以让分布在多台设备上的多个 Map 过程和 Reduce 过程同时工作，从而大大减少计算时间，降低对单台设备性能的要求。

2. MapReduce 的业务流程

再次以 Hadoop 为例，其采用随业务量扩张而扩张的软件架构。大规模的 Hadoop 是一个典型的集群系统，会产生大量的节点间数据，同基于小型机的传统数据库系统相比，具有完全不同的流量模型。

一个完整数据处理流程包括以下三步。

（1）写入数据：将文件数据读取到 Hadoop 的文件系统 HDFS 中。

（2）MapReduce 算法：对读入数据进行并行处理。

（3）读取数据：将计算结果从 HDFS 中读出。

在不同的阶段，Hadoop 产生的网络流量是不一样的，甚至不同的业务类型对网络产生的需求也不尽相同，为了更加准确地还原 Big Data 的网络行为，下面将具体分析每个阶段的情况。

9.2.2 大数据网络流量模型

1. 写入数据过程中的网络流量模型

Hadoop 默认保存三份数据拷贝。除本地节点外，还会将相同的两份拷贝发送给其他两个节点，通过这种方式实现数据冗余。

当一个文件被提交给 Hadoop 集群的文件系统 HDFS 后，这个文件被分割成大小一致的数据块，每个数据块的大小为 64MB、128MB 或更大。三个拷贝同时写入三个节点上，其中只有一个节点上的拷贝会被系统处理，其他两个作为冗余备份。同时，Hadoop 的控制平台上有一个针对这些数据块位置的追踪列表。

由于 Hadoop 通常处理的都是大量数据，这些大数据又被复制了三份同时写入集群中，因此在写入数据时，可能产生很大的数据流量。这个时候，网络过载比、交换机端口的缓存容量就会影响写入数据的效率。如果网络的过载比过大，就可能导致数据迟迟无法写入。

2. MapReduce 算法过程中的网络流量模型

数据写入完毕，MapReduce 算法开始工作。整个 MapReduce 算法从开始到结束又可以分为 Map、Shuffle、Reduce 和 Output 这 4 个过程。

（1）Map 过程

如前所述，Map 过程是一个并行计算的过程，每个计算节点的处理对象就是写入本地节点上的数据块，然后根据这些源数据产生 Key/Value 队列。Map 过程的大部分工作都是在节点上进行的计算工作，因此这段时间内的网络流量不大。除非计算节点需要的数据块在本地节点上没有拷贝，那就需要通过网络从其他节点获取相应的数据，一个好的 Hadoop 算法能够尽可能减少这种情况的发生。

（2）Shuffle 过程

Map 和 Reduce 过程的处理行为和处理数据量都不一样，Map 处理的数据是随机划分的数据块，而 Reduce 过程处理的往往是有规律的一系列 Key/Value 队列。在一个 MapReduce 周期内，Map 和 Reduce 通常发生在不同的计算节点上。这样就需要一种机制将 Map 过程处理的结果按照一定规律送给 Reduce 模块，这个机制就是 Shuffle 过程。

Shuffle 将 Key/Value 队列通过网络传送给 Reduce 模块，当大量 Mapper 完成工作时，它们会尝试在同一时刻将结果送给 Reducer，这样就可能在局域网上产生一股突发流量。对于数据网络来说，面对突发流量通常有三种应对方式：QoS、端口缓存和网络过载比设计。

① QoS 保证了在 Shuffle 过程中，Hadoop 的管理信令仍然能够得到最高优先级，不至于因为信令丢失导致集群系统报错。

② 流出端口缓存是承载突发流量的重要机制，缓存大小同队列设置紧密相关。端口队列过小容易产生丢包，但过长也不好。接入级别的交换机一般采用共享缓存设计，整

机共享一个缓存空间，或者多个端口共享一块转发芯片的缓存。如果单端口的队列设置过长，会导致一个端口就消耗了所有的共享缓存，当其他端口出现突发流量时，便会出现丢包。因此在海量数据处理的 Hadoop 环境中，选择合适的交换机并配合恰当的端口队列机制是非常重要的。

③ 网络过载比设计对 Shuffle 过程的影响与写入数据阶段的影响类似，由于 Shuffle 过程发生时，Mapper 需要在全网范围内把计算结果传递给 Reducer，不同的接入层设备之间会频繁交互数据，太大的网络过载比会导致上行链路可用带宽不足，从而发生流量拥塞。降低网络过载比能提高可用带宽，但会显著增加设备投入成本。因此另一条思路是采用二层多路径技术（如 TRILL）构建一个扁平的二层网络。这样任意两个接入节点之间有多条等价链路可同时传输数据，从而能够提高可用带宽。

不同的业务类型对 Shuffle 过程的网络流量也会产生影响。常用企业数据业务的 Map 过程输入与输出数据量之间没有太大的差别，然而某些数据挖掘业务输入的是海量数据，但经过分析后的输出结果仅仅是一个表单。例如，对某省移动电话用户在一年内的充值行为进行分析，最终得出不同年龄段用户的平均充值间隔时间，Mapper 会处理大量原始数据，而输出给 Reducer 的数据量则非常小，仅仅是几个年龄段分布内的时间间隔数值，这个时候 Shuffle 过程传输的数据量就不大了。

（3）Reduce 过程

Reduce 过程基本不产生网络流量，因为所有的数据已经在 Shuffle 过程中被传送到 Reducer 节点上。

（4）OutPut 过程

Reducer 处理的结果以文件的形式存放到 HDFS 系统中，文件同样被划分成固定的数据块大小，并以三份拷贝的方式保存。这个过程与文件写入类似，对文件拷贝的复制都是通过网络传送的。

3．读取数据过程中的网络流量模型

读取数据的过程相对简单，将 MapReduce 的处理结果从 HDFS 中读出来，送给上层业务系统做进一步处理。相应的数据传输也需要用到网络带宽，如果处理结果的数据量非常大，则需要在网络接入层设备上预留较为充裕的带宽。

4．MapReduce 网络模型综述

综上所述，MapReduce 对网络提出了比较独特的需求，在具体指标上也表现出了自己的特点。

（1）带宽

Hadoop 在海量数据的写入、读取阶段都会产生大量的网络流量，必须根据实际业务量在设计阶段选择合理的网络带宽。

（2）缓存

缓存设计的初衷与带宽设计的一致，也是为了应付突发流量。由于接入交换机的共享缓存设计，因此交换机出端口的缓存队列不宜太大或太小。

（3）拓扑

Hadoop 是典型的集群计算系统，特别在 Shuffle 过程中，数据需要从每个 Mapper 节点移动到 Reducer 节点上，因此局域网内部的东西向流量可能是大量节点之间的互访，这种流量往往要求比较低的网络过载比，或者直接采用 TRILL/ECMP 等解决方案，实现两点之间的等价路由。

（4）时延

Hadoop 最初并不是作为一个实时系统设计的，因此它并不要求基础网络实现很低的时延。近年来，逐渐出现了一些实时 Hadoop 系统，随着这种应用逐渐发展，对交换机的时延指标也许会提出越来越高的要求。

9.2.3　大数据网络新需求

在大数据应用中，海量的各类大数据的快速传送增加了网络中实时和大负载实物的数量，特别是有大量的 IPC 信号。这种 IPC 信号的量是不可低估的，这对网络架构提出新要求。

第一，支撑大数据应用的网络连接必须是健壮的，要足以保证数据能快速、高效地流动。

第二，大数据是实时变化的，在一定时间内，流量网络的数据量并不确定。因此，在大数据应用中，网络的流量模式可能是忽高忽低、脉冲式可变的。当数据加载任务请求时，数据必须通过网络来传输和分布到集群上。因此，必须要有足够的网络资源池来支持大数据的网络传输和分布，否则，数据传输中的延误可能会很大。

第三，灵活的交换机能力配置是获取网络效率的基本任务之一。通常，大数据的网络配置可能需要 1Gbps 的访问层交换能力。近年来，成本降低，10Gbps 服务器连接更普遍，一些组织可能需要更新汇聚交换能力到 40Gbps，甚至 100Gbps。

为了进一步满足大数据应用持续的要求，需要对现有企业网络架构进行升级，SDN、NFV、VXLAN 等是解决这个问题的技术趋势，而 InfiniBand 协议作为对当今主流的 TCP/IP 的一个改进，对大数据网络环境也是非常有益的。

9.3　新兴网络技术

9.3.1　SDN

1. SDN 架构

软件定义网络（Software Defined Network，SDN）着眼于成为下一代企业网络的架构，具有更好的开放性。

SDN 核心思想是，将控制层从传统分布式网络的网元设备中分离出来，通过集中式网络操作系统对网元设备实现集中控制，而网元设备只负责简单的数据转发工作，集中式网络操作系统向上提供灵活的、开发的可编程接口，网络管理者可利用这些开放的可编程接口实现相关的网络管理应用服务。

ONF（开放网络基金会）致力于 SDN 标准化工作。在 ONF 发布的 SDN 白皮书中准确定义了 SDN 网络架构。根据逻辑功能的不同，将 SDN 划分为三层，依次是：基础设施层、控制层及应用层，如图 9-2 所示。基础设施层即网络的数据层，由一系列交换设备互连组成。这些交换设备统称为 SDN 交换机。它们可以是物理的交换机，也可以是虚拟的交换机。SDN 交换机只负责数据的转发和状态信息的统计工作，不具备复杂的网络控制功能。SDN 交换机与控制层通过南向接口协议进行通信，如 OpenFlow 协议。控制层相当于一个网络操作系统，完成整个网络的控制管理功能，例如，路由转发决策功能、网络故障恢复功能等。控制层还可以通过 LLDP 协议进行链路发现，提供全网拓扑视图。控制层可由一个或多个控制器组成，控制器向上提供开发的可编程接口。单一的控制器实现简单，但存在开销大和单点失效等问题。因此随着网络规模的增大，需要多个控制器进行协调工作，实现物理上的分布和逻辑上的集中功能。应用层包括各种网络应用和业务，例如，负载均衡、流量工程等。网络管理者通过控制器提供的可编程接口，根据不同的应用场景及网络应用需求在控制器上进行二次开发。

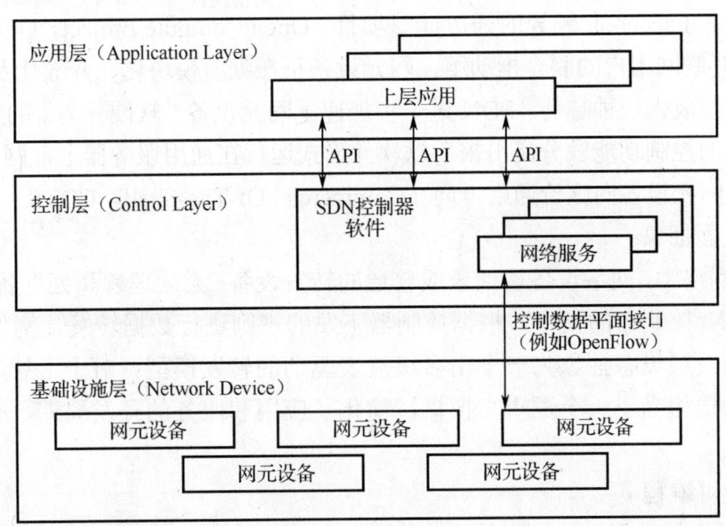

图 9-2　SDN 架构图

2. SDN 特征

ONF 定义的 SDN 具有如下 8 个明显的特征。

（1）体系架构开放

SDN 网络的体系架构是开放的，其开放性体现在以下三个方面。①网络模型的开放。SDN 采用控制与转发分离的分层模型，各层间通过标准协议相互通信，并通过标准接口对外开放，层与层间松散耦合。②核心组件的开放。SDN 各核心组件的实现是开放的，允许外部应用编程，尤其在转发层，理想 SDN 希望按照通用商业硬件的标准实现转发设备，避免厂商锁定。③接口和协议的开放。SDN 要求实现东西向、南北向接口的标准化，即支持通过标准的南向接口协议操纵底层网络设备，支持通过统一的北向接口实现应用在不同 SDN 网络域中的迁移，支持通过标准的东西向接口实现 SDN 网络的横向扩展。开放的体系架构，使得 SDN 网络具有良好的兼容性和可移植性，不同厂商的设备和控制器间可以相互操作、相互替换。

（2）业务与网络分离

在现有网络体系架构中，网络智能集成在设备中。业务对网络的需求（如 QoS、SLA 等），最终以协议和配置的形式部署到网元设备中，两者紧耦合。在 SDN 网络中，通过合理的抽象，可实现业务与网络的彻底分离。业务人员只需理解和定义业务需求，具体的资源及配置策略（如虚机分配、路由、QoS 等）将由编排器根据业务需求和资源情况自动生成，并通过控制器下发到转发层，实现网络的自动开通和部署。

（3）控制与转发分离

在架构层面，SDN 要求做到控制与转发分离，只有将控制功能彻底从转发设备中分离出来，打破传统网络控制与转发一体的封闭模式，才有可能实现真正意义上的网络架构开放，释放 SDN 网络创新的潜能。

（4）软件与硬件分离

事实上，在 Facebook 领导的开放计算项目（Open Compute Project，OCP）及芯片商、ODM 厂商、互联网用户的联合推动下，网元设备正在朝着模块化、开放化及标准化演进，软硬件分离已经成为一种趋势。SDN 进一步加速了网元设备“软硬分离”的趋势。在 SDN 网络里，复杂的控制功能被分离出来后以软件形式运行在通用服务器上，网元设备硬件功能则被简化，网元设备向廉价通用方向（Commercial Of-The-Shelf，COTS）演进。

（5）转发面抽象

在 SDN 网络中，网络设备被抽象成普通的转发设备，无须理解和处理各种网络协议，仅需听从 SDN 控制器的指令，根据控制器下发的规则进行数据转发。例如，OpenFlow 将网络中的转发层设备抽象为一个由多级流表驱动的转发模型。对于上层应用和网络服务而言，转发层相当于一个逻辑交换机，简化了应用和服务的开发周期，有助于网络业务创新。

（6）用户可编程

SDN 要求在转发层、控制层等各个层次，通过标准接口开放网络的编程能力，使得用户能够通过标准的程序设计语言编写程序、影响和修改网络行为。理想 SDN 对外开放的接口应该是标准的、统一的、易于理解的和可用的。

（7）资源池化和服务能力化

在传统网络中，网络作为一种静态资源，不能随业务需求而改变，必须在使用之前提前规划好容量并预设好规则。当业务发生变化时，网络的调整需要人为进行，并可能因为涉及过多设备和配置过于烦琐而难以实现。SDN 支持网络虚拟化和自动化部署，使得网络变为可池化的动态资源，能够根据需求灵活调整，并能作为服务提供出去，进一步释放了网络的灵活性、开放性及创新性。

（8）集中控制

控制功能从网元设备中抽离出来后，通过集中的控制器实现，并以软件形式运行在通用 x86 服务器上。集中控制的方式使得 SDN 很容易获得全局网络视图，从而能够根据实际业务需求和网络状态对整网进行全局优化，提高网络效率。

3．SDN 行业发展情况

（1）商业进展

SDN 商业解决方案总体仍以 Overlay 类方案为主，针对数据中心多租户云化应用场景。部分互联网公司和运营商已经开始试用 SDN，其中谷歌等互联网公司由于需求迫切，技术实力强劲，已经在数据中心 WAN 网流量工程等领域成功应用 SDN。NTT、Verizon 和德国电信等国外运营商，也以数据中心为切入点在小规模节点范围内尝试应用 SDN。国内运营商也在积极布局 SDN，希望在新技术领域取得领先优势。中国移动已经参加 ONF、NFV 等标准化组织，积极参与标准化工作和业界活动，在产品方面也已开展相关测试工作和原型系统开发工作；中国联通也积极参加 ONF、NFV 等标准工作，开始探索 SDN 在现网中的引入；中国电信也已开始 SDN 方案选型，并在现场试验等环节引入 SDN 试商用。

以思科、华为、Juniper 等为代表的主流设备厂商基于自身在网络领域的优势，通过并购、合作等手段加速进入 SDN 行业，并迅速推出了大量结合软硬件、兼容传统网络的 SDN 商用解决方案和产品。在 SDN 领域，传统厂商继续保持强势。VMware、微软等软件厂商则围绕已有的服务器虚拟化软件，通过收购、合作等多种方式，将软件定义的范围从计算扩展到存储和网络，并以纯软件或者软硬件结合的产品形态逐步构建起包含服务器、存储和网络在内的云平台整体框架。传统设备厂商与软件虚拟化厂商的代表性竞争产品分别是思科的 SDN 解决方案 ACI（Application Centric Infrastructure）与 VMware 的网络虚拟化产品 NSX。

英特尔、Broadcom 等芯片厂商积极布局 SDN，通过推出针对 OpenFlow、NFV 等应用进行优化的芯片和技术，与产业链上游厂商开展充分合作。Big Switch、Pica8、盛科等 SDN 初创公司则以白牌交换机和裸机交换机为切入点，主推针对云环境的数据中心网络虚拟化解决方案。

（2）开源进展

转发层的开源方案围绕网元设备的各个层次展开，涉及交换机硬件、网络操作系统及中间软件等，主要由 OCP 组织推动，围绕裸机交换机和白牌交换机展开。基于开源 Linux 平台的白牌机异军突起，在数据中心市场份额逐渐攀升，成为 SDN 产业推进的新方向。在 OpenFlow 协议方面，业界有大量针对 OpenFlow 交换机规范的开源实现。Open vSwitch 开源社区日渐成熟，并且被越来越多的平台支持，逐渐成为虚拟交换机领域的标准。国内的盛科公司推出的 Lantern 项目提供包括芯片 SDK、适配层、OVS 和 Linux 操作系统在内的交换机整体实现，成为业界首个基于硬件交换机的 SDN 开源项目。

控制器因其在整个 SDN 解决方案中所处的核心地位，无论在开源领域还是商业领域都是各大公司争夺的焦点。在短短几年里，业界涌现出大批优秀的开源 SDN 控制器，如 NOX、Floodlight、RYU、OpenDaylight、ONOS 等。其中 OpenDaylight 和 ONOS 两个开源控制器分别由 Linux 基金会和 ON.LAB 社区管理，是面向运营商网络的商业级产品。OpenDaylight 开源控制器项目发展迅速，成为 SDN 领域抢手的开源项目，吸引越来越多的公司参与其中，有望成为开放网络的事实标准。其他开源控制器在扩展性、可靠性、性能、抽象能力等方面大都存在不足，因此只能用于小规模试验或者科研环境，在生产环境部署需要加入更多的定制开发工作。

应用类开源项目类型繁多，多是为解决某一类特定问题而提出的，可能是某种特殊的控制器，也可能是基于某个控制器之上开发的网络应用软件。由于在 SDN 控制器和北向接口方面还没有相关的标准定义，厂家大多根据私有方案实现，因此，SDN 网络应用还不具备在不同控制器间任意迁移的能力，需根据控制器开放的接口进行定制开发。这也在一定程度上限制了 SDN 应用的发展。工具类项目则主要包括 SDN 网络仿真器和测试 SDN 控制器、交换机功能及性能的测试套件等。

开源云管理平台，如 OpenStack、能够通过控制器或者交换机开放的接口对 SDN 网络资源进行统一的管理和调度，通常也被用作上层业务编排和资源管理系统。越来越多的 SDN 开源项目通过提供 OpenStack Neutron 插件和驱动来增加对 OpenStack 的支持，加快控制层与业务层的适配，实现数据中心网络、计算、存储资源的统一编排和交付。

9.3.2 NFV

网络功能虚拟化（Network Function Virtualization，NFV）是指使用基于行业标准的 x86 服务器、存储和交换设备，取代通信网络的私有专用的网络设备。通过软硬解耦及功能抽象，使网络设备功能不再依赖于专用硬件。资源可以充分、灵活地共享，实现新业务的快速开发和部署，并能基于实际业务需求进行自动部署、弹性伸缩、故障隔离和自愈等。其主要好处在于：一方面基于 x86 标准的 IT 设备成本低廉，能够为运营商节省巨大的投资成本；另一方面开放的 API 接口也能帮助运营商拥有的更多、更灵活的网络能力。

欧洲电信标准化协会（European Telecommunications Standards Institute，ETSI）提供了 NFV 的参考架构，包括完整的基础架构层、资源管理与业务流程编排层、运营管理层、OSS 层和虚拟化网络功能层。

（1）基础架构层

在基础架构层，包括通用计算、存储和网络的物理资源池和虚拟化资源池，这些基础架构资源可以部署 Hypervisor 层以便运行虚拟化，可以独立于软件开发商和电信运营商的虚拟网络功能在标准服务器上提供网络性能，还可以结合实时 Linux 操作系统，以及 SR-IOV、DPDK、vSwitch、KVM 等技术，保障电信级网络运行的性能和可靠性，从而达到网络功能虚拟化的最终目标：在标准商用 IT 硬件资源上运行网络。

（2）资源管理与业务流程编排层

虚拟基础设施管理层将实现真正意义上 NFV 领域内的基础设施及服务，它利用云操作系统实现分钟级别的基础架构资源分配和服务部署，对外提供标准的 API，实现高度自动化云部署管理和云服务管理。

（3）OSS 层

对于电信 BSS 和 OSS 支撑的领域，电信运营商需要把 NFV 技术架构和现有的

OSS/BSS 系统集成在一起。在 BSS/OSS 域中包含众多软件，这些软件产品线涵盖基础架构领域、网络功能领域、实现虚拟化网络协同。

（4）虚拟化网络功能层

虚拟化网络功能层是网络功能的软件实现。其通过从虚拟层提供的 API，获取虚拟计算资源、虚拟存储资源、虚拟网络资源等。

（5）VNF 管理层

对虚拟化网络功能层的网元软件进行管理。

此外，SDN 并没有在 ETSI 参考框架中被列出。但是，作为基础架构层里面很重要的一个环节，网络虚拟化必须支持业界最新的网络技术，不管是虚拟网络还是物理网络，是传统网络技术还是 OpenFlow 集成等，都需要一个控制和管理层去支持它。SDN 控制应当支持物理网络和虚拟化网络自动的资源分配，支持 OverLay 网络，支持 2 层和 3 层数据流的控制和转发，支持 SDN 网络和非 SDN 网络的数据桥接。

9.3.3 VXLAN

1. VXLAN 解决问题

VXLAN 是由 Cisco、VMware、Broadcom 等厂家联合向 IETF 提出的一项草案，全称为 Virtual Extensible Local Area Network，即虚拟扩展本地网络。VXLAN 的起源与虚拟化技术密切相关。目前，在数据中心内部应用最广泛的主机虚拟化技术实现了软件同服务器硬件的分离，单个应用程序无须绑定在硬件主机上，能够在不同服务器之间自由漂移。但这种做法仅仅是简单地打破了服务器软件与硬件之间的紧耦合，一个完整的应用系统有着更大的内涵，包括网络、存储、安全等。因此，近年来，虚拟化热潮带动了数据中心内部方方面面的变革，使得这些原来没有变化的领域开始主动发生变化，以更好地为虚拟化的主机提供服务，数据网络的大二层技术就是这些变化中的一种。

主机虚拟化技术的优势之一是对原有的应用程序开发、使用流程基本没有影响，这即是其优势，也产生了一些“蝴蝶效应”。应用软件被直接移植到虚拟化平台上后，要求虚拟机的三层地址在漂移前后不发生改变，这样同其他应用程序的互访就无须变更，对外提供服务的网关也保持一致。当虚拟机部署越来越多、越来越广的时候，二层网段就变得越来越大，这就是大二层网络的由来。这种需求催生出 OTV、TRILL、大地址表等网络技术，促进基础网络不断变化以适应不断增长的虚拟机数量。

俗话说“条条大道通罗马”，当交换机日新月异地向前发展的时候，自然有人想到能不能换一种思路，虽然不断演变的新型网络设备能够满足虚拟化的发展，但是有没有一个一劳永逸的解决方案，让我们无须再去升级这些交换机呢？VXLAN 就是在这个背景下提出来的。

目前，虚拟化对网络提出的挑战大多集中在大二层的可扩展性方面。依据经典的 Cisco 三层网络设计原则，每个接入层网络的范围是有限的，终端设备的网关一般设置在汇聚交换机上，因此传统交换机需要处理的二层网络不会也不应该很大。当这些设备大规模接入运行虚拟化软件的服务器后，问题就出现了，主要表现为二层网络边界限制、

VLAN 数量不足和多租户场景下的不适应三个方面。

（1）二层网络边界限制

二层网络边界限制一直以来都是虚拟化部署中不可触碰的“红线”。虚拟机不容易在不同网段之间进行迁移，导致数据中心内部的二层域越大越好。二层域的扩张不但带来老生常谈的 STP 协议问题，而且对接入交换机的 MAC 地址表施加了很大的压力。接入交换机需要学习每一个虚拟机的 MAC 地址，这对交换机的缓存空间提出了很高的要求。一旦 MAC 地址表被塞满，交换机便不再主动学习新地址，这时候一个目的 MAC 地址未知的数据帧就会引发全网的广播数据。二层网络边界的限制效应还体现在对业务的影响上。本来主机虚拟化实现了服务器软硬件的分离，但在设计虚拟机的迁移策略时却要时时考虑网络边界的限制。

（2）VLAN 数量不足

另一个可能出现的限制是 VLAN 数量。VLAN 是通过数据帧头内的一个 9 位二进制标签定义的，一共可表示 4096 个 VLAN，扣除预留的 VLAN0 和 VLAN4095，实际上可分配 VLAN 数量为 4094，这个数字在某些大规模数据中心内有可能是不够的。

（3）多租户场景下的不适应

新型数据中心通过主机虚拟化可能为不同的用户提供服务，而这些用户使用的可能是相同的 VLAN 编号和 IP 地址段。为了隔离这些用户的流量，必须添加额外的三层网关以及地址翻译等策略，这些都会增加额外的运维成本。

2. VXLAN 定义

VXLAN 定义了一个名为 VTEP（VXLAN Tunnel End Point，虚拟扩展本地网络隧道终结节点）的实体，VTEP 将虚拟机产生的数据封装到 UDP 包头内再发送出去，虚拟机本身的 MAC 地址和 VLAN 信息在经过封装后不再作为数据转发的依据。VTEP 可以是软件、硬件服务器或网络设备，其实现形式非常灵活。如果将 VTEP 的功能直接集成到虚拟机 Hypervisor 内，则所有的虚拟机流量在进入交换机之前已经被打上了新的 VXLAN 标签和 UDP 包头，相当于建立了任意两点之间的隧道。

由于虚拟机本身的 VLAN 信息对外已不可见，因此 VXLAN 添加了一个新的标签 VNI（VXLAN Network Identifier，虚拟扩展本地网络标识符），VNI 取代 VLAN 用来表示不同的 VXLAN 网段（VXLAN Segment）。只有具有相同 VNI，处于同一 VXLAN 网段内的虚拟机才能够互相通信。VNI 是一个 24 位二进制数，相比最多 4096 个 VLAN 的上限，VNI 可以扩充到 167000 个 VXLAN 网段，解决了网段数量不足的问题。

3. VXLAN 数据平面

VTEP 为虚拟机的数据包加上了层层包头，这些新的包头只有在数据到达目的 VTEP 后才会被去掉。中间路径的网络设备只会根据外层包头内的目的地址进行数据转发。对于转发路径上的网络设备来说，一个 VXLAN 数据包跟一个普通 IP 包相比，除个头大一点外没有其他区别。

由于 VXLAN 的数据包在整个转发过程中保持了内部数据的完整，因此 VXLAN 的数据平面是一个基于隧道的数据平面。这种隧道机制带来了以下两点好处。

（1）隧道机制能减少对现网的改动

所有隧道机制的部署模式都是在链路两端部署一对封装设备，例如，应用非常普遍的 IPsec VPN，用户如果要在广州和北京之间打通一条 VPN 链路，只需要在广州和北京各放置一台 IPsec 设备即可，一般无须跟运营商申请改动中间的链路参数。VXLAN 也不例外，由于封装完毕的 VXLAN 数据包可以经由普通网络设备转发，因此部署 VXLAN 只需要在虚拟机前端增加一个 VTEP 即可。VTEP 的位置也非常灵活，可以利用接入交换机为数据增加 VXLAN 包头，也可以将这个功能放进服务器网卡中，或者像 Cisco Nexus 1000v 那样直接集成到 VMware vSphere 中。

Nexus 1000v 是业界第一款支持 VXLAN 的产品，它直接运行在 ESX/ESXi 内部，虚拟机的数据包，在进入服务器物理网卡之前，已经被加上了新的包头。通过 Nexus 1000v 实现 VXLAN，对现有的物理网络几乎没有改动，在上行交换机上也无须针对 VXLAN 修改配置，可以说 VXLAN 完全是在静悄悄的情况下落户于服务器内部的。

（2）隧道机制对快速变更的支持

隧道模式的另一个优点是可以方便快速地改动网络拓扑。仍然用 IPsec 的那个例子，如果广州和北京之间的 VPN 链路不再需要了，只需要将广州的 IPsec 设备撤走即可，取消广州和北京之间的链路对北京和上海、北京和天津等其他地方的链路没有任何影响。

点对点的隧道在建立和拆除时都不会产生全网范围的路由振荡，这种特性特别有利于频繁变更的网络拓扑。在数据中心内部，服务器的折旧周期很短，可能两三年就会更换新设备。在进行硬件设备升级时，单个 VTEP 的掉线不会对其他 VTEP 之间的链路造成影响，增加或减少 VTEP 都是局部事件而不是全局事件。

4．VXLAN 控制平面

VXLAN 使用 UDP 来传输虚拟机产生的流量。换句话说，VXLAN 并不会在虚拟机之间维持一个长连接，而是像 OTV 那样动态地对数据进行封装。这种传输行为不会体现两点间连接的状态，因此同 OTV 一样，VXLAN 也需要一个控制平面来记录对端地址的可达情况。

VXLAN 控制平面的内容并不复杂，主要就是记录虚拟机、VNI 以及 VTEP 的对应关系。当生成一个新的虚拟机时，便随之分配一个对应的 VNI。VTEP 保存了虚拟机的 MAC 地址、VNI 以及当前对应的 VTEP，通过这张表就能够准确地找到虚拟机的位置。

VXLAN 在学习地址的时候仍然保存着二层协议的特征，节点之间不会周期性地交换各自掌握的路由表。对于不认识的 MAC 地址，VXLAN 仍然依靠类似广播的行为来获取路径信息。

不过，VXLAN 对这个广播行为有一个相当聪明的改进。在传统的以太网环境中，如果一个节点发出了广播报文，这个报文会到达这个节点所在广播域的每个角落。即使完全无关的设备也会收到这个广播报文，这大大降低了链路的使用效率，增加了产生拥塞的风险。VXLAN 继承了以太网的这种广播行为，但对广播的实现做了优化。由于 VXLAN 是一个基于 IP 传输的协议，VXLAN 便选择了使用 IP 组播来承载二层的广播流量。每个 VTEP 都会加入一个特定的 IGMP 组播组，这个组播组就好像以太网环境中的广播域。当一个虚拟机发出 ARP 请求后，这个请求通过 VTEP 封装后被发送到这个组播组内，只有加入这个组播组的 VTEP 才会收到这个 ARP 请求，继而完成二层的地址学习过程。而与 VTEP 互连的其他网络设备，由于对组播组的存在一无所知，所以不会受到这个 ARP 请求的干扰。除 ARP 请求之外，所有的广播、组播和目的地址未知的数据包也都会被放进这个组播组，这种设计既充分利用 IP 协议的优势，又在 VXLAN 的控制平面保留了二层网络的行为风格。

另一方面，当 VTEP 收到一个 UDP 数据包后，它会检查自己是否收到过这个虚拟机的数据。如果没有，VTEP 则会记录下虚拟机的源 MAC 地址与 UDP 包源 IP 地址的对应关系，下次当有发往这个虚拟机的数据时，便可以避免广播了。

VXLAN 在地址学习方面的行为同传统以太网非常相像，虽然 VXLAN 将数据封装在一个新的 IP 包头内传输，且采用了组播方式来承载广播信息，但它在处理选路信息方面的表现决定了它在本质上仍然是一个二层协议。

9.3.4 InfiniBand

网络流量的主要来源，一个是 IPC 信号，一个是 I/O，二者都需要考虑带宽和迟滞性。要对其进行改进，需要从硬件、协议、软件方面入手。

问题的关键还是在于 TCP/IP 协议和 Ethernet 本身。数据传输速率是一个重要参数，迟滞性（Latency）也同样重要。TCP/IP 协议并不是最好的消息协议，特别是对大量短消息的传播。因为要完成一个 TCP 对话所需要的开销是很大的，建立对话需要三次握手，关闭对话需要四次握手。此时，InfiniBand（简称 IB）是一个不错的选择。作者在英特尔公司任职时，2000 年的第一个工作任务就是 IB。事实上，IB 的设计目的就是用于解决迟滞性，减轻计算机内部 BUS 的拥挤状况，从而改善大规模集群的性能表现，提升大量 IPC 信号的计算性能。近来有许多大型大数据的项目标书都会提到 IB，作为普及，接下来对 IB 做一个简单的介绍。

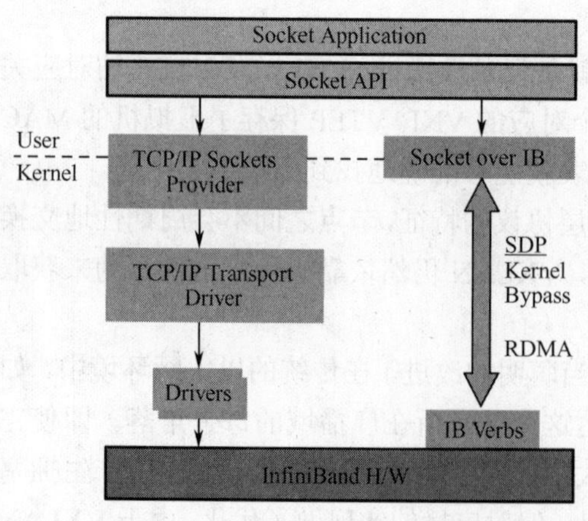

图 9-3　IB 和 TCP/IP 的比较

图 9-3 对 IB 和 TCP/IP 做了简单的比较。IB 的数据传输速率高并且使用了 Kernel Bypass 和 RDMA（Remote Direct Memory Access），这就好像扩展了计算机的内部总线一样。世界上 Top 500 的计算机中，超过 60%使用 IB 作为集群节点间的连接技术，如 Oracle Exadata 等。在价格上，IB 也基本上降到了日用品（Commodity）级别。

除性能的改善外，考虑整体集群网络布局，IB 也产生了直接的经济效益和由 IB 带来的网络简化所产生的间接经济效益。图 9-4 是 16 个节点，4 个 IB 集群和同样的 FC 集群的比较。采用 IP over IB，可使得 IB 集群省去 IP 网络。Cisco 的 UCS 采用了类似的做法，将 FC 和 IP 组合在一起，使网络得到简化。在 I/O 中有相当数量的“写”（Write）操作时，建议考虑 IB。

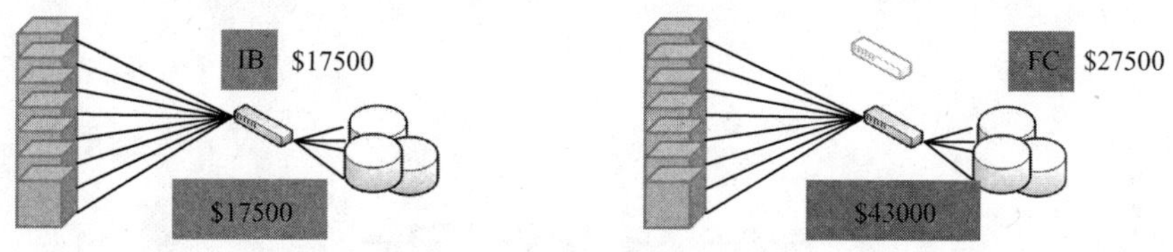

图 9-4　IB 集群和 FC 集群价格比较

如果在降低大数据存储成本的同时又要求依赖基于 Ethernet 的协议，如 TCP 和 FCoE，目前的做法如下。

（1）分层存储。SSD 作为缓存盘，热数据保存在 SSD 中，冷数据保存在 SATA 盘中，热度中间的数据存于 SAS 盘中。

（2）提高网络速度。存储接入采用 FC 网络和 10Gbps 以太网。

（3）加强对虚拟机的性能隔离，对虚拟机进行分级，对虚拟机读写采用 QoS。也就是说，对普通虚拟机给予 I/O 限制，将系统的 I/O 留给更需要 I/O 的有重要应用的虚拟机。

9.4　小结

在大数据集群中，网络流量主要来自于两部分：IPC 的信号和读取的 I/O。带宽，特别是迟滞性，在大数据集群中的要求是非常高的。同时，这又成了一个经济问题，也就是数据中心网络架构的成本因素和性能因素，受制于 Function-Performance-Cost 铁三角。应根据具体的大数据业务的网络流量模型来规划大数据的网络架构，以达到高性价比，从而使得大数据网络层面的运维变得相对容易管理（Manageability）。

第 10 章

大数据安全

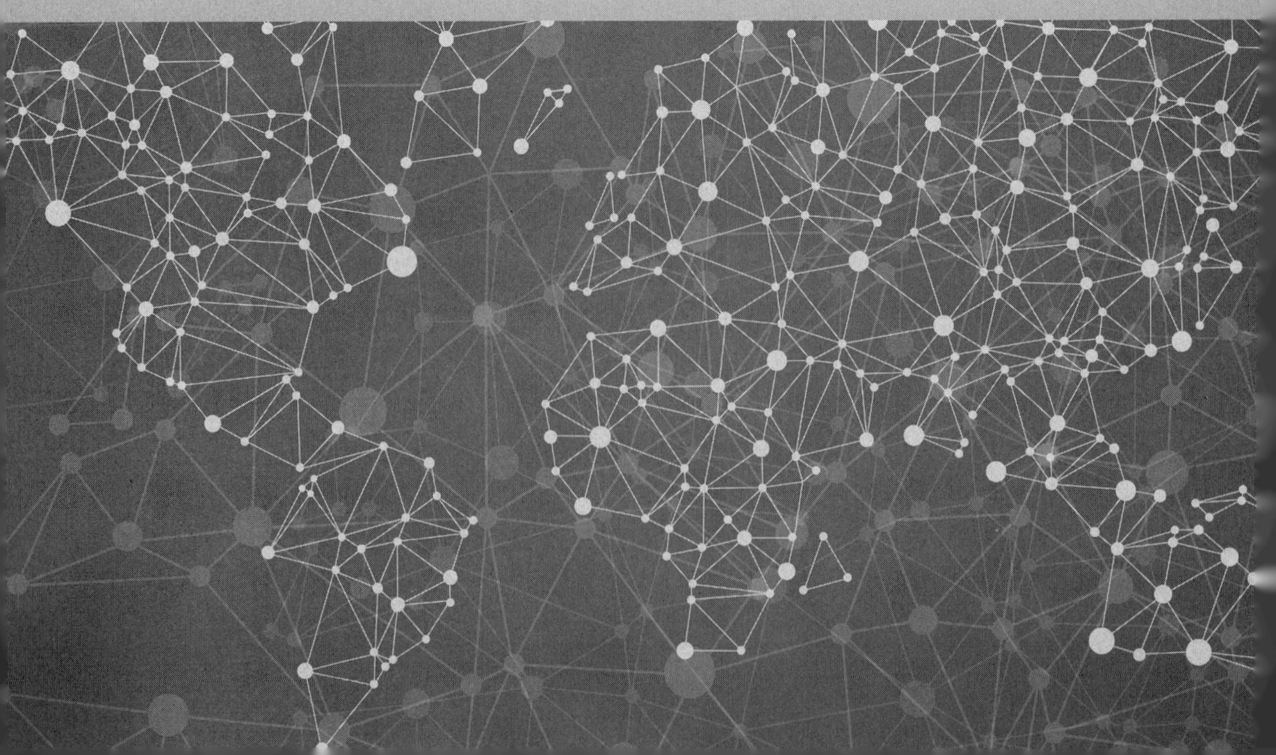

没有安全做保障，一切大数据应用都是空谈。信息安全甚至成了国家安全的重要组成部分。大数据的安全分为三个方面：政策层面（Policy Level）、流程层面（Procedures Level）和具体的技术细节层面（Technique Level）。大数据带来的数据集中为数据深入挖掘提供了可能，随之而来的安全性的要求也更加苛刻。一方面，大数据系统集成了几十个复杂的分布式系统，系统的复杂性可能带来新的安全漏洞，大规模集群环境对网络安全的防护也带来了挑战；另一方面，数据的深入分析可能挖掘出核心商业知识或者个人隐私信息，如何对这些数据进行保护成为大数据项目的重要组成部分。

10.1　大数据安全挑战

如今，不再存在传统意义上的只专注于数据的企业。对数据的有效利用将是所有企业共同竞争的核心，数据业务未来最大的挑战是安全落地问题。目前，国内企业的大数据分析技术与平台仍然存在信息容易泄露，安全技术落后，防控能力不足等问题。特别是在美国斯诺登事件后，对大数据保护就成为了全球关注的热点。如何保护企业数据、用户信息数据的安全，不仅关系到国内各大厂商自身的利益，也关系到国家安全的重大问题。所以，国内的各大企业，特别是掌握着海量用户信息的大型企业，有责任也有义务去保护数据安全。在大数据掀起新一轮生产率提高和消费者盈余浪潮的同时，存在以下三种类型的信息安全挑战。

（1）网络化社会使大数据易成为攻击目标

网络化社会的形成，为大数据在各个行业领域实现资源共享和数据互通搭建平台与通道。基于云计算的网络化社会为大数据提供了一个开放的环境，分布在不同地区的资源可以快速整合，动态配置，实现数据集合的共建共享。而且，网络访问便捷化和数据流的形成，为实现资源的快速弹性推送和个性化服务提供基础。正因为平台的暴露，使得蕴含着海量数据和潜在价值的大数据更容易吸引黑客的攻击。也就是说，在开放的网络化社会，大数据的数据量大且相互关联，对于攻击者而言，相对低的成本可以获得“滚雪球”的收益。近年来，从互联网上发生的用户账号信息失窃等连锁反应可以看出，大数据更容易吸引黑客，而且一旦遭受攻击，失窃的数据量也是巨大的。

（2）非结构化数据对大数据存储提出新要求

在大数据之前，我们通常将数据存储分为关系数据库和文件服务器两种。而当前大数据汹涌而来时，数据类型的千姿百态也使我们措手不及。对于将占数据总量 80%以上的非结构化数据，虽然 NoSQL 数据存储具有可扩展性和可用性等优点，有利于趋势分析，为大数据存储提供了初步解决方案，但是 NoSQL 数据存储仍存在以下问题：一是相对于严格访问控制和隐私管理的 SQL 技术，目前 NoSQL 还无法沿用 SQL 的模式，而且适应 NoSQL 的存储模式并不成熟；二是虽然 NoSQL 软件从传统数据存储中取得经验，但 NoSQL 仍然存在各种漏洞；三是由于 NoSQL 服务器软件没有内置足够的安全措施，因此客户端应用程序需要内建安全因素，这又反过来导致了诸如身份验证、授权和输入验证等大量的安全问题。

（3）技术发展增加了安全风险

随着计算机网络技术和人工智能的发展，服务器、防火墙、无线路由等网络设备和数据挖掘应用系统等技术越来越广泛，为大数据自动收集效率以及智能动态分析性提供方便。但是，技术发展也增加了大数据的安全风险。一方面，大数据本身的安全防护存在漏洞。虽然云计算对大数据提供了便利，但对大数据的安全控制力度仍然不够，API（Application Programming Interface，应用程序编程接口）访问权限控制以及密钥生成、存储和管理方面的不足都可能造成数据泄露。并且大数据本身可以成为一个可持续攻击的载体，被隐藏在大数据中的恶意软件和病毒代码很难被发现，从而达到长久攻击的目的。另一方面，攻击的技术提高了。在用数据挖掘和数据分析等大数据技术获取价值信息的同时，攻击者也在利用这些大数据技术进行攻击。

10.2 基础设施安全

10.2.1 存在威胁

大数据基础设施包括存储设备、运算设备、一体机和其他基础软件（如虚拟化软件）等。为了支持大数据的应用，需要创建支持大数据环境的基础设施。例如，需要高速的网络来收集各种数据源，大规模的存储设备对海量数据进行存储，还需要各种服务器和计算设备对数据进行分析与应用，并且这些基础设施带有虚拟化和分布式性质等特点。这些基础设施给用户带来各种大数据新应用的同时，也会遭受到安全威胁。

（1）非授权访问，即没有预先经过同意，就使用网络或计算机资源。例如，有意避开系统访问控制机制，对网络设备及资源进行非正常使用，或擅自扩大使用权限，越权访问信息。主要形式有假冒、身份攻击、非法用户进入网络系统进行违法操作，以及合法用户以未授权方式进行操作等。

（2）信息泄露或丢失，包括数据在传输中泄露或丢失（例如，利用电磁泄漏或搭线窃听方式截获机密信息，或通过对信息流向、流量、通信频度和长度等参数的分析，窃取有用信息等），在存储介质中丢失或泄露，以及“黑客”通过建立隐蔽隧道窃取敏感信息等。

（3）在网络基础设施传输过程中破坏数据完整性。大数据采用的分布式和虚拟化架构，意味着比传统的基础设施有更多的数据传输，大量数据在一个共享的系统里被集成和复制。当加密强度不够的数据在传输时，攻击者能通过实施嗅探、中间人攻击、重放攻击来窃取或窜改数据。

（4）拒绝服务攻击，即通过对网络服务系统的不断干扰，改变其正常的作业流程或执行无关程序，导致系统响应迟缓，影响合法用户的正常使用，甚至使合法用户遭到排斥，不能得到相应的服务。

（5）网络病毒传播，即通过信息网络传播计算机病毒。针对虚拟化技术的安全漏洞攻击，黑客可利用虚拟机管理系统自身的漏洞，入侵宿主机或同个宿主机上的其他虚拟机。

10.2.2 虚拟化安全

大数据应用所需的分布式处理能力依赖于虚拟化技术，虚拟化大幅提升了基础计算资源的利用率，同时也带来了一些安全漏洞。例如，开源的虚拟化软件内核虚拟机（Kernel Virtual Machine，KVM）绕过安全权限控制的问题。虚拟化安全是云端大数据防护的基础。目前，设计虚拟化安全方案的思路有两种。

（1）通过虚拟化层本身的安全改造，从底层实现虚拟资料的安全防护。此种方案实现难度较大。

（2）在虚拟机上加载安全模块，对虚拟机进行数据加密、完整性保护等防护措施。此种方案要求较高的大规模部署能力。通常，云计算中不同用户的多个虚拟机建立在同一物理资源上，必须采用有效的隔离措施，才能防止数据泄露。虚拟机扫描技术是行之有效的安全解决方案之一，即直接扫描虚拟机或通过虚拟机中安装软件监控用户的虚拟机，以确保当前用户的虚拟机正常运行、未进行非法计算或访问。

同时，云服务通过虚拟化安全集中管控平台来统一管理所有的虚拟机和安全组件，具体技术有以下 4 种。

（1）信息同步。虚拟化集中管控平台定时或按需自动同步虚拟化防火墙和云平台信息，为其他组件提供云平台、虚拟机的信息及状态变化，及时了解云平台健康状况和虚拟化防火墙的状态。

（2）云平台完整性监控。如果云平台组件被他人恶意窜改，则有可能造成云平台的不稳定甚至数据泄露，所以保障云平台的完整性对于云服务来说是至关重要的。通过云平台信息及状态对其完整性进行监控，及时发现系统平台、组件的变化并通知管理员，从而保证云平台的正常运行。

（3）虚拟机补丁管理。为了修补虚拟机操作系统的漏洞，虚拟化集中管控平台对补丁进行管理，将运维人员测试过的系统补丁根据预先设置的策略在适当时间下发，在尽量不影响业务运营的同时完成补丁更新，实现安全管控。

（4）防火墙的集中管控和策略下发。随着云规模的增大，虚拟化集中管控平台通过信息同步数据获取云平台中所有虚拟化防火墙信息，以便运维人员使用 Web 界面监控其状态，及时发现虚拟化防火墙的状态异常，并且支持策略配置及策略的集中下发，同时对迁移的虚拟机进行虚拟化防火墙迁移或安全策略迁移，削减运行维护云服务成本。

10.3 数据安全

大数据生命周期可以划分为采集、存储、挖掘、发布 4 个环节。数据采集环节是指数据的采集与汇聚，安全问题主要涉及数据汇聚过程中的传输安全问题；数据存储环节是指数据汇聚完成后大数据的存储，需要保证数据的机密性和可用性，提供隐私保护；数据挖掘是指从海量数据中抽取出有用信息的过程，需要认证挖掘者的身份、严格控制挖掘的操作权限，防止机密信息的泄露；数据发布是指将有用信息输出给应用系统，需要进行安全审计，并保证可以对可能的机密泄露进行数据溯源。

10.3.1　数据采集安全技术

海量大数据的存储需求催生了大规模分布式采集及存储模式。在数据采集过程中，可能存在数据损坏、数据丢失、数据泄露、数据窃取等安全威胁，因此需要使用身份认证、数据加密、完整性保护等安全机制来保证采集过程的安全性。

1．传输安全

一般来说，数据传输的安全要求有如下 4 点。

① 机密性：只有预期的目的端才能获得数据。

② 完整性：信息在传输过程中免遭未经授权的修改，即接收到的信息与发送的信息完全相同。

③ 真实性：数据来源的真实可靠。

④ 防止重放攻击：每个数据分组必须是唯一的，保证攻击者捕获的数据分组不能重发或者重用。

要达到上述安全要求，一般采用的技术手段如下。

① 目的端认证源端的身份，确保数据的真实性。

② 数据加密以满足数据机密性要求。

③ 密文数据后附加 MAC（消息认证码），以达到数据完整性保护的目的。

④ 数据分组中加入时间戳或不可重复的标记来保证数据抵抗重放攻击的能力。

2．SSL VPN

虚拟专用网络（Virtual Private Network，VPN）技术将隧道技术、协议封装技术、密码技术和配置管理技术结合在一起，采用安全通道技术在源端和目的端建立安全的数据通道，将待传输的原始数据进行加密和协议封装处理后再嵌套装入另一种协议的数据报文中，像普通数据报文一样在网络中进行传输。经过这样的处理，只有源端和目的端的用户能够解释和处理通道中的嵌套信息，而其他用户却不能。因此，可以通过在数据节点以及管理节点之间布设 VPN 的方式，满足安全传输的要求。

SSL VPN 采用标准的安全套接层（Security Socket Layer，SSL）协议，基于 X.509 证书，支持多种加密算法，可以提供基于应用层的访问控制，具有数据加密、完整性检测和认证机制，而且客户端无须安装特定软件，更加容易配置和管理，可以降低用户的总成本并增加远程用户的工作效率。

SSL 协议建立在可靠的 TCP 传输协议之上，并且与上层协议无关。各种应用层协议（如 HTTP/FTP/Telnet 等）能通过 SSL 协议进行透明传输。SSL 协议提供的安全连接具有以下三个基本特点。

① 连接是保密的。对于每个连接都有一个唯一的会话密钥，采用对称密码体制（如 DES、RC4 等）来加密数据。

② 连接是可靠的。消息的传输采用 MAC 算法（如 MD5、SHA 等）进行完整性检验。

③ 对服务器和客户端采用非对称密码体制（如 RSA、DSS 等）进行认证。

SSL VPN 系统的组成按功能可分为 SSL VPN 服务器和 SSL VPN 客户端。SSL VPN 服务器是公共网络访问私有局域网的桥梁，它保护了局域网内的拓扑结构信息。SSL VPN 客户端是运行在远程计算机上的程序，它为远程计算机通过公共网络访问私有局域网提供一个安全通道，使得远程计算机可以安全地访问私有局域网内的资源。SSL VPN 服务器的作用相当于一个网关，它拥有两种 IP 地址：一种 IP 地址的网段和私有局域网在同一个网段，相应的网卡直接连在局域网上；另一种 IP 地址是申请合法的互联网地址，相应的网卡连接到公共网络上。

采用 SSL VPN 技术可以保证数据在节点之间传输的安全性。以电信运营商的大数据应用为例，运营商的大数据平台一般采用多级架构，处于不同地理位置的节点之间需要传输数据，在任意传输节点之间均可部署 SSL VPN，保证端到端的数据安全传输。安全机制的配置意味着额外的开销，引入传输保护机制后，除数据安全性之外，对数据传输效率的影响主要有两个方面：一是加密与解密对数据传输速率造成的影响；二是加密与解密对于主机性能造成的影响。在实际应用中，选择加解密算法和认证方法时，需要在计算开销和效率之间寻找平衡。

10.3.2　数据存储安全技术

相对于传统的数据，大数据还具有生命周期长，多次访问，频繁使用的特征。在大数据环境下，云服务商、数据合作厂商的引入增加了用户隐私数据泄露、企业机密数据泄露、数据被窃取的风险。另外，由于大数据具有如此高的价值，大量的黑客会设法窃取平台中存储的大数据，以谋取利益。大数据的泄露将会对企业和用户造成无法估量的后果。如果数据存储的安全性得不到保证，将会极大地限制大数据的应用与发展。

大数据安全存储的根本目标是保证存储数据的安全。大数据存储安全可以通过硬件获得，也可以通过软件来实现，既包括传统的存储加密和信息安全技术，也覆盖大数据依赖的云存储所带来的特殊安全问题和技术。大数据存储安全关键技术主要包括隐私保护、数据加密等。

1. 隐私保护技术

简单地说，隐私就是个人、机构等实体不愿意被外部世界知晓的信息。在具体数据应用中，隐私即为数据所有者不愿意被披露的敏感信息，包括敏感数据以及数据所表征的特性，如用户的手机号、固话号码、公司的经营信息等。但当针对不同的数据以及数据所有者时，隐私的定义也会存在差别的。例如，保守的病人会视疾病信息为隐私，而开放的病人却不视之为隐私。一般来说，从隐私所有者的角度而言，隐私可以分为个人隐私和共同隐私两类。个人隐私指的是可以确认特定个人或与可确认的个人相关，但个人不愿被暴露的信息，如身份证号、就诊记录等。共同隐私则不仅包含个人的隐私，还包含所有个人共同表现出但不愿被暴露的信息，如公司员工的平均薪资、薪资分布等信息。

隐私保护技术主要解决如何保证数据在应用过程中不泄露隐私，以及如何更有利于数据的应用两个问题。隐私保护技术主要包括基于数据变换的隐私保护技术、基于数据加密的隐私保护技术和基于匿名化的隐私保护技术。

（1）基于数据变换的隐私保护技术

所谓数据变换，简单地讲，就是对敏感属性进行转换，使原始数据部分失真，但是同时保持某些数据或数据属性不变的保护方法。数据失真技术通过扰动原始数据来实现隐私保护，它要使扰动后的数据同时满足以下两点。第一，攻击者不能发现真实的原始数据。也就是说，攻击者通过发布的失真数据不能重构出真实的原始数据。第二，失真后的数据仍然保持某些性质不变，即利用失真数据得出的某些信息等同于从原始数据上得出的信息，这就保证了基于失真数据的某些应用的可行性。目前，该类技术主要包括随机化（Randomization）、数据交换（Data Swapping）、添加噪声（Add Noise）等。一般来说，当进行分类器构建和关联规则挖掘，而数据所有者又不希望发布真实数据时，可以预先对原始数据进行扰动后再发布。

（2）基于数据加密的隐私保护技术

采用对称或非对称加密技术在数据挖掘过程中隐藏敏感数据，多用于分布式应用环境，如分布式数据挖掘、分布式安全查询、几何计算、科学计算等。分布式应用一般采用两种模式存储数据：垂直划分（Vertically Partitioned）和水平划分（Horizontally Partitioned）。垂直划分数据是指分布式环境中的每个站点只存储部分属性的数据，所有站点存储的数据不重复；水平划分数据是指将数据记录存储到分布式环境中的多个站点，所有站点存储的数据不重复。

（3）基于匿名化的隐私保护技术

匿名化是指根据具体情况有条件地发布数据，即限制发布，如不发布数据的某些域值、数据泛化（Generalization）等。数据匿名化一般采用抑制和泛化两种基本操作。抑制是指抑制某数据项，即不发布该数据项。泛化则是对数据进行更概括、抽象的描述，例如，对整数 5 的一种泛化形式是[3,6]，因为 5 在区间[3,6]内。

每种隐私保护技术都存在自己的优缺点。基于数据变换的技术，效率比较高，但却存在一定程度的信息丢失；基于加密的技术则刚好相反，它能保证最终数据的准确性和安全性，但计算开销比较大；而限制发布技术的优点是能保证所发布的数据一定真实，但发布的数据会有一定的信息丢失。在大数据隐私保护方面，需要根据具体的应用场景和业务需求，选择适当的隐私保护技术。

2．数据加密技术

在大数据环境下，数据可以分为两类：静态数据和动态数据。静态数据是指文档、报表、资料等不参与计算的数据；动态数据则是指需要检索或参与计算的数据。

使用 SSL VPN 可以保证数据传输的安全，但存储系统要先解密传送来的数据，然后才进行存储。这样，当数据以明文的方式存储在系统中时，面对未被授权入侵者的破坏、修改和重放攻击，显得很脆弱，因此对重要数据的存储加密是必须采取的技术手段。下面将从数据加密算法、密钥管理方案两方面阐述数据加密机制。然而，这种“先加密再存储”的方法只能适用于静态数据，对于需要参与运算的动态数据则无能为力，因为动态数据需要在 CPU 和内存中以明文形式存在。目前，对动态数据的保护还没有成熟的方案，本节后续介绍的同态加密技术可以为读者提供参考。

（1）静态数据加密

静态数据加密算法有两类：对称加密和非对称加密算法。对称加密算法是它自身的逆反函数，即加密和解密使用同一个密钥，解密时使用与加密同样的算法即可得到明文。常见的对称加密算法有 DES、AES、IDEA、RC4、RC5、RC6 等。非对称加密算法使用两个不同的密钥，一个公钥和一个私钥。在实际应用中，用户管理私钥的安全，而公钥则需要发布出去，用公钥加密的信息只有私钥才能解密，反之亦然。常见的非对称加密算法有 RSA、基于离散对数的 ElGamal 算法等。

对称加密的速度比非对称加密的速度快很多，但缺点是通信双方在通信前需要建立一个安全信道来交换密钥。而非对称加密无须事先交换密钥就可实现保密通信，且密钥分配协议及密钥管理相对简单，但运算速度较慢。

实际工程中常采取的解决办法是，将对称和非对称加密算法结合起来，利用非对称密钥系统进行密钥分配，利用对称密钥加密算法进行数据的加密。在大数据环境下，需要加密大量的数据时，这种结合的作用尤为突出。

在大数据存储系统中，并非所有的数据都是敏感的。对那些不敏感的数据进行需要加密完全是没必要的。尤其是在一些高性能计算环境中，敏感的关键数据通常主要是计算任务的配置文件和计算结果，相对于别的不敏感数据来说，比重并不高。因此，可以根据数据敏感性，对数据进行有选择性的加密，仅对敏感数据进行按需加密存储，而免除对不敏感数据的加密，可以减小加密存储对系统性能造成的损失，这对维持系统的高性能有着积极的意义。

密钥是数据加密不可或缺的部分，密钥数量的多少与密钥的粒度直接相关。密钥粒度较大时，方便用户管理，但不适合于细粒度的访问控制。密钥粒度小时，可实现细粒度的访问控制，安全性更高，但产生的密钥数量大，难于管理。密钥管理方案主要包括密钥粒度的选择、密钥管理体系以及密钥分发机制。

适合大数据存储的密钥管理办法主要是分层密钥管理，即“金字塔”式密钥管理体系。这种密钥管理体系就是将密钥以金字塔的方式存放，上层密钥用来加/解密下层密钥，只需将顶层密钥分发给数据节点，其他层密钥均可直接存放于系统中。考虑到安全性，大数据存储系统需要采用中等或细粒度的密钥，因此密钥数量多。而采用分层密钥管理时，数据节点只需保管少数密钥就可对大量密钥加以管理，效率更高。

可以使用基于 PKI 体系的密钥分发方式对顶层密钥进行分发，用每个数据节点的公钥加密对称密钥，发送给相应的数据节点，数据节点接收到密文的密钥后，使用私钥解密获得密钥明文。

（2）动态数据加密

同态加密技术是一种基于数学难题的计算复杂性理论的密码学技术。对经过同态加密的数据进行处理得到一个输出，将这一输出进行解密，其结果与用同一方法处理未加密的原始数据得到的输出结果是一样的。记加密操作为 E，明文为 m，加密得 e，即 $e=E(m)$，$m=E'(e)$。已知针对明文有操作 f，针对 E 可构造 F，使得 $F(e)=E(f(m))$，这样 E 就是一个

针对 f 的同态加密算法。

同态加密技术是密码学领域的一个重要课题，目前尚没有真正可用于实际的全同态加密算法，现有的多数同态加密算法要么只对加法同态（如 Paillier 算法），要么只对乘法同态（如 RSA 算法），或者同时对加法和简单的标量乘法同态（如 IHC 算法和 MRS 算法）。只有少数的几种算法同时对加法和乘法同态（如 Rivest 加密方案），但是由于严重的安全问题，也未能应用于实际。2009 年 9 月，IBM 研究员 Craig Gentry 在 STOC 上发表论文，提出一种基于理想格（Ideal Lattice）的全同态加密算法，成为一种能够实现全同态加密所有属性的解决方案。虽然该方案由于同步工作效率有待改进而未能投入实际应用，但是它已经实现了全同态加密领域的重大突破。

同态加密技术使得在加密的数据中进行诸如检索、比较等操作时能得出正确的结果，而在整个处理过程中无须对数据进行解密。其意义在于，真正从根本上解决将大数据及其操作的保密问题。

10.3.3 数据挖掘安全技术

数据挖掘是大数据应用的核心部分，是发掘大数据价值的过程。数据挖掘融合了数据库、人工智能、机器学习、统计学、高性能计算、模式识别、神经网络、数据可视化、信息检索、空间数据分析等多个领域的理论和技术。数据挖掘的专业性决定了拥有大数据的机构又往往不是专业的数据挖掘者，因此在发掘大数据核心价值的过程中，可能会引入第三方挖掘机构。如何保证第三方在进行数据挖掘的过程中不植入恶意程序，不窃取系统数据，这是大数据应用进程中必然要面临的问题。所以对数据挖掘者的身份认证和访问控制是需要解决的首要安全问题。

1. 身份认证

身份认证是指计算机及网络系统确认操作者身份的过程，也就是证实用户的真实身份与其所声称的身份是否符合的过程。根据被认证方用于证明身份的认证信息不同，身份认证技术可以分为三种。

（1）基于秘密信息的身份认证技术

所谓的秘密信息指用户所拥有的秘密知识，如用户 ID、口令、密钥等。基于秘密信息的身份认证方式包括基于账号和口令的身份认证、基于对称密钥的身份认证、基于密钥分配中心（KDC）的身份认证、基于公钥的身份认证、基于数字证书的身份认证等。

（2）基于信物的身份认证技术

这类技术主要包括基于信用卡、智能卡、令牌的身份认证等。智能卡也叫令牌卡，实质上是 IC 卡的一种。智能卡的组成部分包括微处理器、存储器、输入输出部分和软件资源。为了更好地提高性能，通常会有一个分离的加密处理器。

（3）基于生物特征的身份认证技术

这类技术主要包括基于生理特征（如指纹、声音、虹膜）的身份认证和基于行为特征（如步态、签名）的身份认证等。

2．访问控制

访问控制是指主体依据某些控制策略或权限对客体或其资源进行的不同授权访问，限制对关键资源的访问，防止非法用户进入系统及合法用户对资源的非法使用。访问控制是进行数据安全保护的核心策略，为有效控制用户访问数据存储系统，保证数据资源的安全，可授予每个系统访问者不同的访问级别，并设置相应的策略保证合法用户获得数据的访问权。访问控制一般可以是自主或者非自主的，最常见的访问控制模式有如下三种。

（1）自主访问控制（Discretionary Access Control）

自主访问控制是指对某个客体具有拥有权（或控制权）的主体能够将对该客体的一种访问权或多种访问权自主地授予其他主体，并在随后的任何时刻将这些权限回收。这种控制是自主的，也就是说，具有授予某种访问权力的主体（用户）能够自己决定是否将访问控制权限的某个子集授予其他的主体，或从其他主体那里收回他所授予的访问权限。在自主访问控制中，用户可以针对被保护对象制定自己的保护策略。这种机制的优点是具有灵活性、易用性与可扩展性，缺点是控制需要自主完成，这带来了严重的安全问题。

（2）强制访问控制（Mandatory Access Control）

强制访问控制是指计算机系统根据使用系统的机构事先确定的安全策略，对用户的访问权限进行强制性的控制。也就是说，系统独立于用户行为，强制执行访问控制。用户不能改变他们的安全级别或对象的安全属性。强制访问控制进行了很强的等级划分，所以经常用于军事用途。强制访问控制在自主访问控制的基础上，增加了对网络资源的属性划分，规定不同属性下的访问权限。这种机制的优点是安全性比自主访问控制的安全性有了提高，缺点是灵活性要差一些。

（3）基于角色的访问控制（Role Based Access Control，RBAC）

数据库系统可以采用基于角色的访问控制策略，建立角色、权限与账号管理机制。基于角色的访问控制的基本思想是，在用户和访问权限之间引入角色的概念，将用户和角色联系起来，通过对角色的授权来控制用户对系统资源的访问。这种方法可根据用户的工作职责设置若干角色，不同的用户可以具有相同的角色，在系统中享有相同的权力。同一个用户又可以同时具有多个不同的角色，在系统中行使多个角色的权力。RBAC 的基本概念包括：许可也叫权限（Privilege），就是允许对一个或多个客体执行操作；角色（Role），就是许可的集合；会话（Session），一次会话是用户的一个活跃进程，它代表用户与系统交互。标准上说，每个 Session 是一个映射，一个 User 到多个 Role 的映射。当一个用户激活他所有角色的一个子集的时候，建立一个 Session。活跃角色（Active Role）：一个会话构成一个用户到多个角色的映射，即会话激活了用户授权角色集的某个子集，这个子集称为活跃角色集。

RBAC 的关注点在于角色与用户及权限之间的关系。关系的左右两边都是 Many-to-Many 关系，就是 User 可以有多个 Role，Role 可以包括多个 User。由于基于角色的访问控制不需要对用户一个一个地进行授权，而是通过对某个角色授权来实现对一组用户的授权，因此简化了系统的授权机制。这种访问控制可以很好地描述角色层次关系，能够很自然地反映组织内部人员之间的职权、责任关系，可以实现最小特权原则。RBAC 机制可被系统管理员用于执行职责分离的策略。

虽然这三种访问控制在底层机制上不同，但它们本身却可以相互兼容，并以多种方式组合使用。自主访问控制一般包括一套所有权代表（在 UNIX 中：用户、组和其他），一套权限（在 UNIX 中：可读、可写、可执行），以及一个访问控制列表（Access Control List，ACL），访问控制列表列出了个体及其对目标、组合其他对象的访问模式。自主访问控制比较容易设置，但如果出现人员调整或者当个体列表增长时，自主访问控制就会变得难以处理，难以维护。相对而言，基于强制访问控制的执行可以扩展到巨大的用户群；基于角色的访问控制可以结合其他方案，以相同的角色管理用户池。

10.3.4 数据发布安全技术

数据发布是指大数据在经过挖掘分析后，向数据应用实体输出挖掘结果数据的环节，也就是数据“出门”的环节，其安全性尤其重要。数据发布前必须对即将输出的数据进行全面的审查，确保输出的数据符合“不泄密、无隐私、不超限、合规约”等要求。本节介绍数据输出环节必要的安全审计技术。

当然，再严密的审计手段，也难免有疏漏之处。在数据发布后，一旦出现机密外泄、隐私泄露等数据安全问题，必须有必要的数据溯源机制，确保能够迅速地定位到出现问题的环节、出现问题的实体，以便对出现泄露的环节进行封堵，追查责任者，杜绝类似问题的再次发生。

1. 安全审计

安全审计是指在记录一切（或部分）与系统安全有关活动的基础上，对其进行分析处理、评估审查，查找安全隐患，对系统安全进行审核、稽查和计算，追查造成事故的原因，并做出进一步的处理。目前常用的审计技术有如下 4 种。

（1）基于日志的审计技术

通常 SQL 数据库和 NoSQL 数据库均具有日志审计的功能，通过配置数据库的自审计功能，即可实现对大数据的审计。

（2）基于网络监听的审计技术

基于网络监听的审计技术是指将对数据存储系统的访问流镜像到交换机某一个端口，然后通过专用硬件设备对该端口流量进行分析和还原，从而实现对数据访问的审计。

基于网络监听的审计技术最大的优点是，其与现有数据存储系统无关，部署过程不会给数据库系统带来性能上的负担，即使出现故障也不会影响数据库系统的正常运行，具备易部署、无风险的特点。但是，其部署的实现原理决定了网络监听技术在针对加密协议时，只能实现到会话级别审计，即可以审计到时间、源 IP、源端口、目的 IP、目的端口等信息，而没法对内容进行审计。

（3）基于网关的审计技术

该技术通过在数据存储系统前部署网关设备，在线监控转发到数据存储系统中的流量而实现审计。该技术起源于安全审计在互联网审计中的应用。在互联网环境中，审计过程除记录以外，还需要关注控制，而网络监听方式无法实现很好的控制效果，故多数互联网审计厂商选择通过串行的方式来实现控制。不过，由于数据存储环境与互联网环境大相径庭，数据存储环境存在流量大、业务连续性要求高、可靠性要求高的特点，所以在应用过程中，网关审计技术往往主要运用在对数据运维审计的情况下，不能完全覆盖所有对数据访问行为的审计。

（4）基于代理的审计技术

基于代理的审计技术是指在数据存储系统中安装相应的审计代理（Agent），在 Agent 上实现审计策略的配置和日志的采集。该技术与日志审计技术比较类似，最大的不同是需要在被审计主机上安装代理程序。代理审计技术从审计粒度上要优于日志审计技术，但是，因为代理审计不是基于数据存储系统本身的，所以其性能上的损耗大于日志审计技术。在大数据环境下，数据存储于多种数据库系统中，需要同时审计多种存储结构的数据。所以基于代理的审计，存在一定的兼容性风险。并且在引入代理审计后，原数据存储系统的稳定性、可靠性、性能或多或少都会受到一些影响。因此，基于代理的审计技术的实际应用面较窄。

从以上 4 种技术的分析中不难发现，在进行大数据发布安全审计技术方案的选择时，需要从稳定性、可靠性、可用性等多方面进行考虑，特别是技术方案的选择不应对现有系统造成影响，可以优先选用网络监听审计技术来实现对大数据发布的安全审计。

2．数据溯源

数据溯源是一个新兴的研究领域，诞生于 20 世纪 90 年代，普遍理解为追踪数据的起源和重现数据的历史状态，目前还没有公认的定义。在大数据应用领域，数据溯源就是对大数据应用周期的各个环节的操作进行标记和定位，在发生数据安全问题时，可以及时准确地定位到出现问题的环节和责任者，以便于对数据安全问题的解决。

目前，学术界对数据溯源的理论研究主要基于数据集溯源的模型和方法展开，主要的方法有标注法和反向查询法。这些方法都是基于对数据操作记录的，对于恶意窃取、非法访问者来说，很容易破坏数据溯源信息。在应用方面，包括数据库应用、工作流应用和其他方面的应用，目前都处在研究阶段，没有成熟的应用模式。大多数溯源系统都是在一个独立的系统内部实现溯源管理，数据如何在多个分布式系统之间转换或传播，没有统一的业界标准。随着云计算和大数据环境的不断发展，数据溯源问题变得越来越重要，逐渐成为研究的热点。

数字水印是将一些标记信息（即数字水印）直接嵌入数字载体（包括多媒体、文档、软件等）中，但不影响原载体的使用价值，也不容易被人的知觉系统（如视觉或听觉系统）所觉察或注意到。通过这些隐藏在载体中的信息，可以达到确认内容创建者、购买者，传送隐秘信息或者判断载体是否被窜改等目的。数字水印的主要特征有如下几方面。

（1）不可感知性：包括视觉上的不可见性和水印算法的不可推断性。

（2）强壮性：嵌入水印难以被一般算法清除，抵抗各种对数据的破坏。

（3）可证明性：对嵌有水印信息的图像，可以通过水印检测器证明嵌入水印的存在。

（4）自恢复性：含有水印的图像在经受一系列攻击后，水印信息也经过了各种操作或变换，但可以通过一定的算法从剩余的图像片段中恢复出水印信息，而不需要整改原始图像的特征。

（5）安全保密性：数字水印系统使用一个或多个密钥以确保安全，防止修改和擦除。

数字水印利用数据隐藏原理使水印标记不可见，既不损害原数据，又达到了对数据进行标记的目的。利用这种隐藏标记的方法，标记信息在原始数据上是看不到的，只有通过特殊的阅读程序才可以读取。基于数字水印的窜改提示是解决数据窜改问题的理想技术途径。

基于数字水印技术的以上性质，可以将数字水印技术引入大数据应用领域，解决数据溯源问题。在数据发布出口，可以建立数字水印加载机制。在进行数据发布时，针对重要数据，为每个访问者获得的数据加载唯一的数字水印。当发生机密泄露或隐私问题时，可以通过水印提取的方式，检查发生问题数据是发布给哪个数据访问者的，从而确定数据泄露的源头，及时进行处理。

10.4　大数据平台 Hadoop 安全

10.4.1　Hadoop 安全问题概述

Hadoop 的初始设计是运行在信任的环境下，它假设所有的集群用户都是可信任的，他们能够正确地表明自己的身份并且不会尝试获取更多的权限。由此实现了简单的安全模式，它是 Hadoop 中默认的验证系统。在简单安全模式下，Hadoop 信任操作系统所提供的用户身份。和大部分关系数据库不同，Hadoop 并没有任何集中用户和权限存储机制。在 Hadoop 中，不存在通过用户名和密码来对用户进行验证的概念。Hadoop 接受并信任操作系统所提供的用户名并且对此不会采取过多的检查。随着 Hadoop 的发展，越来越多的公司开始使用 Hadoop 作为大数据平台的框架进行实际应用，潜在的安全隐患逐渐暴露出来。尤其是 Hadoop 集群被越来越多地应用于生产环境的数据分析工作中，使用者的数量越来越多，身份也越来越复杂，因此越来越多地需要考虑权限控制和数据保护等安全问题。目前，Hadoop 技术体系面临的安全问题主要有以下三个方面。

（1）缺乏安全认证机制

除基本的 Linux 用户名和密码措施外，Hadoop 缺乏对用户的认证的管理方式。恶意的用户可以轻易地伪装成其他用户来窜改权限。例如，任何有用户名和密码的用户都可以提交作业，修改 JobTracker 状态，修改 HDFS 上的数据，甚至伪装成 DataNode 或者 TaskTracker 接收 NameNode 的数据和 JobTracker 的任务等。

服务器与用户之间也缺乏认证机制，因此任何用户都可以伪装成其他用户并对 HDFS 或 MapReduce 集群进行非法访问，甚至进行一些非法活动。例如，对其他用户的作业进行修改，窜改其他用户在 HDFS 上的数据，或者恶意提交作业，占用集群资源等。

（2）缺乏适合的访问控制机制

具有 Hadoop 使用权限的用户可以不受限制地浏览 DataNode 上存储的数据，甚至可以轻易地修改和删除这些数据。同时，用户还可以随意修改或者终止其他用户的作业。当 Hadoop 集群被应用到数据和作业运行状态敏感的环境中时，这种状况可能随时会导致出现重大的安全事故。

在 Hadoop 1.0 版本中对 HDFS 上资源的访问控制模型采用的是与 Linux/UNIX 相似的 9 位权限判定，权限类型有读（r）、写（w）、执行（x）三种。HDFS 上的用户与 Linux/UNIX 系统用户一致，分为 user、group、other。用户在向 Hadoop 集群提交文件时，可以通过集群命令 tmdoop fs-cbanod 来设定该文件的访问权限。

Hadoop 最初的授权管理存在的缺陷可以通过一个案例来描述。例如，在系统中某个用户时属于 other，对于某个文件没有写入的权限，当这个用户请求得到该文件的写权限时，系统就必须开放 other 权限。但是一旦放开了 other 权限，所有的用户就拥有了该文件的写入权限，这在授权管理中显然是不合理、不安全的。

（3）数据传输缺乏加密机制

Hadoop 集群各节点之间，客户端与服务器之间的数据传输采用 TCP/IP 协议，以 Socket 方式实现。数据在传输过程中缺乏加密处理，使得用户隐私数据、系统敏感信息极易在传输的过程中被窃取、窜改，从而使数据失去了完整性、保密性。HDFS 上数据的存储没有任何加解密处理，各服务器对其内存和外部存储器中的数据没有存储保护措施，极易造成用户数据和系统信息的泄露。

为了解上述安全问题，Hadoop 引入了对 Kerberos 协议的支持。

10.4.2　Kerberos 概述

Kerberos 是一个安全的网络认证协议，它实现了机器级别的安全认证，支持客户端和服务器之间不需要在网络上传输密码认证，而是由一个可信赖的第三方密钥分发中心（Key Distribution Center，KDC）提供身份认证。KDC 主要由认证服务器（Authentication Server，AS）和票据授权服务器（Ticket Granting Service，TGS）组成。Kerberos 持有一个密钥数据库，用来记载每个 Kerberos 用户的密钥。这个密钥只有 Kerberos 用户和 KDC 知道，该密钥可以对网络实体与 KDC 的通信进行加密。而对于两个实体间的通信，KDC 会为它们产生一个临时会话密钥，用来加密它们之间的交互信息。认证服务器负责对用户进行身份认证。用户通过认证之后，会产生会话密钥和票据授权票据，然后将其发送给认证用户。会话密钥用来加密用户之间的通信消息，而且是认证用户访问的凭证。票据授权服务器为通过认证的合法用户产生会话密钥和票据，然后将密钥和票据发送给用户。认证用户与服务器之间的通信可由会话密钥加密，认证用户通过票据作为凭证来访问应用服务器。

在 Kerberos 体系中，所有的客户端和应用服务器都应在 KDC 中进行注册，这样的环境称为一个域（Realm）。在域中，经过认证的用户、主机或服务称为实体（Principal），存储在认证服务器的数据库中。

10.4.3 Kerberos 认证过程

Kerberos 通过 KDC 提供客户端和服务器之间的认证功能。最开始时，客户端和服务器不共享加密密钥。客户端和 KDC 共享加密密钥（K1），服务器与 KDC 共享加密密钥（K2）。

图 10-1 展示了 Kerberos 详细的认证和授权过程。

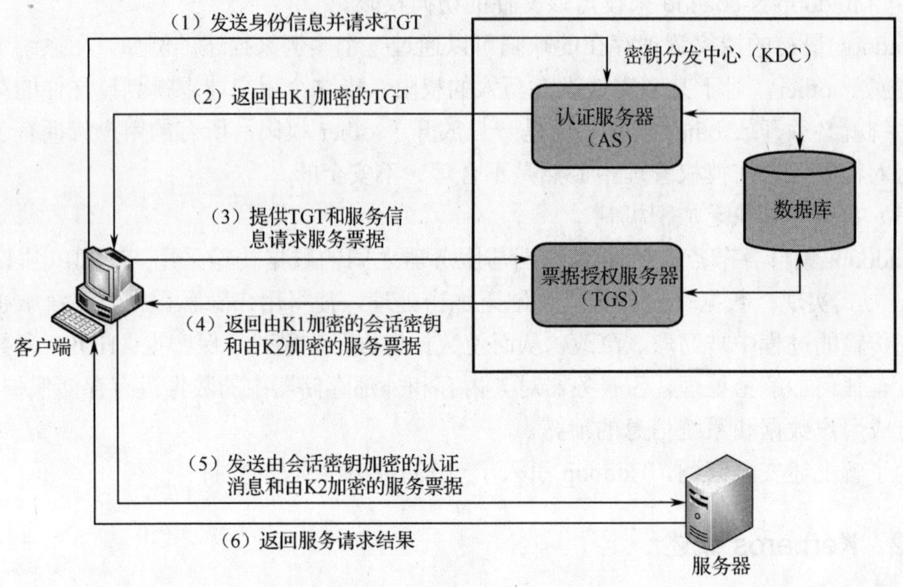

图 10-1　Kerberos 认证过程

（1）客户端将身份信息发送给 KDC 中的 AS 并请求票据授权票据（Ticket-Granting Ticket，TGT）。

（2）AS 首先对客户端发过来的信息进行验证，验证通过后，AS 从 TGS 获得 TGT。TGT 由客户端和 KDC 之间的共享密钥 K1 进行加密。TGT 是 KDC 提供给被认证用户的一个可以用于获取任何服务器服务的特殊票据。TGT 生命周期一般为 8～10 小时。在这个时间段内，用户可以请求想要通信的任何服务器的票据。AS 将加密后的 TGT 作为请求应答内容返回给客户端。

（3）客户端将 TGT 解密并将 TGT 和需要的服务信息发送给 TGS，请求服务认证过程中所需要的服务票据（Service Ticket，ST）。

（4）TGS 为客户端和请求的服务两者之间产生一个会话密钥和一个服务票据。会话密钥用于服务器对客户端的身份认证，由 KDC 与客户端的共享密钥 K1 进行加密。同时，TGS 将这个会话密钥，以及客户端的用户名、用户 IP 地址，请求的服务名、服务有效期和服务时间戳等信息一起封装成服务票据，分发给服务器。服务票据并不直接发送给服务器，而是发送给客户端，客户端将其作为应用程序请求的一部分转发给服务器。因为服务票据是由 KDC 与服务器共享的密钥 K2 进行加密的，只能由 AS 和预定的服务器认证，所以客户端不可能修改票据。TGS 将由 K1 加密的会话密钥和封装了会话密钥的服务票据作为应答请求发送给客户端。

（5）客户端接收到会话密钥并进行解密，然后将自己的用户名、IP 地址，请求的服务名，以及服务有效期封装成认证消息（Authenticator），并由该会话密钥进行加密发送给服务器。由于客户端不知道 KDC 与服务器之间的共享密钥 K2，因此不能窜改服务票据，直接转发给服务器。

（6）服务器接收到服务票据后对其进行解密，获得与客户端之间的会话密钥以及客户端的身份信息和服务请求信息。然后再利用会话密钥解密客户端发送的认证消息，获得客户端的身份信息和服务请求信息，并与由解密服务票据获得的信息进行对比，验证客户端身份的正确性。若服务请求成功，则将请求内容返回给客户端。

10.4.4 Hadoop 安全机制

Hadoop 新版本集成了 Kerberos 的功能。在开启 Kerberos 功能后，Hadoop 集群可以防止恶意用户仿冒别的用户进行登录和操作。所有的 Hadoop 进程都使用 Kerberos 自动进行认证。这就意味着，如果两个进程需要通信，则它们需要并且可以确定彼此的身份是真实的。同时，Hadoop 可以根据认证结果决定用户有多少权限。

在启用 Hadoop 中的 Kerberos 安全机制及进行相应配置后，可以通过安全认证机制控制用户与 NameNode、DataNode 和 JobTracker 节点间进行以下操作。

（1）所有的 Hadoop 服务向 KDC 进行认证。DataNode 向 NameNode 进行注册。与此类似，TaskTracker 向 JobTracker 进行注册，NameManager 向 ResourceManager 进行注册。

（2）客户端向 KDC 进行注册。一个客户端请求 NameNode 和 JobTracker 与 ResourceManager 需要的服务票据。用户向 NameNode 和 JobTracker 服务的认证，是采用 SASL（Simple Authentication and Security Layer）通过 Hadoop 的远程过程调用来实现的。Kerberos 作为认证协议用于在 SASL 中认证用户。所有的 Hadoop 服务支持 Kerberos 认证。客户端向 JobTracker 提交 MapReduce 作业。MapReduce 作业通常运行时间很长，并且需要代表用户访问 Hadoop 资源，这就需要基于授权令牌（Delegation Token）、作业令牌（Job Token）和数据块访问令牌（Block Access Token）来实现。

作业在 TaskNode 上执行，在 TaskNode 中用户的访问需要确保安全。当用户向 JobTracker 提交 MapReduce 作业时，将会生成一个密钥，与将要执行 MapReduce 作业的 TaskTracker 共享。这个密钥就是作业令牌。作业令牌存储于 TaskTracker 本地磁盘中，只有提交作业的用户才有访问权限。TaskTracker 使用提交作业的用户的 ID 启动子 JVM 任务（Mapper 或 Reducer）。因此，子 JVM 就具有通过本地目录访问作业令牌的权限，并且只和用该作业令牌的 TaskTracker 安全进行通信。作业令牌用于确保在 Hadoop 中提交作业的认证用户，只可以访问他在 TaskNode 中的本地文件系统中授权的文件夹和作业。

一旦 Reduce 作业在 TaskTracker 中启动，这个 TaskTracker 将联系可以执行 Map 任务的 TaskTracker，获取 Mapper 的输出文件。作业令牌也由 TaskTracker 用于保证它们相互之间通信的安全。

（3）对于任何 HDFS 文件访问，客户端联系 NameNode 服务器请求文件。NameNode

对客户端进行认证，提供授权详细信息和数据块访问令牌给客户端。数据块访问令牌用于 DataNode 验证客户端的授权信息，提供访问权限给相关的数据块。

任何 Hadoop 客户端向 HDFS 请求数据，都需要首先从 NameNode 获取块标识，然后根据标识从 DataNode 中直接获取数据块。因此，需要建立一种安全机制以确保用户权限被安全地传送给 DataNode。数据块访问令牌的目的是保证只有授权用户可以访问 DataNode 中存储的数据块。当一个客户端要访问存储在 HDFS 中的数据时，其向 NameNode 请求文件的块 ID。NameNode 验证请求用户对文件的权限，然后提供块标识列表和 DataNode 的位置。客户端联系 DataNode 获取请求的数据块。为了确保 NameNode 执行的认证同样可以作用于 DataNode，Hadoop 实现了数据块访问令牌。数据块访问令牌是 NameNode 提供给 Hadoop 客户端的，用于将数据访问认证信息传递给 DataNode。

数据块访问令牌实现了对称密钥加密算法，NameNode 和 DataNode 共享公共密钥。DataNode 收到密钥后，就向 NameNode 进行注册，该密钥会周期性重新生成。每个密钥通过一个 KeyID 来标识。数据块访问令牌是一种轻量级的协议，包含失效时间、KeyID、OwnerID、BlockID 和 AccessMode。AccessMode（访问模式）定义用户对于请求的块 ID 的权限类型。数据块访问令牌由 NameNode 生成，不能自动重新生成。当令牌失效时，需要重新获取，其时效为 10 小时。因此，数据块访问令牌确保了 DataNode 中数据块的安全，只有授权用户才可以访问数据块。

（4）对于向 Hadoop 集群提交的 MapReduce 作业，客户端向 JobTracker 请求授权令牌，授权令牌用于向集群提交 MapReduce 作业。对于长期执行的作业，JobTracker 会重新生成该令牌。

10.4.5 Kerberos 的优缺点

Kerberos 具有以下优点。

① 密码不在网络中传输，只在网络中传输时间敏感的票据。

② 密码或密钥只有 KDC 和标识可以识别。因此可以认证大规模的标识，每个标识只需要识别它们各自的密钥，并在 KDC 中存储密钥。

③ Kerberos 支持将密码或密钥存储于 LDAP 兼容的统一的凭据存储系统中。这样，系统管理员可以更方便地管理系统和用户。

④ 服务器不需要存储任何票据和客户端相关的详细信息来认证客户端。认证请求将包含所有需要的数据以认证客户端。服务器只需要识别自己的私有密钥来认证任何客户端。

⑤ 客户端通过 KDC 认证并获得 TGT 可以用于之后的认证。这使得整个认证过程更快速，在首次认证后不需要再查询凭据存储系统。

Kerberos 具有以下 4 个方面的限制。

① Kerberos 的认证服务器是整个认证体系中的主体，为域中的用户和服务提供认证。当域中用户和服务较多时，在短时间内，大量交互需要向认证服务器发送认证请求，其性能将会经受考验，成为整个系统的瓶颈。否则，可能会造成认证体系对认证请求拒绝服务。

② Kerberos 认证体系要求域中的各台服务器主机时钟同步，而域中各服务器的时钟同步机制还需考虑访问控制策略、系统漏洞等其他层面的安全因素，否则恶意攻击者可通过篡改域中服务器主机的时间来实施攻击。

③ Kerberos 认证体系所使用的票据都有一个有效期限，然而，在票据的有效期间之内，恶意攻击者仍然可以通过截获认证票据信息，冒充已认证的用户或服务，实施重放攻击。

④ Kerberos 在认证体系中，域中用户和认证服务器的共享密钥存储在认证服务器中，是完全保密的。如果能够侵入认证服务器，获得用户的密钥，就可以伪装成合法用户。此外，攻击者还可以使用离线方式破解用户口令。如果用户口令被窃取或破解，认证体系将无法保证系统的安全。

10.5　小结

围绕大数据应用的整个生命周期，本章介绍了数据采集、存储、挖掘和发布等环节与安全相关的关键技术。重点介绍大数据平台 Hadoop 存在的安全问题，详细介绍了 Hadoop 采用的安全机制 Kerberos 的工作原理及优缺点。

在政策层面（Policy level），需要大数据产业链中的各个参与者共同出台一个相对完善，又可以和国际对标的标准。在流程层面（Procedures level），总是需要在方便性上和易操作性上进行取舍，太烦琐了不容易遵从，而太松散了，安全不能够得到保障。在具体的技术细节层面（Technique level），除传统的信息系统安全——安全存储、安全传输、安全使用，例如设施防护、防火墙、防 DDoS 攻击、3A（Authority，Accessibility，Authenticity）身份认证、加解密外，大数据的大规模集群环境使得网络安全的防护更加复杂。同时，数据及其衍生出的核心商业秘密或个人隐私信息，可能需要从法律和伦理层面进行规范。

第 11 章
大数据备份与恢复

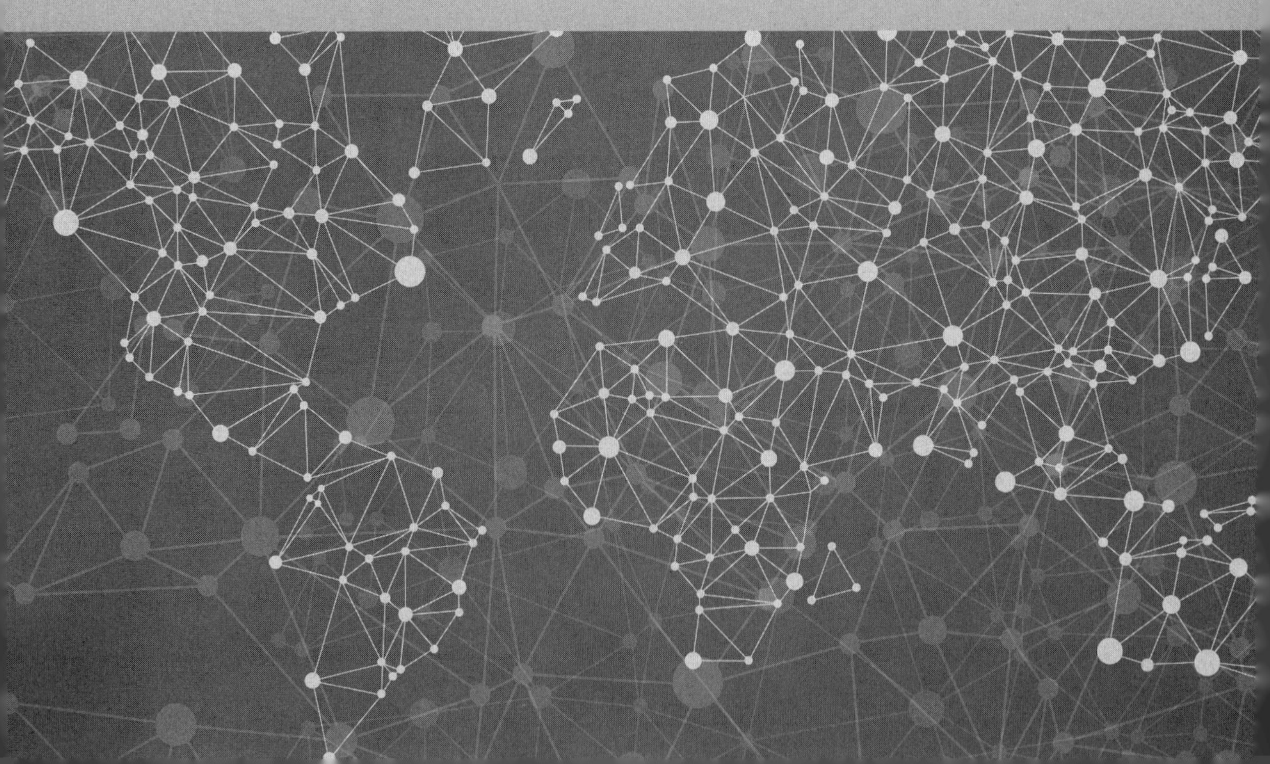

数据备份与恢复虽然是一个老话题，但是没有好的备份与恢复策略、技术和流程，大数据及应用还是空谈。大数据离不开集群，而且各个节点尽可能使用成本相对较低的白牌设备，出现故障在所难免。每个大数据从业者都十分清楚，对一个可使用的体系的基本要求是数据安全，应用能跑起来，出了问题能够迅速恢复。大数据以海量为最大特征，再加上多格式，这就对大数据的备份与恢复提出更高的要求。大数据备份恢复不是一个 0 到 1 的过程，而是在原有的 IT 备份恢复基础上的增量技术。我们先从通常的数据备份与恢复开始。

11.1　数据备份与恢复

11.1.1　数据备份

数据备份是指为了防止数据丢失或损坏而将某些重要的数据通过一定的方式从应用主机转移存储到其他介质上的周期性过程。它用于保证当数据因意外造成丢失或损坏时，可以恢复到原来的状态，从而保持数据的一致性和业务的正常进行。数据备份主要解决的是数据的可用性和安全性问题，主要目的是数据恢复。恢复才是备份的关键所在，不能恢复的数据备份是没有意义的。

数据备份不是简单地复制。数据复制是指将数据从一个存储介质转移到另外一个存储介质中，需要时，复制一份副本到指定地方即可。复制不能留下历史记录和痕迹加以追踪，因此有时候只能恢复部分数据，一些历史记录和系统环境信息无法恢复。而数据备份不但要存储数据的副本，还要记录历史信息，以便追踪并且能准确无误地恢复数据。另外，备份需要选择备份介质、备份方法、备份软件以及确定备份方案、备份策略等，是一个系统的管理过程。

数据备份和容灾的区别：容灾技术是指，当发生意外时，系统提供的服务和业务的正常运行不受干扰，保证的是数据的实时可用性。而备份是指，将数据存储下来，以便在灾难发生时恢复数据，以保证数据的完整性。但是恢复需要过程，在此期间，系统中的数据是不可用的，它不能保证系统的实时性，只能保证数据的安全性和可用性。

数据备份与数据归档的区别：数据归档是指用户对数据进行有计划的迁移，当一些数据不再改变或更新时，将数据放在某些指定的文档中以便管理标记。数据归档也需要保持数据的可用性。数据备份是应对数据的更新，不断复制、覆盖的重复性过程。它们都涉及数据的可用性问题，并不冲突，经常被结合起来一起使用。

1. 数据备份系统的组成

一个完整的备份系统由备份源系统、备份管理器和备份存储系统三部分组成。备份源系统是指需要备份的主机或服务器，是备份数据的来源。备份管理器是指管理备份的软硬件资源，它是备份系统的核心。备份存储系统是指存储备份数据的磁盘阵列、磁带等存储介质，是备份数据最终的目的地。

备份源系统主要负责从需要备份的客户端或者服务器中选取备份的数据，并在发生意外时保持数据的一致性和更新。

备份管理器一般是指一些备份管理软件，它负责管理备份的确定和运行，提供数据备份管理、数据库备份管理、历史记录追踪、数据迁移及数据恢复等功能。备份管理器通常与备份源系统通信，将数据从备份源系统转移到备份存储系统中。作为备份系统的核心，备份管理器对整个系统的备份进行集中管理和监控。

备份存储系统主要负责备份数据的存储，提供设备管理和介质管理。存储介质的质量和性能在整个备份系统中至关重要，影响备份的速度和质量。另外，昂贵的存储介质也大大提升了备份成本。目前，用于备份的存储介质主要由磁盘设备和磁带设备组成。磁盘设备具有快速读写和快速搜索的能力，适用于快速的、小数据量的备份；而磁带设备具有大容量、价格低的特征，适用于大数据量的备份，但是执行备份的恢复和速度相对较慢。

2．数据备份分类

数据备份有多种表现形式，按不同的标准有不同的分类。

（1）按保障内容来不同，可分为数据级和应用级备份。数据级备份是指在异地建立一个备份系统，将本地关键数据存储在该系统中。当灾难发生时，能及时恢复，保证业务正常运行。应用级备份是指在异地建立一个完整的、与本地相当的备份系统。当灾难发生时，远程备份系统能及时接管本地业务，保证服务的完成。

（2）按备份主机与存储介质的相对距离不同，可分为本地和远程备份。本地备份是指备份主机和备份介质在相同或相近的地域内，这种备份速度较快，但是很受限制。远程备份是指在异地存放备份数据，可以保证备份数据的安全，但是相对而前备份和恢复速度较慢。

（3）按存储介质不同，可以分为磁盘备份、磁带备份和光盘备份。磁盘读写速度快、搜索速度快，适用于小数据量的备份；磁带因其容量大、单位容量价格低等优点，适用于大数据量的备份；光盘具有体积小、容量大、保存时间长、不受带宽限制等优点，也被广泛使用。

（4）按备份时间不同，可分为实时备份和定时备份。实时备份是指用户可以根据自己的需要，在任意时间进行数据备份。而定时备份一般需要事先设置好备份时间和频率，按时备份数据。

（5）按备份的自动化程度不同，可分为手动备份和自动备份。手动备份需要用户自己选择备份时间和备份数据。自动备份一般按用户的配置时间或者满足一些特定条件后自动进行备份。

（6）按备份数据的在线状态和备份的实时性，可分为冷备份和热备份。其中，冷备份又称为离线备份或非实时备份，热备份又称为在线备份或实时备份。它们的区别是，备份服务器在备份过程中是否能及时接受用户响应和数据更新。

（7）按备份对象不同，可分为物理备份和逻辑备份。物理备份又称为文件备份，一般只备份实质文件和数据，不关注其他逻辑内容。逻辑备份又称为映像备份，一般指从数据库导出数据、输出源数据库的映像文件，只用于数据库的备份恢复。

3. 数据备份策略

备份策略的选择是备份系统的一个重要部分。备份策略是指确定备份的内容、备份时间以及备份方式等。常见的备份策略有完全备份、增量备份、差异备份三种。

完全备份是最简单的一种备份，是指对系统中的所有逻辑盘或指定的内容进行一次整体备份，也可用于服务器的备份。这种备份策略的优势很明显，即备份操作简单直观，备份数据最完整、最全面。当发生数据灾难时，只需最近的一次全备份数据就可以恢复所有数据。但是，它也有一些缺陷。首先，备份的数据量比较大，因此备份工作量较大、花费时间较长；其次，若频繁进行完全备份，则会产生很多重复的数据，占据大量磁盘空间，增加备份成本。因此，对于那些备份相对频繁、时间有限的情形，完全备份并不适合。

增量备份是指每次只备份相对于上次备份操作后发生过更新或者改变的数据。这种备份的优势是：系统发生改变的数据常常是有限的，因此备份数据相对较少，备份速度快，且不会占用很多磁盘空间。但是，采用这种备份策略备份数据，当发生数据灾难时，恢复操作十分麻烦。恢复时，需要最近一次的完全备份文件以及之后的所有增量备份文件，而且需要按顺序依次恢复。另外，这些备份文件形成一个链条，中间的任何一个环节出现问题，都有可能造成恢复数据的不完整。这种备份策略常与其他备份策略结合使用。

差异备份是指备份上一次完全备份后发生改变的所有数据，它是相对于完全备份而言的。它弥补了前两种备份的缺陷。相比较于完全备份，差异备份只备份发生改变的数据，因此备份数据量小，备份时间短；另外，恢复时，只需要一次完全备份数据和最近一次差异备份的数据即可，恢复操作比增量备份简单。但是，差异备份仍然有其不足之处。差异备份需要备份完全备份后发生改变的数据，不是相对于上次备份，每次备份的时候可能重新备份了上次差异备份已经备份过的数据，因此存在重复数据，占用了额外磁盘空间。

无论哪种备份策略，在一个备份周期内都首先要进行一次完全备份，然后再选择进行增量备份或者差异备份。一般需要根据实际的情况，考虑包括成本、时间、效率等各种因素，来选择合适的备份策略。在数据更新不太频繁且数据量不太大的情况下，可以选用差异备份的方式。若数据量更新很频繁，更新量又很大，那么备份周期后几次的差异备份数据量就很大，这时使用差异备份就不太经济，可以考虑增量备份或者增量备份与差异备份相结合的方式，也可以考虑缩短备份周期。

4. 数据备份系统

数据备份系统按结构不同，一般分为 DAS-Based 备份系统、LAN-Based 备份系统、LAN-Free 备份系统和 Server-Free 备份系统。

（1）DAS-Based 备份系统

基于直连附加存储（DAS-Based）结构的备份系统是最简单的一种备份方案。这种结构的备份系统，其存储介质直接挂接在备份服务器的总线上，作为服务器的一部分存在，通常采用手工方式进行备份。备份软件运行在服务器中，管理整个备份过程。备份数据时，备份服务器通过总线将备份数据传送到存储介质中。而且，DAS-Based 备份系统一般只为该备份服务器提供数据备份服务。

DAS-Based 备份系统的优点是：备份系统维护简单，数据传输速度快。但也有缺陷：首先，这种结构为直连式存储，存储设备直接挂接在服务器总线上，可管理的存储设备少；其次，不同的服务器需要不同的备份设备，因此备份设备不能共享；再次，由于不同的操作系统要求不同版本的备份软件，因此给备份管理造成了一定困难；最后，因为存储介质有限，存储容量有限，所以不适合大型数据的备份要求。DAS-Based 备份系统适用于备份数据量不大、操作系统环境简单、服务器有限的情况，而对大数据量备份场景或者实时数据备份场景不适用。

（2）LAN-Based 备份系统

基于局域网（LAN-Based）结构的备份系统改进和弥补了 DAS-Based 结构的一些缺陷和不足。这种结构的系统配置了一台中心备份服务器，与备份存储介质直接相连，其上运行备份软件。另外，这些存储介质是可共享的。需要备份的服务器和客户端通过局域网连接到中心服务器上，备份数据时，中心服务器通过局域网将数据传送到存储介质中。

采用 LAN-Based 结构进行备份，可以最大限度地使用企业当前的资源，节省成本；另外，由中心服务器统一管理备份操作，且存储介质资源共享，便于集中管理。但是，LAN-Based 结构也有一些不足：首先，备份数据通过局域网进行传输，备份数据流和业务数据量混合在一起，占用了大量网络带宽，同时降低了效率；其次，其不适合持续的大量数据备份或高频备份，当数据量达到 TB 级别时，局域网性能下降，无法满足备份需要。即便如此，一般有局域网的地方，在数据量不大的情况下，LAN-Based 备份系统足以满足用户的备份需求。

（3）LAN-Free 备份系统

基于存储区域网（SAN）的备份方案解决了传统备份系统需要占用局域网带宽的问题。LAN-Free 和 Server-Free 备份系统正是建立在存储区域网基础上的两种解决方案。这两种备份系统，把存储介质作为独立节点，进行备份操作时，数据不经过网络直接传输和存储。

在 LAN-Free 备份系统中，将存储介质连接到 SAN 中，形成两个独立的数据网络，即传输业务数据流的业务网络（LAN）和传输备份数据流的 SAN，以此将业务数据和备份数据有效地分开，避免业务数据占据网络带宽，同时提高备份速度。应用服务器与 SAN 相连，备份数据时，不经过 LAN 而是只经过 SAN 将数据从存储介质中备份到磁带库中。

LAN-Free 的优势在于数据备份统一管理、备份速度快、网络传输压力小、磁带库资源共享。但由于将业务流和数据流分开，所以在一定程度上提升了备份成本，也占据了系统的 CPU 资源。另外，其恢复操作烦琐、实施复杂，不适用于少量文件备份场景。

（4）Server-Free 备份系统

Server-Free 备份系统是 LAN-Free 备份系统的一种改进。相比于 LAN-Free 备份系统，Server-Free 备份系统中引入了“第三方”设备，将备份数据从应用服务器的主存储设备中通过 SAN 传输到磁带库等备份设备中，有效地将应用服务器从备份传输路径上释放出来。第三方设备是指一种代理，它是一种软硬件结合的智能设备。进行数据备份时，第三方设备通过现有的网络数据管理协议从应用服务器中获取备份数据的相关信息，然后备份数据。当获取文件信息后，备份操作即与应用服务器无关，由第三方设备处理，彻底解放了应用服务器。

Server-Free 备份系统避免了 LAN-Free 备份系统的一些缺陷：其减少了系统 CPU 的占用，占用网络带宽少，便于统一管理，实现了资源共享。但由于其需要特定的备份应用软件进行管理，还要考虑厂商的兼容性问题，实施起来比较复杂，成本也较高。

11.1.2　数据恢复

数据恢复是指在数据损坏或丢失后，将其恢复到备份时的状态。数据恢复可以看作数据备份的逆过程，它们是相互对应的。无法恢复的数据备份是没有意义的，而备份是恢复的前提。数据恢复在整个备份系统中占据很重要的地位，关系着发生灾难后数据的可用性问题。

数据恢复通常是手工操作，需要选择恢复的数据以及恢复后存放的节奏。常用的恢复操作通常分为三种类型：完全恢复、选择性恢复和重定向恢复。完全恢复是指，当发生意外灾难导致数据全部损坏或丢失时，将备份的所有数据全部进行恢复的操作。选择恢复是指，由于人为失误而导致某些文件的丢失，从备份数据中选取丢失的文件来恢复的操作。重定向恢复是指，将备份的数据恢复到初始备份不用的位置的操作。

11.2　分布式存储系统备份与恢复

11.2.1　概述

1. 备份冗余技术

在分布式存储系统中，一般通过服务冗余、数据冗余来满足可靠性、可用性需求。服务冗余一般包括主备、双活、多分布。主备冗余一般只有主节点对外提供服务。主备冗余之间通常采用日志的方式进行状态同步，当主节点故障时，备用节点切换成主节点进行服务。双活冗余是主备模式的演进，两个节点都对外提供服务，其间的状态实时同步，当任意一个节点发生故障时，另外一个节点仍能对外提供服务。多分布冗余一般是指多台服务器对外同时提供服务，彼此之间不知道对方的存在，当其中有些服务出现故障时，其他服务不会受到影响，整个系统还能实时对外提供服务。

数据冗余的目的主要是防止在存储介质、服务器出现故障时造成数据丢失，这也是分布式存储系统最核心的诉求。业界主流的冗余技术有多副本和纠删码两种。

（1）基于多副本的冗余技术

多副本冗余技术的基本思想是，对每个数据对象都进行复制，这样所有副本都失效的可能性就会降低到让人可接受的程度。每个副本被分配到不同的存储节点上，使用一定的技术保持副本一致。这样，只要数据对象还有一个存活副本，分布式存储系统就可以一直正确运行。由于分布式存储系统具有存储空间大、可扩展等特点，因此，虽然多副本冗余技术消耗更多的存储资源，但复制技术可行。此外，当数据损毁丢失时，只要向所有存储副本的节点中最近的节点要求传输数据并下载、重新存储即可，因此多副本冗余技术的数据修复过程简单高效。

多副本冗余技术看似简单，但在大数据存储中，存储数据量巨大，存储节点繁多，存储结构复杂，因此，如何实现有效、高效的完全复制容错，必须统筹兼顾，考虑并解决以下相关问题：副本系数设置、副本放置策略、副本一致性策略、副本修复策略等。

① 副本系数设置

在副本系数设置，即副本数量设置问题上，主要有两种策略。一种是固定副本数量策略。例如，GFS、HDFS这两种典型的分布式存储系统都是采用系数3策略，这种固定副本系数设置简单，但缺乏灵活性。另一种是动态副本数量策略。亚马逊分布式存储系统Amazon S3（Simple Storage Service）允许用户根据自身需要指定副本数量，但具体用户如何选择副本数量，仍缺乏标准和依据。

② 副本放置策略

传统的副本放置策略有顺序放置策略、随机放置策略等。不同的副本放置策略不但影响系统的容错性能，还关系到副本的放置效率和访问效率。目前，副本放置策略研究主要集中在保证容错性能的同时提高副本维护效率。例如，HDFS采用3副本策略，采用机架感知的副本放置策略，将一个副本存放在本地机架节点上，一个副本存放在同一个机架的另一个节点上，最后一个副本放在不同机架的节点上。同一机架存放两个副本，减少了机架间的数据传输，也减小了存储时的资源开销，并方便本地节点对于数据需求时的读取；而数据块存放在两个不同的机架上，消除了当数据失效时单一存储的弊端。一个存储集群中包含了数量庞大的机架和数据节点，如何选择其他存放机架呢？HDFS的做法是随机选取，如果选取的机架网络距离较远，在数据传输时，会产生资源消耗大、网络带宽占用高、副本放置成功率下降等弊端。

③ 副本一致性策略

多副本冗余机制用来提升系统数据的可靠性、可用性，因此，在出现故障时，如何保证多个副本数据的一致性是至关重要的。CAP原理对一致性的定义为，所有节点在同一时刻访问的数据是相同的。这个定义包括了多个节点同时访问同一份数据的一致性，也包括了多个节点之间多个数据副本的一致性。一致性的定义主要分为强一致性、弱一致性和最终一致性三大类。

强一致性是指，数据更新完成并返回成功后，后续的请求将会返回最近更新的值。典型的存储介质，如HDD/FLASH/Memory，都满足该特性。传统的SAN/NAS存储系统的基本功能对外也体现出该特性（有些高级特性，如异步远程复制特性，则不支持该能力）。强一致性又分为内存一致性和顺序一致性。内存一致性在现实的系统中很难做到，因此常见的分布式系统中一般都只实现顺序一致性。顺序一致性强调对于使用者而言，所有操作在每个副本上的顺序是一样的。

弱一致性是指，数据更新完成并返回成功后，后续的请求将不能保证一定返回最近更新的值，它可能需要一些时间才能完成，甚至可能永远都不会返回最近更新的值。典型的，如某些内存系统，对持久化不提供保证，更新数据返回的也许是旧版本数据，甚至无效的数据。

最终一致性介于强一致性和弱一致性之间。它和弱一致性的区别是，在一定的时间窗之内肯定能够保证一致。其定义描述为，数据更新完成并返回成功后，后续的请求将不能保证一定返回最近更新的值，可能是旧版本的值，但在一定时间后，一定是一致的。典型的有，互联网应用的 Amazon S3/Simple DB。传统存储异步远程复制也算是最终一致性，数据更新后，如果不再更改，那么在允诺的 RPO（Recover Point Object）时间后，远端就能得到最新的数据，此时 RPO 的时间就是非一致性窗口。系统需要根据具体的需求选择一定的一致性模型，并且在客户侧和存储侧都要遵守这一模型，才能得到预期的一致性。

通常，根据应用对数据要求的迫切程度采取不同的一致性策略。内存一致性是严格的一致性策略，要求对一个副本的任何操作都要几乎同时传播到其他副本中；顺序一致性要求对数据的操作在其他副本中始终保持一定顺序；最终一致性仅要求副本最终达到一致性，即一个副本发生改变，其他副本可以逐渐地修改以达到最终一致；弱一致性运行副本在一定时间内存在数据不一致现象，是最宽松的一致性策略，通常只适用于特定的应用环境。

④ 副本修复策略

副本修复策略是指，当系统确定复制个数 n 并为对象创建 n 个副本后，系统试图在整个过程中通过修复来维护对象的 n 个副本的过程。为了应对这一点，有两种不同的修复策略：一种是主动修复策略，一旦检测到一个备份“死去”，就立刻创建一个新副本；另一种是基于阈值的懒惰的修复策略，这种策略只有当备份数量小于某些阈值时才修复。

（2）基于纠删码的冗余技术

纠删码起源于通信传输领域，最初是为在有损信道中通信容错而发明的，能够容忍多个数据帧丢失。之后，被调整改编以适用于存储系统，实现对存储系统中数据的检错纠错，提高系统可靠性。纠删码技术通过将数据文件切分成几个数据块，按照这几个数据块计算出 m 个校验块，共存储 $n+m$ 个数据块。当损坏的块数量小于等于 m 时，数据可以从其他未损坏的块中计算恢复[编码率为 $n/(n+m)$]，最多容忍 m 个数据块损坏。

在分布式存储系统中，数据分布在多个相互关联的存储节点上。通常，将数据对象的编码块都存储在不同的节点上。在许多实际的情况下，纠删码技术可以提供令人满意的数据修复水平。与多副本冗余技术相比，纠删码技术存储开销有显著的降低。纠删码技术最大的问题是，在计算时，需要消耗较多的 CPU 资源；在故障时，需要消耗较多的网络和磁盘带宽进行数据恢复（每次都需要读取 n 个数据块，来修复损坏的数据块）。一般，系统中对热数据（如元数据）使用多副本冗余技术以提升性能，对冷数据使用纠删码冗余技术，以提升空间利用率。

2. 故障检测与恢复

在分布式存储系统中，常用的节点故障检测方式分为中心化检测机制和去中心化检测机制两大类。

在中心化检测机制中，所有节点都会定期地向一个中心控制节点发送状态信息（心跳）。如果有节点发生故障，在若干个周期内都未能向中心节点发送心跳，那么中心控制节点就会将该节点标记为故障，并将这个信息广播给整个集群，如图 11-1 所示。

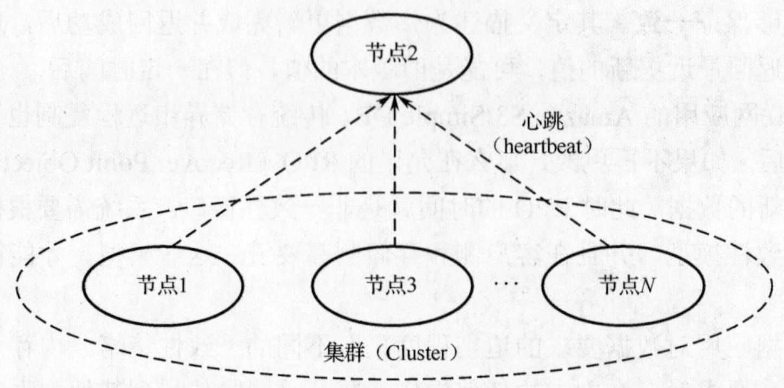

图 11-1　中心化节点故障检测

在去中心化检测机制中，节点之间相互传播自己的状态和所知道的其他节点的状态，经过一定的时间周期后，所有节点之间将会得到所有其他节点的状态信息。如果一个节点发生故障，不能在若干周期内向集群中其他节点交换自己的状态信息，就会被其他节点标记为故障，这个信息将会在整个集群中传播，如图 11-2 所示。

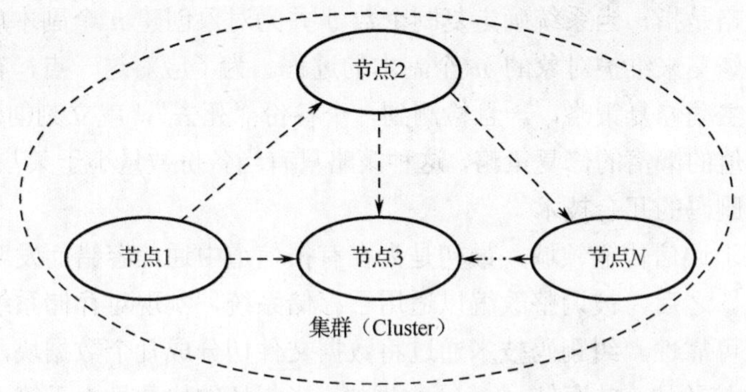

图 11-2　去中心化节点故障检测

通常，无论是中心化还是去中心化的检测机制，在节点被判定为故障后，都有可能恢复。在多副本的分布式存储系统中，节点恢复一般通过状态同步和数据同步两步完成。

（1）状态同步

故障节点在故障恢复后，需要重新同步自己在集群中的状态。在中心化的系统中，故障节点在恢复时，首先要跟中心控制节点建立心跳关系，并获取集群的拓扑、复制关系等。对于去中心化的系统，则通过向其他节点推送和获取集群拓扑、复制关系，以便达到状态的同步。

（2）数据同步

在状态同步后，故障节点上的数据可能与系统中其他节点上的数据不一致，需要跟其他节点进行数据同步（从其他节点那里复制故障期间遗漏的数据）。

完成上述两步，节点才算是真正恢复。一般系统都要求故障节点在数据同步之后才能对外提供服务，也有的系统在完成状态同步后，就让节点对外提供服务（需要做额外的工作）。

故障从时间维度上看，又分为临时故障和永久故障。在分布式存储系统中，临时故障与永久故障的判别标准是故障时间的长短（通常，临时故障都在若干秒以内，永久故障在若干分钟以上）。对于临时故障，节点在集群中的拓扑信息未发生变化。节点恢复后，状态同步只需要获取集群视图信息（如果本地有保存则可以忽略），并进行数据同步即可。但对于永久故障，集群的拓扑信息会发生变化（故障节点会被踢出集群）。在故障恢复时，集群需要重新计算相关的视图信息（数据分布、复制关系等），然后才能进行数据同步。

11.2.2　HDFS 数据备份策略

Hadoop 分布式文件系统（HDFS）是 Hadoop 的核心分布式文件系统。这个系统参考了 Google 文件系统（GFS）进行设计，为分布式计算模式下的数据提供存储和管理服务。这个系统在设计时兼顾了应用情况，使其可以部署在大量廉价或配置一般的主机之上，具有良好的安全性和兼容性。本节将简单回顾 HDFS 的数据存储，并介绍 HDFS 数据备份策略。

（1）HDFS 的数据存储

HDFS 和传统数据存储不同，对于要存储的文件，将被拆分为一系列数据块，分别存储于不同的 DataNode 上。在一般情况下，除最后一个数据块外，每个数据块的大小都是 64MB。最后一个数据块的大小应小于 64MB。在操作接口方面，HDFS 和传统的数据存储相似，也给用户提供创建、复制、删除和重命名文件的操作接口。

另外，HDFS 集群可以部署于大量廉价设备之上，而这些设备出现错误的情况肯定时有发生。为了提高可靠性和稳定性，HDFS 设计了高效可用的数据恢复机制，针对以下两种情形分别进行处理。

① DataNode 上的某个数据块出错。DataNode 会定期检查该 DataNode 上的所有数据块，并与元数据对比。通过对比，如果发现有不符之处，则立即通过心跳信息向 NameNode 报告。NameNode 收到心跳信息后，更新出错数据块列表，然后根据优先级在下一个心跳信息到达之后返回给该 DataNode 一个删除指令。该 DataNode 在接收到删除指令并且删除出错数据块之后，NameNode 会选择一个保存有出错数据块的目标 DataNode（不一定是出错的 DataNode），发送复制指令给该 DataNode，让该 DataNode 将数据写到其他 DataNode 之上，以保证副本数量。

② 某个 DataNode 发生故障。DataNode 周期性地发送心跳信息给 NameNode，心跳信息包括该 DataNode 上所有块的列表及相关信息。若 NameNode 通过分析信条信息发现该 DataNode 发生故障，则会标记该节点上的所有数据块为出错数据块，并更新出错数据块列表，然后利用上述策略在其他 DataNode 上将这些数据块复制出来。

在将数据备份和 HDFS 结合使用的时候，通过这种方式，可以提高数据备份操作的安全性。

（2）HDFS 副本放置策略

为了应对数据安全的需求，提高数据的可靠性，达到容灾容错的目的，HDFS 采用多副本的文件存储机制。系统还包含了副本放置策略。在一般情况下，HDFS 会对文件生成一定数量的副本（默认为 3 个，可以在 Hadoop 配置文件中进行修改），如图 11-3 所示。一般来说，在同一 DataNode 中会放置一个副本，其他副本根据服务器、机架、网络中心三层级，分别置于不同层次的 DataNode 中，即本地服务器中放一份，同机架设备中放一份，同网络中心其他机架中放一份，以提高安全性。这样，当 NameNode 分析 DataNode 发来的心跳信息，并发现 DataNode 中的数据块有错误或者失效的时候，可以通过复制副本或者替换操作来进行修正。在一般情况下，这种方法会大大提高 HDFS 文件系统中文件的安全性和可靠性。

在数据可靠性的保护方面，HDFS 通过副本（Replication）机制来应对硬件的异常。

（1）数据写入时，将业务数据分割为固定大小（一般是 64MB）的数据块（Block），每个数据块采用副本（一般是 3 个副本）方式存放在不同的服务器中。

（2）硬件异常时，数据块的一些副本会丢失。HDFS 检测到副本丢失后，会进行副本的恢复。恢复过程是，从正常的服务器中找到对应数据块的副本，再将此副本复制到其他正常的节点上，保证数据块副本的数量在 3 个以上，从而保证数据的可靠性。

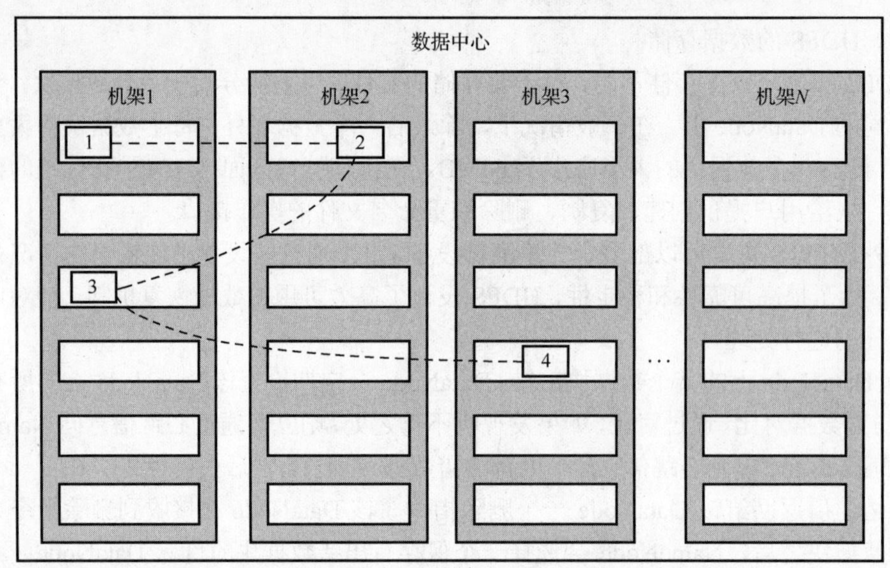

图 11-3　HDFS 数据块副本策略

11.3　小结

本章从策略、技术和流程上针对大数据的集群环境介绍了备份与恢复的方法。然后介绍大数据分布式存储系统的备份技术、故障检测与恢复机制。最后，详细介绍 Hadoop 平台中的 HDFS 数据备份原理。故障出现在所难免，关键是能不能恢复，花多长时间去恢复。经验表明，这是一个细致活，需要耐心，需要守规矩，否则即便有再好的条例，人不去遵守，所有的技术方案都没有用武之地。所以，人是关键，也就是需要做好 PPT（People，Process，Technology）。

第 12 章

大数据环境的监管

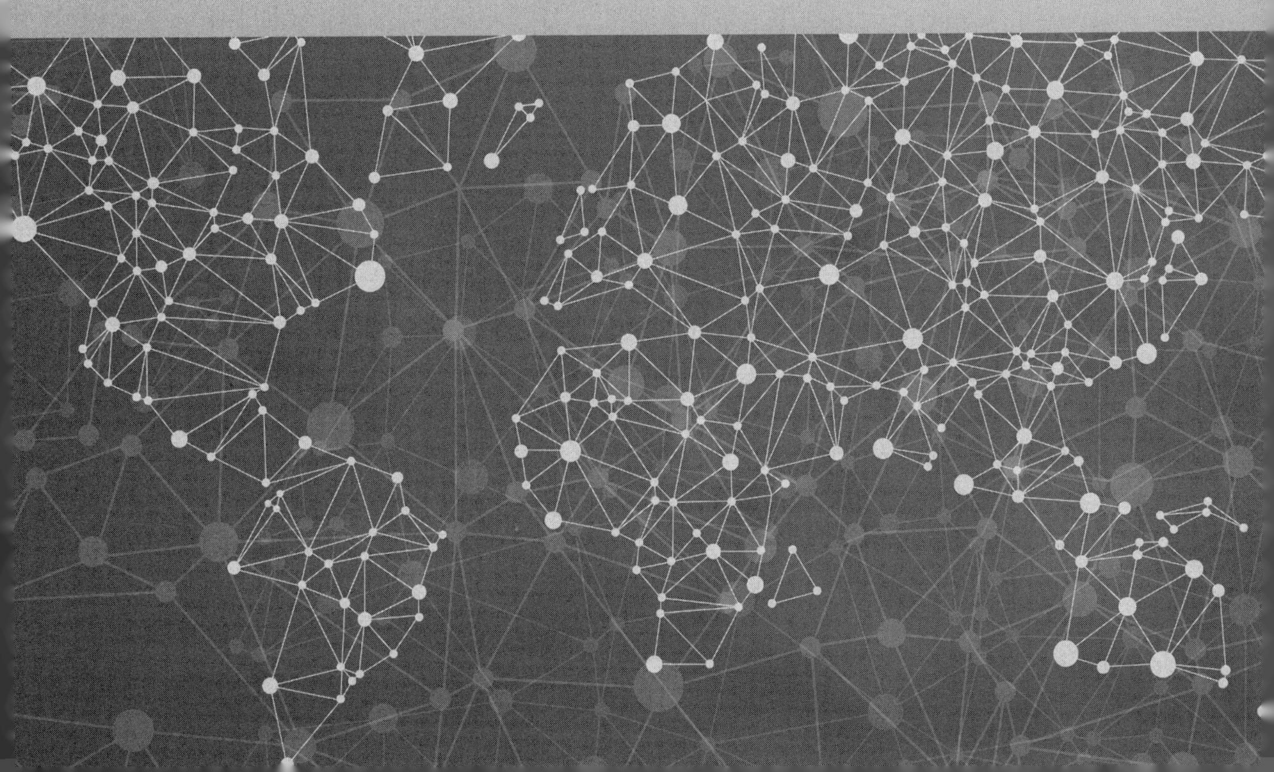

“三分建设，七分运维”。运维是“运”和“维”，“运”就是 Operations，“维”就是 Monitoring 和 Maintenance，前者侧重于“管”，后者侧重于“监”。随着各企业的 IT 系统日趋庞大，在大型企业内部，异构复杂的 IT 基础架构带来的统一管理需求也在进一步扩大，加之大数据技术的应用对大规模系统管理带来的挑战，传统的 IT 系统监控工具已显出捉襟见肘之势。因此，当前市场上的监控类产品需要向能够支持对大规模异构 IT 系统的统一智能管控的方向转变，以迎合企业 IT 系统升级的要求。IT 运维监控是一系列 IT 管理产品的统称，它所包含的产品功能强大、易于使用、解决方案齐全，可一站式满足用户的各种 IT 管理需求。

大数据数据集群管理和通常的 IT 环境管理有很多共性。稳定而高效的大数据集群环境，离不开日常管理与维护工作的支持。与普通的计算机网络环境或数据中心不同，基于 Hadoop 构建的大数据环境，具有节点数量大、组件及应用复杂的特点，这也给大数据集群的运营与维护带来了极大的挑战，“七分运维”在大数据环境显得尤为重要。本章首先分析大数据集群管理面临的挑战，然后结合大数据集群配置管理、大数据集群监控和大数据日志分析三个方面相关管理工具的调研，对目前大数据集群环境的运营与维护技术进行综合分析。

12.1　概述

大数据集群为数据处理提供包括文件存储、计算模式、数据库、分析语言及数据集成在内的多方面能力。大数据集群涵盖功能的广泛性以及分布式并行计算架构，使得大数据与云计算环境的运营维护工作面临很多挑战，这些挑战主要体现在以下 5 方面。

（1）集群部署。大数据集群组件由一系列复杂的 Linux 文件构成（tar、源文件等），在众多的服务器（几台到上千台）中部署集群的各个组件是一个非常耗时的过程。并且在现有的条件下，这些工作都需要手工通过命令行方式完成，不仅效率低下，而且严重依赖于使用者的经验才能避免极易发生的错误。

（2）组件配置。一个可用于生产环境的大数据集群通常包含众多组件，从磁盘、网络、操作系统、文件系统到应用，涵盖了多个层面。这些组件相互依赖又互相影响，基于配置文件和命令行的配置方式，稍有不慎就会出现莫名的错误，这是很多大数据集群使用者经历过的痛苦过程。

（3）集群监控。稍具规模的大数据集群通常都包含几十台至上百台服务器，即使它们都位于一个物理机房中，要掌握所有服务器的运行状况，也是一件很困难的事情。虽然已有一些可对 Linux 服务器状态进行监控的软件，但大数据集群管理者需要的是能帮助他们进行有针对性的监控，并且能将影响因素进行关联的工具，并且能将重要信息以图形化方式有序组织进行展现。

（4）故障处理。为了降低成本，大数据集群通常运行于由大量低成本计算机构建的集群之上。低成本往往意味着高故障。当各种故障从集群中如潮水般汹涌而来，而管理者只能通过远程登录到这些服务器上使用 Linux 命令查看状态和解决问题时，这是怎样一个噩梦般的场景。这正是目前众多大数据集群管理者面临的情形。

（5）工作流管理。随着大数据技术越来越多地从开发环境应用到生产环境中，大数据集群已不仅是科研工作者的开发平台，而逐渐成为支撑某个公司或组织运转的业务平台。在这种情况下，如何协调与调度多部门多角色之间的工作流程，是急待解决的新问题。

12.2　大数据集群配置管理

在一个大型分布式集群中，各个功能组件需要部署在数量众多的计算节点上协同工作，才能提供一套可靠稳定的完整服务。集群中的功能组件可能分布在不同的计算节点上，每个功能组件都需要一些配置信息才可以正常运行。对这些配置信息的管理和维护，是配置管理的重要内容之一。

配置管理的目的是组织和协调计算资源，完成某个或多个平台服务能力的提供。其具体功能包括获取和存储计算资源的配置参数，规划并部署服务组件，支持并跟踪平台服务能力的变化，并提供辅助手段或自动化方法简化用户配置操作。

ZooKeeper 是一个针对拥有众多服务器的大型分布式集群的可靠系统。它是 Apache 的一个顶级项目，来源于 Google 的 Chubby 软件，其功能是为分布式集群提供集中化的配置管理、名字服务和分组服务，并辅助集群节点完成分布式协同工作。

ZooKeeper 能提供基于类似于文件系统的目录节点树方式的数据存储，用来维护和监控存储的数据的状态变化。通过监控这些数据状态的变化，从而达到基于数据的集群管理的目标，将复杂并且容易出错的关键服务封装好，将简单易用的接口及功能稳定、性能高效的系统提供给用户，它能够提供的服务包括：服务器名字维护、配置维护、分布式集群服务期间同步、组服务等。

1. ZooKeeper 系统架构

ZooKeeper 的系统架构如图 12-1 所示。

ZooKeeper 架构中的节点分为两类：ZK 服务器和 ZK 客户端。ZK 客户端运行于功能组件节点之上，通过一个 TCP 连接与某个 ZK 服务器相连，并通过这个连接发送请求、接收响应、获取观察的时间以及维持心跳信息。如果 ZK 服务器故障导致连接中断，ZK 客户端会自动连接到其他的 ZK 服务器上。ZooKeeper 架构中可能存在多个 ZK 服务器，每个服务器都可以响应 ZK 客户端的读取配置信息请求，但只有主 ZK 服务器可以处理 ZK 客户端的更新配置信息请求。例如，图 12-1 中，从配置节点在收到组件 1 发送的写配置信息请求后，需要将写请求转发到主配置节点的 ZK 服务器模块中进行处理，这样方可保证数据的一致性。同时，在 ZK 服务器之间通过同步接口维持了这些节点上配置信息的一致性。

2. ZooKeeper 实现原理

ZooKeeper 将所有数据在多个服务器节点之间进行复制以保证在节点故障时 ZooKeeper 服务可用。ZooKeeper 的高层次组件服务器接收到客户端请求之后，首先判断这个请求是写请求还是读请求。如果这个请求是写请求，它需要在所有其他节点上执行。ZooKeeper 使用 Request Processor 将数据的变化通过一个原子广播协议广播到其他服务器节点上，其他节点将数据的变化提交到本地数据库中。如果这个请求是读请求，那么将直接从本地数据库中读取数据，返回给客户端。

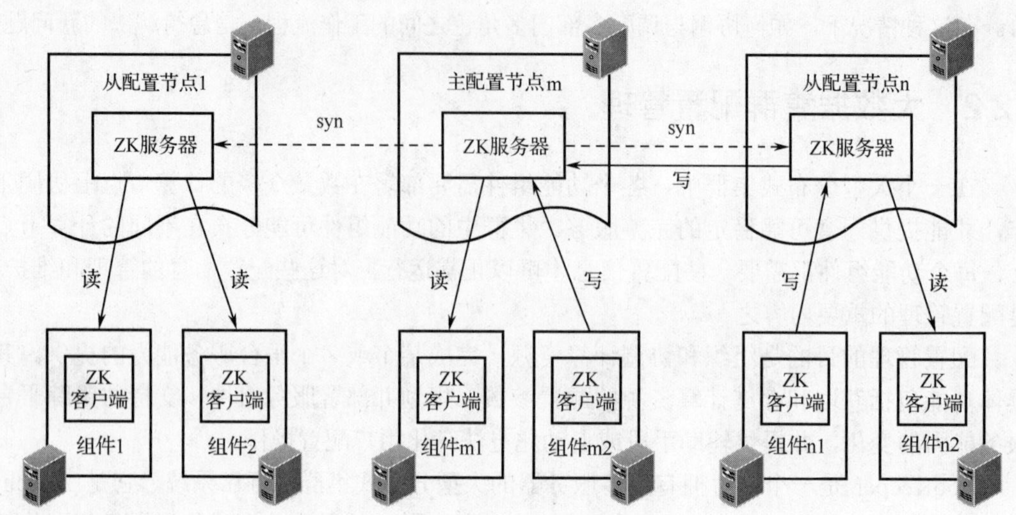

图 12-1　ZooKeeper 系统架构

ZooKeeper 中的数据库是一个内存数据库，它包含了整个节点树的数据。为了能够在节点故障之后进行恢复，这个内存数据库使用一个日志记录所有更新操作，并且在将日志写入磁盘中之后才更新内存数据库。在 ZooKeeper 中，每台服务器都能响应客户端请求。客户端可以连接任意一台服务器提交请求。服务器从本地的数据库副本响应读请求，所有写请求交给一个原子广播协议处理。原子广播协议将所有的写操作转发到一个服务器主节点上，其余的服务器节点从主节点获取数据变化，并且达成一致意见将其提交进内存数据库中。原子广播协议负责在主节点故障之后选举新的主节点，并保证主节点和其他节点之间数据的同步。

ZooKeeper 使用一个称为 Zab 的原子广播协议，Zab 使用一个简单的基于多数的协议，因此 ZooKeeper 可以保证当大多数服务器节点工作时整个 ZooKeeper 可用，也就是 $2n+1$ 个 ZooKeeper 服务器节点能够容忍 n 个服务器节点同时故障。

3. ZooKeeper 数据模型

ZooKeeper 采用了一种层次化的模型存储数据，其展现形式与人们熟知的文件系统结构比较类似，如图 12-2 所示。ZooKeeper 向客户端提供数据存储服务，数据存储是以 ZooKeeper 节点为单位的，每个节点都有名字而且可以存放数据，这些节点按照层次结构组成类似于文件系统的名字空间。与普通的文件系统不同，ZooKeeper 的任何节点都可以存放数据，例如图 12-2 中的/app1 节点虽然有三个子节点，但是它仍然可以存放数据。因为 ZooKeeper 的设计目标是保存配置信息，所以每个节点中存放的数据通常不多，因此一个节点的最大数据容量限制为 1MB。每个节点都有一个自己的访问控制列表（Access Control List，ACL），可以单独控制读、写、创建、删除、管理操作。

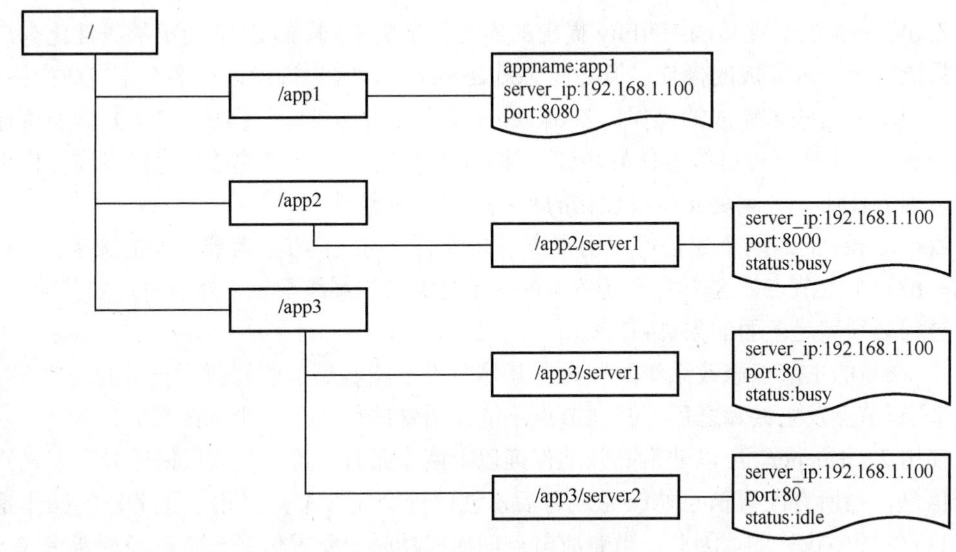

图 12-2　ZooKeeper 数据模型

为了适应不同的需求，ZooKeeper 设计了三类节点。

（1）永久性节点，在创建后会永久存在，除非客户端发出明确的删除请求，这类节点通常用于保存持久的配置信息。

（2）临时性节点，当创建临时性节点的 ZK 客户端与 ZK 服务器的会话连接断开时，此临时节点会被自动删除。临时性节点不可以有子节点，这类节点通常用于监控节点的状态。

（3）顺序性节点，在被创建时，ZK 服务器会自动在此节点路径的末尾添加递增的序号，这类节点通常用于实现分布式锁。

每个节点除保存数据、子节点之外，还维护一个数据状态信息。这个状态信息记录了数据的版本号、时间戳，可以用于缓存验证、条件更新等。每次节点上的数据变化后，版本号都增加 1。客户端获取节点数据时，会同时获取数据的版本号等状态信息。客户端修改节点数据或者删除节点时，必须提供节点原来的版本号。如果提供的版本号与当前的版本号不符，更新操作会失败。

ZooKeeper 的条件更新机制可以用来实现原子变量。客户端使用 ZooKeeper 客户端库提供的 API 对节点进行操作，例如，创建节点、删除节点、读取节点数据、更新节点数据等。

4. ZooKeeper 操作保证

ZooKeeper 对操作的顺序做出如下保证。

① 线性写：所有改变 ZooKeeper 状态的操作都是可序列化的，遵从一定的顺序。

② FIFO 客户端顺序：一个客户端的所有操作按照客户端提交操作的顺序依次执行。

由于 ZooKeeper 只是将写操作线性化，没有将读操作线性化，因此所有的读操作都可以在一台服务器节点上执行，只有写操作才需要在所有服务器节点上执行。这保证了 ZooKeeper 在更多的服务器节点加入 ZooKeeper 服务集群时有较好的线性可扩展性。

ZooKeeper 的线性写与 Herlihy 提出的线性化定义不同。Herlihy 提出的线性化客户端一次只能有一个未完成的操作。但是在 ZooKeeper 中，客户端可以有多个未完成的操作。对于客户端的这些未完成的操作，ZooKeeper 保证它们按照提交顺序 FWO 顺序执行。ZooKeeper 的线性写可以被看作异步线性化，所有对线性化适用的结果对异步线性化也都适用，因为任何一个满足异步线性化的系统都满足线性化。

ZooKeeper 的这两个保证可以用来实现高效的分布式同步。考虑下面的例子：一些节点选举出一个主节点，这个主节点必须首先改变大量的系统配置，然后再通知其他节点。这个过程必须满足下面的条件：

① 在新的主节点修改系统配置时，其他节点不能看到这些修改了一半的配置。

② 新节点发生故障之后，其他节点不能使用这些修改了一半的配置。

使用 ZooKeeper，可以非常高效地保证以上两个条件。新的主节点采用异步方式修改配置信息，当所有配置信息修改完成之后，创建一个完成节点。由于主节点的操作是按照 FIFO 的顺序执行的，因此，当完成节点创建成功时，配置信息一定已经更新完成。其他节点可以设置 Watch 参数监视完成节点的创建，当其他节点看到完成节点创建成功时，就可以去读取配置信息了，这时配置信息一定是完整的。

ZooKeeper 还做出如下保证：

① 当大多数服务器节点可用时，整个 ZooKeeper 服务都可用。

② 当 ZooKeeper 成功响应了一个写操作请求后，无论发生多少次故障，只要大多数服务节点能够恢复，写操作都将持久化。

5．ZooKeeper Watch 机制

客户端除对 ZooKeeper 节点进行操作之外，还提供了一种机制，使客户端在节点数据变化时接收到通知，而不用不断地轮询服务器，以获取节点变化信息，这种机制称为 Watch 机制。当客户端对节点进行读操作时，可以使用一个 Watch 参数，这个读操作跟平常的读操作一样返回节点的数据，而且 ZooKeeper 将会在节点数据变化时通过 Watch 通知客户端。

Watch 是单次触发的，也就是说，ZooKeeper 在通知过一次 Watch 之后，就会将 Watch 注销，下次节点数据变化时并不会再通知。Watch 在客户端与服务器之间的会话过期之后也会自动注销。

Watch 只是通知客户端节点数据发生变化，但是并不将新的节点数据推送给客户端。但是 ZooKeeper 可以保证，客户端在接收到 Watch 通知后读取到的一定是更新后的节点数据。

单次触发和不推送节点数据能够保证客户端获取节点最新的数据。例如，一个客户端在节点/foo 上设置了 Watch，在客户端接收/foo 数据变化通知时，假设节点/foo 的数据改变了两次，由于 Watch 是单次触发的，因此客户端只得到了一次 Watch 通知。但是因为 Watch 并没有将数据推送给客户端，所以客户端必须读取节点以获取节点的最新数据，虽然第二次节点数据的变化并没有通知客户端，但是客户端读取数据时仍然会获取节点最新的数据。

12.3 大数据集群监控

12.3.1 大数据监控特点

基于 IT 发展趋势，在当前的技术环境导向下，大数据、云计算、物联网、移动互联等俨然已成为新时代下 IT 的代名词，成了“互联网+应用”的后场发动机。各大厂商纷纷转向对这些新范式的研究和支持，同时，以这些名词为旗号的初创型企业更是呈爆发式涌现。整个 IT 市场开始了新一轮的洗牌，大数据监控领域也不例外。然而，真正的现状却是，国内外在这方面的工作大都集中在开源工具的交付上，对于客户实际使用中直接相关的运维过程的研究不足。特别是对于大数据集群这一当前的研究热点而言，目前尚无有效的管理工具，并且国内外在这一技术点上均存在空缺。这一缺失不仅会对大数据集群的运维本身造成障碍，同时，由此造成的缺乏足够的数据采集和分析等问题，又进一步阻碍了集群开发者充分理解大数据的意义，从而限制了集群架构的成熟，以及其他相关软件的开发代码质量，进而形成一个恶性循环。因此，一套针对大数据集群的监管工具，是精确了解业务资源的使用状况、及时发现可能导致系统故障的隐患、实现系统运营保障的关键。

另一方面，借助于大数据监管工具，用户除能够正确和及时地了解系统的运行状态外，还能利用监控工具发现影响整体系统运行的瓶颈，帮助系统人员进行必要的系统优化和配置变更，甚至为系统的升级和扩容提供依据。强有力的监控和诊断工具还可以帮助运行维护人员快速地分析出应用故障的原因，把他们从繁杂重复的劳动中解放出来。

还有，监管工具的一大共性缺点就是“误报”。减少误报，就需要有一定的分析能力，或分析引擎，这是监管工具从 Passive 走向 Proactive 到 Active，进而智能化的重要一步。

因此，很多行业客户的 IT 部门纷纷提出要建立大数据监管系统的需求。该系统可监控的内容包括网络、服务器、数据库、中间件和应用。通过大数据监管，可及时发现系统中的故障，减少故障处理时间。目前，多数企业信息化系统都有自己的监控平台和监控手段，可以采用多种手段去实现对系统的实时监控和故障告警。采用的方式基本上分成两种：集中式监控和分布式监控。大数据监管不同于传统运维工具之处在于，大数据环境的复杂性。大数据监管主要面临以下问题：当业务流量不断增加时，如何扩容；当业务流程不断迭代更新时，如何保证服务稳定，及时发现和处理故障。现阶段由于不同层面所用的监管工具不同，因此急需一套能够在大数据架构下实现监控目标的监控系统。站在公司管理角度，一个全面完善的业务监控体系，能够帮助公司准确及时地了解业务在各个层面的实际运营情况，并最终对业务管理提供量化依据。

为了更好、更有效地保障系统上线后的稳定运行，企业对于其服务器的硬件资源、性能、带宽、端口、进程、服务等都必须有一个可靠和可持续的检测机制。通过统计分析每天的各种数据，从而及时发现服务器哪里存在性能瓶颈、安全隐患等。企业还需要有“防患于未然”的意识，即事先预测服务器有可能出现哪些严重的问题，出现这些问题后又该如何去迅速处理，例如，数据库的数据丢失，日志容量过大，被黑客入侵等。

12.3.2 监控系统

在一个 IT 环境中会存在各种各样的设备，例如，硬件设备、软件设备，其系统的构成也是非常复杂的。

复杂的 IT 业务系统由多种应用构成。保证这些资源的正常运转，是一个公司 IT 部门的职责。而要让这些应用能够稳定地运行，则需要专业 IT 人员进行设计、架构、维护和调优。在这个过程中，为了及时掌控基础环境和业务应用系统的可用性，需要获取各个组件的运行状态，如 CPU 的利用率、系统的负载、服务的运行、端口的连通、带宽流量、网站访问状态码等信息。详细来讲，IT 部门在设计监控系统时需要考虑如下几个方面。

1. 系统组成

一个监控系统的组成大体可以分为两部分。

（1）客户端，数据采集部分。

（2）服务器，数据存储、分析、告警、展示部分。

2. 工作模式

监控系统数据采集的工作模式可以分为以下两种。

（1）被动模式：服务器到客户端采集数据。

优点：不需要装客户端，简单。

缺点：当客户端数量多的时候，会出现瓶颈，不易于灵活地定制各种监控插件。

（2）主动模式：客户端主动上报数据到服务器中。

优点：对服务器的压力小，可灵活定制、扩展各种监控插件，延迟小。

缺点：需要装客户端。

大多数监控系统应该能同时支持这两种模式。被动模式对服务器的开销较大，适合小规模的监控环境；主动模式对服务器的开销较小，适合大规模的监控环境。

3. 协议

监控系统采集数据的协议方式可以分为两种：

（1）专用客户端采集。

（2）公用协议采集，如：SNMP、SSH、Telnet 等。

对于采集到的监控数据，可以将其存储到数据库、文本中或者利用其他方式存储。具体采用哪一种，应根据实际需求来决定。

4. 规划原则

对于一般的监控环境，被监控的节点不多，产生的数据较少，采用 C/S（Client/Server，客户-服务器）架构就足够了。这种架构适合于规模较小、处于同一地域的环境。

对于大规模的监控环境，被监控的节点多且监控类型多，监控产生的数据和网络连接开销会非常巨大，而且由于跨地域等多种因素，需要分布式的解决方案，常见的方式为 C/P/S（Client/Proxy/Server，客户-代理-服务器）架构，采用中间代理将大大提高监控服务器的处理速度，从而能支撑构建大型分布式监控的环境。

5. 监控对象

通常，可以将监控对象分类如下。

（1）服务器监控。主要监控服务器的 CPU 负载、内存使用率、磁盘使用率、登录用户数、进程、状态、网卡状态等。

（2）应用程序监控。主要监控应用程序的服务状态、吞吐量和响应时间。因为不同应用程序需要监控的对象不同，这里不一一列举。

（3）数据库监控。之所以把数据库监控单独列出来，是为了说明它的重要性。它主要监控数据库状态、数据库表或者表空间的使用情况，例如，是否有死锁、错误日志、性能信息等。

（4）网络监控。主要监控当前的网络状况、网络流量等。

6. 监控策略

（1）定义告警优先级策略

一般的监控返回结果为成功或者失败。例如，Ping 不通、访问网页出错、连接不到 Socket 等，称为故障，故障是最优先的告警。除此之外，还能监控到返回的延时、内容等，如 Ping 返回的延时、访问网页的时间、访问网页取到的内容等。利用这类返回的结果，可以自定义告警条件。例如，Ping 的返回延时一般在 10ms～30ms 之间。当延时大于 100ms 时，表示网络或者服务器可能出现问题，导致了网络响应慢。这时需要立即检查是否存在流量过大或者服务器 CPU 负载太高等问题。

（2）定义告警信息内容标准

当服务器或应用发生故障时，告警信息内容会非常多，包括告警运行业务名称、服务器 IP、监控的线路、监控的服务错误级别、出错信息、发生时间等。预先定义告警内容及标准，使收到的告警内容具有规范性及可读性，这点对于用短信接收告警内容特别有意义。因为短信内容最多为 70 个字符，要用 70 个字符完全描述故障内容比较困难，所以需要预先定义内容规范。例如，“视频直播服务器 10.0.211.65 在 2012-10-18 13:00 电信线路监控到第 1 次失败”，就可以清晰明了地表达故障信息。

（3）通过邮件接收汇总报表

通过每天接收一封网站服务器监控的汇总报表邮件，用户用两三分钟的时间就可以大致了解网站和服务器状态。

（4）集中监控和分布式监控相结合

主动（集中）监控不需要安装代码和程序，非常安全和方便。但这种方式缺少很多细致的监控内容，如无法获取硬盘大小、CPU 的使用率、网络的流量等内容。而这些监控内容实际上非常有用，例如，CPU 使用率太高表示有网站或者程序出问题，流量太高表示可能被攻击等。

被动（分布式）监控常用的是 SNMP（简单网络管理协议），通过 SNMP 能监控到大部分令用户感兴趣的内容。多数操作系统都支持 SNMP，开通管理非常方便，也非常安全。SNMP 的缺点是占用一定带宽，并且会消耗一定的 CPU 和内存。在 CPU 使用率过高和网络流量大的情况下，无法有效进行监控。

针对不同的应用场景，将上述两种监控方法相结合使用，可以获得较理想的监控效果。

（5）定义故障告警主次

对于监控同一台服务器的服务，需要定义一个主要监控对象。当主要监控对象出现故障，只发送主要监控对象的告警，其他次要的监控对象暂停监控和告警。例如，用 Ping 来作为主要监控对象，如果 Ping 不通出现 Timeout，则表示服务器已经死机或者断网。这时只需要发送服务器 Ping 告警并持续监控 Ping，因为此时再继续监控和告警其他服务已经没有必要。这样能大大减少告警消息数量，同时让监控更加合理、更加有效率。

（6）实现对常见性故障的业务自我修复功能

对常见性故障，应统一部署业务自我修复功能脚本，并对修复结果进行检查确认。检查频次不多于 3 次。

（7）对监控的业务系统进行分级

一级系统实现 7×24 小时告警，二级系统实现 7×12 小时告警，三级系统实现 5×8 小时告警。

12.3.3 监控系统建立途径

一般对监控系统有两种实现途径：自建监控系统和第三方监控系统。

（1）自建监控系统，可以针对业务特性，定制和实现业务监控模型，进而实现对业务各部分状况的精确监控。一般，中大型公司会选择自建监控系统（含外包定制），它们会有专职团队将监控、告警及事件和故障结合起来，产生一个行之有效的工作流，将故障事前、事中、事后的处理流程化。

（2）第三方监控系统，包括开源和商业的监控软件。开源比较常用的监控软件有 Nagios、Cacti 和 Zabbix，侧重于系统层和网络层监控。从作者的实际经验来看，没有一个监控系统是完美的、全能的，不存在一套大而全的监控手段能够覆盖业务的所有方面。只有通过多维的局部监控手段，才能检测和发现问题。道理同人们去体检一样，需要通过数十个体检项目，不同的医学检测仪器，才能全面诊断潜在的健康问题。

一般而言，普通企业可以直接购买商业监控软件或开源软件，解决监控有无的问题，满足最通用的监控需要。如果企业规模较大，对 IT 系统高可用性要求很高，则建议结合业务特点，由专业团队在商业或开源软件的基础上进行修改和定制，主要针对应用层加强监控。

12.3.4 商业监控软件

1. 国外监控软件

（1）IBM Tivoli

Tivoli 是 IBM 公司为企业使用 IBM 产品专门定制的 IT 管理员管理组件，其对应的范围是中大型企业系统管理平台。它提供了智能基础设施管理解决方案，利用基于策略的资源分配、安全、存储和系统管理解决方案，提供了管理和优化关键 IT 系统的集成视图。Tivoli 产品将许多软件和组件打包成一个服务包进行 IT 产品管理。最相关和最重要的系统管理软件包是 Tivoli Storage Manager（存储和备份软件，简称 TSM）、Tivoli Monitoring（Tivoli 监控，简称 TM）和 IBM Workload Automation（IBM 自动化工作流，简称 IWA）。

（2）HP OpenView

OpenView 产品是惠普公司出品的电子业务管理工具程序，面向 HP 系列服务器的用户群。客户可以利用 OpenView 来管理服务器的应用程序，硬件设备，网络配置和状态，系统性能、业务以及程序维护，还能进行存储管理。HP OpenView 是强大的网络和系统管理工具，是一个跨平台的网络管理系统，OpenView 的应用和系统管理解决方案是由一系列套件解决方案组成的。

（3）CA Unicenter

CA 公司的 Unicenter 是分布式异构环境下集中自动化的 ITIL 软件，它的显著特点是功能丰富、界面较友好、功能比较细化。它提供了各种网络和系统管理功能，可以实现对整个网络架构的每个微小细节的控制——从简单的 PDA 到各种大型主机设备，并确保企业环境的可用性。

（4）BMC Remedy

BMC Remedy 是一款移动优先数字化企业管理平台，旨在提升办公人员工作效率，它可以使 IT 化繁为简。Remedy 主要特性包括：人性化的用户体验、出色的报告和可视化功能、自带的移动应用、内嵌 ITIL v3 流程、可使用 Innovation Suite 等。

（5）ManageEngine

ManageEngine 是卓豪旗下的 IT 运维管理解决方案。企业可以借助 ManageEngine 工具管理 IT 基础设施、数据中心、业务系统、IT 服务及安全。ManageEngine OpManager 是一个全新的插件式 IT 运维管理平台，除基础的网络与服务器管理外，还提供流量分析、配置管理、存储管理、虚拟化监控、应用性能管理等丰富的可选模块，从而形成统一的 IT 管理解决方案。

（6）SolarWinds

SolarWinds 网络安全管理软件产品，正在改变各类规模的企业监控和管理其企业网络的方式，提供经济、易于使用、实施快速和高度有效的软件产品。企业使用 SolarWinds 的解决方案来探索、配置、监控与管理日趋复杂的系统和构建网络基础架构。

2. 国内监控软件

（1）北塔

北塔智慧运维平台是北塔软件公司新一代的运维管理软件，在满足用户对于 IT 系统的基本状态和性能无人值守及实时展示的基本运维需求的同时，能够智能抓取关键性能数据，根据预置策略进行数据分析和联动处置；同时提供强大的平台能力和后台开发能力，能将用户个性化的分析方式和处置方式快速实现策略化。

（2）摩卡

摩卡公司自主设计研发的摩卡业务服务管理（Mocha BSM）软件基于 ITIL 的管理理念，倡导 IT 服务 4+1 的管理思想，以实现企业端到端 BSM 为目的，能够全面、可视、实时地监控网络、主机、应用等资源，及时发现问题和瓶颈，准确、快速地定位故障产生的根本原因，告知事件对企业影响的严重程度，根据严重程度和优先级别触发相应处理流程。

（4）网鹰

网鹰（NetEagle）是由上海华讯网络系统有限公司（简称华讯）研发的面向混合 IT 运营支撑的系统。产品功能主要包括：服务器和应用管理、网络设备管理、资产管理、运维管理、深度日志分析、作业自动化、多终端与大屏幕展示、远程桌面、设备配置文件管理等，支持数据库和 Web 服务器全部自动化部署。

12.3.5 开源监控软件

1. Nagios

Nagios 是一个运行在 Linux/UNIX 平台之上的开源监视系统，用来监视系统的运行状态和网络信息。Nagios 可以监视指定的本地或远程主机及服务，同时提供异常通知功能。在系统或服务状态异常时，发送邮件或短信告警以第一时间通知网站运维人员，并在状态恢复后发送相应的邮件或短信通知。

Nagios 同时提供了一个可选的基于浏览器的 Web 界面，以方便系统管理人员查看网络状态、各种系统问题及日志等。

Nagios 的功能如下：

① 监控网络服务（SMTP、POP3、HTTP、NNTP、Ping 等）。

② 监控主机资源（处理器负荷、磁盘利用率等）。

③ 具有简单的插件设计，使用户可以方便地扩展对自己服务的检测方法。

④ 并行服务检查机制。

⑤ 具备定义网络分层结构的能力。其用 Parent 主机定义来表示网络主机间的关系，这种关系可被用来发现和明晰主机是否宕机或不可达状态。

⑥ 当服务或主机问题产生与解决时，可将告警发送给联系人（通过邮件、短信、用户定义方式）。

⑦ 具备定义事件句柄功能，它可以在主机或服务的事件发生时进行更多问题定位。

⑧ 自动的日志回滚。

⑨ 可以支持并实现对主机的冗余监控。

⑩ 可选的 Web 界面，用于查看当前的网络状态、通知和故障历史、日志文件等。

Nagios 软件需安装在一台独立的服务器上运行，这台服务器称为监控中心。每个被监视的硬件主机或服务都将运行一个与监控中心服务器进行通信的 Nagios 后台守护程序，也可以理解为 Agent 或插件。监控中心服务器读取配置文件中的指令，与远程的后台守护程序进行通信，并且指示远程的后台守护程序进行必要的检查。虽然 Nagios 软件必须在 Linux 或 UNIX 操作系统上运行，但是远程被监控的机器却可以是任何能够与监控中心服务器进行通信的主机。根据远程主机返回的应答，Nagios 将依据配置进行回应。接着 Nagios 还将通过本地的机器进行测试，如果检测返回值不正确，Nagios 将通过一种或多种方式告警。Nagios 的架构如图 12-3 所示。

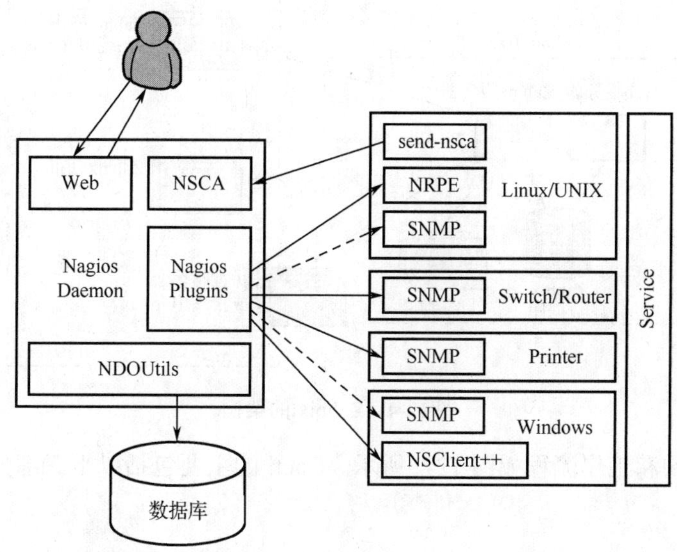

图 12-3　Nagios 的架构

2．Zabbix

对于大规模的监控对象，推荐使用 Zabbix。它是一个企业级的开源分布式监控解决方案，由一个国外的团队持续维护更新。Zabbix 软件可以自由下载使用，运作团队靠提供收费的技术支持赢利。Zabbix 通过 C/S 模式采集数据，通过 B/S 模式在 Web 端展示和配置。

Zabbix 的架构如图 12-4 所示，它具备常见的商业监控软件的功能，包括主机的性能监控、网络设备性能监控、数据库性能监控、FTP 等通用协议监控、多种告警方式、详细的报表图表绘制等。此外，Zabbix 还能提供更强大的功能：支持自动发现网络设备和服务器；支持分布式，能集中展示、管理分布式的监控点；扩展性强，服务器提供了通用接口，并且用户还可以自己开发并完善各类监控。

Zabbix 优点如下：

① 分布式监控。适合构建大规模的分布式监控系统，具有节点（Node）、代理（Proxy）两种分布式模式。

② 自动化功能。自动发现，自动注册服务器，自动添加模板，自动添加分组。

③ 触发器。告警条件有多重判断机制。

3．Cacti

Cacti 是一套基于 PHP、MySQL、SNMP 及 RRDTool 开发的网络流量监测图形分析工具，可以对 CPU 负载、内存占用、运行进程数、磁盘空间、网卡流量等各种数据信息进行监控。它通过 snmpget 来获取数据，使用 RRDTool 绘画图形，并提供了非常强大的数据和用户管理功能，界面简单直观，可以允许用户查看树状结构、Host 以及任何一张图，还可以与 LDAP 结合进行用户验证，同时也能自己增加模板，功能非常强大完善。

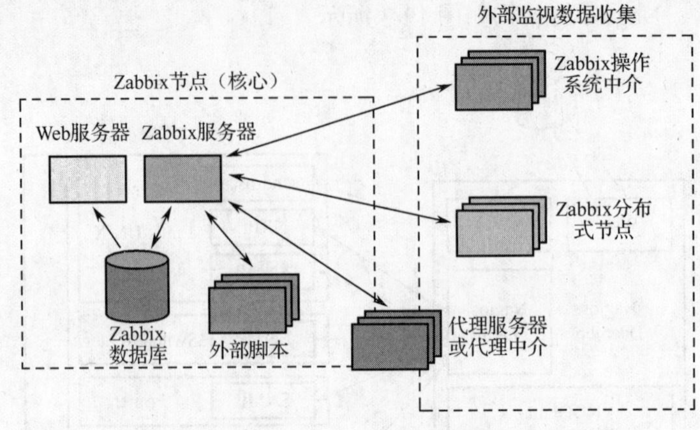

图 12-4　Zabbix 的架构

Cacti 的架构和工作流程如图 12-5 所示。Cacti 的主要包括以下三部分。

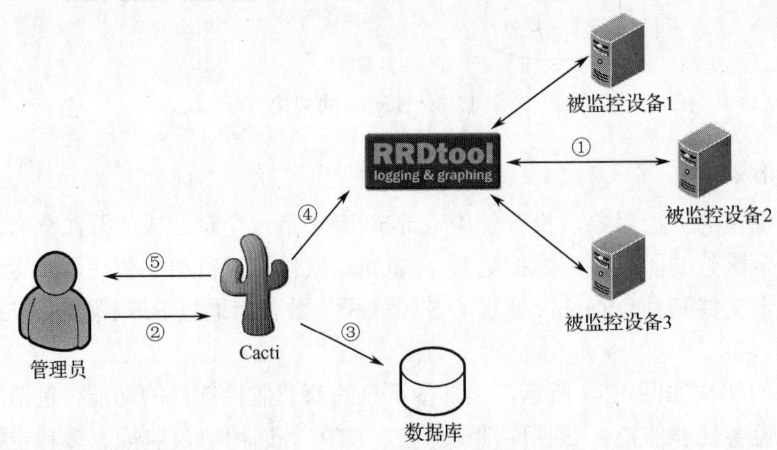

图 12-5　Cacti 的架构

（1）数据采集。Cacti 基于 SNMP 协议进行数据采集，几乎所有的网络设备（交换机、路由器等）和操作系统默认都安装了 SNMP 服务。Cacti 会定时运行数据采集脚本，使用 snmpget 命令或其他自己定义的方式进行数据的采集。也可以自己编写脚本进行数据采集。

（2）数据存储。Cacti 的数据存储工具有两个：MySQL 数据库和 RRDTool 数据库。MySQL 配合 PHP 程序存储一些变量数据，并对变量数据进行调用，如：主机名、主机 IP、SNMP 团体名、端口号、模板信息等变量，而 SNMP 服务所收集的数据，即性能数据，保存在 RRDTool 自己的数据库格式 RRD 文件中。

（3）数据呈现。Cacti 利用 RRDTool 引擎绘制监控数据的图表，并展现在 Web 页面上。数据呈现的 Web 服务功能由 PHP 编写，运行在 Apache 的 Web 服务器上。其中，Web 页面分为管理控制台和图形显示页面两大块。管理控制台供用户设置各种模板、创建图形、管理用户等。图形显示页面按照用户定义的树状结构管理所有图形，并实时绘制图形。

如图 12-5 中对应序号所示，Cacti 的工作流程为：①Cacti 利用 SNMP 服务定时采集所监控设备的相关数据，并存入 RRDTool 文件存储系统中，RRD 文件存储在 Cacti 根目录的 RRA 文件夹下，其中 SNMP 需要的变量数据是通过读取 MySQL 配置数据库得到的；②用户可以通过 Web 界面发起查看监控设备的流量数据等请求；③Cacti 从 MySQL 数据库中查找对应设备的基本信息；④调用 RRDTool 对该设备的流量数据进行绘图；⑤将绘制好的图形通过 Web 页面为用户进行呈现。

通过以上架构和工作流程，Cacti 很好地为集群管理员提供了以下功能：

（1）数据定时采集。Cacti 支持两种数据输入渠道，一种是通过 SNMP 服务；另一种是用户自己编写脚本。Cacti 数据采集器会定时地获取 SNMP 数据或运行用户脚本，并将采集的数据更新到 RRD 环状数据库文件中。

（2）图表实时绘画与显示。Cacti 采用高性能的绘图引擎 RRDTool，定时刷新与显示图表。在绘制前，Cacti 还可以对数据进行简单算术或逻辑运算。用户不仅可查看当前数据，还可按照每年、每月、每周等不同视角查看图表。

（3）树状的主机和图像管理。在 Cacti 中，主机和图表以层次清晰的树状结构管理。树的根节点为项目名称，子节点为监控的主机，孙子节点为该主机定制的一系列图表。

（4）用户和权限管理。Cacti 允许管理人员创建新用户，并赋予不同层次的权限，例如，管理用户可以配置或修改图表的定义，而普通用户则只有权查看。

（5）模板定义和导入导出。Cacti 提供三种类型模板，用户可以根据模板快速配置，提高效率。Cacti 支持用户自定义模板，或导入外部模板。

（6）快捷定制。Cacti 用户无须明白绘图引擎 RRDTool 的众多参数，只要在 Cacti 管理界面上操作，即可轻易地定制出想要的图表。

4. Ganglia

Ganglia 是 UC Berkeley 发起的一个开源实时监控项目，可以监控数以千计的节点规律实时状态或统计历史数据的功能。Ganglia 可以用来监控 CPU 利用率与负载、内存占用情况、硬盘利用率、I/O 读写状态、网络网络流量等信息，所有监控指标均通过 RRDTOOL 绘制为时序图，向用户提供 Web 展示接口。

Ganglia 系统在结构上包含三个主要的组件：Gmond、Gmetad 和 Gweb，三者在结构上相互协作。图 12-6 展示了监控系统的架构图。

（1）Gmond

Gmond（Ganglia Monitor Daemon）在 Ganglia 监控系统中的扮演着代理（Agent）进程的角色。Gmond 和普通的代理进程一样，工作在每台被监控的服务器上，负责指定监控指标数据的采集。Gmond 内部采用了模块化设计的思想，每个单独的被监控指标的采集任务均由对应的监控脚本来完成，这些脚本以插件的形式被 Gmond 加载，并周期性地调用。Gmond 默认已经为用户提供了全面的标准插件，以帮助用户来快速地安装并使用 Ganglia，实现全面的分布式集群监控。除此之外，用户可以通过多种语言（C、C++或

Python）编写自定义的监控脚本，来支持自定义指标数据的采集。同一个集群内部的所有Gmond之间，通过XDR（External Data Representation）将数据进行封装并分享。

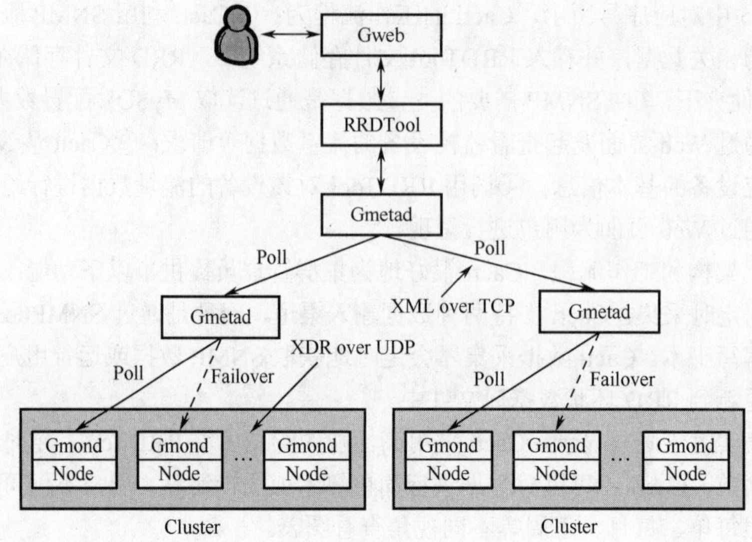

图 12-6　Ganglia 的架构图

Ganglia 的收集数据工作可以在单播（Unicast）和多播（Multicast）模式下进行。单播模式是指每个被监控节点发送自己收集到的本机数据到指定的一台或几台主机上。单播模式可以跨越不同的网段。如果是多个网段的网络环境，就可以采用单播模式收集数据。多播模式是指每个被监控节点发送自己收集到的本机数据到同一网段内所有的主机上，同时也接收同一网段内的所有机器发送过来的监控数据。

Ganglia 默认使用多播方式发布收到的监测数据，集群中的所有节点共享同一个多播地址。考虑到每台 Gmond 主机都会将指标数据多播到集群内的其他主机上，因此每台Gmond 主机也都记录了从集群内其他主机收到的指标数据，也就是说，Ganglia 集群内的每个 Gmond 节点都知道它所在的集群内所有主机的当前指标数据。通过端口定期向被监控集群内的某个 Gmond 发出轮询请求，从而获得整个集群的监控数据。正是由于这种设计方式，Ganglia 天生具有良好的可扩展性和弹性，只需对集群内的任意一个节点进行轮询，便可得到整个集群的性能状态，避免了因为单节点故障而造成整个监控系统的失效。

（2）Gmetad

Gmetad（Ganglia Metadata Daemon）是 Ganglia 监控系统的主监控模块，完成所有监控数据的收集与存储，它所在的主机通常被称为主监控节点。Gmetad 只需轮询任意一个节点，就可以获得该节点所在集群的所有被监控指标数据。Gmetad 将所有轮询到的指标状态值写入本地的轮询数据库（Round Robin Database，RRD）中。RRD 内部采用“循环覆盖”技术对数据进行存储与管理。这种数据存储方案使得用户可以对近期数据进行细粒度的查询，同时也可以在占用较少的硬盘空间的前提下，对存储数年的历史数据进行粗粒度查询。

RRD 数据库文件用来存储时间序列的数据，例如某个服务器的系统指标历史数据。

与其他的传统数据库技术相比，RRD 最大的特点就是随着时间的增长，数据库文件所占的磁盘大小保持不变，这就避免了一定时间后可能面临的数据库扩容以及数据转储的问题。

一般，在 Linux 环境下，我们通过 RRDTool 工具来处理 RRD 文件。针对某一个 RRD 文件，我们可以定义多个数据存储轨道（RRA），每个存储轨道可以定义不同的存储时间粒度与存储的数据点个数。我们可以将 RRD 文件的内部存储结构想象成类似于跑道的多层环形轨道，每层轨道负责存储一种粒度的数据，最外层轨道存储的数据粒度最小，内层轨道的存储粒度是最外层轨道的倍数。在更新数据的时候，首先以覆盖写入的方式将最新的数据写入最外层存储轨道上，然后通过计算平均值等方式更新其他存储轨道上的值。对于近期短时间范围的数据查询，RRDTool 自动选择满足指定时间范围的最外层存储轨道，使得返回的数据粒度最小，便于用户查询。对于较久远的历史数据，RRDTool 则返回内层轨道上的数据，其存储的时间范围较长，但是数据的粒度比较大。因此 RRD 技术实际上是以牺牲一部分历史数据的方式来保证文件所占用的磁盘大小不变的。

（3）Gweb

Gweb（Ganglia Web）运行于 Web 服务器上，是 Ganglia 默认的 Web 展示接口，以图表的形式显示所采集的监控数据。通过 Gweb，Ganglia 实现了数据可视化，通过图表准确、形象地对监控数据进行展示与对比。Gweb 默认提供全面的状态展示功能，用户可以方便地查看整个被监控集群的性能概况，以及任意一台服务器中的任意一个被监控指标的详细历史变化曲线。同时 Gweb 还为用户提供了自定义指标组合查询功能，可以将不同的指标数据集成到一张曲线图中，方便进行数据对比分析。Gweb 采用 PHP 语言实现，因为需要访问 Gmetad 创建的 RRD 文件，所以一般将 Gweb 和 Gmetad 部署在同一台服务器节点上。

在 Ganglia 分布式结构中，经常提到的几个名词有 Node、Cluster 和 Grid，这三部分构成了 Ganglia 分布式监控系统。

① Node：Ganglia 监控系统中的最小单位，即被监控的单台服务器。

② Cluster：表示一个服务器集群，由多台服务器组成，是具有相同监控属性的一组服务器的集合。

③ Grid：表示一个网格。Grid 由多个服务器集群组成，即多个 Cluster 组成一个 Grid。

一个 Grid 对应一个 Gmetad，在 Gmetad 配置文件中可以指定多个 Cluster。一个 Node 对应一个 Gmond，Gmond 负责采集其所在机器的数据，同时 Gmond 还可以接收来自其他 Gmond 的数据，而 Gmetad 定时去每个 Node 上收集监控数据。

在 Ganglia 分布式监控系统中，Gmond 和 Gmetad 之间是如何传输数据的呢？图 12-7 是 Ganglia 的数据流向图，也是 Ganglia 的内部工作原理。

Ganglia 基本运作流程如下。

① Gmond 收集本机的监控数据，发送到其他机器上，并收集其他机器的监控数据。Gmond 之间通过 UDP 通信，传递文件格式为 XDL。

② Gmond 节点间的数据传输方式除支持单播点对点传送外，还支持多播传送。

③ Gmetad 周期性地到 Gmond 节点或 Gmetad 节点上获取（Poll）数据。由于 Gmetad 只有 TCP 通道，因此 Gmond 与 Gmetad 之间的数据都以 XML 格式传输。

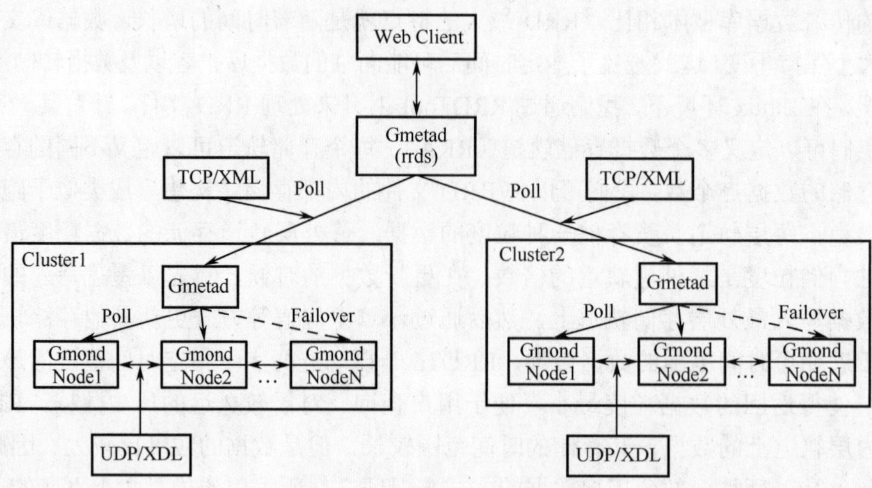

图 12-7　Ganglia 数据流向图

④ Gmetad 既可以从 Gmond 也可以从其他的 Gmetad 中得到 XML 数据。

⑤ Gmetad 将获取的数据更新到 rrds 数据库中。

⑥ 通过 Web 监控界面，从 Gmetad 中取数据，并且读取 rrds 数据库，生成图片显示出来。

5. Ambari

目前，大多数 Hadoop 集群的安装过程，都是管理者手工完成的。在开始安装之前，需要创建若干具有特定权限的用户，然后通过 SSH 工具远程登录到数据中心的服务器上，从 Hadoop 基础组件开始，使用 Linux 命令一步一步地逐个安装需要用到的 Hadoop 模块。由于目前 Hadoop 版本的复杂性，以及这些组件之间的相互依赖关系，这一安装过程需要管理者小心翼翼地仔细规划并执行，以免出现意想不到的错误。即使是一个很熟练的使用者，在一台服务器上完成这一过程通常也需要 1 小时左右的时间。试想一下，如果集群中上百台甚至上千台的机器需要安装，这将是怎样一个浩大的工作量。

在集群安装成功后，还需要对机器的日常运行状况进行监控。在由大量低成本服务器构建的集群中，各种各样的故障每天都会频繁发生。尽管 Hadoop 技术已经能确保这些故障不会影响集群的运行，但是，如果放任故障发生，累积起来会逐渐降低集群的整体运行效率。因此，及时而准确地运行数据采集和故障告警，对维持 Hadoop 集群的高效运转是非常重要的。而要监控包含了大量服务器节点和复杂应用组件的 Hadoop 集群，依靠人工使用 Linux 命令或 Hadoop 组件的 Shell 命令来了解集群的日常运行状况显然是不现实的。Apache Ambari 就是为了满足以上需求而诞生的开源项目。虽然 Ambari 目前还只是 Apache 组织的孵化阶段项目，但其强大而方便的功能已得到了很多 Hadoop 集群管理员的喜爱。

Ambari 的架构如图 12-8 所示。从图中可以看到，作为一个新兴的开源项目，Ambari 没有完全从零开始构建其系统，而是利用了适合其目标功能的开源组件作为基础。除核心组件外，Ambari 主要用到了三个开源组件。前面介绍过的 Ganglia 和 Nagios 分别被用于监控集群运行和处理异常告警。而对于最基础的安装部署 Hadoop 组件，Ambari 使用了开源的软件自动化配置和部署工具 Puppet。简要而言，Puppet 是一个基于 C/S 架构的自动部署工具，在 Puppet 服务器（也就是 Ambari 管理节点）中保存了所有待部署的客户端（也就是 Hadoop 工作节点）的配置代码。客户端从服务器获取与之相关的配置代码，并根据代码安装相应的软件模块。Ambari 利用 Puppet 的能力，编写了安装 Hadoop 各类组件的配置代码，并按照使用者安装时的配置下发到相应节点中，以完成安装部署过程。

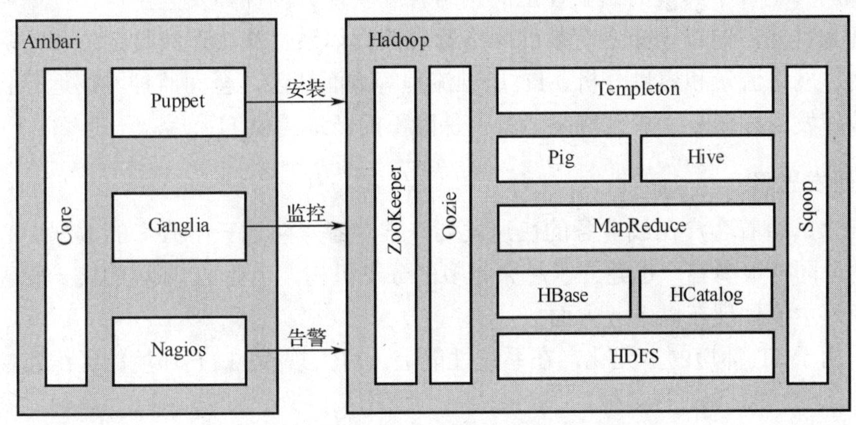

图 12-8　Ambari 的架构

通过结合 Ganglia、Nagios 和 Puppet 的能力及核心组件的扩展功能，Ambari 可以帮助管理员方便快捷地通过 Web 界面完成以下工作。

（1）安装 Hadoop 集群。借用 Puppet 组件的能力，Ambari 为管理员提供了易于使用的向导化的 Hadoop 集群安装服务能力，可以将 Hadoop 的各类组件安装在任意数量的节点上。

（2）配置集群中的各类组件。Ambari 为管理员提供了一个基于 Web 的集中化管理界面，可以对集群中的各类 Hadoop 组件进行启动、停止、配置等基础管理操作。

（3）监控集群状态。利用 Hadoop 中与开源项目 Ganglia 集成的能力，Ambari 实现了一个可以监控集群节点运行状态的集中式控制台。通过集成另一个开源项目 Nagios 的能力，Ambari 可以在节点发生故障或某些部件性能出现瓶颈（例如磁盘低于某一阈值）时，向管理员发送告警邮件。

目前，Ambari 已经对大多数 Hadoop 相关组件提供了支持，包括 MapReduce、HDFS、HBase、HCatalog、Hive、Pig、Oozie、Sqoop、ZooKeeper、Templeton。

只有将上述系统与传统网络管理软件有机结合，才能对大数据集群进行有效的监控。传统网络管理软件很多年前首推 HP OpenView，紧接着是 Sun Netmanager，后来又有 CiscoView、IBM Tivoli、CA Uni-Center、MOM（Microsoft Operation Manager）。这些网络管理软件各有千秋，但主要分为由下往上和由上往下（OSI 层状模型）两类。微软的 MOM、IBM Tivoli 就是由上往下的，Cisco View、HP OpenView 则是由下往上的。

华讯网络管理软件的设计和实现基于 ITIL 理论和华讯多年的网络系统集成经验，正从传统网络管理向面对 SDN、计算云、大数据混合 IT 统一管理（UMP，Unified Management

Platform）纵深发展。

这里，以华讯的网鹰和 UMP 作为例子，不仅仅是因为作者主导了它们的开发，更要反映的是对好的网络管理软件的预期。

12.3.6 传统网络管理软件：网鹰

华讯网鹰是一个典型的由下往上的网络管理软件。以保障安全生产，提高网络服务质量管理为目标，定位于建立有效的网络管理流程体系，从快速故障定位和排除、设备性能检测、网络流量和容量分析、IT 运维流程等方面切入，全面监控网络运行状态，实现快速故障发现和恢复，规范网络运维，保障不间断地提供 IT 服务。

1. 研发思路

近年来，随着客户在线业务的快速发展，推动着“两地三中心”的数据中心建设方案的落地，同时很多客户也建立了越来越多的分支机构，企业 IT 环境的统一管理面临着新的挑战，主要体现在以下 4 方面。

（1）由于 IT 环境的多元化，在系统性能上，对大规模的 IT 环境的运维监控存在性能瓶颈。

（2）由于在线业务对于运维实时性的高要求，客户的运维要求从 5×8 小时变为 7×24 小时，需要大量依赖自动化工具，难以采用固定场景自动化的方式来对客户的运维进行支持。

（3）同样，由于运维实时性的高要求，客户对于运维的关注点更加倾向于业务保障，而在线业务的快速迭代性，决定了产品要对此特性进行支持，必须提供一套业务运维模型。

（4）在线业务快速迭代的特性，还要求客户的运维需要给出各类预测，对运维系统提出了趋势预测的智能分析需求。

为了能够更好地适应客户的 IT 环境以及客户对于 IT 运维的需求，华讯网管软件在一体化运维平台的基础上，在平台整体架构、设备支持的范围、运维监控的易用性、业务建模及关联性分析、场景化自动运维等方面不断改进。

2. 设计原则

（1）提供标准的高可用和分层架构，支持大规模客户。

（2）采集分析的性能压力可以通过系统架构实现拓展。

（3）支持大量的数据库轮询访问，保证高速响应、高实时性。

（4）实现统一的外部接口以便外部系统集成。

（5）提供主从模式支持总分机构。

（6）模块之间解耦，实现独立部署应用。

3. 系统架构

如图 12-9 所示，网鹰系统的架构分为三层，包括数据采集层、数据处理层和展现层。

（1）数据采集层通过南向接口从被管理对象（路由交换、防火墙、负载均衡及 SDN 控制器等）获取原始数据，通过高速缓存队列交予数据处理层。

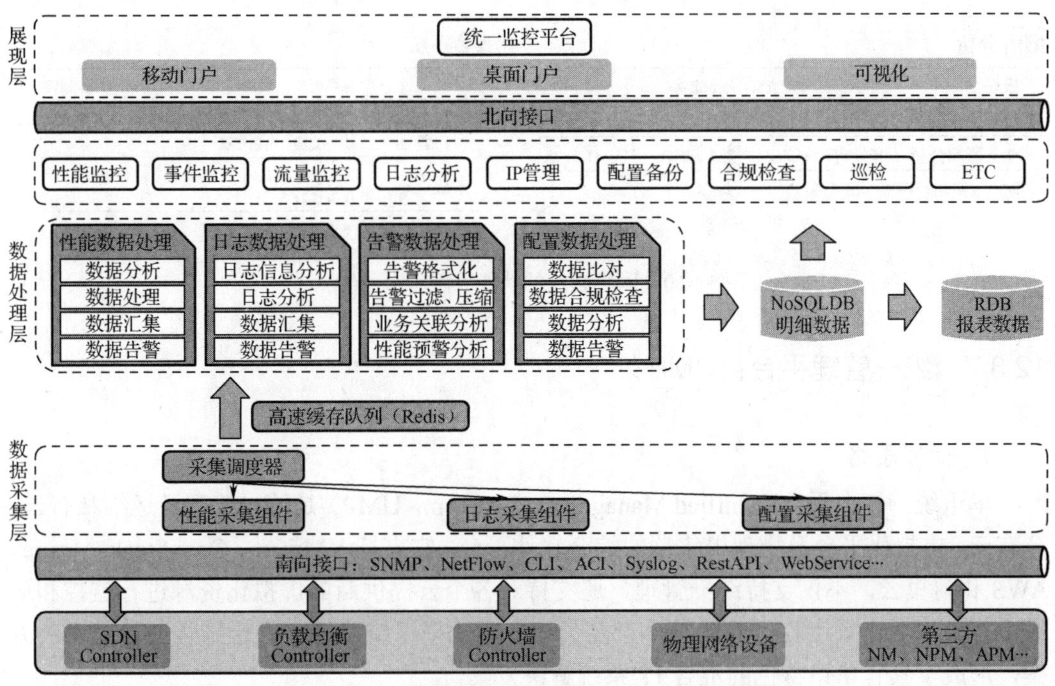

图 12-9　网鹰系统的架构

（2）数据处理层负责实现产品的业务逻辑，将采集数据按业务需求处理后，转存至关系数据库或缓存中供其他层调用。

（3）展现层实现了产品数据的可视化展示及运维，读取缓存或关系数据库中的数据进行编排呈现，通过北向接口最终在页面上完成数据展示。

4．业务架构

网鹰系统以 CMDB 为数据整合中心，采用可扩展的分布式架构，主要功能包括资产与配置管理、性能管理、故障管理、告警管理、报表管理、拓扑管理、IP 地址管理、资产变更服务台、配置备份、配置下发、巡检管理、一键切换、网流分析、业务关联、防火墙策略管理、服务器监控、合规检查、服务器硬件监控等，如图 12-10 所示。

监控

监控	
性能管理	监控查看　指标监控　监控配置　指标定制　snmp 测试　指标统计查看
故障管理	实时事件查看　历史事件查看　事件声音告警　事件策略维护　配置管理　Rules调试　日志查询
巡检管理	巡检结果查看　自动巡检组配置　手工巡检　巡检报告配置和查看　策略配置
告警管理	策略定制　记录查看
NetFlow	NetFlow设备一览　历史查询　汇总查看　配置
云平台	总览　状态　虚拟机　事件告警　系统配置
硬件管理	硬件管理　阈值配置

运维

运维	
大屏	大屏编辑　大屏展现
资产管理	资产管理　资产探测　变更服务台　Agent管理
拓扑管理	拓扑编辑　拓扑展现
配置备份	配置查询　手工备份　日志查询　自动备份　备份策略配置
配置下发	配置执行　历史查询
IP地址管理	IP地址管理
一键切换	一键切换

图 12-10　网鹰系统的功能界面展示

分析

报表	实时查询　报表查看　报表定制
合规检查	基线检查　基线维护　基线恢复
业务影响分析	任务管理　任务配置　数据源配置
防火墙策略管理	防火墙配置

系统

系统配置	参数配置　工作日设定　时间策略　数据源配置　系统恢复　License更新
用户管理	用户管理　角色管理
系统信息	系统状态　任务管理　在线用户　日志审计　配置参数
基础信息库	基础信息库

图 12-10　网鹰系统的功能界面展示（续）

12.3.7　统一管理平台：UMP

1．研发思路

华讯统一管理平台（Unified Management Platform，UMP）是统一管理及运维私有云、公有云、虚拟化平台及物理机集群的综合软件平台。它支持 VMware、OpenStack、Azure、AWS 和阿里云，不仅支持统一管理，还支持对各个云提供商的虚拟化资源进行监控和运维工作。由于市场上相对应的软件产品欠缺，因此华讯统一管理平台结合云计算解决方案，形成了具有华讯特色的混合 IT 系统解决方案。

随着云计算虚拟化解决方案的逐渐成熟，很多客户开始在多种云提供商上建立自己的虚拟化资源。

很多 IT 客户可能拥有不止一个云提供商的虚拟化资源，然而每个提供商都有自己的管理策略及管理套件，使得客户在管理自己的虚拟化资源时需要在多个管理平台上切换，造成资源利用的不充分和维护的困难。因此需要一个管理平台能够同时管理多种云提供商的虚拟化资源，并提供统一的用户界面、灵活简便的操作、统一的资源监控。

2．系统架构

华讯统一管理平台 UMP 对各种云提供商资源提供集中统一的管理。云提供商包括私有云提供商和公有云提供商。私有云提供商有：OpenStack、VMware、Citrix，公有云提供商有：AWS、Azure、阿里云、金山云等。UMP 系统采用 B/S（HA）架构，为用户提供操作方便，功能丰富的管理服务。整个系统采用页面与服务分离的架构设计，如图 12-11 所示。

3．产品功能

（1）系统管理

系统管理模块的主要功能包括用户管理、组管理、角色管理和日志管理。

（2）云管理

云管理模块主要功能包括提供商管理、云主机管理、模板管理、镜像管理、存储管理和网络管理。

（3）服务管理

服务管理为虚拟资源中的一种，用户可以像申请虚拟资源一样申请服务资源来供自己使用。目前系统提供的服务有 MySQL 服务、Tomcat 服务和 Redis 服务。

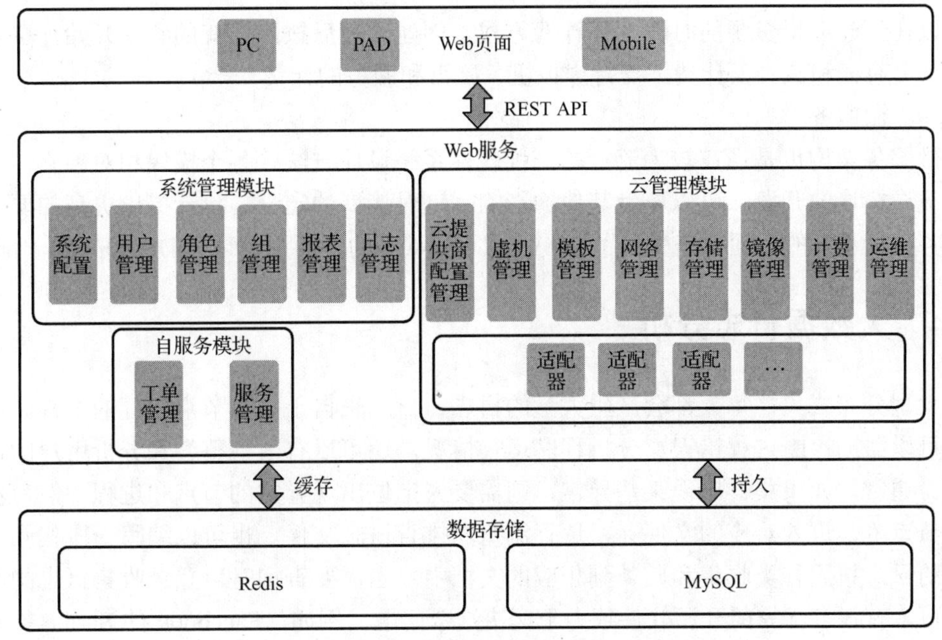

图 12-11　UMP 的系统架构

（4）工单管理

工单管理模块主要用于普通用户通过创建工单来申请虚机资源或者其他虚拟资源。超级管理员或者租户管理员接到申请资源的工单后，通过审批工单来决定该资源是否被创建。若工单审批通过，则在通过工单时，该工单申请的资源会在后台被创建。若工单审批不通过，则该工单申请的资源不会被创建。

（5）运维管理

运维管理模块提供运维一台云主机（或物理机）时需要的 IP 地址、SSH 登录信息和 shell 脚本等信息，用于批量执行脚本。包括新增、删除、修改脚本模板，多台云主机同时执行脚本，实时查看脚本执行结果，配置云主机（或物理机）的 IP 地址和 SSH 登录信息，对云主机（或物理机）安装 Zabbix-Agent、端口探测和查看端口的功能。

（6）监控管理

监控云平台环境的物理机和虚拟机。用户可以按需将虚拟机分成多个监控组，每个监控组拥有多个监控模板，监控模板定义多个监控项和数据采集时间，监控项定义数据采集指标和告警指标。目前支持 CPU、内存、磁盘和网络流量的数据监控。

（7）报表管理

报表管理主要完成系统定时导出报表并发送给个人的功能。目前，系统支持的报表类型有日报、周报、月报、季报和年报。用户可以通过新增策略来定义日报、周报、月报、季报和年报的生成时间。

（8）计费管理

计费管理使得每个租户的虚拟资源用量在货币上有所体现，用户可以自定义虚拟资源的费率，以租户为单位计算 VCPU、内存和硬盘的使用量每天需要付出的货币值。用户可以在创建虚拟资源的时候选择计费方式，创建成功后按照已有的费率开始计费。目前支持公有云和私有云计费，支持虚拟机、磁盘和服务的计费。

（9）微服务

微服务架构也是现在较为流行的一种软件系统设计方法。各个模块相对独立，对于需要改进模块的开发，可以不受其他的影响。这对接口的定义、设计提出更高的要求。微服务架构从大的方面说是受到了 SOA 的影响，从小的方面说是现今 Dev/Ops 的一部分。

12.4 大数据日志分析

大型分布式集群每天都会产生大量的日志，日志来自于每个节点运行的进程。这些日志可以帮助诊断进程错误、分析程序运行情况，还可以有效地整合和分析用户的访问数据。通常，如果集群出现某些异常，则需要先定位出现异常的节点和进程，然后登录到该节点上，进入对应的文件夹，逐行浏览和排查日志文件。也可以编写一段代码，将所有的日志按照种类收集和归类到相应的文档中。当需要查询时，登录收集日志的服务器即可。有很多优秀的开源软件致力于解决这个问题。例如，Facebook 的 Scribe 能够从各种日志源中收集日志，存储到一个中央存储系统中，并且有容错机制，防止日志丢失。Flume 可以从不同的机器中收集大量日志并存储到 Hadoop 的 HDFS 中，它的故障切换和恢复机制可以保证数据的可靠性，此外还有在线分析应用的功能。

1. ELK

目前，日志分析工具多达数十种，其中应用较多的有 Splunk、ELK、AWStats、Graphite、LogAnalyzer、rsyslog、Log watch、Open Web Analytics 等，其中，领头羊当属 Splunk 和 ELK，其中 Splunk 属于商业运营产品，而 ELK 属于开源产品。ELK 的应用大致可以分为两类。一类是系统和应用的监控，可以通过 Kibana 做出不同的 Dashboard 来实时监控集群的状况，如 CPU 利用率、内存的使用情况、集群的 Job/Task 完成情况等；另一类用处在于快速的故障排查，运行中的集群时时刻刻都在打印日志，我们可以通过 ELK 系统来收集、存储和检索日志，然后通过关键字或者日志类型等查询条件来快速查看用户感兴趣的日志，以便快速找出问题的根源。

ELK 最初由 Elasticsearch、Logstash、Kibana 三大核心组件组成。

Logstash 是一个用来搜集、分析、过滤日志的工具。它支持几乎任何类型的日志，包括系统日志、错误日志和自定义应用程序日志。它可以从许多来源接收日志，这些来源包括 syslog、消息传递（例如 RabbitMQ）和 JMX，它能够以多种方式输出数据，包括电子邮件、WebSocket 和 Elasticsearch。

Elasticsearch 是实时全文搜索和分析引擎，提供搜集、分析、存储数据三大功能。它构建于 Apache Lucene 搜索引擎库之上。

Kibana 是一个基于 Web 的图形界面，用于搜索、分析和可视化存储在 Elasticsearch 中的日志数据。它利用 Elasticsearch 的 REST 接口来检索数据，不仅允许用户创建自己数据的定制仪表板视图，还允许他们以特殊的方式查询和过滤数据。

随着该系统的发展，增加了组件 Shipper。Shipper 专门用来收集集群主机上的日志和数据。

Logstash 自身有收集日志功能，但由于它是一种非轻量级的工具，因此在运行过程中会占用较多的资源（如 CPU 和内存等），这会影响集群的整理性能。而 Shipper 是一种轻量级日志收集工具，对集群整理性能消耗相对小很多。起初的 Shipper 为 Logstash-forwarder，后来发展到了 Beats。

Beats 负责在终端收集日志和数据，包括：Filebeat、Packetbeat、Metricbeat、Winlogbeat、Topbeat 等。用户还可以借助 Libbeat 来开发自己的 Beats。Filebeat 功能相当于 Logstash-forwarder，用于收集文件日志。Packetbeat 用来收集网络方面的数据。Topbeat 已经合并到 Metricbeat 里面，用来收集系统或者某个指定的服务所占用的 Metric。Winlogbeat 用来收集 Windows 系统上的日志信息。目前，已经有数十种 Community Beats，可供下载使用。

在不同的应用场景中，ELK 系统的结构略有不同，例如，有的场景运用 Redis 或者 Kafka 来作为消息队列，以减轻 Logstash 的压力，以防数据丢失。

ELK 大致工作流程为：Beats 从终端机器收集各种数据，发送给 Logstash 进行解析和格式化处理，再存入 Elasticsearch 中，然后通过 Kibana 展示给用户。Beats 也可以直接将数据发送给 Elasticsearch，但是在一般情况下，都需要通过 Logstash 对数据进行解析加工，便于 Kibana 进行图形化的展示。

通常，日志被分散地存储在不同的设备上。管理大规模的集群，如果还使用依次登录每台机器的传统方法查阅日志，会使得效率极其低下，而且工作烦琐。因此，集中化的日志管理就显得越来越重要。ELK 可以被运用于多种场合，例如，Hadoop 集群的监控，Spark 集群的监控等。另外，如果使用时因为某种缺陷而无法达到用户的需求，可以根据 ELK 官方提供的方法来开发自己的插件。

2. Chukwa

Chukwa 是为了解决大型分布式集群的日志收集和分析问题而开发的，使用了很多 Hadoop 组件，所以尤其适用于 Hadoop 集群。它可以将各种类型的数据收集成适合 Hadoop 处理的文件，并保存在 HDFS 中，供 Hadoop 进行各种 MapReduce 操作。

Chukwa 的架构及工作流程如图 12-12 所示。Chukwa 可以从整体上分为三个主要部分：运行于被管理集群节点上的 Agent，运行于 Chukwa 管理集群中的 Collector，以及作为 Chukwa 管理集群一部分的数据处理及分析集群。下面从这三部分详细说明各部分的功能及交互过程。

（1）运行于被管理集群节点上的 Agent。Agent 是 Chukwa 采集被管理集群节点数据的功能组件，部署在每台需要收集运行数据的服务器上。Chukwa 支持日志文件、数据文件和性能数据等多种形式的数据源，例如，Hadoop 组件运行日志、应用程序 Metric 数据、系统参数数据（如 CPU 利用率）等。这些数据源通过 Agent 进程内的不同适配器（Adapter）进行收集。Agent 的主要功能就是管理这些适配器，一方面周期性地备份适配器的状态，以防止数据丢失，另一方面定时将数据发送给 Collector。

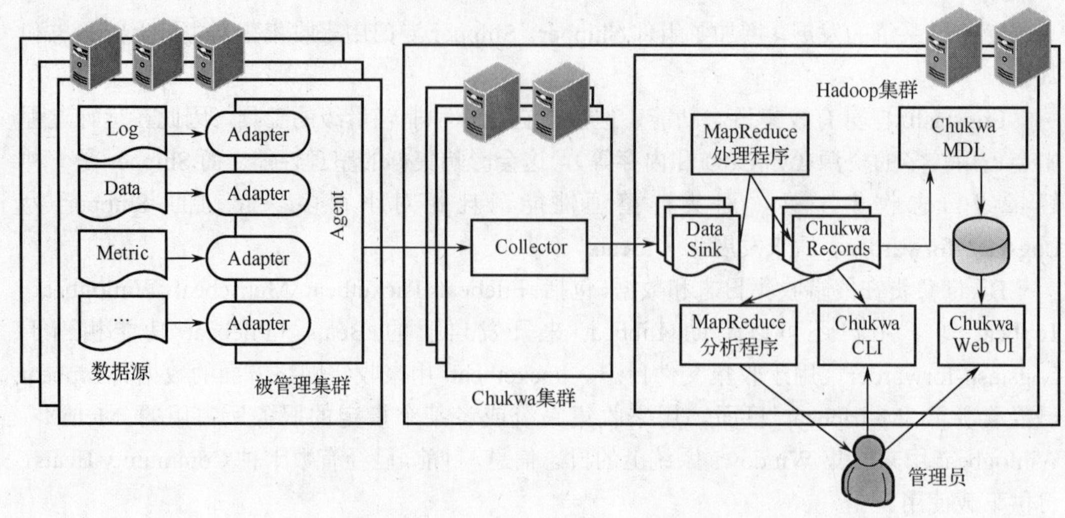

图 12-12　Chukwa 系统架构及工作流程图

（2）运行于 Chukwa 管理集群中的 Collector。Chukwa 可能要面临的应用场景中 存储着成百上千的被管理节点，这些节点不停地产生大量的数据。为了应对这种情况，Chukwa 管理节点也设计为集群架构。负责收集 Agent 传输数据的 Collector 组件支持分布式部署。每个 Collector 可以接收多个 Agent 发送的数据（通常是 100 个左右），并将收到的数据存入 HDFS 中的 Data Sink 文件中。Agent 也可以对 Collector 实现一对多的数据传输，可以随机地从 Collector 列表中选择一个传送数据，从而实现负载均衡。Collectors 的另一个重要作用是，屏蔽作为文件存储单元的 HDFS 使用细节，并实现对不同 Hadoop 版本甚至是非 Hadoop 文件存储系统的适配。

（3）数据处理及分析集群。数据处理及分析集群是完成对采集的日志数据进行处理和分析的组件集合。Collector 收集的 Data Sink 文件经过 Chukwa 的 MapReduce 处理程序生成有序的 Chukwa Record 集合。MapReduce 处理程序分为两类：Demux 和 Archiving。Demux 处理程序负责对数据进行结构化、分类、排序和去重，并且支持使用者开发自定义的 Demux 处理程序以完成各种复杂的逻辑分析。Archiving 处理程序的作用是，把同类型的数据文件进行合并以实现同类数据的聚集存储并提高分析效率，同时也可以减少文件数量，减轻 Hadoop 集群的存储压力。经过处理后的 Chukwa Record 还可以进一步经由基于 MDL 语言编写的处理程序转存到关系数据库（例如 MySQL）中，存放在数据库中的数据可以通过时间稀释的方式提高存储效率。在分析集群中的另一个重要部分是数据的呈现。

Chukwa 不仅支持以交互式命令行的方式以及基于 Web 的图形化方式显示经过分析后的数据，还支持使用者开发自定义的 MapReduce 分析程序或使用 Pig 语言完成更复杂的分析功能。

通过上述结构和流程，Chukwa 以集群的形式，利用 Hadoop 的并行处理能力，实现了一个分布式日志处理系统。利用 Chukwa 可以处理 TB 级别的 Hadoop 集群日志，对集群各节点的 CPU 使用率、内存使用率、硬盘使用率等硬件性能数据，以及集群整体的存储使用率、集群文件数变化、作业数变化等 Hadoop 组件运行数据进行分钟级的监控和分析。通过 Chukwa 获得的数据和分析结果，Hadoop 集群的使用者可以了解提交的作业的运行状况、失败原因和优化方向等，集群的管理者可以了解集群的资源使用状况、性能瓶颈和错误节点等。

12.5　小结

大数据的特点导致了对大数据环境的监管变得非常复杂。大数据环境监管的复杂性来自于多个方面，例如，大数据环境下机器数量不断增加、业务流量不断增加、业务流程不断更新等，需要解决好扩容问题，保证服务稳定，及时发现和处理故障。监管是运维的重要组成部分，其最终目的就是要保证系统可用（不出问题）。要保证不出问题，首先需要“知道”现在在发生什么。如果出了问题，要能迅速定位是什么地方出的问题，进而快速、有效地排障。此外，大数据环境的监管，对监管工具的要求也越来越高，需要从被动发现，到预先判断，再到主动预防（Passive - ProActive - Active）。

经验告诉我们，很多监管工具的问题是经常误报。而一个高质量的监管工具，要能够减少误报，并能从混合 IT 的层面进行统一监控。未来大数据环境监管的发展方向是，基于大样本数据，引入规则引擎和神经网络，实现故障的智能恢复和预警。

本章从大数据集群管理角度出发，阐述了大数据集群管理过程中遇到的挑战。然后从大数据集群配置管理、大数据集群监控和大数据日志分析三个方面进一步分析它们在大数据集群管理中的关键作用，并且列举和详细阐明这三个方面所涉及的开源软件工具的系统架构、工作原理。好的运维管理需要 PPT（People，Process，Technology），缺一不可。

第 13 章
大数据的运维方法

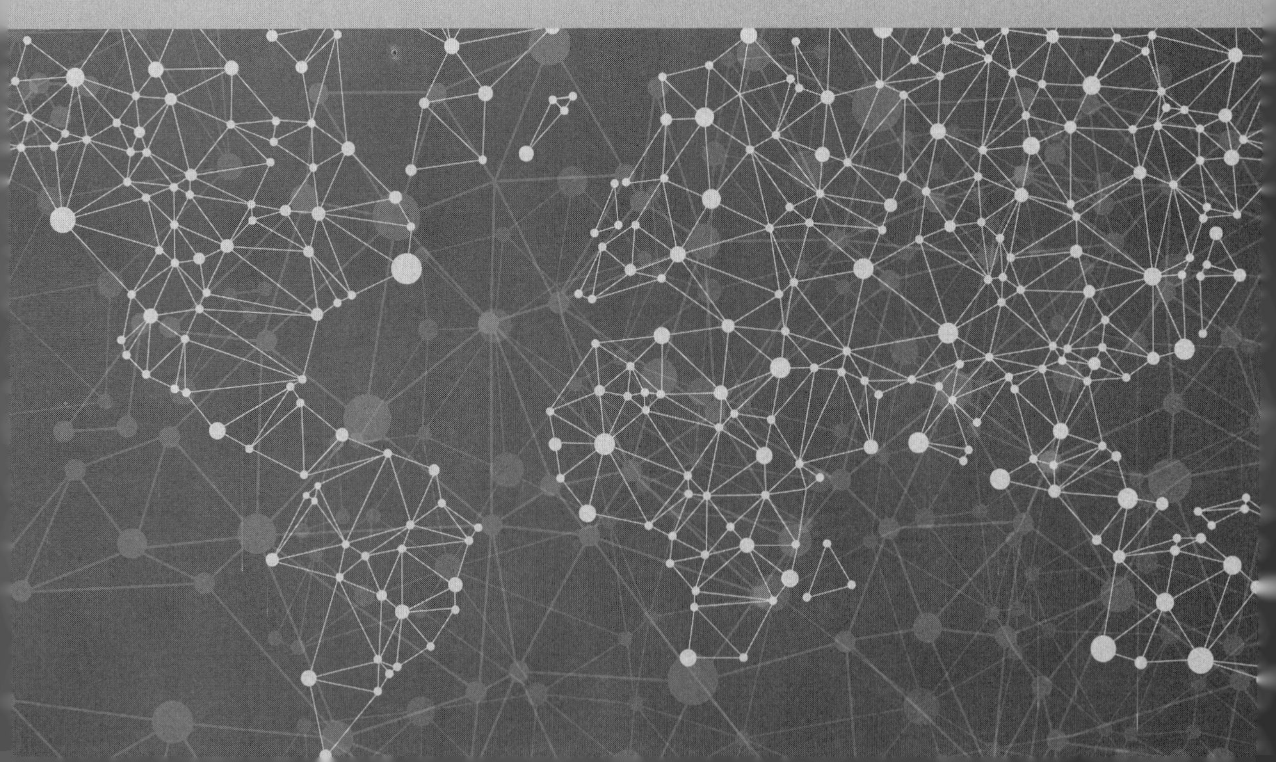

在本篇的最后一章，我们需要讨论一下 PPT 中的前两个 P，也就是运维的方法，以及对运维人员的一些要求。随着大数据环境的复杂化，有传统的、云、SDN 等，这是一个混合 IT（Hybrid IT）的环境，数据量在增长，应用数目在增长，甚至运维工程师负责管理的服务器数量也成倍地增长。要管理好大数据这样的复杂环境，不得不需要一定的体系和方法论。事实上，从大的方向上来说，这也是现代服务业的一个重要组成部分。

13.1　运维服务

运维服务包括供给硬件、供给软件，以及各种不同的 IT 功能。由运维提供的服务还包含服务级别协议（Service Level Agreement，SLA）的规格说明和监控、容量规划、业务连续性。

（1）供给硬件

硬件可以是组织拥有的物理硬件，也可以是由第三方或云供应商管理的虚拟硬件。

（2）供给软件

软件可以是内部研发的，也可以从第三方购买。第三方软件可以是项目特定的，在这种情况下，它遵循我们对硬件的处理模式（软件的管理和支持都由项目负责）；或者是组织特定的，在这种情况下，软件的管理和支持由运维人员负责。

（3）IT 功能

运维活动支持不同的 IT 功能。这些功能包含：①服务台的运维。服务台的员工负责处理所有的事件和服务请求，并作为所有问题的第一级处理者。②技术专家。运维团队通常有网络、信息安全、存储、数据库、内部服务器、Web 服务器和应用程序以及电话的专家。③IT 服务的日常供给。这些包含周期性和重复性的维护运维、监控、备份以及设备管理。

（4）服务级别协议

一个企业和其外部的服务供应商之间有大量的服务级别协议（SLA）。一个企业和它的客户之间也有大量的服务级别协议。运维的责任就是确保这些服务级别协议的要求都得以满足。

（5）容量规划

运维负责确保组织可以获得充足的计算资源。对于物理硬件，这包含采购和配置机器。更重要的是，运维负责提供充足的资源，以便一个组织产品的消费者可以浏览产品、下订单和检查订单的状态等。这包含预测工作量和工作量的特征。有些预测可以基于历史数据，但有新产品上线或推广活动时，运维也需要与业务协作。例如，在容量规划中，其他干系人就是业务和营销的人。利用云的弹性、获取新虚拟硬件的便捷性，容量规划已不再是传统简单的硬件采购，而是转变成对虚拟硬件进行监测并根据其运行情况自动进行扩容和缩减操作。

（6）业务连续性

在灾难发生时，一个组织需要保持关键服务可用，这样内部和外部客户都可以维持他们的业务。组织可以使用以下两个关键参数对能够维持业务连续性的多个可选方案进行成本/收益分析。

① 恢复点目标（Recovery Point Objective，RPO）

当灾难发生时，对数据丢失的最长容忍时间是多少？如果每小时备份数据一次，则恢复点目标为 1 小时，因为丢失的数据可能是自上一次备份后的累积量。

② 恢复时间目标（Recovery Time Objective，RTO）

当灾难发生时，不能提供服务的最长容忍时间是多少？例如，如果一种方案需要 10 分钟来获取在另一个数据中心的备份，再需要 5 分钟来实例化新的服务器以便使用这些备份数据，则恢复时间目标为 15 分钟。

这两个值是独立的，因为有些数据的丢失也许是可以容忍的，但不能提供服务则是不能容忍的。

13.2 运维流程模型

13.2.1 故障排查

故障排查是运维大数据分布式计算系统的一项关键技能。运维人员掌握故障排查技能通常需要两个条件：① 掌握不针对任何系统的通用性故障排除方法；② 对发生故障的系统足够了解。虽然只依靠通用性的流程和手段也可以处理一些系统中的问题，但这样做通常较为低效。对系统内部运行的了解往往限制了运维人员处理系统问题的有效性，因此对系统设计方式和构建原理的知识是不可或缺的。

故障排查流程一般包括故障报告、故障定位、故障检查、故障诊断、故障测试与修复等步骤，如图 13-1 所示。

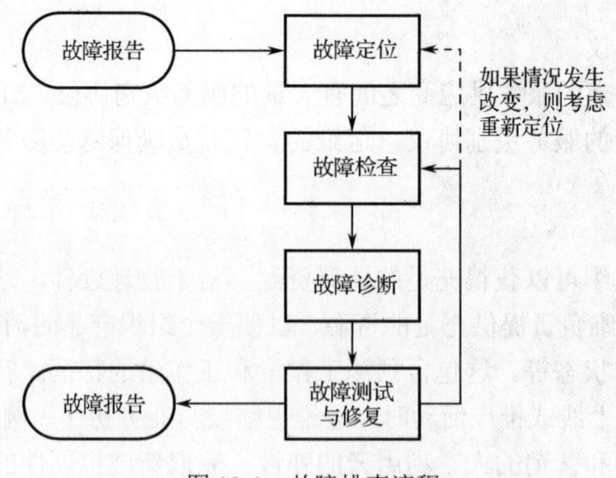

图 13-1 故障排查流程

（1）故障报告

每个系统故障都起源于一份故障报告，可以由自动告警产生，或者仅仅是同事说“系统很慢”。有效的故障报告应该写清预期是什么，实际的结果是什么，以及如何重现。在理想情况下，这些报告应该采用一致的格式，存储在一个可以搜索的系统中，如 Bug 记录系统。很多团队都使用定制表单，或者小型的 Web 收集信息程序，同时自动发送和传递错误报告。还可以为常见问题提供一个自服务分析工具或者自服务修复工具，这也可以帮助汇报错误。

（2）故障定位

当管理员收到一个错误报告时，接下来的步骤是弄明白如何处理它。每个问题的严重程度不同：有的问题只会影响特定用户在特定条件下的情况（可能还有临时解决方案），而有的问题代表了全球范围内某项服务的不可用。管理员的处理应该正确反映问题的危害程度。对大型问题，立即声明一个全员参与的紧急情况可能是合理的，但是对小型问题就不合适了。合理判定一个问题的严重程度需要良好的判断力，同时，也需要一定程度的冷静。

在大型问题中，很多管理员的第一反应可能是立即开始故障排查过程，试图尽快找到问题根源。这是错误的。在寻找问题根源的时候，不能使用系统的用户并没有得到任何帮助。正确的做法应该是：尽最大可能让系统恢复服务。这可能需要一些应急措施，例如，将用户流量从问题集群导向其他还在正常工作的集群，或者将流量彻底抛弃以避免连锁过载问题，或者关闭系统的某些功能以降低负载。缓解系统问题是运维人员的第一要务。在快速定位问题时，应该及时保存问题现场，如服务日志等，以便后续进行问题根源分析时使用。故障定位和排除是次要目标。如果一个 Bug 有可能导致不可恢复的数据损坏，停止整个系统要比让系统继续运行更好。

（3）故障检查

故障检查时需要检查系统中每个组件的工作状态，以便了解整个系统是不是在正常工作。在理想情况下，监控系统记录了整个系统的监控指标。这些监控指标是找到问题所在的开始，通过监控系统可视化图表可以进一步了解系统组件的工作情况，查看不同图表的相关性，以确定问题根源。

日志是另外一个故障检查的有效手段。在日志中记录的每个操作的信息和对应的系统状态可以让我们了解在某一时刻整个组件究竟在做什么。利用一些跟踪工具可以清楚地知道大数据分布式系统的工作情况。不同的产品需要不同的跟踪系统的设计。文本日志对实时调试非常有用。通常，将日志记录为结构化的二进制文件，可以保存更多信息，有助于利用一些工具进行事后分析。在日志中支持多级记录是很重要的，尤其是可以在线动态调整日志级别。这项功能可以让我们在不重启进程的情况下详细检查某些或者全部操作，同时这项功能还允许当系统正常运行时，将系统日志级别还原。

暴露目前的系统状态是第三个重要工具。通过软件系统的监控页面，显示最近接收的 RPC 采样信息。这样我们可以直接了解该软件服务器正在与哪些机器通信，而不必去查阅具体的架构文档。

这些监控页面同时显示了每种类型的 RPC 错误率和延迟的直方图，这样可以快速查看哪些 RPC 存在问题。有些系统的监控页面中还显示了系统目前的配置文件信息，或者提供查询数据的接口。

最后，可能需要使用一个该系统的真实客户端，以便了解这个组件在收到请求后具体返回了什么信息。

（4）故障诊断

在理想情况下，系统中的每个组件都应该有明确定义的接口，并且每个接口都按照固定规则将输入转化为输出。我们可以通过检查组件之间的连接，或者中间传输的数据，来判断某个组件是否正常工作。将已知的测试数据输入到系统中，检查输出是否正确（这就是黑盒测试的一种）。尤其是使用针对某种错误情况的专门测试数据时，这非常有帮助。如果系统有配套的测试用例，那么调试起来就会很容易。甚至这套测试用例可以用于非生产环境，而非生产环境通常可以执行更具有侵入性和危害性的操作。

问题分解（Divide & Conquer）也是一个非常有用的通用解决方案。在一个多层系统中，整套系统需要多层组件共同协作完成。最好的办法通常是从系统的一端开始，逐个检查每个组件，直到系统最低层。这样的策略非常适合数据处理流水线。在大型系统中，逐个检查可能太慢，可以采用对分法（Bisection）将系统分为两部分，以确认问题所在。

在一个异常系统中，该系统正在执行某些操作，但是这些操作不是我们想让系统执行的操作。那么找出系统目前正在执行“什么”，然后通过询问该系统“为什么”做这些操作，以及系统的资源都被用在了“哪里”，可以帮助我们了解系统为什么出错。

计算机系统有惯性存在：我们发现，一个正常工作的计算机系统会维持工作直到某种外力因素的出现，例如，一个配置文件的修改，用户流量的改变等。而检查最近对系统的修改可能会对查找问题根源很有帮助。

设计良好的系统应该有详尽的生产日志，记录整个架构中新版本部署或者配置文件的更新。这包括处理用户请求的服务进程，以及集群中每个节点的安装版本信息。将系统的环境改变与系统性能和行为进行对比，可能会比较有用。例如，在服务的监控页面上，管理员可以将系统的错误率图表和新版本的部署起始时间及结束时间标记在一起。

虽然前面论述的通用性工具在很多问题上都很有用，但是针对具体系统开发的诊断工具和诊断系统却更具价值。

（5）故障测试与修复

有了一个相对较短的可能原因列表，接下来就应该试着找出具体哪个原因才是真正的根源问题。通过执行一些具体的测试，可以确认或推翻我们所列举的假设。举例来说，假设，认为一个错误是由于应用逻辑服务器和数据库之间的网络连接问题导致的，或者是由于数据库拒绝连接导致的，通过 Ping 数据库服务器可以测试第一个假设，通过测试应用服务器的用户名和密码实际连接数据库可以验证第二个假设，但是这取决于具体的网络拓扑环境、防火墙配置等。通过查看源代码，并且试图模拟源代码执行，也可以看出哪里出现了错误。

这些测试可能是简单的 Ping 测试，也可能是复杂的测试，例如，将用户流量导出一个集群，同时使用特殊构造的请求试图发现资源竞争问题。

一个理想的测试应该具有互斥性，通过执行这个测试，可以将一组假设推翻，同时确认另外一组假设。在实际执行中，这比较难。先测试最有可能的情况：按照可能发生的顺序执行测试，同时考虑该测试对系统的危险性。先测试网络连通性，再检查是否是因为最近的配置文件改变导致用户无法访问某机器。某项测试可能产生有误导性的结果。例如，防火墙规则可能只允许某些特定 IP 访问，所以在工作机上 Ping 数据库可能会失败，而实际从应用服务器上 Ping 数据库可能是成功的。执行测试可能会带来副作用。例如，让一个进程使用更多 CPU 可能会让某些操作更快，也可能会导致数据竞争问题更容易发生（单线程与多线程运行）。同样的，在运行中开启详细日志可能会使延迟问题变得更糟，同时也会让测试结果变得难以理解：是问题变得更加严重了，还是因为开启了详细日志？某些测试无法得出准确的结论，只能提供一些参考建议。而像死锁和数据竞争之类的问题可能是非常难以重现的，所以有的时候并不能找到非常确切的证据。

管理员应当将想法明确地记录下来，包括执行了哪些测试，以及结果是什么。尤其是在处理更加复杂的问题时，良好的文档可以让管理员记住曾经发生过什么，以避免重复执行。

如果修改了线上系统，例如给某个进程增加了可用资源，系统化和文档化这些改变有助于将系统还原到测试前的状态，而不是一直运行在这种未知状态下。

13.2.2 紧急事故管理

不管一个组织有多大，做的事情有多么重要，它最明显的特质就是：在发生紧急事故时，人们如何应对。没有几个人天生就能很好地处理紧急情况。在紧急情况下，实施恰当的处理需要平时不断地进行实战训练。建立和维护一套完备的训练和演习流程需要公司董事会与管理层的支持，同时需要一批专注投入的人。要想创造一个人们可以依赖的环境，用合理的资源有效地应对紧急情况，这些元素都是不可或缺的。

有效的紧急事故管理是控制事故影响和迅速恢复运营的关键因素。如果事先没有针对可能发生的紧急事故进行过演习，那么当事故发生时，一切管理理念都起不了作用。紧急事故的流程管理要素包括以下 4 项。

（1）嵌套式职责分离

在事故处理中，让每个人清楚自己的职责是非常重要的。明确个人职责能够使每个人更独立自主地解决问题，因为他不用怀疑和担心他的同事都在干什么。

紧急事故流程关系系统中的工作角色及任务分工如下。

- 事故总控负责人。事故总控负责人负责组建事故处理团队，掌握这次事故的概要信息，按需求和优先级将一些任务分配给团队成员。未分配的职责仍由事故总控人负责。如果有必要的话，他们要负责协调工作，让事务处理团队可以更有效地解决问题，如代申请访问权限、收集联系信息等。
- 事务处理团队负责人。事务处理团队负责人在与事故总控负责人充分沟通的情况下，负责指挥团队具体执行合适的事务来解决问题。事务处理团队是在一次事故中唯一能够对系统做修改的团队。
- 发言人。发言人的职责包括向事务处理团队和所有关心的人发送周期性通知（通常以电子邮件形式），同时可能需要编写事故文档，并保证其正确性和信息的及时性。
- 规划负责人。规划负责人负责为事务处理团队提供支持，处理一些持续性工作，例如，填写 Bug 报告记录系统，给事务处理团队订晚餐，安排职责交接记录等。

同时负责记录在处理过程中对系统进行的特殊操作，以便未来事故结束后能够复原。

（2）控制中心

受到事故影响的部门或者人需要知道他们可以与事故总控负责人联系。在很多情况下，可以设立一个“作战室”，将处理问题的全部成员挪到该地办公。

（3）实时事故状态文档

事故总控负责人最重要的职责就是要维护一个实时事故文档。该文档可以以类似维基百科的形式存在，但是最好能够被多人同时编辑。

（4）明确公开的职责交接

超出工作时间以后，事故总控负责人的职责能够明确、公开地进行交接是很重要的。将事故总控职责交接给另外一个地区的人时，可以通过电话或一次视频会议将目前的情况交接给他。当新的事故总控负责人了解了目前事故情况后，当前事故总控负责人必须明确地声明：“从现在开始由你负责事故总控，请确认。”当前事故负责人在得到明确回复之前不得离开岗位。交接结果应该宣布给其他正在处理事故的人，明确目前的事故总控负责人。

13.2.3　处理连锁故障

连锁故障是由于正反馈循环导致的规模不断扩大的故障。连锁故障可能是由于整个系统的一小部分出现故障而引发的，进而导致系统其他部分也出现故障。例如，某个服务的一个实例由于过载出现故障，导致其他实例负载升高，从而导致这些实例像多米诺骨牌一样一个一个全部出现故障。

1. 产生原因

连续故障产生原因主要有服务器过载、资源耗尽、服务器不可用等。

（1）服务器过载

最常见的连锁故障触发原因是服务器过载。多数连锁故障要么是直接由于服务器过载导致的，要么是间接由于服务器过载引发的其他问题导致的。

假设前端服务器在集群 A 中正在处理 1000 QPS（Query Per Second）的请求。如果集群 B 出现故障，导致发往集群 A 的请求上升至 1200 QPS。但是，集群 A 中的前端服务器无法处理这么多请求，由于资源不够等原因导致崩溃、超时，或者出现其他异常情况。结果，集群 A 成功处理的请求远低于之前的 1000 QPS。这种成功处理请求能力的下降可能会扩展到其他的集群中，且扩散速度可能非常快（分钟级），这是因为负载均衡器和任务编排系统的响应速度通常很快。

（2）资源耗尽

不同种类资源的耗尽及软件服务器构建方法的不同将会造成不一样的表象，但其原因是，当负载上升到过载时，服务器不可能一直保持完全正常的状态，可能会导致系统以低效率运行，甚至崩溃。而随着负载均衡系统将请求转发给其他服务器，有可能导致整个集群请求处理的成功率下降，甚至使整个集群或者整个服务进入连锁故障模式。

（3）服务器不可用

资源耗尽可能导致软件服务器崩溃。例如，服务器可能会由于内存超标而崩溃。一旦几个软件服务器由于过载而崩溃，其他软件服务器的负载就可能会上升，从而使它们也崩溃。这种问题如同滚雪球一样越来越严重，不多久全部服务器就会进入崩溃循环。这种场景经常很难恢复，因为只要某个软件服务器恢复正常，它就会接收到大量请求的轰炸，几乎立即再次崩溃。

例如，如果某个服务任务在 10000 QPS 的水平下正常服务，但是当达到 11000 QPS 的时候会进入连锁故障模式，此后，即便降低负载到 9000 QPS，通常也无法恢复。这是因为这时该服务任务仍然处于容量不足的状态，只有一小部分的软件服务器可以正常处理请求。正常的软件服务器数量通常取决于：系统重启任务的速度、该任务进入正常工作的时间和新启动的任务能够承受过载请求的时间。在这个例子里，如果 10%的任务目前可以正常处理请求，那么请求速率必须降低到 1000 QPS 才能使整个系统恢复稳定。

同样的，这些软件服务器对负载均衡系统来说可能处于不健康状态，从而导致负载均衡可用容量的降低。这种情况和软件服务器崩溃很类似，越来越多的软件服务器呈现不健康状态，其他健康的软件服务器在很短的一段时间内因为接收大量请求而进入不健康状态，导致能够处理请求的软件服务器越来越少。

自动避免产生错误的软件服务器的负载均衡策略会将这个问题加剧，如果几个后端任务产生了错误，会导致负载均衡器不再向它们发送请求，进而使得其余软件服务器的负载上升，从而再次触发滚雪球效应。

2. 触发条件

连锁故障的产生通常具备以下几种条件。

（1）进程崩溃

某些服务任务会崩溃，减少了服务可用容量。进程可能会由于接收到致死请求（会触发进程崩溃的 RPC）而崩溃，或者由于集群问题，代码中的断言错误，以及很多其他原因导致崩溃。一个非常小的事件（例如，几个任务崩溃，或者几个任务被转移到其他的物理机器上）都可能会导致某个服务任务进入崩溃边缘。

（2）进程更新

发布一个新版本或者更新配置文件时，可能由于大量任务同时受影响而触发连锁故障。为了避免这种情况，必须在设计进程更新机制的时候考虑其对容量的影响，或者在非峰值时间推送更新。根据请求数量和可用容量来动态调节任务的同时更新数量可能是个好办法。

（3）新的变更发布

新的二进制文件、配置更改，或者底层结构的改变，都可能导致请求特征的改变，资源使用和限制的改变、后端的改变和其他系统组件的改变可能导致连锁故障的发生。在发生连锁故障时，检查最近的改变以及回滚通常是明智的，尤其在这些改变会影响容量或者更改请求特点的情况下。一般服务应该实现某种改变记录，这样可以帮助尽快识别最新的改变。

（4）业务增长

在很多情况下，连锁故障不是由于某个特定的服务改变导致的，而是由于业务增长，服务请求量增大，却没有进行对应的容量调整导致的。

2. 应对策略

一旦检测到服务处于连锁故障的情况下，可以使用一些不同的策略来应对。

（1）增加资源

如果系统容量不足，但是有足够的空闲资源，增加任务数量可能是最快的解决方案。然而，如果服务已经进入了某种死亡螺旋，只增加资源可能不能完全解决问题。

（2）停止健康检查导致的任务死亡

某些集群任务管理系统会周期性检查任务的健康程度，自动重启不健康的任务。但是，健康检查自身可能反而成为导致任务失败的一种因素。例如，如果半数以上的任务由于正在初始化还不能够开始工作，而另外一半任务由于过载而无法服务于健康检查，那么暂时禁止健康检查可能可以使系统恢复稳定状态。

（3）重启软件服务器

如果软件服务器由于某种问题卡住了，而无法继续推进，重新启动可能会有帮助。要确保在重启服务之前先确定连锁故障的源头，还要确保这种操作不会简单地将流量迁移到别处。最好能够试验性地进行这种改变，同时缓慢实施。如果根本原因是因为冷缓存，那么这种动作可能使现在的连锁故障更严重。

（4）丢弃流量

丢弃流量是一个重型操作，通常在连锁故障严重而无法用其他方式解决时才会采用。这个策略可以在负载恢复到正常水平之前帮助缓存预热，逐渐建立连接等。

显然，这样的操作会造成用户可见的问题。这取决于该服务的配置，还应该看一下是否有办法可以（或者应不应该）差异化地丢弃用户流量。如果可以使用某种手段丢弃不重要的流量（例如预获取操作的流量），那么一定要先采用这种手段。

最重要的是，这个策略只有在底层问题已经修复的情况下才能恢复服务。如果触发这个连锁故障的问题没有修复（如全局容量的紧缺），那么连锁故障可能在流量级别恢复之后再次发生。因此，在使用这个策略之前，应该先考虑修复（或者掩盖住）问题根源或者触发条件。例如，如果一个服务内存不足，而进入了死亡螺旋，那么，增加内存或者任务数量应该是首先要做的。

（5）进入降级模式

可以通过提供降级回复来减少工作量，或者丢弃不重要的流量。这个策略必须要在服务内部实现，而且必须要求了解哪些流量可以降级，并且有能力区分不同的请求。

（6）消除批处理负载

某些服务有一些重要的，但是并非关键的流量负载，可考虑将这些负载来源关闭。例如，搜索索引的更新、数据复制、请求处理过程中的资源统计等，可考虑关闭这些来降低负载。

（7）消除有害流量

如果某些请求造成了高负载，或者崩溃（如致死请求），可考虑将它们屏蔽掉，或者通过其他手段消除。

13.3　运维人员

13.3.1　需要具备的能力

在大数据这种复杂度和规模下，仅采用传统的系统管理员模式是不够的，运维人员不但要有大规模海量工程化思维，还要有以下几项能力储备。

1. 产品研发

大数据业务面对的数据量、计算量极其庞大，需要能快速迭代、收敛问题。这就要求运维人员能通过自身对底层和开发的了解，以及对生产状况的掌控，配合开发团队进行快速迭代部署、发布和 Debug 等，从而提升开发人员对工程素质的重视，更好地保证云集群的稳定。更理想的情况是，不仅要求运维人员对开发流程有深刻的了解，并且在需要的时候，自己也能上阵改进代码。尤其对于快速迭代的互联网企业，部署应用的人员必须能够与产品技术团队紧密配合。

2. 知识面

我的业务是否需要用 NoSQL？Cassandra 和 MongoDB 哪个更适合我？云存储、MongoIC、数据库云，各有什么特点？CDN 服务选哪家？是否需要使用 SSD？缓存需要多少？文件系统选哪个？操作系统选哪个？Web 服务器选哪个？各种存储系统的特点是什么？各种虚拟化系统的特点是什么？业务刚开始跑的时候，如何为未来的横向扩展做好准备？现在用 OpenStack 可能会遇到哪些问题？Hadoop 这个东西究竟适不适合我？MySQL 引擎选哪种？搜索引擎选哪种？

身为运维人员，就是得什么都有所涉猎。尤其在可以选择的选项越来越多的时候，有能力做出分辨与高质量建议的人，才有更高的价值。企业的 CTO、项目经理本身可能专精于某个领域，容易忽略以上这些问题，因而一个思虑周全的运维人员将可能会降低很多潜在的技术成本。

3. 业务与数据分析

运维要学习统计学，读懂数据，了解业务需求，考虑成本控制，甚至考虑商业变现方面的问题。企业雇用每个员工都是为了创造价值，只有贴近企业的核心价值，才能够成为企业中被重视的人。好比淘宝网搞“双十一”活动，其核心运维、应用运维团队一定是整个活动团队当中的核心决策之一。运维人员作为最先接触到用户数据的人群，如果能利用这一点为企业带来更直接的价值，运维就不会总被当作浪费钱的替罪羊了。

13.3.2 任务内容

1．硬件管理和维护

硬件的管理和维护包括对硬件的升级、定期维护和更新等。业务规模的增长和系统负载的增加，要求对服务器进行升级以适应业务发展的需要；系统运行一段时间后要定期对硬件进行检查和维护，以保证硬件的稳定运行；当服务器发生硬件故障时，需要及时检测和定位故障，更换发生故障的部件。

升级或者更换部件时，不但要考虑服务器内各种部件的兼容性，还要协调这些部件的性能，消除性能瓶颈。服务器的 CPU 频率、内存大小、磁盘容量、I/O 性能、网络带宽和电源供给能力等要达到均衡和协调，才能避免浪费并且使系统整体性能达到最优。在选取部件时，应尽量选取同一品牌和型号的部件，这样做一方面可以提高不同服务器部件之间的可替换性和兼容性，另一方面可以减少由于部件型号不同而对系统性能产生的影响，也便于售后服务的管理。

灰尘是导致服务器故障的一个重要因素。服务器的散热风扇在运转时容易将尘土带入机箱内，尘土中夹带的水分和腐蚀性物质附着在电子元件上，会影响散热或产生短路，增加系统的不稳定性。因此，定期的清理除尘也是必不可少的。

2．软件管理和维护

数据中心的常见软件包括操作系统、中间件业务软件和相关的一些辅助软件。其管理和维护工作包括软件的安装、配置、升级和监控等。

操作系统的安装主要有两种方式：通过安装文件安装和克隆安装。安装文件的优势是支持多种安装环境和机器类型，但是在安装过程中大多需要人工干预，容易出错，而且效率较低。对同一类服务器，可以采用镜像克隆方式安装，以避免手动安装引入的错误，减少人为原因引起的配置差异，提高部署效率。

系统升级需要遵守严格的流程，包括新补丁的测试、验证及最后在整个数据中心进行规模分发和安装。补丁的分发有两种方式：一种是“推”方式，由中央服务器将软件包分发到目标机器中，然后通过远程命令或者脚本安装；另一种是“拉”方式，在目标机器中安装一个代理，定期从服务器上获取更新。

常见的安全措施包括安装补丁、设置防火墙、安装杀毒软件、设置账号密码保护和检测系统日志等。遵循稳定优先的原则，服务器一旦运行在稳定的状态下，应避免不必要的升级，以免引入诸如软件和系统不兼容等问题。中间件和其他软件的管理和维护工作与操作系统类似，包括软件的安装、配置、维护和定期升级等。总的运维原则是：只要还在运转就别动它（If it works，don’t fix it）！

3．监控资源变化

运维人员应主动计算工作负载。在发生应用高峰时，许多系统都可以监控工作负载并提供工作流程自动化服务。某些诸如旅游业这样的市场，往往在一年中的特定时间段会发生使用高峰事件。为了应对这样的突发事件，可以设置工作负载阈值，以便于在需求增加到超过预设值时创建新的虚拟机。这样，最终用户将总是可以访问数据和保持正常的工作负载，而无须做出性能牺牲。适当的工作负载监控设计，不仅有助于提升系统的稳定性，更重要的是提高了业务的连续性。

4．收集性能指标

运维人员应积极主动地收集和记录云计算服务器的性能指标与统计数据。这主要是因为托管云计算工作负载的大多数服务器，都需要使用专用资源的虚拟机。对于云计算服务器来说，过度分配资源或分配资源不足都是需要付出代价的错误。

进行适当的规划和工作负载的管理，是重大云计算项目部署工作之前必须实施的环节。对运行专用工作负载的特定服务器的性能指标评估，应该收集以下参数。

（1）CPU 使用率

云计算服务器可以是物理的或虚拟的。应查看机器，并确定用户是如何访问 CPU 资源的。当无数用户在云计算环境下启动桌面服务或应用程序服务时，应该认真考虑一台服务器需要多少个专用核。

（2）RAM 需求

基于云计算的工作负载可能是 RAM 密集型的。在一台特定服务器上监控一个工作负载，可分析应分配 RAM 资源的大小。其关键在于按需规划而不过度分配资源，且可以通过工作负载监控来实现这一目标。通过查看一段时间内 RAM 的使用情况，可以确定何时将会发生使用高峰以及相应合适的 RAM 等级。

（3）存储需求

规模规划是云计算工作负载分配的重要一步。用户设置和工作负载分配都需要空间资源，还必须检查 I/O。例如，使用中的引导和大规模应用高峰，都可以秒杀任何一个未对这类事件做好预案和采取措施的 SAN。通过监控 I/O 和控制器指标，可以确定特定存储系统的性能水平。可以使用固态硬盘（SSD）或板载闪存缓存以阻止 I/O 高峰。

（4）网络设计

网络及其架构在云计算的基础设施与工作负载中起到了非常重要的作用。监控数据中心和云计算内的网络将有助于确定特定的速度需求。从服务器到 SAN 的上行链路通过 10Gbps 光纤连接，将有助于减少瓶颈和改善云计算工作负载性能。

5．运维预案和预演

运维预案主要针对可能遭遇到的重大运维故障，例如，核心机房电力瞬断、核心网络瘫痪、重大安全事故等。对这些场景提前进行准备，提前演练，能更好、更快地开展应急恢复工作，最大程度降低故障给用户和业务带来的损失。预案是运维中不可缺少的一环，如同在和平时期不搞演习，真正打仗必然吃亏的道理是一样的。

准备预案时，首先要设想可能遇到的重大故障场景，设计对应的解决方案，并明确故障处理中的角色和职责，以提高故障处理的反应速度。要记住，在真正遇到故障时，必须紧张而有序地解决问题，不能遇到故障就慌乱，病急乱投医是不能解决问题的。

预案流程可分为三个阶段：启动、处理和结束。在这三个阶段中，故障处理人员应定时和业务负责人沟通进展情况，确保业务人员能根据实际情况决定对外措辞，安抚用户。在故障处理结束后，故障处理人员需要提交一份故障处理总结。

光有预案还不行，还必须提前预演，以应急预案为蓝本，真实复现预案设计的故障场景。例如，手动切断核心交换机，手动给机架断电，手动拔掉存储光纤等。预演地点和场景均应是真实的，这样可以最大程度检验和锻炼运维团队对应急情况的处理能力，确保重大故障发生时，各团队能第一时间响应处理，最大程度降低损失。

13.4 自动化与智能运维

13.4.1 自动化运维价值

运维工程师需要管理的服务器集群从早年的几十台、几百台发展到目前的几万台服务器。如果没有一套完善的运维工具，这样的工作量和维护成本是不可想象的。因此，自动化运维对于如今大数据环境下的运维工作显得尤为重要，主要具备以下几个方面价值。

（1）一致性

在传统运维过程中，运维人员通常需要手动执行各种操作。一个常见的例子是创建用户账户，其他例子包括单纯的操作职责，如确保备份正确进行、进行故障迁移和一些小的数据修改，例如修改上游 DNS 服务器的配置数据，以及类似的操作。然而，最终来看，这种手动执行任务的方式对于整个组织和实际执行的人都不好。首先，任何一个人或者一群人执行数百次动作时，不可能保证每次都用同样的方式进行：没有几个人能像机器一样永远保持一致。这种不可避免的不一致性会导致错误、疏漏、数据质量的问题和可靠性问题。在这个范畴内，一致地执行范围明确、步骤已知的程序是自动化的首要价值。

（2）平台性

自动化不仅仅提供一致性。通过正确地设计和实现，自动化的系统可以提供一个可以扩展的、广泛适用的，甚至可能带来额外收益的平台。相对来看，不进行自动化，既不符合成本收益，也无法扩展，就像是在系统运维过程中额外交付的税务。

一个平台同时也将错误集中化了。也就是说，在代码中修复某个错误可以保证该错误被永远修复。一个平台更容易被扩展，从而执行额外的任务，这比教会人要容易得多。平台可以比人更持续或者更频繁地运行任务，甚至完成一些对于人而言并不方便执行的任务。

此外，一个平台可以暴露自身的性能指标，也可以帮助用户发现流程中以前所不知道的细节，这些细节在平台范围内更容易衡量。

（3）修复速度更快

采用自动化系统解决系统中的常见故障，可以带来额外的好处。如果自动化能够一直成功运行，就可以降低一些常见故障的平均修复时间。随后，用户可以把时间花在其他任务上，从而提高开发速度。因为用户不再需要花费时间来预防问题发生或者进行事后清理。

在行业内普遍认同的是，在产品生命周期中，一个问题越晚被发现，其修复代价越高。一般来说，解决实际生产中出现的问题是最昂贵的，无论是时间还是金钱方面。这意味着，构建一个在问题发生之后马上应对的自动化系统，对于降低系统的总成本非常有利。当然，前提是该系统足够大。

（4）行动速度更快

在基础设施中，应该广泛应用自动化系统。这是因为人通常不能像机器一样快速反应。例如，故障转移或流量调整对于一个特定的应用程序来说可以被很好地定义，但是，要求一个人间歇性地手动按一个叫“允许系统继续运行”的按钮是没有任何意义的。虽然有时自动化程序可能会使一个坏的情况变得更糟，但这恰恰是要将这种程序的范围明确定义的原因。

（5）节省时间

最后，节省时间是一个经常被引用的使用自动化的理由。虽然大家经常选择这个依据来支持自动化，但是在很多情况下这种优势不能立即计算出来。工程师对于一个特定的自动化或代码是否值得编写而摇摆不定，不停地比较编写该代码所需要花费的精力与不需要手动完成任务所节省的精力。这里很容易忽略的一个事实是，一旦你用自动化封装了某个任务，任何人都可以执行它们。因此，时间的节省适用于该自动化适用的所有人。将某个操作与具体操作的人解耦合是很有效的。

13.4.2　自动化运维工具

1．Puppet

Puppet 是一款使用 GPLV2X 协议授权的开源管理配置工具，用 Ruby 语言开发。其既可以通过客户-服务器的方式运行，也可以独立运行。它是采用 C/S 星形结构设计的，所有的客户端都会和一个或者几个服务器交互。每个客户端都会周期性地向服务器发送请求，获取最新的配置，保证配置信息的同步。在默认情况下，每 30 分钟会连接一次服务器，下载最新的配置文件，并且严格按照配置文件来配置服务器。

Puppet 可以为系统管理员提供方便、快捷的系统自动化管理。对于系统管理员来说，通过 Puppet 配置管理系统，底层的操作系统的发行版本是透明的。Puppet 通过 Provider 属性来完成软件的配置与安装，管理员不必关心操作系统的种类与发行版本。Puppet 还可以提供一个强大的框架来完成系统管理功能，在框架的基础上，系统管理员可以通过 Puppet 语言来描述系统的一些事务，如安装软件、初始化系统、启动、删除服务、推送配置文件和差异化配置管理服务器等。同时系统管理员之间可以分享用 Puppet 语言描述好的事务，从而减少重复劳动，提高工作效率。

在可扩展性方面，Puppet 有一套自己的 DSL 语言，可以很容易地在它原有模块的基础上进行扩展，并且内置了一些可以管理配置文件、用户、软件包的模块。

Puppet 的工作模型分为三层，分别是部署和调度层、配置语言和资源抽象层、事务层。

（1）部署和调度层

Puppet Master 在一台机器上以守护进程的方式运行，同时还包含各客户端节点的配置信息。Puppet Agent 在与 Master 通信的过程中，通过标准的 SSL 协议进行加密和验证。验证通过后，Agent 从 Master 上读取相应的节点配置信息。

需要注意的是，并不是每次连接 Agent 都会从 Master 上读取信息，只有该节点在

Master 上配置信息发生变化时才会被读取。

在默认情况下，Agent 每 30 分钟连接一次 Master。但是这种方式在很多场景下不是很符合系统管理员的要求，所以很多系统管理员也会将 Agent 通过 crontab（UNIX 定时任务计划）来管理，这样会更加灵活。

（2）配置语言和资源抽象层

Puppet 使用描述性语言来定义配置项，在 Puppet 中将配置项称为 Resource。这种描述性语言使得 Puppet 与其他配置工具截然不同。描述性语言在 Puppet 中还可以声明配置的状态，例如，一个软件安装、配置、启动的各环节，以及上下游依赖关系等。而通过使用 Puppet，我们只需要在 Master 服务器的相应配置文件中通过配置语言定义一个 Package 资源即可。

当 Agent 连接 Master 时，Master 并不知道 Agent 的操作系统型号和版本。Agent 通过 Facter 工具收集系统相关信息，并通过 SSL 协议将 Agent 的信息传递给 Master。Master 根据 Agent 收集到的相关信息，通过资源的提供者来为 Agent 服务。例如，Package 资源收到 Agent 的信息后，会识别 Agent 的系统型号版本，并通过资源提供者匹配，为 Agent 服务。

（3）事务层

Puppet 事务层其实就是它的解析引擎。首先，Puppet 会创建一个图表来表示所有资源的关系和上下游执行顺序，以及与 Agent 的关系。然后，Puppet 将按照资源之间的关系和上下游顺序依次执行。接着，Puppet 为每一个 Agent 获取相应的资源，并把它们编译成“目录”，然后将目录依次分发到各主机上，并通过 Agent 来应用它们。最后，应用结果以报告形式反馈给 Master。

2．SaltStack

SaltStack 是一个用 Python 语言开发的集中化运维软件，它可以简化运维工程师对设备的批量运维操作。SaltStack 内置了许多现成可用的模块，包括安装软件、配置参数、启停服务等功能。从支持操作系统的这个方面来看，SaltStack 支持的操作系统种类十分丰富，它支持 Linux、UNIX、Solaris、Windows 等多种操作系统。

由于 SaltStack 是一种基于 C/S 架构的服务模式，可以简单地理解为，如果我们想使用 SaltStack，就需要在现有的环境下引入与维护一套 C/S 架构。在 SaltStack 架构中，服务器称为 Master，客户端称为 Minion。在我们理解的传统 C/S 架构中，客户端发送请求给服务器，服务器接收到请求并且处理完成后再返回给客户端。在 SaltStack 架构中，不仅有传统的 C/S 架构服务模式，而且有消息队列中的发布与订阅（Publish/Subscription）服务模式，这使得 SaltStack 应用场景更加丰富。目前，在实际环境中一般使用 SaltStack 的 C/S 架构进行配置管理。

在软件的设计上，它支持 Master 主动推送配置和 Minion 定时拉取配置的方式，这点与 Puppet 十分类似。同时，它还支持远程命令的并行执行，自带了许多日常执行模块，所以我们可以把 SaltStack 看作 Ansible 和 Puppet 的混合版本。它也是一个十分不错的集中化运维软件，并且 SaltStack 还支持 Salt SSH 的方式，可以让我们无须使用 Agent 就能够对主机轻易地进行批量操作。当我们希望 SaltStack 能够具备更好的扩展性，以及更好地使用

SaltStack 本身提供的模块时，我们可以在客户端安装 Salt Minion 来进行主机的集中化运维。

3. Ansible

Ansible 是一个用 Python 语言设计的通过 SSH 的方式对主机信息进行集中化运维的软件。没看错，用纯 SSH 的方式，也就是说，我们的主机上是不需要安装任何 Agent 端的。它与 SaltStack 非常类似，都是一种命令式的集中化运维工具。

Ansible 的主要功能是帮忙运维实现 IT 工作的自动化、降低人为操作失误、提高业务自动化率、提升运维工作效率，常用于软件部署自动化、配置自动化、管理自动化、系统化系统任务、持续集成、零宕机平滑升级等。它提供丰富的内置模块（如 acl、command、shell、cron、yum、copy、file、user 等，多达 569 个）和开放的 API 接口。任何遵循 GPL 协议的企业或个人都可以随意修改和发布自己的版本。

Ansible 没有客户端，因此底层通信依赖于系统软件，在 Linux 系统下基于 OpenSSH 通信，在 Windows 系统下基于 PowerShell。管理端必须是 Linux 系统。使用者认证通过后在管理节点通过 Ansible 工具调用各应用模块，将指令推送至被管理端执行，并在执行完毕后自动删除产生的临时文件。

（1）Ansible 工作方式

如图 13-2 所示为 Ansible 工作机制。Ansible 使用者来源于多种维度，图中为我们展示了 4 种方式。

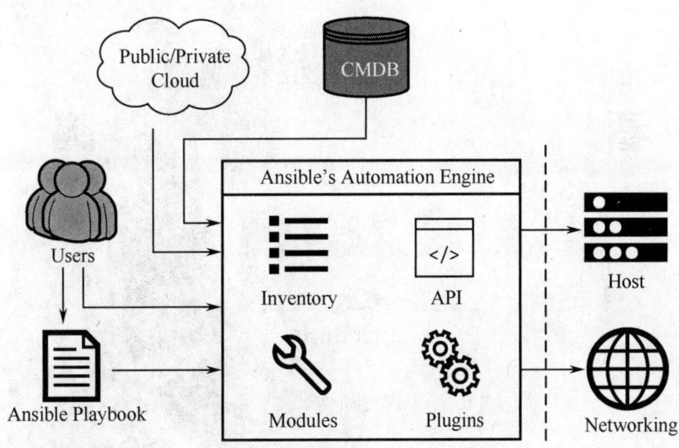

图 13-2　Ansible 工作机制

第一种方式：CMDB（Configuration Management Database，配置管理数据库）方式。CMDB 中存储和管理着企业 IT 架构中的各项配置信息，是构建 ITIL 项目的核心工具。运维人员可以组合 CMDB 和 Ansible，通过 CMDB 直接下发指令，调用 Ansible 工具集完成操作者所希望达成的目标。

第二种方式：Public/Private 方式。Ansible 除丰富的内置模块外，同时提供丰富的 API 语言接口，如 PHP、Python、Perl 等多种当下流行语言。

第三种方式：Users 直接使用 Ad-Hoc 临时命令集调用 Ansible 工具集来完成任务执行。

第四种方式：Users 编写 Ansible Playbook，通过执行其中预先编排好的任务集按序完成任务执行。

（2）Ansible 工具集

Ansible 的核心工具是 ansible 命令。ansible 命令是 Ansible 执行任务的调用入口，可以理解为“总指挥”，所有命令的执行通过其“调兵遣将”最终完成。ansible 命令有哪些兵将可供调遣呢？图 13-2 中间框中有 Inventory（命令执行的目标对象配置文件）、API（供第三方程序调用的应用程序编程接口）、Modules（丰富的内置模块）、Plugins（内置和可自定义的插件）这些可供调遣。

（3）Ansible 作用对象

Ansible 的作用对象，不仅仅是 Linux 和非 Linux 操作系统的主机，同样也可以作用于各类公有云/私有云，商业和非商业设备的网络设施。

4．人工智能运维

人工智能真的来了，许多自动化工具中都或多或少带有 AI 的成分。各类工具其实是在做三件事：看、瞄、干。看，就是知道 IT 环境现在的运转状况；瞄，发现有问题，或者好像有问题，要判别是误报还是真的有问题，其根本原因是什么，这就需要一个合适的分析引擎；干，就是进行操作。Gartner 公司对人工智能运维（AIOps）工具的总结如图 13-3 所示。作者在该图基础上添加了自己的理解。

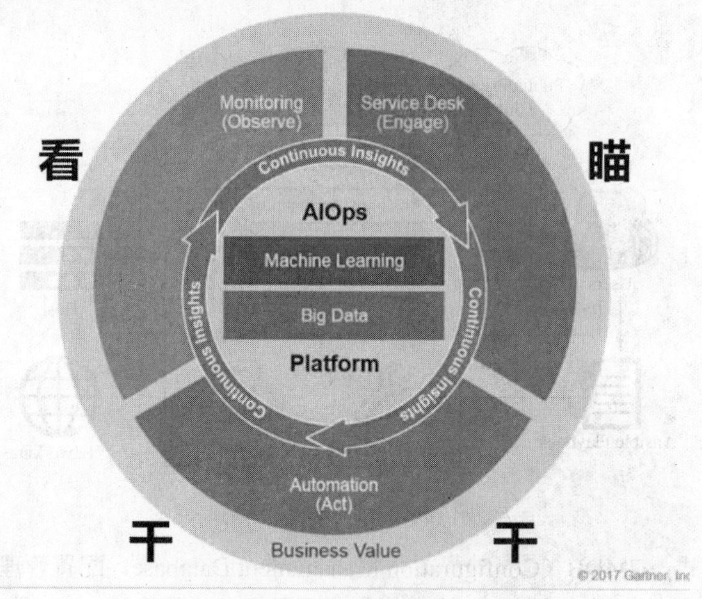

图 13-3　AIOps 示意图

人工智能运维（AIOps）工具的理念并不新鲜，可以说是作者提出的 AIaaS 的一小部分，但市面上还没有像样的已实现的工具，这应该是一个发展的方向。我们正在将“看”的工具（网鹰）和“干”的工具（UCMP）进行融合（Converged Platform），同时引入大数据分析引擎来实现“瞄”的功能，用大数据手段来管理大数据 IT 环境。从运维的角度，实现由 RASM（Reliability，Availability，Security，Manageability）到 RASSM（Reliability，

Availability，Scalability，Security，Manageability），再到 RASSM-I（Intelligence）的升级。

13.5 小结

本章首先介绍运维服务中所涉及的工作内容，接着介绍运维流程模型，包括故障排查、紧急事故管理和处理连锁故障等。然后介绍在大数据环境下，运维人员需要具备的能力以及日常运维工作任务内容分类。最后介绍了自动化与智能运维在大数据环境下的价值及相关工具，包括 Puppet、SaltStack 和 Ansible。这就完整了“七分运维”中的 PPT，由 RASM 走向 RASSM，再到 RASSM-I。

Availability、Scalability、Security、Manageability）的RAS [illegible]（Intelligence）[illegible]

13.6 小结

[illegible]

[illegible] Prope、Schickel的A [illegible]

[illegible] RASM [illegible] SSA [illegible] RAS [illegible]

第5篇

实例篇

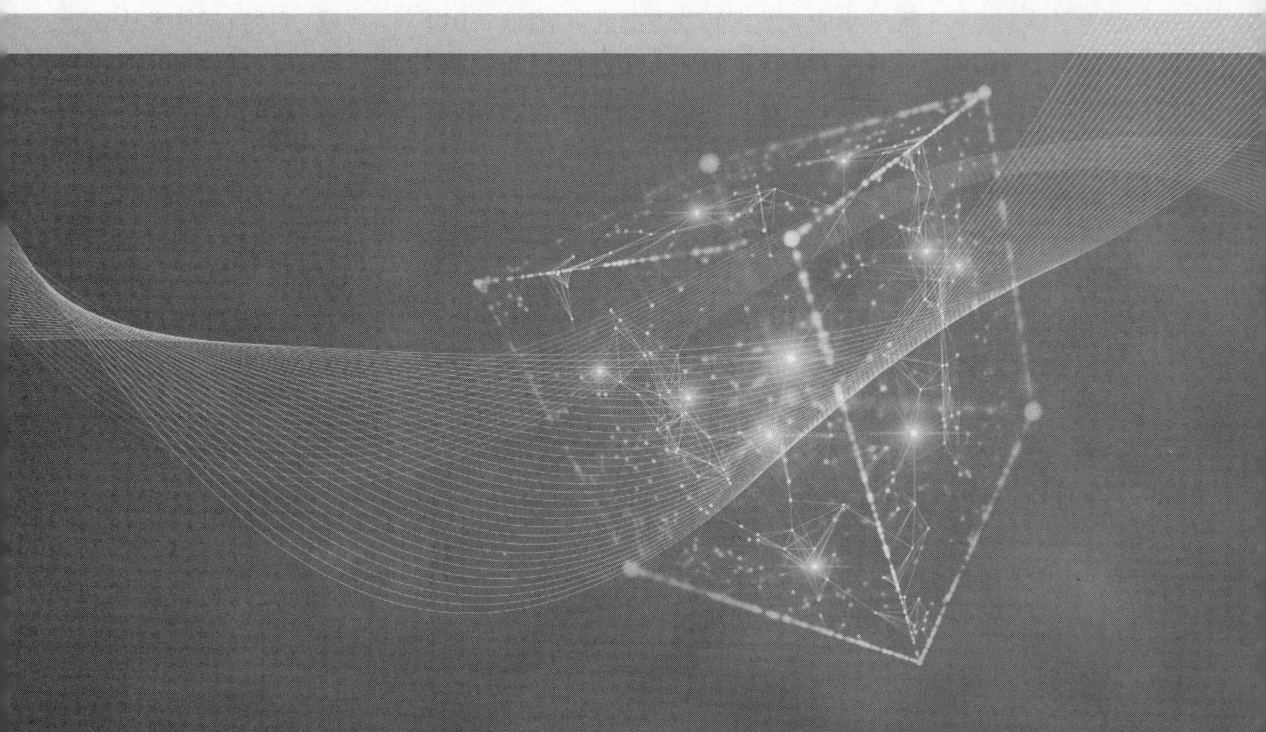

我们沿着几条主线对大数据进行了探讨。首先正如书名所说，大数据的交付像是创作一部大型交响乐，需要遵从：规划、实施、运维三部曲；大数据的处理遵循的是一个Work Hard，Work Smart，Getting Help的方法，其认知的进步是一个由数字到数据到信息到知识再到数据的“数字—数据—信息—知识—应用—数据”轮回。其中涉及方法论，具体的计算模式，以及各种各样的工具。

离开了具体的业务场景，大数据是没有意义的。规划阶段是一个了解数据的过程，也是了解自身的过程：在内部，现在有哪些应用，有多大体量的数据，有哪些格式，未来数据量的增长，哪些是原始数据，哪些是衍生数据，我们提供了哪些产品和服务，客户/用户是谁，他们分布在哪里，什么时间段用得最多，使用感知如何；在外部，竞争对手都有哪些，他们的应用和数据情况是什么样子，我们处在Ecosystem中的什么位置，上下游的合作关系或竞争关系怎样；在圈外，关于我们的产品和服务的口碑或舆情怎样，等等。明确了这些，我们就要进行技术选型，进入实施。投放生产环境后，就要保证：①数据是安全的；②应用在正常运转；③出错在所难免，怎样以最快的办法解决问题，恢复到正常状态。

接下来的3章，以一个与Netflix公司业务非常相近的假想公司Oracle MoviePlex为例，将前面的大数据规划、实施、运维三部曲应用在Oracle MoviePlex上，作为实例篇。Netflix的业务可以说是相当简单的，它的大数据系统需要完成两件事情：①在线观看电影、电视剧不出问题；②收集用户的收视行为信息以便更好地促进销售。Netflix的整个业务全部跑在亚马逊的广义云上，也是亚马逊最大的Hadoop集群使用者。

身处大数据热潮中的Oracle公司于2011年的OpenWorld全球用户大会上发布了大数据机（Big Data Appliance）和大数据连接器（Big Data Connectors），同时结合了数据库云服务器（Exadata）、商务智能云服务器（Exalytics）、R语言、Oracle NoSQL，使得Oracle成为了首家提供全面的集成大数据解决方案的供应商。2014年，为了方便数据技术从业者较快地掌握大数据技术，推出了Oracle Big Data Lite。截至2017年年底，已经到了4.9版本，用到的相应的Oracle产品也都是最新的。Oracle MoviePlex就是在这样一套学习系统中的一个大数据应用。虽然这是一个学习用的系统，初始的Demo也只有一个Hadoop计算节点，但它的源代码都包含在了Oracle Big Data Lite中，可以较为方便地将其转为生产系统，也可以迁移到其他云供应商，如阿里云。当然，你需要得到Oracle的许可并遵从软件用户协议。

本篇从Oracle角度，介绍与大数据相关的多个主题。首先会对大数据库中的各组件技术进行简单的介绍，此后介绍如何使用这些大数据技术并应用到Oracle MoviePlex案例中，最后讨论运维这样一个应用所应注意的事项，特别是底层Hadoop的运维。基于大数据的“推荐系统”，离不开原有的IT环境（关系数据库），其开发过程与其说是复杂（Complex），倒不如说是烦琐（Tedious）。

这几章不同于之前的章节，之前你就好像乘客，别人在为你开车。现在，“大数据跑车”的车门已经打开，你就是驾驶员，需要动动手了。系好安全带，开始吧。

第 14 章 Oracle MoviePlex 大数据规划

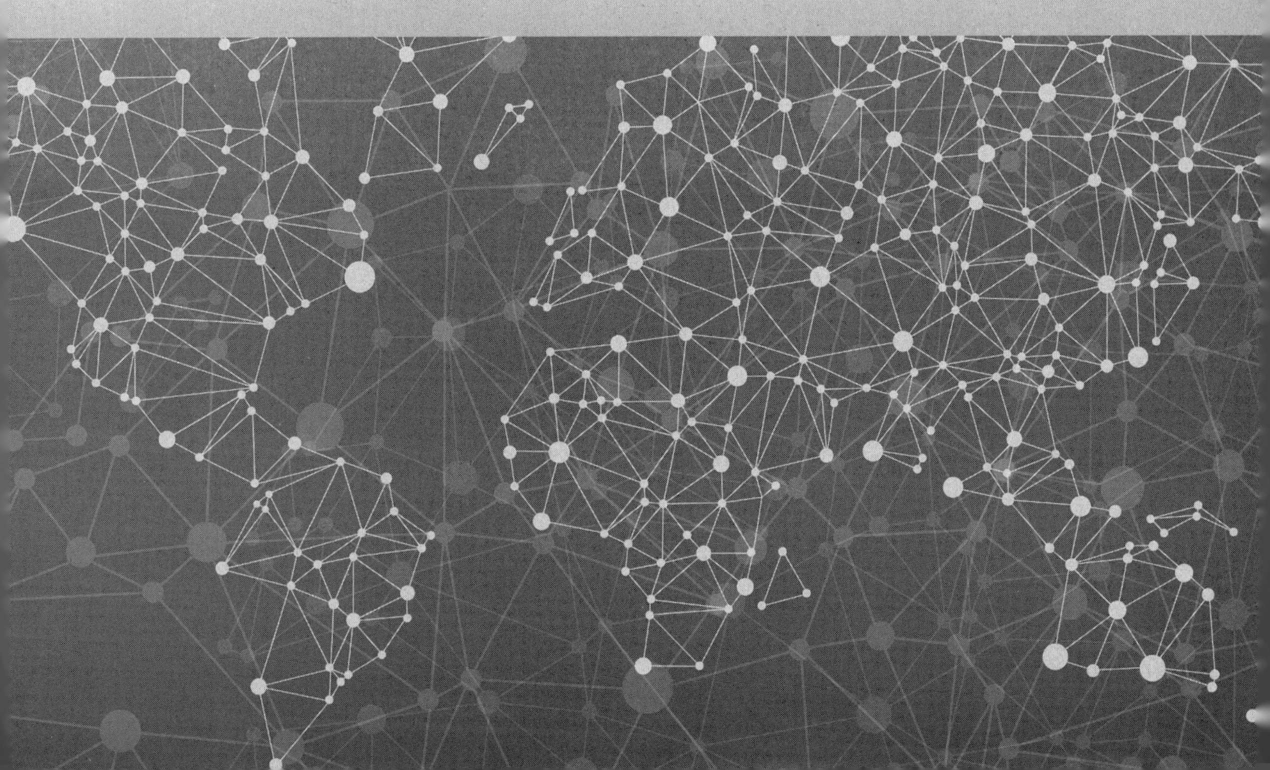

前面各章已经反复强调了大数据的 4V 特点。第 4 个 V（即价值，Value）也就是研究大数据的价值所在。因为非结构化数据源中的信息在孤立时价值比较低，也就是说，对单个数据的观察可能不会增加太多价值。只有通过将大量数据聚合并提纯后，才能展现出非结构化数据的价值。本章围绕 Oracle MoviePlex 案例进行展开，逐一说明案例背景和规划以及案例所用到的 Oracle 大数据组件功能。

MoviePlex 是一家虚构的在线电影、电视流媒体租赁提供商，主要提供超大数量的 DVD 递送，顾客可以通过 PC、TV 及 iPad、iPhone 收看电影、电视节目，可通过 Wii、Xbox360、PS3 等设备连接 TV。用户也可以对影片进行评级和点评，评级和点评热度将直接影响影片的租赁和销售量，其商业运营方式和技术实现模式类似于 Netflix。所以，也可以认为是一个 Mini 或 Demo 版本的 Netflix。简单来说，MoviePlex 主要做两件事情：第一，保证观众能够正常地在线观看指定的视频；第二，采集观众的收视行为。

本案例对该公司 CRM（客户关系管理系统）的数据进行分析，并对客户关系、喜好、习惯等特征数据进行联想。把分析后的数据结果以短信方式推送给客户，或者客户可登录 MoviePlex APP 后获得基于他们过去的收视行为的个性化电影目录列表。这种个性化、可靠、私密、快速的特点，让客户获得了更好的观影和使用体验，并愿意花更多的钱来购买线上电影和线下光盘，从而使 MoviePlex 公司业绩提升，在同行业中更具有竞争性。这就是所说的推荐系统。当然，这里给出的例子与可以商用的推荐系统（如 Netflix 及优秀的用于生产环境的 Cinematch 系统）相比，还有相当大的距离。

本章在 Oracle 王国里以大数据的角度，将许多大数据相关的主题放在一起进行讨论，包括：Oracle 大数据机、Oracle 大数据连接器、Oracle 数据库云服务器（Exadata）、Oracle 商务智能云服务器（Exalytics）、R 语言、Oracle NoSQL 数据库等。这些技术是搭建 MoviePlex 的技术组件，用来保证公司提供的产品和服务能正常运转，做好客户关系系统的管理。

14.1 案例概述

大数据颇受关注的背后，有着一个简单的原因。多年来，企业一直根据关系数据库中存储的事务数据来制定系统和业务决策。但在这些重要的交易数据之外，还存在着一些非传统的、结构化程度较低的数据（Web 日志、社交媒体、电子邮件、传感器数据和照片等），其中也蕴含着有用的信息，这些数据对公司而言无疑是一种潜在的宝藏。短短几年前，这些数据还只能弃置不用，然而现如今，存储和计算能力成本的降低让利用这些数据成为可能。越来越多的企业在考虑将传统企业数据和可能极具价值的非传统数据融合在一起，同时用于业务的智能分析。

为从大数据中获得真正的业务价值，企业需要适当的工具来从不同的数据源中捕获和组织多种数据类型，并且要能结合其所有的数据，并加以分析，这样才能获得其中蕴藏的价值。Oracle 提供涉及范围较广、集成度较高的产品组合，可以帮助企业获取和组织这些不同的数据类型，并结合企业现有数据进行分析，从而获得新的启示并挖掘利用数据间的隐含关系。

和数据仓储、网店或任何 IT 平台一样，大数据基础架构也有独特的要求。在考虑大数据平台的各个组件时，必须要记住，目标是要使大数据与企业数据能轻松地集成在一起，以便能够深入分析合并后的数据集。大数据基础架构方面的要求涉及以下三个方面：获取大数据、组织大数据和分析大数据。

（1）获取大数据

此阶段的基础架构与大数据出现之前的基础架构有着很大的不同。因为大数据是指速度更高、种类更多的数据流，所以支持大数据获取的基础架构必须以可预测的低延迟来捕获数据和执行简短查询；能够处理极高的事务量，通常处在分布式环境中；支持灵活的动态数据结构。获取和存储大数据经常使用 NoSQL 数据库。此类数据库非常适用于动态数据结构，并且伸缩性强。NoSQL 数据库中存储的数据通常多种多样，因为其用途就是捕获所有数据，而不做分类和分析。

例如，NoSQL 数据库经常用于收集和存储社交媒体数据。虽然面向客户的应用不断变化，但底层存储结构却一直都很简单。通常，这些简单的结构并不是要设计一个模式来包含实体间的关系，而只是包含一个主键来标识数据点以及一个内容容器来容纳相关数据。这种简单的动态结构既支持各种变化，又无须成本高昂的存储层重组。

（2）组织大数据

在传统的数据仓储术语中，组织数据称为数据集成。但是，大数据的数据量之大，造成很多时候都是在其原始存储位置组织数据，而不是迁移大量的数据，这样做既省时又省钱。组织大数据所需的基础架构必须能够实现以下功能：在原始存储位置处理和操作数据；支持极高的吞吐量（通常成批），以支持大数据处理步骤；处理从非结构化到结构化的各种数据格式。Apache Hadoop 是一种新技术，支持在原始数据存储集群中组织和处理大量数据。

例如，Hadoop Distributed File System（HDFS）是 Web 日志的长期存储系统。通过在同一集群上运行 MapReduce 程序并生成聚合结果，这些 Web 日志就会转变成浏览行为（会话）。然后，这些聚合结果会被加载到关系 DBMS 系统中。

（3）分析大数据

由于在组织阶段并不总需要频繁移动数据，因此分析也可以在分布式环境中进行，在这种情况下，某些数据将停留在其原始存储位置，并可从数据仓库进行透明访问。分析大数据所需的基础架构必须能够支持对不同系统中存储的更多数据类型进行更深入的分析，如统计分析和数据挖掘；扩展到极致数据量；提供行为变化驱动的更快响应；根据分析模型自动做出决策。

而最重要的是，基础架构必须能够集成大数据与传统企业数据的组合分析。新见解不仅来自对新数据的分析，还来自结合旧数据和新数据做出的分析，其目的在于对问题做出相对全面的诠释。例如，结合智能售货机所在地点的事件日历对其库存数据进行分析，可以确定售货机的最佳产品组合及补货计划。

14.1.1 案例背景

随着推出 Oracle 大数据机（Big Data Appliance）和 Oracle 大数据连接器（Big Data Connectors），Oracle 成为首家以提供全面集成解决方案来满足企业各种大数据需求的供应商。Oracle 大数据战略的核心策略是使企业能够通过改进其当前的企业数据架构来引入大数据和提供业务价值。通过改进当前的企业架构，企业可以利用 Oracle 系统在业界的可靠性、灵活性和高性能来满足大数据需求，如图 14-1 所示为 Oracle 大数据实施架构图，本章将围绕该图进行展开，逐一说明构建大数据各组件功能、场景应用范围、数据流转过程以及怎样规划设计和搭建适合自用系统的大数据实施集成环境。

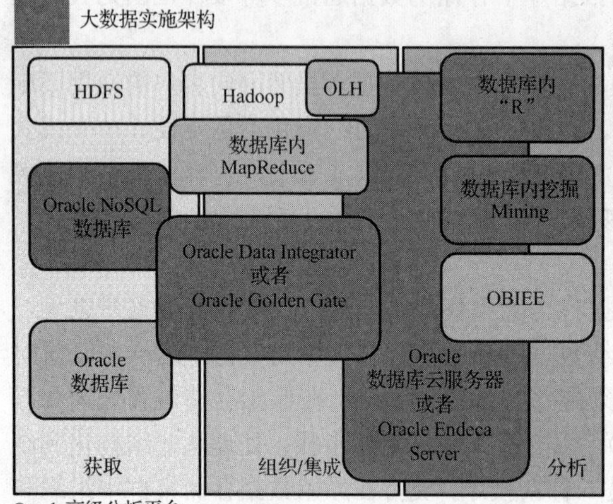

图 14-1　Oracle 大数据实施架构图

Oracle Big Data Lite 为我们提供了一个虚拟化大数据集成环境，以帮助用户快速理解和使用 Oracle 大数据平台。Oracle 大数据平台各组件都已经安装和配置在 Oracle Big Data Lite 虚拟机集成环境中，可以让用户立即使用大数据环境进行开发、测试和案例演示。用户可以在这个环境中对 Oracle 大数据机上的可选软件产品，包括：Oracle NoSQL 数据库企业版、Oracle Big Data Discovery、Oracle Big Data Spatial and Graph、Oracle 大数据连接器等，进行学习和运用。（注：该软件设备仅用于评估和培训，因此不受支持，也不可用于任何生产环境。）

用户可以将自己的演示数据加载到 Oracle Big Data Lite 中，或者同时使用 Oracle 官方提供的 MoviePlex 演示数据进行学习和测试。通过创建视频、示例代码和上机操作，可以帮助用户理解如何使用 Oracle 大数据平台开发大数据应用（注：开发此应用所用到的全部相关资料均包含在官方 Oracle 所提供的虚拟机中，见第 15 章）。

14.1.2　架构规划

图 14-2 为 Oracle MoviePlex 的技术架构图，本章也将围绕该图进行展开讨论。

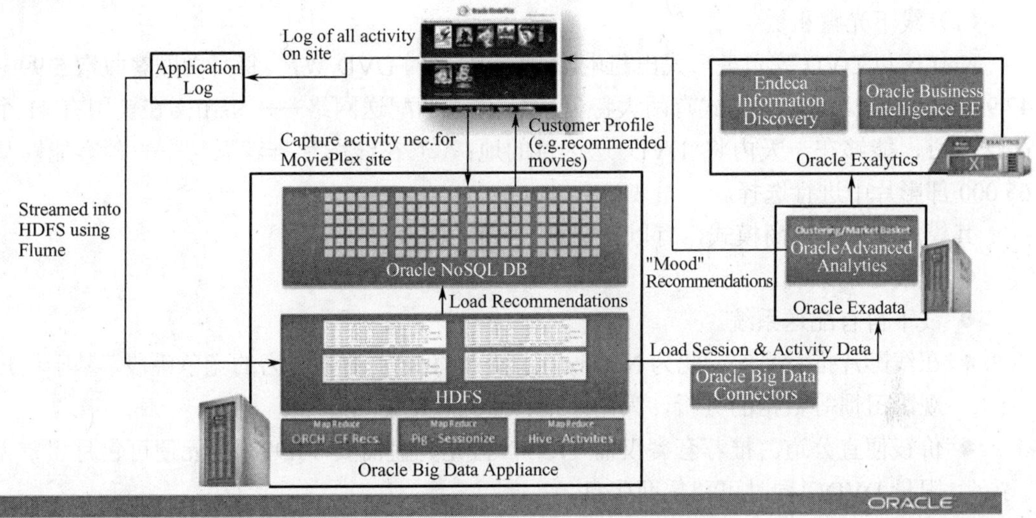

图 14-2　Oracle MoviePlex 技术架构图

通过大数据、互联网，MoviePlex 为大众提供无须出行就可以观看最新、最热的当下流行影片的服务。随着业务的扩展、数据量的骤增、在线用户数的剧增，带来了超高清晰影片播放、大并发在线观看影片的挑战。那么，怎样去解决这些问题，系统在运行一年、两年后是否可以方便地进行扩展，这就是前期架构规划需要考虑的。接下来将着重讨论这个问题。

假设，该系统全球有一百万用户注册、登录过系统，购买过会员资格并观看过影片，一般有十万用户在线同时观影；一部 1080P 超高清影片大小在 8GB 左右。对于如此大的数据量以及在线用户并发数量，本地 IDC 机房可能无法提供良好的系统保障服务。在容灾、高可靠性方面，本地机房也有一定的缺陷。基于这样的问题，可以考虑对使用系统的用户按地区进行拆分。例如，国外用户可以把大数据平台搭建部署在亚马逊云上；国内用户可以把大数据平台搭建部署在阿里云上。这样既可以在网络数据传输、在线并发用户数量方面减轻本地机房系统负载，又可以在容灾、高可靠性方面为系统提供保障，也可以节约机房资源和人员成本方面的投入。

信息化应用系统不论是传统 B/S 或 C/S 架构，还是现在流行的大数据架构，都需要建立在业务需求的基础上。作为 Oracle MoviePlex 大数据案例也是一样的，首先要了解案例的业务需求，有了需求才能一步步规划和搭建。为了快速理解 Oracle MoviePlex 案例，接下来先介绍与之相近、大众熟知的 Netflix 业务模式和技术模型，作为规划参考。

1. Netflix 的业务模式

Netflix 是一家美国在线影片租赁提供商，在美国、加拿大提供互联网随选流媒体播放，定额印制 DVD、蓝光光盘在线出租业务。公司能够提供超多数量的 DVD，而且能够让顾客快速方便地挑选影片，同时免费递送。Netflix 已经连续 5 次被评为顾客最满意的网站。

（1）线下光盘租赁

Netflix 以 DVD 等光盘形式出租电影，按照配送的 DVD 数量，每月向顾客收取 5.99～47.99 美元不等。该商业模式有两大特色：① 先进的配送网络——Netflix 在美国有 41 个配送中心，能够在一天内将 DVD 送达目的地；② 在线影片推荐系统——顾客能够从 65 000 部影片中进行选择。

其模式类似于电商模式，有以下特点：

- 在线订购系统。
- 线下自有配送系统。
- 在线影片推荐系统。此为 Netflix 区别于竞争对手的强有力的竞争手段，基于用户观影习惯等数据的分析，为用户推荐感兴趣的影片。
- 价钱便宜公道。推荐套餐仅需 11.99（蓝光光盘需要 14.99）美元便可包月租赁无限量 DVD，同时可租赁两张盘。

（2）线上付费点播

Netflix 为用户提供在线流媒体点播服务，内容只包括电影和电视节目，不提供用户自行上传的内容。Netflix 提供的在线点播特殊性如下：

- 价格便宜，包月仅需 7.99 美元/月，远远低于当地有线电视服务提供商的报价，对于当地用户的月收入来说比例也相当低。
- 速度快。通过各种技术手段保障用户观看的流畅度。
- 多终端播放。相对于传统的有线电视仅能在电视上观看，Netflix 用户可以在多种终端上享受视频服务。
- 2013 年以来，Netflix 开始尝试提供自己原创的内容。

2. Netflix 的技术模型

Netflix 几乎把所有的一切都部署在 AWS 平台之上。除此之外，它也是一个“重量级”的 Hadoop 用户。Netflix 原创了一个独一无二的架构，可以帮助其在云端构建一个几乎是无限大规模的数据仓库。

传统的基于数据中心的 Hadoop 数据仓库，数据被托管在 HDFS 上，HDFS 能够运行在标准硬件之上，提供高容错性和高吞吐量的大型数据集的访问。而 Netflix 选择把所有的数据都存储在亚马逊的存储服务（Amazon S3）上。架构的总体视图如图 14-3 所示。

（1）使用 Amazon S3 作为云的数据仓库

Amazon S3 是 Netflix 基于云的数据仓库服务真正的“源”。所有值得保留的数据集都存储在 Amazon S3 之中，包括很多数据流的信息，它们来自于（拥有 Netflix 功能）电视机、个人计算机以及各种移动设备的使用过程，这些信息被称为 Ursula 的日志数据管道所抓取，同时还有来自 Cassandra 的维度数据。

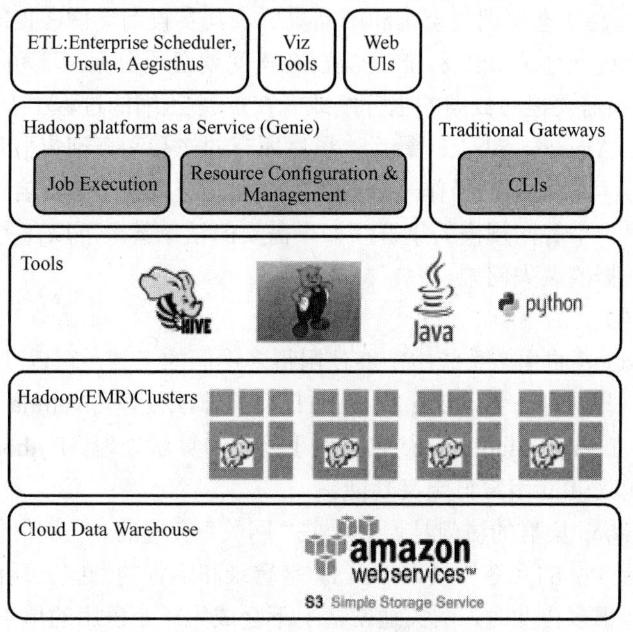

图 14-3 Amazon S3 架构图

那么，为什么 Netflix 使用 Amazon S3 而不是 HDFS 作为"源"呢？第一，Amazon S3 提供了一个高达 99.999999999%的持久性和 99.99% 的可用性（在特定的一年内），能够承担两个设施中并发的数据丢失现象；第二，Amazon S3 提供了版本信息存储块，可以用它来防止意外的数据丢失，例如，一个开发人员错误地删除了一些数据，可以很容易地进行恢复；第三，Amazon S3 具有弹性，提供了几乎"无限"的规模扩展，这样数据仓库就实现了从 TB 级到 PB 级的有序增长，而无须提前准备存储资源；第四，使用 Amazon S3 作为数据仓库，可以帮助 Netflix 运行多个高动态的集群，这些将在下面的章节中进行说明。

另一个方面，虽然 Amazon S3 的读写速度比 HDFS 的要慢，然而大多数的查询和处理往往是多级的 MapReduce 作业。在第一阶段中，Mapper 从 Amazon S3 平行地读取输入数据，Reducer 在最后阶段把输出数据返回至 Amazon S3，而 HDFS 和本地存储用于存储所有的中间级和临时数据，这就降低了性能的开销。

（2）针对不同工作负载的多个 Hadoop 集群

Netflix 目前使用亚马逊的 Elastic MapReduce，而把 Amazon S3 作为数据仓库可以针对不同的工作负载，弹性地配置多个 Hadoop 集群，所有的集群都连接相同的数据。其提供一个大的（超过 500 个节点）查询集群，可以被工程师、数据科学家以及分析师用于执行 Ad-Hoc 查询，Netflix 的"产品"（或者说 SLA）集群，几乎和查询集群有着相同的规模，运行 SLA-Driven ETL（抽取、转换、加载）作业。Netflix 也拥有几个其他的 Dev 集群。如果 Netflix 使用 HDFS 作为"源"的话，接下来可能还需要一个进程，在所有的集群中进行数据的复制。而如果使用的是 Amazon S3，就不存在上述问题，因为所有的集群可以对整个数据集进行即时的访问。

Netflix 每天都会动态地调整查询和产品集群，其实查询集群在夜间可以更小，因为那时很少有开发者进行登录。相反，产品集群在夜间就必须很大，因为此时大多数的 ETL 都在运行。Netflix 不需要担心数据的重分配或者在扩展/压缩的过程中有数据丢失的现象，因为数据都分布在 Amazon S3 上。最后，虽然所有的产品和查询集群都是在云端长期运行的，但是 Netflix 可以把它们当作一个短暂的过程。一旦某个集群宕掉了，就可以在几十分钟之内启用另一个等同规模的集群（如果需要的话，甚至可以在另一个可用区上），根本不需要担心数据的丢失问题。

（3）工具及网关

开发者在 Hadoop 的生态系统中能够使用很多不同的工具，可以使用 Hive 进行数据的查询和分析，与此同时，使用 Pig 进行 ETL 以及算法处理，Vanilla（一套便于定制和扩展的编程语言）Java 的 MapReduce 也可用于复杂的算法处理。Python 语言常用于编写不同的 ETL 进程以及 Pig 用户自定义功能。

Netflix 的 Hadoop 集群的访问是通过一些“网关”实现的，它们仅仅是开发者们通过 Hadoop、Hive 以及 Pig 的命令行接口（CLI）来登录和运行的一些云端的实例。当有很多开发者登录和运行很多作业时，网关通常情况下会成为一个争用的单点。在这种情况下，我们鼓励“重量级”的用户启用云端的“个人”网关 AMI（Amazon Machine Images）。使用个人网关允许开发者在需要时安装其他客户端的包（如 R 语言）。

（4）Hadoop 平台及服务

Netflix 的 ETL 进程一直是松耦合的，结合了 Hadoop 和非 Hadoop 工具，横跨云端以及 Netflix 数据中心。这是一个非常常见的大数据架构，通常还会使用一个小型关系数据仓库来扩大基于 Hadoop 的系统。前者提供了一个实时的交互查询和报告，更好地整合了传统 BI 工具。当前 Netflix 使用 Teradata 作为其传统关系数据仓库，同时还在研究 Amazon 的新服务 Redshift。

Netflix 同样还在数据中心内使用一个企业级的调度程序（UC4）来定义云端和数据中心不同作业之间的依赖性，并把它们作为 Process Flows 运行。因此，Netflix 需要一个在客户端中剔除 Hadoop、Hive 和 Pig 作业的机制，让其不需要安装完整的 Hadoop 软件栈。此外，因为 Netflix 每小时需要运行上千个 Hadoop 作业——尤其是应付在云端更多的 ETL 和处理迁移至 Hadoop 带来的负载增加，所以这个系统必须是可以横向扩展的。最后，因为云计算资源中的集群是按需搭建的，它的存在可能会是短暂的，并且可以有多个集群用来运行 Hadoop/MapReduce 作业，所以还需要从客户端抽离出后端的细节。

（5）Genie

Genie 是专为 Hadoop 生态系统定制的一组 REST-ful 服务集合，用于管理作业和资源。有两个关键服务：Execution Service 和 Configuration Serice。前者提供了 REST-ful API，用于提交和管理 Hadoop、Hive 及 Pig 作业；后者是一个 Hadoop 资源的有效存储库，实现元数据的连接以及运行资源上的作业。

（6）Execution Service

Execution API，负责客户端与 Genie 的交互。客户端通过向 Execution API 发送 JSON

和 XML 信息提交作业，其中包括的参数有：

- 作业的类型，Hadoop、Hive 或者 Pig；
- 作业的命令行参数；
- 文件的依赖性，如 Amazon S3 上的脚本和 JAR 文件；
- 时间表类型（如 Ad-Hoc 或 SLA），这样 Genie 就可以使用它来为作业映射适当的集群；
- Hive 元存储需要连接的名称（如 prod、test 或者一个设备名称）。

当一个作业提交成功后，Genie 将返回一个作业 ID，这个 ID 可以用来获得作业状态和输出 URL。输出 URL 是一个指向作业工作目录的 HTTP URL，包含了标准输出和错误日志。每个作业 ID 都可以被转换成多个 MapReduce 作业，这取决于 Hive 或者 Pig 中运行中间阶段的数量。

（7）Configuration Service

Configuration Service 被用于跟踪当前运行的集群以及支持的时间表。举个例子：查询集群被配置成支持 Ad-Hoc 作业，然而我们的产品集群却被配置成支持 SLA 作业。当一个集群出现时，我们告诉 Configuration Service 它支持的作业类型，以及集群的配置集合（也就是做 Hadoop 配置的 mapred-site.xml、core-site.xml 以及 hdfs-site.xml 和做 Hive 配置的 hive-site.xml），同时会将它的状态标注为 UP。与此类似，当一个集群关闭时，我们将会把它标注为 Terminated。同样，这里还有一个为集群准备的 Out of Service 状态，表示这个集群还存在，但是不支持任何新作业的提交。这在升级和结束进程时是非常有用的，当一个集群不再接收新任务的提交时，必须在终止它之前让所有运行的作业结束。这个服务是对 Eureka 的补充，被设计为元数据的存储库，用于云中的短暂（并且不是集群）实例。

当 Execution Service 接收到一个作业请求时，它通过 Configuration Service将作业映射到合适的集群中。如果存在多个满足作业需求的集群，它会随机选取一个集群。当然可以通过实现自定义负载平衡器来改进，以及分流单独的 Hadoop、Hive、Pig 作业，为每个作业分配独立的工作目录，从而实现 Genie 和作业本身的隔离。一个单独的 Genie 实例可以实现对不同集群提交作业，完全从客户端中抽象出来。

（8）使用 Genie 进行动态的资源管理

Netflix 不同的工程团队在 AWS 预留实例上使用 ASG（Auto-Scaling Groups）运行他们的服务，根据负载进行扩展和收缩。大部分 ETL 作业都在午夜（PST）以后进行，因为在这段时间大部分的 ASG 都会收缩。因此我们使用这些过剩的保留实例补充到其他生产集群中，以带来额外的效益。我们使用 Configuration Service 来登记它们，然后 Genie 客户端（如 ETL 作业）使用 Execution Service API 连入这些新集群中。当工程团队再次需要他们的实例时，这些被借用的实例将会终止并重新登记，同时不会再被 Genie 客户端接入，直到再次剩余。

这里不再需要任何 Rolling 升级，这在传统的 Hadoop 集群中经常出现。如果我们需要对生产集群进行升级，一种选择是使用拥有升级过的软件堆栈的新产品集群，并且把旧集群的状态设置成 Out of Service 来终止对它的路由。此外，我们还可以使用 Out of

Service 设置正在工作中的集群，以方便对其升级，并在集群升级时临时标记另一个正在工作中的集群作为 SLA 集群。如果我们不希望正在运行的作业失败，则必须等到作业结束才能进行旧集群的终止或者升级。这类似于 Asgard 提供的应用部署和云实例管理能力。

（9）Genie 当前的部署状态

虽然 Genie 仍在改进过程中，但是已经在我们的生产环境中被高度使用。目前，它已经被部署到一个 6～12 节点的 ASG 上，横跨三个 Availability Zone 进行负载平衡和容错处理。对于横向扩展，我们建议基于负载决定部署节点的数目。通过 CloudWatch 警报进行配置，附加 Asgard 管理自动扩展方案。Genie 实例通过 Eureka 登记，客户端使用 Eureka API 对作业的有效实例进行选择。为了避免客户端过载，当一个实例的请求高于它的负载时 Genie 还会将作业请求转发到一个轻量级的负载实例。Genie 现已支持上千个并行作业的同时提交，可以运行上千个来自可视化工具和自定制 Hive/Pig Web UI 的 Hive 作业以及上万个 Hive 和 Pig 的 ETL 作业。通过增加 ASG 的实例数量，将其扩展到上万个并行作业在理论上是可行的。

（10）视频技术

Sliverlight 及杜比高清音频技术。

（11）多终端

如图 14-4 所示，可以在 PS3、Wii、Xbox、PC、Mac、Mobile、Tablet、Smart TV、Blu-ray Players、Smart Phones 等终端上观看 Netflix 提供的视频。

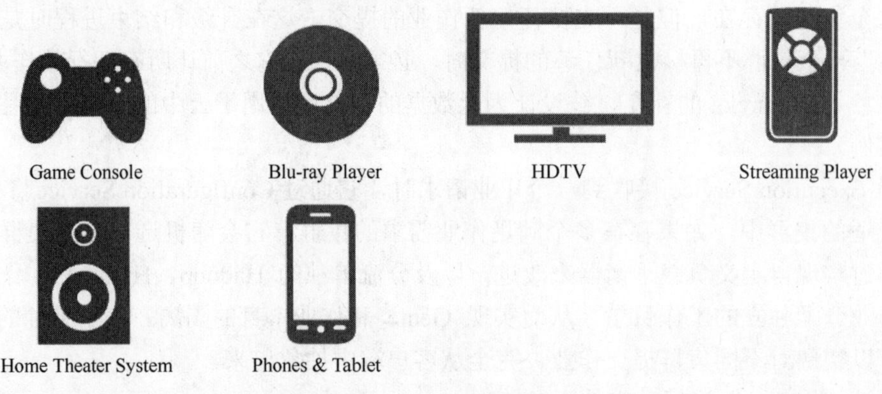

图 14-4 多终端

（12）收集大数据

需要采集的数据及其规模如下（作业的类型，Hadoop、Hive 或 Pig）：

- 用户超过 2500 万人；
- 每天大约 3000 万剧集（而且 Netflix 跟踪你的每次快退、快进及暂停动作）；
- 仅在 2011 年最后三个月中，被观看的视频流就超过了 20 亿小时；
- 每天大约 400 万次用户打分；
- 每天大约 300 万次搜索；
- 地理定位数据；
- 设备信息；

- 天数和周数（现在能证明，用户在工作日内观看更多的电视节目，而在周末观看更多的电影）；
- 从第三方（如尼尔森公司）获得的元数据；
- 从 Facebook 和 Twitter 获得的社会媒体数据。

Netflix 公司对数据最有趣的使用是去分析电影本身。Netflix 采集了 JPEG 图片，并可以说明片头或片尾字幕开始滚动的具体时间等特征。这可能对考虑诸如音量、色彩和布景等因素有着很大的意义，它提供了关于观众喜欢什么的重要信号。

Netflix 整个系统就是一个建筑在云计算基础上的大数据应用，广义云为大数据的实施交付以及运维带来了方便。

3．MoviePlex 架构规划

在介绍完 Netflix 的业务模式和技术模型后，我们应该能对规划、部署一套 MoviePlex 有一个大致的认识。接下来，在讨论如何把 Oracle MoviePlex 大数据环境搭建在阿里云上时，就不再逐一详细介绍整体规划和实施，因为两者在业务模式上是一致的，在技术架构上相通。下面主要讨论在阿里云上对大数据环境的功能需求、技术选型、技术实现的规划过程和大数据技术在云环境中的应用场景。

功能需求：在本地机房无法满足近似于无限的扩容、异地灾备、高可靠性时，需要借助云环境提供系统性能支撑，满足系统在业务骤增、在线并发剧增的情况下所发生的系统扩容、单节点故障等问题。

技术选型：在 IT 架构圈内流行一句话“没有最新的技术架构，只有最适合的技术架构”。成功的系统规划是贴合业务场景的。在阿里云搭建大数据平台需要使用 Hadoop、ZooKeeper、Hive、HBase、HDFS、Kafka、WebLogic、Sqoop、YARN 等技术，这些技术将在 Oracle MoviePlex 案例运维篇中进行详细讲解，这里暂不介绍。

技术实现：将海量视频文件（蓝光 50GB、高清 10GB）存放在关系数据库（Oracle、MySQL）中可能不太现实，会对系统的性能有影响，并且不易扩展和管理维护。但是借助于 Hadoop HDFS 采取分而治之的策略，分块存放视频文件就可以很好地解决这个问题。ZooKeeper 控制大数据平台节点间通信与元数据信息同步。NoSQL、HBase 存放键值对数据，如用户信息、视频影视评论、图片等。Kafka 存放系统和用户日志数据、流式文件等。Hive 可以在线下把 NoSQL、HDFS 的数据进行分类汇总等操作，也可以通过复杂的 Hive SQL 生成报表所需数据。WebLogic 提供页面展示功能，类似于 Tomcat、Nginx。Sqoop 把关系数据库（Oracle、MySQL）中的数据与 HDFS、NoSQL 间进行转换同步。YARN 对大数据任务进行调度。我们可以根据自身业务和系统要求组合使用各组件，不必全都用到，选择适合自己系统、贴合业务的就好。

在讨论介绍 Oracle MoviePlex 案例背景和架构规划（业务模式、技术模型）后，接下来详细说明搭建 Oracle MoviePlex 所用到的 Oracle 大数据组件技术。了解这些组件技术、关系数据库与非关系数据库之间的数据“流转”，对搭建和维护后续的大数据环境有着非常重要的作用。

14.2 大数据组件介绍

在图 14-1 所示的 Oracle 大数据实施架构图中，我们了解到，大数据演示环境需要哪些技术，以下主要介绍各组件的功能和特征。Oracle 大数据机通过同时包含大数据开源软件和 Oracle 开发产品的专用软件来满足企业大数据的需求。Oracle Big Data Lite 集成环境包含以下技术组件：

（1）Oracle Enterprise Linux 6.7 (64bit)

（2）Oracle Database 12c Release 1 Enterprise Edition (12.1.0.2): Oracle Big Data SQL-Enabled External Tables, Oracle Multitenant, Oracle Advanced Analytics, Oracle OLAP, Oracle Partitioning, Oracle Spatial and Graph

（3）Cloudera Distribution including Apache Hadoop (CDH 5.7.0)

（4）Cloudera Manager (5.7.0)

（5）Oracle Big Data Spatial and Graph 1.2

（6）Oracle Big Data Discovery 1.2.0

（7）Oracle Big Data Connector 4.5

（8）Oracle SQL Connector for HDFS 3.5.0

（9）Oracle Loader for Hadoop 3.6.0

（10）Oracle Data Integrator 12c

（11）Oracle R Advanced Analytics for Hadoop 2.6

（12）Oracle XQuery for Hadoop 4.5.0

（13）Oracle NoSQL Database Enterprise Edition 12cR1 (4.0.5)

（14）Oracle Table Access for Hadoop and Spark (1.1)

（15）Oracle JDeveloper 12c (12.1.3)

（16）Oracle SQL Developer And Data Modeler 4.1.3 With Oracle REST Data Services 3.0.5

（17）Oracle Data Integrator 12cR1 (12.2.1)

（18）Oracle GoldenGate 12c (12.2.0.1.1)

（19）Oracle R Distribution 3.2.0

（20）Oracle Perfect Balance 2.7.0

本章主要对大数据技术架构规划、案例环境准备、演示进行讨论，不对关系数据库（Oracle、MySQL）功能和技术做过多的介绍，有兴趣的读者可以查阅官网学习手册或者相关 DBA 书籍。

14.2.1 Cloudera 的 CDH

Apache Hadoop 是目前最主流、应用范围最广的分布式应用架构，它是在 Google 公司发表的 MapReduce 和 Google 文件系统的论文基础上发展而成的，提供在 x86 服务器上构建大型应用集群的能力。

Hadoop 采用 Apache 2.0 开源协议，用户可以免费地使用和修改 Hadoop，所以市面上就出现了很多 Hadoop 版本。其中有很多厂家在 Apache Hadoop 的基础上开发自己的 Hadoop 产品，例如，Cloudera 的 CDH（Cloudera's Distribution including Apache Hadoop）、Hortonworks 的 HDP、MapR 的 MapReduce 产品等。图 14-5 展现了 CDH 的整体架构。

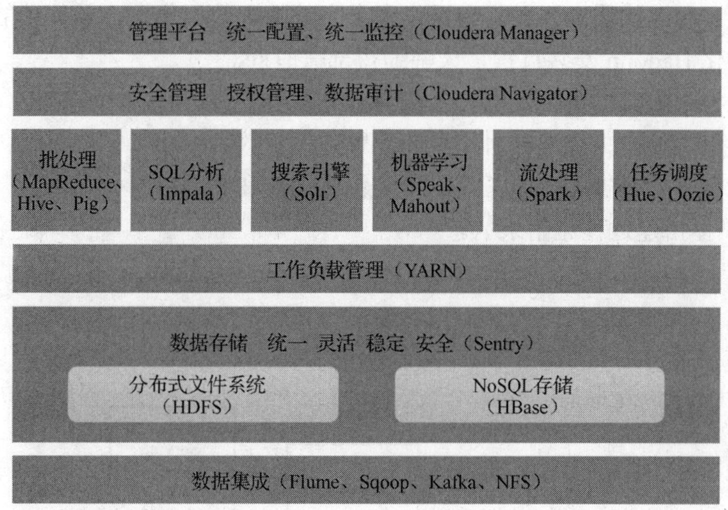

图 14-5　CDH 的整体架构

社区版本的 Hadoop 具备很多的优点，例如，完全的开源免费，活跃的社区，文档资料齐全。但是，Hadoop 的生态圈过于复杂，包括 Hive、HBase、Sqoop、Flume、Spark、Hue、Oozie 等，需要考虑版本和组件的兼容性；集群部署、安装、配置较为复杂，需要手工调整配置文件后，对每台服务器的分发配置分发操作，容易出错；缺少配套的运行监控和运维工具，需要结合 Ganglia、Nagios、Zabbix、Cacti 等实现运行监控，后期运行维护成本比较高。

Oracle 大数据机主要包含：Cloudera Distribution including Apache Hadoop（CDH）和 Cloudera 管理器。CDH 是商业和非商业环境中第一个基于 Apache Hadoop 的发布版。CDH 包含 100%开源的 Apache Hadoop 以及使用 Hadoop 所需的全套开源软件组件。它作为 Hadoop 众多分支中的一种，由 Cloudera 维护，基于稳定版本的 Apache Hadoop 构建，并集成很多补丁，可直接用于生产环境。

14.2.2 Cloudera 管理器

Cloudera 管理器（Cloudera Manager）是 CDH 市场领先的管理平台。作为业界排名靠前的端到端 Apache Hadoop 的管理应用，Cloudera 管理器对 CDH 的每个部件都提供细粒度的可视化和控制，从而设立企业部署的标准。通过 Cloudera 管理器，运行维护人员可以提高集群的性能，提升服务质量，提高合规性，并降低管理成本。Cloudera 管理器实时展现、管理、监控整个集群内正在运行的节点和服务的情况；提供一个中央位置来将配置更改应用到整个集群中；引入全方位的报告和诊断工具来帮助优化集群性能和利用率。为便于在集群中进行 Hadoop 等大数据处理相关的服务安装和监控管理的组件，对集群中的主机、Hadoop、Hive、NoSQL、HDFS、HBase、Sqoop、Flume、Spark、Hue、Oozie 等服务的安装配置管理做了极大简化。

Cloudera 管理器的设计目的是使企业数据中心的管理变得简单和直观。通过 Cloudera 管理器，可以方便地部署，并且集中操作多个完整的大数据集群，具体功能如下。

（1）自动化 Hadoop 安装过程，大幅缩短部署时间。

（2）提供实时的集群概况，例如主机节点、服务的运行状况。

（3）提供集中的中央控制台对集群的配置进行更改。

（4）包含全面的报告和诊断工具，帮助优化性能和利用率。

CDH 的具体搭建过程见附录 A。

Cloudera 管理器的服务器架构如图 14-6 所示，主要包括如下几个部分。

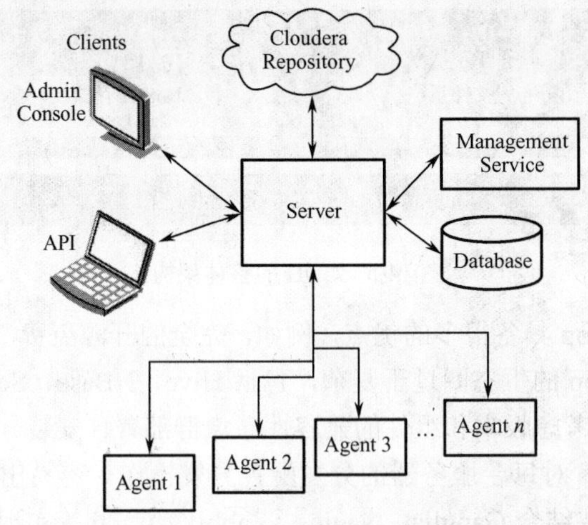

图 14-6　Cloudera 管理器服务器架构图

（1）服务器（Server）：Cloudera 管理器的核心，主要用于管理 Web 服务器和应用逻辑。它用于安装、配置软件，开始和停止服务，以及管理服务运行的集群。

（2）代理（Agent）：安装在每台主机上。它负责启动和停止进程、部署配置、触发安装和监控主机。

（3）数据库（Database）：存储配置和监控信息。通常，可以在一台或多台数据库服务器上运行多个逻辑数据库。例如，Cloudera 管理器服务和监视后台程序可以使用不同的逻辑数据库。

（4）Cloudera Repository：由 Cloudera 管理分布式存储库。

（5）客户端（Clients）：提供一个与服务器交互的接口，包括管理平台（Admin Console），其提供一个管理员管理集群和 Cloudera 管理器的基于网页的交互界面。

（6）API：为开发者提供创造自定义 Cloudera 管理器程序的 API。

14.2.3　Oracle 大数据连接器

Oracle 大数据机使企业能够轻松获取和组织不同类型的数据，Oracle 大数据连接器（Oracle Big Data Connector）则支持以集成数据集的形式来分析所有数据。Oracle 大数据连接器可以安装在 Oracle 大数据机或普通 PC 服务器搭建的 Hadoop 集群上。Oracle 大数据连接器由 4 个组件组成，具备高效数据流转和实时数据查询的能力，并且提供 GUI 界面来实现一些 Hadoop 和 Oracle 数据库之间的操作。表 14-1 给出了这 4 个组件的功能描述。

表 14-1　Oracle 大数据连接器 4 个组件的功能描述

类　别	连 接 器	功　能
Oracle DataBase Integrator	Oracle Loader for Hadoop	利用 Oracle 特定的元数据和 MapReduce，并使用 Oracle 数据库生成指定的数据格式，提供优化的数据加载功能
	Oracle SQL Connector for HDFS	提供从 Oracle 数据库端以 SQL 的方式访问 HDFS 和 Hive 的功能，并且无须把数据物理化至 Oracle 数据库端
Statistical Analysis	Oracle R Connector for Hadoop	提供从 R 客户端提交 R 脚本至 Hadoop 集群，并利用 Hadoop 集群的 MapReduce 进行计算
Developer Productivity	Oracle Data Integrator Application Adapter for Hadoop	为使用 Oracle ODI 的数据整合开发人员提供一套 Hadoop Knowledge Module。Knowledge Module 是可以重用的代码模板，封装特定功能，会被包含或整合在 ETL 流程内

14.2.4　Oracle 大数据加载器

Oracle 大数据加载器（Oracle Loader for Hadoop）是一个用于把 Hadoop 的数据快速装载至 Oracle 数据库的工具。它通过命令行或 Oracle 数据集成应用程序接口调用，作为一个独立的进程或数据集成工作流的一部分。Oracle 大数据加载器的设计理念充分利用了 Hadoop 的并行处理架构，同时兼容数据装载至数据库中的完整过程，因此具有 Oracle 关系数据库和 Hadoop 两个平台所具备的优势。在 Hadoop 集群中，Oracle 大数据加载器通常在数据准备或分析的 MapReduce 过程中的最后阶段执行。

Oracle 数据库一个最关键的优势就是高速查询能力。Oracle 通过多种访问路径实现快速数据访问。这些包括索引、表分区、Hash 连接、缓存和 Exadata Smart Scan 等。当 Hadoop 上生成的数据需要被众多用户使用时，例如，使用商务智能工具进行即席查询，这些功能恰恰是 Oracle 数据库提供的核心功能。

因此，如果更多的数据加载任务进程（如排序和分区），可以从 Oracle 数据分离出来，把更多的资源用于响应查询需求。Oracle 大数据加载器会查询目标表的分区策略，从而更好地优化加载性能。Oracle 大数据加载器的输出将会做预分区并且基于主键或其他用户定义的字段进行有选择的排序。这个能确保数据被加载到数据库分区表特定的分区，并且在使用 Exadata 混合列压缩时提供压缩比率。

Oracle 大数据加载器同时会利用从 Mapper 至 Reducer 的数据平衡来解决数据倾斜问题。Oracle 大数据加载器会使数据均匀分布，防止单个 Reducer 占用太多的处理时间。这就避免了任何一个 Reducer 运行时间过长的可能，从而避免因为它而延缓整个加载数据的时间。这个操作在作业开始时通过采样的方式完成。Oracle 大数据加载器会在针对 Reducer 分区的数量、每个分区的大小和 Reducer 个数这几个关键因素之间进行权衡。如果某个单一的分区因为平衡加载性能需要被拆分，Oracle 大数据加载器将会自动做适当的调整。

当数据从非事务性模型的数据源中加载 Oracle 数据库时，都会经过一套标准的不连续的步骤。这个过程通常称为 ETL（Extract-Transform-Load）。然而，经常有关于改变 Transform 和 Loading 的顺序是否会更有效的争论。

数据会经过下面的步骤：

（1）作为 HDFS 文件或 Hive 表存储至 Hadoop 中。

（2）数据转换过程。

（3）加载数据到 Oracle 数据库中。

Oracle 大数据加载器用于解决这个流程的后面两步，同时 Oracle Data Integrator Application Adapter for Hadoop 则用于帮助解决第一步。为完成这个任务，Oracle 大数据加载器执行 MapReduce 应用，这些应用处理下面的步骤：

（1）Mapper 从 Oracle 目标数据库中读取元数据信息，读取 InputSplit，把数据转换成 Oracle 数据格式，并且在下一步发送数据。

（2）Shuffle/Sort 会基于目标分区对数据进行排序，并且使数据均匀分布，避免数据倾斜。这将确保 Reducer 是均衡的。

（3）Reducer 或者连接 Oracle 数据和加载数据到目标表中，或者在 HDFS 上创建数据文件。

Oracle 大数据加载器提供在线和离线两种工作模式。在线模式通过 OCI 路径或者 JDBC 把数据直接加载至 Oracle 数据库里。离线工作模式则创建带分隔符的文件或 Oracle Data Pump 格式的文件。每种输出类型的案例如表 14-2 所示。

表 14-2　Oracle 大数据加载器输出类型及使用场景

工作模式	输出类型	使用场景
在线（Online）	OCI Direct Path	首选在线选择； 数据预处理和表插入； 最快的在线模式； 加载 Oracle 分区表
	JDBC	加载非分区 Oracle 表； 非 Linux 平台； 目标表使用复合间隔分区，带有子分区的关键列 CHAR、VARCHAR2、NCHAR 或 NVARCHAR2
离线（Offline）	Oracle Data Pump	最快的加载办法； 数据库上最低的 CPU 占用率； 最广泛的输入格式； 需要不同的预处理和记载步骤； 具备通过外部表查询文件的能力
	Delimited Text	文件用于其他的用途； 需要不同的预处理和加载步骤； 具备通过外部表查询文件的能力

14.2.5 Oracle 大数据整合器

使用 Oracle 大数据整合器（Oracle Data Integrator，ODI），可以简化 Hadoop 和 Oracle 数据库集成数据的过程。一旦数据可在数据库中访问，最终用户即可使用 SQL 和 Oracle BI 企业版来访问数据。已经在使用 Hadoop 解决方案的，并且不需要 Oracle 大数据机之类集成产品的企业，可以使用 Oracle 大数据连接器作为独立的软件解决方案来从 HDFS 中集成数据。

14.2.6 Oracle R 语言连接器

Oracle R 语言连接器（Oracle R Connector For Hadoop）是一个 R 语言软件包，用于透明地访问 Hadoop 和 HDFS 中存储的数据。

Oracle R 语言连接器使得开源统计环境 R 用户能够分析 HDFS 中存储的数据，利用 MapReduce 处理功能针对大量数据运行 R 模型，无须学习其他 API 或语言。最终用户可以利用 3500 多个开源 R 软件包来分析 HDFS 中存储的数据，而管理员无须学习 R 语言，即可在生产环境中调度 R MapReduce 模型。

Oracle R 语言连接器也可与 Oracle 数据库的 Oracle Advanced Analytics 组件一起使用。Oracle Advanced Analytics 组件使 R 用户能够透明地分析数据库中驻留的数据，无须学习 SQL 或数据库概念，而 R 计算也可以直接在数据库中执行。

14.2.7 Oracle NoSQL 数据库

Oracle NoSQL 数据库（Oracle NoSQL Database）是基于 Oracle Berkeley DB 的、高度可伸缩的分布式键值存储数据库。它提供通用的企业级存储方式，从而在分布式 Berkeley DB 之上添加一个智能驱动。该智能驱动会跟踪底层存储拓扑，对数据分片，并且知道数据放在何处延迟最低。与其他同类解决方案不同，Oracle NoSQL 数据库易于安装、配置和管理，支持广泛的负载，并提供以企业级 Oracle 支持作为后盾的高可靠性。

Oracle NoSQL 数据库的主要用例是低延迟数据捕获和对这些数据的快速查询，通常通过键查找进行查询。Oracle NoSQL 数据库附带一个易于使用的 Java API 和一个管理框架。该产品以两种形式提供服务：开源社区版和用于大型分布式数据中心的定制企业版。前一版本作为 Oracle 大数据机集成软件的一部分来安装。

数据从 Oracle 大数据机加载到 Oracle 数据库或 Oracle 数据库云服务器中后，最终用户便可使用以下易于使用的工具来进行数据库中的高级分析。

（1）Oracle Endeca——信息探索平台是对复杂多变的数据进行高级勘探和分析的企业数据探索平台。从多个分散的源系统中进行加载的信息被存储在一个对变化中的数据提供动态支持的多面体数据模型中。这些经过整合的丰富数据可以由交互式的、可配置的应用程序进行搜索、探索和分析。Oracle Endeca 直观的界面让企业用户可以轻松地对数据进行探索，以确定其潜在的价值。

（2）Oracle R Enterprise——广泛使用的 Project R 统计环境的 Oracle 版本，支持统计人员在非常大的数据集上使用 R 语言，不会改变最终用户体验。R 用例包括预测特定机场的航班延误以及提交临床试验分析和结果。

（3）In-Database Data Mining——能够创建复杂的模型并对非常大的数据量采用这些模型以驱动预测分析。最终用户可在其 BI 工具中使用这些预测模型的结果，无须知晓如何构建模型。例如，可以使用回归模型基于购买行为和人口统计数据来预测客户年龄。

（4）In-Database Text Mining——Oracle Text Mining 与 Oracle Data Mining 相结合，可从微博、CRM 系统注释字段和评论网站中挖掘文本。文本挖掘的一个例子是基于评论的舆情分析。舆情分析旨在揭示客户对某些公司、产品或活动的感受。

（5）In-Database Semantic Analysis——能够在各种数据点和数据集之间创建图表和连接。例如，语义分析可创建关系网，从而确定客户朋友圈的价值。关注客户流失时，客户价值是指基于其关系网的价值，而不是只基于客户自身的价值。

（6）In-Database Spatial——能够为数据添加空间维度，并用图显示数据位置。此功能使最终用户能够更高效地理解地理空间关系和趋势。例如，空间数据可以将人员网络及其地理邻近性可视化。地理位置接近的客户很容易影响彼此的购买行为，而如果没有空间可视化，则很容易错失这样的机会。

（7）In-Database MapReduce——能够编写过程逻辑且无缝利用 Oracle 数据库并行执行。In-Database MapReduce 使数据科学家能够创建具有复杂逻辑的高性能例程。In-Database MapReduce 可通过 SQL 对外开放。

Oracle 数据库中的每个分析组件都有特定的用途。结合使用这些组件可为企业创造更多价值。相比未充分利用 Oracle 数据库分析潜力的企业，利用 SQL 或 BI 工具向最终用户展现这些分析结果的企业更具优势。

Oracle 大数据机和 Oracle 数据库云服务器之间通过 InfiniBand（IB）连接，因此批处理或查询负载可实现高速数据传输。Oracle 数据库云服务器在托管数据仓库和事务处理数据库时提供卓越的性能。

鉴于数据量大，可以使用 Oracle 商务智能云服务器来为业务分析人员提供有用的信息。Oracle 商务智能云服务器是集成设计的系统，为业务人士提供快速的数据访问。它经过优化，可以运行 Oracle Business Intelligence 企业版，并放置在内存中迅速完成聚合功能。

Oracle 大数据机与 Oracle 数据库云服务器和新的 Oracle 商务智能云服务器结合使用，为客户获取、组织、分析企业中的大数据并最大化其价值提供所需的一切。

分析多种多样新的数字数据流可以揭示经济价值的新来源，对客户行为提供新的洞察，并及早辨明市场趋势。但是这种新数据的流入会对 IT 部门提出挑战。为从大数据中获得真正的业务价值，企业需要适当的工具来从不同数据源捕获和组织多种数据类型，并且要能结合其所有企业数据来分析。通过结合使用 Oracle 大数据机、Oracle 大数据连接器与 Oracle 数据库云服务器，企业可以获取、组织和分析其所有企业数据（包括结构化和非结构化数据），从而做出科学的决策。

Oracle 高级分析平台为 Oracle 数据库提供一个先进的分析平台，为分析大数据做准备。它和 Oracle R 企业版（开源 R 语言的改进版本）的 Oracle 数据挖掘能力结合在一起。因为 Oracle 高级分析平台不需要为进行分析而在数据和其他外部客户端之间传送数据，所以能够消除网络延时。这比在数据库外进行分析处理提高 10～100 倍的性能。把分析逻辑封装在数据库中还可以利用数据库的多层安全模型，并且数据库也因此能够管理实时预测模型和它所产生的结果。

14.3　小结

大数据项目的规划分为两个主要部分，业务规划和技术规划。技术规划中又分为“通常”的技术规划和大数据相关的技术规划。本章通过对 Oracle Big Data Lite 大数据平台组件 Cloudera Distribution including Apache Hadoop（CDH）、Cloudera 管理器、Oracle 大数据连接器、Oracle 大数据加载器、Oracle 大数据整合器、Oracle R 语言连接器、Oracle NoSQL 数据库的介绍，使读者对大数据在 Oracle 王国里是个什么样子有一定的认识。要完成一个大数据应用，离不开现有的数据环境（数据从哪儿来，进行哪些操作，到哪儿去），所以关系数据库、转换器等所涉及的技术组件是必不可少的。Oracle 数据库管理本身就是一项职业，大数据又带来更多的繁杂性（Tedious），这种繁杂性所带来的工作量是很大的，千万不可低估。在下章中将介绍如何搭建部署 Oracle MoviePlex 的实际环境。

第 15 章

Oracle MoviePlex 大数据实施

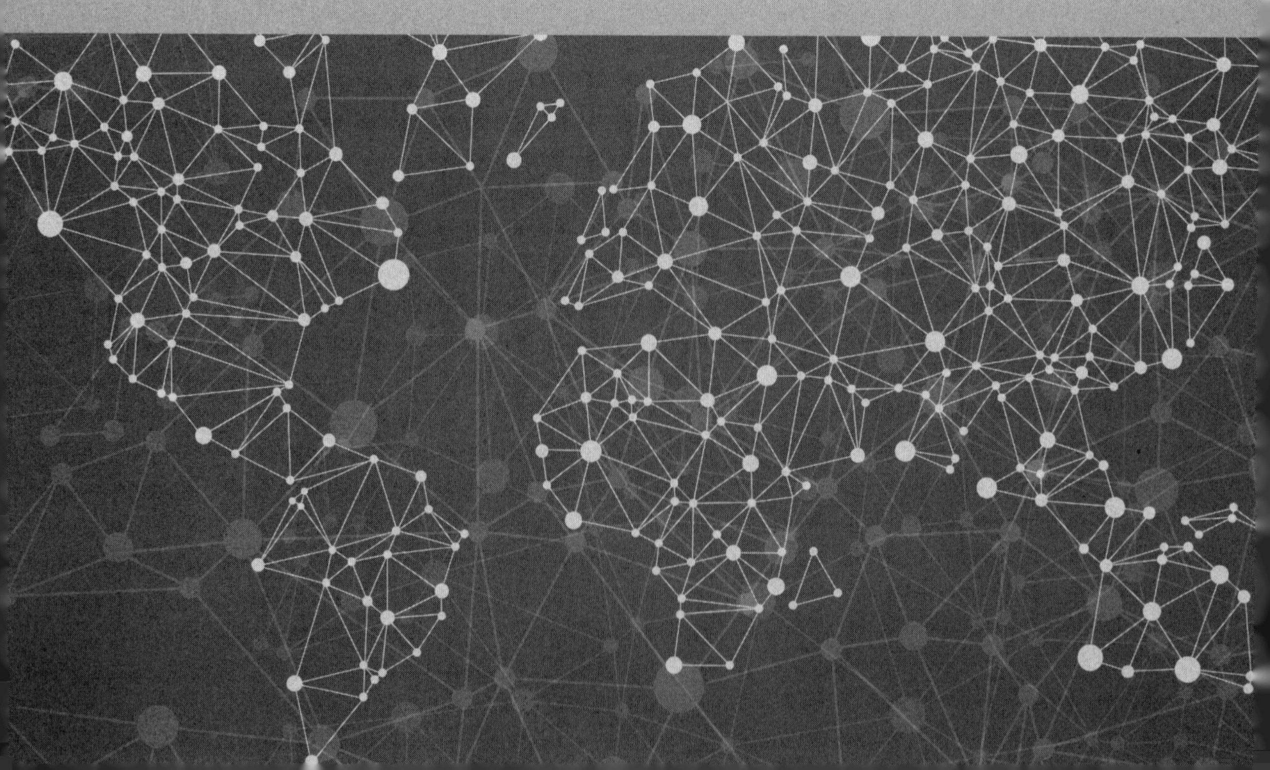

本章讨论 Oracle MoviePlex 案例环境的实施、搭建过程。首先介绍怎样使用 Oracle Big Data SQL 组件分析来自于客户观看影频的行为数据，并将这些海量数据抽取、转换、加载至 Oracle NoSQL 数据库、Hadoop HDFS。然后通过在海量日志数据中提取有价值的信息，把这些日志数据转换成有规律的、可供分类汇总的报表数据，再对其进行分析。也可以根据分析结果加工成推送消息（比如个性化的折扣或积分）分发给客户提取反馈信息，挖掘客户潜在的消费能力。Oracle MoviePlex 案例中用户线上的观看影片信息和个人用户信息、影片评论信息以键值对或 JSON 格式数据存放在 Oracle NoSQL 数据库中，视频影片分块切割存放在 Hadoop HDFS 文件系统中，系统日志（警告信息、报错信息）以 JSON 格式存放在 Kafka 中。业务数据写入各组件后，Oracle 大数据再通过 Pig、Hive、MapReduce 对数据进行抽取、转换、计算并加载到 Oracle Exadata。Oracle Exalytics 再通过 Oracle Big Data Connectors 连接到 Hadoop HDFS 或 Oracle NoSQL 对数据进行分析。第 14 章中的 Oracle MoviePlex 技术架构图已对 Oracle MoviePlex 业务数据流转的过程进行了详细描述，接下来我们就根据该架构图搭建部署一套具有业务流转、数据分析功能的 Oracle MoviePlex 环境。

15.1　环境准备

数据不管是存放在关系型数据库（Oracle、MySQL），还是存放在 Hadoop HDFS 或 Oracle NoSQL，用户都可通过 Oracle Big Data SQL 组件使用 SQL 语言和相应的安全策略等功能查询访问 Hadoop HDFS 和 Oracle NoSQL 的数据。下面是 Oracle MoviePlex 案例部署过程，可以遵照以下步骤在虚拟化环境中进行搭建部署。搭建完成后将通过几个 SQL 例子描述说明如何在 Hadoop HDFS、Oracle NoSQL 与关系型数据库间进行数据查询、计算、转换。

15.1.1　MoviePlex 环境部署

（1）确保物理主机性能满足虚拟机硬件要求，建议如下配置。

处理器：Intel Core i5 或更高的 4 核 CPU。

内存：推荐 32GB（16GB 是最低要求）。

磁盘：100GB 空间（虚拟机和安装时产生的临时文件）。

（2）根据操作系统选择对应的 64bit（Windows、Linux）平台，下载并安装 Oracle VM VirtualBox 基础包及其扩展包和 7-Zip 压缩软件。

下载地址：

http://www.oracle.com/technetwork/cn/server-storage/virtualbox/downloads/index.html

（3）下载 BigDataLite49.7z.001~011 虚拟机文件。

下载地址：

http://download.oracle.com/otn/vm/bigdatalite/v49/BigDataLite49.7z.001

…

http://download.oracle.com/otn/vm/bigdatalite/v49/BigDataLite49.7z.011

（4）下载完成后对 BigDataLite49.7z.001 文件进行解压缩，解压后生成文件 BigDataLite4.9.ova。

（5）在 VirtualBox 中，选择管理，导入虚拟机，选择下载好的 BigDataLite4.9.ova 文件。

（6）虚拟机导入完成后，生成虚拟机磁盘文件（BigDataLite49-disk[1~4].vmdk），然后启动 BigDataLite4.9 虚拟机。

（7）使用 oracle/welcome1 身份登录操作系统。

（8）单击 Start Here，Start Here 文档提供软件安装、服务访问地址、端口、账号密码等信息，根据文档提供的登录信息逐一验证服务是否正常开启。

（9）双击 Start/Stop Services，弹出对话框，如图 15-1 所示。在其中，可开启或关闭以下服务：Oracle、ZooKeeper、HDFS、HBase、Hive、Hue、Impala、Kafka、NoSQL、Oozie、ORDS-Apex、Solr、Spatial、Sqoop2、WebLogic-MovieDemo、YARN、BigDataDiscovery。

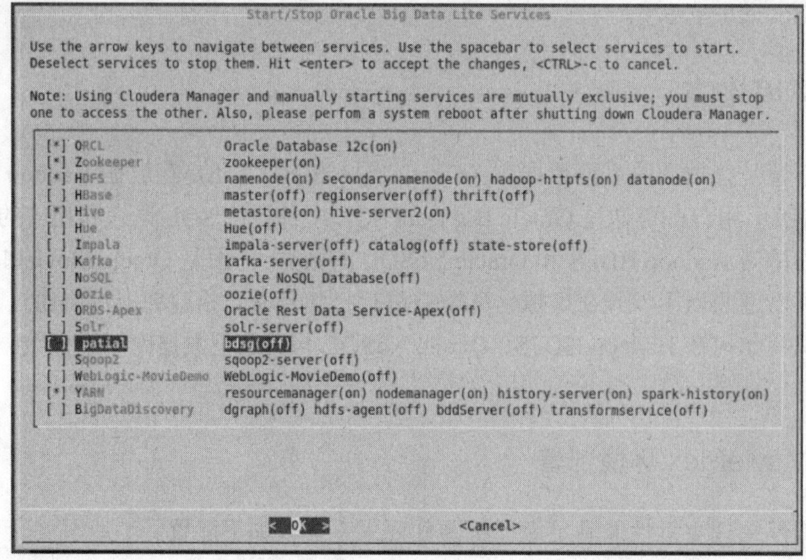

图 15-1　Start/Stop Oracle Big Data Lite Services 对话框

（10）如果启用 Cloudera Manager 控制台来管理 Hadoop，则需要虚拟机内存至少配置 10GB，并且开启之前停止所有 Hadoop 服务（见图 15-2）。在下一次打开 Oracle Big Data Lite Services 对话框时，关于 Cloudera Manager Server/Cloudera Manager Agent 的选项就会出现（见图 15-3）。

（11）Big Data Lite 各组件访问信息表，见表 15-1。

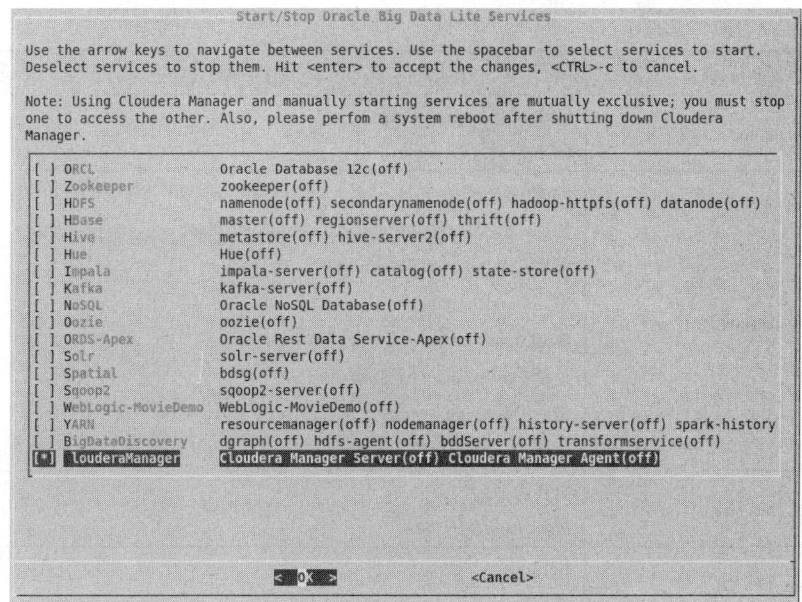

图 15-2　停止所有服务

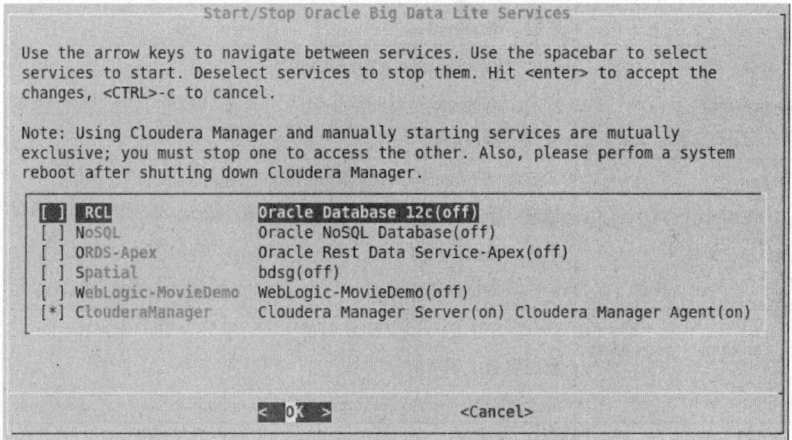

图 15-3　启用 Cloudera Manager Server/Cloudera Manager Agent

表 15-1　Big Data Lite 各组件的访问信息

组 件 名 称	访 问 信 息
Linux	root/welcome1 oracle/welcome1
Oracle Database 12c	服务名：orcl 端口：1521 密码：welcome1 演示用户：moviedemo 数据库连接字符串: moviedemo@orcl/welcome1

续表

组件名称	访问信息
Oracle Data Integrator	ODI 用户名: supervisor ODI 密码：welcome1
Oracle Big Data Discovery	Studio 地址：*http://localhost:9003/bdd/web/home/index* 用户：admin@oracle.com 密码：welcome1 WebLogic 地址：*http://localhost:9001/console* 用户：weblogic 密码：welcome1
Oracle NoSQL Database	管理地址： *http://localhost:5001*
Hive Metastore (MySQL)	用户：hive 密码：welcome1
Hue	地址：*http://localhost:8888* 用户：oracle 密码：welcome1
WebLogic (movie demo)	地址：*http://localhost:7001/console* 用户：weblogic 密码：welcome1
RStudio (not installed)	安装命令：/home/oracle/scripts/install_rstudio.sh 地址：*http://localhost:8787/* 用户：oracle 密码：welcome1
Oracle SQL Developer and Data Modeler	Oracle SQL Developer 在工具栏中，访问 Hive 和 Oracle Big Data SQL 外部表配置可参考以下网址： *https://blogs.oracle.com/datawarehousing/entry/oracle_sql_developer_data_modeler*
Oracle MoviePlex Demo	地址：*http://localhost:7001/movieplex/index.jsp* 用户：guest1 密码：welcome1
Cloudera Manager	地址：*http://localhost:7180* 用户：admin 密码：admin
Oracle Spatial and Graph	*http://localhost:8045/imageserver* *http://localhost:8045/spatialviewer*
Oracle Application Express	地址：*http://localhost:7070/ords/apex* 工作区间：moviedemo 用户：admin 密码：welcome1
Oracle REST Data Services	地址：*http://localhost:7070/ords_lab/*

15.1.2　MoviePlex 环境初始化

（1）预备条件

Oracle MoviePlex 虚拟机自带的命令并不完整，建议下载 Github 中的 MoviePlex 命令，下载地址为：

https://github.com/oracle/BigDataLite

下载页面如图 15-4 所示。

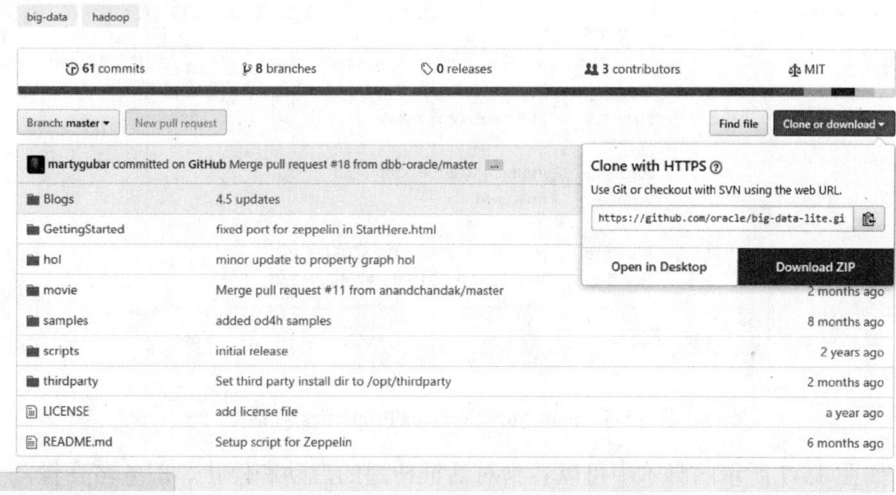

图 15-4　下载页面

将下载后的 Big-data-lite-master.zip 上传到虚拟机/home/oracle/文件夹下并解压。

（2）服务启动配置

双击虚拟机桌面上的 Start/Stop Services Application，开启 Oracle MoviePlex 演示环境需要的组件：ORCL-Oracle Database 12c、NoSQL-Oracle NoSQL Database、WebLogic-MovieDemo、Cloudera Manager，如图 15-5 所示。

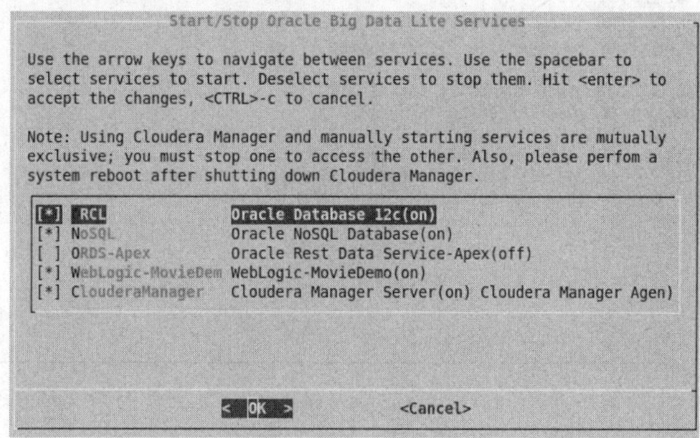

图 15-5　开启需要的组件

（3）Start/Stop Services 对话框的控制

在 Start/Stop Services Properties 对话框中，配置都在/opt/bin/services 文件中，如图 15-6 所示。

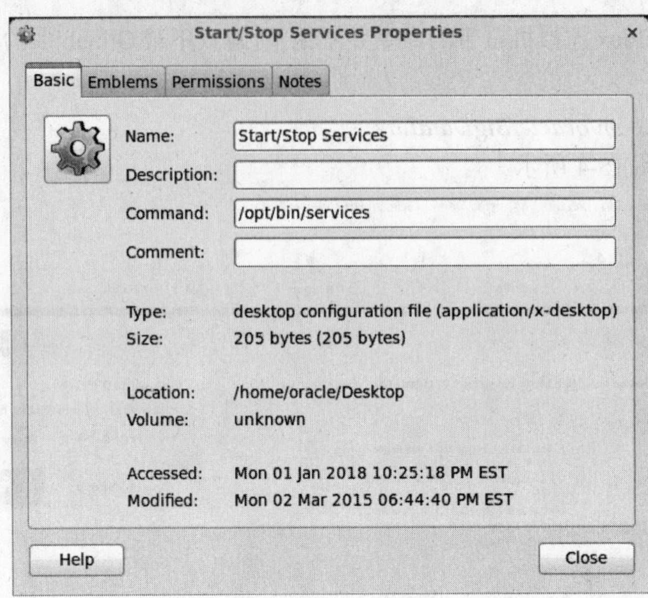

图 15-6　Start/Stop Services Properties 对话框

在如图 15-7 所示的脚本中可以看到对话框传递的启动和停止、服务名变量。

```
oracle@bigdatalite:~/Desktop
File Edit View Search Terminal Help
    # Start/stop the service
    case "$serviceAction" in
      "start")
        echo "### Starting ${svc} ###"
        $debug && echo "sudo service ${svc} start >/dev/null"
        $production && sudo service "${svc}" start >/dev/null

        $debug && echo "sudo chkconfig ${svc} on"
        $production && sudo chkconfig "${svc}" on
        ;;
      "stop")
        echo "#### Stopping ${svc} ###"
        $debug && echo "sudo service "${svc}" stop >/dev/null"
        $production && sudo service "${svc}" stop >/dev/null

        $debug && echo "sudo chkconfig ${svc} off"
        $production && sudo chkconfig "${svc}" off

        if [[ $svc == "cloudera-scm-agent" ]]; then
           echo "** REBOOT Big Data Lite BEFORE STARTING HADOOP SERVICES !!! ***
"
        fi
        ;;
    esac

    ((i++))

  done
```

图 15-7　脚本

在 chkconfig 命令配置中可以查看 Hadoop 的启动/停止，如图 15-8 所示。

```
oracle@bigdatalite:~
File  Edit  View  Search  Terminal  Help
[oracle@bigdatalite ~]$ chkconfig --list |grep hadoop
hadoop-hdfs-datanode     0:off   1:off   2:off   3:off   4:off   5:off   6:off
hadoop-hdfs-namenode     0:off   1:off   2:off   3:off   4:off   5:off   6:off
hadoop-hdfs-secondarynamenode   0:off   1:off   2:off   3:off   4:off   5:off   6:off
hadoop-httpfs    0:off   1:off   2:off   3:off   4:off   5:off   6:off
hadoop-kms-server        0:off   1:off   2:off   3:off   4:off   5:off   6:off
hadoop-mapreduce-historyserver  0:off   1:off   2:off   3:off   4:off   5:off   6:off
hadoop-yarn-nodemanager 0:off   1:off   2:off   3:off   4:off   5:off   6:off
hadoop-yarn-proxyserver 0:off   1:off   2:off   3:off   4:off   5:off   6:off
hadoop-yarn-resourcemanager     0:off   1:off   2:off   3:off   4:off   5:off   6:off
[oracle@bigdatalite ~]$
```

图 15-8　查看 Hadoop 的启动/停止

（4）进入 moviedemo 案例演示登录页面，如图 15-9 所示，在这里输入用户和密码（guest1 和 welcome1）。

图 15-9　登录页面

（5）moviedemo 案例演示观影页面，如图 15-10 所示，可以按影片类型查找电影，也可以显示最近的观看历史。

图 15-10　观影页面

（6）单击影片可以先观看 5 分钟预告片，如图 15-11 所示，如果对影片有兴趣可以进行租赁或购买。

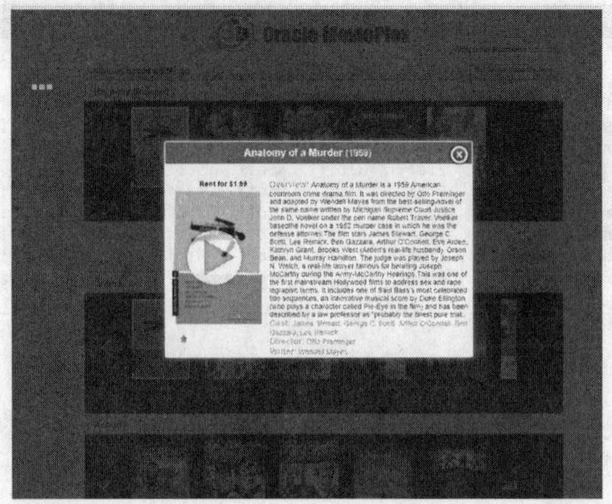

图 15-11　观看预告片

（7）moviedemo 初始化命令准备

创建演示数据日志表和数据访问安全策略，可以通过以下网址提供的两个 moviedemo SQL 命令来完成：

http://www.oracle.com/webfolder/technetwork/tutorials/obe/db/12c/BigDataSQL/exercises/bigdatasql_hol_otn_setup.sql

http://www.oracle.com/webfolder/technetwork/tutorials/obe/db/12c/BigDataSQL/exercises/bigdatasql_hol.sql

（8）moviedemo 环境初始化

打开 Oracle SQL Developer，选择 moviedemo 数据库，并执行上面两个命令，输出结果如图 15-12 所示。

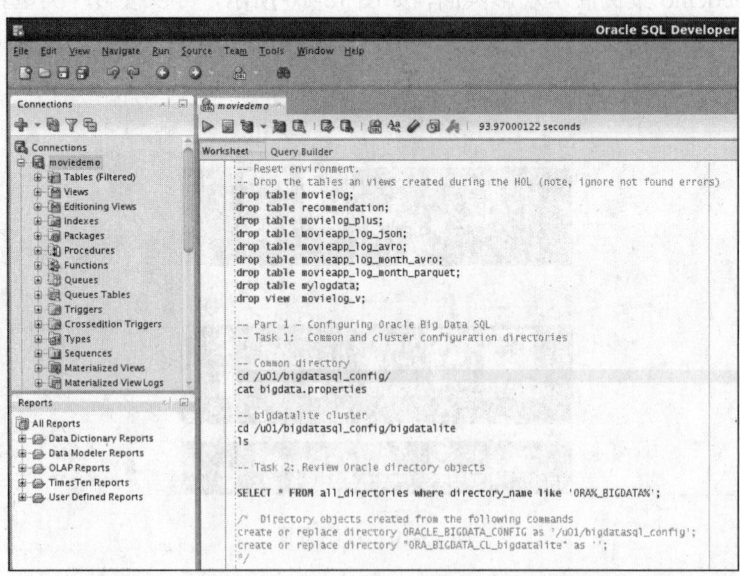

图 15-12　Oracle SQL Developer

15.2　案例演示

如前所述，Oracle MoviePlex 是一个虚构的在线电影流媒体公司。用户访问网站或手机应用可以收到根据以往观看活动给出的电影推荐和推送信息，用户可以根据这个推荐或推送购买自己喜欢的影片。这个电影推荐列表不断的定时更新，和当季院线最新影片信息保持一致。这些带有个人喜好的观影信息和用户个人配置信息组成基本的 User Profile，这也是数据分析的基础。Oracle NoSQL 数据库可以高效存储这些海量日志文件，应用程序可以高效读取这些海量日志信息，提供网站和手机应用快速查询请求和高并发、低延迟的后台服务。

此外，网站还收集每个客户的社交信息，以 JSON 格式存放在 Hadoop HDFS 或 Oracle NoSQL 数据库中。利用 Oracle 大数据管理系统，把用户的社交信息和用户消费信息在数据仓库中整合，根据每个用户的人际脉络作为关键条件进行关联，从而挖掘出潜在的关联消费可能。利用这些信息可以有效整合网站内容，统一整合数据平台，进行数据分析，让公司能够很大程度理解客户的消费行为，从而给产品提供有建设性的建议，给决策者提供有数据支撑、可信赖的报表数据。

Oracle 大数据管理系统，通过提供一个公共的查询语言 Oracle Big Data SQL，可以在 Hadoop 中管理 NoSQL 和 Oracle 数据库，是大数据平台的重要组成部分，它使用 Oracle SQL 语言查询存储在关系型数据库 Oracle Database 12c 和 Hadoop 中的数据。

对于 Oracle MoviePlex，用户每次登录网站，单击页面产生的数据都会流向 Hadoop HDFS。数据写入 Hadoop HDFS 后，Oracle Big Data SQL 通过 Oracle Big Data Connector 就可以访问这些数据。此外，Oracle NoSQL 也推荐使用 Oracle Big Data SQL 来访问数据。接下来介绍如何配置 Oracle 大数据应用 BDA（Oracle Big Data Application）来访问用户存储在 Oracle 和 NoSQL 数据库中的数据，这也有助于读者理解在技术层面怎样通过 Oracle Big Data SQL 对 Oracle MoviePlex 案例业务数据的流转进行演示和分析，来获取用户的观看者喜好。

Oracle SQL Developer 是 Oracle 公司开发的数据库开发、管理工具，它通过 Oracle Net8 协议连接 Oracle 数据库或 Oracle NoSQL 数据库。下面 MoviePlex 案例相关代码都是在 Oracle SQL Developer 工具下执行的，输出结果也在 Developer 中。为节省篇幅，这里只给出了所需要执行的 SQL 语句，而省略了输出的截图。SQL 语句不分大小写，读者可以放心地复制这里的 SQL 语句去执行。

15.2.1　配置 Oracle Big Data SQL

本节将介绍如何配置 Oracle Big Data SQL，以及怎样通过 Oracle Database 12c 访问 Hadoop HDFS 和 Oracle NoSQL Database。如图 15-13 所示，ORA_BIGDATA_CL_bigdatalite 被建立了。

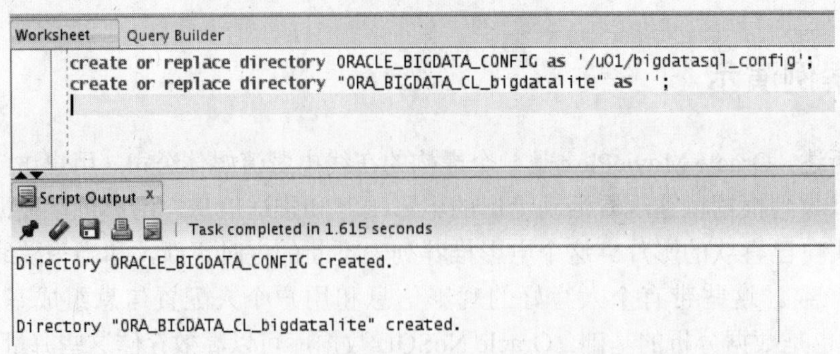

图 15-13　Oracle SQL Developer 输入和输出截图

（1）在系统任务栏打开终端窗口，查看大数据环境变量（bigdata.properties）：

```
cat /u01/bigdatasql_config/bigdata.properties
```

（2）在系统任务栏打开终端窗口，查看 Hadoop、HDFS、Hive、MapReduce 等环境配置文件信息，也可以根据自身环境的情况使用 vi 命令调整参数：

```
vi /u01/bigdatasql_config/bigdata.properties
```

（3）在 Oracle SQL Developer 中建立相应目录，用于存放 Hadoop HDFS 影片数据。

通过以上操作，Oracle MoviePlex 的基础环境配置完成。

15.2.2　建立存放在 HDFS 中的日志表

在本节中，将使用 Oracle_HDFS 驱动在 Oracle SQL Developer 中创建存储在 Hadoop HDFS 的 Oracle 数据表。

（1）使用 Hadoop 命令查看 movieapp 日志表数据。

在 Linux BigDataLite 虚拟机中打开终端窗口，执行如下命令查看日志表：

```
hadoop fs -ls moviedemo

[oracle@bigdatalite oracle]$ hadoop fs -ls moviedemo
Found 1 items
drwxr -xr -x    - oracle oracle _          0  2016-05-15  12:02  moviedemo/session
```

观看影片历史记录的流媒体文件存放在 HDFS 中，路径如下：

```
/user/oracle/moviework/applog_json
```

可以通过以下命令查看详细日志数据：

```
hadoop fs -tail /user/oracle/moviework/applog_json/movieapp_log_json.log
```

（2）在 Oracle BigDataLite 中使用 Oracle SQL Developer 的 Oracle_HDFS 驱动，可以快速创建存储在 HDFS 中的日志表。相比在 Hadoop 中以命令行方式操作 HDFS 数据表而言，Oracle SQL Developer 能更加直观且方便地建立、查询、修改 HDFS 日志表数据。该表只包含一个 JSON 数据列，可通过 SQL 语句方便地查询解析该 JSON 字段的内容。

打开 Oracle SQL Developer，通过以下命令建立 movielog 日志表：

```
create table movielog
(click varchar2(4000))
organization external
(type oracle_hdfs
default directory default_dir
location ('/user/oracle/moviework/applog_json/'))
reject limit unlimited;
```

该表只有一个 click 字段，用于存放解析 JSON 格式日志数据。

日志表字段参数说明如下。

oracle_hdfs：用于访问 Hadoop HDFS 的驱动名字。

location：Oracle_HDFS 驱动存放的路径。

default directory：通过外部表产生的日志路径。

reject limit：是否使用并行查询。

（3）Oracle Database 12c (12.1.0.2)支持本地 JSON 格式，可提取 JSON 中的某些字段，命令如下：

```
select m.click.custid, m.click.movieid, m.click.genreid, m.click.time
from movielog m where rownum < 20;
```

（4）Oracle Big Data SQL 支持 Oracle 数据库和 Hadoop 之间的联合查询，命令如下：

```
select m.click.custid, m.click.movieid, m.click.genreid,
m.click.time,v.title,v.year.v.gross
from movielog m, movie v
where m.click.movieid = v.movie_id and rownum <=20;
```

（5）支持视图，可以根据 JSON 数据建立视图，命令如下：

```
create or replace view movielog_v as
select
cast(m.click.custid as number) custid,
cast(m.click.movieid as number) movieid,
cast(m.click.activity as number) activity,
cast(m.click.genreid as number) genreid,
cast(m.click.recommended as varchar2(1)) recommended,
cast(m.click.time as varchar2(20)) time,
cast(m.click.rating as number) rating,
cast(m.click.price as number) price
from movielog m;
```

（6）支持分页 Top 功能，使用 SQL 查询前 10 名最卖座的电影，命令如下：

```
select m.title, m.year, m.gross, round(avg(f.rating), 1)
from movielog_v f, movie m
where f.movieid = m.movie_id
group by m.title, m.year, m.gross
order by m.gross desc
fetch first 10 rows only;
```

通过创建好的 Hadoop HDFS 数据表，可以把用户日志或影片分块存放在 HDFS 中，并且可以使用分类汇总、聚合函数等 SQL 语言形成有价值的报表数据。

15.2.3 Hive 访问 HDFS 和 NoSQL

Hive 能够通过 SQL 访问 Hadoop HDFS 和 Oracle NoSQL，这里简单介绍 Hive 执行引擎和 Hive 元数据。

Hive 执行引擎：Hive 执行引擎基于 MapReduce 工作。它是一个批处理框架，不能用于实时交互式查询和分析，可以用 SQL 语言查询大量数据集，不受 Java 语言限制，支持 92-SQL 标准。

Hive 元数据：Hive 元数据是储存在 Hadoop 的元数据储存库，它包含表定义（表名、列名、数据类型），数据文件存放位置在 Hadoop HDFS 中。通过 Hive 访问的数据不必要储存在 Hadoop 中。例如：Oracle NoSQL 数据库提供一个 Storage Handler，使其数据访问通过 Hive 发出。

有许多的查询执行引擎，使用 Hive 元数据但绕开 Hive 执行引擎。Oracle Big Data SQL 就是其中一种，可以使用相同的元数据访问多个大数据工具（Oracle Big Data SQL、Impala、Pig、Spark SQL 等），以下实例是对上述功能描述的演示。

利用 Hive 元数据方式创建 Oracle 表，Oracle Big Data SQL 能够使用 Hive 元数据建立和访问表，在这部分需要建立三张 Hive 表（movieapp_log_json、movieapp_log_avro、recommendation），Oracle Big Data SQL 将利用现有的 Storage Handler 和 SerDes 处理数据。

（1）使用 Oracle SQL Developer 创建和访问 Oracle 数据表。

打开 Oracle SQL Developer，创建表 movieapp_log_json，命令如下：

```
create table movieapp_log_json
(custid          integer ,
movieid          integer ,
genreid          integer ,
time             varchar2 (20) ,
recommended      varchar2 (4) ,
activity         number,
```

```
rating          integer,
price           number)
organization    external
(type           oracle_hive
default directory default_dir)
reject limit unlimited;
```

Oracle_Hive 是 Oracle 访问 Hive 的访问驱动，从查询编译到接受 Hive 数据 Oracle Big Data SQL 都需要调用该驱动。在默认情况下，查询数据的表需要匹配调用的外部表的名字为：movieapp_log_json。

（2）支持在 Oracle SQL 查询语句中使用聚合函数，命令如下：

```
select movieid, avg(rating)
from movieapp_log_json
where rating is not null
group by movieid
order by avg(rating) desc, movieid asc
fetch first 20 rows only;
```

（3）支持在 Oracle SQL 查询语句中使用多表联合查询，命令如下：

```
select f.cust_id, m.title, m.year, m.gross, f.rating
from movieapp_log_json f, movie m and rownum <= 20
where f.movie_id = m.movie_id and f.rating > 4
```

（4）支持非 JSON 格式的外部表（avro），需要使用如下命令：

```
default.movieapp_log_avro
create table mylogdata (
cust_id         integer ,
movie_id        integer ,
genre_id        integer ,
time_id         varchar2 (20) ,
recommended     varchar2 (4) ,
activity        number,
rating          integer,
price           number)
organization external
(type oracle_hive
default directory default_dir
accessparameters (com.oracle.bigdata.tablename=default.movieapp_log_avro))
reject limit unlimited;
```

（5）使用 Hive 查询访问 Oracle 数据表，在 Hive 中查询本地 Hive 数据，执行以下命令：

```
alter table movieapp_log_json set location
"hdfs://bigdatalite.localdomain:8020/user/oracle/moviework/two_recs";
select * from movieapp_log_json;
```

（6）如果要在 Hive 中查询前 *N* 条记录，可以使用以下 SQL 语句：

```
alter table movieapp_log_json set location
"hdfs://bigdatalite.localdomain:8020/user/oracle/moviework/applog_json";
select * from movieapp_log_json limit 10;
```

（7）在 Oracle SQL Developer 中建立 recommendation 表，并查询返回该表前 20 条记录，命令如下：

```
create table recommendation
(cust_id number,
genre_id number,
movie_id number)
organization external
(type oracle_hive
default directory default_dir
access parameters
(com.oracle.bigdata.tablename: moviework.recommendation))
reject limit unlimited;
select cust_id, genre_id, movie_id from recommendation where rownum <=20;
```

通过以上命令可以在线下使用 Hive 语言访问和分析 Oracle NoSQL 中的数据，下一小节将介绍 Oracle Big Data SQL 的一些新特性。

15.2.4 Oracle Big Data SQL 新功能

Oracle Big Data SQL 为增强查询性能提供以下新特性。

智能扫描：数据分布在 Hadoop 集群，查询基于谓词过滤条件。

索引存储：在内存中自动生成只包含数据的索引。

布隆过滤器：在 Hadoop 集群中通过谓词条件连接表。

分区剪裁：避免读取 Hive 分区的数据。

谓词推进：智能数据源——Oracle NoSQL Database、HBase 通过谓词条件优化存储性能。

为更好地理解 Big Data SQL 特性，下面用一个分区剪裁的例子来演示分区对其性能的提升。在这个实例中，将演示 Hive 分区剪裁的查询性能，它可分为不使用分区 Hive

表（movieapp_log_avro）和使用分区 Hive 表（movieapp_log_month_avro）。

（1）Hive 分区表结构定义（movieapp_log_month_avro）

```
create table movieapp_log_month_avro
(custid number,
movieid number,
activity number,
genreid number,
recommended varchar2(4 byte),
time varchar2(20 byte),
rating number,
price number,
position number,
month varchar2(8 byte))
partitioned by
('month' string)
row format serde
'ora.apache.hadoop.hive.serde2.avro.avroserde';
```

（2）查看 Hive 分区

输入命令 show partitions movieapp_log_month_avro，发现该表有 4 个分区：

```
+---------------+--+
|   partition      |
+---------------+--+
| month=2012-07  |
| month=2012-08  |
| month=2012-09  |
| month=2012-10  |
+---------------+--+
```

（3）打开 Oracle SQL Developer

在 Hive 中创建非 Big Data SQL 分区表：

```
create table movieapp_log_month_avro
(custid number,
movieid number,
activity number,
genreid number,
recommended varchar2(4),
time varchar2(20),
```

```
rating number,
price number,
position number,
month varchar2(8))
organization external
(type oracle_hive
default directory default_dir
access parameters
(com.oracle.bigdata.tablename: default.movieapp_log_month_avro))
reject limit unlimited;
```

（4）比较查询性能

在相同的数据源情况下，能更好地比较 Hive 非分区表和已分区表的查询性能：

```
-- non-partitioned
select movieid,count(*) from mylogdata
where substr(time,1,7)='2012-07'
and movieid= 11547
group by movieid;
Result:the query output looks similar to the following:
Movieid        Count(*)
-------        --------
11547          1716
Elapsed:00:00:11.561
-- partitioned
select movieid,count(*) from mylogdata
where substr(time,1,7)='2012-07'
and movieid= 11547
group by movieid;
Movieid        Count(*)
-------        --------
11547          1716
Elapsed:00:00:03.611
```

使用分区剪裁，查询分区数据源 Oracle Big Data 只需要扫描四分之一的数据，相比非分区的全部扫描，在性能上要提高很多。

15.2.5 Oracle Big Data 安全策略

Oracle 数据库中会储存重要和敏感的数据，这些数据在一定程度上需要使用访问权限、行级别、数据掩码、审计进行保护，以确保能安全地使用和保存这些数据。相同的安全策略也可以在 Oracle Big Data SQL 上使用，对用户敏感信息数据进行脱敏处理。

在以下实例中，客户的名字、身份信息需要被保护，Oracle Data Redaction Policy 提供数据安全保护策略，这些都可以通过使用程序包（dbms_redact）来实现。

- PL/SQL 脚本一：

```
dbms_redact.add_policy
(object_schema => 'moviedemo',
object_name => 'customer',
column_name => 'cust_id',
policy_name => 'customer_redaction',
function_type => dbms_redact.partial,
function_parameters => '9,1,7',
expression => '1=1');
```

- PL/SQL 脚本二：

```
dbms_redact.alter_policy
(object_schema => 'moviedemo',
object_name => 'customer',
action => dbms_redact.add_column,
column_name => 'last_name',
policy_name => 'customer_redaction',
function_type => dbms_redact.partial,
function_parameters => 'vvvvvvvvvvvvvvvvv,vvvvvvvvvvvvvvvvvvvvvvvvvvvvv,*,3,25',
expression => '1=1');
```

第一个 PL/SQL 脚本创建一个安全策略 customer_redaction，对表 moviedemo.customer 的 cust_Id 掩码显示前 7 位用“9999999”替换。

第二个 PL/SQL 脚本创建一个安全策略 customer_redaction，last_name 第 3~25 位使用“*”替换。

值得注意的是数据安全策略不会改变原数据。例如，cust_id 和 cust_last 在表关联、过滤条件时对于应用代码是透明的。

下面将介绍使用 Oracle Redaction Policies 安全策略在 Hadoop 上的应用。

（1）打开 Oracle SQL Developer，执行以下 SQL 命令：

```
dbms_redact.add_policy
(object_schema   => 'moviedemo',
object_name      => 'movielog_v',
column_name      => 'custid',
policy_name      => 'movielog_v_redaction',
function_type => dbms_redact.partial,
```

```
function_parameters => '9,1,7',
expression => '1=1');
```

（2）打开 Oracle SQL Developer，执行以下 SQL 命令查看脱敏数据情况：

```
select f.cust_id, c.last_name, c.income_level, f.genre_id, m.title
from customer c, recommendation f, movie m
where c.cust_id = f.cust_id
and f.movie_id = m.movie_id and rownum <= 20
order by f.cust_id, f.genre_id;
```

通过程序包 dbms_redact 可以方便对 Oracle NoSQL 中的敏感数据进行加密，对于大数据相对薄弱的安全问题，Oracle Data Redaction Policy 提供了一个很好的解决办法。

15.2.6 Oracle 分析 SQL

不管数据存放在 Hadoop HDFS 还是在 Oracle NoSQL 中，Oracle Big Data SQL 都可以用 Oracle SQL 命令查询大数据。下面就将演示如何通过 RFM（Recency、Frequency、Monetary）分析 Oracle MoviePlex 数据，理解客户的购物行为。

Recency：最后一次客户访问网站是什么时候。

Frequency：该网站的客户的活动水平是多少。

Monetary：客户花费多少钱。

查找的客户群体是那些不经常访问网站的 VIP 客户，可以用以下 SQL 命令查询近期没有访问网站的用户。

打开 Oracle SQL Developer，执行以下 SQL 命令：

```
with customer_sales as (
select m.cust_id,
c.last_name,
c.first_name,
c.country,
c.gender,
c.age,
c.income_level,
ntile (5) over (order by sum(sales)) as rfm_monetary
from movie_sales m, customer c
where c.cust_id = m.cust_id
group by m.cust_id,
c.last_name,
c.first_name,
c.country,
```

```
c.gender,
c.age,
c.income_level),
click_data as (
-- clicks from application log
select custid,
ntile (5) over (order by max(time)) as rfm_recency,
ntile (5) over (order by count(1))    as rfm_frequency
from movielog_v
group by custid)
select c.cust_id,
c.last_name,
c.first_name,
cd.rfm_recency,
cd.rfm_frequency,
c.rfm_monetary,
cd.rfm_recency*100 + cd.rfm_frequency*10 + c.rfm_monetary as rfm_combined,
c.country,
c.gender,
c.age,
c.income_level
from customer_sales c, click_data cd
where c.cust_id = cd.custid
and c.rfm_monetary >= 4
and cd.rfm_recency <= 2
order by c.rfm_monetary desc, cd.rfm_recency desc;
```

相对于在 NoSQL 数据库中很难实现复杂的报表 SQL 查询，Oracle Big Data SQL 提供了一个比较不错的对线上数据进行线下分析的功能。

15.2.7　Oracle SQL 模式匹配

Oracle Database 12c 版本中新的 SQL 模式匹配和分析功能，用来完成行模式匹配，对本地 SQL 可以提高行序列分析开发人员的工作效率和查询效率。

识别序列行中的模式虽然已经成为一种必备的能力，但直到 Oracle Database 12c 版本，SQL 还无法实现。在这之前有很多解决方法，但都比较复杂并且执行效率低下。在 Oracle Database 12c 中可以使用 match_recognize 子句执行模式匹配的 SQL 做到以下几点：

- 逻辑分组和排序用 match_recognize 的 partition by 和 order by 子句；
- 定义商业规则和模式用 pattern 子句，模式支持正则表达式；

- 指定使用定义子句将行映射到行模式变量所需的逻辑条件；
- 定义输出方法，需要使用 measures 子句表达式；
- 模式匹配过程可控制输出（摘要和详细）。

模式匹配的主功能在下面的表 15-2 中列举了出来，接下来的 SQL 命令给出了一个用 match_recognize 进行匹配的例子。

表 15-2 模式匹配的主功能

功能	关键字	描述
数据组织	partition by	数据逻辑分区
	order by	数据逻辑分区排序
定义商业规则	pattern	定义模式变量（序列、行数）必须被匹配
	define	定义模式变量可以指定条件
	after match	匹配成功后进程需要重启
定义输出方式	measures	定义行模式字段列
	match_number	找到模式变量应用到行
	classifier	标识模式的哪个组件应用于特定行
输出控制	one row per match	为每个匹配返回一个输出汇总行
	all rows per match	返回每个匹配的每行的一个详细输出行

打开 Oracle SQL Developer，执行以下 SQL 命令：

```
select * from movieapp_log_json_v
match_recognize
(partition by cust_id order by time_id
measures match_number() as session_id
rows per match
pattern (bgn sess+)
define
sess as time_id <= prev(sess.time_id) + interval '2' hour)
where cust_id ='1000693';
```

通过使用 Oracle SQL match_recognize 模式匹配可以对 Oracle NoSQL 数据进行逻辑分区汇总、关键字匹配输出汇总等功能，有助于对 NoSQL 非结构化数据生成直观的、有规律（相对格式化）的报表数据。

模式匹配中的 classifier()函数可以用来帮助用户调试其模式匹配流程。classifier()是一个内置功能：

```
measures match_number() as session_id,classifier() as pattern_id
```

打开 Oracle SQL Developer，修改 Select 查询 SQL 子句，只返回客户 ID、会话 ID、活动时间、日期、匹配模式 ID，命令如下：

```
select
cust_id,
```

```
session_id,
time_id,
recommended,
activity_id
from movieapp_log_json_v
match_recognize
#
(partition by cust_id order by time_id
measures match_number() as session_id,
classifier() as pattern_id
all rows per match
pattern (bgn sess+)
#
define
sess as time_id <= prev(sess.time_id) + interval '2' hour
)
where cust_id ='1000693';
```

可以看到每一条新会话的开始时间和匹配模式信息（两个#符合中间的内容），由此能够获得更详细的数据，需要时，这些数据集还可以通过调整匹配参量做进一步的改进。

15.2.8　创建汇总数据集

现在需要做的是压缩数据集，以便使每个会话都只占有一行。这可以通过改变输出数据的方式来做到。为了建立一个汇总报表，我们要完成以下工作。

（1）使用 One Row Per Match，将输出子句从每次匹配所有行更改为每次匹配一行。

（2）更新措施条款创造一个总结报告，需要从测量条款中删除 classifier()功能。

（3）选择指定列名，打开 Oracle SQL Developer，修改 Select 子句返回唯一的客户 ID 和会话 ID（从 Match_Number()功能）的总结报告，代码如下：

```
select
cust_id,
session_id
from movieapp_log_json_v
match_recognize
(partition by cust_id order by time_id
measures match_number() as session_id
one row per match
pattern (bgn sess+)
define
```

```
sess as time_id <= prev(sess.time_id) + interval '2' hour)
where cust_id ='1000693';
```

（4）生成汇总报告，命令如下：

```
select
cust_id,
session_id,
no_of_events,
start_time,
end_time,
mins_duration
from movieapp_log_json_v
match_recognize
(partition by cust_id order by time_id
measures match_number() as session_id,
count(*) as no_of_events,
to_char(first(bgn.time_id),'hh24:mi:ss') as start_time,
to_char(last(sess.time_id),'hh24:mi:ss') as end_time,
to_char(to_date('00:00:00','hh24:mi:ss')+
(last(sess.time_id)-first(bgn.time_id)),'hh24:mi:ss') as mins_duration
one row per match
pattern (bgn sess+)
define
sess as time_id <= prev(sess.time_id) + interval '2' hour)
where cust_id ='9999999';
```

新抽取的报告现在增加了很多信息，比如每个会话的开始时间、结束时间和持续时间等，提供了分析用户行为时所需要的更多有用信息。

15.2.9 Oracle Database 12c SQL 分析特点

为使代码更容易阅读，可以利用 match_recognize 子句，创建一个 movieapp_analytics_v 的视图，也可以将下面的功能附加到 match_recognize 报表中。

（1）计算有多少不同客户。每月不同客户的数量对于用户来说是一个很有用的度量。通常，这要使用计数功能。然而，这需要大量资源来搜索大型数据集，才能返回不同客户数量的确切数目。

Oracle Database 12c 提供了一个更快的方法来做这种类型的分析。使用 approx_count_distinct()可以相当准确地在列上获得不同值的个数。这个新功能在处理大量数据时比 count()要快。

函数 approx_count_distinct()与 count()进行比较，命令如下：

```
select
cust_id,
sum(no_of_events) as tot_events,
count(distinct cust_id) as unique_customers,
approx_count_distinct(cust_id) as est_unique_customers
from movieapp_analytics_v
group by cust_id
order by 1;
```

该报告显示每个月的客户数量和每个月不同客户的大致数量。这种类型的汇总报告通常是做进一步分析的基础，也就是说，如果计数显著过高或过低，则可能需要进一步分析。因此，使用新的 approx_count_distinct 功能意味着业务用户可以更快地得到结果，并且无须在准确性方面牺牲太多。

（2）寻找顶部 1%的客户，单击数据中的另一个有用的指标是找出谁是最好或最坏的客户。使用新的 Top-N 语法可以很快找到基于总人数的会议和单击记录数客户的前 1%，命令如下：

```
select
cust_id,
max(session_id) as no_of_sessions,
sum(no_of_events) as tot_clicks_session,
trunc(avg(no_of_events)) as avg_clicks_session,
min(no_of_events) as min_clicks_session,
max(no_of_events) as max_clicks_session
from movieapp_analytics_v
group by cust_id
order by 2 desc, 3 desc
fetch first 1 percent rows only;
```

（3）寻找底部 1%的客户，要找到底部 1%的客户，只需要改变排序顺序，命令如下：

```
select
cust_id,
max(session_id) as no_of_sessions,
sum(no_of_events) as tot_clicks_session,
trunc(avg(no_of_events)) as avg_clicks_session,
min(no_of_events) as min_clicks_session,
max(no_of_events) as max_clicks_session
from movieapp_analytics_v
```

```
group by cust_id
order by 2 asc, 3 asc
fetch first 1 percent rows only;
```

通过以上命令操作和SQL案例讲解，希望读者对Oracle Big Data SQL如何操作Oracle NoSQL和Hadoop HDFS有一定的认识和理解。一般来说，NoSQL中的报表分析功能相对比较薄弱，Oracle Big Data SQL针对大数据特有的功能为大数据研发人员开辟了一条相对便捷的开发之路。

15.3 推荐系统

如前所述，为了支持假想的 MoviePlex 正常、健康地运作，要有足够的基础设施能力满足用户在线观看的需求，如没有卡顿，对暂停、快进、快退等命令快速响应等。这类能力借助于云计算以及CDN都是可以实现的。而其商业模式的核心部分其实是它的推荐系统。前面的介绍，主要围绕着在Oracle王国里从关系型数据库和HDFS中获取和分析用户的收视行为，这些信息对设计推荐系统是必不可少的，但是距离设计一个真正可以商用的推荐系统还差得很远的。假想的MoviePlex的现实公司Netflix有一个非常优秀的推荐系统Cinematch。本节借助Cinematch来进行介绍，以期为设计和实现一个优秀的推荐系统带来启发和帮助（读者还可参考 Netflix 发布的博客：*http://techblog.netflix.com/2012/04/netflix-recommendations-beyond-5-stars.html*）。

15.3.1 百万美元大奖赛

为了给用户提供良好的观影体验，Netflix将会收集用户的观看行为和观影喜好数据，经过清洗和分类后，提供给推荐系统（Cinematch）。用户登录Netflix网站，推荐系统便会根据用户以往的观影信息，推荐影片给用户进行观赏，旨在让用户观看更多的影片。

在2006年，Netflix宣布举办Netflix百万美元大奖赛，这是一个旨在解决电影评分预测问题的机器学习和数据挖掘的比赛。对于那些能够将Cinematch推荐系统的准确率提升10%的个人或团队，提供100万美元的现金奖励。Netflix希望通过比赛发现新的方法来改善Cinematch提供给用户的推荐结果。它有一个评测和量化的指标：评测指标是评分（1~5）均方根误差（RMSE，Root Mean Square Error，其定义为，i=1, 2, 3, …, n，在有限测量次数中，均方根误差常用下式表示：

$$\mathrm{RMSE}=\sqrt{\frac{\sum_{i=1}^{n}\mathrm{d}_i^2}{n}}$$

式中，n 为测量次数，di 为一组测量值与真实值的偏差。这里是预测评分和真实评分之间的均方根误差，n=1亿）。比赛要求是打败Cinematch系统0.9525的RMSE得分，并将其降低10%，也就是到0.8572或者更低。

比赛开始一年后，Korbell的团队以8.43%的提升赢得了第一个阶段奖。他们付出了超过2000个小时的努力，融合了107种算法。然后，他们将源代码交给Netflix，Netflix

分析了其中两种最有效的算法：矩阵分解（通常被称为 SVD，奇异值分解）和局限型玻尔兹曼机（RBM）。SVD 取得 0.8914 的 RMSE，RBM 取得 0.8990 的 RMSE，将这两种方法线型融合能将 RMSE 降低到 0.88。为了将这些算法应用到 Netflix 的实际系统中，必须克服一些限制，例如，比赛的数据集是 1 亿个评分，但实际的线上系统是 50 亿个评分，并且这些算法的设计没有考虑用户不断产生的新评分。最终，他们克服了这些困难，并把这两种算法应用到了 Netflix 的产品中，而且作为 Netflix 推荐引擎的一部分一直被使用到现在。

15.3.2　技术细节

自从 Netflix 宣布 Netflix Prize 后，100 万美金的现金奖励使 Netflix 不论在算法创新，还是在品牌宣传和吸引人才加入方面都获得了丰厚的回报。准确地预测电影评分只是推荐系统的一部分。在本节中，将更加深入的介绍个性化推荐技术，讨论 Cinematch 使用的模型和数据，以及在这方面的创新方法。

1. 排序系统

推荐系统的目标是给用户提供一些有吸引力的物品供用户选择。具体的做法是先选择一些候选物品，并对这些物品按照用户感兴趣的程度进行排序。展示推荐结果最常用的方式是组成某种有序列表，而对于 Netflix 来说，列表就是一行行的视频。因此，Netflix 需要一个排序模型，利用各种各样的信息，来为每一个用户生成个性化推荐列表。

多数推荐系统是在寻找一个能够最大化体现用户消费的排序函数，那么最明显的基本函数就是物品的热门程度，用户总是倾向于观看大家都喜欢观看的视频。然而，热门推荐是个性化推荐的反义词，它将为每个用户生成千篇一律的结果。因此，Netflix 的目标就是找到一个比热门推荐更好的个性化排序算法。

既然 Netflix 的目标是推荐用户最可能观看和喜欢的视频。一个简单的方法是利用 Netflix 估计出的用户对物品的评分来代替物品的热门程度。不过利用预测评分会给用户推荐过于冷门或用户不熟悉的视频，而且不会给用户推荐那些他们可能不会打高分但是会观看的视频。为了解决这个问题，Netflix 并不会只用热门推荐或者预测评分，Netflix 希望设计出一个能够平衡这两种因素的排序算法。因此，Netflix 可以将热门程度和预测评分都作为特征，在此基础上构建排序模型。

有很多方法可以用来设计排序算法，比如：评分排序方法、配对优化方法、全局优化方法。举例说明，Netflix 可以设计一个简单的评分排序方法，对视频的热门程度和用户的期望评分进行线性加权：

$$F(U, V) = W_1 \cdot P(V) + W_2 \cdot R(U, V) + B$$

式中 U 表示用户，V 表示视频，P 表示热门函数，R 表示期望评分，B 为偏移量。

当 Netflix 有了这个排序函数后，就可以输入一组视频，然后对它们基于评分由高到低进行排序。你可能会很好奇，Netflix 是如何选择权重 W_1 和 W_2 值的（偏移量 B 是一个常量，不影响最终的排序）？换句话说，就是在 Netflix 这个简单的二维模型里面如何确定热门程度更重要？还是期望分值更重要？这个问题至少有两种解决方案。第一种方案

是对 W_1 和 W_2 简单地选一些候选值，然后放到线上通过 A/B 测试的方式找到最优的权重。但是这个方案比较耗时，效率不是很高。第二种方案是利用机器学习的方法，从历史数据中选择一些正样本和负样本，设计一个目标函数，让机器学习算法自动地为 W_1 和 W_2 学习一个权重。这种机器学习的方法称为 Learn to Rank，已经在搜索引擎和广告精准投放领域得到了广泛应用。但推荐系统的排序任务有一个重要的区别：排序的个性化。Netflix 不是要获得一个全局的 W_1 和 W_2 权重，而是要为每个用户都找到一个个性化的值。

很多监督学习方法都能被用来设计排序模型。其中代表性的有 Logistic 回归，支持向量机（SVM），神经网络或决策树类的算法（GBDT）。另一方面，近几年来许多算法被应用到 Learn to Rank 中，如 RankSVM 和 RankBoost。对于一个给定的排序问题，找到效果最好的算法并不容易。如果你的特征比较简单，那么可以选择一个简单的模型。

2. 数据和模型

在前面关于排序算法的讨论中已经强调了数据和模型对于构建个性化推荐系统的重要性。以下是 Netflix 在优化推荐系统中用到的一些数据。

（1）Netflix 有几十亿的用户评分数据，并且以每天几百万的规模增长。

（2）Netflix 以视频热度为算法基线，有很多方法用来计算热度。可以计算不同时间段的视频热度，例如：一小时、一天或者一周。同时，我们可以将用户按地域划分，计算视频在某地区用户点播的热度。

（3）Netflix 的系统每天产生几百万的播放点击，并且包含很多特征，例如：播放时长、播放时间点和设备类型。

（4）Netflix 的用户每天将几百万部视频添加到他们的播放列表。

（5）每个视频都有丰富的元数据：演员、导演、类型、评论、评分。

（6）视频展现方式：Netflix 知道推荐的视频是在什么时间、什么位置展现给用户的，因而可以推断这些因素是如何影响用户的选择。Netflix 也能够观察到用户与系统交互的细节：鼠标滚动、鼠标悬停、点击、在页面上的停留时间。

（7）社交数据已经成为 Netflix 个性化特征中最新的数据源，通过它可以知道用户已经关注或评论的好友都在看什么视频。

（8）Netflix 的用户每天产生几百万的搜索请求。

（9）上面提到的数据都来自 Netflix 自身的系统，Netflix 也可以挖掘外部数据改善自身系统的特征，例如：电影票房、影评家的评论。

（10）以上并非全部，还有很多其他的特征，例如：人口统计数据、地域、语言、时间、上下文等都可以用在 Netflix 的预测模型中。

介绍完数据，那什么是模型呢？Netflix 发现，有这些高质量、类型丰富的数据，单一的模型是不够的，有必要对模型进行选择、训练和测试。Netflix 使用了许多类型的机器学习方法：从聚类算法这样的无监督学习方法到分类算法这样的监督学习方法。如果关注个性化推荐的机器学习算法，那么也应该知道下面这些方法：

（1）线性回归（Linear Regression）

（2）逻辑斯特回归（Logistic Regression）

（3）弹性网络（Elastic Nets）

（4）奇异值分解（SVD : Singular Value Decomposition）

（5）RBM（Restricted Boltzmann Machines）

（6）马尔科夫链（Markov Chains）

（7）LDA（Latent Dirichlet Allocation）

（8）关联规则（Association Rules）

（9）GBDT（Gradient Boosted Decision Trees）

（10）随机森林（Random Forests）

（11）聚类方法，从最简单的 K-Means 到图模型（如 Affinity Propagation）

（12）矩阵分解（Matrix Factorization）

丰富的数据来源、度量方式和相关的实验结果，使得 Netflix 能够以数据驱动的方式来组织 Netflix 的产品。

A/B 测试是一种“先验”的实验体系，属于预测型结论，其目的在于通过科学的实验设计、采样样本代表性、流量分割与小流量测试等方式来获得具有代表性的实验结论，并确信该结论在推广到全部流量时可信。Netflix 通过线上的 A/B 测试来完成对想法的验证。

（1）提出假设。待验证的算法、特征、设计，这些待验证的假设将能够提升我们的服务体验，增加用户在网站的停留时间。

（2）设计实验。开发一个解决方案或原型，考虑到依赖和独立的变量、操作、重要性。想法的最终效果可能是原型的 2 倍，一般不会有 10 倍那么多。

（3）执行测试。当 Netflix 执行 A/B 测试的时候，会跟踪多个维度的指标，但 Netflix 最信赖用户的视频播放时长和停留时间。每次测试通常会覆盖上千名用户，并且为了验证想法的方方面面，测试会分成 2~20 份进行。Netflix 一般都是平行进行多个 A/B 测试，这使得 Netflix 可以验证一些激进的想法，并且能同时验证多个方法，但最重要的是，Netflix 能够通过数据驱动接下来的工作。

（4）让数据说话。另一方面，Netflix 面临着一个有趣的问题：如何把机器学习算法整合到以数据为驱动的 A/B 测试文化中。Netflix 的做法是结合离线、在线测试。在线测试之前，会进行离线测试，先优化并检验算法。为了评测算法的性能，采用了机器学习领域的很多种指标：有排序指标，例如，NDGC（Normalized Discounted Cumulative Gain）、Mean Reciprocal Rank、Fraction of Concordant Pairs；也有分类指标，例如，精准度、查准率、查全率、F-Score；Netflix 也使用了来自 Netflix Prize 著名的 RMSE（均方根误差）和其他一些独特的指标，例如，多样性指标。Netflix 跟踪、比较这些离线指标和线上效果的吻合程度，发现它们并不是完全一致的。因此，离线指标只能作为最终决定的参考。

一旦离线测试验证了一个假设，Netflix 就准备设计和发布 A/B 测试，从用户的视角证明新特征的有效性。如果这一步通过了，便将其加入 Netflix 的核心系统中，为 Netflix 的用户提供服务。图 15-14 详细说明了推荐系统整个创新周期。

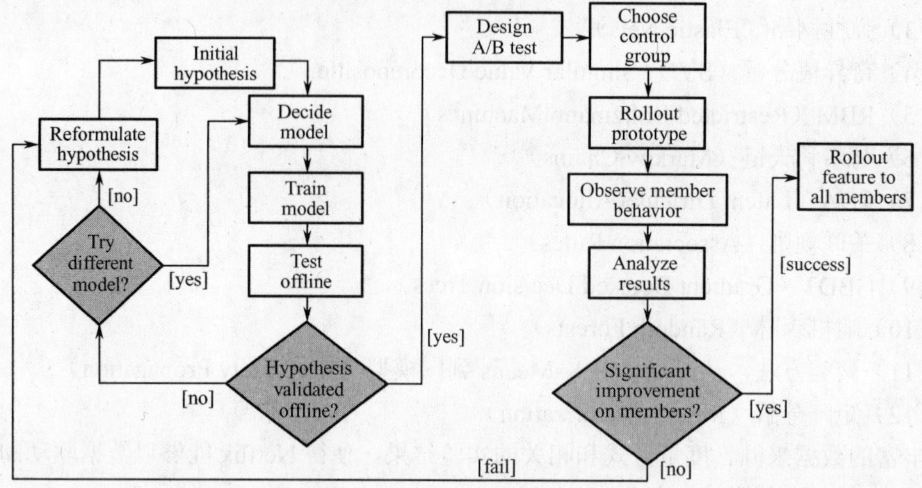

图 15-14　推荐系统的创新周期

Netflix 称之为“前 10 行结果的马拉松比赛”（Top 10 Marathon）的创新周期是一个极端的例子。这是一个为期 10 周、高度专注、高强度的工作，旨在快速检验数十种算法，来改善 Netflix 推荐系统前 10 行的推荐结果。可以把它看成是一项有考核指标的为期两个月的黑客马拉松比赛。不同的团队和个人被邀请到一起贡献想法并编码实现。每周 Netflix 会推出 6 种不同的算法到线上进行 A/B 测试，并持续评估这些算法的离线和在线指标。最终表现优异的算法会成为 Netflix 推荐系统的一部分。

虽然 Netflix Prize 把推荐系统任务抽象为评分预测问题，但评分只是推荐系统众多数据来源的一种，评分预测也只是实际解决方案的一部分。随着时间的推移，Netflix 已经把推荐系统的任务重新定义为提升用户选择视频、观看视频、享受服务，并成为回头客的几率。可以看出，Netflix 数据集很大，数据的质量也很高。更多的数据可以带来更好的效果，但是为了达到优质服务的目标，仍需要不断优化方法，进行更合理的评测和迭代实验。

15.4　小结

Hadoop 生态开源工具纷繁多杂，版本分支众多，对于大数据初学者来说未免会产生困扰，甚至会中途放弃。而利用 Oracle MoviePlex 演示对大数据技术和 Oracle 大数据工具组件功能进行介绍，并结合自身现有的 SQL 技能就可以简便和快捷的学习大数据技术及开发流程。

Oracle MoviePlex 的业务数据如何从第三方数据源或者 Oracle 数据库放入到 Oracle NoSQL 和 Hadoop HDFS 中，如何进行数据访问、提取、转换、分析，在本章中有比较详细的介绍和说明。大数据离不开现有的数据或 IT 环境，很多需要的技能来自于传统数据库，对数据的基本操作技能的掌握，可以帮助我们建设和运维类似 Oracle MoviePlex 大数据平台。

通过对 Netflix 推荐系统 Cinematch 的介绍，可以了解到如何在 Oracle MoviePlex 中设计和实现类似的推荐系统。建设一个好的推荐系统，关键是要了解自己的业务，从而设计出合适的场景，采集相关类型的数据，运用有效可行的算法和算法组合，采取正确的方法论，最终投放到实际的运营环境中。

第 16 章 Oracle MoviePlex 大数据运维

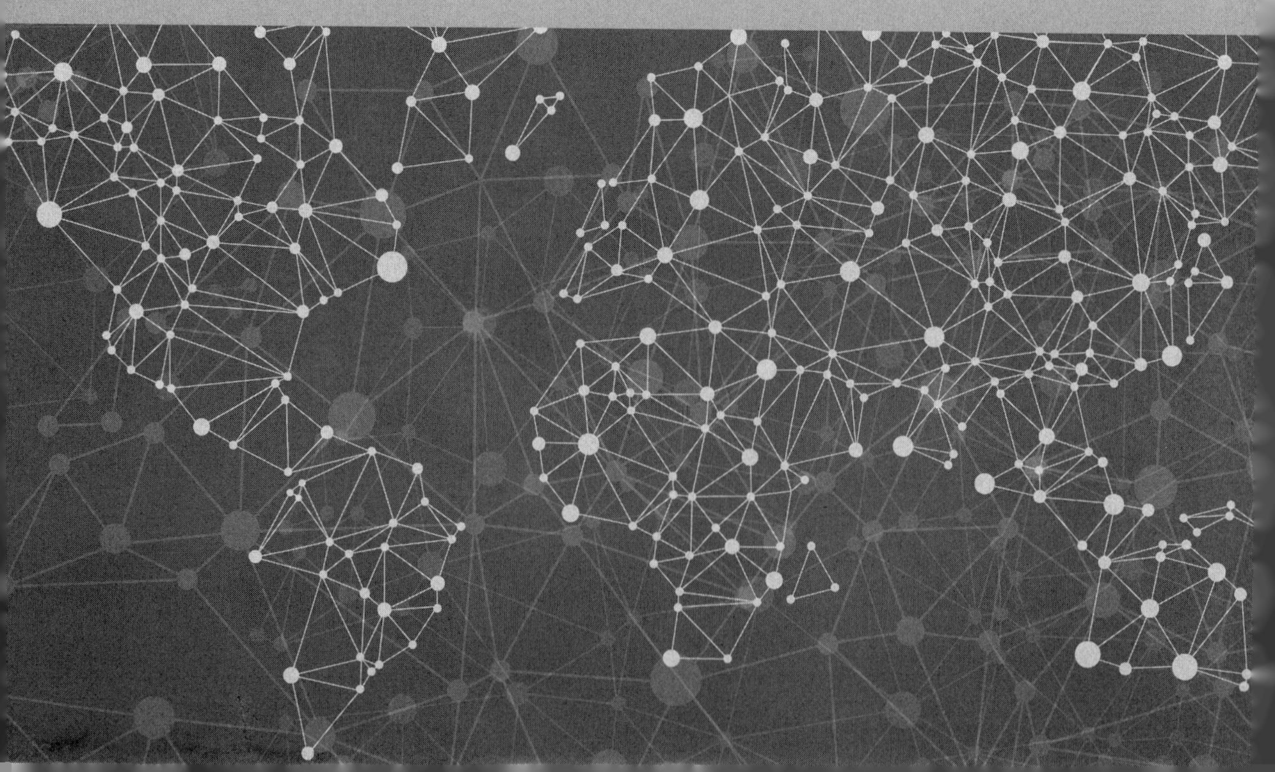

前面两章我们介绍了 Oracle MoviePlex 的规划、实施，本章介绍它的运维。除分析引擎之外，支撑该应用运行的核心有三个部分：一是 NoSQL，二是 WebLogic 中间件，三是提供底层支持的 Hadoop 集群。同时，在 Oracle MoviePlex 中，这些大数据生态组件都要依赖于大数据连接器作为桥梁，连接 Oracle 数据库，Oracle NoSQL 数据库和 Hadoop HDFS。所以，Oracle MoviePlex 这样一个大数据应用系统的运维可以归结到这三个层面上的运维。

前面两个层面所需要的运维与非大数据的应用运维没有太大的区别，主要区别在于底层 Hadoop 集群的运维。大数据运维的理念、方式、手段在运维篇已经进行过详细的陈述。这里我们将那些理念应用在 Oracle MoviePlex 底层 Hadoop 集群的运维上，用以管理、整合、构架 Oracle MoviePlex 大数据平台，使后期的运维具有可扩展性（Scalability）和可管性（Manageability），并且本着提出问题并找到解决办法的思路展开讨论。

传统上的 IT 运维主要针对独立的数据处理框架（数据库、搜索引擎），要保证基础核心系统稳固，给业务部门提供稳定的系统平台。业务数据主要以结构化数据为主，在线事务处理居多，故障和问题的定位相对容易，大部分应用程序相对稳定，容易评估运维工作的成果。而大数据系统运维，要面对并行的、完全不同的数据处理框架（数据库、搜索引擎在一个体系上），多源异构海量数据存储，结构化数据和非结构化数据并存。它采用分布式架构，服务器横向扩展，经常需要处理节点故障，这时就需要运维人员分辨到底是程序问题，还是大数据系统本身问题，抑或两者都有。大数据运维人员所遇到的问题比传统运维更为复杂和多样，这使得对于运维人员技术能力的要求变高。“三分建设，七分运维”一点都不为过。

要做好大数据运维的工作，确保大数据集群环境的高可用和稳定性，首先要对 Hadoop 集群技术进行合理规划，在业务上调研用户使用的低谷期和高峰期，夜间和节假日在线用户的注册数和并发量，同时还要了解目前系统最大可以支持多少用户同时使用，以及系统最大可以承受的负载。如果系统无法支撑现有业务，那么，还需要多少资源、多久时间才可以扩容到系统能够正常使用的状态。再者，还要考虑机房故障，如电源、网络、节点主机等，这些人为无法预知的底层架构问题，这些棘手的但需要在线立即解决的问题，在日常的大数据运维工作中都会经常碰到。IT 运维从业人员面对大数据运维工作时，需要有扎实的理论和实践经验，以及良好的抗压能力和临危不乱解决问题的思路。

本章着重介绍 Oracle MoviePlex 大数据平台中 Hadoop 集群体系 ZooKeeper、HDFS、HBase、Hive、Hue、Impala、Kafka、NoSQL、Oozie、Solr、Sqoop2、WebLogic、YARN 等关键技术及其功能特点和运维的注意事项。

16.1 集群

在搭建大数据集群环境时，一定会用到 Hadoop 和 ZooKeeper。下面介绍什么是 Hadoop 和 ZooKeeper，以及在日常运维中可能碰到的问题与解决办法。

16.1.1 Hadoop

如前所述，Hadoop 是一个由 Apache 基金会开发的分布式系统基础架构。用户可以在不理解分布式底层细节的情况下，利用 Hadoop 分布式集群高速运算的处理能力提高系统性能。

Hadoop 在数据管理和处理平台方面扮演着非常重要的角色，其他工具和数据库可以很好地与 Hadoop 进行有效配合，并且可以很好地利用 Hadoop 强大的计算能力，因此它将变得越来越重要。在构建针对所有数据的数据管理平台的时候，Oracle 认为 Hadoop 和 Oracle 数据库是相辅相成的技术，这两种技术对数据处理和分析都有各自的特长，因此在两个系统之间提供有效和透明的数据访问显得至关重要。InfiniBand 在连接 Oracle 大数据机和 Exadata 上有优势，但在两个系统之间提供高速的网络连接也只是加快数据的迁移，而跨网络进行有效迁移仍需要软件来实现。

Apache Sqoop 绑定在 Cloudera 发行版和 Apache Hadoop 里，也包含在 Oracle 大数据机里，它是用来在 Hadoop 和关系数据库之间迁移数据的工具。Apache Sqoop 是一个通用的工具，对于任何一个与 JDBC 兼容的数据库都有效，但它的缺点是没有对 Oracle 数据库进行优化。

1．从运维角度看 Hadoop

作为一个开源框架，可编写和运行分布式应用程序来处理大规模数据。Hadoop 框架的核心是 HDFS 和 MapReduce。其中，HDFS 是分布式文件系统，为海量数据提供存储；MapReduce 是分布式数据处理模型和执行环境，为海量数据提供计算能力。

在一个宽泛而不断变化的分布式计算领域，Hadoop 凭借什么优势能脱颖而出呢？

- 运行方便：Hadoop 运行在由一般商用机器构成的大型集群上。Hadoop 在云计算服务层次中属于 PaaS（Platform-as-a-Service，平台即服务）。
- 健壮性：Hadoop 致力于在一般的商用机器上运行，能够从容的处理类似硬件失效这类的故障。
- 可扩展性：Hadoop 通过增加集群节点，可以线性地扩展以处理更大的数据集。
- 简单：Hadoop 允许用户快速编写高效的并行代码。

Hadoop 包含一个分布式文件系统（Hadoop Distributed File System，HDFS）。它具有高容错的特点，并且用来部署在价格低廉（Low-Cost）的硬件上，而且它提供高吞吐量（High Throughput）来访问应用程序的数据，适合那些有着超大数据集（Large Data Set）的应用系统。它还放宽（Relax）了 POSIX 的要求，可以以流的形式访问（Streaming Access）文件系统中的数据。

Hadoop 能够在大数据处理应用中得到广泛的应用，主要得益于其自身在数据提取、转换和加载（ETL）方面的天然优势。Hadoop 的分布式架构，尽可能地拉近了大数据处理引擎和存储之间的距离，这对于像 ETL 这样的批处理操作来说是一个好消息，因为类似这样操作的批处理结果可以直接走向存储。Hadoop 的 MapReduce 功能实现将单个任务打碎，并将碎片任务（Map）发送到多个节点上，之后再以单个数据集的形式加载（Reduce）

到数据仓库里。

HDFS 文件系统的上一层是 MapReduce 引擎，该引擎由 JobTracker 和 TaskTracker 两个任务组成。通过对 Hadoop 分布式计算平台最核心的分布式文件系统 HDFS、MapReduce 处理过程，以及数据仓库工具 Hive 和分布式数据库 HBase 的介绍，可以基本涵盖 Hadoop 分布式平台的所有技术核心。为方便起见，这里给出主要组件，如图 16-1 所示。

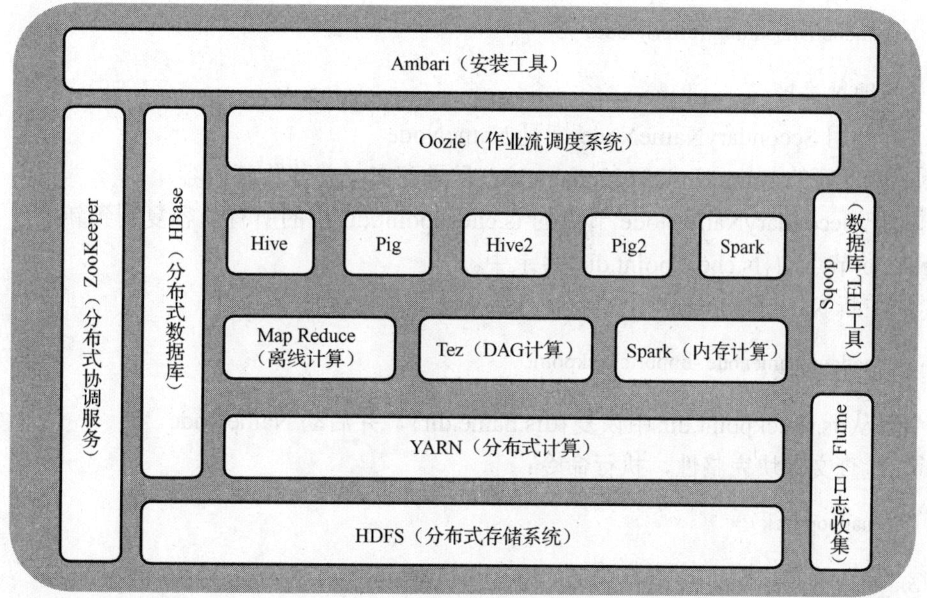

图 16-1　Hadoop 2.0 系统组件

IT 运维可以有多种方式，例如，通过 API 写成的软件，或者 CLI 命令行。为使读者对 Oracle MoviePlex 的内部结构和数据流转有相对直观的认识，本章采取 CLI 命令行的方式。

2. Hadoop 运维

（1）基础运维

① 启动/停止 Hadoop（包括 HDFS 和 MapReduce），在 hadoop_home/bin 下执行：

```
./start-all.sh　　或者　　./stop-all.sh
```

② 启动/停止 HDFS，在 hadoop_home/bin 下执行：

```
./start-dfs.sh　　或者　　./stop-dfs.sh
```

③ 启动/停止单个 HDFS 进程。

启动/停止 NameNode 进程：

```
./hadoop-daemon.sh start/stop namenode
```

启动/停止 DataNode 进程：

```
./hadoop-daemon.sh start/stop datanode
```

（2）集群节点动态扩容和卸载

① 增加 DataNode。在/hadoop/etc/hadoop 目录下的 slaves 文件中添加节点名称，启动数据节点（./hadoop-daemon.sh start datanode）和刷新节点（hadoop dfsadmin -refreshnodes）。

② 卸载 DataNode。stop datanode 命令只能停止 DataNode，并不能将数据完全转移。修改配置 dfs.hosts 和 dfs.hosts.exclude，并执行以下命令：

```
hadoop dfsadmin -refreshnodes
```

将该节点地址去掉。

（3）利用 SecondaryNameNode 恢复 NameNode

① 确保新的 NameNode${dfs.name.dir}目录存在，并移除其内容。

② 把 SecondaryNameNode 节点的 fs.checkpoint.dir 中的所有内容复制到新的 NameNode 节点的{fs.checkpoint.dir}目录中。

③ 在新 NameNode 节点上执行命令：

```
hadoop namenode -importcheckpoint
```

该命令会从 fs.checkpoint.dir 中恢复{dfs.name.dir}，并启动 NameNode。

④ 检查文件块完整性，执行命令：

```
hadoop fsck /
```

⑤ 停止 NameNode。

⑥ 删除新 namenode${fs.checkpoint.dir}目录下的文件。

⑦ 正式启动 NameNode，恢复工作完成。

（4）常见的运维技巧

① 查看日志。

② 清理临时文件。

HDFS 的临时文件路径为：/export/hadoop/tmp/mapred/staging。

本地临时文件路径为：${mapred.local.dir}/mapred/userlogs。

③ 定期执行数据均衡脚本。

16.1.2 ZooKeeper

在云计算、大数据越来越流行的今天，单一机器处理能力已经不能满足人们的需求，我们不得不采用大量的服务集群。服务集群在对外提供服务的过程中，有很多配置需要随时更新，服务间需要协调工作，如何将这些信息推送到各个节点并且保证信息的一致性和可靠性是一个不小的问题。

众所周知，分布式协调服务很难实现正确无误，因为其很容易在竞争条件和死锁上产生错误。那么如何在这方面节省力气呢？ZooKeeper（ZK）就是一个不错的选择。ZK 的目的就是解除分布式应用在实现协调服务上的痛苦。下面在介绍 ZK 的基本理论基础上，更进一步介绍如何用 ZK 实现一个配置管理中心，利用 ZK 将配置信息分发到各个服务节点上，并保证信息的正确性和一致性。

ZK 是一个高性能的开源分布式应用协调服务。它提供简单、原始的功能，分布式应用可以基于它实现更高级的服务，例如，同步、配置管理、集群管理、命名空间。它被设计为易于编程，使用文件系统目录树作为数据模型。其服务器跑在 Java 上，提供 Java 和 C 语言的客户端 API。

1．ZK 特点

ZK 的核心是原子广播，这个机制用于保证各个服务器之间的同步。实现这个机制的协议称为 Zab 协议。Zab 协议有两种模式，它们分别是恢复模式（选主）和广播模式（同步）。当服务启动或者领导者崩溃后，Zab 就进入恢复模式；当领导者被选举出来，且大多数服务器完成与领导者的状态同步以后，恢复模式结束。状态同步保证了领导者和各个服务器具有相同的系统状态。

2．ZK 运维

（1）部署方案的设计

人们常说的 ZK 能够提供高可用分布式协调服务，主要基于以下两个条件。

① 定期执行数据均衡脚本。集群中只有少部分的机器不可用。这里说的不可用是指这些机器本身宕掉，或者因为网络原因，有一部分机器无法和集群中其他（绝大部分）的机器通信。例如，ZK 集群是跨机房部署的，那么有可能一些机器所在的机房被隔离。

② 正确部署 ZK 服务器，有足够的磁盘存储空间及良好的网络通信环境。ZK 系统模型结构图如图 16-2 所示。

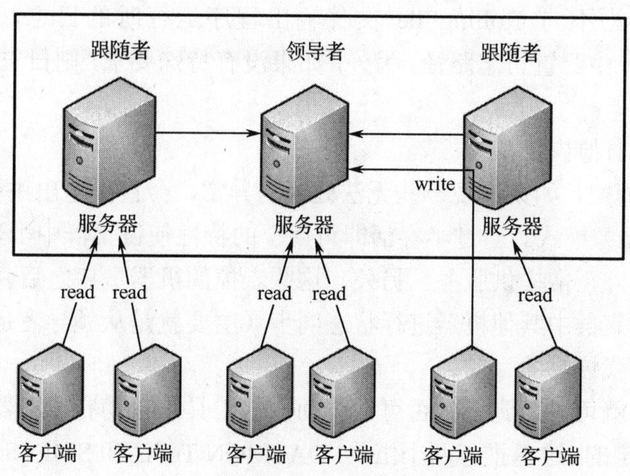

图 16-2　ZK 系统模型结构图

（2）日常运维

ZK 运维是一个需要长期经验积累的过程，希望以下经验总结对广大 ZK 运维人员有一定的帮助。

① 清理数据目录

dataDir 目录为 ZK 的数据目录，用于存储 ZK 的快照文件（Snapshot）。另外，在默认情况下，ZK 的事务日志也会存储在这个目录中。在完成若干次事务日志记录之后（在 ZK 中，凡是对数据有更新的操作，如创建节点、删除节点或对节点数据内容进行更新等，都会记录事务日志），ZK 会触发一次快照，将当前服务器上所有节点的状态以快照文件的形式 Dump 到磁盘上，即 Snapshot。考虑到 ZK 运行环境的差异性，以及对于这些历史文件，不同的管理员可能有自己的用途（例如作为数据备份），因此默认 ZK 是不会自动清理快照和事务日志的，需要交给管理员自己来处理。图 16-3 中展示的即为一种清理方法，保留最新的 66 个历史文件，将它写到 crontab 中，每天凌晨 2 点触发一次。

```
#!/bin/bash↓
dataDir=/home/test/zk_data/version-2↓
dataLogDir=/home/test/zk_log/version-2↓
logDir=/home/test/logs↓
count=66↓
count=[count+1]↓
ls -t datalogdir/log.* |tail -n +count| xargs rm -f↓
ls -t datadir |snapshot.* |tail -n +count| xargs rm -f↓
ls -t logdir |zookeeper.log.* |tail -n +count| xargs rm -f↓
```

图 16-3　ZK 中一种历史文件清理方法

参数 count 表示希望保留的历史文件个数。注意，count 必须是大于 3 的整数。可以把这条命令写成一个定时任务，以便每天定时执行清理。

注：从 3.4.0 版本开始，ZK 提供自己清理历史文件的功能。

② ZK 程序日志

ZK 默认设置为不向 RollingFile 文件输出程序运行时的日志，需要用户自己在 conf/log4j.properties 中配置日志路径。另外，如果没有特殊要求，则日志级别设置为 INFO 或以上。

（3）服务器的自检恢复

ZK 在运行过程中，如果出现一些无法处理的异常，会直接退出进程，也就是所谓的快速失败（Fail Fast）模式。“过半存活即可用”的特性使得集群中少数机器宕掉后，整个集群还是可以对外正常提供服务。另外，这些宕掉的机器重启之后，能够自动加入集群中，并且自动和集群中其他机器进行状态同步（主要就是从领导者那里同步最新的数据），从而达到自我恢复的目的。

因此，很容易就可以想到，是否可以借助一些工具来自动完成机器的状态检测与重启工作。回答是肯定的。这里推荐两个工具：DAEMON Tools 和 SMF（Service Management Facility），能够帮助用户监控 ZK 进程，并且当进程退出后，能够自动重启进程，从而使宕掉的机器重新加入集群中。

（4）监控

① ZK 提供一些简单但是功能强大的 4 字命令，通过对这些 4 字命令的返回内容进行解析，可以获取不少关于 ZK 运行时的信息。

② 利用 JMX 也能够获取一些运行时信息，详细介绍参见以下网址：

http://zookeeper.apache.org/doc/r3.4.3/zookeeperJMX.html

③ 淘宝已经实现了一个 ZK 监控——TaoKeeper，其主要功能如下：机器 CPU/MEM/LOAD 的监控、ZK 日志目录所在磁盘空间监控、单机连接数的峰值报警、单机 Watcher 数的峰值报警、节点自检、ZK 运行时信息展示。

（5）日志管理

ZK 使用 log4j 作为日志系统。conf 目录中有一份默认的 log4j 配置文件，注意，这个配置文件中初始时未开启 RollingFile 文件输出，需要进行修改。其他关于 log4j 的详细介绍，参见其官网。

（6）数据加载出错

ZK 在启动的过程中，首先会根据事务日志记录，从本地磁盘中加载最后一次提交时的快照数据。如果读取事务日志出错或出现其他问题（通常在日志中可以看到一些 I/O 异常），将导致服务器无法启动。碰到类似于这种数据文件出错导致无法启动服务器的情况，一般按照如下顺序来恢复。

① 确认集群中其他机器是否正常工作，方法是使用 stat 命令来进行检查：

```
echo stat|nc ip 2181
```

② 如果确认其他机器是正常工作的（这里要说明一下，所谓正常工作是指集群中有过半的机器可用），那么可以开始删除本机的一些数据，删除 dataDir/version-2 和 dataLogDir/version-2 两个目录下的所有文件。

重启服务器之后，这台机器就会从领导者那里同步到最新数据，然后重新加入集群中提供服务。

（7）注意事项

① 保持服务器地址列表一致

客户端使用的服务器地址列表必须和集群中所有服务器的地址列表一致（如果在客户端配置机器列表的子集，也是没有问题的，只是会降低客户端的容灾能力）。

在集群每个服务器的 zoo.cfg 中，配置机器列表必须一致。

② 独立的事务日志输出

对于每个更新操作，ZK 都会在确保事务日志已经落盘后，才会返回客户端响应。因此事务日志的输出性能会在很大程度上影响 ZK 的整体吞吐性能。强烈建议给事务日志的输出分配一个单独的磁盘。

③ 配置合理的 JVM 堆大小

确保设置一个合理的 JVM 堆大小，如果设置太大，会让内存与磁盘频繁进行数据交换，这将使 ZK 的性能大打折扣。例如，一台 4GB 内存的机器，如果把 JVM 的堆大小设置为 4GB 或更大，那么会频繁发生内存与磁盘的数据交换，通常设置成 3GB 就可以。当然，为获得一个最好的堆值大小，可以在特定的使用场景下进行一些压力测试。

16.2　文件系统和非关系数据库

在搭建大数据集群环境后，会有越来越多的数据存放到 HDFS 或者 NoSQL 数据库中。

本节将介绍数据怎样存放、以什么形式存放。

16.2.1 HDFS

随着数据量越来越大，如果在一个操作系统管辖的范围存不下，那么就需要分配到更多的操作系统管理的磁盘中，但是这不方便管理和维护，于是迫切需要一种系统来管理多台机器上的文件，这就是分布式文件系统。正式一些的定义就是：分布式文件系统是一种允许文件通过网络在多台主机上分享的文件系统，可让多台机器上的多用户分享文件和存储空间。分布式文件管理系统很多，HDFS 只是其中一种。其适用于一次写入、多次查询的情况，不支持并发写情况。HDFS 不合适管理小文件。因为小文件也占用一个块，小文件越多，数据块越多，NameNode 的压力就越大。

1. 从运维角度看 HDFS

Hadoop 分布式文件系统（Hadoop Distributed File System，HDFS）保存多个副本，且提供容错机制，副本丢失或宕机时自动恢复。其默认保存 3 个副本，可运行在廉价的机器上，适合大数据的处理。

HDFS 默认将文件分割成块（Block），64MB 为一个块，然后将块按键值对存储在 HDFS 中，并将其键值对的映射保存到内存中。如果小文件太多，内存的负担会很重。HDFS 按照 Master 和 Slave 的结构，分为 NameNode、SecondaryNameNode、DataNode 几个角色。

NameNode：Master 节点，负责管理数据块映射，处理客户端的读写请求，配置副本策略，管理 HDFS 的名称空间。

SecondaryNameNode：分担 NameNode 的工作量。其主要作用是担当 NameNode 的冷备份，合并元数据镜像文件（文件系统的目录树）FsImage 和元数据的操作日志（针对文件系统所做的修改操作的记录）EditLog，然后再发给 NameNode。

DataNode：Slave 节点，其负责存储 Client 发来的数据块（Block），执行数据块的读写操作。

2. HDFS 运维

在日常 HDFS 运维中常用到以下命令：

（1）hadoop fs

```
hadoop fs -ls
hadoop fs -lsr
hadoop fs -mkdir /user/hadoop
hadoop fs -put a.txt /user/hadoop
hadoop fs -get /user/hadoop/a.txt
hadoop fs -cp src dst
hadoop fs -mv src dst
hadoop fs -cat /user/hadoop/a.txt
hadoop fs -rm /user/hadoop/a.txt
```

```
hadoop fs -rmr /user/hadoop/a.txt
hadoop fs -text /user/hadoop/a.txt
hadoop fs -copyfromlocal localsrc dst      与 hadoop fs -put 功能类似
hadoop fs -movefromlocal localsrc dst      将本地文件上传到 HDFS 中，同时删除本地文件
```

（2）hadoop dfsadmin

```
hadoop dfsadmin -report
hadoop dfsadmin -safemode enter | leave | get | wait
hadoop dfsadmin -setbalancerbandwidth 1000
```

（3）hadoop fsck

（4）start-balancer.sh

16.2.2 HBase

HBase 是一个分布式的、面向列的开源数据库，该技术来源于 Fay Chang 所撰写的 Google 论文——《大表（BigTable）：一个结构化数据的分布式存储系统》。就和 BigTable 利用 Google 文件系统（File System）所提供的分布式数据存储类似，HBase 在 Hadoop 之上提供类似于 BigTable 的能力。HBase 是 Apache Hadoop 项目的子项目。HBase 不同于一般的关系数据库，它是一个适用于非结构化数据存储的数据库。另一个不同之处是，HBase 采用基于列的而不是基于行的模式。

1．从运维角度看 HBase

HBase 是介于键值存储和行式存储之间的一种数据存储模式，有点类似于现在流行的 MemCache，但不仅仅是简单的一个 Key（键）对应一个 Value（值），它可能需要存储具有多个属性的数据结构，但没有传统数据库表中那么多的关联关系，这就是所谓的松散数据关系。

简单来说，在 HBase 中创建的表可以看作一张很大的表，而这个表的属性可以根据需求去动态增加，在 HBase 中没有表与表之间的关联查询。用户只需要决定自己的数据存储到 HBase 的哪个列族中就可以了，不需要指定它的具体类型，如 char、varchar、int、tinyint、text 等。

HBase 和 BigTable 非常相似，例如：一个数据行可以拥有一个可选择的键和任意数量的列；表是疏松存储的，因此用户可以给行定义各种不同的列。这些功能在大项目中非常实用，可以简化设计和升级的成本。

HBase 有以下几个主要组件。

Master：负责给 RegionServer 分配区域，并负责对集群环境中的 RegionServer 进行负载均衡。Master 还负责监控集群环境中的 RegionServer 的运行状况，如果一台 RegionServer 宕机，Master 会把不可用的 RegionServer 用来提供服务的 HLog 和表进行重新分配，转交给其他 RegionServer 来提供。Master 还负责对数据和表进行管理，处理表结构和表中数据的变更，因为在 META 系统表中存储了所有的相关表信息。并且 Master 能让 ZK 的

Watcher 接口和集群交互。

RegionServer：负责处理用户的读和写的操作。RegionServer 通过与 Master 通信获取自己需要服务的数据表，并向 Master 反馈自己的运行状况。当一个写的请求到来的时候，它首先会写到一个称为 HLog 的 Write-Ahead-Log 中。HLog 被缓存在内存中，称为 MemCache，每个 HStore 只能有一个 MemCache。当 MemCache 到达配置大小以后，将会创建一个 MapFile，并将其写到磁盘中。这将减少 RegionServer 的内存压力。当需要一起读取时，RegionServer 会先在 MemCache 中寻找该数据，只有在找不到的时候，才会去在 MapFile 中寻找。

Client：负责寻找提供需求数据的 RegionServer。在这个过程中，Client 将首先与 Master 通信，找到 ROOT 区域。这个操作是 Client 和 Master 之间仅有的通信操作。一旦 ROOT 区域被找到以后，Client 就可以通过扫描 ROOT 区域找到相应的 META 区域，去定位实际提供数据的 RegionServer。当定位到提供数据的 RegionServer 以后，Client 就可以通过这个 RegionServer 找到需要的数据。这些信息将会被 Client 缓存起来，当下次请求的时候，就不需要再走一遍上面的这个流程。

服务接口：Thrift Server 和 REST Server 是通过非 Java 程序对 HBase 进行访问的一种途径。

Write-Ahead-Log（WAL）：用于数据的容错和恢复，每个 RegionServer 中都有一个 HLog 对象。HLog 是一个实现 WAL 的类，在每次用户操作写入 MemStore 的同时，也会写一份数据到 HLog 文件中。HLog 文件会定期刷新，并删除旧的文件（已永久写入 StoreFile 中的数据）。当 RegionServer 意外终止后，Master 会通过 ZK 感知到，Master 首先会处理遗留的 HLog 文件，将其中不同 Region 的 Log 数据进行拆分，分别放到相应 Region 的目录下，然后再将失效的 Region 重新分配。在 LoadRegion 的过程中，会发现有历史 HLog 需要处理，因此会重新将 HLog 中的数据反写回到 MemStore 中，然后刷新 StoreFile，完成数据恢复。

2. HBase 运维

（1）Region 情况检查

- Region 的数量（总数及每台 RegionServer 上的 Region 数）。
- Region 的大小（如果发现异常，可以通过手动 Merge Region 和手动分配 Region 来调整）。

（2）缓存命中率

缓存命中率对 HBase 的读取有很大的影响，可以通过观察这个指标来调整 BlockCache 的大小。

（3）读写请求数

通过读写请求数可以估计出每台 RegionServer 的压力。如果压力分布不均匀，应该检查 RegionServer 上的 Region 及其他指标。

（4）压缩队列

压缩队列中存放的是正在等待压缩的 StoreFile。压缩操作对 HBase 的读写影响较大。

（5）刷新队列

单个 Region 的 MemStore 写满（128MB）或 RegionServer 上所有 Region 的 MemStore 大小总和达到门限时，会进行刷新（Flush）操作，刷新操作会产生新的 StoreFile。

（6）RPC 队列

没有及时处理的 RPC（远程过程调用）操作会放入 RPC 队列中，从中可以看出服务器处理请求的情况。

（7）文件块本地保存的占比

DataNode 和 RegionServer 一般都部署在同一台机器上，所以 RegionServer 管理的 Region 会优先存储在本地，以节省网络开销。如果 Block Locality 较低，则有可能是因为刚做过平衡或重启，经过压缩之后，Region 的数据都会写到当前机器的 DataNode 中，Block Locality 也会慢慢接近 100%。

（8）内存使用情况

内存使用情况，可以通过查看 UsedHeap 和 MemStore 的大小来发现问题。如果 UsedHeap 一直在 80%~85%以上，内存就会比较吃紧；如果 MemStore 很小或很大，则表示未能有效地利用内存。

（9）检查数据一致性

数据一致性是指，每个 Region 都被正确地分配到一台 RegionServer 上，并且 Region 的位置信息及状态都是正确的；每个 Table 都是完整的，每个可能的 RowKey 都可以对应到唯一的一个 Region 上。

16.2.3　NoSQL

NoSQL 泛指非关系型的数据库。随着互联网 Web2.0 网站的兴起，传统的关系数据库在应付 Web2.0 网站，特别是超大规模和高并发的 SNS 类型的 Web2.0 纯动态网站已经显得力不从心，暴露很多难以克服的问题，而非关系型的数据库则由于其本身的特点得到非常迅速的发展。NoSQL 数据库的产生就是为解决大规模数据集合和多重数据种类带来的挑战，尤其是大数据应用难题。

1．从运维角度看 NoSQL

NoSQL（NoSQL = Not Only SQL），即“不仅仅是 SQL”，是一项全新的数据库革命性运动。NoSQL 的拥护者们提倡运用非关系型的数据存储，相对于铺天盖地的关系数据库运用，这一概念无疑是一种全新思维的注入。

NoSQL 数据库分为四大类。

（1）键值（Key-Value）存储数据库。这一类数据库主要使用一个哈希表，这个表中有一个特定的键和一个指针指向特定的数据。键值模型对于 IT 系统来说优势在于简单、易部署。但是当 DBA 只需要对部分值进行查询或更新的时候，键值存储就显得效率低下。

（2）列式存储数据库。这类数据库通常用来应对分布式存储的海量数据。键仍然存在，但是它们的特点是指向多个列。这些列是由列族来安排的。

（3）文档型数据库。文档型数据库的灵感来自于 Lotus Notes 办公软件，而且它同键值存储数据库类似。该类型的数据模型是版本化的文档，半结构化的文档以特定的格式存储，如 JSON。文档型数据库可以看作键值存储数据库的升级版，允许相互嵌套键值对。而且文档型数据库比键值存储数据库的查询效率更高。

（4）图形数据库。图形结构的数据库同其他行/列式及刚性结构的 SQL 数据库不同，它使用灵活的图形模型，并且能够扩展到多台服务器上。NoSQL 数据库没有标准的查询语言（SQL），因此进行数据库查询时需要指定数据模型。许多 NoSQL 数据库都有 REST 式的数据接口或者查询 API。

因此，可以总结出，NoSQL 数据库适用于以下 5 种情况：

数据模型比较简单；

需要灵活性更强的 IT 系统；

对数据库性能要求较高；

不需要高度的数据一致性；

对于给定键，比较容易映射复杂值的环境。

表 16-1 给出了四大类 NoSQL 数据库的分析对比。

表 16-1　四大类 NoSQL 数据库的分析对比

分　类	举　例	典型应用场景	数 据 模 型	优　点	缺　点
键值存储数据库	Tokyo Cabinet/Tyrant, Redis, Voldemort, Oracle BDB, Cassandra	内容缓存，主要用于处理大量数据的高访问负载，也用于一些日志系统等	Key 指向 Value 的键值对，通常用哈希表来实现	查找速度快	数据无结构化，通常只被当作字符串或者二进制数据
列式存储数据库	HBase, Riak	分布式的文件系统	以列族存储，将同一列数据存在一起	查找速度快，可扩展性强，更容易进行分布式扩展	功能相对局限
文档型数据库	Couchbase, MongoDb	Web 应用（与 Key-Value 类似，Value 是结构化的，不同的是数据库能够理解 Value 的内容）	Key-Value 对应的键值对，Value 为结构化数据	数据结构要求不严格，表结构可变，不需要像关系数据库一样需要预先定义表结构	查询性能不高，而且缺乏统一的查询语法
图形数据库	Neo4J, InfoGrid, Infinite Graph	社交网络，推荐系统等，专注于构建关系图谱	图形结构	利用图形结构相关算法，如最短路径寻址、N 度关系查找等	很多时候，需要对整个图进行计算，才能得出需要的信息，而且这种结构不太好做分布式的集群方案

2. NoSQL 运维

NoSQL 在运维中有如下特征。

（1）不需要预定义模式。当插入数据时，不需要事先定义数据模式，也不需要预定义表结构。数据中的每条记录都可能有不同的属性和格式。

（2）无共享架构。NoSQL 将数据划分后存储在各个本地服务器上，因为从本地磁盘中读取数据的性能往往好于通过网络传输读取数据的性能，从而提高系统的性能。

（3）弹性可扩展。可以在系统运行的时候，动态增加或者删除结点。不需要停机维护，数据可以自动迁移。

（4）数据分区。相对于将数据存放于同一个节点中，NoSQL 数据库需要将数据进行分区，将记录分散在多个节点中。并且，分区的同时还要进行复制，这样既提高并行性能，又能保证没有单点失效的问题。

（5）异步复制。和 RAID 存储系统不同的是，NoSQL 中的复制，往往是基于日志的异步复制。这样，数据就可以尽快地写入节点中，而不会由于网络传输引起迟延。缺点是并不总是能保证一致性，这样的方式在出现故障的时候，可能会丢失少量的数据。

（6）相对于事务严格的 ACID 特性，NoSQL 数据库保证的是 BASE 特性。BASE 是指最终一致性和软事务。

NoSQL 数据库并没有一个统一的架构，不同发布者的 NoSQL 数据库之间有很大的不同，甚至远远超过两种关系数据库的不同。可以说，NoSQL 数据库各有所长，一个成功的 NoSQL 数据库必然特别适用于特定的某些场合或者某些应用，在这些场合中会远远胜过关系数据库和其他 NoSQL 数据库。

16.2.4　Kafka

在介绍 Kafka 之前，先介绍一下消息队列。消息队列是分布式应用间交换信息的一种技术。消息队列可驻留在内存或磁盘中。队列存储消息直到它们被应用程序读走。通过消息队列，应用程序可独立地执行——它们不需要知道彼此的位置，或在继续执行前不需要等待接收程序接收此消息。在分布式计算环境中，需要集成分布式应用，因此开发者需要对异构网络环境下的分布式应用提供有效的通信手段。为管理需要共享的信息，对应用提供公共的信息交换机制是重要的。常用的消息队列技术就是指 Message Queue（MQ）。

MQ 的通信模式说明如下。

（1）点对点通信：点对点通信模式是最为传统和常见的方式，它支持一对一、一对多、多对多、多对一等多种配置方式，支持树状、网状等多种拓扑结构。

（2）多点广播：将消息发送到多个目标站点（Destination List）。可以使用一条 MQ 指令将单一消息发送到多个目标站点中，并确保为每个站点可靠地提供信息。MQ 不仅提供多点广播的功能，而且还拥有智能消息分发功能，在将一条消息发送给同一系统中的多个用户时，MQ 将消息的一个复制版本和该系统中接收者的名单发送给目标 MQ 系统。目标 MQ 系统在本地复制这些消息，并将它们发送给名单上的队列，从而尽可能减少网络的传输量。

（3）发布/订阅（Publish/Subscribe）模式：发布/订阅功能使消息的分发可以突破目的队列地理指向的限制，使消息按照特定的主题甚至内容进行分发。用户或应用程序可以根据主题或内容接收到所需要的消息。发布/订阅功能使得发送者和接收者之间的耦合关系变得更为松散，发送者不必关心接收者的目的地址，而接收者也不必关心消息的发送地址，而只是根据消息的主题进行消息的收发。

（4）群集（Cluster）：为简化点对点通信模式中的系统配置，MQ 提供群集的解决方案。群集类似于一个域（Domain），群集内部的队列管理器之间通信时，不需要两两之间建立消息通道，而是采用群集通道与其他成员通信，从而大大简化系统配置。此外，群集中的队列管理器之间能够自动进行负载均衡，当某个队列管理器出现故障时，其他队列管理器可以接管它的工作，从而大大提高系统的可靠性。

和 Hadoop 中原有 Flume 日志组件相比，Kafka 有了多方面的改进，两者可单独使用也可一起使用。

1．从运维角度看 Kafka

Kafka 是一种消息系统，原本开发自 LinkedIn，用作 LinkedIn 的活动流（Activity Stream）和运营数据处理管道（Pipeline）的基础。现在它已被多家公司作为多种类型的数据管道和消息系统使用。活动流数据是几乎所有站点在对其网站使用情况做报表时都要用到的数据中最常见的部分。活动流数据包括页面访问量（Page View）、被查看内容方面的信息以及搜索情况等内容。这种数据通常的处理方式是先把各种活动以日志的形式写入某种文件中，然后周期性地对这些文件进行统计分析。运营数据指的是服务器的性能数据（CPU、I/O 使用率、请求时间、服务日志等数据）。总的来说，运营数据的统计方法种类繁多。

Kafka 专用术语说明如下。

Broker：Kafka 集群包含一台或多台服务器，这种服务器被称为 Broker。

Topic：每条发布到 Kafka 集群的消息都有一个类别，这个类别被称为 Topic（物理上，不同 Topic 的消息分开存储。逻辑上，一个 Topic 的消息虽然保存于一个或多个 Broker 上，但用户只需指定消息的 Topic，即可生产或消费数据，而不必关心数据存于何处）。

Partition：Partition 是物理上的概念，每个 Topic 包含一个或多个 Partition。

Producer：负责发布消息到 Broker 上。

Consumer：消息消费者，向 Broker 读取消息的客户端。

Consumer Group：每个 Consumer 都属于一个特定的 Consumer Group（可为每个 Consumer 指定 Group Name，若不指定 Group Name，则属于默认的 Group）。

2．Kafka 运维

Kafka 作为一个基于分布式的消息发布订阅系统，它被设计成快速的、可扩展的、持久的。与其他消息发布订阅系统类似，Kafka 在主题当中保存消息的信息。生产者向主题写入数据，消费者从主题读取数据。由于 Kafka 的特性是支持分布式，同时也基于分布式，所以主题也是可以在多个节点上被分区和覆盖的。

信息是一个字节数组，程序员可以在这些字节数组中存储任何对象，支持的数据格式包括 String、JSON、Avro。Kafka 通过给每个消息绑定一个键值对的方式来保证生产者可以把所有的消息发送到指定位置。属于某个消费者群组的消费者订阅一个主题，通过该订阅消费者可以跨节点地接收所有与该主题相关的消息，每个消息只会发送给群组中的一个消费者，所有拥有相同键值对的消息都会被确保发给这个消费者。

Kafka 设计中将每个主题分区当作一个具有顺序排列的日志。同处于一个分区中的消息都被设置一个唯一的偏移量。Kafka 只会保持跟踪未读消息，一旦消息被置为已读状态，Kafka 就不会再去管理它。Kafka 的生产者负责在消息队列中对生产出来的消息保证一定时间的占有，消费者负责追踪每个主题（可以理解为一个日志通道）的消息并及时获取它们。基于这样的设计，Kafka 可以在消息队列中保存大量的开销很小的数据，并且支持大量的消费者订阅。

Kafka 与 Flume 相比，对运维的要求是不同的。

（1）Kafka 是一个通用型系统。用户可以有许多的生产者和消费者分享多个主题。相反地，Flume 被设计成特定用途，只向 HDFS 和 HBase 做单向发送。Kafka 为更好地服务 HDFS 做了特定的优化，并且与 Hadoop 的安全体系整合在一起。基于这样的结论，Hadoop 开发商 Cloudera 推荐，如果数据需要被多个应用程序消费，建议使用 Kafka；如果数据只是面向 Hadoop 的，可以使用 Flume。

（2）Flume 拥有许多配置的来源（Source）和存储池（Sink）。然而，因为 Kafka 拥有的是非常小的生产者和消费者环境体系，所以 Kafka 社区并不支持这些。如果用户的数据来源已经确定，不需要额外的编码，那么用户可以使用 Flume 提供的来源和存储池；反之，如果用户需要准备自己的生产者和消费者，那就需要使用 Kafka。

（3）Flume 可以在拦截器里面实时处理数据，这个特性对于过滤数据非常有用。Kafka 需要一个外部系统帮助处理数据。

（4）无论是 Kafka 或是 Flume，两个系统都可以保证不丢失数据。然而，Flume 不会复制事件。相应地，即使正在使用一个可以信赖的文件通道，如果 Flume 代理所在的这个节点宕机，则用户会失去所有的事件访问能力直到其能修复这个受损的节点。使用 Kafka 的管道特性不会有这样的问题。

（5）Flume 和 Kafka 可以一起工作的。如果用户需要把流式数据从 Kafka 转移到 Hadoop 中，可以使用 Flume 代理，将 Kafka 当作一个来源，这样可以从 Kafka 读取数据到 Hadoop 中。用户不需要去开发自己的消费者，可以使用 Flume 与 Hadoop、HBase 相结合的特性，使用 Cloudera 管理器监控消费者，并且通过增加过滤器的方式处理数据。

综上所述，Kafka 的设计可以帮助用户解决很多架构上的问题。但是，要想发挥好 Kafka 的高性能、低耦合、高可靠性、数据不丢失等特性，用户就需要非常了解 Kafka，以及自身的应用系统使用场景。并不是在任何环境下，Kafka 都是最佳选择。

16.3 中间件

数据存放在大数据环境中，怎样通过图形化的方式展现出来，这是本节将着重要介绍的内容。下面介绍 Web 数据展示工具 WebLogic、Hue、Solr。

16.3.1 WebLogic

WebLogic 是美国 Oracle 公司出品的一个应用服务器，确切地说，它是一个基于

JavaEE 架构的中间件。WebLogic 可用于开发、集成、部署和管理大型分布式 Web 应用、网络应用和数据库应用。它将 Java 的动态功能和 Java Enterprise 标准的安全性引入大型网络应用的开发、集成、部署和管理之中。

1. WebLogic 的基本组件

WebLogic 已推出到 12c（12.1.3）版，而此产品也延伸出 WebLogic Portal、WebLogic Integration 等企业用的中间件（但当下 Oracle 主要以 Fusion Middleware 融合中间件来取代这些 WebLogic Server 之外的企业包），以及 OEPE（Oracle Enterprise Pack for Eclipse）开发工具。

WebLogic 包含以下基本组件。

（1）Server Domain

Server Domain（域）是一个逻辑的管理单元，一个 Server Domain 是多个 Java 组件的逻辑相关组。Domain 是 WebLogic 中最大的概念，一个 Domain 下面包含着 WebLogic 应用服务器中的所有东西，WebLogic 应用服务器的启动、停止都是以 Domain 为单位进行管理的。Domain 是由单个管理服务器管理的 WebLogic 服务器实例的集合。一个 WebLogic Domain 包含一个特定 WebLogic 服务器实例——Administration Server。Administration Server 是整个 Domain 的配置以及管理所有资源的中心点。通常，还会在这个 Domain 中通过配置来扩展出其他的 WebLogic 服务器实例，扩展出来的服务器实例称为 Managed Server。可以将 Java 组件，例如，EJB 应用、Web Service，以及各种 JavaEE 应用部署到 Managed Server 上。与此同时，Administration Server 只是用来进行配置和管理。在一个 Domain 中，成组的 Managed Server 会作为集群。WebLogic Domain 的目录和 WebLogic 安装目录是分开的，Domain 的目录可以放置于任何地方，也可以不在 Middleware Home 里面。Domain 与 Oracle Instance 是同级的，所有的相关配置文件都放在 Oracle Home 外面。

（2）Administration Server

Administration Server 是整个 Domain 配置的中心控制实体。Administration Server 维护着 Domain 的配置文件，并将配置分配到每个 Managed Server 中。Administration Server 是整个 Domain 所有资源的监视中心。每个 Domain 都必须有一个 Administration Server。可以通过三种方式与 Administration Server 进行交互：Administration Server Console、Oracle WebLogic Scripting Tool（WLST）或者创建 Java Management eXtension（JMX）客户端。另外，还可以使用 Fusion Middleware 的控制 Console 或 EM。Console 与 EM 都运行在 Administration Server 上。Console 基于 Web 来对整个 Domain 的资源进行管理，包含 Administration Server 和 Managed Server。EM 也是基于 Web 的管理控制台，用于管理所有的中间件组件，如 WebCenter、SOA、HTTP Server 等。

（3）Managed Server 和 Managed Server Cluster

Managed Server 包含商业应用、应用组件、Web Service 及其他相关资源等。为优化性能，Managed Server 维护着一个只读的 Domain 配置文件。当一个 Managed Server 启动的时候，它会连接到 Administration Server 去同步配置文件，配置文件是由 Administration

Server 进行维护的。当创建一个 Domain 的时候，用户可以选择特定的模板去进行创建，这个模板中包含所有的 Domain 的配置信息。模板可以针对不同的使用场景进行额外的安装。例如 Oracle SOA Suit 一般会针对不同的组件去创建独自的 Managed Server。Oracle 中间件的 Java 组件（如 Oracle SOA、WebCenter、UCM 等）以及自己开发的应用都会部署到 Managed Server 上。Managed Server 是 Java Virtual Machine（JVM）的进程。如果用户想添加某个组件到 Domain 中，例如 WebCenter，用户可以使用相应的模板去扩展，创建新的 Managed Server。为提高应用的性能、吞吐量及高可用性，一般会配置两个或者多个 Managed Server 作为集群来使用。集群就是多个同时运行、一起工作的 WebLogic 服务器实例的集合。集群能够提高可扩展性以及可靠性。在集群中，大多数资源以及服务会对等地部署到每个 Managed Server 中，并启用故障切换以及负载均衡。一个 Domain 可以包含多个集群。做集群和不做集群最主要的差别是故障切换与负载均衡。

（4）Node Manager

Node Manager（节点管理器）是区分于 WebLogic 服务器的一个独立运行的 Java 工具进程。Node Manager 使用户能够对 Managed Server 进行通常的操作，而不用去关心相关的 Administration Server 在哪里。一般，需要对应用进行高可用配置的时候，就会启动 Node Manager。Node Manager 可以对 Managed Server 执行如下操作：Start、Stop、Process Monitoring、Death Detection、Restart。启动 Node Manager 对 Managed Server 进行管理后，用户可以通过 WebLogic Console 或者命令行来针对被管理的 Managed Server 进行相应的操作。节点管理器还可以在出现未可预料的错误的时候去自动重启 Managed Server。

2. WebLogic 运维

WebLogic 在日常运维中会出现以下问题场景。

（1）内存溢出

① 表象

- 永久区溢出 OutOfMemoryError：Java Permanent Space。
- 堆区溢出 OutOfMemoryError：Java Heap Space。

② 原因

- 堆内存溢出：没有分配足够的堆内存；内存泄漏；内存碎片，则让 JVM 收集碎片。
- 非堆内存溢出：用 JNI 本地代码；非堆内存少；内存不足。

（2）内存泄漏

① 表象

- 系统响应慢，内存占用高，但是访问量不大。
- 控制台强制垃圾回收，内存还是不小。
- 通过分析 GC 日志，发现 Full GC 在回收新生代的对象。同时观测发现，当 Full GC 时 CPU 占用偏高，未 Full GC 时 CPU 正常。并且，在每次 GC 前后，内存占用仍然在增大。
- 使用 Heap Dump 分析工具，可以看到对象的内存占用情况，并且能定位到哪个对象占用的内存在多次 GC 后仍然增大。如果没有内存分析工具，可以查看日志，看占用的内存增大前，对象做了哪些操作，这样大体能定位到问题的模块。

② 原因

- 代码用 Collection，但是没有 v [--size] = null。
- 对象活动时间太长，例如 HTTP 会话。
- 若缓存太多对象，则用软连接。
- 大循环（如死循环）会重复产生大量新对象。

（3）连接泄漏

① 表象

Connection 连接池占满，但是 WL Socket 线程很少。有 Resource Exception 异常可能是连接泄漏。

② 原因

连接池泄漏。Enable Connection Leak Profiling 开启连接池泄漏的监控，但是耗资源。

（4）服务器挂起

① 表象

WebLogic 不响应用户请求，但是也没有明显错误，就是反应慢。

② 原因

- 配置的线程数不足，增加总体线程数，特别是 Socket Reader 的线程数。
- 垃圾回收花费时间，增加堆内存，增加年轻代内存，采用不同的垃圾收集器。
- 线程死锁。
- JDBC 死锁。
- 等待远程调用。
- JSP 正在编译。

16.3.2 Hue

Hue 是一个开源的 Apache Hadoop UI 系统，由 Cloudera Desktop 演化而来，最后 Cloudera 公司将其贡献给 Apache 基金会的 Hadoop 社区，它是基于 Python Web 框架 Django 实现的。通过 Hue，用户可以在浏览器端的 Web 控制台上与 Hadoop 集群进行交互，并分析处理数据，例如，操作 HDFS 上的数据，运行 MapReduce Job，执行 Hive 的 SQL 语句，浏览 HBase 数据库等。

1. 从运维角度看 Hue

Hue 的特点如下：

- 默认基于轻量级 SQLite 数据库来管理会话数据、用户认证和授权，可以自定义为 MySQL、PostgreSQL、Oracle；
- 基于文件浏览器访问 HDFS；
- 基于 Hive 编辑器来开发和运行 Hive 查询；
- 支持基于 Solr 进行搜索的应用，并提供可视化的数据视图，以及仪表板（Dashboard）；

- 支持基于 Impala 的应用进行交互式查询；
- 支持 Spark 编辑器和仪表板；
- 支持 Pig 编辑器，并能够提交脚本任务；
- 支持 Oozie 编辑器，可以通过仪表板提交和监控 Workflow、Coordinator 和 Bundle；
- 支持 HBase 浏览器，能够可视化数据、查询数据、修改 HBase 表；
- 支持 Metastore 浏览器，可以访问 Hive 的元数据及 HCatalog；
- 支持 Job 浏览器，能够访问 MapReduce Job（MR1/MR2-YARN）；
- 支持 Job 设计器，能够创建 MapReduce/Streaming/Java Job；
- 支持 Sqoop 2 编辑器和仪表板；
- 支持 ZooKeeper 浏览器和编辑器；
- 支持 MySQL、PostgreSQL、SQLite 和 Oracle 数据库查询编辑器。

通过上面对 Hue 的理解，总结如下。

如果基于 CentOS 环境安装配置 Hue，建议使用较新版本的 CentOS，如 CentOS-6.6 以上的版本，Hue 建议使用 branch-3.7.1 源代码编译，并且 Python 语言的版本需要 2.6 版以上。

使用 Hue，在存储数据时，可以根据需要使用关系数据库，如 MySQL、Oracle 等，并且做好备份，以防相关用户数据丢失，造成无法访问 Hadoop 集群等问题。这需要修改 Hue 的配置文件，将默认存储方式 SQLite 改成关系数据库，目前支持 MySQL、PostgreSQL、Oracle。

如果有必要，可结合 Hadoop 集群底层的访问控制机制，如 Kerberos 或者 Hadoop SLA，再配合 Hue 的用户管理和授权认证功能，可以更好地进行访问权限的约束和控制。

根据前面提到的 Hue 特性，用户可以根据自己实际的应用场景，来选择不同的 Hue 应用，如 Oozie、Pig、Spark、HBase 等。

如果使用更低版本的 Hive，如 0.12 版本，可能在验证过程中会遇到问题，可以根据 Hive 的版本来选择兼容版本的 Hue 进行安装配置。如果使用 CDH，可能会更顺利一些。

2. Hue 运维

（1）Hue 数据查询分析

Hue 提供非常人性化的 Hive SQL 编辑界面，编辑好 SQL 语句之后，就可以直接查询数据仓库中的数据，还可以保存 SQL 语句，查看和删除历史 SQL 语句。对于所查询出来的数据，可以下载并以多种图表的形式展示。通过 Hue，用户还可以自定义函数，然后在 Hue 中通过 SQL 引用执行。

（2）Hue 数据可视化

Hue 使用可视化的 Web 图形界面来展示所查询出来的数据，包括：表格、柱状图、折线图、饼状图、地图等。这些可视化功能的使用非常简单。例如，使用 Hive SQL 查询出相关的数据后，如果用户想以柱状图的形式展示它们，只需要勾选横坐标和纵坐标的字段就可以显示出想要的柱状图。

（3）Hue 对任务调度的可视化

Hue 以可视化的方式向用户展示任务的执行情况，包括：任务的执行进度，任务的执行状态（正在运行、执行成功、执行失败、被 Killed），以及任务的执行时间，还能够显示该任务的标准输出信息、错误日志、系统日志等信息。并且可以查看该任务的元数据、向用户展示正在运行或者已经结束的任务的详细执行情况。除此之外，Hue 还提供关键字查找和按照任务执行状态分类查找的功能。

（4）Hue 权限控制

Hue 在 HueServer2 中使用 Sentry 进行细粒度的、基于角色的权限控制。这里的细粒度是指，Sentry 不仅仅可以给某个用户组或者某个角色授予权限，还可以为某个数据库或者一个数据库表授予权限，甚至还可以为某个角色授予只能执行某个类型的 SQL 查询的权限。Sentry 不仅仅有用户组的概念，还引入了角色（Role）的概念，使得企业能够轻松灵活地管理大量用户和数据对象的权限，即使这些用户和数据对象在频繁变化。除此之外，Sentry 还是"统一授权"的。具体来讲，就是访问控制规则一旦定义好之后，这些规则就统一作用于多个框架（如 Hive、Impala、Pig）。例如，用户为某个角色或者用户组授权只能进行 Hive 查询，用户可以让这个权限不仅仅作用于 Hive，还可以作用于 Impala、MapReduce、Pig 和 HCatalog。

16.3.3 Solr

Solr 是 Apache Lucene 项目的开源企业搜索平台。其主要功能包括：全文检索、命中标示、分面搜索、动态聚类、数据库集成，以及富文本（如 Word、PDF）的处理。Solr 是高度可扩展的，并提供分布式搜索和索引复制。

1. 从运维角度看 Solr

作为最流行的企业级搜索引擎，Solr 4 还增加了对 NoSQL 的支持。Solr 是用 Java 语言编写、运行在 Servlet 容器（如 Apache Tomcat 或 Jetty）上的一个独立的全文搜索服务器。Solr 采用以 Lucene Java 搜索库为核心的全文索引和搜索，并具有类似 REST 的 HTTP/XML 和 JSON 的 API。Solr 强大的外部配置功能使得无须进行 Java 编码，便可对其进行调整以适应多种类型的应用程序。Solr 有一个插件架构，以支持更多的高级定制。

Solr 的特性如下：

高级的全文搜索功能；

专为高通量的网络流量进行的优化；

基于开放接口（XML 和 HTTP）的标准；

综合的 HTML 管理界面；

可伸缩性，能够有效地复制到另外一个 Solr 搜索服务器中；

使用 XML 配置达到灵活性和适配性；

可扩展的插件体系；

Solr 有一个更大、更成熟的用户、开发和贡献者社区；

支持添加多种格式的索引，如 HTML、PDF、微软 Office 系列软件格式及 JSON、XML、

CSV 等纯文本格式；

不考虑建索引的同时进行搜索，速度会更快。

2. Solr 运维

Apache Lucene 和 Apache Solr 项目于 2010 年合并，所以两个项目由同一个 Apache 软件基金会开发团队制作实现。当提到技术或产品时，Lucene/Solr 或 Solr/Lucene 是一样的。Solr 提供比 Lucene 更为丰富的查询语言，同时实现可配置、可扩展，并对索引、搜索性能进行优化。在日常的运维场景中，首先需要理解 Solr 与 Lucene 的区别。

（1）Lucene 是一个开放源代码的全文检索引擎工具包，它不是一个完整的全文检索引擎，Lucene 提供完整的查询引擎和索引引擎，目的是为软件开发人员提供一个简单易用的工具包，以方便地在目标系统中实现全文检索的功能，或者以 Lucene 为基础构建全文检索引擎。

（2）Solr 的目标是打造一款企业级的搜索引擎系统，它是一个搜索引擎服务，可以独立运行，通过 Solr 可以非常快速地构建企业的搜索引擎，也可以高效地完成站内搜索功能。

（3）Solr 类似于 Web Service 工作机制，它提供接口，调用接口，发送指令，实现增加，删除，修改，查询。

16.4 数据转换

在大数据环境中，会有结构化和非结构化的数据存放在 HDFS、NoSQL 数据库中。怎样把关系数据库数据提取、转换到非关系数据库中，是本节要讨论的重点。

16.4.1 Hive

Hive 是一个基于 Hadoop 的开源数据仓库工具，用于存储和处理海量结构化数据。它把海量数据存储于 Hadoop 文件系统中，而不是数据库中，为此提供一套类数据库的数据存储和处理机制，并采用 HiveQL（类 SQL）对这些数据进行自动化管理和处理。可以把 Hive 中海量的结构化数据看成一个个表，所以实际上这些数据是分布式存储在 HDFS 中的。Hive 对语句进行解析和转换，最终生成一系列基于 Hadoop 的 MapReduce 任务，然后通过执行这些任务完成数据处理。Hive 诞生于 Facebook 的日志分析需求，面对海量的结构化数据，Hive 以较低的成本完成了以往需要大规模数据库才能完成的任务，并且学习门槛相对较低，应用开发灵活且高效。

1. 从运维角度看 Hive

Hadoop 和 MapReduce 是 Hive 架构的根基。Hive 架构包含如下组件：CLI、JDBC/ODBC、Thrift 服务器、Web GUI、Metastore 和 Driver。这些组件可以分为两大类：服务器组件和客户端组件。

先介绍服务器组件。

（1）Driver 组件：该组件包括 Complier、Optimizer 和 Executor，它的作用是将人们写的 HiveQL 语句进行解析、编译优化，生成执行计划，然后调用底层的 MapReduce 计算框架。

（2）Metastore 组件：即元数据服务组件，这个组件用于存储 Hive 的元数据。

（3）Thrift 服务器：Thrift 是 Facebook 开发的一个软件框架，它用来进行可扩展且跨语言的服务的开发。Hive 集成了该服务，能让不同的编程语言调用 Hive 的接口。

客户端组件介绍如下。

（1）CLI 组件：英文为 Command Line Interface，即命令行接口。

（2）Thrift 客户端：Hive 架构的许多客户端接口是建立在 Thrift 客户端之上的，包括 JDBC 和 ODBC 接口。

（3）Web GUI 组件：Hive 客户端提供一种通过网页访问 Hive 所提供的服务的方式。这个组件对应 Hive 的 HWI（Hive Web Interface）组件，使用前要启动 HWI 服务。

下面着重介绍 Metastore 组件。

Hive 的 Metastore 组件是 Hive 元数据的集中存放地。Metastore 组件包括两个部分：Metastore 服务和后台数据存储。后台数据存储的介质就是关系数据库，例如，Hive 默认的嵌入式磁盘数据库 Derby，还有 MySQL 数据库。Metastore 服务是建立在后台数据存储介质之上的，并且可以和 Hive 服务进行交互。在默认情况下，Metastore 服务和 Hive 服务是安装在一起的，运行在同一个进程当中。也可以把 Metastore 服务从 Hive 服务里剥离出来，独立安装在一个集群里，由 Hive 服务远程调用 Metastore 服务。这样就可以把元数据这一层放到防火墙之后。当客户端访问 Hive 服务时，可以连接到元数据这一层，从而提供更好的可管理性和安全保障。

下面介绍 Hive 与关系数据库的区别。

在关系数据库里，表的加载模式是在数据加载时强制确定的（表的加载模式是指数据库存储数据的文件格式）。加载数据时，如果发现加载的数据不符合模式，关系数据库就会拒绝加载数据，这种模式称为“写时模式”。写时模式会在数据加载时对数据模式进行检查操作。

和关系数据库不同，Hive 在加载数据时不会对数据进行检查，也不会更改被加载的数据文件，检查数据格式的操作在查询时进行，这种模式称为“读入模式”。在实际应用中，读入模式在加载数据时会对列进行索引，对数据进行压缩，因此加载数据的速度很慢；当数据加载完成，去查询数据的时候，速度很快。但是，当数据为非结构化的，存储模式也是未知的时候，关系数据库操作这种场景就麻烦很多，而 Hive 却可以发挥它的优势。

关系数据库一个重要的特点是，可以对某一行或某些行的数据进行更新、删除操作。Hive 不支持对具体某一行的操作，Hive 对数据的操作只有覆盖原数据和追加数据。更新、事务和索引都是关系数据库的特征，而 Hive 对这些都不支持，也不打算支持。原因是 Hive 用于对海量数据进行处理，对数据的扫描是常态，因此针对某些具体数据进行操作的效率是很差的。对于更新操作，Hive 会通过查询原来基表的数据进行转化最后存储在新表里，这和传统数据库的更新操作有很大不同。

Hive 也可以在 Hadoop 实时查询方面有所贡献，它可以与 HBase 集成。HBase 可以进行快速查询，但是 HBase 不支持类 SQL 的语句，那么此时 Hive 可以给 HBase 提供 SQL 语法解析的外壳，用类 SQL 语句操作 HBase 数据库。

2. Hive 运维

（1）HiveQL 查询语言。由于 SQL 被广泛地应用在数据仓库中，因此，专门针对 Hive 的特性，设计了类似 SQL 的查询语言 HiveQL。这样，熟悉 SQL 开发的开发者可以很方便地使用 Hive 进行开发。

（2）定义合理的表分区和键。

（3）设置合理的 Bucket 数据量。

（4）进行表压缩。

（5）定义外部表使用规范。

（6）合理的控制 Mapper 和 Reducer 数量。

（7）并发执行任务。设置 hive.exec.parallel=true，使在同一个 SQL 中的不同 Job 同时运行。默认设置为 false。

（8）负载均衡：设置 hive.groupby.skewindata=true，当数据倾斜时，控制负载均衡。当此选项设定为 true 时，生成的查询计划会有两个 MRJob。在第一个 MRJob 中，Map 的输出结果集合会随机分布到 Reduce 中，每个 Reduce 做部分聚合操作，并输出结果，这样处理的结果是有相同的 GroupBy Key。Map 的输出结果集合有可能被分发到不同的 Reduce 中，从而达到负载均衡的目的。第二个 MRJob 根据预处理的数据结果，按照 GroupBy Key，将这些结果分布到 Reduce 中（这个过程可以保证相同的 GroupBy Key 被分布到同一个 Reduce 中），完成最终的聚合操作。

16.4.2 Impala

Impala 是 Cloudera 公司主导开发的新型查询系统，它提供 SQL 语义，能查询存储在 HDFS 和 HBase 中的 PB 级大数据。已有的 Hive 系统虽然也提供 SQL 语义，但由于 Hive 底层执行使用的是 MapReduce 引擎，仍然是一个批处理过程，因此难以满足查询的交互要求。

1. 从运维角度看 Impala

Impala 的最大特点也是最大卖点就是它的快速。在介绍 Impala 前，不得不先介绍 Google 公司的 Dremel 系统，因为 Impala 最开始是参照 Dremel 系统进行设计的。

Dremel 是 Google 公司开发的交互式数据分析系统，它构建于 GFS（Google File System）等系统之上，用于支撑 Google 的数据分析服务 BigQuery 等诸多服务。Dremel 的技术亮点主要有两个：一是实现嵌套型数据的列式存储；二是使用多层查询树，使得任务可以在数千个节点上并行执行和聚合结果。列式存储在关系数据库中并不陌生，它可以减少查询时处理的数据量，有效提升查询效率。Dremel 列式存储的不同之处在于，它针对的并不是传统的关系数据，而是嵌套结构的数据。Dremel 可以将一条条嵌套结构的记录转换成列式存储形式，查询时，根据查询条件读取需要的列，然后进行条件过滤；输出时，再将列组装成嵌套结构的记录输出。记录的正向和反向转换都通过高效的状态机实现。另外，Dremel 的多层查询树借鉴分布式搜索引擎的设计，查询树的根节点负责接收查询，并将查询分发给下一层节点，底层节点负责具体的数据读取和查询执行，然后将结果返回上层节点。

Impala 其实就是 Hadoop 的 Dremel。Impala 使用的列式存储格式是 Parquet。Parquet 实现 Dremel 中的列式存储，未来还将支持 Hive 并添加字典编码、游程编码等功能。Impala 使用 Hive 的 SQL 接口（包括 Select、Insert、Join 等操作），但是目前只实现 Hive 的 SQL 语义的子集（例如尚未对 UDF 提供支持），表的元数据信息存储在 Hive 的 Metastore 中。StateStore 是 Impala 的一个子服务，用来监控集群中各个节点的健康状况，提供节点注册、错误检测等功能。Impala 在每个节点运行一个后台服务 Impalad，Impalad 用来响应外部请求，并完成实际的查询处理。Impalad 主要包含 Query Planner、Query Coordinator 和 Query Exec Engine 三个模块。Query Planner 接收来自 SQL APP 和 ODBC 的查询，然后将查询转换为许多子查询，Query Coordinator 将这些子查询分发到各个节点上，由各个节点上的 Query Exec Engine 负责子查询的执行，最后返回子查询的结果，这些中间结果经过聚集之后最终返回给用户。

2. Impala 运维

在 Cloudera 的测试中，Impala 的查询效率比 Hive 有着数量级的提升。从技术角度上来看，Impala 之所以能有好的性能，主要有以下几方面的原因。

（1）Impala 不需要把中间结果写入磁盘，省掉大量的 I/O 开销。

（2）省掉 MapReduce 作业启动的开销。MapReduce 启动 Task 的速度很慢（默认每个心跳间隔是 3 秒钟），Impala 直接通过相应的服务进程来进行作业调度，速度快很多。

（3）Impala 完全抛弃 MapReduce 这个不太适合做 SQL 查询的范式，而是像 Dremel 一样借鉴 MPP 并行数据库的思想另起炉灶，因此可做更多的查询优化，从而省掉不必要的 Shuffle、Sort 等开销。

（4）通过使用 LLVM 来统一编译运行代码，避免为支持通用编译而带来的不必要开销。

（5）用 C++实现，做了很多有针对性的硬件优化，例如使用 SSE 指令。

（6）使用支持 Data Locality 的 I/O 调度机制，尽可能地将数据和计算分配在同一台机器上进行，减少网络开销。

虽然 Impala 是参照 Dremel 来实现的，但它也有一些自己的特色，例如：Impala 不仅支持 Parquet 格式，同时也可以直接处理文本、SequenceFile 等 Hadoop 中常用的文件格式。另外一个更关键的地方在于，Impala 是开源的，再加上 Cloudera 在 Hadoop 领域的领导地位，其生态圈有很大可能会在将来快速成长。

可以预见，Impala 很可能像之前的 Hadoop 和 Hive 一样在大数据处理领域大展拳脚。Cloudera 自己也说期待未来 Impala 能完全取代 Hive。当然，用户从 Hive 迁移到 Impala 上是需要时间的，而且 Impala 也只是刚刚发布 1.0 版，虽然号称已经可以稳定地在生产环境中运行，但相信它仍然有很多可改进的空间。需要说明的是，Impala 并不是用来取代已有的 MapReduce 系统，而是作为 MapReduce 的一个强力补充。总的来说，Impala 适合用来处理输出数据适中或比较小的查询，而对于大数据量的批处理任务，MapReduce 依然是更好的选择。

16.4.3　Sqoop2

Sqoop 是一款开源的工具，主要用于在 Hadoop 和传统的数据库(MySQL、PostgreSQL 等)进行数据的传递，可以将一个关系数据库（例如：MySQL、Oracle、PostgreSQL 等）中的数据导入 Hadoop 的 HDFS 中，也可以将 HDFS 的数据导入关系数据库中。

1．从运维角度看 Sqoop2

Sqoop 一个最大的亮点就是可以通过 Hadoop 的 MapReduce 把数据从关系数据库中导入数据到 HDFS。Sqoop 目前版本已经到 1.99.7，可以在其官网上看到所有的版本，Sqoop1.99.7 是属于 Sqoop2，Sqoop1 的最高版本为 1.4.6。

Sqoop2 相对于 Sqoop1 的改进之处如下：

- 引入 Sqoop Server，集中化管理 Connector 等。
- 多种访问方式，如 CLI、Web UI、REST API 等。
- 引入基于角色的安全机制。

表 16-2 即为 Sqoop2 和 Sqoop1 的功能对比。

表 16-2　Sqoop2 和 Sqoop1 的功能对比

功　能	Sqoop1	Sqoop2
用于所有主要 RDBMS 的连接器	支持	不支持 解决办法：使用已在以下数据库上执行测试的通用 JDBC 连接器：SQL Server、PostgreSQL、MySQL 和 Oracle 此连接器应在任何其他符合 JDBC 要求的数据库上运行。但是，性能可能无法与 Sqoop 中的专用连接器相比
Kerberos 安全集成	支持	不支持
数据从 RDBMS 传输至 Hive 或 HBase	支持	不支持 解决办法：按照此两步方法操作。将数据从 RDBMS 导入 HDFS 在 Hive 中使用相应的工具和命令（例如 LOAD DATA 语句），手动将数据载入 Hive 或 HBase
数据从 Hive 或 HBase 传输至 RDBMS	解决办法：按照此两步方法操作。从 Hive 或 HBase 将数据提取至 HDFS（作为文本或 Avro 文件）使用 Sqoop 将上一步的输出导出至 RDBMS 中	不支持 按照与 Sqoop1 相同的解决方法操作

2. Sqoop2 运维

由于 Sqoop2 是 C/S 架构，Sqoop 的用户都必须通过 Sqoop-Client 类来与服务器交互，Sqoop-Client 提供给用户的有：连接服务器、搜索 Connector、创建 Link、创建 Job、提交 Job、返回 Job 运行信息等功能。这些基本功能包含用户在数据迁移的过程中所用到的所有信息。Sqoop2 中将数据迁移任务中的相关概念进行细分，将数据迁移任务中的数据源，数据传输配置，数据传输任务进行提取抽象，经过抽象分别得到核心概念 Connector、Link、Job、Driver。

- Connector

Sqoop2 中预定各种链接，这些链接是一些配置模板，比如最基本的 Generic-JDBC-Connector，还有 HDFS-Connector，通过这些模板，可以创建出对应数据源的 Link，比如如果要链接 MySQL，就是使用 JDBC 的方式进行链接，这时候就从这个 Generic-JDBC-Connector 模板继承出一个 Link，可以这么理解。

- Link

Connector 是和数据源（类型）相关的。Link 是和具体的任务 Job 相关的。针对具体的 Job，例如，从 MySQL→HDFS 的数据迁移 Job，就需要针对该 Job 创建和数据源 MySQL 的 Link1，以及数据目的地 MySQL 的 Link2。Link 定义从某个数据源读出和写入时的配置信息。

- Job

Job 是从一个数据源读出，然后写入另外一个数据源的过程。所以 Job 需要由 Link(From)，Link(To)，以及 Driver 的信息组成。

- Driver

提供对于 Job 任务运行的其他信息。例如，对 MapReduce 任务进行配置。

16.5 资源整合调度

在大数据环境中有很多任务计划在凌晨或非工作时间运行。怎样把这些资源进行整合，通过任务的方式进行管理是接下来要讨论的。本章将通过两节来介绍和阐述这个问题。

16.5.1 Oozie

设想一下，当用户的系统引入 Spark 或者 Hadoop 以后，基于 Spark 和 Hadoop 已经做了一些任务，比如一连串的 MapReduce 任务，但是他们之间彼此有前后依赖的顺序，因此用户必须要等一个任务执行成功后，再手动执行第二个任务，整个过程非常烦琐。这个时候 Oozie 就能派上用场，它可以把多个任务组成一个工作流，自动完成任务的调用。

1. 从运维角度看 Oozie

Oozie 是一个基于工作流引擎的服务器，可以在上面运行 Hadoop 的 MapReduce 和

Pig 任务。它其实就是一个运行在 Java Servlet 容器（比如 Tomcat）中的 Java Web 应用。对于 Oozie 来说，工作流就是一系列的操作（如 Hadoop 的 MapReduce，以及 Pig 的任务），这些操作通过有向无环图的机制控制。这种控制是：一个操作的输入依赖于前一个任务的输出，只有前一个操作完全完成后，才能开始第二个。

Oozie 工作流通过 hPDL（一种 XML 的流程定义语言）定义控制流节点和动作节点。控制流节点定义工作流的开始和结束（Start、End、Fail 节点），并控制工作流执行路径（Decision、Fork、Join 节点）。动作节点是工作流触发的计算、处理任务。Oozie 支持不同的任务类型，如 Hadoop 的 MapReduce 任务、HDFS、Pig、Ssh、Email、Oozie 子工作流等，Oozie 也可以自定义扩展任务类型。工作流操作通过远程系统启动任务，当任务完成后，远程系统会进行回调来通知任务已经结束，然后再开始下一个操作。

2. Oozie 运维

作为一个开源的工作流调度系统，它可以管理逻辑复杂的多个 Hadoop 作业任务，按照指定的顺序将其进行协同工作。日常的运维流程如下：

① 收集数据到 HDFS 中；

② 编写 MR 去清洗数据，生成新的数据存放到指定的 HDFS 路径下；

③ 创建 Hive 表分区，并加载数据到对应的表分区中；

④ 使用 HiveQL 进行业务指标统计，并将统计的结果输出到对应的 Hive 大表（BigTable）中；

⑤ 对统计后的大表中的数据进行数据导出，供外界业务去调用使用。

通过上述的日常工作流程，就可以编写工作流系统，生成一个工作流实例，然后每天定时去运行实例即可。针对这样一种 Hadoop 的应用场景，Oozie 能够简化任务的调度并执行。

16.5.2 YARN

Apache Hadoop YARN（Yet Another Resource Negotiator，另一种资源协调者）是一种新的 Hadoop 资源管理器，它是一个通用资源管理系统，可为上层应用提供统一的资源管理和调度，它的引入为集群在利用率、资源统一管理和数据共享等方面带来巨大好处。YARN 的基本思想是将 JobTracker 的两个主要功能（资源管理和作业调度/监控）分离，主要方法是创建一个全局的 Resource Manager（资源管理器）和若干个针对应用程序的 Application Master（应用程序管理器）。

1. 从运维角度看 YARN

YARN 主要架构组成如下。

（1）Resource Manager（资源管理器，简称 RM）

Resource Manager 是一个全局的资源管理器，负责整个系统的资源管理和分配。它主要由两个组件构成：Scheduler（调度器）和 Application Manager（应用程序管理器）。

Scheduler：根据容量、队列等限制条件（如每个队列分配一定的资源，最多执行一定数量的作业等），将系统中的资源分配给各个正在运行的应用程序。需要注意的是，该调度器是一个“纯调度器”，它不再从事任何与具体应用程序相关的工作，例如，不负责监控或者跟踪应用的执行状态等，也不负责重新启动因应用程序执行失败或者硬件故障而产生的失败任务，这些均交由应用程序相关的 Application Master 完成。Scheduler 仅根据各个应用程序的资源需求进行资源分配，而资源分配单位用一个抽象概念“资源容器”（Resource Container，简称 Container）表示。Container 是一个动态资源分配单位，它将内存、CPU、磁盘、网络等资源封装在一起，从而限定每个任务使用的资源量。此外，该调度器是一个可插拔的组件，用户可根据自己的需要设计新的调度器，YARN 提供多种直接可用的调度器，如 Fair Scheduler 和 Capacity Scheduler 等。

Application Manager：负责管理整个系统中所有应用程序，包括应用程序提交、与 Scheduler 协商以获取资源并启动 Application Master、监控 Application Master 运行状态并在失败时重新启动它等。

（2）Application Master（应用程序管理器，简称 AM）

用户提交的每个应用程序均包含一个 Application Master，主要功能包括：与 Resource Manager 的 Scheduler 协商以获取资源（用 Container 表示）；得到的任务进一步分配给内部的任务（资源的二次分配）；与 Node Manager 通信以启动和停止任务；监控所有任务运行状态，并在任务运行失败时重新为任务申请资源来重启任务。当前 YARN 自带两个 Application Master 实现，一个是用于演示 Application Master 编写方法的实例程序 Distributedshell，它可以申请一定数目的 Container 来并行运行一个 Shell 命令或者一个 Shell 脚本；另一个是运行 MapReduce 应用程序的 AM-MR Application Master。Resource Manager 只负责监控 Application Master，在 Application Master 运行失败时启动它，Resource Manager 并不负责 Application Master 内部任务的容错，这由 Application Master 来完成。

（3）Node Manager（节点管理器，简称 NM）

Node Manager 是每个节点上的资源和任务管理器，一方面，它会定时地向 Resource Manager 汇报本节点上的资源使用情况和各个 Container 的运行状态；另一方面，它接收并处理来自 Application Master 的 Container 启动/停止等各种请求。

（4）Container

Container 是 YARN 中的资源抽象，它封装某个节点上的多维度资源，如：内存、CPU、磁盘、网络等。当 Application Master 向 Resource Manager 申请资源时，Resource Manager 为 Application Master 返回的资源便是用 Container 表示的。YARN 会为每个任务分配一个 Container，且该任务只能使用该 Container 中描述的资源。YARN 的资源管理和执行框架都是按主/从范例实现的：Slave（Node Manager）运行、监控每个节点，并向集群的 Master（Resource Manager）报告资源的可用性状态，Resource Manager 最终为系统里的所有应用分配资源。特定应用的执行由 Application Master 控制，Application Master 负责将一个应用分割成多个任务，并和 Resource Manager 协调执行所需的资源。资源一旦分配好，Application Master 就和 Node Manager 一起安排、执行、监控独立的应用任务。需要说明的是，YARN 不同服务组件的通信方式采用事件驱动的异步并发机制，这样可以简化系统的设计。

2. YARN 运维

在日常运维中必须要理解 YARN 主要的工作流程，如图 16-4 所示为 YARN 工作流程。

① 用户向 YARN 提交应用程序，其中包括用户程序、相关文件、启动 Application Master 命令、Application Master 程序等。

② Resource Manager 为该应用程序分配第一个 Container，并且与 Container 所在的 Node Manager 通信，要求该 Node Manager 在这个 Container 中启动应用程序对应的 Application Master。

③ Application Master 首先会向 Resource Manager 注册，这样用户才可以直接通过 Resource Manager 查看应用程序的运行状态，然后它准备为该应用程序的各个任务申请资源，并监控它们的运行状态直到运行结束，即重复后面④~⑦步骤。

④ Application Master 采用轮询的方式通过 RPC 协议向 Resource Manager 申请和领取资源。

⑤ 一旦 Application Master 申请到资源后，便会与申请到的 Container 所对应的 Node Manager 进行通信，并且要求它在该 Container 中启动任务。

⑥ 任务启动。Node Manager 为要启动的任务配置好运行环境，包括环境变量、JAR 包、二进制程序等，并且将启动命令写在一个脚本里，通过该脚本运行任务。

⑦ 各个任务通过 RPC 协议向其对应的 Application Master 汇报自己的运行状态和进度，以让 Application Master 随时掌握各个任务的运行状态，从而可以在任务运行失败时重启任务。

⑧ 应用程序运行完毕后，其对应的 Application Master 会向 Resource Manager 通信，要求注销和关闭自己。

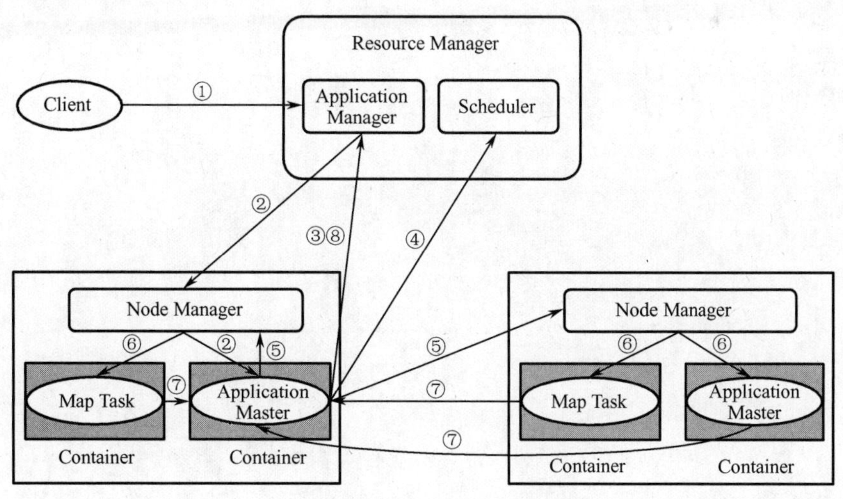

图 16-4 YARN 工作流程图

16.6 小结

通过 Oracle MoviePlex 这个大数据应用，我们从实践中了解到大数据系统规划、实施、运维的方方面面，但也只能算是冰山的一角。在繁杂的大数据技术组成中，选择适合自身业务的应用系统的功能组件，是保证后续运维的关键要素。保持简约（Keep it simple），会是较好的原则。

大数据平台的运维并不是孤立的。它和已有环境，特别是关系数据库，传统的 C/S 和 B/S 信息系统结构是密不可分的，数据导出、导入两者相辅相成。在不影响或很少影响现有业务的情况下，平稳的从传统信息系统平台迁移、切换到大数据平台需要细致的前期规划，既是实施任务同时又是运维任务。大数据和非大数据系统共存是必然的，混合 IT 的内涵之一应该是混合数据（Hybrid Digital）。

Hadoop 集群的运维是通常的非大数据应用所没有的。这就需要从集群，HDFS 和 NoSQL，中间件，数据转换，资源调度进行支撑和整合，保持并更新一个完整的基线数据（Baseline Profile），当业务发生变化时，才能满足大数据系统的 RASSM（Reliability，Availability，Security，Scalability，Manageability）中对运维的要求。

第6篇

明天的大数据

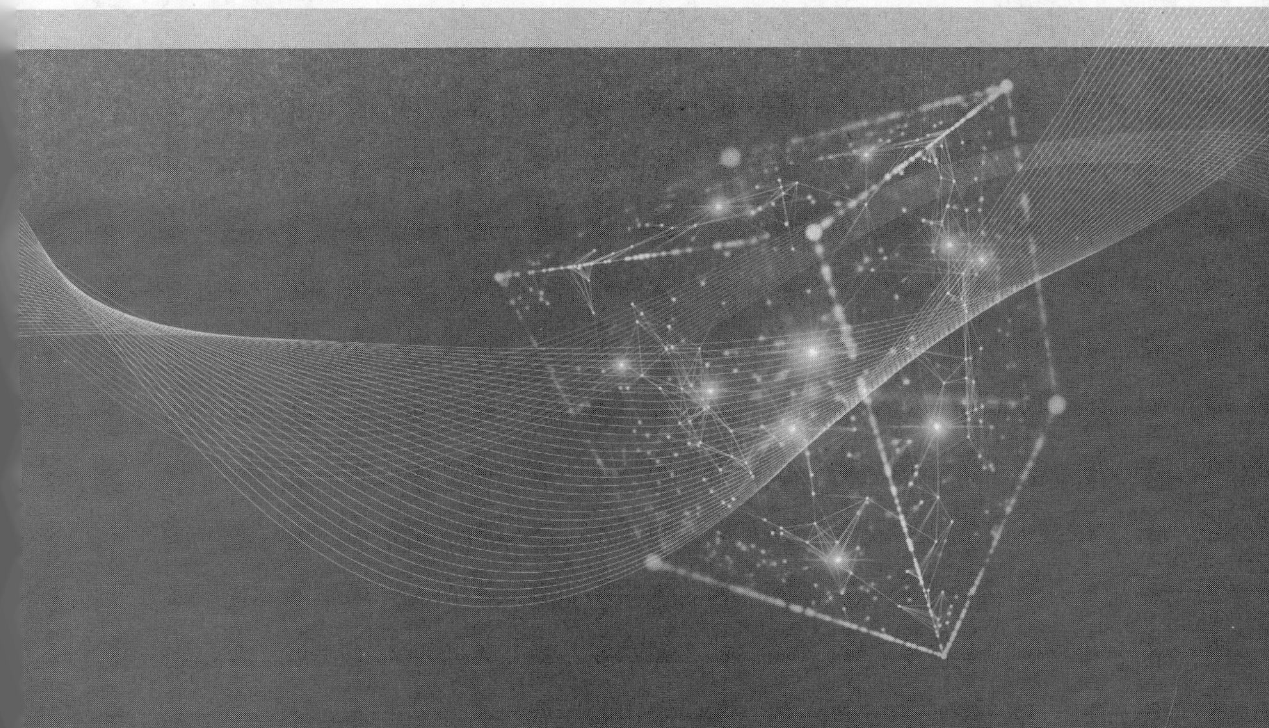

哲学上说，任何旧的事物都会焕然一新（Everything old is new again）。事物的发展规律总是螺旋式的上升、波浪式的前进，大数据也不例外。预见大数据的明天具体会怎样是一件"危险"的事情，太容易走偏。

大数据预测都会测不准，何况作者只有一个小脑袋。

明天的大数据一定是和今天面临的困难或挑战联系在一起的，数据量只会以更加迅猛的速度增长，数据挖掘的深度会增加、挖掘的方式会更"聪明"，新的应用场景会对原有的技术提出更高的要求、生产更多的数据。变化是会多种多样的，但再变，大数据的处理过程依然是一个持续提升的迭代闭环。由原始的数据开始，将其处理为信息，进而利用算法抽取出其中所蕴含的知识，知识的正确运用可以帮助决策，最终知识的集成和梳理就可以晋升为智慧和文化。而在开展决策实践的过程中，还会产生新的数据，即，"数字—数据—信息—知识—应用—数据"的闭环。

处理能力方面，从纯技术的角度看，企业IT所涉及的各个组件都可能进步，包括：数据中心土建；电力、冷却、UPS；网络带宽，特别是广域网；网络设备；集成电路；服务器；存储硬件设备；基础管理软件；操作系统；系统软件；中间件；消息交互的协议；大数据与云，以及传统IT系统的统一管理；大规模自动化部署；监控与预警；大数据与大数据间的交互；新的应用架构；新的算法；新的编程语言等。

并且，构成以上罗列的组件的子系统和部件等都会对大数据的发展产生影响。另外，新的材料科学与工艺、电池技术、芯片技术等也都会影响到明天的大数据。

随着软件、硬件手拉手一起发展，今天的"大"，明天可能就不大了。随着时间的推移，就像云计算一样，当人们已经把云计算视为常态时，"云"字就会消失，大数据中的"大"字也最终会消失，从而成为新常态。"软"件的发展一直是领先于硬件的，这个"软"可以是通常意义上的软件，更指的是我们的大脑。随着"软"的认知的发展、数据量的增加，很可能又会遇到硬件能力跟不上的情形，一些热门话题会被搁置，而当硬件能力赶上来时，又变得火起来，进入下一个轮回。

类似于云计算，按广义上的说法，大数据就是整个IT，即Big Data = IT，而从泛义上讲，就是和数据相关的各行各业了。所以，明天的大数据对不同的受众可能是不一样的。无论怎样，大数据或大数据技术就是工具。要让工具用得好，首先得用对地方，其次要会正确地使用，这是不会变的。认识已知、预测未来、方便生活，这是不会变的。

本篇对大数据未来发展的基本共识做了一些梳理总结和展望。就当前的实情和趋势，分析大数据所面对的挑战，探讨该领域的发展和技术演进方向。明天的大数据，其进展依然是在数据的处理能力上，处理的方法上，以及应用场景上。

第 17 章
大数据面临的挑战

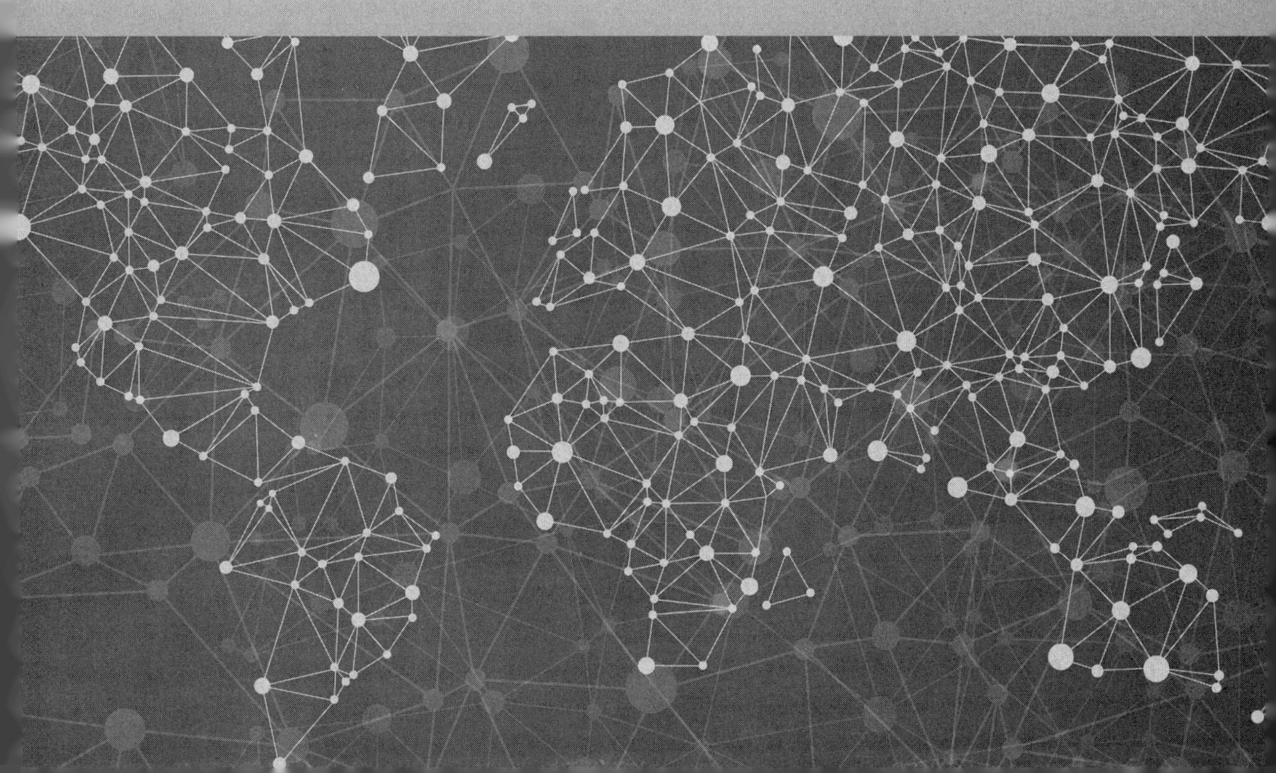

展望大数据应该是从两个方面来看，一个是技术层面（处理能力和计算方法），一个是应用层面。大数据的终极目标是了解数据、管理数据、共享数据、使用数据。它对人们生活的提升、国计民生的改善均有影响，在带来诸多便利的同时也带来了诸多的挑战。大数据应用，需要从数据的采集、清理、降维、处理及证析多方面考虑，也就是经历由数字、数据、信息，最后到知识，并以此来帮助人们进行决策的过程。

至此，本书内容已经涉及了上述过程的方方面面。从技术上来讲，上述过程随着微电子技术、网络技术、软件技术的发展，都可一一实现，并不会成为太大的问题。

现阶段，就大数据应用来讲，它需要的技术组件是非常多的，要有一个体系化的方法把它们串起来，特别是要有一个坚实的体系来支撑大量的用户（多数大数据应用，其对用户大都采用 Web 页面的形式来展现）。大数据并不是一个孤立的体系，它和原有的数据或者原有的 IT 架构有着千丝万缕的联系，要对接各种接口，适应不同的协议，面对不同的需求。图 17-1 就是一个比较典型的大数据应用系统及各种组件。更进一步，该图如果围绕着客户关系管理来开展，就形成了一个推荐系统。

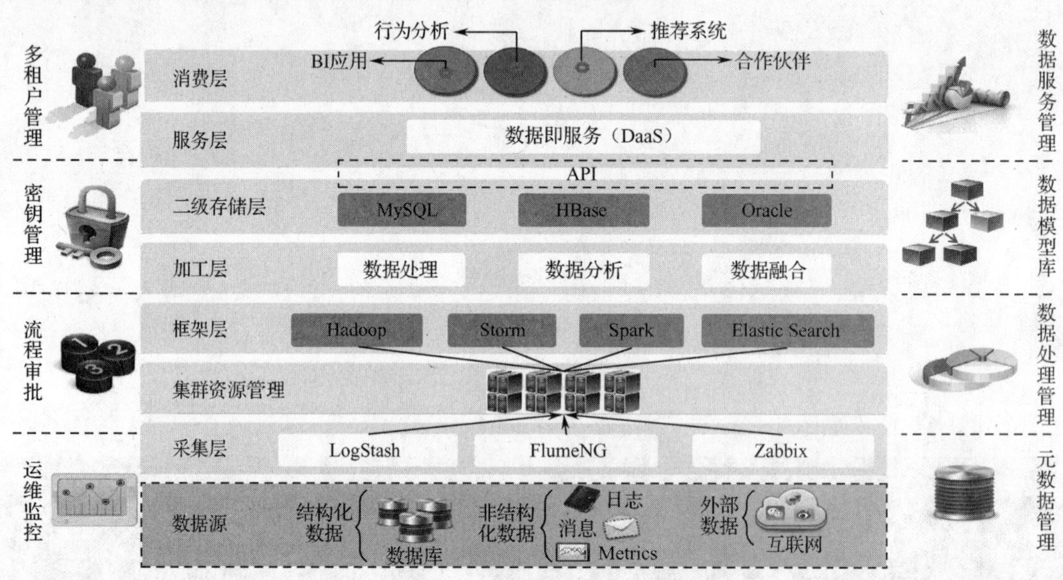

图 17-1　大数据应用组件概览

要使大数据体系具有商业价值，它必须具有通常 IT 体系的 RASM（Reliability，Availability，Security，Manageability）。RASM 挑战在传统 IT 中存在，在云计算中也存在，在大数据中依然存在。并且，针对大数据的 RASM 可能更需要成为 RASSM（Reliability，Availability，Security，Scalability，Manageability），所以大数据面临的挑战就是保证系统具有 RASSM 所面临的挑战。需要特别注意可靠性、可用性、安全性、可扩展性、易用性，当然，成本更是永远需要考虑的。下面围绕着 RASSM 做一个简单的回顾和小结。

17.1　可靠性挑战

可靠性问题来源于多个方面，首先我们面对的是一个规模较大的集群，因此网络的连接就成了基础中的基础。另外，虽然我们说到了大数据是把多个大的计算设备合起来成为“一个”更大的设备，用以完成一项复杂的任务。但许多子任务未必一定要在一个物理机上完成，它也可以是虚拟的。因此，大数据和云就不可分割了。前面也看到了，Netflix 这样大规模的应用也是跑在亚马逊云上的。在这种情况下，大数据的可靠性就取决于云计算的可靠性。这牵涉到几个问题。首先，Hypervisor 的引入，使得由硬件、BIOS、操作系统到应用的层状架构中多了一层，从而使得失效的概率增大。第二，物理机通常是在本地实现存储盘的挂载，而云计算则通过网络的形式挂载。网络数据通常通过以太网传输并采用 TCP/IP 协议封装，而磁盘是为单机读写设计的。虚拟机的引入使磁盘工作效率下降，并带来了可靠性、I/O 性能的降低。第三，其他技术问题也不可低估，如过载、代码问题、服务器崩溃、数据库问题、带宽、硬件、云问题、CDN、数据中心问题等。第四，云计算增加了效率与灵活性，同时也增加了运维的复杂性。一些系统进行更新时未经过完善测试便投入使用，往往会出现更新不匹配问题。这些问题属于人为范畴，是由程序员、内容编辑人员、应用开发人员甚至是技术管理员所造成的。

从长远来看，大数据最大的也是经常碰到的问题便是存储问题。随着客户数量激增，计算的数量更是骤增。不管提供多大的磁盘空间，为了保存数据及处理其他事务，磁盘空间都会比预想的更迅速地消耗殆尽。如同其他系统的管理员一样，运维人员也需要想尽一切办法增大存储空间。幸运的是，当今一块磁盘的容量可达到 TB 级。不幸的是，数据、文件也正变得越来越大，而且采购存储的代价很高。所以运维人员经常接到此类通知：为满足客户需求，需要增大或清理存储空间。

面对大数据，比如 HDFS 和 HBase，从对网络要求、存储容量、调用的算法上都与通常的关系数据库不一样，使得复杂性进一步增加。但从保证上层应用性能方面来讲，它们对底层基础设施的要求是相同的，都需要一个坚实的底层来保证可靠性。

其他的可靠性问题还包括编程语言（如 PHP，Java 等）的代码性能问题、系统崩溃问题以及日常监控管理问题。因为黑客的进攻往往是瞄准程序的漏洞而发起的，这些问题给黑客组织提供了许多进攻的通道，从而使得用户数据的安全存在着巨大的隐患。

可靠性问题的另外一个来源是和成本相联系的。大量的计算节点都是利用 x86 的白牌机，这些服务器相对于知名厂家的服务器可靠性上会差一些，甚至有些连外带管理 IPMI 的协议都不支持，换句话说即“东西差且规模大”。在这样的情况下，系统一定是会出错的，所以在构架、开发应用时就要在“要出差错”的假设上来配备相应的容错机制。并且为保证可靠性，需要很清楚地知道现在的运行情况，哪里有问题，这就需要针对大数据环境的运维工具。所谓“三分建设，七分运维”，监控需要由 Passive 到 Proactive 到 Active，并且尽量减少误报。大数据运维工具的开发，本身就是一个不小的产业，在这方面还应当进一步加大投入。

17.2　可扩展性挑战

大数据应用依然和三层架构（3-tier architecture）分不开，如图 17-2 所示，无非其中的数据 DB 层被大数据分布式数据库所取代。通常一份数据要有多个备份，对存储的要求比之前更大，扩展性问题变得尤为突出。在负载均衡设备之后安放多台服务器，就可以实现 Web 层和应用服务器层的扩展。这样既起到性能上的负载均衡，又可以在服务能力不济时及时进行添加。但大数据 DB 层就没那么容易了，集群的扩展，特别是动态扩展，成为挑战。

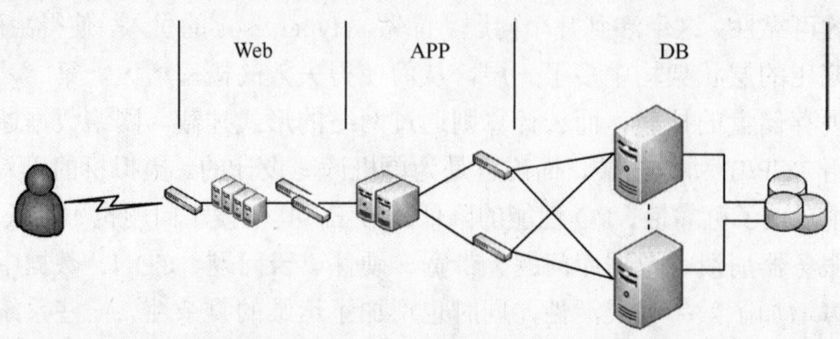

图 17-2　三层架构（3-tier architecture）

系统扩展性问题首先涉及系统性能问题（包括超负荷问题），也就是指常见的 CPU、RAM 及 I/O 被大量占用的情况。例如在一天内的同一时刻，有大量用户登录客户网站，这就会导致各种各样的问题。在浩瀚如海的互联网世界中，突发性访问量随时都有可能发生，可谓人算不如天算。经常碰到的问题有：质量不佳的应用 PHP 代码突然增加了负载，造成系统 CPU 过于繁忙；某些程序消耗内存过大，导致内存不足；NoSQL 语句的策略差，甚至没有索引，无法处理并发事件、上锁等，在进行高负载量计算时同样会导致大数据体系的崩溃。

面对大数据扩展性，在数据层如果能够有一个负载均衡的工具岂不是一件美事。这也就是许多厂家花力气开发大数据集群管理工具的原因。Cloudera Manager 就是其中一例。这也是大数据在可扩展性上面临的挑战和可以做的工作。可扩展性上还有一种技术上相对更难的事情是大集群要缩小，这时候利用云计算所带来的一些便利是可行的。

17.3　系统安全挑战

系统安全无论对于传统的 IT 还是云计算，或是大数据，一直是个严峻的挑战。从技术角度来看，大数据并没有给信息网络增添很明显的新的安全隐患。这个判断与大部分人的直觉有所不同。钱放在自己的枕头底下安全，还是放在银行的保险柜里安全？银行当然是更专业的地方，但前提是银行必须是守信用的。在云计算上做大数据也如此，需要一个完善的征信体系。就这一点来讲对大数据安全的担心其实更是一个心理效应，实际上不一定成立。系统是否安全要客观分析，并不是数据多了就不安全。

这里边会有政策层面的问题，比如数据的隐私，需要从法律和道义的层面予以规范。

大数据的安全（或者是数据安全），无非是在数据的使用、数据的存储、数据的传输中体现的。物理安全是一切安全的基础，就不在这里讨论了。存储和使用主要是通过基于角色的策略来实现的，换句话说，访问控制（Access Control）中的用户名、密码、双因子认证以及 PKI，这些技术在大数据的安全中依然有效。传输过程中，加密解密的方法也是行之有效的。这里想特别提一下，当在已有的集群中加入一个新的节点或取掉一个已有的节点，现在多数采用的方法依然是 SSL，节点之间的交互也是 SSL，所以 SSL 密钥的交互、保存和云计算集群添加节点很类似。所不同的是，节点之间有大量的 IPC 信号，与云计算相比，这些节点的耦合度是要高一些的。从 Hadoop 集群的一个节点登录到另一个节点上，当密钥交换完成之后，是不需要用户密码的。而这个特点对于密钥的产生、交换、保存、管理来讲，显得尤为重要。

不要忘记，安全性总是和性能相冲突的。越安全使用就越不方便，并且越慢。对于一些特定行业的应用（比如军用等），需要对传输中的信息进行加密解密，为了使这些加密解密的时间缩短，则需要特殊的硬件来辅助，比如 FPGA 等芯片技术层面的加解密，这也是大数据安全里需要做的工作。

安全防护是多层次的，可根据不同的角色赋予不同的权限。通常在保证某角色能够完成工作的前提下，系统分配给它的权限应该尽量低。这样，各角色对系统安全可能造成的破坏也就能降到最低。当然，这样还不能避免所有系统破坏的问题，管理员还需要及时清理系统、更改授权、增加客户日志及安全监控器等。同时，管理员还需要做审计工作，查看是否有黑客藏匿。现代的防火墙系统可以帮助实现上述工作。多模加密技术可以更有效地防止黑客入侵，它采用“一文一密钥”的形式，让黑客无从下手。文档权限、密文明送等模块，则可以让客户更加方便地使用自己的系统、管理自己的文档，同时将系统安全隐患降至最低。

大数据系统从总体上来说已经很安全，但是，如果客户自己提交的代码不安全，还是会带来安全隐患。例如，客户使用的附加工具（如 NVC）或各类管理界面（如 PHP、MyAdmin）就有可能不安全。此类附加工具，对客户个人的数据安全可能会造成一些隐患，而网络黑客往往会瞄准这些漏洞来攻击或者盗取数据信息。所以，系统的整体安全性不会超过最弱的环节（As strong as the weakest link）。

就大数据服务安全性而言，很有必要设立像作者在做云计算时发起的可信云认证，从国家层面发起可信大数据认证。

17.4　节能降耗

大数据的成本来自于多个方面。它像一个项目一样受制于 Scope-Schedule-Cost 和 Function-Performance-Cost 铁三角。具体体现在规划阶段的人力成本、时间成本、机会成本；实施方案的选择、落地以及后续运维的准备。大数据集群多、规模大，这需要把底层基础设施建设做好，争取一步到位（Do things right the first time）。要存储、管理及利用海量的数据必然需要相应的物理存储设备及成规模的数据中心。于是数据中心越建越多，物理机的采购也越来越多，建设成本及维护成本急剧增加。但这样盲目地拓展建设数据中心是非常不明智的，因为许多数据中心的实际利用率非常低。在 2016 年微软约有上百万台服务器，根据估算，即使都是价格较为低廉的服务器，再加上供电系统及数十个机房，总共需要大约 56 亿美元的建设成本，约合 392 亿人民币的开销。当然，这只是作为一个参考，毕竟不是什么企业都能拥有百万级数量的服务器的。然而，中国很多企业近年盲目追逐大数据、云计算，一谈大数据就是建数据中心，并大量增加物理机采购。这些企业真的需要这么多数据中心或是服务器吗？许多机房的利用率不足百分之四十是一个保守的估计。因此企业需要客观地认识自身实力与需求，合理地开展大数据设施建设并以系统工程的方法进行整体规划。

除建设费用外，运营成本（Operating Expense，OpEx）也是一个巨大的数字。运营一个大数据中心的消费是多方面的，其中最主要的是：①电费；②维护与协议使用的费用；③人员投入成本。再细化一点，可以更进一步分为房屋土地租赁费用；设备折旧、租用或更新费用；水费、电费；网络通信费用；人员及办公管理费用；整体维修费用；税费等。

接下来着重讨论一下运营费用中的能源消耗及电费的问题。大数据的超大数据量，以及计算任务的复杂性给 IT 业带来了严峻的挑战。与此同时，也不能因为只注重技术方面而忽视了能源。因为节能减排不仅能为数据中心的运营节约开支，更是为了大数据这个行业能健康绿色的发展，正所谓“金山银山不如绿水青山”。

据统计，全球每分钟产生 1700TB 的信息量。数据中心不仅仅是存储资料的仓库，它需要运转，因此需要很大的供电量。100 万台服务器，预估每年要消耗 30 亿度电。2016 年 Google 的服务器预估达到 250 万台左右，消耗了等同于整个旧金山市消耗的能源。数据中心耗电最大的部分是散热，由于电源转换产生的多余热量必须靠制冷设备散热，因此制冷设备的能耗占到了总能耗的 45%，此外 IT 核心设备能耗占 30%，系统配电能耗占 24%。服务器的耗电量也非常大，如何降低数据中心服务器的能耗，降低 PUE 值，是数据中心可持续发展的一个关键。按照目前的状态，如果数据中心的数据量不加规范的增加，将来就会导致“买得起硬件，用不起电”的局面。数据中心对电力的巨大需求已经成为制约大数据技术发展的瓶颈，也就是说，降低能耗是降低大数据中心运营成本及大数据技术可持续发展面临的最严峻的挑战。

支撑电力系统发展的硅功率电子技术面临着硅的“材料极限”，已经难以满足类似于数据中心服务器这类巨大能耗基础设施的节能降耗需求。第三代半导体材料是开关损耗小、耐高温、工作能力强的新一代电子器件，是对传统电力电子技术的革命。与传统的硅器件相比，采用第三代半导体材料的器件，能耗有望降低 50%，并且可适用于恶劣环境，从而可大大节省基础设备的冷却费用，并可减少设备的体积。

除电力成本外，还有人员的投入费用。现在国内大多数的数据中心都是依靠人力来进行管理，但由人力来管理一个数据中心的效率实际上是较低的。并且一个数据中心系统设计的越复杂、规模越庞大，需要的专业技术运营维护人员就会越多，人力成本的支出也就会越大。这时减少数据中心运营维护人员，降低人力成本就非常有必要了。而自动化管理软件能将人们从繁重复杂的运维工作中解脱出来，使得数据中心人力资源成本降低，多出来的人员则能从事别的对人力需求更高的工作，从而进一步提高人员利用效率。其次需要注意的是自动化管理软件追求的应该是简单实用，过于复杂的软件不仅使其开发运营成本变高，也容易触发软件本身的 Bug，于是又需要重新投入人力成本进行修正，反而与原本的目的相违背。目前如何将自动化管理软件以及相应的硬件设计用于大数据的运维管理仍处在摸索完善阶段，机器人、自动化管理必将是未来数据中心管理的趋势。

绿色节能技术、管理运营技术、特别是面向大规模对象的自动化部署与监管技术的进展，都会对明天的大数据的发展方向带来不可低估的影响。与此同时，市场上也将涌现出很多以专注于降低 OpEx 为商业模式的新兴大数据企业。

最后，也是经常遇见的问题就是如何节省开支，这是一个业务问题而不是一个技术问题。客户可能对大数据的发展太过乐观，或者执行了不恰当的商业模式，仓促地花巨资建设大数据中心。但有时也很难说，比如贵州，既缺少数据又人才匮乏，但建立了全国最大的大数据基地，随着后续的运作的确拉动了一些产业，有点“栽下梧桐树，引来金凤凰”的味道。但是，一个运作合适的数据中心，需要大约 7 年才能收回成本。像这样规模巨大的投入，一定得明白谁是客户，谁是用户，以及现金流的走向，政府是不会挣钱的（Government makes no money on its own），钱来自于纳税人，如果一个产业没有赢利，那就不能称其为一个产业了。因此，合理的建设，需要客观地认识自身实力与竞争态势，并以系统工程的方法进行严肃认真的整体规划。

17.5　算法挑战

之前在讨论机器学习时，我们用了一个常见的案例——辨认一张照片是不是猫的照片。在同样质量和同样数量的数据集下，不同的算法会得出不同的结论，而且差别是比较大的。

例如，在 2013 年的 Kaggle 大赛上，给出了猫、狗各 12500 张照片的训练数据集，当时的算法第一名仅得到了 82.7%的准确率；而现在，采用深度残差网络（Residual Network）算法，任何人都可以轻易做到 98%以上的识别准确率。深度残差网络通过采用更高效的激活函数，更好的参数初始化方法，并且增加层与层之间的跳接和参数泛化，规避深层神经网络训练时的梯度消失问题，成功地将神经网络的隐层数量增加到 100 层以上，从而极大地提升了算法的识别准确率。基本原理是求极值、调参数、不断迭代，并不复杂但用到的技巧（Technique）很多，比如梯度法（Conjugate Gradient Method）、分子动力学（Molecular Dynamics）、蒙特卡罗模拟等。同时，算法和算力是割舍不开的，神经网络隐层数量为 100 层和一两层相比，需要的算力和训练有着不是一点点数量级的差别，有些算法还需要借助于硬件来加速。看看生产 GPU 的厂商英伟达股票市值的增加，Google TPU 的出现就可想而知了。

创造和使用新的算法是有很大的工作量的，也是如今机器深度学习中极具挑战性的。相信创造和使用新的算法在明天依然如此，同时会变得更加有趣味。网上有“不懂集成电路的 AI 都是瞎扯”的说法虽然有点“黑”AI 的味道，但不无道理。

17.6　测不准原理

这里的测不准原理和量子力学海森堡测不准原理没有关系，而是说，既然大数据是由已知来预测的，那么，这样的预测到底准不准？

这要视具体情况而定。

大数据在有明确公认规则的情况下预测的准确度很高。比如围棋，最近的 AlphaGo

Zero 相比之前的各代，除技术上的创新外，最被广泛关注的就是其能抛开由“人工”提取特征样本，仅以围棋的“基本规则”为基础，通过自我对弈、学习，完成了超人的成就。这两个词组——“人工”和“基本规则”，是非常关键的。简单地说，人工就是采集样本并给其打上标签，而基本规则是一切智能的根基。计算机在弈棋、知识竞赛、参加考试等活动中胜过人类，其实一点都不惊奇。只要有公认的规则，需要大量的数据、记忆、比对、快速找出所要的信息（这不正是大数据吗），机器胜过人只是早晚的事。

而对于未知的预测，只能是概率事件，Most Likely 可能是最保险的答案。2009 年，谷歌宣布他们可以用数据分析来预测流行性感冒何时爆发，他们用自己的搜寻引擎来做数据分析。结果证明它非常准确，引得各路新闻报道铺天盖地，甚至还达到了一个科学界的顶峰：在 Nature 期刊上发表了文章。之后的每一年，它都预测得准确无误，直到有一年，它失败了。没有人知道到底是什么原因。那一年它就是不准了，当然，这又成了一个大新闻，原先发表的文章也被期刊撤稿。还有本书开篇提到的亚马逊制作的电视剧“阿尔法屋”，也是一个失败的例子。即使是最顶尖的数据分析公司，亚马逊和谷歌，他们有时也会出错。投资人巴菲特在全美硬币猜正反面大赛的例子中已经说得很清楚，“从后视镜永远比挡风玻璃让你看得更清晰”，这就是事后诸葛亮——发生过的事情，谁都可以说出个一二三。2017 年全美十大最具影响力的经济学论文中有一篇为“When Forecaster Gets Wrong: Always”可能真的“黑”了大数据的预测能力。实际上，大数据既没有预测到埃博拉，也没有预测到特朗普当选美国总统。

采集样本的方式和样本的质量对于样本的诠释有很大的影响，会使得最后得出的结论有很大的差异。大数据研究的真正目的是由过去发生的事情、已知的事情，来预测未来。这种预测一定带有不确定性，这也在情理之中。大数据和统计学最大的差别之一在于数据多了，样本集大了。但是样本集再大也可能只是一部分，再强大的算法，也离不开人们给的初始值，这都反映了人们对事情的理解，规则的判断，未来的猜测等（人的大脑是最大的大数据）。测不准是常态，测准是概率事件。想要尽可能地减小测不准的概率，需要从大数据的各个环节发力，明天的大数据会不会发现“真正”接近人脑思维、人体神经网络的算法呢？换句话说，人类最缺乏的知识可能是对自身的了解，现在的所谓神经网络算法真的是人体的神经网络工作机制吗？大数据是一门多学科交叉的学科，其他学科，如脑科学的进展，也会对明天的大数据产生深远的影响。

17.7 小结

大数据在技术上面临的挑战来自“软”和“硬”两个方面。软的就是各种各样的算法以及对算力的要求；硬的则是在原有 IT 的 RASM（Reliability，Availability，Security，Manageability）的基础上，大数据的可扩展性变得尤为重要，成为了 RASSM（Reliability，Availability，Security，Scalability，Manageability）。数据中心是大数据系统的基础，建设高效的数据中心需要从土木建筑、机械设计、制冷、UPS 等多方面进行考虑，整体规划是必不可少的。不能持着 It’s not my money 这种不负责任的心态，不管项目搞成没搞成，只管自己兜兜里赚得满满的。

第 18 章

大数据应用

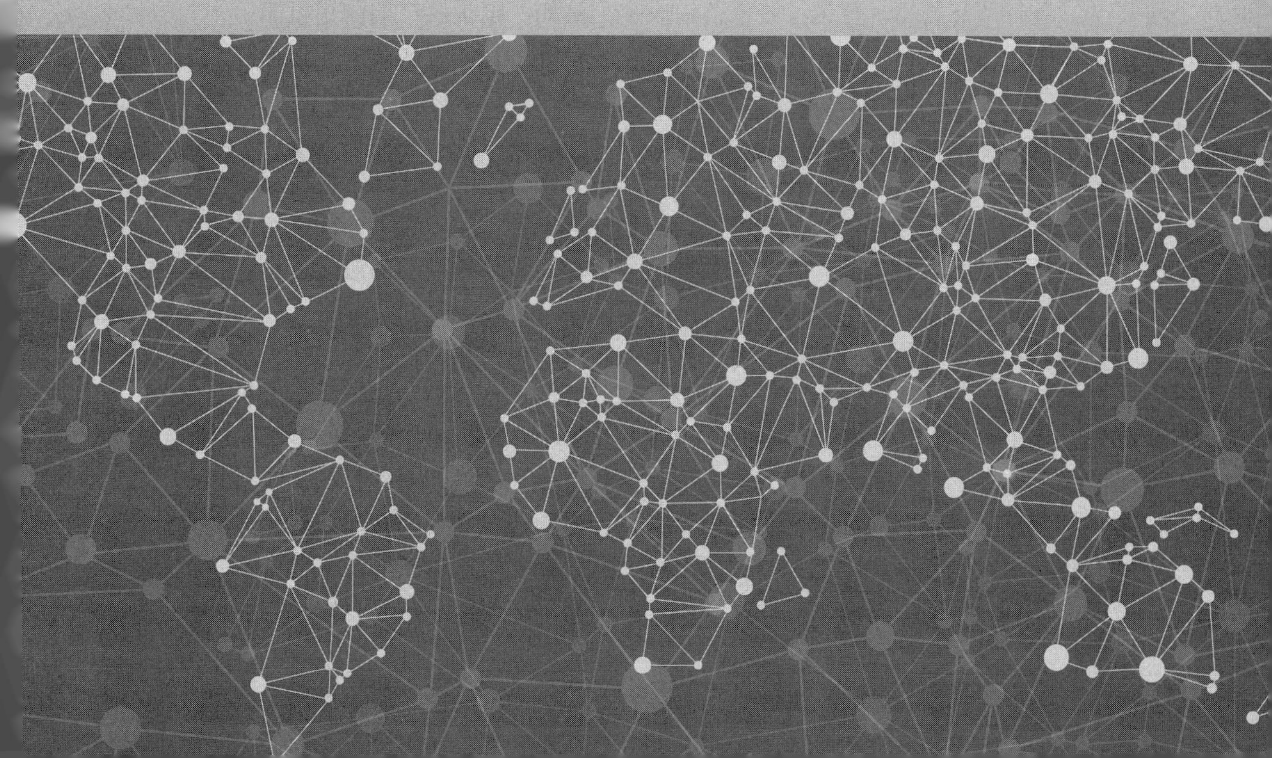

当数据量超过现有环境所能处理时，就是我们狭义上所说的大数据。当把它放在整个 IT 环境中来进行考虑时就是我们所说的广义大数据。前面的章节讨论了用相关技术来建立大数据体系、实现交付和相应的运维保障。而所有这一切都是为了共享数据，使用数据。不和行业结合，没有特定的上下文的大数据，数据价值非常低，其意义不大。处理海量低价值的数据，不仅浪费资源，甚至所得出的结论也是风马牛不相及，成了“有数据，没知识”。

根据咨询公司麦肯锡的研究，利用大数据能在各行各业产生显著的社会效益。利用大数据，美国健康护理业每年产出 3000 多亿美元，年劳动生产率提高 0.7%；欧洲公共管理业每年价值 2500 多亿欧元，年劳动生产率提高 0.5%；全球个人定位数据服务提供商收益 1000 多亿美元，为终端用户提供高达 7000 多亿美元的价值；美国零售业净收益可增长 6%，年劳动生产率提高 1%；制造业可节省 50%的产品开发和装配成本，营运资本下降 7%。

本书开篇就做了陈述，大数据或大数据技术就是工具。工具要想用得好，首先得用对地方。明天的大数据很大的挑战来自于把大数据用对地方，也就是应用场景，包括原有场景用的更聪明、开拓新的应用场景。本章在广义大数据上，就数据和行业的结合，即“数据+”，来做一些探讨。

18.1　客户关系与供求管理

大数据的应用场景包括各行各业对大数据处理和分析的应用，其中核心的还是客户个性需求，为了满足需求来筹划相应的供给。下面是几个例子。

1．零售行业大数据应用

零售行业大数据应用有两个层面，一个层面是零售行业可以了解客户的消费喜好和趋势，进行商品的精准营销，降低营销成本。例如，记录客户的购买习惯，将一些日常的必备生活用品，在客户即将用完之前，通过精准广告的方式提醒客户进行购买，或者定期通过网上商城进行送货，既帮助客户解决了问题，又提高了客户体验。另一个层面是依据客户购买的产品，为客户提供可能购买的其他产品，扩大销售额，也属于精准营销范畴。例如，通过客户购买记录，了解客户关联产品购买喜好，将与洗衣服相关的产品，如洗衣粉、消毒液、衣领净等放到一起进行销售，提高相关产品销售额。另外，零售行业可以通过大数据掌握未来的消费趋势，有利于热销商品的进货管理和过季商品的处理。

电商是最早利用大数据进行精准营销的行业，电商网站内推荐引擎会依据客户历史购买行为和同类人群购买行为，进行产品推荐。虽然推荐的购买转化率没有想象的那么高，但在流量（人气）为王的今天，这种拉动效应是不可忽略的。电商的数据量足够大，数据较为集中，数据种类较多，其商业应用具有较大的空间，包括预测流行趋势、消费趋势、地域消费特点、客户消费习惯、消费行为的相关度、消费热点等。依托大数据分析，电商可帮助企业进行产品设计、库存管理、计划生产、资源配置等，有利于精细化大生产，提高生产效率，优化资源配置。

这算是目前大数据应用最好的领域了，也就是根据大数据建立起的推荐系统（参见 15.3 节）所扮演的角色。如果从更广的供应链（Supply Chain）视角来看，运用大数据可以更好地管理供应链。库存是其中的一个重要环节，没有足够库存，当消费者需要购买时就可能买不到；而太多的库存又会造成资金搁置，回款周期变长。借助于大数据的精准客户关系管理使得 VMI（Vendor Managed Inventory）成为可能。实际上，未来许多行业的竞争，很大一部分来自于供应链的竞争。

2. 金融行业大数据应用

金融行业覆盖银行、证券、保险等领域，拥有丰富的数据，并且数据质量是比较高的。由于这个行业在经济生活中的重要性，其对于大数据的 RASSM 要求就更为苛刻。整个行业对大数据的推进保持一个稳健的步伐。当然，前面讲的推荐系统在金融行业也是很常见的。

（1）银行数据应用场景

银行的数据应用场景比较丰富，基本集中在客户经营、风险控制、产品设计和决策支持等方面。而其数据可以分为交易数据、客户数据、信用数据、资产数据等，大部分数据都集中在数据仓库，属于结构化数据，可以利用数据挖掘来分析出一些交易数据背后的商业价值。

例如，“利用银行卡刷卡记录，寻找财富管理人群”，中国有 120 万人属于高端财富人群，这些人群平均可支配的金融资产在 1000 万元以上，是所有银行财富管理的重点发展人群。这些人群具有典型的高端消费习惯，银行可以参考 POS 机的消费记录定位这些高端财富管理人群，为其提供定制的财富管理方案，吸收其成为财富管理客户，增加存款和理财产品销售。

（2）保险数据应用场景

保险数据应用场景主要是围绕产品和客户进行的，典型的有：利用客户行为数据来制定车险价格，利用客户外部行为数据来了解客户需求，向目标客户推荐产品。例如，依据个人数据、外部养车 APP 数据，为保险公司找到车险客户；依据个人数据、移动设备位置数据，为保险企业找到商旅人群，推销意外险和保障险；依据家庭数据、个人数据、人生阶段信息，为客户推荐财产险和寿险等。用数据来提升保险产品的精算水平，提高利润水平和投资收益。

（3）证券数据应用场景

证券行业拥有的数据类型有个人属性数据（含姓名、联系方式、家庭地址等）、资产数据、交易数据、收益数据等，证券公司可以利用这些数据建立业务场景，筛选目标客户，为客户提供适合的产品，提高单个客户收入。例如，借助于数据分析，如果客户平均年收益低于 5%，交易频率很低，可建议其购买公司提供的理财产品；如果客户交易频繁，收益又较高，可以主动推送融资服务；如果客户交易不频繁，但是资金量较大，可以为客户提供投资咨询等。对客户交易习惯和行为的分析可以帮助证券公司获得更多的收益。

3. 医疗行业大数据应用

这是一个极为重要的领域。随着物质生活的丰富，吃住行、旅游、购物、娱乐不断升级，而能享有这一切的基础是什么？健康和长寿。医疗领域是大数据可以助力并且相对容易突破的，也是作者最感兴趣的两个领域之一（另一个是教育）。教育提高素质，医疗提高生活质量。限于篇幅，在此只做简单的介绍。

医疗行业有两个大的方面：养（Health）和医（Medical）。医疗行业拥有大量的病例、病理报告、治愈方案、药物报告等，通过对这些数据进行整理和分析将会极大地辅助医生提出治疗方案，帮助患者早日康复。可以构建大数据平台来收集不同病例和治疗方案，以及患者的基本特征，建立针对疾病特点的数据库，帮助医生进行疾病诊断。优质医疗资源对于一个人口大国来说，永远是匮乏的，远程医疗使得一线城市的优质医疗资源服务于二三线城市成为可能。特别是像 IBM 沃森这样的平台，使得诊疗速度加快，相对年轻、经验弱的医生得以更快地成为一流专家。

基因技术发展迅猛，国内在深圳建立的国家基因库具有相当大的规模。可以根据患者的基因序列特点进行分类，建立医疗行业的患者分类数据库。医生在诊断患者时可以参考患者的疾病特征、化验报告和检测报告，参考疾病数据库来快速确诊患者病情。在确定治疗方案时，医生可以依据患者的基因特点，调取相似基因、年龄、人种及身体情况相同的有效治疗方案，给出适合患者的治疗方案，帮助更多的患者及时进行治疗。同时，这些数据也有利于医药行业开发出更加有效的药物和新的医疗手段，例如，通过基因编辑过的纳米级新药采用植入式芯片的方法可以有效地治疗糖尿病。

4. 农业大数据应用

大数据在农业上的应用同样是在管理供求关系。依据未来商业需求的预测来进行产品生产。因为农产品不容易保存，合理种植和养殖农产品对农民非常重要。借助于大数据提供的消费能力和趋势报告，可以帮助农业生产，进行合理的引导，依据需求进行生产，避免产能过剩造成不必要的资源浪费。

在农业技术方面，各种杂交农作物，可以借助用于农业的基因大数据编辑技术，更好更有效地发现新种子。这方面，国内网络流传着许多对于转基因产品的负面说法。美国民众也有不少人对转基因食品有抵触情绪，“Say no to genetically engineered food”的标语在行人道的路牌上到处可见。然而，科学地看，转基因产品并没有什么不好。

农业生产面临的危险因素很多，这些危险因素很大程度上可以通过除草剂、杀菌剂、杀虫剂等技术产品进行消除，将这些“剂”“肥”的用量好好地通过大数据、标准化管理起来更为重要。

另外，其他方面的应用，如智慧城市大数据应用、政务大数据应用，针对城市公共交通规划、教育资源配置、医疗资源配置、商业中心建设、房地产规划、产业规划、城市建设等方面，都可以借助于大数据进行良好规划甚至动态调整，使城市里的资源得到良好配置，这里就不一一列举了。

18.2　科学研究

这是一类针对大量数据进行 Number Crunch 的应用。

图灵奖得主，吉姆·格雷（Jim Gray）发表了一次题为“科学方法的革命”的演讲，提出将科学研究分为四类范式（Paradigm），依次为实验归纳、模型推演、仿真模拟和数据密集型科学发现（Data-Intensive Scientific Discovery）。其中的“数据密集型”，也就是现在我们所称的“科学大数据”。

人类最早的科学研究，主要以记录和描述自然现象为特征，称为“实验科学”（第一范式），从原始的钻木取火，发展到后来以伽利略为代表的文艺复兴时期的科学发展初级阶段，开启了现代科学之门。

但这些研究，显然受到当时实验条件的限制，难以完成对自然现象更精确的理解。科学家们开始尝试尽量简化实验模型，去掉一些复杂的干扰，只留下关键因素，然后通过演算进行归纳总结，这就是第二范式。这种研究范式一直持续到 19 世纪末，牛顿三大定律成功解释了经典力学，热力学的三大定律奠定了经典热力学，麦克斯韦理论成功解释了电磁学，这就是今天所说的经典物理学。量子力学和相对论构成了现代物理学，以理论研究为主，以超凡的头脑思考和复杂的计算超越了实验设计。

20 世纪中叶，冯·诺依曼提出了现代电子计算机架构，利用电子计算机对科学实验进行模拟仿真的模式得到迅速普及，人们可以对复杂现象通过模拟仿真，推演出越来越多复杂的现象，典型案例如模拟核试验、天气预报、物质结构等。随着计算机仿真越来越多地补充甚至取代实验，这种方法逐渐成为科研的常规方法，即第三范式。

举个例子，当从一个完善的晶体的晶格上取出一个原子，其余的原子将会发生怎样的变化？这是晶体物理中最简单的晶体缺陷——点缺陷，也就是空穴。现代最高分辨率的电子显微镜也很难在原子级别“看”到这种缺陷结构，而这种晶体缺陷的结构对材料性能的影响非常重要。那怎么办？用计算机模拟。这也是作者的博士论文所研究的课题的一部分。其中一篇论文中的计算机模拟结果的彩色图像被放在了 Philosophy Magazine A 的封面上。但是同样的，不要夸大计算机的作用，如果没有原子之间相互作用势能模型的假设，没有初始态的输入，没有一个合适的求最小能量值的 Conjugate Gradient Method，再强大的计算机也没有用。

对于未来科学的发展趋势有一种说法是，随着数据的爆炸性增长，计算机将不仅仅能做模拟仿真，还能进行分析总结，得到理论。数据密集范式成为一个独特的科学研究范式。这种科学研究的方式，被称为第四范式。更有甚者，过去由牛顿、薛定谔、爱因斯坦等科学家从事的工作，未来可以由计算机来做。你相信吗？

维克托·迈尔·舍恩伯格是一个非常好的作家，他撰写了《大数据时代》一书。书中说，大数据时代最大的转变，就是放弃对因果关系的渴求，取而代之的是关注相关关系。也就是说，只要知道“是什么”，而不需要知道“为什么”。这就颠覆了千百年来人类的思维惯例，据称是对人类的认知和与世界交流的方式提出了全新的挑战。因为人类总是会思考事物之间的因果联系，而对基于数据的相关性并不是那么敏感；相反，电脑则几乎无法自己理解因果，而对相关性分析极为擅长。这样我们就能理解了，第三范式是“人脑+电脑”，人脑是主角，而第四范式是“电脑+人脑”，电脑是主角。这也就是一种说法，仁者见仁智者见智。

人脑永远是主角。面对未来，在需要创造性的领域，机器怎么也不会胜过人。诚然，我们会看到一个人机共存的社会，机器使得人类活动变得更高效，更美好。

的确，计算能力的提高，数据集的数量和质量的提高大大帮助了科学家和研究人员来解决科学研究的问题，但不要忽略科学的本质，更不要以讹传讹。如图 18-1 所示，这张截图展示了 Warshel 借力数据技术获得 2013 年诺贝尔化学奖。有媒体渲染这是科学研究第四范式的典型，其实不然。稍微了解一点诺贝尔奖颁奖过程的人应该能做出判断，这和看到一个外国小伙子左手抱着尿不湿右手拎着啤酒的照片，就得出结论：“沃尔玛通过大数据分析从而将尿不湿和啤酒放在一起，大大提高尿不湿和啤酒的销售量”一样，都属于伪义大数据的范畴。

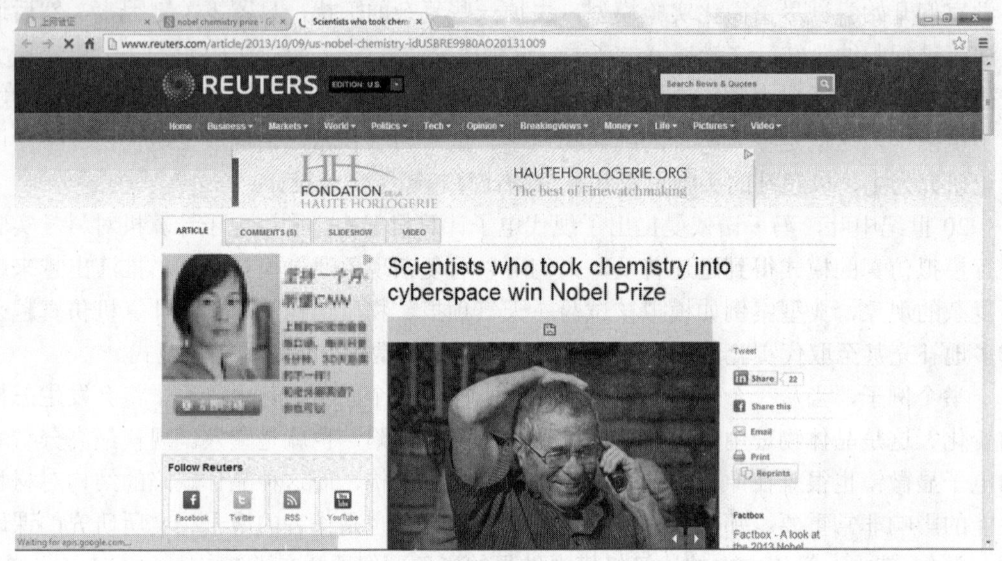

图 18-1　Warshel 借力数据技术获得 2013 年诺贝尔化学奖

科学研究所需要的计算，一方面各个专业有自己的算法，另一方面有着不同的数据类型和数据量，很难给出一个普适的方法。虽然我们都知道，越接近硬件底层的计算语言，其计算效果越好。随着硬件技术的不断提升，有时需要在性能和方便性方面做取舍。就像当 MATLAB 和 Mathematica 这样的软件刚刚问世时，人们，特别是搞数学的，对之不屑一顾，但现在，在科学研究的各个领域里都能见到 MATLAB 的影子。MATLAB 在大数据领域取得了长足的进步，它的 datastore 函数，以及 MapReduce 计算架构也已成功地建立在了 Hadoop 集群上（见附录 B）。如果选择方便性，则不妨试试 MATLAB。很多科学研究的大数据计算都会很欣赏 MATLAB 的表现。

在大数据领域的科学计算，很容易使人想到超算（High Performance Computing，HPC）。超级计算机本身就是由集群所构成的，只是各个节点一般通过非 TCP/IP 协议（如 InfiniBand）连接，是一个紧耦合的集群。中国的 HPC 连续多年蝉联世界 Top500 的前几名。制造出这样的超级计算机的成本是很高的，而其利用率和投入却是不相匹配的。30 多年前，美国成立的 NCSA（National Center of Supercomputing Association）由分布在全美的 6 个节点组成，对于用于科学研究的计算是不收费的，从而鼓励大学和研究实验室充分地利用 NCSA 的计算资源。复旦大学的郝柏林院士也曾和作者探讨过，这种模式是否适用于中国，希望建立用于科学研究的公益计算资源。

18.3 教育大数据应用

改革开放以来中国发生了翻天覆地的变化，但是教育是一个相对滞后的领域。当年有不少优秀人员被派往发达国家学习深造，如今更多的孩子们到世界各国去留学，有读研究生的，更多的是读中学、大学。这种现象说明了两点，一是经济条件好了有能力出去，二是中国的教育本身值得思考。教育领域相对滞后，和该领域需要由漫长的时间来鉴证是分不开的。人们常说“十年树木，百年树人”，教育不可能很快看到成果，更不可能一夜暴富（Get Rich Quick）。教育科学研究是需要情怀的，作者作为华中师范大学国家数字化学习工程中心的特聘教授，参与了国家唯一的教育大数据应用实验室的组建，同时作为一个有 7 个孩子的父亲，对教育大数据应用也情有独钟。

从战略层面来讲，教育大数据研究与应用已经成为一项重大的时代议题。基于教育大数据的教育科学发展、数字公民培养、管理决策制定、精准扶贫开展，极大促进了社会发展的现实品质，不仅在提升教育质量、更新文化理念、促进经济增长、推动社会公平等方面发挥巨大价值，并且对实现 21 世纪人类文明的创新发展具有重要战略要义。

2015 年 5 月，国际教育信息化大会强调：应用信息技术的发展，推动教育变革和创新，构建网络化、数字化、个性化、终身化的教育体系，建设“人人皆学、处处能学、时时可学”的学习型社会，培养大批创新人才，是人类共同面临的重大课题。教育大数据正在成为教育领域综合改革的科学力量和推动教育变革的新型战略资产，建设教育大数据应用技术国家工程实验室，汇聚“政、产、学、研、用”多方智慧，开展关键技术研究、应用创新和产业化推广，服务于教育领域综合改革，是促进教育创新变革的战略选择。

教育大数据应用技术包括教育数据的采集、处理、分析、呈现和应用多个环节，涉及众多学科和技术，特别是需要教育科学、数据科学、数据技术以及服务科学的强力支撑。在从教育大国向教育强国迈进的过程中，我国教育发展仍然存在教育供给结构不合理，教育公平不足，教学方式千篇一律，教育质量不高，创新人才培养能力不足等问题。发展教育大数据，推进基于数据驱动的教育应用，为教育教学决策提供有效支持，提高教育质量和教育治理能力，是破解教育发展难题的有效途径。

如图 18-2 所示为教育大数据应用技术创新平台指南。由于教育系统、教育业务的复杂性和独特性，发展教育大数据面临着一系列技术瓶颈：教育大数据标准体系缺乏，教育数据分布零散，形成数据孤岛；采集技术尚未突破，数据来源不够全面，造成信息缺失；缺乏统一的建模框架，难以深度挖掘核心要素，难以有效指导学生成长监测和教学流程再造；动态监测机制尚未构建，决策模型僵化，难以对教育决策提供科学支撑。以下逐一介绍。

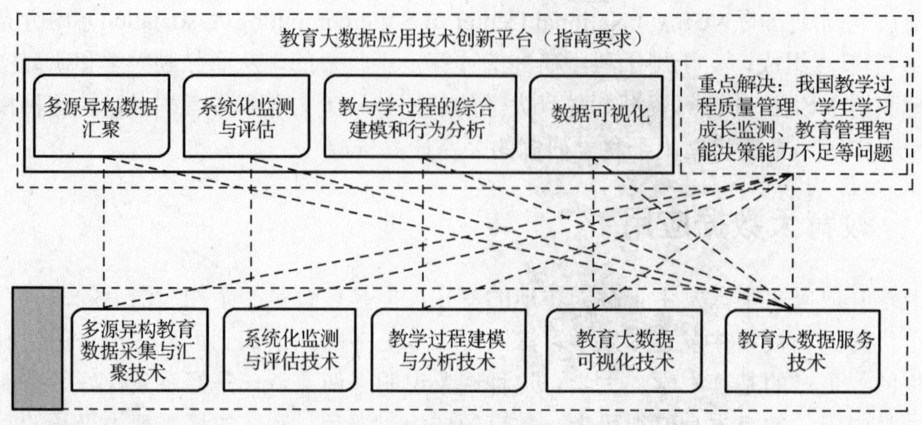

图 18-2　教育大数据应用技术创新平台指南

（1）标准体系缺乏，形成数据孤岛

为实现对教学主体、教学过程、教育发展等方面的全景刻画，构建精准的学习者模型、教与学过程模型和教育决策模型，需要开展对教育数据的全面、动态和持续的采集和汇聚。由于教学场景的多样性和教育过程的复杂性，教育大数据采集的数据来源非常广泛，既包括来自教育管理系统的学生、教师、学校的基础数据，也包括面向教育业务的升学、考评和资产等数据，以及面向教学过程的教学资源、课堂交互、在线学习行为、社交网络行为等数据。从教育教学的场景来看，仅教学过程数据就涉及学生信息系统、教务系统等管理系统，大规模开放在线课程平台、学习管理系统、智能导师系统、教学资源平台等在线学习环境，以及课堂教学、户外学习等线下学习场景。由于缺乏通用的教育大数据标准体系，各系统间无法实现互联互通和有效汇聚，教育数据分布零散，彼此孤立，形成数据孤岛。现有的教育数据挖掘与分析往往仅限于特定的系统和平台，数据来源单一，尚未构建跨系统、跨平台的“教育大数据”。

（2）采集技术尚未突破，造成信息缺失

发展教育大数据应用技术的前提是对教育教学活动主体、教育对象以及教育环境和教学过程的全面记录和准确描述。现有的采集技术无法满足对教育全场景数据采集的需求，造成了信息缺失，制约了教育大数据采集的广度和深度。以观看视频的教学活动为例，对于教育研究者来说，不仅需要知道学生观看了视频这一事件，更需要了解这个视频的具体内容、学生的播放动作、甚至需要了解学生暂停、跳转等播放动作所对应的视频帧的实际内容。在线上教育教学活动中，这一过程是通过丰富的元数据描述、用户点击追踪，以及对在线学习行为的建模分析实现的。而在线下教育教学活动中，全面地记录和刻画教学过程需要实现对教学主体的自动识别、对物理空间中交互对象的信息和其内涵的信息提取，以及对交互过程的智能感知和准确描述。只有突破现有采集技术的瓶颈，实现伴随性的数据收集，才能扩展教育大数据采集的广度，支撑教育大数据发展。

（3）缺乏统一建模框架，难以深度挖掘核心要素

教学过程建模与分析是在全面收集各种数据的基础上，采用适当的模型、方法或技

术，对教学系统中的教学主体、教学过程和教学资源等元素及其关系进行建模与量化分析的过程。以数据驱动的教学评测技术、智能导学技术和教育数据挖掘等技术已发展多年，基于认知心理学、学习科学等理论基础，在各领域已经形成了一些成熟的建模理论、方法和建模技术，如面向教学评测的项目反应理论、面向认知能力的 ACT-R 模型、面向知识能力的概率图模型、面向知识建构的知识跟踪模型，面向学习过程的贝叶斯网络模型等。但是，这些模型往往仅限于特定的领域，适应于特定的教学场景，缺乏统一建模框架，难以支持教育大数据应用所需的对多维数据来源的建模与分析。对教与学过程的建模与分析不仅需要涵盖对学习者知识能力、情感状态、学习风格、学习兴趣的综合建模，对领域知识、学习内容和教学评测结果的全面建模，以及对教学过程中关键信息的提取和量化，更重要的是构建学习者、知识能力和教学过程之间的内在关联。由于缺乏方法论指引，缺乏面向多领域的统一建模框架，现有的教育大数据技术难以深度挖掘影响知识建构、能力提升、品德培养的核心要素，实施学生成长监测、教学流程优化。

（4）缺乏有效的动态监测机制，难以实现科学决策智能优化

在大数据时代，以计算机技术、通信技术和仿真技术为手段，挖掘和分析教育大数据以及其他相关领域数据，综合考虑经济、文化、社会等因素，对这些混杂数据进行深度挖掘和关联分析，准确判断教育发展存在的问题、预测教育领域的变化和发展趋势，构建科学决策模型，是开展教育管理智能决策的基础。由于教育系统的复杂性、教育变量的动态性和教育决策影响的深远性，只有构建有效的动态监测机制，构建决策模型与监测数据之间的反馈回路，根据教育运行状况和发展趋势智能优化决策模型，动态、科学调整教育供给结构和教育资源分配策略，才能真正改变以静态监测指标为数据来源、以基于既有经验为决策依据的僵化决策机制。

以上技术瓶颈问题的解决，需要全新的理论引领和方法论的指导，这是建设教育大数据应用技术国家工程实验室的目的所在。推进教育大数据标准规范的制定与关键技术的突破，加速教育大数据应用基础理论与服务模式的创新，在教学过程质量管理与教育管理决策环节中发挥作用。

教育大数据在教学过程质量管理方面，可通过在线课程平台，对课程数据、学生数据、学习过程数据、学习交互数据、成绩数据在内的全教学过程进行监测，并通过对这些教学过程数据的挖掘，尝试解决诸如学生的学习习惯和学习难点侦测等教学决策的难点问题，如图 18-3 所示。

在教育管理决策方面，则尝试从不同的侧面开展数据驱动下的精准决策和应用服务的实践。具体包括教学过程的量化评估、学校管理的智能决策、学生升学或就业的精确指导，以及更大范围内的系统化监测与评估，包括数据驱动下的全国教育督导以及全国信息化监测调研与评估，如图 18-4 所示。

同时，工程化与应用推广，能有效弥补目前产业生态各环节的短板，积极吸引企业参与教育大数据建设，引导“政、产、学、研、用”结合，推动企业技术创新，促进形成一批支持教育大数据健康发展、具有市场竞争力的骨干企业，为社会经济发展创造新的动能，成为促进产业生态转型和升级的重要抓手。

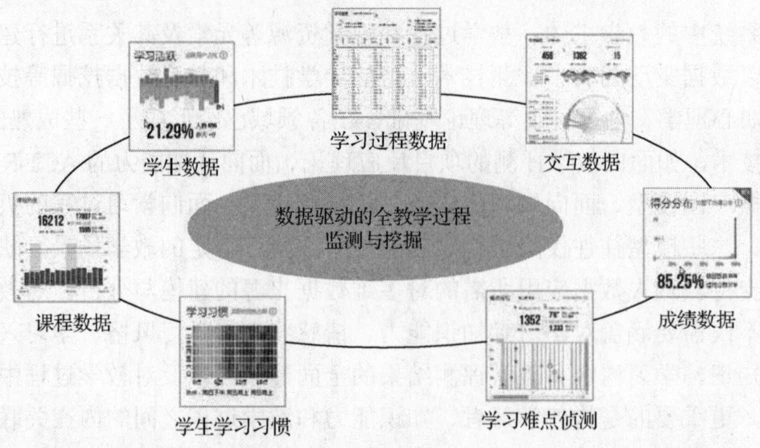

图 18-3　教学过程监测与分析

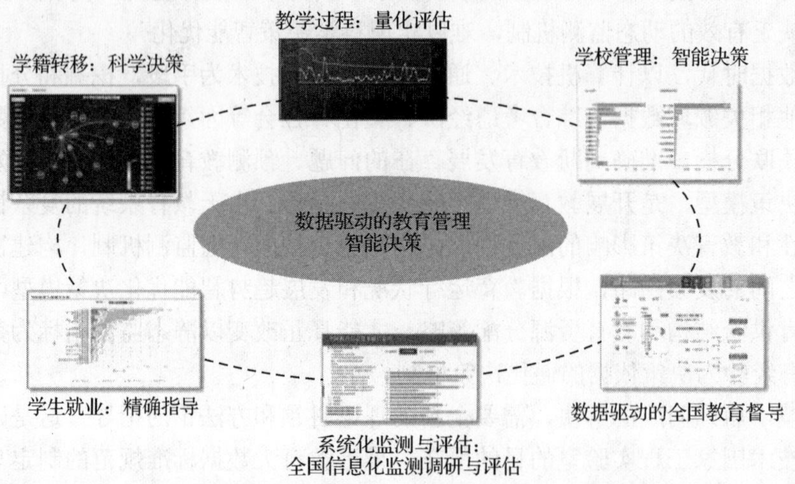

图 18-4　教育管理智能决策支持

人工智能技术的迅猛发展，已开始全面影响到教育行业。人工智能深刻改变了人才培养目标，引发了教育教学和教育模式的全面创新，对于促进教育公平、提高教育质量、优化教育治理、实现终身学习都具有重要作用。

总体上，我国人工智能的教育应用相对滞后，面临着一系列亟待突破的问题。

第一，虽然大多数研究机构都认为人工智能会给教育带来重大影响，但会有哪些方面的具体影响并不十分清晰。人工智能究竟会给教育带来多大的颠覆，在国内也并未达成基本的共识。于是出现了人工智能教育应用外热内冷的问题，产业界、科技界积极性很高，而教育界则反应迟钝。

第二，人工智能对教育具有革命性影响的一系列重大理论问题尚没得到回答，人工智能与教育深度融合的具体科学机理尚未得到揭示，在实践中还面临一系列瓶颈问题，导致人工智能在我国教育中的主流应用仍是以个性化辅导和教学辅助工具为主的浅层次应用，并未真正实现教与学的全面改革。

第三，人工智能课程进入基础教育已成为国家战略，但具体如何实施还具有不确定性。教育部 2017 年底制定普通高中课程方案，在信息技术、通用技术等课程中将人工智能作为内容模块之一，但这与 2017 年 7 月国务院《新一代人工智能发展规则》中在中小学阶段设置人工智能专门课程的要求还有距离。

为及早应对人工智能在教育领域快速渗透的发展形势，抢占人工智能教育应用研究和实践的国际竞争制高点，组织专门团队，启动重大战略研究项目，开展专门研究，为后续发展奠定基础是非常必要的。

18.4　区块链与加密货币

在泛义大数据的旗帜下，Big Data=IT。区块链是当下数据技术领域中又一个炙热的名词。特别是加密货币（Cryptocurrencies）或称数据货币和虚拟货币作为区块链的一种应用，例如比特币，使得区块链成了投资圈的必谈话题。比特币自 2009 年问世以来，一个比特币的价值由发行时的不到 1 美分，曾经在 2017 年 12 月涨到了 19000 美元。与历史上著名资产泡沫密西西比相比，比特币的造富能力有过之而无不及。比特币凭借着“新技术”创造了大量财富神话，真有点全民挖矿（赚取比特币的过程）的味道。中本聪在他的比特币论文中说到，比特币的产生由挖矿者计算最优散列值得到，第一个计算得到这一散列值的也就是 Block 的第一人将会获得比特币。比特币挖矿经历了这样的发展历程：CPU 挖矿→GPU 挖矿→FPGA 挖矿→ASIC 挖矿→大规模集群挖矿。挖矿芯片更新换代的同时，带来的挖矿速度（算力）的变化是：CPU（20MHash/s）→GPU（400MHash/s）→FPGA（25GHash/s）→ASIC（3.5THash/s）→大规模集群挖矿（X·3.5THash/s）。像美国历史上的淘金热（Gold Rush）一样，淘到黄金的人并不多，但是铁锹、镐头越来越好用，提供者是赚到钱了。

区块链是指通过参与者（区块，Block）按照智能合约（链，Chain）进行集体维护的信任机制。它具有去中心化、不可窜改性两个核心特点。它可以比作用来记账的工具，就像是一个个分布式记账的小本子。这在许多行业中，如金融、全球电商、物流行业、商品防伪、版权服务等，被视为极具价值，甚至是革命性的。

关于大数据与区块链之间关系的说法多种多样。从技术层面，它们有一个共同的关键词，这就是“分布式”。

（1）存储。大数据，需要应对海量化和快速增长的存储，这要求底层硬件架构和文件系统在性价比上要高于传统技术，能够弹性扩张存储容量。Hadoop 的 HDFS 奠定了大数据存储技术的基础。另外，大数据对存储技术提出的另一个挑战是多种数据格式的适应能力，因此现在大数据底层的存储层不只是 HDFS，还有 HBase 等数据库。区块链，是比特币的底层技术架构，它在本质上是一种去中心化的分布式账本。区块链技术作为一种持续增长的、按序整理成区块的链式数据结构，通过网络中多个节点共同参与数据的计算和记录，并且互相验证其信息的有效性。从这一点来说，区块链技术也是一种特定的数据库技术。由于去中心化数据库在安全、便捷方面的特性，应用得当它可以是对现有互联网技术的补充与升级。

（2）计算。大数据的分析挖掘（证析）是数据密集型计算，需要巨大的分布式计算能力。节点管理、任务调度、容错和较高可靠性是关键技术。Hadoop 的 MapReduce 是这种分布式计算技术的代表，通过添加服务器节点可线性扩展系统的总处理能力，在成本和可扩展性上都有巨大的优势。除了批量计算，大数据还包括流计算、图计算、实时计算、交互查询等计算框架。而区块链追求的是共识机制，就是所有分布式节点之间怎么达成共识，通过算法来生成和更新数据，去认定一个记录的有效性，这既是认定的手段，也是防止窜改的手段。区块链主要包括 4 种不同的共识机制，适用于不同的应用场景，在效率和安全性之间取得平衡。以比特币为例，采用的是“工作量证明”（Proof Of Work，POW），只有在控制了全网超过 51%的记账节点的情况下，才有可能伪造出一条不存在的记录。大数据的核心思想 MapReduce 将任务分解进行分布式计算，然后将结果合并从而实现了信息的整合分析，区块链则是纯粹意义上的分布式系统。

（3）差异。大数据通常用来描述数据集足够大，足够复杂，以致很难用传统的方式来处理。而区块链能承载的信息数据是有限的，离“大数据”标准还差得很远。区块链与大数据有几个显著差异：

- 结构化与非结构化：区块链是结构定义严谨的块，通过指针组成的链，是典型的结构化数据，而大数据需要处理的更多的是非结构化数据。
- 独立与整合：区块链系统为保证安全性，信息是相对独立的，而大数据着重的是信息的整合分析。
- 直接与间接：区块链系统本身就是一个数据库，而大数据指的是对数据的深度分析和挖掘，是一种间接的数据。
- 数学与数据：区块链试图用数学说话，区块链主张“代码即法律”，而大数据试图用数据说话。
- 匿名与个性：区块链是匿名的（相对于传统金融机构的公开账号、账本保密，区块链采用的是公开账本、拥有者匿名），而大数据在意的是个性化。

对一个分布式系统来说，不可能同时满足以下三点。①一致性（Consistence）。在分布式系统中的所有数据备份，在同一时刻是否具有同样的值。②可用性（Availability）。在集群中一部分节点故障后，集群整体是否还能响应客户端的读写请求。③分区容忍性（Partition Tolerance）。集群中的某些节点在无法联系后，集群整体是否还能继续进行服务。以上三点就是分布式系统的 CAP 理论。由于当前的网络硬件肯定会出现延迟丢包等问题，所以分区容忍性是我们必须实现的。换句话说，CAP 定理表明我们必须在一致性和可用性之间进行权衡。具体到区块链和大数据，可以说，大数据更需要的是可用性和分区容忍性，而区块链却优先保证了一致性。由此，我们知道区块链和大数据的诸多特性无法两全，需要针对具体场景，在多样化的取舍方案下设计出多样化的系统。

（4）区块链中使用大数据技术。区块链是一种不可窜改的、全历史的分布式数据库存储技术，巨大的区块链数据集合包含着每一笔交易的全部历史，随着区块链技术的应用迅速发展，数据规模会越来越大，不同业务场景区块链的数据融合会进一步扩大数据规模和丰富性。区块链以其可信任性、安全性和不可窜改性，让更多数据被解放出来，推进数据的海量增长。区块链的可追溯性使得数据从采集、交易、流通，以及计算分析的每一步记录都可以留存在区块链上，使得数据的质量获得前所未有的强信任背书，也保证了数据分析结果的正确性和数据挖掘的效果。区块链能够进一步规范数据的使用，精细化授权范围。脱敏后的数据交易、流通，以及与社交网络（如 Facebook）信息的关联建立起数据横向流通机制，形成“社会化大数据”。基于区块链的价值转移网络，逐步推动形成基于全球化的数据交易场景。区块链提供的是账本的完整性，数据统计分析的能力较弱。大数据则具备海量数据存储技术和灵活高效的分析技术，能极大提升区块链数据的价值和使用空间。

（5）大数据中使用区块链技术。大数据的技术生态百花齐放，没有哪个软件能解决所有的问题，能解决的问题往往也在某个范围内，即使是 Spark、Flink 等。在强调透明性、安全性的场景下，区块链有其用武之地。在大数据的系统上使用区块链技术，可以使得数据不能被随意添加、修改和删除，当然其时间和数据量级是有限度的。区块链可成为目前诸多大数据引擎很好的补充。例如，对于存档的历史数据，由于它们是不能被修改的，我们可以对大数据做 Hash 处理，并加上时间戳，存在区块链之上。在未来的某一时刻，当我们需要验证原始数据的真实性时，可以对相应的数据做同样的 Hash 处理，如果得出的答案是相同的，则说明数据是没有被窜改过的。或者，只对汇总数据和结果做处理，这样就只需要处理增量数据，那么应对的数据量级和吞吐量级可能是今天的区块链或改善过的系统能够处理的。

我们来看看 Gartner 技术成熟度曲线：大数据于 2011 年第一次上榜，位于技术萌芽期的爬坡阶段；相对而言，区块链于 2016 年第一次出现在技术成熟度曲线中，并直接进入过热期。总的来看，大数据和区块链所处的生命周期阶段不同，两者约有 5 年的差距。目前区块链技术发展还处于非常早期的阶段，不仅尚未形成统一的技术标准，而且各种技术方案还在快速发展中。

通过把大数据与区块链结合，能让区块链中的数据更有价值，也能让大数据的预测分析落实为行动。追求证析、去中心化、过程高效透明、数据安全度高，对于这 4 个方面中的任何一个方面有需求的行业都可以运用大数据和区块链技术。大数据和区块链技术的结合甚至可以导致现有 IT 基础设施的重构，成为数字经济社会的基石。

18.5　小结

大数据的开花结果是应对第 17 章所列出的挑战，把大数据用在合适的地方上，也就是应用场景，包括在原有场景中用得更聪明、开拓新的应用场景。大数据用来管理客户关系与供求关系有它的普适性，这也是现阶段用得比较多的。我们也简单地讨论了与智慧城市相关的惠民工程和科学计算。对教育大数据也进行了一些探讨，特别是人工智能在教育领域中的应用。最后对当下数据技术领域中炙热的区块链与比特币做了简单的描述。

大数据的新应用场景又对大数据技术提出更高的要求，需要发展新技术来满足新应用，新应用又会促进新技术的发展，形成商业和技术的“有机团结”。明天的大数据一定是赢在应用上。

[illegible] Facebook [illegible]

[illegible] Spark [illegible] Flink [illegible]

[illegible] Gartner [illegible] 2016 [illegible]

[illegible]

18.5 小结

[illegible]

[illegible]

结 束 语

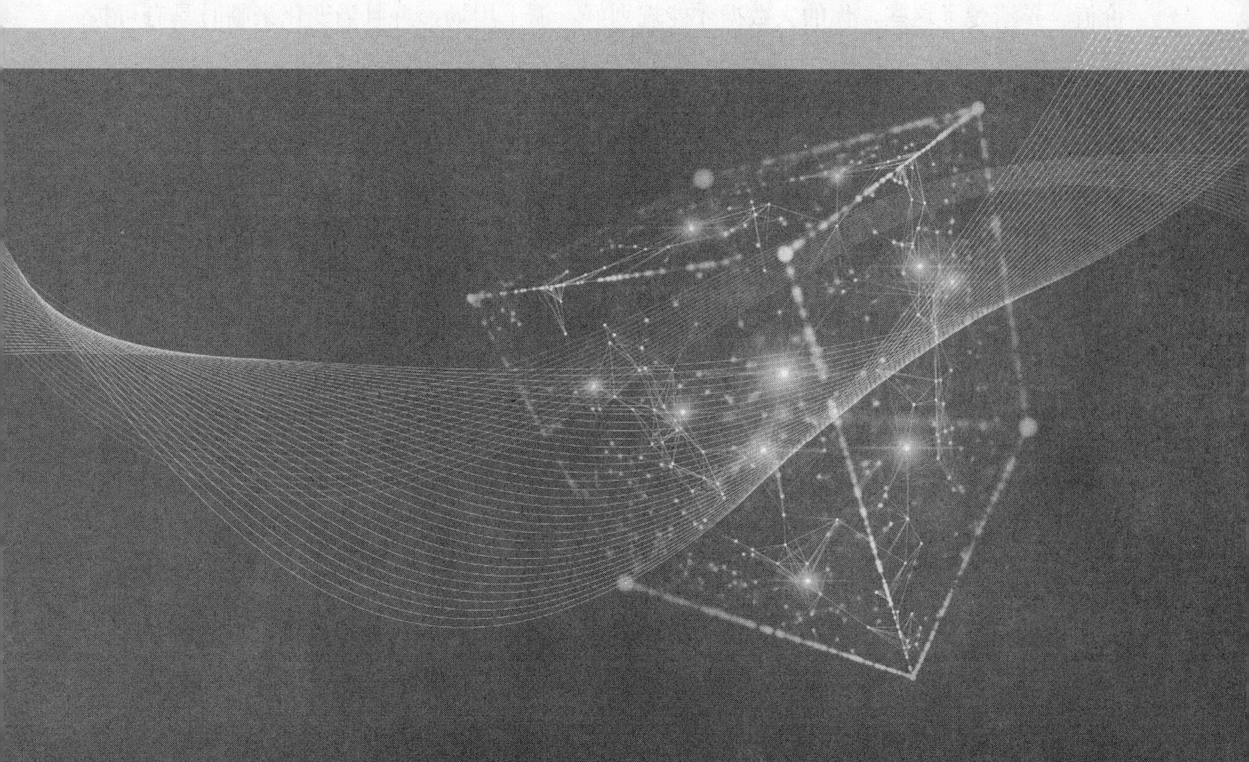

这本书已经到了尾声，至此我们已经沿着三条主线探讨了大数据：第一，正如书名所说的，大数据的交付就好比创作一部大型交响乐作品，需要遵从“规划、实施、运维”三部曲；第二，大数据的处理方法始终遵循着 Work Hard，Work Smart，Getting Help 的宗旨；第三，大数据的认知和进步是一个由数字开始不断进行“数字—数据—信息—知识—应用—数据”循环的过程。

如果你是从书的开头章节不落地阅读至此，笔者感到非常欣慰，也为你的认真严谨和持之以恒而点赞。除去技巧上关于素材的取舍以及对内容在高度、广度、深度等方面的平衡把握，坦白来说，撰写本书的过程是略微有些枯燥的。然而，反复琢磨后几经易稿的经历，却激发了我一再的深入思考，“大数据的本质和意义究竟是什么？大数据能给我们带来什么？大数据的将来可能会是怎样的？”这些问题反复萦绕在我的脑中。

在结束之前，我想再次强调一下本书希望传达的一些理念。

1．规划

规划是需要调研的。离开了具体的业务场景，大数据是没有意义的。规划阶段是一个了解数据的过程，也是了解自身的过程：在内部，现在有哪些应用、有多大体量的数据、有哪些格式、未来数据量的增长、哪些是原始数据、哪些是衍生数据；我们提供了哪些产品和服务、客户/用户是谁、他们分布在哪里、什么时间段用得最多，使用感知如何；在外部，竞争对手都有哪些、他们的应用和数据情况是什么样子；我们处在 Ecosystem 中的什么位置、上下游的合作关系或竞争关系怎样；在圈外，关于我们的产品和服务的口碑或舆情怎样，等等。如果想要从纯业务的层面去回答上述问题，并有系统地采用相应的策略，我会为你推荐我的 Mentor——原 GE 的 CEO 杰克·韦尔奇的著作《赢》。按投资人巴菲特的说法，“有了这本书，你不再需要任何其他的管理书籍了”。至于大数据本身所关心的，还是你的数据，数据和数据之间的关系，体量的增长趋势，从中获取的价值。弄清楚了这些，你的大数据才能规划好，派上用场，并且当变化来临时具有可扩展性，应对自如。

现代企业正面临着变化越来越快的外部世界，企业需要更多的信息来快速应对市场、竞争对手、商业环境的变化。企业组织结构正在变得扁平化，管理手段不再等于控制，而是依托强烈的集体责任感。以前不被重视的生产过程信息，对企业的重要性越来越高。企业逐渐变得开放，生态系统一环扣一环。企业之间需要加强上下游的协作，而竞争对手在一定程度上也可以成为合作伙伴……为了将企业的运作变得更快（Faster）、更好（Better）、更经济（Cheaper），企业需要大数据。

软件定义一切，数据驱动未来。IT 进入了第三平台，以云计算、大数据、移动互联网、社交网络 CAMS（Cloud，Analytics，Mobile，Social Network）为代表。云（C）使得计算成为日用品（Commodity），为 AMS 提供了必要的基础。科学、工程应用、数据挖掘、游戏和社交网络，以及其他诸多依赖于数据分析的活动，可以从大数据的发展中收益。

2．实施

实施是需要取舍的。将大数据规划落地，需要选择具体的技术路径。从规划阶段的

“时间（Schedule）—范围（Scope）—成本（Cost）”这个铁三角转变为实施阶段的“功能（Function）—性能（Performance）—成本（Cost）”铁三角的制约。大数据的实施具有相当的复杂性，涉及的技术组件很多，而这些组件本身发展也比较快。需要分析在大数据实施过程中所应遵循的一般方法和特别之处，以及大数据关键技术点。由于大数据具有多技术交织的特征，对于它们的了解更应该偏重直接相关性，其中包括以 MapReduce 为代表的大数据并行计算框架，大数据生态圈中最具活力的 Hadoop 为代表的分布式处理系统，大数据存储系统以及相关的机器学习与人工智能技术等。

在传统 IT 领域，“实施”一般被认为是做一个工程，包括如何设计计算资源池，网络规划方案、存储资源池、防火墙安全策略等，这些内容在实施大数据系统时同样需要考虑，而且要以系统工程的方法，纵观全局、端到端的去考虑。

由于大数据系统的分层特征，使得大数据相关的技术选型有章法可依。良好的实施，不但能满足基本的业务需求，而且能够为未来的业务发展建立良好的可扩展的架构，这需要明确大数据实施的主体和基本要素，并且分析大数据实施方案的技术特点及关键要素。

3. 运维

运维是个持久战。在已交付的情况下，企业要求保证业务运营的正常运行，需要投入必要的技术手段和人力资源。实际上，运维（Maintenance Monitoring）和运营（Operation）是略有区别的，前者主要是“看”，后者则偏重于“干”。由于大数据的集群特性，大数据平台通常构建于现有数据中心之上，因此对大数据平台的运维也包含了对数据中心的运维，但又由于大数据自身数据体量大、数据类型多样、处理速度快和价值密度低等特点，对运维提出了新的需求与挑战。运维的内涵同样对应于大数据不同的三类产业模式是不一样的，具体体现在基础设施、基础工具、数据服务上。在技术上主要表现为以下 4 个方面。

（1）网络运维。大数据技术平台基于现有数据中心网络架构实现分布式计算。现在数据中心网络架构一般采用三级树状架构，即由核心层、汇聚层和接入层构成。这种传统网络架构具备结构简单、易于实现等特点，但是可扩展性差，当应用服务规模扩大时，容易引发成本因素和性能因素等问题。同时现有数据中心网络架构不适用与大数据业务的分布式计算产生的业务流量模型。大数据应用的海量数据处理需求以及分布式流量特性，对网络架构提出新需求：网络连接必须是健壮的，以保证数据快速、高效传输；必须有足够的网络资源池来支持大数据忽高忽低的脉冲式流量的传输与分布；需具备灵活的交换机配置能力以提升网络效率。

（2）系统安全。对大数据进行全面、深入、实时的分析和应用，能够使企业更加精准地洞察客户需求，提升企业自身智能化水平和行业信息化服务能力，并对外提供数据挖掘和分析的新业务及服务。但是，在大量数据产生、收集、存储和分析的过程中，会面临数据保密、用户隐私、商业合作等一系列问题。

大数据自身的安全包括三个方面：① 基础设施安全。处理大规模数据涉及的设备众多，设备可靠性成为大数据安全的基础问题。大数据基础设施容易遭受的安全威胁主要有非授权访问，传输设施破坏导致的信息泄露与丢失或是窃取、窜改数据，拒绝服务攻击，网络病毒传播等。② 数据安全。大数据应用过程可划分为采集、存储、挖掘和发布4个阶段。在数据采集阶段主要存在传输安全问题；在数据存储阶段需要保证数据的机密性和可用性；在数据挖掘阶段需要身份认证即操作权限控制以防止机密信息泄露；在数据发布阶段需要进行安全审计以保证可以对可能的机密泄露进行数据溯源。③ 大数据平台安全。大数据分析过程中产生的知识和价值容易引发黑客攻击，因此，大数据平台需要提供可靠的安全机制，包括认证机制、访问控制机制和数据传输加密机制。

（3）数据灾备。数据备份与恢复是出现故障后的关键措施，大数据采用分布式存储系统，通过冗余服务和冗余数据来满足系统的可靠性和可用性需求。在数据冗余机制下，保证不同的副本的数据一致性至关重要。这样，在系统出现故障时，一致性副本的数据才是真正可用的。同时故障检测与恢复技术也是保证系统可用的重要机制。

传统存储技术一般通过数据副本冗余技术来实现数据灾备，不同业务的数据存储是相对独立的，不同热度数据混合存储。这不仅增加了软硬件技术难度，同时也增加了电力成本、管理软件协议以及维护费用与人力成本。超融合技术是针对传统存储技术存在的问题而给出的新的解决方案，其实质采用分布式存储系统，通过虚拟化技术将存储功能迁移融合到计算服务器中，对本地存储资源进行虚拟化，再经集群整合成资源池，为应用虚拟机提供存储服务。超融合技术不仅能够节省数据传输时间与成本，加快数据读写速度，同时还具有可线性扩展、无缝升级特点，进而大大提升运营效率，减少运营维护成本。

（4）运维管理。“三分建设，七分运维”，运维管理本身也非常重要。大数据集群为数据处理提供包括文件存储、计算模式、数据库、分析语言及数据集成在内的全方面能力。与普通的计算机网络环境或数据中心不同，基于Hadoop构建的大数据环境，具有节点数量大、组件及应用复杂的特点，这也给大数据集群的运营与维护带来了极大的挑战。

大数据集群运维管理存在以下4个方面的挑战：① 集群部署与组件配置复杂，若是通过手工命令行方式完成，不仅效率低下，而且严重依赖于使用者的经验才能避免极易发生的错误，因此需要高效的配置管理工具辅助运维人员完成集群部署与组件配置工作。② 集群监控，稍具规模的大数据集群通常就包含了几十台至上百台服务器，大数据集群监控是运维过程中的核心部分。针对不同实际应用，需要根据请求数量和类型、错误数量和类型以及处理用时等参数完善监控策略。③ 日志分析，日志有助于运维管理人员快速诊断错误、分析系统运行情况，还可以有效地整合和分析用户的访问数据，因此日志分析工具是大数据运维必不可少的。④ 故障管理以及运维流程管理，高效的运维离不开运维工作人员对故障处理的应急能力，完善运维流程管理有助于企业提高运维工作人员自身能力，以保障高效运维工作。

4．创新

创新是一个广泛使用的名词，社会要发展，创新再多也不为过。国家倡导的双创可能对应于三个英文单词，Make、Create和Innovate。Make对应于创业，Create对应于创造，而Innovate则是创新。创新一词最先由美籍奥地利经济学家熊彼特提出，所谓创新就是建立一种新的生产函数，把生产要素和生产条件的“新组合”引进到生产体系中去；所谓“经济发展”就是指整个社会不断地实现这种“新组合”，类似一个数学公式：

$$E=F(x, y, z, \cdots),$$

其中，E 是效益，x、y、z 等是生产要素和生产条件。

生产要素和生产条件的“新组合”倒未必很难，而创新难就难在这种“新组合”要导致 E 的增加。2008 年美国经济危机时，投资人巴菲特对富国银行的 CEO 说：“本来银行经营得挺好，人们却想出新法子去丢钱。”可见“新组合”新方法未必一定是熊彼特的创新。全国各地双创基地拔地而起，大众创业万众创新如火如荼，从一个风口转到另一个，飞起来的猪一定不会一直都飞。

创新很难，需要多维度、多要素的支持。有本书名为《从 0 到 1》，其实从 0 到 1 是创新，但是哪有那么多 0 到 1 呢？我们是不是可以来个 Delta，使得 E 增大，这也是创新。Dick Fosbury 发明了背越式创新跳法。作为跳高运动员，从身体素质各个方面他都不是最好的，但是，他发明的跳法，使他获得了 1968 年奥林匹克跳高金牌。可见，适当的改良也能得出惊人的结果。图 P7-1 是跳高运动中的背越式跳法（Fosbury Flop）。

图 P7-1 背越式跳法

大数据领域里的创新仍应是在处理能力上、处理方法上、应用场景上，新的应用场景带来更高的需求，促进处理能力的提升，处理方法的改进。软件硬件手拉手，相互促进。特别是大数据作为人工智能（AI）的基础，大数据技术各方面的进展都会使 AI 更好地服务于人类。按照 DeepMind 的哈萨比斯的说法，“没有 AI 就无法实现的”大的科学突破，可能会发生在一个类似生物或化学的领域内，这种说法不无道理，因为这样的领域“规则”相对于其他领域更清晰一些。

5. 大数据软件架构

面向服务的体系结构（Service Oriented Architecture，SOA）已经存在多时。在这个模型中，应用程序的不同功能单元称为服务。服务之间定义了若干接口，服务可以通过这些接口和协议联系起来。接口采用中立的方式进行定义，它应该独立于实现服务的硬件平台、操作系统和编程语言。SOA 使得构建在各种系统中的服务，可以以一种统一和通用的方式进行交互。SOA 带来整个软件系统的互联成本、维护成本、升级成本的大幅降低，并成为支撑新 IT 的技术标准。随着云计算的到来，大数据的发展，IT 的功能成为一切皆服务 EaaS（Everything as a Service），SOA 很可能爆发出新的生命力。

大数据与 SOA 合作会带来巨大的价值。大数据多组件多技术交织的特点，使得 SOA 的架构更具吸引力。之前提到的微服务架构就是 SOA 在大数据系统下的演进。大数据与

SOA 无论从产生背景、关键属性、和应用场景上都是非常相近的。

SOA 产生的原因，是为解决企业存在的信息孤岛和遗留系统这两大问题。大数据产生的原因，是企业的信息系统数据量的高速增长与数据处理能力的相对不足，以及计算资源的利用率处于不平衡的状态。

其关键的技术和属性，实现了可以从多个服务提供商得到多个服务（一个服务便是一个功能模块），并通过不同的组合机制形成自己所需的一个服务。用在大数据上，在考虑到云计算，就实现了所有的资源都是服务。

从应用场景上看，SOA 侧重于采用服务的架构进行系统的设计，关注如何处理服务。大数据何尝不是，既关注如何处理服务又侧重于服务的提供和使用。

总而言之，如果能善于发挥 SOA 的优势，设计出的大数据系统的牢固性会增加，软件的开发及维护的成本会降低，这将有助于大数据产业的快速发展。

6. 大数据与隐私保护

个人信息安全是个老话题，在大数据的今天，很多推荐系统都拥有强大的数据分析能力，通过对用户的衣食住行、家庭职业等进行统计分析，能够精准地描绘出一个人的“数据画像”。推送的新闻是你爱看的，推荐的商品是你想买的，这边刚搜索租房、买票等资讯，那头就接到租赁、代购公司的电话……这让不少用户感叹这“网”比我更了解我，也愈发担心“到底去何处安放隐私？”

大数据的到来，不能变成一个没有隐私的时代，相反，应该更加注重保护隐私。人们在享受数据技术红利的同时，不能忘了技术发展的初衷。个人隐私保护可以考虑从个人许可转向通过立法来让数据使用者承担责任。这也是目前工信部、国家网信办在积极推进的工作。有关部门要加强立法保护，社会公众也要提高风险防范意识，多留一个“心眼儿”。从技术层面，我们期待着数据安全保护的颗粒度以及智能程度尽快跟上发展的步伐。唯有共同守住数据共享与信息保护的红线，我们才能真正迎来大数据应用的春暖花开。

7. 应用驱动

离开应用场景，离开上下文，大数据是没有价值的。大数据的发展基本遵循应用带动需求（有问题），软件（包括头脑）引领硬件（解决问题）。大数据作为一个产业，一定要清楚“现金”在三种产业模式、在各个玩家中是怎样流动的，没有正向的现金流，不能够自负盈亏的大数据项目是很难持久的，很难构成产业。只有将大数据放在具体的应用中，才能使我们能够更好地了解数据、处理数据、共享数据、使用数据。

最后，再回到反复萦绕在我脑海中的关于大数据的基本思考。我们生活在一个富饶的星球上，从宏观到微观可谓千姿百态，在立体而多态的世界基础上，再加之时间这一维度的不断推进，就有了动态的世间万象。人类文明发展至今，业已产生了海量的数据。新兴的传感器和记录设备，又使每秒都有大量的数据被创作和记录。这些数据就是对这世间万象的不同粒度、不同视角的快照。从理论上来讲，这种快照的数量可以达到无穷无尽的地步。人类天生具有对事物的掌控欲，始终希望让一切尽在掌握之中，而人类从个体到集体，其掌控能力都非常有限，当面对无穷无尽的数据之时，无力感难免会油然而生。以现代的 IT 技术和相关学科理论为基础的“大数据技术”，其目的和本质就是让人类借助外力来重新获得对世间万事万物的掌控力，来提取出藏在数据背后的规律，并用以帮助预测将来。因此，“预测”这个词就是开展大数据业务的意义所在。

虽然本书以科学的态度围绕着“大数据”这一概念在论述，但大数据本身不是一个单独的学科，不具备清晰的学科边界。大数据问题的产生来源于面临数据大爆炸时人类对数据处理的需求，而其研究的解决方案则是对各种数学理论和工具的综合运用。所以说，“大数据”这个概念或许只是人类的技术文明发展到特定阶段的一个现象的称谓。

正因为大数据是一种现象，我们很容易陷入一种为了做大数据而做大数据的无的放矢的迷途中。需要时刻警醒的是，我们要以实际需求为驱动来建立大数据体系，过滤掉大数据中的泡沫。

我接触到大数据，是因为我所从事的 IT 工作的业务需求，而我写这本书，是希望能与读者分享我在做这些业务时所获得的经验和体会。如果能给读者们带来一些启迪，我将倍感荣幸。对读者而言，阅读本书的契机可能来自于实际工作中遇到的问题，也可能是出于对大数据这个热词的兴趣，但无论是哪一种，本书只是一个开始，接下来，请你与我一起（我的 E-mail：jerry.z.xie@live.com），共同思考大数据的意义和未来，提升大数据的实践能力，进一步解开那些萦绕在我们脑海中的问题。

附录 A

安装 Cloudera Apache Hadoop

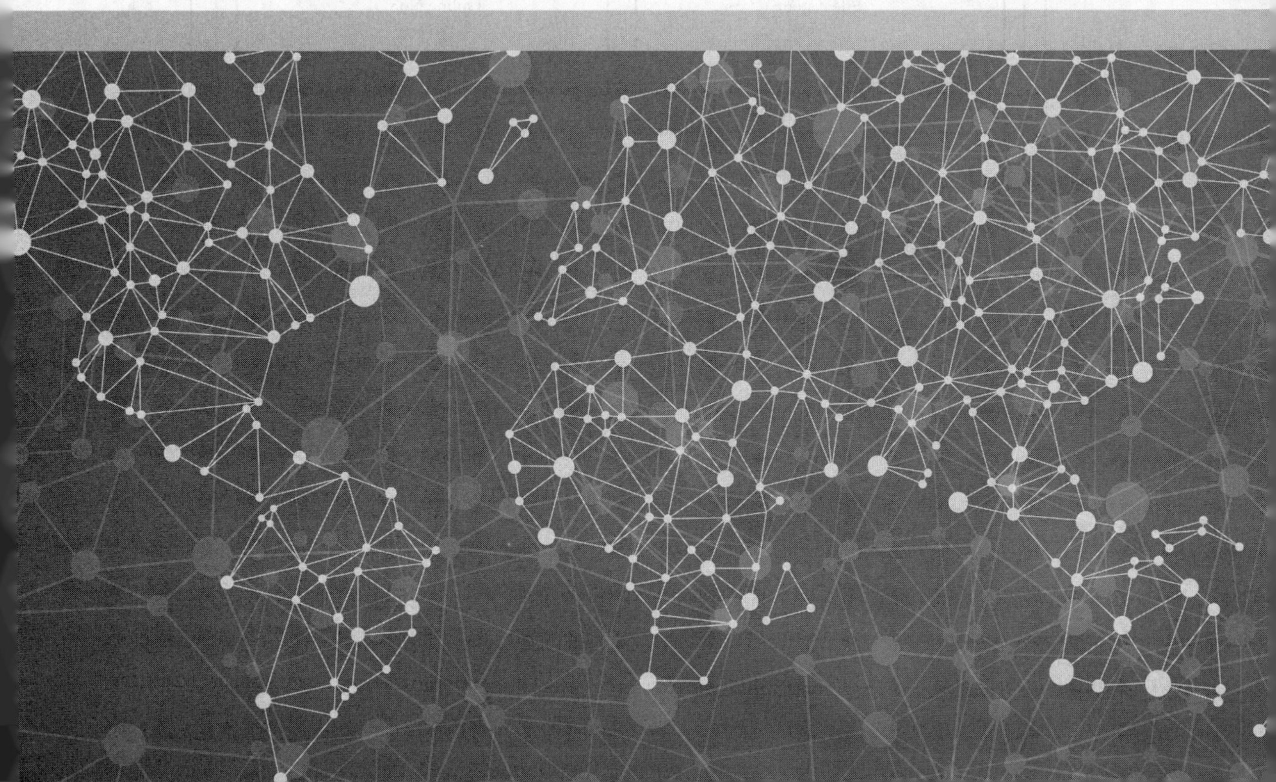

CDH（由 Cloudera 公司提供）是 Apache Hadoop 及其周边项目的最完整的、经过测试的、受欢迎的发布版本之一。CDH 提供了 Hadoop 的核心元素——可扩展存储和分布式计算，以及一个基于 Web 的用户页面和重要的企业功能。CDH 是 Apache 许可的开放源，也是提供统一批处理、交互式 SQL 和交互式搜索以及基于角色的访问控制的 Hadoop 解决方案。

CDH 提供以下特性：

- 灵活性——存储任何类型的数据，并使用多种不同的计算框架进行处理，包括批处理、交互式 SQL、自由文本搜索、机器学习和统计计算；
- 集成性——启动并在完整的 Hadoop 平台（与多种硬件和软件解决方案一起工作）上快速运行；
- 安全性——处理和控制敏感数据；
- 可扩展性——能够启用多种应用程序，并且能根据要求伸缩和扩展它们；
- 高可用性——确保可执行重要的任务；
- 兼容性——可利用现有 IT 基础结构。

如图 A-1 所示为 CDH 的架构。

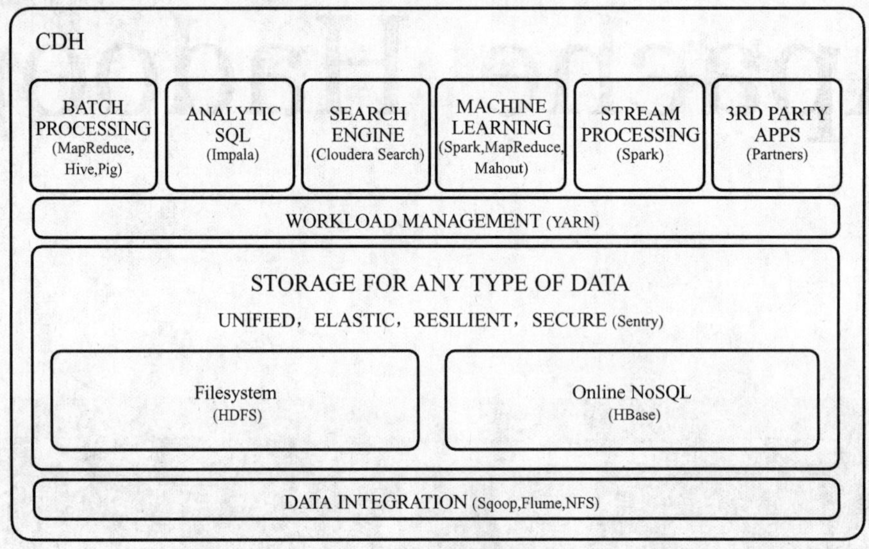

图 A-1　CDH 的架构

本附录主要介绍如何安装 CDH 中的 Cloudera Manager，并通过 Cloudera Manager 完成一个三节点的 Hadoop 集群的部署。不同于其他安装方式，我们搭建 CDH 的本地 yum 源，这样安装就不依赖于广域网的网速了。

A.1　环境准备

A.1.1　Cloudera 管理器架构

如图 A-2 所示是 Cloudera 管理器的架构图，图中的 Server 是管理服务器，该服务器承载管理控制台的 Web 服务器和应用程序逻辑，并负责安装软件，配置、启动和停止服务，以及管理 Cloudera 集群。Agent 安装在每台主机上，负责响应 Server 的命令，以及收集主机和服务监控数据。管理服务器通过 Agent 在每台主机上安装 Hadoop 集群所需的各种服务。Management Service 是一组执行各种监控、报警和报告功能角色的服务。Database 用于存储配置和监视信息。Cloudera Repository 是 Cloudera 软件仓库，可以从其获取各种服务角色的安装包。Admin Console 是基于 Web 的用户界面，供管理员对 Cloudera 集群进行管理。

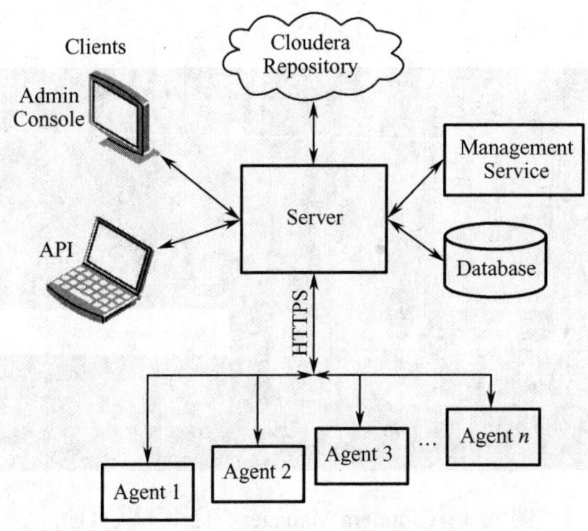

图 A-2　Cloudera Manager 架构图

A.1.2　服务器环境准备

这里将使用 4 台安装好 CentOS 7 的服务器来进行 CDH 集群的搭建，用 vi editor 命令：

vi/etc/sysconfig/network

将 4 台主机的主机名依次修改为：cdh-1、cdh-2、cdh-3、cdh-4。其中，cdh-1 将作为 CDH 管理节点，用于安装 Cloudera Manager Server。cdh-2、cdh-3、cdh-4 中将安装 Cloudera Manager Agent，用于搭建 Hadoop 集群。

配置每台机器的 IP 地址，并修改 hosts 文件，以保证主机间的网络通信。

10.62.48.149　cdh-1

10.62.48.150　cdh-2

10.62.48.151　cdh-2

10.62.48.152　cdh-2

关闭系统防火墙 SELinux。

systemctl stop firewall

关闭 SELinux：

```
vi /etc/selinux/config
```

修改 SELinux=disabled。

A.1.3　安装介质下载

如图 A-3 所示，进入 Cloudera 官方下载页面，这里我们安装的 Cloudera Manager 版本为 5.12.1。

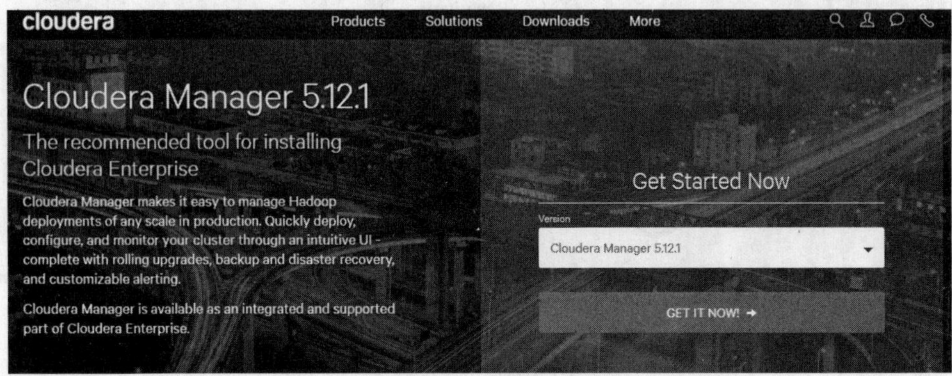

图 A-3　Cloudera Manager 5.12.1 下载页面

通过链接官网可以下载 CDH 安装所需的 rpm 包，用于搭建本地 yum 源；还可以下载安装所需的 parcel 文件。这里下载 cdh5.12 用于 CentOS 7 的两个文件：

```
CDH-5.12.1-1.cdh5.12.1.p0.3-el7.parcel
CDH-5.12.1-1.cdh5.12.1.p0.3-el7.parcel.sha1
```

A.1.4　本地 yum 源搭建

在 cdh-1 上搭建 CDH 的本地 yum 源。

首先，执行如下命令安装 httpd、yumrepo 等软件：

```
yum -y install httpd
systemctl start httpd
systemctl enable httpd
yum -y install createrepo
yum install -y yum-plugin-priorities
```

将前面下载的 rpm 压缩包解压至/var/www/html/cdh 目录下：

```
cd/var/www/html/cdh
create repo./
```

完成后，通过浏览器访问*http://cdh-1/cdh*便可看到本地源上的 rpm 包。

在每个节点的/etc/yum.repos.d 下创建 cdh.repo 文件，以启用本地 yum 源。

```
[cdh]
name=cdh
baseurl=http://cdh-1/cdh
gpgcheck=0
enabled=1
priority=1
```

A.2　安装 Cloudera Manager Server

在节点 cdh-1 上启动 Cloudera Manager Server 安装程序，会弹出安装说明文档，如图 A-4 所示。

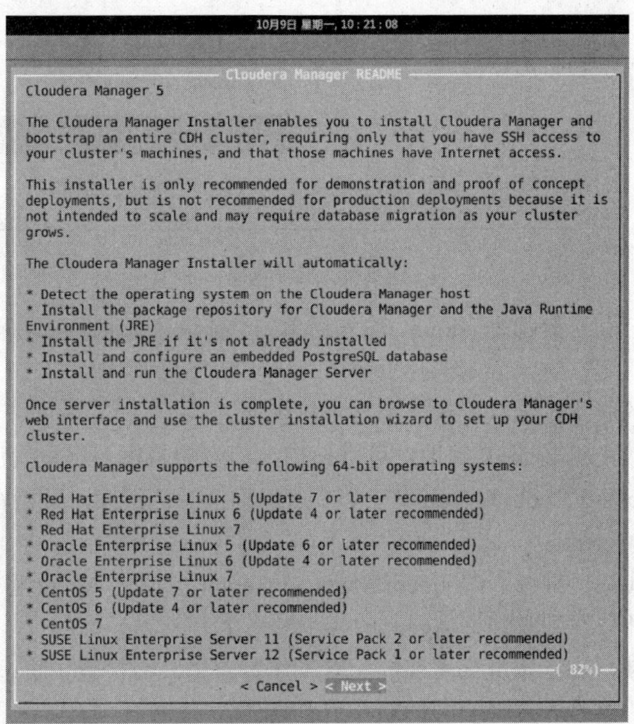

图 A-4　安装说明

一路单击 Next 按钮，将依次安装 JDK、Cloudera Manager Server。

安装完成后，可以看到一个访问 Cloudera Manager Server 管理页面的链接地址。

将前面下载的 parcel 文件放到/opt/cloudera/parcel-repo 目录下。

A.3 部署 Hadoop 集群

Cloudera Manager Server 安装完成后，在浏览器中输入 http:/IP:7180，IP 是 Cloudera Manager Server 安装的主机 IP 或者主机名，这里输入 cdh-1 的 IP 地址，进入登录页面，如图 A-5 所示。

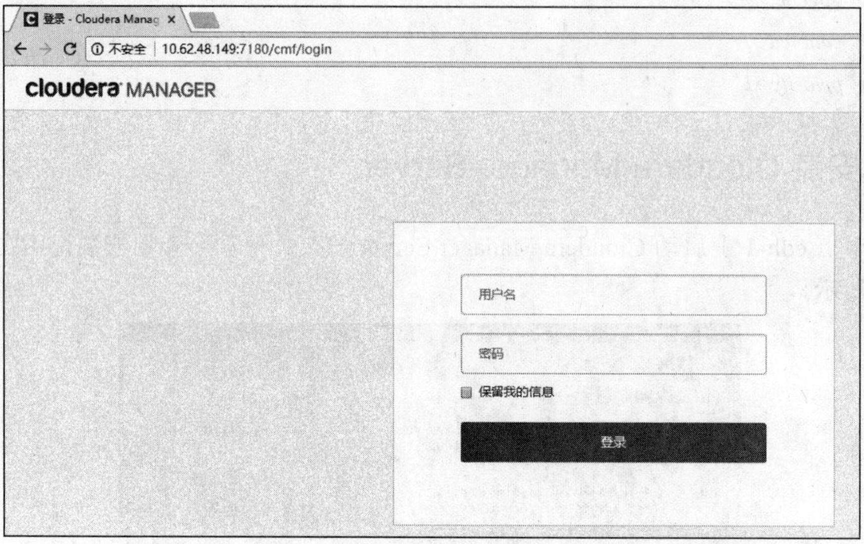

图 A-5　登录页面

默认的用户名和密码都是 admin，输入后单击“登录”按钮即可进入安装页面。首先，接受许可条款，继续，进入版本选择页面。

选择要安装的版本，继续，进入添加主机页面。

输入要添加的主机名或 IP 地址，可以扫描出相应的主机。这里我们输入 cdh-[2-4]，可以看到扫描出 cdh-2、cdh-3、cdh-4 三个节点。确认后，继续，开始在每个节点上安装 Cloudera Manager Agent。

安装好 Agent 后，继续，Cloudera Manager Server 会通过 Agent 将部署 Hadoop 集群所需的 parcel 文件分发到安装好 Agent 的各个节点上。

完成后，继续，进行集群部署前的配置工作。首先，会检查主机正确性。

检查结束后，继续，选择安装的服务组合。

接下来选择安装所有服务，继续，进入集群设置页面。

选择每个节点安装的具体组件，完成后，继续，进入数据库设置页面。

- 输入各服务所需的数据库信息，继续，开始集群部署。
- 等待集群部署完成，可以看到安装成功页面。

A.4 安装结果

经过前面的步骤，我们完成了 CDH 的安装。在 Cloudera Manager 首页上可以看到

Cluster 1 这个新部署好的集群各组件状态及监控图标，如图 A-6 所示。

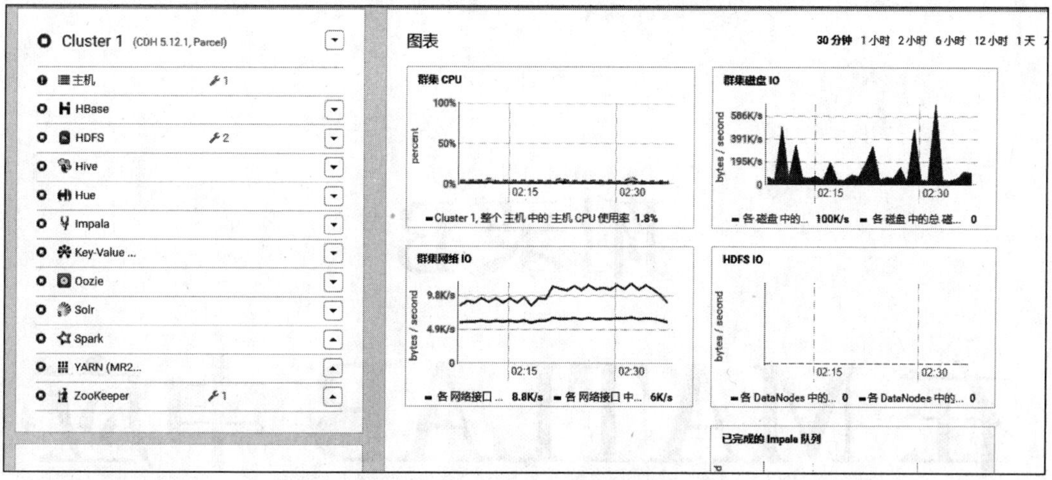

图 A-6　Cloudera Manager 首页

单击“主机”选项卡，可以看到 cdh-2、cdh-3、cdh-4 三个节点的状态。单击右上方的“向群集添加新主机”按钮（图 A-6 中未显示出来），可以添加新的主机，具体操作与部署集群时类似。

附录 B

在 MATLAB 中应用 MapReduce

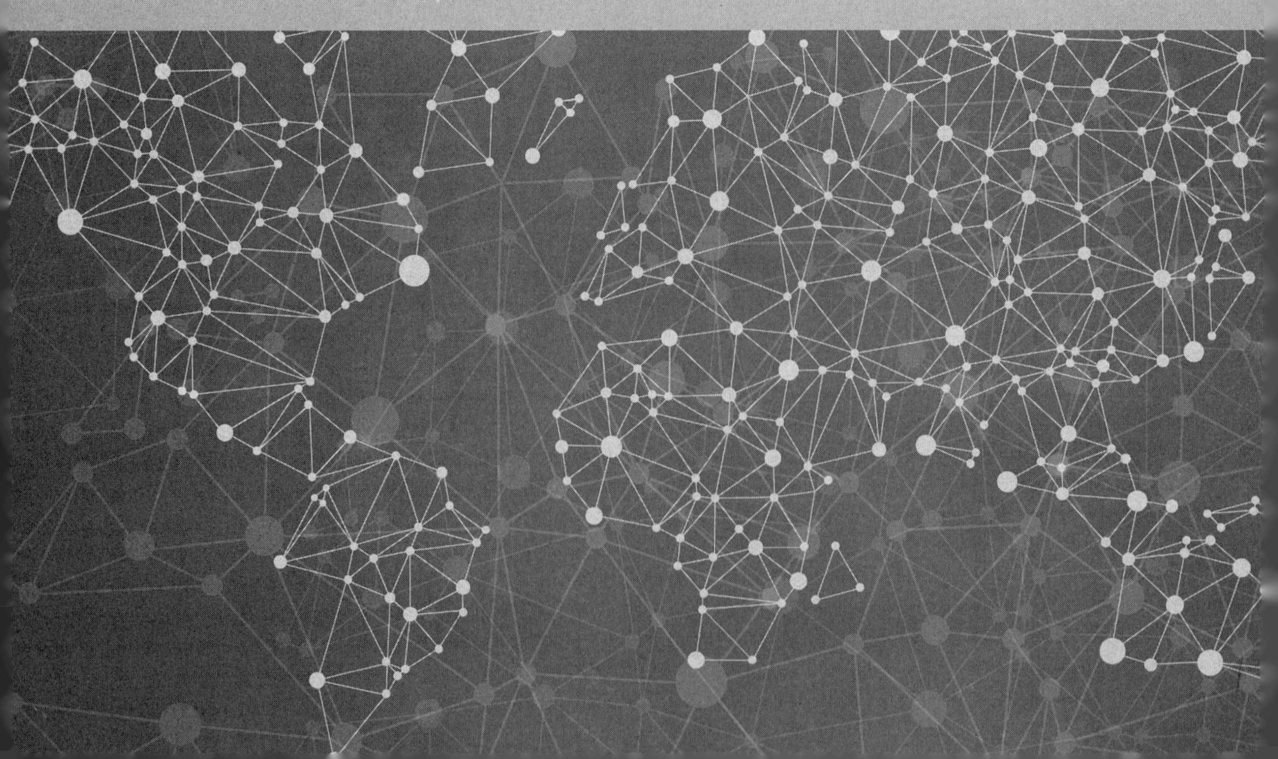

以下示例会向读者演示如何在 MATLAB 中使用 datastore()和 MapReduce 函数处理大量的基于文件的数据。MapReduce 算法是许多现代的大数据应用程序的支柱。本示例虽然只是在一台计算机上进行演示运算，但其代码可以扩展到 Hadoop 上使用。

为了方便和操作，本示例中所用到的数据集仅仅是 1987—2008 年间美国国内航班飞行记录的一小部分（如果读者想要更进一步熟悉大数据在 MATLAB 中的应用，建议到 http://stat-computing.org/dataexpo/2009/the-data.htm 上将完整的数据资料下载下来）。本示例的目的有两个：①找到从波士顿出发的联合航空（UA）的飞行记录；②找出航空公司每天的航班数（采用 7 日移动平均值）并进行可视化操作。

B.1 datastore 简介

通过建立 datastore（数据集），用户能以基于库的形式访问数据。datastore()函数具体处理数据源的方式并未公开，但就作者猜测，其还应该是脱离不开 ETL（Extract，Transform，Load），即“抽取、转化、加载”流程的。datastore()能处理任意大量的数据，甚至还能处理分散在多个文件中的数据。用户可以通过表格文本文件（下文会有展示）、SQL 数据库或 Hadoop 分布式文件系统（HDFS）来创建一个数据集。

以下内容展示了如何通过表格文本文件创建一个 datastore()并预览其中的数据：

```
ds = datastore('airlinesmall.csv');
    dsPreview = preview(ds);
    dsPreview(:,10:15)
```

输出的预览数据如下：

```
ans =

FlightNum  TailNum  ActualElapsedTime  CRSElapsedTime  AirTime  ArrDelay
_________  _______  _________________  ______________  _______  ________
   1503     'NA'           53                57          'NA'       8
   1550     'NA'           63                56          'NA'       8
   1589     'NA'           83                82          'NA'      21
   1655     'NA'           59                58          'NA'      13
   1702     'NA'           77                72          'NA'       4
   1729     'NA'           61                65          'NA'      59
   1763     'NA'           84                79          'NA'       3
   1800     'NA'          155               143          'NA'      11
```

datastore()会自动解析输入的数据并且判断出每列数据的数据类型。在本示例中，用户可以使用键值对参数 TreatAsMissing 来正确地替换掉 datastore()中遗失（也就是标识为'NA'）的数据。以 AirTime 之类的数字变量为例，datastore()会以 NaN 值（Not a Number 的缩写，是 IEEE 对非数值或无穷大的算术表达形式）来替换原本的'NA'字串。

```
ds = datastore('airlinesmall.csv', 'TreatAsMissing', 'NA');
ds.SelectedFormats{strcmp(ds.SelectedVariableNames, 'TailNum')} = '%s';
ds.SelectedFormats{strcmp(ds.SelectedVariableNames, 'CancellationCode')} = '%s';
dsPreview = preview(ds);
dsPreview(:,{'AirTime','TaxiIn','TailNum','CancellationCode'})
```

输出的替换结果为：

```
ans =
    AirTime    TaxiIn    TailNum    CancellationCode
    _______    ______    _______    ________________
    NaN        NaN       'NA'             'NA'
    NaN        NaN       'NA'             'NA'
    NaN        NaN       'NA'             'NA'
    NaN        NaN       'NA'             'NA'
    NaN        NaN       'NA'             'NA'
    NaN        NaN       'NA'             'NA'
    NaN        NaN       'NA'         'NA'
    NaN        NaN       'NA'             'NA'
```

B.2　搜寻需要的项

datastore()中有一个用于追踪 read()函数所返回的数据块的内部指针。用户通过 hasdata()和 read()函数就能够检索整个数据集并筛选出想要找的项。本示例的目标是找到从波士顿（BOS）出发的联合航空（UA）的飞行记录：

```
subset = [];
while hasdata(ds)
    t = read(ds);
    t = t(strcmp(t.UniqueCarrier, 'UA') & strcmp(t.Origin, 'BOS'), :);
    subset = vertcat(subset, t);
end
subset(1:8,[9,10,15:17])
```

输出结果为：

```
ans =
   UniqueCarrier    FlightNum    ArrDelay    DepDelay    Origin
   _____________    _________    ________    ________    ______
    'UA'               121          -9           0        'BOS'
    'UA'              1021          -9          -1        'BOS'
    'UA'               519          15           8        'BOS'
    'UA'               354           9           8        'BOS'
    'UA'               701         -17           0        'BOS'
    'UA'               673          -9          -1        'BOS'
    'UA'                91          -3           2        'BOS'
    'UA'               335          18           4        'BOS'
```

B.3　MapReduce 简介

在 MATLAB 中，MapReduce 需要三个参数。

① datastore()函数，用来从中读取数据。

② 映射函数（Mapper Function），其输入项为一块从 datastore()中获得的数据的子集。映射函数是不会输出最终计算结果的。针对每块数据，MapReduce 都会调用一次映射函数，这些调用流程都是相互独立、可以并行处理的。

③ 归约函数（Reducer Function），其输入项为映射函数的输出结果。归约函数会帮助完成映射函数未完成的工作并输出最终计算结果。

通常来说，映射函数的输出结果在被传递给归约函数之前会被打乱再组合。这些都会在本示例接下的部分有所展示。

B.4　如何运用 MapReduce 进行运算

一个最简单的利用 MapReduce 的例子就是在前面的航班数据中找出最长飞行时间是多久。流程如下：

① 映射函数负责找出所有从 datastore()中取得的数据块中的最长飞行时间。

② 归约函数则会找出映射函数所传递过来的所有“最长飞行时间”中的最大值，这也就是所有航班数据中的最长飞行时间。

具体步骤如下：

首先，重置 datastore()并选定要关注的项（在本示例中，因为要找的是最长飞行时间，所以就是 ActualElapsedTime 这一项）。

```
reset(ds);
ds.SelectedVariableNames = {'ActualElapsedTime'};
```

然后，输入映射函数，该函数需要三个参数。

① 需要处理的数据，实际上就是通过 read()函数从 datastore 中导出的一张表。

② 配置和文本信息，该参数在大多数情况下都能被忽略，在本示例中也是如此。

③ 中间数据存储对象（Intermedia Data Storage Object），用来记录由映射函数得出的运算结果。使用 add()函数可以将键值对加入该对象中。

下面展示的就是映射（Mapper）函数，我们正是通过这个函数进行 Map 操作的。将 maxTimeMapper.m 保存在当前目录中。

```
function maxTimeMapper(data, ~, intermKVStore)
maxElaspedTime = max(data{:,:});
add(intermKVStore, 'MaxElaspedTime',maxElaspedTime);
end
```

之后可以通过下列方式调用：

```
@maxTimeMapper
```

接下来就是输入归约函数了，该函数同样也需要三个参数。

① 需要的键（Key）集。关于键的内容会在之后的内容中有更加深入的探讨。该参数在处理大多数简单的问题时都可以忽略掉，现在也是如此。

② 中间数据输入对象（Intermedia Data Input Object）。它是通过 MapReduce 传递给归约函数的。该数据以键值对的形式存在，因此用户可以使用 hasnext()和 getnext()函数来遍历每个键的值。

③ 最终输出数据存储对象（Final Output Data Storage Object）。使用 add 和 addmulti 函数可以直接将键值对加入该对象中。

将下面展示的就是归约（Reducer）函数，我们通过这个函数进行 Reduce 操作，将 maxTimeReducer.m 保存在当前目录中。

```
function maxTimeReducer(~, intermValsIter, outKVStore)
maxElaspedTime = -inf;
while hasnext(intermValsIter)
    maxElaspedTime = max(maxElaspedTime, getnext(intermValsIter));
end
add(outKVStore, 'MaxElaspedTime', maxElaspedTime);
end
```

之后可以通过下列方式调用：

```
@maxTimeReducer
```

最后，就能通过输入 datastore()、映射函数、归约函数进行完整的 MapReduce 运算了，调用 readall()函数显示结果。

```
result = mapreduce(ds, @maxTimeMapper, @maxTimeReducer);
readall(result)
```

输出结果为：

```
Starting parallel pool (parpool) using the 'local' profile ... connected to 12
workers. Parallel mapreduce execution on the parallel pool:
********************************
*      MAPREDUCE PROGRESS      *
********************************
Map   0% Reduce   0%
Map  50% Reduce   0%
Map 100% Reduce   0%
Map 100% Reduce 100%
ans =

              Key            Value

        ________________    ______

        'MaxElaspedTime'    [1650]
```

B.5　MapReduce 中对于键的使用

对于 MapReduce 来说，键是一个非常重要且强大的特性。每次对于映射函数的调用，都会将中间结果添加到各个键中。而 MapReduce 调用映射函数的次数也就是需要处理的数据的数据存储区块的数量。

如果映射函数将值添加到多个键中，则需要多次调用归约函数，这是因为每个归约函数只能处理一个中间数据输入对象（只包含一个键）。不过不用担心，MapReduce 函数会自主管理这种映射和归约间的数据传输流程。

下面的示例清晰地展示了键在 MapReduce 中的用法。

B.6　使用 MapReduce 计算分组指标

相对于上面的示例来说，映射函数在本示例中的应用情形更加复杂。本示例的目的是找出航空公司每天的航班数（取 7 日移动平均值）。首先，对于每个航空公司，我们都用 add()函数赋予其一个值组。该值组包含了在 21 年时间（1987—2008 年）里该航空公司每天的航班个数。而后将航空公司编号作为该值组的键，这样就保证了 MapReduce 能将各个航空公司的关联数据打包传递给归约函数。这是因为，同一航空公司的数据会集中在同一个键（该航空公司的编号）下。

将下面展示的就是映射函数，我们正是通过这个函数进行 Map 操作的。将 countFlightsMapper.m 存在当前目录中：

```
function countFlightsMapper(data, ~, intermKVStore)
    dayNumber = days((datetime(data.Year, data.Month, data.DayofMonth) -
                datetime(1987,10,1)))+1;
    daysSinceEpoch = days(datetime(2008,12,31) - datetime(1987,10,1))+1;
    [airlineName, ~, airlineIndex] = unique(data.UniqueCarrier, 'stable');

    for i = 1:numel(airlineName)
        dayTotals = accumarray(dayNumber(airlineIndex==i), 1, [daysSinceEpoch, 1]);
        add(intermKVStore, airlineName{i}, dayTotals);
    end
end
```

之后可以通过下列方式调用：

```
@countFlightsMapper
```

相对于映射函数来说，归约函数则相对简单一些。它所需要做的只是遍历所有中间数据输入对象并将所有值组添加到一起，成为一个更大型的聚合数组，而后再将通过该聚合数组得出的结果输出。值得注意的是，归约函数并不需要去检索或检验那些中间数据输入对象的键值对，这是因为每次 MapReduce 在调用归约函数时都只会给其传递单个航空公司的关联数据，不会导致数据的混乱。

下面展示的就是归约函数，我们正是通过这个函数进行 Reduce 操作的，将 countFlightsReducer.m 存在当前目录中：

```
function countFlightsReducer(intermKeysIn, intermValsIter, outKVStore)
daysSinceEpoch = days(datetime(2008,12,31) - datetime(1987,10,1))+1;
dayArray = zeros(daysSinceEpoch, 1);

while hasnext(intermValsIter)
    dayArray = dayArray + getnext(intermValsIter);
end
add(outKVStore, intermKeysIn, dayArray);
end
```

而后通过下列方式调用：

```
@ countFlightsReducer
```

接下来重置 datastore()并选定要关注的项（在本示例中，就是'Year'，'Month'，'DayofMonth'，'UniqueCarrier'这 4 项），并进行 MapReduce 运算。

```
reset(ds);
ds.SelectedVariableNames = {'Year', 'Month', 'DayofMonth', 'UniqueCarrier'};
result = mapreduce(ds, @countFlightsMapper, @countFlightsReducer);
result = readall(result);
```

输出结果（result 现在包含了一个 29×2 的表格）为：

```
Parallel mapreduce execution on the parallel pool:
********************************
*      MAPREDUCE PROGRESS      *
********************************
Map   0% Reduce   0%
Map  50% Reduce   0%
Map 100% Reduce   0%
Map 100% Reduce 100%
```

B.7 输出结果可视化

本节将展示如何使输出结果可视化。实际上，之前的示例仅仅使用了完整数据集中的一小部分，为了节约时间，我们可以通过以下字段直接载入基于完整数据集的排名前 7 的航空公司的每日航班数的 MapReduce 结果。

```
load airlineResults
```

载入的 airlineResults 中包含了预先算出的排名前 7 的航空公司的数据，并且对数据进行了过滤处理，以消除周末旅游效应所带来的影响，避免最终输出的图像过于杂乱。操作如下：

```
lines = result.Value;
lines = horzcat(lines{:});
[~,sortOrder] = sort(sum(lines), 'descend');
lines = lines(:,sortOrder(1:7));
result = result(sortOrder(1:7),:);

lines(lines==0) = nan;
for carrier=1:size(lines,2)
    lines(:,carrier) = filter(repmat(1/7, [7 1]), 1, lines(:,carrier));
end
```

接下来根据所得数据来绘制图像（见图 B-1）。

```
figure('Position',[1 1 800 600]);
plot(datetime(1987,10,1):caldays(1):datetime(2008,12,31),lines)
title ('Domestic airline flights per day per carrier')
xlabel('Date')
ylabel('Flights per day (7-day moving average)')
legend(result.Key, 'Location', 'South')
```

从图 B-1 中不难发现，WN（即 SouthWest Airline，西南航空）每天的平均航班量一直在稳步攀升。到了 2008 年，更是远远超过其他排名靠前的航空公司。读者如果去研究一下这些航空公司的股票情况，就会发现，在 2008 年 SouthWest Airline 的股价及其涨幅也确实是领先于其余航空公司的。而且更进一步，SouthWest Airline 近十几年的股价也是处于不断攀升、不断创造新高的状态。每日航班数看似和股价并没有什么太大的直接联系，但这两者间却又确实存在着微妙的关系。细想一下，所谓的大数据分析，不也是将一些看似不相关的数据联系在了一起，并通过这些数据进行分析预测吗？这正是大数据奇妙的地方。

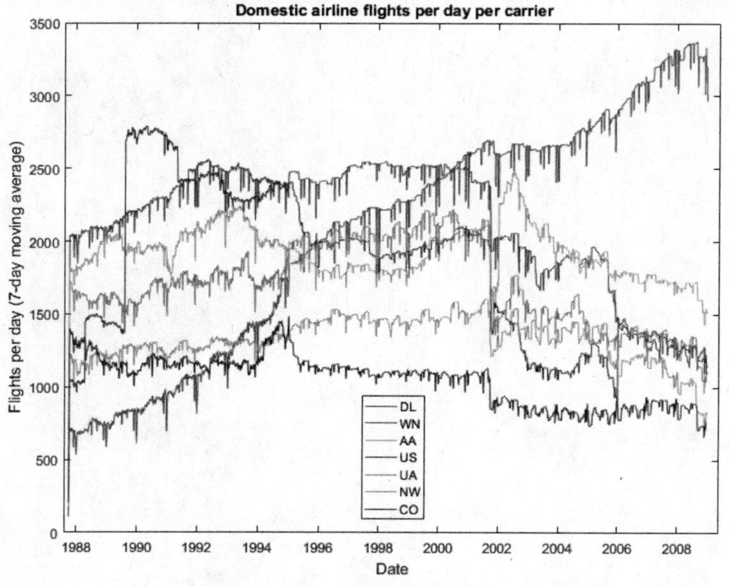

图 B-1　排名前 7 的航空公司的每天的航班数（取 7 日移动平均值）

如图 B-2 所示的是将 datastore()中的数据进行 Map 过程中分割出的“小数据”，Map 流程将一个“巨大的表”分成了若干可以有效处理的“小表”（没有对'NA'进行替换）。

Year	Month	DayofMor	DayOfWe	DepTime	CRSDepTi	ArrTime	CRSArrTin	UniqueCa	FlightNun	TailNum	ActualElaj	CRSElapse	AirTime	ArrDelay	DepDelay	Origin	Dest	Dist
1987	10	21	3	642	630	735	727	PS	1503	NA	53	57	NA	8	12	LAX	SJC	
1987	10	26	1	1021	1020	1124	1116	PS	1550	NA	63	56	NA	8	1	SJC	BUR	
1987	10	23	5	2055	2035	2218	2157	PS	1589	NA	83	82	NA	21	20	SAN	SMF	
1987	10	23	5	1332	1320	1431	1418	PS	1655	NA	59	58	NA	13	12	BUR	SJC	
1987	10	22	4	629	630	746	742	PS	1702	NA	77	72	NA	4	-1	SMF	LAX	
1987	10	28	3	1446	1343	1547	1448	PS	1729	NA	61	65	NA	59	63	LAX	SJC	
1987	10	8	4	928	930	1052	1049	PS	1763	NA	84	79	NA	3	-2	SAN	SFO	
1987	10	10	6	859	900	1134	1123	PS	1800	NA	155	143	NA	11	-1	SEA	LAX	
1987	10	20	2	1833	1830	1929	1926	PS	1831	NA	56	56	NA	3	3	LAX	SJC	
1987	10	15	4	1041	1040	1157	1155	PS	1864	NA	76	75	NA	2	1	SFO	LAS	
1987	10	15	4	1608	1553	1656	1640	PS	1907	NA	48	47	NA	16	15	LAX	FAT	
1987	10	21	3	949	940	1055	1052	PS	1939	NA	66	72	NA	3	9	LGB	SFO	
1987	10	22	4	1902	1847	2030	1951	PS	1973	NA	88	64	NA	39	15	LAX	OAK	
1987	10	16	5	1910	1838	2052	1955	TW	19	NA	162	137	NA	57	32	STL	DEN	
1987	10	2	5	1130	1133	1237	1237	TW	59	NA	187	184	NA	0	-3	STL	PHX	
1987	10	30	5	1400	1400	1920	1934	TW	102	NA	200	214	NA	-14	0	SNA	STL	
1987	10	28	3	841	830	1233	1218	TW	136	NA	172	168	NA	15	11	TUS	STL	
1987	10	5	1	1500	1445	1703	1655	TW	183	NA	243	250	NA	8	15	STL	SFO	
1987	10	27	2	1647	1640	1914	1903	TW	220	NA	87	83	NA	11	7	STL	DTW	
1987	10	15	4	1709	1710	1752	1749	TW	251	NA	103	99	NA	3	-1	PIT	STL	
1987	10	24	6	1515	1515	1544	1545	TW	283	NA	29	30	NA	-1	0	SRQ	RSW	
1987	10	25	7	2017	2017	2347	2329	TW	318	NA	150	132	NA	18	0	STL	BDL	
				2218	2220	2335	2322	TW						13	-2	STL	PHX	

图 B-2　将 datastore()中的“大”数据 Map 为“小数据”示例

附录 C

从 AlphaGo 到 AlphaZero

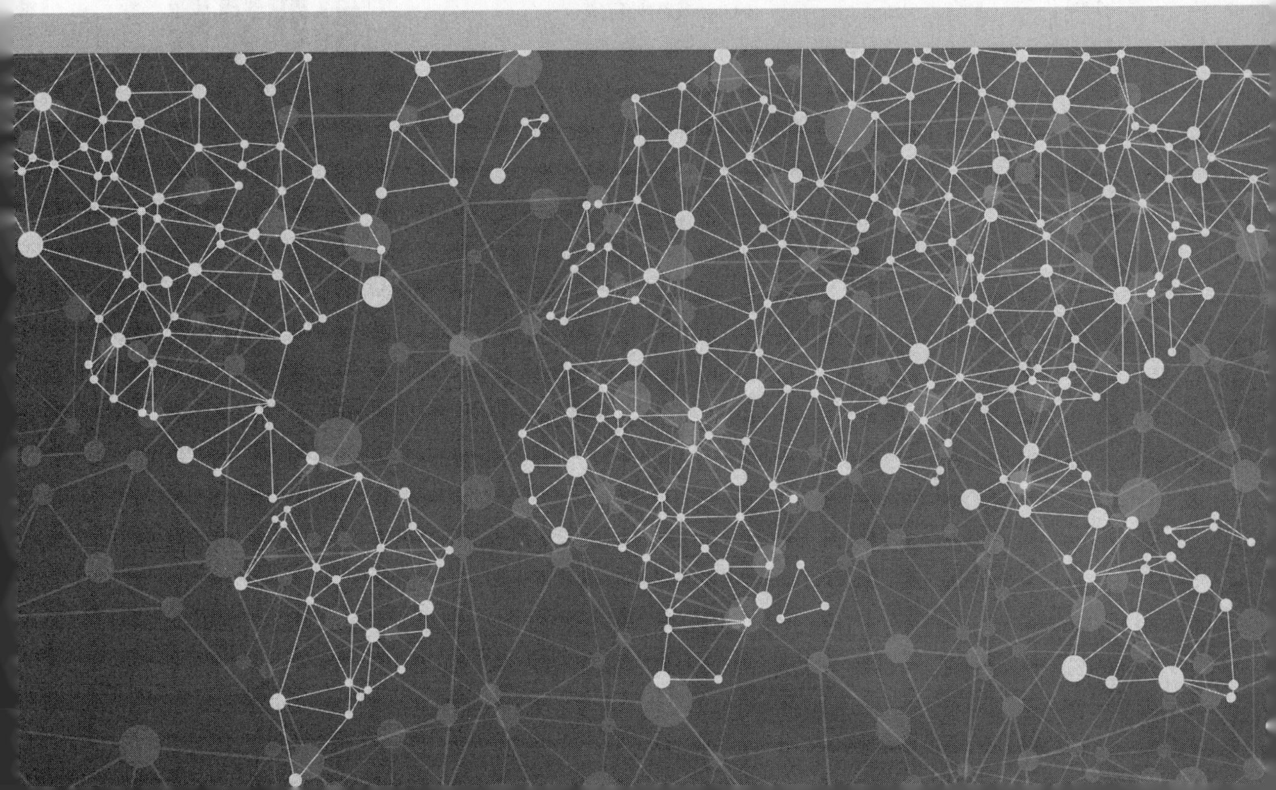

AlphaGo 表现出的惊人性能在世界范围掀起了一波风浪。2017 年 10 月，AlphaGo 的开发商，Google 的 DeepMind 又发表了一篇名为“Mastering the game of Go without human knowledge”的论文。从文章的题目不难看出，这篇论文主要论述的是如何使 AlphaGo，乃至所有人工智能，在没有人类的初始知识输入的情况下，也能仅凭最基本的规则展开自我学习并最终超越人类。它从学习大量的样本，也就是人工打标签，到抛弃人工标签，并按照一定的规则自己学习，换句话说，就是自我制造样本学习，这是一个很大的进步。

就在 AlphaGo Zero 的论文发布后不久，DeepMind 又推出了 AlphaZero。AlphaZero 不仅能下围棋，还能在国际象棋、日本将棋等诸多棋类领域中超越人类。虽说 AlphaGo Zero 和 AlphaZero 看起来确实非常“智能”，然而正如书中所说，人工智能一定是有人工在先，然后才是智能，人工智能终究是难以脱离“人工”的。本章将以 AlphaGo 和 AlphaZero 为例，谈谈对人工智能及大数据的一些思考和感悟。

AlphaGo 主要经历了 4 个阶段（见图 C-1）：

- AlphaGo Fan
- AlphaGo Lee
- AlphaGo Master
- AlphaGo Zero

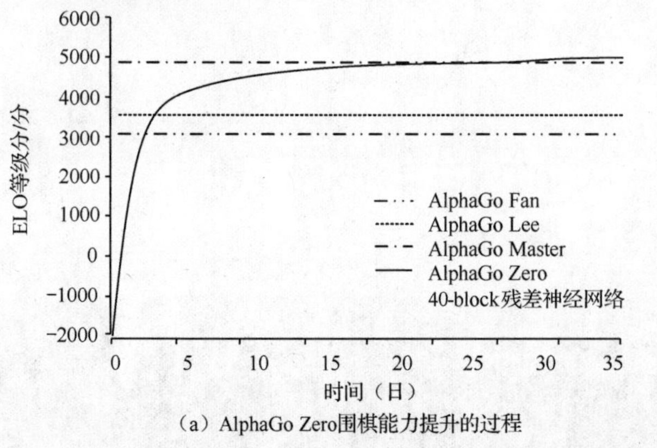

（a）AlphaGo Zero围棋能力提升的过程

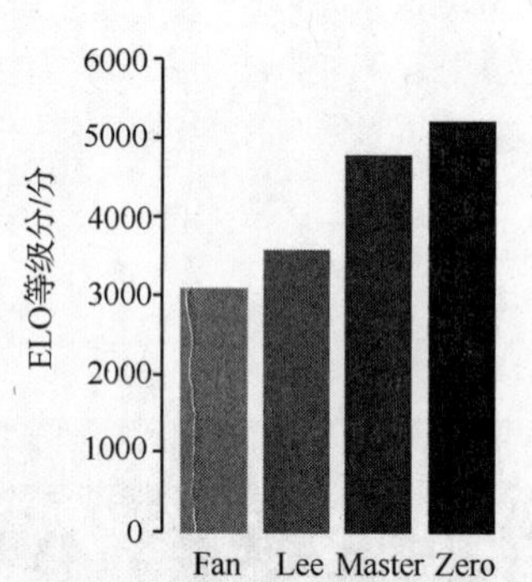

（b）Fan、Lee、Master和Zero最终的棋力差距

注：摘录自论文“Mastering the game of Go without human knowledge”，并重新绘制。

图 C-1　AlphaGo 的 4 个阶段

TPU 是一个新名词，英文为 Tensor Processor Unit，即张量处理器，是 Google 公司为机器学习专门定制的芯片，用于 Google 的深度学习框架 TensorFlow。和 GPU 相比，TPU 采用 8 位低精度计算，虽然降低了精度，但实际上这对于深度学习的准确度影响很小，相反却可以大幅加快运算速度并降低功耗。除 AlphaGo Fan 最早运行在 176 个 GPU 上之外，接下来的三个阶段的 AlphaGo 使用的都是 TPU。可以说，TPU 对于 AlphaGo 性能的提升做出了极大的贡献。

AlphaGo Fan 在 2015 年 10 月以 5:0 击败了欧洲围棋冠军樊麾，是围棋人工智能第一次在十九路棋盘上以分先手合击败了职业围棋选手。

AlphaGo Lee 于 2016 年 3 月击败世界顶尖的职业围棋选手李世石。实际上，AlphaGo Lee 和 AlphaGo Fan 在很多地方十分相似，主要的区别在于：①AlphaGo Lee 的估值网络是以 AlphaGo 的快速自我对弈的结果来训练的，而不是以策略网络为基准的自我对弈来训练的；②AlphaGo Lee 的估值网络及策略网络更加庞大；③AlphaGo Lee 使用的是 48 个 TPU 而不是 GPU，使得 AlphaGo Lee 的运算速度更加快。

AlphaGo Master 使用了更优秀的神经网络架构、强化学习算法及 MCTS（Monte Carlo Tree Search，蒙特卡罗树搜索）算法。同时，简化了数据结构、数学模型和落子策略，例如，数据只保留黑子、白子两种状态，去除了诸如“气”之类的状态数据。但是，训练 AlphaGo Master 时使用的训练材料和训练 AlphaGo Lee 的是一样的，都是以人类的棋谱、棋局进行监督学习的，其中包含了很多人类下棋的风格。AlphaGo Master 在 2017 年 5 月以 3:0 击败了世界围棋排名第一的柯洁。

AlphaGo Zero 和 AlphaGo Master 一样都是运行在单台拥有 4 个 TPU 的机器上的。AlphaGo Zero 的整体架构和算法也沿用了 AlphaGo Master 的，最大的不同是：AlphaGo Zero 实行的是完全的自我学习，也就是说，AlphaGo Zero 在学习开始阶段无须先学习大量人工标签样本，完全从随机落子开始。然而，AlphaGo Zero 在经过仅仅 72 小时的自我学习后，就能以 100:0 战胜分布运行在 48 个 TPU 上的 AlphaGo Lee。AlphaGo Master 已经在人类中难逢敌手，但 AlphaGo Zero 在自我学习了 40 天后，以 89:11 的比分战胜同架构的 AlphaGo Master。这有力地证明了，人工智能可以在有规则的条件下在无人类知识介入的情况下在某个领域全面超越人类。AlphaGo Zero 无疑是很成功的。

为了让读者对于 AlphaGo Zero 的运作方式及算法有一个更加直观的理解，这里简略介绍下 AlphaGo Zero 的搜索算法，以图 C-2 为例。

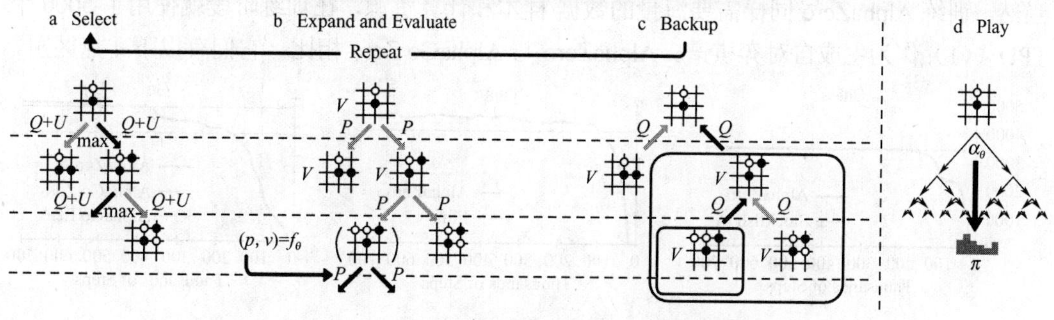

图 C-2　AlphaGo Zero 算法核心示意图

（1）首先，用向量 $\vec{S}$ 描述当前棋盘的状态，用向量 $\vec{a}$ 描述下一步的落子行动/落子点。$N(\vec{s},\vec{a}),W(\vec{s},\vec{a}),Q(\vec{s},\vec{a}),P(\vec{s},\vec{a})$ 分别表示访问次数、行动价值的总和、行动价值的均值和选择这条边的先验概率。

（2）进行 Select 操作。概括来说，假设第 L 步走到叶子节点，当走第 t 步时，根据搜索树的统计概率落子：

$$\vec{a}_t = \underset{\vec{a}}{\operatorname{argmax}}(Q(\vec{s}_t,\vec{a}) + U(\vec{s}_t,\vec{a}))$$

$$U(\vec{s},\vec{a}) = c_{\text{puct}} P(\vec{s},\vec{a}) \frac{\sqrt{\sum_{\vec{b}} N(\vec{s},\vec{b})}}{1+N(\vec{s},\vec{a})}$$

（3）进行 Expand and Evaluation 操作。将叶子节点 $\vec{s}L$ 加入一个队列中，等待输入至神经网络中进行评估：$f_\theta(d_i(\vec{s}L)) = (d_i(p), v)$，其中 d_i 为一个 1～8 的随机数，表示双面反射和旋转选择（从 8 个不同的方向进行评估）。

队列中的不同位置组成一个大小为 8 的 mini-batch 输入到神经网络中进行评估。叶子节点被展开，每条边 $(\vec{s}_L,\vec{a})$ 分别被初始化为 $\{N(\vec{s}_L,\vec{a})=0, W(\vec{s}_L,\vec{a})=0, Q(\vec{s}_L,\vec{a})=0, P(\vec{s}_L,\vec{a})=p_a\}$。之后将神经网络的输出值 v 传回。

（4）进行 Backup 操作。沿着回溯的路线将边的统计数据更新：

$$N(\vec{s}_t,\vec{a}_t) = N(\vec{s}_t,\vec{a}_t)+1$$

$$W(\vec{s}_t,\vec{a}_t) = W(\vec{s}_t,\vec{a}_t)+v$$

$$Q(\vec{s}_t,\vec{a}_t) = \frac{W(\vec{s}_t,\vec{a}_t)}{N(\vec{s}_t,\vec{a}_t)}$$

（5）进行 Play 操作。进行了一次完整的搜索后，AlphaGo Zero 才从 $\vec{s}_0$ 状态下走出第一步。$\vec{s}_0$ 与访问次数成幂指数比例：

$$\pi(\vec{a}\mid\vec{s}_0) = \frac{N(\vec{s}_0,a)^{1/\tau}}{\sum_{\vec{b}} N(\vec{s}_0,\vec{b})^{1/\tau}}$$

最新的 AlphaZero 比 AlphaGo Zero 性能更优秀。并且除能下围棋外，还能对弈包括日本将棋、国际象棋在内的诸多奕棋类游戏（见图 C-3）。即使在围棋领域，AlphaZero 仅仅通过 8 小时的训练就能轻松战胜 AlphaGo Lee，比 AlphaGo Zero 的 72 小时记录更短。当然，训练 AlphaZero 同样需要海量的数据/样本和计算资源，在训练阶段就使用了 5000 个 TPU（v1）作为生成自对弈棋谱。AlphaZero 与 AlphaGo Zero 相比，它们有以下 4 点区别。

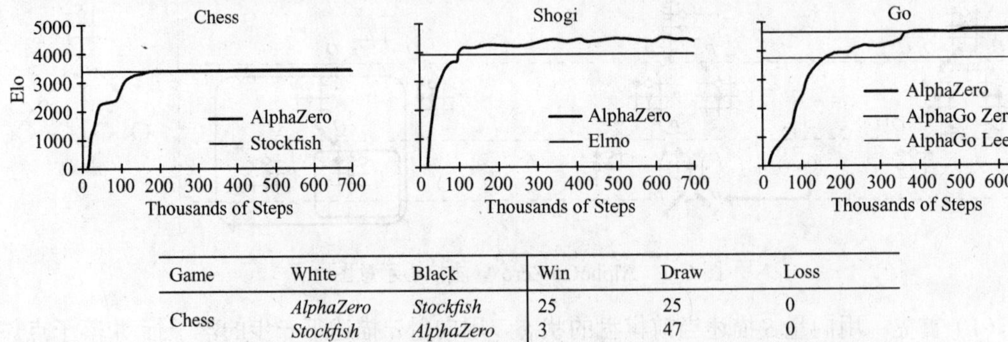

Game	White	Black	Win	Draw	Loss
Chess	*AlphaZero*	*Stockfish*	25	25	0
	Stockfish	*AlphaZero*	3	47	0
Shogi	*AlphaZero*	*Elmo*	43	2	5
	Elmo	*AlphaZero*	47	0	3
Go	*AlphaZero*	*AG0 3-day*	31	–	19
	AG0 3-day	*AlphaZero*	29	–	21

图 C-3　AlphaZero 在国际象棋、日本将棋及围棋中的性能表现

注：AlphaZero 在国际象棋对弈中面对 Stockfish 时保持全胜，在日本将棋对弈中 100 局只共输了 8 局，面对 AlphaGo Zero 时也拿下 60%的胜率。

① AlphaGo Zero 是在假设结果为“赢/输”二元的情况下，对获胜概率进行估计和优化的。而 AlphaZero 会将平局或其他潜在结果纳入考虑，对结果进行估计和优化。

② AlphaGo 和 AlphaGo Zero 会转变棋盘位置进行数据增强，但这些操作只适用于围棋，所以 AlphaZero 不会这样做，以便能更好地将算法通用化。

③ 在 AlphaGo Zero 中，自我对局的棋局是由所有之前迭代过程中表现最好的版本生成的。而 AlphaZero 始终只有一个单一的持续优化更新的神经网络，而不是像 AlphaGo Zero 一样等待迭代。这实际上增加了训练出不好结果的风险。但是在实际对弈中，同样是运行于 4 个 TPU 之上的 AlphaZero，在放弃了一些可能会有优势的细节后，却能以通用算法的身份击败 AlphaGo Zero。

④ AlphaGo Zero 搜寻部分的超参数是透过贝氏定理优化得到的。而在 AlphaZero 中，所有对弈都重复使用相同的超参数，因此无须针对某种特定棋类进行单独的调整。

其实，AlphaGo 和 AlphaZero 成功的要素可以用三个词来概括：数据、算力、算法。

从算法上，围棋中棋局的可能状态有 10^{171} 个，无法以简单的枚举法来算出最优落子点。这时算法的作用就体现出来了，虽然不能顾及棋局全部的可能性，但却能以相对最小的运算量换取最大的精度。如今人脑的计算速度已经远远比不上计算机，但人脑却仍能在很多别的，诸如复杂的图像识别等方面超越计算机。这归根结底还是和人脑独特的结构及所拥有的特殊算法有关。在样本量相同的情况下，不同的算法所得出的结果和精度可能完全不同，因此算法的重要性不言而喻。

除了算法，运算速度也是影响人工智能能力的重要因素。如果说算法是软实力，那么运算速度就是硬实力。“软件”（人脑/算法）永远是走在硬件之前的，AlphaGo 所使用的神经网络和蒙特卡罗树搜索算法的原型最早可以追溯到 20 世纪，但是在最近 10 年才得到突飞猛进的发展，这和计算机的硬件能力及算力的提升不无关系。

计算机的硬件能力的提升也带动了大数据的发展，而机器学习和人工智能的根基就是大量的数据。计算机对于人脑的优势就在于其能在短时间内采集或产生大量样本集，甚至可能是全样本集。正是海量的数据和趋于完整的样本集赋予了人工智能在某些拥有既定或已知规则的领域能够超越人类的能力。以前，特别是 20 世纪的数据量和计算机硬件能力的缺乏，导致了机器学习没有足够的样本来训练，使得人工智能的应用面较为狭窄。近些年，随着计算机算力的提高，大数据概念兴起，人工智能也步入了高速发展阶段。以 AlphaGo Zero 来说，其在训练阶段就自我对弈了 23000 万局，也正是大量的数据和样本使得 Alpha 能在围棋领域超越人类。

如果要做比喻的话，自我对弈产生的大量数据就好比人们做的“事”，算法的作用就是帮助 AlphaGo 和 AlphaZero 总结经验，凡事做多了，经验丰富了，也就熟能生巧了。围棋中的定式实际上就是人们千年来经验的总结和智慧的结晶，而 AlphaGo Zero 通过这千万局的自我对弈和学习也重建出了众多人类的定式，并探索出了不少独特的定式。图 C-4 展现了 AlphaGo Zero 在训练的前 72 小时内所获得的成果，而在这 72 小时之后，AlphaGo Zero 就战胜了 AlphaGo Lee。

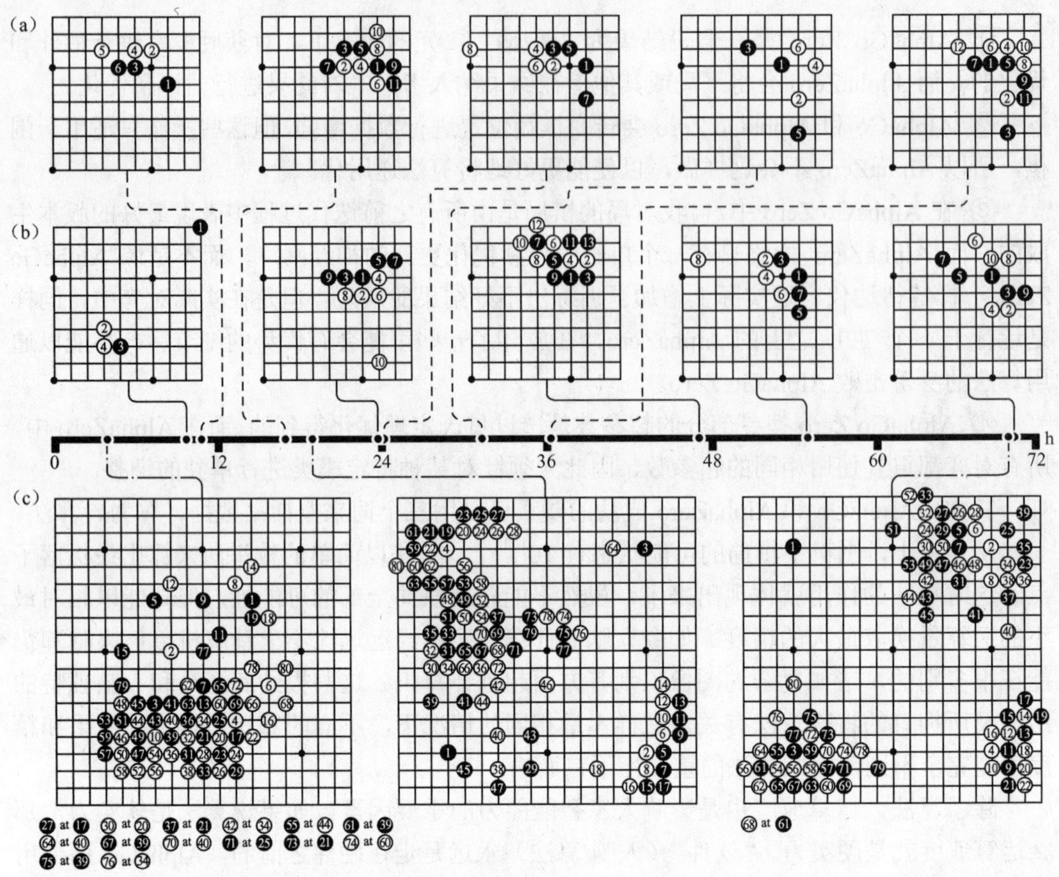

图 C-4　AlphaGo Zero 训练成果

注：摘录自论文“Mastering the game of Go without human knowledge”。

（a）展现了 AlphaGo Zero 发现的部分类常用定式的时间点。

（b）展现了 AlphaGo Zero 在前 72 小时使用定式的喜好变化。

（c）展现了 AlphaGo Zero 在前 72 小时下棋风格的变化，可以看出从最早下棋时的杂乱无章到后期的井然有序。

人工智能以庞大的数据储量作为基础，以分析转化为经验，再凭借计算机算力的优势，将所“学到”的“知识”充分发挥出来，也难怪打遍天下无敌手。数据为人工智能提供庞大的知识库，算法是从知识库中挖掘知识的能力，而算力则保证了挖掘的速度和精度，这三项共同组成了人们所看到的人工智能。

前面说了那么多人工智能强大的能力，总感觉人工智能已经脱离人类甚至要超越人类了。但其实不管是算力、算法还是数据，这些人工智能依仗的其实都是人工赋予的。可能有人认为，AlphaGo Zero 和 AlphaZero 脱离了人工标签的样本，能从一开始就自我对弈产生样本，其所用的样本数据就脱离人工的范畴了。其实不然，要知道这些样本数据也是通过规则产生的。没有人工赋予的规则，它们连胜负规则都不知道，又如何自我对弈？又谈何智能？像 AlphaGo 或是 AlphaZero 之类的人工智能，是永远无法真正超越人类的，因为它无法自己发现或创造规则。其“智能”只能被限定在公认的规则和已知的领域之内，无法改变规则，也就无法像人一样创新、发明。就如同 AlphaGo 不管在围棋领域有多强，它始终被人类给予的围棋规则和算法所锁死一样，人类不改变它的算法或输入新的规则，AlphaGo 就永远只能下围棋。就算是应用面更加广的 AlphaZero，其实也只是在弈棋方面有所建树，还是脱离不开人类限定的规则。所以对于人工智能来说，一定是规则在先才能自造样本。更进一步说，就是人工智能，一定是人工在先，然后才能智能。

不可否认，AlphaGo Zero/AlphaZero 所做出的贡献仍是巨大的，它们的成功证实了人工智能摆脱了对人类经验和辅助的依赖，并且单个人工智能还能应用于多项工作，这样人工智能或许就能更广泛地被应用到其他人类缺乏了解或缺乏大量人工标签数据的领域。

作者作为经历过 20 世纪人工神经网络大火时期的人士，在肯定 AlphaGo Zero 的成就的同时，也不得不泼一盆冷水。作者认为，现今 AlphaGo Zero 乃至 AlphaZero 的突破，就好比当年将 Backpropagation（反向传播算法）用在神经网络上一样，的确是一个突破，但是神经网络在那之后却无甚作为，甚至因为神经网络的大火而带偏了一些领域的科研方向。所以我们应该冷静地对待现今的人工智能市场，不能因其现在的热点态势就往这坑里跳。当然，这些主要是作者从市场角度对于人工智能的分析展望，然而科技的发展又如何能脱离市场？未来的人工智能是像 20 世纪的人工神经网络那样在一波热潮后逐渐消退？还是能就着现在的势头如图 C-5 所示的那样加速发展，还有待时间的检验。

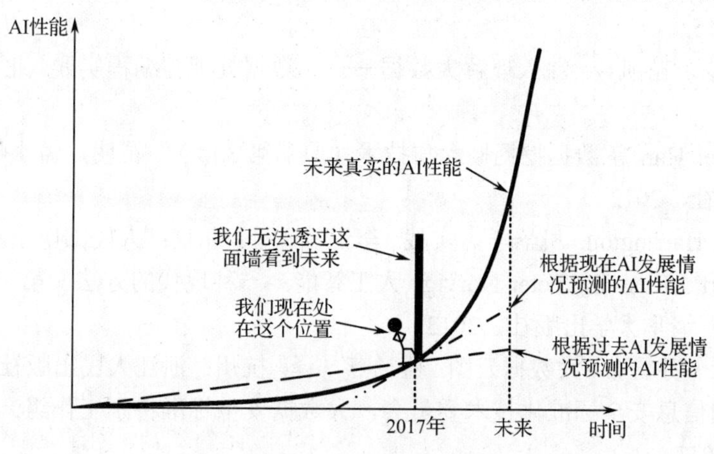

图 C-5　对于人工智能未来的畅想

最后，这里要强调一下前面说的，AlphaGo Zero/AlphaZero 相比之前，除技术上的创新外，最被广泛关注的就是其能抛开由人工提取特征样本，仅以围棋的基本规则为基础，通过自我对弈、学习，完成了超人的成就。这两个黑体的词“人工”“基本规则”是非常关键的。简单地说，人工就是采集样本并给其打上标签，而基本规则是一切智能的根基。这一点都不奇怪，计算机会在弈棋这类游戏中胜过人类。

只要有公认的规则，通过大量的数据、记忆、比对、快速找出所要的信息（这不正是大数据吗），机器胜过人只是早晚的事。但要有“公认的规则”在先，然后才能有人工智能。

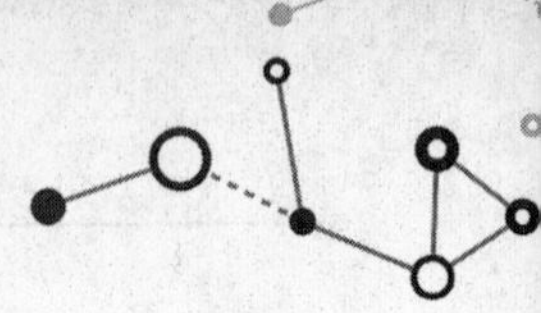

参考文献

[1] 谢朝阳. 云计算：规划、实施、运维. 北京：电子工业出版社，2015.

[2] Francis Buttle. Customer Relationship Management. Amsterdam: Elsevier, 2009.

[3] Michael Manoochehri. Data Just Right: Introduction to large-scale data & analytics. New Jersey: Addison-Wesley, 2014.

[4] 甲骨文公司，Big Data Lite，2016.12 版本（v 4.6）.

[5] 中国电科大数据技术体系规划. 2017.

[6] 蓝云. 从 1 到 π——大数据与治理现代化. 广州：南方日报出版社，2017.

[7] 朱洁. 大数据架构详解：从数据获取到深度学习. 北京：电子工业出版社，2016.

[8] 张冬. 大话存储——存储系统底层架构原理极限剖析（终极版）. 北京：清华大学出版社，2015.

[9] 黄宜华，苗凯翔. 深入理解大数据——大数据处理与编程实践. 北京：机械工业出版社，2017.

[10] Jiawei Han 等.数据挖掘概念与技术（原书第 3 版）. 范明，孟小峰，译.北京：机械工业出版社，2012.

[11] Peter Harrington. 机器学习实战. 李锐等，译. 北京：人民邮电出版社，2013.

[12] Stuart J Russell，Peter Norvig. 人工智能：一种现代的方法（第 3 版）. 殷建平等，译. 北京：清华大学出版社，2013.

[13] 大卫·芬雷布. 大数据云图. 盛杨燕，译. 杭州：浙江人民出版社，2013.

[14] 全国信息安全标准化技术委员会，大数据安全标准特别工作组. 大数据安全标准化白皮书. 2017.

[15] Gary Lee. 云数据中心网络技术. 唐富年，译. 北京：人民邮电出版社，2015.

[16] 樊勇兵等. 解惑 SDN. 北京：人民邮电出版社，2015.

[17] 徐立冰. 腾云：云计算和大数据时代网络技术揭秘. 北京：人民邮电出版社，2013.

[18] BetsyBeyer 等. SRE Google 运维解密. 孙宇聪，译.北京：电子工业出版社，2016.

[19] 刘军. Hadoop 大数据处理. 北京：人民邮电出版社，2013.

[20] 张翔. 分布式集群监控平台的故障监测和管理. 北京：北京邮电大学出版社，2014.

注：关于大数据的文献数不胜数，这里给出本书的主要参考文献。作者在本书的成书过程中广泛吸纳了其中的精华，在此致以感谢，也希望这份文献列表能引导读者对关心的课题进行更深入的了解。

[21] 黄毅斐. 基于 ZooKeeper 的分布式同步框架设计与实现. 杭州：浙江大学出版社，2012.

[22] 尹劲松. 基于 Haddop 的分布式计算平台性能监控及分析. 北京：北京邮电大学出版社，2014.

[23] 高俊峰. 高性能 Linux 服务器构建实战：系统安全，故障排查，自动化运维与集群架构. 北京：机械工业出版社，2014.

[24] 朱劭. Hadoop 云计算平台核心技术的安全机制缺陷研究. 北京：北京邮电大学出版社，2013.

[25] 张尼等. 大数据安全技术与应用. 北京：人民邮电出版社，2014.

[26] 郭三强，郭燕锦. 大数据环境下的数据安全研究. 南昌：科技广场，2013（2）.

[27] 张冬. 大话存储Ⅱ：存储系统架构与底层原理极限剖析. 北京：清华大学出版社，2011.

[28] 许维龙. 基于 HDFS 的云数据备份系统的分析与设计. 北京：北京邮电大学出版社，2012.

[29] 查伟. 数据存储与实践. 北京：清华大学出版社，2016.

[30] 吴文豪. 自动化运维软件设计实战. 北京：电子工业出版社，2015.

[31] Len Bass, Ingo Wweber, Liming Zhu. DevOps：软件架构师行动指南. 胥峰等，译. 北京：机械工业出版社，2017.

[32] 王冬生. Puppet 权威指南. 北京：机械工业出版社，2015.

[33] 李松涛，魏巍，甘捷. Ansible 权威指南. 北京：机械工业出版社，2016.

[34] 刘继伟，沈灿，赵舜东. SaltStack 技术入门与实战. 北京：机械工业出版社，2015.

[35] Tom Plunkett. Brian Macdonald. Bruce Nelson. Oracle 大数据解决方案. 许向东等，译. 北京：清华大学出版社，2014.

[36] Oracle 白皮书. Oracle：企业大数据. Oracle 甲骨文，2012.

[37] 王元卓，靳小龙，程学旗. 网络大数据：现状与展望. 北京：计算机学报，2013（6）.

[38] David Silver 等. Mastering the game of Go without human knowledge. Nature，2017（8）.

反侵权盗版声明

电子工业出版社依法对本作品享有专有出版权。任何未经权利人书面许可，复制、销售或通过信息网络传播本作品的行为，歪曲、篡改、剽窃本作品的行为，均违反《中华人民共和国著作权法》，其行为人应承担相应的民事责任和行政责任，构成犯罪的，将被依法追究刑事责任。

为了维护市场秩序，保护权利人的合法权益，我社将依法查处和打击侵权盗版的单位和个人。欢迎社会各界人士积极举报侵权盗版行为，本社将奖励举报有功人员，并保证举报人的信息不被泄露。

举报电话：（010）88254396；（010）88258888

传　　真：（010）88254397

E-mail：　dbqq@phei.com.cn

通信地址：北京市海淀区万寿路 173 信箱

电子工业出版社总编办公室

邮　　编：100036